Linux 环境

C 程序设计 （第3版）

徐 诚◎编著

U0291426

清華大學出版社
北 京

内 容 简 介

本书是获得大量读者好评的"Linux 典藏大系"中的《Linux 环境 C 程序设计》(第 3 版),内容丰富,从基础知识到高级技术和核心原理,再到项目开发,几乎涵盖 Linux 环境 C 程序设计的所有重要知识点。**本书提供大量实例,供读者实战演练,并提供教学视频、源程序、思维导图、习题参考答案和教学 PPT 等超值配套资源,帮助读者高效、直观地学习。**

本书共 27 章,分为 6 篇。第 1 篇"Linux 基础知识"主要介绍 Linux 系统概述、Linux 基本操作、GCC/G++编译器、GDB 调试器、开发环境搭建等;第 2 篇"C/C++语言基础知识"主要介绍 C 语言编程基础、数据类型、运算符、表达式、程序控制结构、数组与指针、函数、字符与字符串处理、结构体与共用体、C++语言编程基础等;第 3 篇"Linux 系统编程"主要介绍文件操作、文件 I/O 操作、进程控制、进程间的通信与线程控制等;第 4 篇"Linux 网络编程与数据库开发"主要介绍网络编程基础、网络编程函数库、数据库开发、Linux 系统常用数据库与接口等;第 5 篇"Linux 界面开发"主要介绍界面开发基础知识、界面构件开发、界面布局、信号与事件处理、Glade 程序界面设计等;第 6 篇"Linux 环境 C 编程项目实战"详细介绍一个媒体播放器项目的开发过程,提高读者的实战水平。

本书适合所有想全面学习 Linux 环境 C 程序设计的人员阅读,也适合基于 Linux 环境进行开发的工程技术人员阅读,还适合高等院校相关专业的学生和培训机构的学员作为学习用书。

图书在版编目(CIP)数据

Linux 环境 C 程序设计 / 徐诚编著. —3 版. —北京:清华大学出版社,2024.2
(Linux 典藏大系)
ISBN 978-7-302-65479-7

Ⅰ. ①L… Ⅱ. ①徐… Ⅲ. ①Linux 操作系统—程序设计 ②C 语言—程序设计 Ⅳ. ①TP316.89 ②TP312

中国国家版本馆 CIP 数据核字(2024)第 043250 号

责任编辑:王中英
封面设计:欧振旭
责任校对:徐俊伟
责任印制:沈 露

出版发行:清华大学出版社
网 址:https://www.tup.com.cn, https://www.wqbook.com
地 址:北京清华大学学研大厦 A 座　　　邮　编:100084
社 总 机:010-83470000　　　邮　购:010-62786544
投稿与读者服务:010-62776969,c-service@tup.tsinghua.edu.cn
质量反馈:010-62772015,zhiliang@tup.tsinghua.edu.cn

印 装 者:北京同文印刷有限责任公司
经 销:全国新华书店
开 本:185mm×260mm　　印　张:35.5　　字　数:886 千字
版 次:2010 年 1 月第 1 版　　2024 年 3 月第 3 版　　印　次:2024 年 3 月第 1 次印刷
定 价:139.00 元

产品编号:100969-01

Linux 系统基于开源软件的思想产生，它促进了开源软件技术的发展，这种先进的软件设计思想引领全球软件业的变革，为软件技术的发展带来了强劲的动力。随着 Linux 系统的发展和广泛应用，如今它已经支持绝大多数嵌入式应用，并在服务器市场上占据很大的份额，其桌面系统的普及率逐年上升。越来越多的开发者希望了解 Linux 系统开发，特别是基于 Linux 系统的 C 程序设计。

笔者长期从事技术研究，曾经在 CSDN 等社区发表了多篇相关技术文章。但笔者觉得不成体系的文章对读者的帮助不大，于是萌生写作本书的想法，希望能将自己的经验分享给更多的读者。

本书是获得大量读者好评的"Linux 典藏大系"中的《Linux 环境 C 程序设计》（第 3 版）。本书全面介绍 Linux 环境下的程序开发，内容由浅入深，适合不同层次的读者阅读。在本书中，笔者不但会介绍 Linux 环境 C 程序设计的各个知识要点，而且还会介绍 Linux 所依存的开源软件思想，并将其与当前流行的软件工程思想相结合，贯穿于典型项目案例的开发过程中，让读者不但能掌握开发技术，而且还能获得与国际一流软件工程师一样的开发水平。

关于"Linux 典藏大系"

"Linux 典藏大系"是专门为 Linux 技术爱好者推出的系列图书，涵盖 Linux 技术的方方面面，可以满足不同层次和各个领域的读者学习 Linux 的需求。该系列图书自 2010 年 1 月陆续出版，上市后深受广大读者的好评。2014 年 1 月，创作者对该系列图书进行了全面改版并增加了新品种。新版图书一上市就大受欢迎，各分册长期位居 Linux 图书销售排行榜前列。截至 2023 年 6 月底，该系列图书累计印数超过 30 万册。可以说，"Linux 典藏大系"是 Linux 图书市场上的明星品牌，该系列中的一些图书多次被评为清华大学出版社"年度畅销书"，还曾获得"51CTO 读书频道"颁发的"最受读者喜爱的原创 IT 技术图书奖"，另有部分图书的中文繁体版在中国台湾出版发行。该系列图书的出版得到了国内 Linux 知名技术社区 ChinaUnix（简称 CU）的大力支持和帮助，读者与 CU 社区中的 Linux 技术爱好者进行了广泛的交流，取得了良好的学习效果。另外，该系列图书还被国内上百所高校和培训机构选为教材，得到了广大师生的一致好评。

关于第 3 版

随着技术的发展，本书第 2 版与当前 Linux 的几个流行版本有所脱节，这给读者的学习带来了不便。应广大读者的要求，笔者结合 Linux 技术的新近发展对第 2 版图书进行全面的升级改版，推出第 3 版。相比第 2 版图书，第 3 版在内容上的变化主要体现在以下几个方面：

- ❑ Linux 系统由 Fedora 更换为 Ubuntu 22.04；
- ❑ Eclipse 更新为 2022-02 版；
- ❑ 版本控制工具由 CVS 更新为普遍流行的 Git；
- ❑ 修订了第 2 版中的一些疏漏，并对一些不准确的内容重新表述；
- ❑ 新增思维导图（提供电子版高清大图）和课后习题，以方便读者学习。

本书特色

1．配多媒体教学视频，学习效果好

本书重点内容提供大量的配套多媒体教学视频，可以帮助读者更加轻松、直观、高效地学习，取得更好的学习效果。

2．内容全面、系统、深入

本书详细介绍 Linux 系统安装、Linux 环境 C 开发基础知识、界面开发、数据库开发、网络编程、系统功能编程和多媒体开发等内容，并通过开发媒体播放器的各个模块，让读者深入理解一个完整项目的开发流程。

3．讲解由浅入深，循序渐进，适合各个层次的读者阅读

本书从 Linux 环境 C 程序设计基础知识开始讲解，逐步深入高级开发技术与应用，章节安排从易到难，讲解由浅入深，循序渐进，适合各个层次的读者阅读，并均有所获。

4．技术全面，剖析思想根源

抛开开源思想研究 Linux 开发是徒劳的，开发者只能掌握表面的开发技术，而不能获得提高软件开发效率与项目成功率的科学方法。笔者结合开源库和项目案例，将 Linux 系统开发、C/C++开发和软件工程思想融会贯通，深入剖析 Linux 环境 C 程序设计。

5．深入剖析典型案例

本书选择一些有一定难度的软件项目案例进行讲解，这些案例涵盖当前流行的开发技术，可以帮助读者实践先进的软件设计思想，并掌握实用的一线开发技术，从而提升职场竞争力。

6．提供习题、源代码、思维导图和教学 PPT

本书特意在每章后提供多道习题，帮助读者巩固和自测该章的重要知识点，并提供源代码、思维导图和教学 PPT 等配套资源，以方便读者学习和教师教学。

本书内容

第 1 篇　Linux 基础知识

本篇涵盖第 1～4 章，主要介绍 Linux 的历史、内核与版本，以及 Linux 系统安装、Linux 基本操作、GCC/G++编译器、GDB 调试器与 Linux C 开发环境搭建等。通过学习本篇内容，读者可以系统掌握 Linux 的基础知识，以及搭建 Linux 开发环境的能力。

第 2 篇　C/C++语言基础知识

本篇涵盖第 5～12 章，主要介绍 C 语言编程基础、数据类型、运算符、表达式、程序控制结构、数组、指针、函数、字符、字符串、结构体、共用体，以及 C++语言面向对象程序设计思想和一些新特性等。通过学习本篇内容，读者可以掌握 C 语言的基础知识，并对 C++语言的面向对象特性有所理解。

第 3 篇　Linux 系统编程

本篇涵盖第 13～17 章，主要介绍文件操作、文件 I/O 操作、进程控制、进程间的通信和线程控制等。通过学习本篇内容，读者可以掌握 Linux 环境 C 程序设计中有关系统功能编程的核心技术与应用。

第 4 篇　Linux 网络编程与数据库开发

本篇涵盖第 18～21 章，主要介绍网络编程基础、网络编程函数库、数据库开发、Linux 系统常用数据库与接口。通过学习本篇内容，读者可以掌握 Linux 环境 C 程序设计中的数据库和网络编程技术与应用。

第 5 篇　Linux 界面开发

本篇涵盖第 22～26 章，主要介绍界面开发基础知识、界面构件开发、界面布局、信号与事件处理、Glacle 程序界面设计。通过学习本篇内容，读者可以独立完成一些简单的界面设计，并掌握如何与 C 语言进行连接。

第 6 篇　Linux 环境 C 编程项目实战

本篇涵盖第 27 章，主要介绍一个媒体播放器的开发过程，以便读者对 Linux 环境下的项目开发有一个全面的认识，从而提高实际项目开发水平。通过学习本篇内容，读者可以具备基本的 Linux 环境下软件项目开发的能力。

读者对象

❑ Linux 环境 C 程序设计初学者；
❑ 全面学习 Linux 环境 C 编程的人员；
❑ Linux 环境 C 程序设计从业人员；

❑ Linux 环境 C 程序设计爱好者；

❑ 需要一本案头必备手册的程序员；

❑ 高等院校的学生与培训机构的学员。

配书资源获取方式

本书涉及的配套资源如下：

❑ 配套教学视频；

❑ 程序源代码文件；

❑ 高清思维导图；

❑ 习题参考答案；

❑ 配套教学 PPT；

❑ 书中涉及的开发工具。

上述配套资源有以下 3 种获取方式：

❑ 关注微信公众号"方大卓越"，然后回复数字"4"，即可自动获取下载链接；

❑ 在清华大学出版社网站（www.tup.com.cn）上搜索到本书，然后在本书页面上找到 "资源下载"栏目，单击"网络资源"按钮进行下载；

❑ 在本书技术论坛（www.wanjuanchina.net）上的 Linux 模块进行下载。

技术支持

虽然笔者对书中所述内容都尽量予以核实，并多次进行文字校对，但因时间所限，可 能还存在疏漏和不足之处，恳请读者批评与指正。

读者在阅读本书时若有疑问，可以通过以下方式获得帮助：

❑ 加入本书 QQ 交流群（群号：302742131）进行提问；

❑ 在本书技术论坛（网址见上文）上留言，会有专人负责答疑；

❑ 发送电子邮件到 book@ wanjuanchina.net 或 bookservice2008@163.com 获得帮助。

编者

2024 年 2 月

目录

第1篇　Linux 基础知识

第 2 篇　C/C++语言基础知识

第 3 篇　Linux 系统编程

第 4 篇 Linux 网络编程与数据库开发

第 5 篇 Linux 界面开发

第 6 篇　Linux 环境 C 编程项目实战

第1篇
Linux 基础知识

第 1 章　Linux 系统概述

Linux 系统是一种类 UNIX 的操作系统。它不仅功能强大，运行稳定，而且用户可免费使用和分析其源代码。Linux 系统支持 x86 和 ARM 等大多数常见的硬件架构及 TCP/IP 等主流网络协议，有良好的跨平台性能，应用面极其广阔。本章将介绍 Linux 系统的基本概念，并演示如何安装一套带有 X Window 图形操作界面的 Linux 系统发布版本。

1.1　引　　言

计算机系统由硬件系统和软件系统所组成，软件系统中最重要的是操作系统。Linux 作为操作系统，管理着计算机内所有的硬件资源和软件资源，就像计算机的灵魂。Linux 系统基于 GPL 协议发布，该协议是 GNU 项目所创立的开放源代码的公共许可证。要理解 Linux 系统并以一种全新的方式开发和发布软件，首先需要了解 GNU 项目和 Linux 系统的渊源。

1.1.1　GNU 项目简介

GNU 项目在 1983 年由理查德·斯托曼（Richard Stallman）创立，最初的目标是使用必要的工具，从源代码中创建一个自由的类 UNIX 的操作系统。早期的软件均以源代码的形式发布，用户可以根据自己的需要修改源代码。后来，软件厂商为了保护自己的商业利益，使用编译所得的二进制文件发布软件，从而使软件的源代码变为"商业秘密"。

为了改变当时不利于软件发展的格局，GNU 项目花了 10 余年的时间创建了 GCC 编译器和 Emacs 编辑器等多个工具。所有的工具以源代码形式发布，并且无须支付任何费用，而且这些工具的改进版本和衍生品必须遵循同样的发布形式，这样就形成了 GPL 协议。但 GNU 项目在 20 世纪 80 年代缺少了一个最关键的组件，即操作系统核心，直到 Linux 系统诞生，才填补了系统核心的关键组件。GNU 项目的组织结构如图 1.1 所示。

1.1.2　Linux 起源

安德鲁·塔能鲍姆（Andrew Tanenbaum）出于教学目的编写了名为 Minix 的类 UNIX 操作系统。芬兰赫尔辛基大学在读的学生林纳斯·托瓦兹（Linus Torvalds）认为 Minix 有许多地方不合理，于是开始为自己的 AT 386 微机设计新的操作系统核心。1991 年 8 月，林纳斯将自己新设计的操作系统内核通过网络发布并命名为 Linux 系统。不久之后，Linux 系统陆续推出了多个版本，并且吸引了许多开发者加入 Linux 系统开发的行列。许多开发者利用已有的 GNU 工具构建 Linux 系统并开发出了新的特性，使之成为 GNU 项目中重要的组成部分。

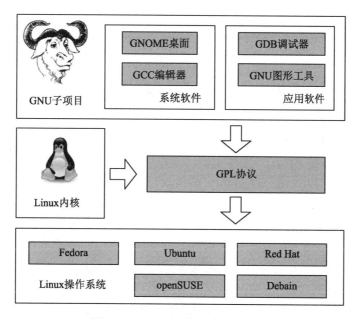

图 1.1   GNU 项目的组织结构示意

1.1.3   Linux 发展现状

如今，Linux 系统内核版本已发布到 5.19.4 版，它代表当前操作系统技术的最前沿，并依然保持数周一次的版本更新频率。同时，更多的开发者陆续加入 Linux 系统开发的行列中，因此基于 Linux 系统的软件资源也十分丰富，而且这些资源同样能免费使用。绝大多数硬件产品都支持 Linux 系统，无论将 Linux 系统作为桌面工作站还是服务器，都非常稳定易用。Linux 系统的安装、操作和升级也越来越简单，一些企业和开源组织对 Linux 系统进行了深入的扩展，将 Linux 系统及一些重要的应用程序打包，并提供较方便的安装界面，同时还提供一些有偿的商业服务，如技术支持等。

Linux 系统进入我国的时间较早，我国的工程师对 Linux 系统的发展也做出了巨大贡献。因此，Linux 系统在我国拥有一定的用户基础和大量的中文资源。Linux 系统符合我国国情，不仅为信息化建设提供了成本低廉的软件，而且其开放性的特点也造就了众多中国人成为顶级软件工程师。

1.1.4   免费软件与开源软件

免费软件与开源软件的概念并不相同。免费软件通常以二进制文件形式发布，用户虽然可以免费使用，但无权对软件进行任何修改。开源软件是将软件以源代码形式发布，并遵循 GPL 等开源协议，用户不仅可以使用，而且还可以对软件进行改进。

Linux 系统是开源软件，因此基于 Linux 系统开发必须遵循开源规则。这种开发方式最大的优势是，开发者能最大限度地利用现有代码，从而避免重复工作。举例说明，如果需要构建一个新的办公协作软件，在 Linux 系统上开发的不用从最基本的联系人数据库开始编写，也不用从头编写一个即时通信协议，这些都可以从其他已有的软件上继承，开发者只要注重软件新特性部分的实现即可。

1.2　Linux 内核与版本

　　Linux 内核是 Linux 操作系统的核心程序文件，通过与其他程序文件组合，又构成了 Linux 的许多版本。每种 Linux 版本都有其特点，如嵌入式 Linux 版本专门用于较小的电子设备操作，而计算机常用的版本是 Linux 桌面版和 Linux 企业版。

1.2.1　Linux 内核简介

　　内核是操作系统的心脏，系统其他部分必须依靠内核软件提供的服务进行工作，如管理硬件设备、分配系统资源等。内核由中断服务程序、调度程序、内存管理程序、网络和进程间通信等系统程序共同组成。Linux 内核是提供保护机制的最前端系统，它独立于普通的应用程序，一般处于系统态，拥有受保护的内存空间和访问硬件设备的所有权限。这种系统态和被保护起来的内存空间统称为内核空间。

　　内核负责管理计算机系统的硬件设备，为硬件设备提供驱动服务。对于操作系统上层的应用程序来说，内核是抽象的硬件，这些应用程序可通过对内核的系统调用访问硬件。这种方式简化了应用程序开发的难度，同时在一定程度上起到了保护硬件的作用。Linux 内核几乎支持所有的计算机系统结构，并将多种系统结构抽象为同样的逻辑结构。Linux 内核结构如图 1.2 所示。

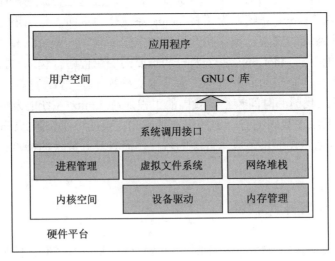

图 1.2　Linux 内核架构示意

　　Linux 内核继承了 UNIX 内核的大多数特点，并保留了相同的 API（应用程序接口）。Linux 内核的特点如下：

- ❑ Linux 支持动态加载内核模块；
- ❑ Linux 支持对称多处理（SMP）机制；
- ❑ Linux 内核属于抢占式内核（Preemptive），可以优先执行等级较高的任务；
- ❑ Linux 内核并不区分线程和进程，线程会作为一种特殊的进程来处理；
- ❑ Linux 提供具有设备类的面向对象的设备模型和热插拔事件，以及用户空间的设备文件系统；
- ❑ Linux 忽略了一些被认为是设计得很拙劣的 UNIX 特性和过时标准；
- ❑ Linux 充分体现了"自由"这个词的精髓，现有的 Linux 特性集就是 Linux 公开开发模型自由发展的结果。

1.2.2　Linux 支持的硬件平台

Linux 系统支持当前所有主流的硬件平台，能运行在各种架构的服务器上，如 Intel 的 IA64、Compaq 的 Alpha、Sun 的 SPARC 和 SPARC 64、SGI 的 MIPS、IBM 的 S396；也能运行在几乎全部的工作站上，如 Intel 的 x86、Apple 的 PowerPC。更吸引人的是，它支持嵌入式系统和移动设备，如 ARM Linux 内核占用空间小且功能全面，可根据特定的硬件环境裁剪出具备适当功能的操作系统。另外，无论 32 位指令集系统还是 64 位指令集系统，都能高效稳定地运行。

1.2.3　常用的 Linux 版本

Linux 系统拥有多个发行版，它可能是由一个组织、公司或者个人发行。通常，一个发行版包括 Linux 内核、将整个软件安装到计算机的安装工具、适用特定用户群的一系列 GNU 软件。下面简单介绍一些常用的 Linux 发行版本。

1. Fedora桌面版

Fedora 项目是 Red Hat 赞助的由开源社区与 Red Hat 工程师合作开发的项目统称。它继承了 Red Hat 的许多高端技术，如 YUM 软件包管理器和虚拟机等。以网络论坛为平台，Fedora 实现了开放的开发过程和透明的管理方式并快速地不断创新。因此，Fedora 是最好的开源操作系统。Fedora 适用于桌面工作站，并且为各种应用方向提供了丰富的应用程序。

2. Ubuntu桌面版

Ubuntu 是一个相对较新的发行版，它的出现可能改变了许多潜在用户对 Linux 的看法。也许以前人们认为 Linux 难以安装和使用，在 Ubuntu 出现后，这些问题都迎刃而解。Ubuntu 默认采用的GNOME桌面系统界面简洁明朗，同时，Ubuntu 发行了基于 KDE 桌面的 Kubuntu 版本和基于 Xfce 桌面的 Xubuntu 版本。Ubuntu 适合入门者了解 Linux 系统，它提供了多种安装模式，可在 Windows 分区上直接以虚拟机的形式工作。

3. Red Hat服务器版

想必 Linux 用户最熟悉的发行版就是 Red Hat 了。Red Hat 在 1995 年创建，为用户提供有偿的技术支持与升级服务。该版本适用于各种企业的服务器应用，支持大型数据库和应用系统，功能强大且系统稳定。

4．OpenSUSE

OpenSUSE 近年来广受 Linux 开发者的欢迎，它是德国最著名的 Linux 发行版，由 Novell 公司负责其项目的维护。在软件包管理器和桌面环境方面，OpenSUSE 独树一帜，研发出了 YaST 软件包管理器等众多新产品。OpenSUSE 的每一个主要版本都提供两年的更新和维护服务，并且每隔 6 个月，Novell 就会发布一个新版本。该版本适用于各种软件开发工作站，集成了多种常用的软件开发工具。

5．Debian

Debian 最早由伊恩·默多克（Ian Murdock）于 1993 年创建，可以算是迄今为止最遵循 GNU 规范的 Linux 系统。Debian 在全球有超过 1000 人的开发团队，为 Debian 开发了超过 50 000 个软件包，这 50 000 多个软件包覆盖了 10 种处理器。世界上有超过 120 份 Linux 发行版以 Debian 为基础，包括目前比较火的 Ubuntu。Debian 版本适用于研究 Linux 系统，可快速得到各种系统分析与测试工具。

1.3　系　统　安　装

Linux 系统安装是将安装介质内的系统文件复制到设备的硬盘上。安装前需要对硬盘进行分区，Linux 系统拥有专门的分区结构。在安装过程中，Linux 系统还会进行各种程序的配置。本节主要讲解 Linux 发行版的安装与配置。

1.3.1　安装前的准备

安装 Linux 系统前，首先需要根据用途和硬件环境选择一个 Linux 发布版本。如果读者具备丰富的 Linux 知识，也可以从内核开始编译一个全新的 Linux 版本。获得 Linux 发布版本，可以在网络上直接下载，也可以通过其他途径获得，这是 GPL 协议中的合法行为。安装前需要详细了解所选的版本对系统及安装设备的要求。Linux 系统可自动识别大多数硬件设备，并为其找到合适的驱动程序，但难免有些不常见的设备需要额外准备驱动程序。常用的 Linux 版本的下载地址如下：

- ❑ Ubuntu 官方社区：https://www.ubuntu.com；
- ❑ Fedora 项目官方社区：https://fedoraproject.org；
- ❑ Red Hat 公司网站：https://www.redhat.com；
- ❑ OpenSUSE 官方社区：https://www.opensuse.org；
- ❑ Debain 官方社区：https://www.debian.org。

📢注意：安装 Linux 系统可以使用光盘、硬盘、U 盘或网络服务器作为安装源，下面以 U 盘为例，介绍 Linux 系统的安装过程。

1.3.2　系统需求

各种 Linux 版本有不同的系统需求，具体需求可在官方网站的安装说明中看到。得到系统需求列表后，可以与安装设备的硬件列表进行对比，设备供应商通常会提供设备的具体硬件型号列表。下面是目前流行的 Linux 桌面版本最低的系统配置要求。

- CPU：双核 2GHz 处理器或更高；
- 内存：4GB 以上；
- 硬盘：至少 25GB 的空余空间；
- 其他：有鼠标、键盘和光驱等设备。

1.3.3　硬盘分区

硬盘是常见的存储设备，大多数计算机都以硬盘作为主要的外储存器。为了便于管理，Linux 系统允许将一块硬盘划分为多个分区，或者将多块硬盘划分为一个分区。分区的类型有 3 种，主分区（Primary-Partition）和扩展分区（Extended-Partition）是顶层的分区体系，逻辑分区（Logical-Partition）是扩展分区下的子结构。同一块硬盘最多允许存在 4 个主分区和一个扩展分区，扩展分区以下的逻辑分区数量并无限制。

Linux 系统常使用 Ext 3（Ext 4）、Swap 文件系统作为分区格式。Ext 3 是 GNU 中标准的文件系统，它是专门为 Linux 设计的，拥有极快的速度和极小的 CPU 占用率。Ext 3 还是一种日志式文件系统（Journal File System），它的最大特点是可以将整个硬盘的写入动作完整地记录在硬盘的某个区域上，以便在需要时回溯追踪。Ext 4 是 Ext 3 的升级版，它提供了更大的容量支持和在线硬盘碎片整理工具，执行性能更好，可靠性更高。Ext 3 文件系统限制的最大卷为 2TB，Ext 4 能够扩展到 16TB。Swap 是 Linux 系统更高一种专门用于交换分区的文件系统。

Linux 系统至少需要一个交换分区和一个根分区。交换分区必须使用 Swap 文件系统，通常分配给交换分区的硬盘空间是设备物理内存的 1.5 倍。交换分区的作用相当于虚拟内存，在物理内存不够的情况下，Linux 系统可以将不活跃的数据放在交换分区内。根分区用于存放所有的系统文件和用户文件，可以使用 Ext 3（Ext 4）或其他 Linux 系统支持的文件系统。

为 Linux 系统分区前，首先需要对硬盘内的数据进行备份，然后使用分区工具对硬盘进行重新分区。如果需要在硬盘上保留其他操作系统，则需要为 Linux 准备足够的空闲磁盘空间。可以先将一个或多个拥有足够大小的分区内的数据迁移到其他分区中，再删除这些分区获取空闲硬盘空间。常用的分区工具有 Fdisk 和 PQ Magic。另外，在安装 Linux 系统时也可为硬盘进行分区。

注意：如果是初次安装 Linux 系统，并且需要保留当前计算机上的 Windows 操作系统，那么可以使用虚拟机进行安装。虚拟机会在 Windows 分区上创建一个文件作为虚拟硬盘，这样可避免因操作不当而使整个硬盘的分区被破坏。在 Windows 下可选的虚拟机软件有 VMware、Wubi 等，Ubuntu 桌面版安装光盘中自带有 Wubi 虚拟机。

1.3.4　准备安装媒介

如果读者是初学 Linux，建议在虚拟机中安装 Linux。如果读者已经对 Linux 比较熟悉，可以直接在计算机中安装 Linux。由于现在的计算机大多没有光驱，所以在下载镜像文件后，需要将镜像文件写入 U 盘，然后进行安装。以下就是将光盘镜像文件写入 U 盘的具体操作步骤。

（1）在 Windows 计算机中下载 Ubuntu 系统镜像文件和 Rufus 软件。

（2）打开 Rufus 软件，如图 1.3 所示。设备选择用户的 U 盘，引导类型选择用户下载的 Ubuntu 系统镜像文件，单击"选择"按钮，找到 Ubuntu 系统镜像文件。

图 1.3　打开 Rufus 文件

（3）单击"开始"按钮，弹出"检测到 ISOHybrid 镜像"对话框，选择"以 ISO 镜像模式写入"复选框。单击 OK 按钮，等待 Ubuntu 系统镜像文件被写入 U 盘。写入完毕后，Ubuntu 的 U 盘系统工具就制作成功了。

1.3.5　以图形方式安装 Linux

图形化 Linux 安装程序为用户提供了多种安装语言和更加简单、易懂的安装信息。本节以 Ubuntu 22 Live CD 为媒介介绍安装 Linux 系统的过程。Live CD 是 Linux 系统最新的发布形式，它不但可以直接启动计算机进入 Linux 系统，还提供了图形化安装程序。

下面以 Ubuntu 为例，介绍以图形方式安装 Linux 系统的步骤。

（1）通过 Ubuntu Live CD 引导计算机，屏幕上出现"欢迎"对话框，如图 1.4 所示。

（2）在图 1.4 中可以选择软件的语言，这里选择"中文（简体）"选项，可以看到在对话框中有"试用 Ubuntu"和"安装 Ubuntu"两个按钮。可以单击"试用 Ubuntu"按钮，体验 Ubuntu 系统。这里单击"安装 Ubuntu"按钮，进入"键盘布局"对话框。

图 1.4　"欢迎"对话框

（3）单击"继续"按钮，弹出"更新和其他软件"对话框，勾选"正常安装"和"安装 Ubuntu 时下载更新"复选框，如图 1.5 所示。

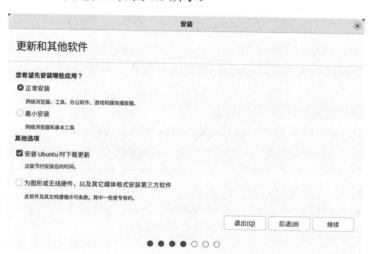

图 1.5　"更新和其他软件"对话框

（4）单击"继续"按钮，弹出"安装类型"对话框，选择"清除整个硬盘并安装 Ubuntu"复选框。

（5）单击"现在安装"按钮，弹出"将改动写入磁盘吗？"对话框。

（6）单击"继续"按钮，弹出"您在什么地方？"对话框，选择中国地图，默认在上海。

（7）单击"继续"按钮，弹出"您是谁？"对话框，如图 1.6 所示，在其中设置姓名、计算机名、用户名和密码。所有设置都可以自定义。单击"继续"按钮，继续安装。

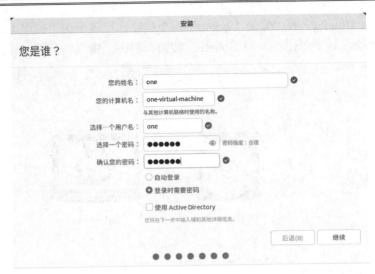

图 1.6　"您是谁？"对话框

（8）安装完毕后，系统将提示重新启动计算机。这时取出光盘，单击"现在重启"按钮，重新启动计算机。

（9）计算机重新启动后，将会进入 Ubuntu 系统登录对话框，输入之前设置的密码，就可以进入 Ubuntu 系统了。至此，一个全新的 Ubuntu 系统就安装好了。

1.3.6　升级为最新的内核版本

为了使用 Linux 系统最新的特性，可以在安装完成后对 Linux 内核版本进行升级。各个发行版的 Linux 系统都提供了软件管理器可以自动升级，但也可以根据需要手动升级内核。

Ubuntu 22.04 桌面版内核升级的步骤如下：

（1）在终端输入下列命令，下载 ubuntu-mainline-kernel 脚本。

```
wget https://raw.githubusercontent.com/pimlie/ubuntu-mainline-kernel.sh/
master/ubuntu-mainline-kernel.sh
```

（2）在终端输入下列命令，将脚本安装在可执行路径中。

```
sudo install ubuntu-mainline-kernel.sh /usr/local/bin/
```

（3）在终端输入下列命令，检查可用的最新内核版本。

```
ubuntu-mainline-kernel.sh --c
```

（4）获得最新版本并确认这就是要安装在系统上的版本，在终端输入下列命令：

```
sudo ubuntu-mainline-kernel.sh -i
```

（5）重新启动系统，此时内核就升级为最新的版本。可以在终端输入下列命令，检查内核版本。

```
uname -rs
```

1.3.7　安装中文支持

大多数 Linux 发行版都提供了多语言支持的功能，并可以根据用户的选择自动安装中文支持。中文支持通常包括中文字符编码、中文字库、软件的中文 UI 包和中文输入法。如果 Linux 安装完成后发现没有安装中文支持，可以手动安装。中文支持的安装信息可以查阅该发行版的中文社区。

1.4　小　　结

本章介绍了 Linux 系统的基本概念和安装方法。Linux 系统是一个开放的操作系统。在学习后面的章节前，读者可以根据自己需要安装一套 Linux 操作系统，以便实践 Linux 的各种开发技能。

1.5　习　　题

一、填空题

1．Linux 系统是一种类_____的完整操作系统。

2．Linux 系统的创始人是_____。

3．开源软件是将软件以_____形式发布。

二、选择题

1．GNU 项目的创始人是（　　　）。

A．斯科特·福斯特尔　　　　　　　　B．安德鲁·塔能鲍姆

C．理查德·斯托曼　　　　　　　　　D．其他

2．同一块硬盘上最多允许存在的主分区个数为（　　　）。

A．4 个　　　　　　B．5 个　　　　　　C．6 个　　　　　　D．7 个

3．下列不是顶层的分区体系的是（　　　）。

A．主分区　　　　　B．扩展分区　　　　C．逻辑分区　　　　D．其他

三、判断题

1．内核是操作系统的心脏，系统其他部分必须依靠内核这部分软件提供的服务。
（　　　）

2．Linux 系统至少需要两个交换分区和一个根分区。（　　　）

3．uname -rs 可以用来查看内核版本。（　　　）

四、操作题

1．尝试安装 Ubuntu 操作系统。

2．尝试将内核升级为最新版。

第 2 章　Linux 基本操作

Linux 系统有两种操作方法：一种是使用鼠标和键盘等输入设备直接在图形界面 X Window 上操作；另一种是通过输入文本命令方式在控制台上操作。各种 Linux 发行版的操作遵循相同的原则，因此操作方法非常相似。

2.1　登　　录

安装有图形界面的 Linux 系统启动后，会直接进入 X Window 中，并提示输入用户名和密码进行登录。第一次登录可能需要创建一个新用户，该用户只是一个普通用户，不能直接进行系统配置。有时需要在控制台上登录，直接输入用户名和密码即可。

2.1.1　Shell 程序

Shell 是一种具备特殊功能的程序，也是介于用户和 Linux 内核间的一个接口。Linux 系统拥有多种 Shell，发行版中常用的是名为 Bash 的 Shell。这种 Shell 不但能执行简单的命令，而且还能将多个命令、条件和参数编写为程序去执行。使用 Linux 系统进行程序开发通常需要掌握一些常用的 Shell 命令，如表 2.1 所示。

表 2.1　常用的Shell命令及其说明

命　令	说　明	命　令	说　明
man	查看联机帮助	ls	查看目录及文件列表
cp	复制目录或文件	mv	移动目录或文件
cd	改变工作目录	rm	删除目录或文件
mkdir	创建新目录	rmdir	删除空目录
cat	查看文本文件内容	find	查找目录或文件
date	显示或修改日期时间	free	查看内存和交换空间信息
chmod	修改目录或文件权限	chown	更改目录或文件的所有者

2.1.2　控制台

Linux 系统是一个多用户、多任务的分时操作系统。任何要使用系统资源的用户，都必须先向系统管理员申请一个账号，然后以这个账号的身份进入系统，该账号的名称就是登录名。Linux 系统通常有多个控制台，进入控制台后可使用 Shell 程序操作计算机。例如，在控制台创建一个新用户的步骤如下：

（1）Linux 系统启动后进入 X Window 登录界面，按 Ctrl+Alt+F2 键，进入控制台，如图 2.1 所示。

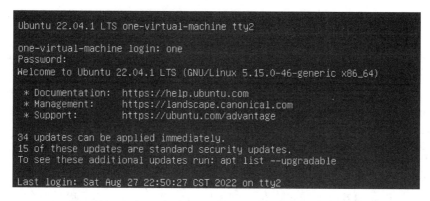

图 2.1　控制台

（2）输入用户名和密码（密码是系统安装时设置的）进入系统，输入下列命令获取系统管理员权限。

```
su root
```

📖**助记**：su 是 Super（超级）的前两个字母。

（3）输入下列命令，创建一个新用户，然后配置该用户的密码。

```
adduser [用户名]              //创建新用户，该用户隶属于普通用户分组
passwd [用户名]               //为该用户修改密码，新建用户的密码为空
```

📖**助记**：adduser 是词组 Add User 的合并写法，表示添加用户。passwd 是 Password（密码）的简写。

（4）按 Ctrl+Alt+F1 组合键，返回 X Window 界面，用新用户的用户名和密码进行登录。

2.1.3　终端

终端是在 X Window 里访问 Shell 程序的接口。在 GNOME 桌面上打开终端的方式是选择"应用程序"|"终端"命令，或者在某个空白位置处右击，在弹出的快捷菜单中选择"在终端打开"命令。

进入终端后，以登录 X Window 的用户名登录 Shell。在安装软件或对系统配置进行更改时，通常需要获得根用户的权限。在终端获得根用户权限的命令是 su，如图 2.2 所示。

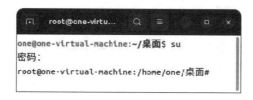

图 2.2　终端

2.2　文件和目录

文件系统是在物理存储设备中存放数据的索引格式。文件和目录是数据的逻辑划分形式。在 Linux 系统中，文件的准确定义是不包含任何结构的数据流。Linux 系统的文件类型概括起来可以分为 5 种，分别是普通文件、目录文件、链接文件、设备文件和管道文件。

- 普通文件就是平时所见的大多数文件，它的特点是不包含文件系统的结构信息。
- 目录文件是用于存放文件路径及相关信息的文件，是文件系统的基本节点。目录文件使文件系统呈现出树形结构。在 Linux 系统中，通常所说的目录就是指目录文件。
- 链接文件是指向另一个真实文件的链接，是一种特殊的文件结构。
- 设备文件是保存计算机设备信息和接口的文件，这是 Linux 操作系统的独特形式，计算机的所有设备都以文件的形式提供给应用程序使用。
- 管道文件是用于应用程序之间进行通信的文件。

2.2.1　文件系统

文件系统是硬盘及其逻辑分区的目录结构。一个硬盘设备可以包含一个或多个文件系统，但每个文件系统必须占据硬盘中单独的一个分区，如图 2.3 所示。Linux 文件系统可以根据需要随时装载和移除，这种方法保证了文件存储空间的动态扩展和系统安全。当常用的 Linux 桌面版系统启动时，包含根目录的文件系统首先被装载，该文件系统存储着保证系统正常运行的系统文件，其他文件系统在桌面环境启动时作为子系统会自动地安装到主系统中。

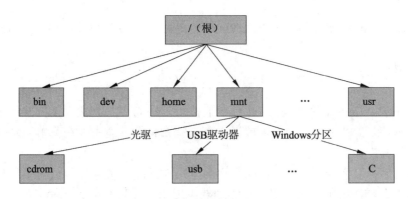

图 2.3　mnt 挂载子文件系统

其中，mnt 是为挂载子文件系统而设置的挂载点。经过挂载之后，主文件系统与子文件系统就构成了一个有完整目录层次结构的、容量更大的文件系统。已挂载的子文件系统也可以从整个文件系统中移除，恢复安装前的独立状态。挂载和移除子文件系统的操作方法如下：

（1）建立文件系统。在硬盘完成分区后，应该在该分区上建立文件系统，该操作又称为格式化。建立文件系统是通过 mkfs 工具完成的。例如，在分区/dev/ sda1 上建立 ext4 文件系统，可以使用下列命令：

```
mkfs -t ext4 /dev/sda1
```

📖助记：mkfs 是 Make File System（建立文件系统）的简写。

按照 Linux 系统对分区的命名规则，ATA 接口的硬盘以字母组合 hd 开始，SCSI 和 SATA 接口的硬盘以字母组合 sd 开始。第 3 个字母是硬盘的序号，a 为第 1 块硬盘，b 为第 2 块硬盘，以此类推。最后一位数字是分区的序号。

（2）挂载子文件系统。创建文件系统后，需要使用命令 mount 将该文件系统安装到主文件系统中。例如，将第（1）步中的 sda1 分区挂载到"/mnt/dev"节点上，可使用下列命令：

```
su                               //切换到根用户权限
mkdir /mnt/dev                   //创建目录
chmod 777 /mnt/dev               //修改目录权限
mount -t ext4 /dev/sda1 /mnt/dev //挂载子文件系统
```

📖助记：mount 是一个英文单词，意思为挂载。

在进行挂载前，首先要切换为根用户权限，否则无法访问"/mnt"目录。然后为挂载点建立一个空目录。为了让所有用户都能访问和修改该目录，还需要使用 chmod 命令修改目录的权限。最后执行 mount 命令进行挂载，其中，第 1 个参数是文件系统类型，第 2 个参数是分区的路径，第 3 个参数是挂载点的路径。

（3）使用以下命令可以查看是否挂载成功。

```
df -hT
```

📖助记：df 是 Disk free（硬盘空余）的简写。

（4）卸载子文件系统。对于一些可以读写的移动设备来说，移除设备前需要卸载子文件系统。因为 Linux 系统使用了缓存机制，如果不卸载就移除设备可能会使子文件系统数据丢失。例如，挂载 USB 存储器子文件系统的挂载点为/mnt/usbdisk，则卸载该子文件系统的命令如下：

```
umount /mnt/usbdisk
```

📖助记：umount 是英文单词 Unmout（卸载）的简写。

🔔注意：对于正在进行读写操作的子文件系统，则不能使用 umount 命令卸载。卸载子文件系统前，应保证其中没有文件被打开。

2.2.2　文件名

Linux 系统的文件名由字符和数字组成，其中，字符可以是大小写英文字母或其他 Unicode 编码的文字和符号，但不能包括"*""?""[ ]"文件名通配符。Linux 系统的文件名也有类似的扩展名，在文件名中，最后一个"."后的内容即是扩展名。例如，C 语言源文件的扩展名是 c，头文件的扩展名是 h。

2.2.3　路径名

Linux 文件系统采用带链接的树形目录结构，即只有一个根目录。根目录包含下级子目录或文件；子目录包含更下级的子目录或者文件。这样一层一层地延伸下去，构成一棵倒置的树，如图 2.4 所示。

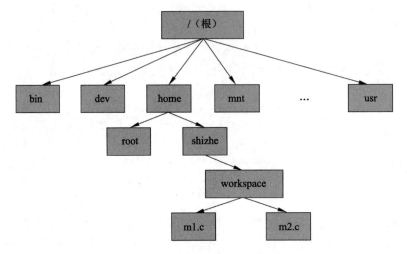

图 2.4　文件的树形结构

路径名分为绝对路径和相对路径。绝对路径是从根目录到目标目录或文件所经过的所有节点名称，例如在图 2.4 中。文件 m1.c 的绝对路径是/home/shizhe/workspace/m1.c。相对路径是某一个目录到目标目录或文件所经过的所有节点名称，如文件 m1.c 相对于"/home"的相对路径是 shizhe/workspace/m1.c。

2.2.4　工作目录

控制台或终端在某个时刻总是对应着一个目录，该目录即工作目录。在控制台或终端上执行命令或程序，对某个没有指定路径的文件或子目录进行操作时，控制台或终端会自动在文件或子目录前加入当前工作目录的路径。例如，执行 ls 命令会将工作目录下的文件和子目录名称显示出来，除非在 ls 命令后输入某个具体的路径名称。工作目录可用"."表示，工作目录上层父目录用".."表示。cd 命令用于改变工作目录。

2.2.5　起始目录

用户通过控制台或终端登录时，起始目录为用户的主目录。默认情况下，起始目录是用户主目录，通常是"/home"目录中与用户的登录名相同的一个子目录。起始目录可以用"~"符号表示。例如，无论当前工作目录在何处，下列命令都可以显示起始目录下的文件或主目录。

```
ls ~                                //显示起始目录下所有的文件名与子目录名
```

📖**助记**：ls 是 List（列表）的简写。

控制台或终端会将"~"符号替换成用户起始目录的绝对路径，该符号也被认为是环境变量，Linux 系统会自动维护"~"符号的值。

2.3　输入和输出

Linux 系统的输入和输出功能由 Linux 内核提供，内核管理着所有的输入与输出设备。这些设备以设备文件的形式存在，保存在"/dev"目录下。所有运行在 Linux 系统上的应用程序必须通过 Linux 内核进行输入与输出操作。本节将简单介绍 Linux 内核输入和输出的概念。

2.3.1　文件描述符

文件描述符是一个小的非负整数，内核用来标识某个特定进程正在读写的文件。当内核打开一个现存文件或创建一个新文件时，它会给进程返回一个文件描述符，这样该进程就能通过内核访问目标文件了。

2.3.2　标准输入、标准输出和标准错误

按照惯例，每当运行一个新程序时，所有的 shell 都会为其打开 3 个文件描述符，分别是标准输入、标准输出及标准错误。如果像简单命令 ls 这样没有做什么特殊处理，则这 3 个文件描述符都连向终端。大多数 shell 均提供了同一种描述方法，这样可以使这 3 个文件描述符或其中的任何一个文件描述符都能重新定向到某一个文件。例如：

```
# ls > file.list
```

执行 ls 命令，其标准输出重新定向到名为 file.list 的文件上。

2.3.3　标准输入和输出函数

标准输入和输出函数提供了一种不用缓存的输入和输出机制。使用标准输入、输出函数的一个优点是无须担心如何选取最佳的缓存长度，另一个优点与处理输入行有关（常常发生在 Linux 的应用中）。例如，write()函数可以写入指定字节数的内容，而 read()函数可以读取指定字节数的内容。

2.4　小　　结

本章首先介绍了 Linux 系统的基本操作，包括如何登录 Linux 系统、Shell 的基本命令和作为 Shell 接口实现形式的控制台与终端。然后介绍了 Linux 的文件与目录，只有对 Linux

的文件系统有较深的理解，才能更好地掌握后面章节介绍的文件操作。最后简单介绍了 Linux 系统输入与输出的概念，这是计算机程序设计的重要基础知识。读者在学习 Linux 程序开发的过程中需要从多个方面了解输入和输出的知识。

2.5　习　　题

一、填空题

1．安装了图形界面的 Linux 系统启动后会直接进入_____中。

2．建立文件系统是通过_____工具来完成的。

3．Linux 文件系统采用带链接的_____目录结构。

二、选择题

1．用来查看联机帮助的命令是（　　　）。

A．cp　　　　　　　B．cd　　　　　　　C．move　　　　　　　D．man

2．Linux 系统启动后，进入控制台的快捷键是（　　　）。

A．Ctrl+C　　　B．Ctrl+Alt+F2　　　C．Ctrl+Alt+F1　　　D．其他

3．标准输出函数是（　　　）。

A．fgets()　　　B．read()　　　　C．gets()　　　　　D．其他

三、判断题

1．文件描述符是一个小的负整数。　　　　　　　　　　　　　　　（　　　）

2．路径名可以分为绝对路径和相对路径。　　　　　　　　　　　　（　　　）

3．默认情况下，起始目录是 mnt 目录。　　　　　　　　　　　　（　　　）

四、操作题

1．打开控制台，使用命令创建一个新的用户，并且修改该用户的密码。

2．在分区/dev/sda2 上建立 ext 4 文件系统。

第 3 章　Linux C 的编译器与调试器

编译器是将易于编写、阅读和维护的高级计算机语言，翻译为计算机能解读和运行的低级机器语言的程序。调试器是用于查找源代码中的错误，测试源代码和可执行文件的工具。GNU 项目提供了 GCC 编译器、G++编译器和 GDB 调试器，它们是在 Linux 系统上使用 C 和 C++语言进行程序开发的重要工具。本章将介绍这些工具的安装和使用的方法。

3.1　GCC 和 G++编译器

GCC 是 GNU 项目的一个子项目，最初是用于编译 C 语言的编译器。随着 GNU 项目的发展，GCC 已经成为能编译 C、C++、Ada、Object C 和 Java 等语言的 GNU 编译器家族，同时还可执行跨平台的交叉编译工作。G++则是专门用来编译 C 和 C++语言的编译器。C 和 C++语言正在不断发展，为了保持兼容程序语言的最新特性，开发者通常选择 GCC 来编译用 C 语言编写的源代码，选择 G++来编译 C++源代码。

3.1.1　GCC 和 G++编译器的安装

安装或更新 GCC 和 G++编译器可以在 GNU 项目的官方网站（www.gnu.org）上下载相应的安装包，也可以使用 Deb 软件包管理器来安装。安装 GCC 和 G++编译器的命令如下：

```
sudo apt-get install make            //安装 make 程序
sudo apt-get install gcc             //安装 GCC 编译器
sudo apt-get install gcc - g++       //安装 G++编译器
```

📣注意：如果在安装过程中提示需要选择编译器版本，可以根据当前的硬件环境选择最新发布的版本。另外，如果提示需要安装其他软件包，请一并安装。

3.1.2　GCC 和 G++编译命令

GCC 和 G++编译器没有图形界面，只能在终端上以命令行方式运行。编译命令由命令名、选项和源文件名组成，格式如下：

```
gcc [-选项 1] [-选项 2]…[-选项 n] <源文件名>
g++ [-选项 1] [-选项 2]…[-选项 n] <源文件名>
```

📖助记：gcc 是 GNU C Compiler（GNU C 编译器）的简写。g++是 GNU C++ Compiler（GNU C++编译器）的简写。

　　命令名、选项和源文件名之间使用空格分隔，一行命令中可以有多个选项，也可以只有一个选项。文件名可以包含文件的绝对路径，也可以使用相对路径。如果文件名中不包含路径，那么源文件被视为存储在工作目录中。如果命令中不包含输出的可执行文件名称，那么默认情况下将在工作目录中生成后缀为.out 的可执行文件。

3.1.3　GCC 和 G++编译选项

　　GCC 拥有一百多个编译选项。对于 C 语言和 C++语言，G++与 GCC 的编译选项基本相同。常用的 GCC 和 G++编译选项及其说明见表 3.1。

表 3.1　常用的GCC和G++编译选项及其说明

编 译 选 项	说　　明
-c	只进行预处理、编译和汇编，生成.o文件
-S	只进行预处理和编译，生成.s文件
-E	只进行预处理，产生预处理后的结果重定向到标准输出文件中
-C	预处理时不删除注释信息，常与-E同时使用
-o	指定目标名称，常与-c和-S同时使用，默认是.out
-include file	插入一个文件，功能等同于源代码中的#include
-Dmacro[=defval]	定义一个宏，功能等同于源代码中的#define macro [defval]
-Umacro	取消宏的定义，功能等同于源代码中的#undef macro
-Idir	优先在选项后的目录中查找包含的头文件
-lname	链接后缀为.so的动态链接库来编译程序
-Ldir	指定编译搜索库的路径
-O[0-3]	编译器优化，数值越大，则优化级别越高，0表示没有优化
-g	编译器编译时加入调试信息
-pg	编译器在编译时加入gprof性能测试代码片段
-share	使用动态库
-static	禁止使用动态库

3.1.4　GCC 和 G++编译器的执行过程

　　GCC 和 G++编译器的执行过程可总结为 4 步：预处理、编译、汇编和链接。在预处理过程中，编译器会对源代码中的头文件和预处理语句进行分析，生成以.i 为后缀的预处理文件。编译过程是将输入的源代码编译为以.o 为后缀的目标文件。汇编过程是针对汇编语言的步骤，编译后生成以.o 为后缀的目标文件。最后执行链接过程，所有的目标文件被安排在可执行程序中的恰当位置。同时，该程序调用的库函数也从各自所在的档案库中被链接到合适的地方，如图 3.1 所示。在 Windows 中，由于 Visual Studio 这类工具将所有操作都隐藏在幕后，所以使很多开发者失去了了解编译机制的机会。

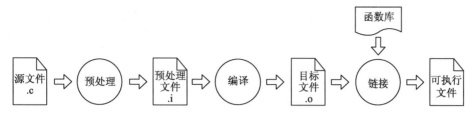

图 3.1　编译器的执行过程

3.2　程序和进程

程序和进程是操作系统中的重要概念。程序是可运行的一组指令，以二进制代码的形式保存在存储设备中。操作系统运行程序后，该程序在内存中的映像就是进程，进程是活动的程序。

3.2.1　程序

程序是指一组指示计算机或其他具有信息处理能力的设备每一步动作的指令。Linux 系统中的应用程序主要分为两种，分别是可执行文件和脚本程序。其中，可执行文件是能够被计算机直接执行的程序，相当于 Windows 系统中的 exe 文件。使用 C 和 C++语言设计的程序，编译后即是可执行文件。Linux 系统不要求可执行文件使用特定的扩展名，文件是否能够被执行，由文件的系统属性来决定。

3.2.2　进程和 PID

进程是一个具有独立功能的程序，表示关于某个数据集合一次可以并发执行的运行活动。进程作为构成系统的基本元件，不仅是系统内部独立运行的实体，而且是独立竞争资源的实体。

在 Linux 系统中，用户创建进程时会先在系统的进程表中为进程创建独一无二的编码，即 PID。PID 是一个正整数，其取值范围是 2～32768。进程创建时会顺序挑选下一个未使用的编号数字作为自己的 PID。如果已经经过一轮的循环，则新的编码重新从 2 开始。数字 1 一般是为特殊进程 systemd 保留的，它负责管理其他进程。例如，执行下列命令会显示系统内的所有进程。

```
ps -e
```

📖助记：ps 是 Process Status（进程状态）的简写。

显示的结果如下：

```
PID       TTY         TIME          CMD
  1       ?           00:00:03      systemd
  2       ?           00:00:00      kthreadd
  3       ?           00:00:00      rcu_gp
```

```
    4           ?              00:00:00              rcu_par_gp
    ...
```

3.3   ANSI C 标准

C 语言诞生后的很长一段时期内，并没有针对 C 语言制定严格的标准，不同编译器可以使用不同的语法规则或数据结构，此状况给程序的移植带来很多麻烦。于是，美国国家标准学会（ANSI）决定统一 C 语言标准，并于 1989 年颁布了 ANSX3.159-1989 标准文档，这个标准被称为 ANSI C 标准。ANSI C 标准在订立时吸取了很多 C++语言的内容，同时促使 C 语言支持多国字符集，其中包括各种中文字符集。ANSI C 标准的推出使 C 语言保持着活力，成为最受开发者欢迎的开发语言。

1999 年，ANSI 推出了 C 语言标准的修订版，该修订版简称 C99。GCC 编译器和 GDB 调试器均以 ANSI C 标准为原则，同时也支持 C99。目前最新的 C 语言标准为 C17，由于该标准在 2017 年开始编写并在 2018 年正式命名，所以该标准也称为 C18。GCC 基本上支持所有的 C17 标准。

3.3.1   函数原型

C 语言设计的程序是由函数组成的，在函数被详细定义前，可先在头文件中定义函数原型，这样函数间可更容易地相互调用。头文件<unistd.h>包含许多 Linux 系统服务的函数原型，如 read()、write()和 getpid()函数，它们的原型如下：

```
ssize_t read(int __fd, void *__buf, size_t __nbytes);
ssize_t write(int __fd, const void *__buf, size_t __n);
__pid_t getpid(void);
```

函数原型由函数的返回类型、函数名和参数 3 部分组成。例如，第一行中的 ssize_t 表示该函数返回值是 ssize_t 类型的值。括号中是参数列表，多个参数之间用逗号分隔。代码最后一行 getpid()函数的参数是 void，表示 getpid()函数没有参数。当源代码编译时，因为编译器已经知道参数的类型，所以会将调用的参数进行强制转换。

3.3.2   类属指针

类属指针是一种能够同时支持所有数据类型的指针。在函数原型中常用的"void *"类型即是类属指针。ANSI C 标准常用类属指针代替函数参数中的其他指针，使同一个函数能支持多种数据类型。相关内容将会在本书的程序实例中多次见到。

3.3.3   原始系统数据类型

在函数原型中以"_t"结尾的类型称为原始系统数据类型。原始系统数据类型定义在头文件 sys/types.h 中，以 typedef 操作符加以定义。原始系统数据类型是目标系统数据结构的接口，在不同的操作系统中，其字长会有变化。

3.4　编译 hello world

　　hello world 程序作为程序员学习的第一个程序已成为有趣的惯例。本节将讲述如何使用 Linux 系统中默认的编辑器编写该程序的源代码，并使用 GCC 编译器将该程序编译为可执行文件。

3.4.1　使用 Vi 编写源代码

　　Vi 是 Linux 系统中最常用的文本编辑器，几乎所有 Linux 发行版中都已包含 Vi 程序。它工作在控制台或终端，通过 shell 调用，全部操作均由命令完成，对于初学者来说并不容易掌握。下列命令在用户主目录"/home/用户名"下创建一个名为 helloworld 的目录，然后在该目录下使用 Vi 新建 helloworld.c 文件并打开该文件。

```
cd ~                      //进入"/home/用户名"目录，使之成为工作目录
mkdir helloworld          //新建 helloworld 目录
cd helloworld    //进入 helloworld 目录，工作目录是"/home/用户名/helloworld"
vi helloworld.c           //使用 Vi 新建并打开 helloworld.c 文件
```

📖助记：vi 是 Visual 的缩写，而 Visual 是 UNIX 文本编辑器 Ex 的一个命令。

　　".c"结尾的文件表示该文件是 C 语言源代码。执行完以上命令，终端即进入 Vi 程序。这时先按 I 键进入命令输入状态，Vi 可以从光标所在位置开始录入文本。输入 helloworld.c 文件的内容如下：

```
01   #include <stdio.h>       //这个头文件包含基本的输入和输出函数
02   int main()               //主函数，程序将从这里开始执行
03   {
04     char *c;               //声明一个字符串变量 c
05     c = "hello world!";    //为字符串变量赋值
06     printf("%s\n", c);     //输出该变量并输出换行符
07     return 0;              //程序结束时向操作系统返回 0，表示正常退出
08   }
```

　　输入结束后，先按 Esc 键退出输入状态，再输入:wq 并按 Enter 键，该文件将被保存并退出 Vi 程序。Vi 的命令非常丰富，如果输入有误或需要修改文件，可以参照表 3.2。

表 3.2　常用的 Vi 命令及其说明

命　令	说　明	命　令	说　明
Esc	进入或退出命令模式	i或I	插入
h、j、k、l或方向键	移动光标位置	a或A	在光标后输入
/关键字	向下查找关键字	o或O	插入新行
x或X	向前或向后删除一个字符	r或R	在光标后改写
D或d	删除整行	w	保存文件
Y或y	复制整行	q	退出Vi程序
p或P	在上一行或下一行粘贴	wq	保存文件并退出
U	还原前一个动作	set nu	显示行号

3.4.2　程序的编译与连接

程序经过编译器的编译与连接后，即可生成可执行文件。如果源代码有语法错误，则会在终端上显示错误信息。有时编译器会出现警告提示，表明源代码没有严格按照标准编写，如果程序依然被编译成功，那么可能会在运行时出现意外的结果。继续前面的操作不改变工作目录，编译并连接 helloworld.c 文件，可以在终端输入下列命令：

```
gcc -o helloworld helloworld.c           //编译并连接程序文件
                          //-o helloworld 表示使用 helloworld 作为目标文件名
```

📖助记：o 是 Output（输出）的首字母。

3.4.3　使用终端运行程序

如果要运行 hello world 程序，继续前面的操作不改变工作目录，只需要在终端输入下列命令：

```
./helloworld                        //运行当前目录下的 hello world 程序
```

程序的输出结果为：

```
hello world!
```

要在 Linux 系统上运行程序，必须给出该程序完整的路径。前面创建的 helloworld.c 文件建立在 "/home/用户名/helloworld" 目录下，编译和连接后所生成的可执行文件也在该目录下。运行程序时输入 "/home/用户名/helloworld/helloworld" 即可。如果当前的工作目录已经是 "/home/用户名/helloworld" 了，那么可以用 "./" 替代工作目录的路径。

3.5　GDB 调试器

程序编写后难免会出现各种错误。当程序完成编译时，隐藏的错误可能会使程序无法正常运行，或者不能实现预期的功能。简单的程序或浅显的错误可以依赖程序员的经验判断出故障点，但现在的软件规模越来越大，调试起来也就越来越困难。调试器是帮助程序员修改错误的得力工具，其常用的断点、单步跟踪等功能可以帮助程序员快速找到故障点。

3.5.1　GDB 调试器简介

Linux 程序员最常用的调试工具是 GDB。GDB 调试器是 GNU 项目的子项目。该程序提供了所有常用的调试功能，是 Linux 系统最简单、快捷的调试工具。由于目前图形用户界面（GUI）普及，大量基于 GUI 的调试器被开发和运行在 Linux 上。它们大多是以 GDB 为核心配上 GUI，即用户通过 GUI 发出命令，这些命令依次被传送给 GDB。其中常用的一个拥有图形界面的调试器就是 DDD，即数据显示调试器。DDD 会内嵌 GDB 调试器，可以使用 GDB 的所有功能。在一些集成开发环境如 Eclipse 中也提供了以 GDB 为核心的调试功能。

3.5.2　GDB 调试器的安装

通常在 Linux 桌面版的软件开发包集合中已包含 GDB 调试器。如果需要安装或更新 GDB 调试器，可以使用 DEB 软件包管理器来完成。操作方法如下：

```
sudo apt-get install gdb                                //安装 GDB 调试器
```

📖助记：gdb 是 GNU Project Debugger（GNU 项目调试器）的简写。

3.5.3　GDB 常用的调试命令

GDB 调试器调试的对象是可执行文件，使用 GCC 或 G++编译器编译源代码时，必须加上选项-g 才能使目标可执行文件包含可被调试的信息。以 3.4 节中的 hello world 程序为例，编译链接程序，并使用 GDB 调试器打开目标可执行文件的命令如下：

```
gcc -g -o helloworld helloworld.c  //编译并链接程序，使之包含可被调试的信息
gdb helloworld                     //使用 GDB 调试器打开 hello world 可执行文件
```

完成以上操作后，系统将显示 GDB 调试器的版本、使用的函数库信息，并显示（gdb）命令提示符。这时可以输入命令对程序进行调试，常用的命令及其说明参见表 3.3。

表 3.3　GDB 常用的命令及其说明

命　　令	说　　　　明
file <文件名>	在 GDB 中打开执行文件
break	设置断点，支持的形式有 break 行号、break 函数名称、break 行号/函数名称 if 条件
info	查看和可执行程序相关的各种信息
kill	终止正在调试的程序
print	显示变量或表达式的值
set args	设置调试程序的运行参数
delete	删除设置的某个断点或观测点
clear	删除设置在指定行号或函数上的断点
continue	从断点处继续执行程序
list	列出 GDB 中打开的可执行文件代码
watch	在程序中设置观测点
run	运行打开的可执行文件
next	单步执行程序
step	进入所调用的函数内部，查看执行情况
whatis	查看变量或函数类型，调用格式为"whatis 变量名/函数名"
ptype	显示数据结构定义情况
make	编译程序
quit	退出 GDB

3.5.4　在 GDB 中运行程序

打开可执行文件后，可根据需要在程序中加入断点并运行程序。以 hello world 程序为例，可以在为变量赋值前加入断点并运行程序。继续 3.5.3 小节的操作，方法如下：

```
(gdb) break 5                          //在源代码第 5 行，即变量 c 赋值处加入断点
(gdb) run                              //运行程序
```

3.5.5　检查数据

在程序中加入断点后，程序运行时会在断点处暂停，以便检查程序中的数据。通过检查数据，可以判断出许多种错误所在。hello world 程序在第 5 行加入了断点，这时第 5 行的代码并未执行。检查变量 c 的值可输入如下命令：

```
(gdb) print c                          //显示变量 c 的值
```

命令执行后，输出结果如下：

```
$1 = 0x0
```

结果表明变量 c 所指向的地址为 0x0。继续执行程序，使用单步执行方式再检查变量 c 的值，输入下列命令：

```
(gdb) next                             //单步执行程序
(gdb) print c                          //显示变量 c 的值
```

命令执行后，输出结果如下：

```
$2 = 0x555555556004 "hello world!"
```

结果表明变量 c 指向了地址 0x555555556004，该地址的内容转换为 ASCII 码的结果为"hello world!"。如果还要继续运行程序，输入 continue 命令，程序将会运行到下一个断点处暂停或者直接运行结束。

3.6　小　　结

本章介绍了在 Linux 系统中编译 C 和 C++语言的编译器 GCC 和 G++的基本概念及操作。它们与文本编辑器 Vi 的结合，组成了最简单的程序开发环境。另外，本章还介绍了程序和进程的概念。程序是编程工作的结果，进程是程序运行时在系统上的映射。GCC 和 G++编译器是遵循 ANSI C 标准设计的，因此本章也简单介绍了 ANSI C 的概念。在深入学习 C 语言时，对 ANSI C 标准的了解可以避免许多错误程序的产生。本章最后还介绍了 GDB 调试器，读者需要在学习中不断摸索该工具的操作方法。

3.7　习　　题

一、填空题

1．GCC 是_____项目中的一个子项目。

2．PID 的取值范围是_____。

3．编译命令由_____命令名_____、选项和源文件名组成。

二、选择题

1．以下安装 GCC 命令的选项是（　　　　）。

A．sudo apt-get install gcc　　　　　　B．install gcc

C．gcc　　　　　　　　　　　　　　　D．其他

2．kill 命令的功能是（　　　）。

A．设置断点　　　　　　　　　　　　B．退出 GDB

C．终止正在调试的程序　　　　　　　D．其他

3．编译选项- share 的功能是（　　　）。

A．禁止使用动态库　　　　　　　　　B．使用动态库

C．插入一个文件　　　　　　　　　　D．其他

三、填空题

1．函数原型由函数的返回类型、函数名和参数 3 部分组成。　　　　　　（　　）

2．在函数原型中以"_t"结尾的类型被称为类属指针。　　　　　　　　　（　　）

3．GDB 调试器调试的对象是脚本程序。　　　　　　　　　　　　　　　（　　）

四、操作题

1．编写一个代码，功能为输出字符串 Linux 并运行。

2．编写一个代码，声明一个字符串变量 c，然后为其赋值为 Hello Linux，最后输出。编写好代码后，使用 GDB 进行调试，在变量 c 赋值处添加断点然后运行。

第 4 章 Linux 开发环境

第 3 章介绍了 Linux 系统的最基本的开发工具。通过这些基本的开发工具，可以构成一个简单的开发环境。但在纯命令模式下编辑源代码和调试软件并不方便，特别是开发大型的复杂软件。本章将介绍一些功能更强大的开发工具，这些开发工具结合 GCC、G++编译器和 GDB 调试器，组成了非常友好的开发环境，可以与 Windows 系统中的集成开发环境相媲美。

4.1 文本编辑工具

文本编辑工具是用来编写源代码的应用程序。Linux 中比较流行的文本编辑工具有 Vi、Gedit、Vim 和 Emacs，这几个工具在编辑源代码时各有优点。下面以 Vim 和 Emacs 为例讲解文本编辑工具的用法。

4.1.1 Vim 的使用方法

在 Linux 系统中，大多数文本编辑工具都可以直接在编辑区中输入字符，并且可以通过一些命令完成相应的控制功能。例如，使用方向键移动光标，使用 Backspace 键或者 Delete 键删除字符，使用 Page Up 键和 Page Down 键来翻页。Vim 编辑器继承了这些特性。它既能工作在终端，又能工作在 X Window 中，基本操作与 Vi 相似。此外，Vim 还提供了一些更适合源代码开发的特性，这些特性如下：

- ❑ 语法加亮：Vim 可以使用不同颜色区分源代码的不同部分。
- ❑ 多级撤销：可撤销多次的文本编辑操作。
- ❑ 同时编辑多个文件：在 Vim 中能同时打开多个文件，方便编辑有多个源代码文件的程序。
- ❑ 显示行号：编辑源代码时显示行号，能快速找到目标代码位置。

可使用 Apt 软件管理器直接下载和安装最新版本的 Vim。命令如下：

```
sudo apt-get install vim
```

📖助记：Vim 是从 Vi 发展而来的一个文本编辑器，最初的简称是 Vi Imitation（Vi 仿制品），随着其功能的不断增加，正式名称改成了 Vi Improved（Vi 改进型）。Vim 就是 Vi Improved 的简写。

🔔注意：如果是 root 用户，可以省略 sudo。

安装成功后，运行 Vim 只需要在终端上输入命令 vim 即可，如图 4.1 所示。

🔔注意：要使用 C 语言源代码语法加亮功能，需要配置文件/etc/vim/vimrc，加入代码 syntax on。另外，源代码文件的后缀名必须为".c"。其他 Vim 的操作方法可以输入命令 help 查看。

图 4.1　Vim 主界面

4.1.2　Emacs 的使用方法

为了方便大型系统的开发，GNU 项目又推出了 Emacs（Editor MACroS 的简写）文本编辑器。该编辑器运行在 X Window 环境中，不但具备基本的文本操作功能，同时为开发项目提供了一些必备的应用环境。例如，Emacs 支持电子邮件的收发，这样可以协同开发。在进行 C 或 C++程序设计时，Emacs 还能直接编写、编译和运行操作。下面举例讲解如何编写一个简单的 C 语言程序。

（1）安装 Emacs。在终端输入下列命令：

```
apt-get install emacs
```

（2）启动 Emacs。Emacs 可以在 X Window 中运行，如图 4.2 所示。在终端中输入下列命令可以打开 Emacs 并创建新文件。

```
emacs helloworld.c                          //启动 Emacs 并新建文件 helloworld.c
```

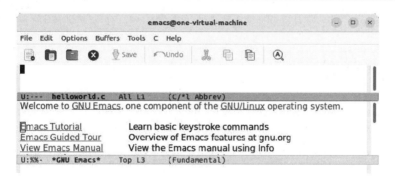

图 4.2　Emacs 主界面

（3）编辑源代码。可以参照第 3 章的例子，编辑 hello world 程序代码，编辑完成后保存。

（4）编译源代码。按组合键 Alt + X，输入命令 compile 后按 Enter 键，这时将提示输入编译命令。

（5）输入编译命令。删除原有的编译命令，输入命令 gcc -o helloworld helloworld.c 后按 Enter 键，这时将提示 Compilation finished at …，表示编译成功。

（6）运行程序。按组合键 Alt + X，输入命令 shell 后按 Enter 键，将会弹出一个小的终端窗口，在该窗口中即可运行程序。

4.2　集成开发环境

集成开发环境是将一些开发工具集合到同一个操作界面的工具软件。它通常由项目管理器、文件管理器、文本编辑工具、语法纠正器、编译工具和调试工具组成。在 Linux 系统中开发 C、C++语言程序，可选择的集成开发环境有 Eclipse 和 Kdevelop，分别运行在 GNOME 桌面环境和 KDE 桌面环境。Linux 系统中的集成开发环境通常不包含编译器和调试器，而是直接利用 GCC、GDB 等工具进行组合，而工具组合表现出了 Linux 系统的软件设计思想。

4.2.1　Eclipse 简介

Eclipse 最初是由 IBM 公司开发，2001 年 11 月正式贡献给开源社区，现在由非营利软件供应商联盟 Eclipse 基金会管理。2003 年，OSGi 服务平台规范成为 Eclipse 运行时架构。Eclipse 最初用于 Java 程序开发，加入 CDT 插件后，Eclipse 就能进行 C 和 C++程序开发了。Eclipse 的特性如下：

- ❑ 显示提纲：Outline 窗口模块可显示源代码中的变量、声明及函数的位置。
- ❑ 源代码辅助：可结合上下文提示输入需要的源代码，并检查源代码中的语法错误。
- ❑ 源代码模板：扩展源代码辅助功能中使用的源代码标准，加入自定义的源代码段，可加快代码编辑速度。
- ❑ 源代码历史记录：在没有使用 CVS 等版本控制工具的情况下，可以记录源代码的修改情况。

4.2.2　Kdevelop 简介

Kdevelop 是一个支持多种程序设计语言的集成开发环境。它运行在 KDE 桌面环境，可支持 C、C++程序开发。Kdevelop 默认使用 Kate_Part 作为文本编辑器组件，这样就完全继承了 Kate_Part 的特性。Kdevelop 很好地支持 Qt 图形界面工具包，因此是开发 KDE 桌面工具的理想环境。Kdevelop 的特性如下：

- ❑ 源代码高亮显示：Kdevelop 内置的文本编辑器支持源代码高亮显示和自动缩进的功能。
- ❑ 项目管理：Kdevelop 的项目管理器可以管理各种不同的项目类型，如 Automake、基于 Qt 的 QMake 项目和基于 Java 的 Ant 项目。
- ❑ 类浏览器：在进行面向对象开发时，可以快速了解对象的结构。
- ❑ GUI 设计器：可以通过所见即所得的方式编辑软件的图形界面。
- ❑ 并行版本控制：支持 CVS、Subversion、Perforce 和 ClearCase 等常用版本控制工具。

4.3　使用 Eclipse 开发 C 和 C++程序

综合比较而言，Eclipse 集成开发环境是 Linux 系统最简便的开发工具，不仅适合初学者使用，也是众多 Linux 程序设计专家的选择。因此，本书推荐使用 Eclipse 作为首选的开发工具。

4.3.1　安装与配置 Eclipse

Eclipse 运行需要 JRE 支持，因此首先要确保系统中已安装 JRE。安装 JRE 的命令为：

```
sudo apt install openjdk-8-jdk
```

要获得 Eclipse，可在其官方网站上下载对应版本的压缩包，地址是 http://www.eclipse.rg。集合了 C/C++语言开发环境 CDT 插件的压缩包名称为 eclipse-cpp-***-***-R-linux-gtk-x86_64.tar.gz。将压缩包保存到拥有执行权限的目录下，如用户主目录"/home/用户名"。双击压缩包文件，在压缩包管理器中解压该文件到用户主目录下，Eclipse 即安装完毕。Ubuntu 系统用户可直接在 Ubuntu 软件中心搜索并下载 Eclipse 和 C/C++ Development Tools for Eclipse。

完成以上操作后，在安装目录下双击 Eclipse 程序图标启动 Eclipse。Eclipse 首次运行时要求配置工作目录 workspace。这个目录默认用来存放源代码与相关项目文件的位置，当前用户必须具有该目录读写和执行的权限。Eclipse 启动时会弹出 Eclipse IDE Launcher 对话框，输入相应的工作目录后，选择 Use this as default and do not ask again 复选框，这样下次启动 Eclipse 时就不用再次配置工作目录了。单击 Launch 按钮，Eclipse 欢迎界面将出现在屏幕中。

4.3.2　Eclipse 界面

Eclipse 主界面由多个视图窗格组成，如图 4.3 所示。

图 4.3　Eclipse 主界面

- ❑ 左边为 Project Explorer 视图，用于创建、选择和删除项目。
- ❑ 正中间的窗格是编辑器区域，用于编辑源代码，可同时打开多个文件。
- ❑ 编辑器区域右边的 Outline 视图用于显示文档的大纲，这个大纲的内容取决于源文件的类型。对于 C 和 C++源代码文件来说，该大纲将显示所有被包含的函数库、函数、常量、变量，以及已声明的类、属性和方法等信息。
- ❑ 右下方有一组选项卡，其中：Tasks 视图用于收集正在操作的项目的相关信息；Console 视图是 Linux 的简易终端，用于显示编译器和调试器的工作过程，以及在源程序运行时进行输入和输出操作；Properties 视图用于显示编译错误信息。

4.3.3　编译与运行源代码

编译与运行源代码前，首先需要保证 GCC、G++编译器和 GDB 调试器已安装。Eclipse 通过调用 GCC、G++编译器实现源代码编译，因此必须要将源代码的相关信息建立为项目文件，这样才能让 Eclipse 知道应该使用哪一个编译指令。创建项目的具体操作步骤如下：

（1）选择 File | New | C/C++ Project 命令，弹出 New C/C++ Project 对话框，选择 C Managed Build 选项。

（2）单击 Next 按钮，弹出 C Project 对话框，如图 4.4 所示。输入项目名称，选择 Empty Project 列表项。

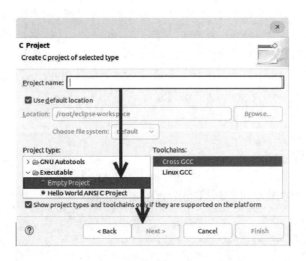

图 4.4　C Project 对话框

（3）单击 Next 按钮，弹出 Select Configurations 对话框。

（4）单击 Next 按钮，弹出 Cross GCC Commad 对话框。

（5）单击 Finish 按钮，将建立一个空白的 C 语言程序项目。

项目建立后，选择 File | New | Source File 命令，可以为项目添加新的源代码文件。每次单击 Build 或 Run 按钮，Eclipse 都会自动编译源代码，编译信息将在 Console 视图中显示。用 Run 按钮或 Run 菜单运行程序，没有图形界面的项目运行结果直接在 Console 视图内显示。

4.3.4　调试源代码

Eclipse 的调试(Debug)功能是调用 GDB 调试器实现的。与 GDB 的命令行不同,Eclipse 提供了更友好的图形界面用来查看调试信息。要在代码中加入断点,可以直接在文本编辑区右击要添加断点的代码的左侧区域,在弹出的快捷菜单中选择添加断点操作,然后选择 Run | Debug 命令,进入调试界面。屏幕左上方是调试视图,各种调试功能都可以通过单击其中的按钮来完成。屏幕右边是调试信息视图,可以查看变量、函数、断点和寄存器信息,如图 4.5 所示。

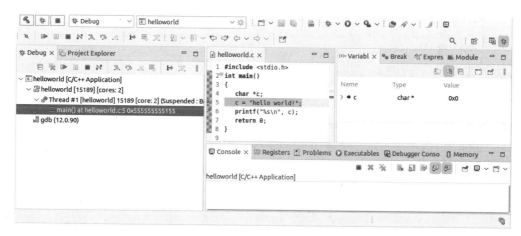

图 4.5　Eclipse 的调试界面

调试的基本原则是验证,修正有缺陷的程序的过程就是验证过程。当发现一处不正确的代码时,可以根据线索去定位错误。最常用的方法就是查看变量的值。在 Eclipse 提供的图形化调试界面中,只要将鼠标指针移动到代码的变量上,就可以在调试界面上设置观测点,了解在观测点上,程序的某个变量值是否可信或者是否在预期范围之内。

调试时,应该使用简单的条件来运行程序。这样做虽然无法发现所有的错误,但是能快速发现其中的一小部分错误。如果代码由大的循环组成,那么这个方法有助于在第一轮或第二轮循环中发现最简单的错误。

同时,为了方便调试,程序设计应当使用自上而下或模块化方法来编写代码。例如,主程序不宜太长,它应该由大量的函数调用语句组成,以完成预期的工作。

4.4　小　　结

本章介绍了一些高级的文本编辑器和集成开发环境,这些集成开发环境也是目前大多数程序员所常用的工具。有一些大型软件项目需要多位开发者协调工作,这时集成开发环境中的版本控制工具显得非常重要。它用于保障多位开发者在同时编译一个文件的过程中,不会相互覆盖对方的工作成果。另外,如果前面的文件不小心在后面被删除,版本控制工具也能方便地回溯到某个时间点。在后面章节的学习中,读者可使用集成开发环境编辑和运行程序，在实际操作中积累经验。

4.5　习　　题

一、填空题

1．Emacs 文本编辑器是_____项目推出的。
2．Eclipse 最初是由_____公司开发。
3．Eclipse 的调试功能是调用_____调试器实现的。

二、选择题

1．下列用于实现安装 Vim 的命令是（　　）。
A．apt-get install vim　　　　　　　　B．apt-get install vi
C．apt-get install emacs　　　　　　　D．其他
2．下列用于创建、选择和删除项目的视图窗格是（　　）。
A．编辑器区域　　　B．文本大纲　　　C．Project Explorer 视图　　　D．其他
3．Kdevelop 运行的桌面环境是（　　）。
A．KDE　　　　　　B．Ubuntu　　　　C．Linux　　　　　　D．其他

三、判断题

1．Eclipse 最初用于开发 C 语言程序。　　　　　　　　　　　　　　　　（　　）
2．Kdevelop 默认使用 Kate_Part 作为文本编辑器组件。　　　　　　　　（　　）
3．调试的基本原则是验证原则，修正有缺陷的程序是验证的过程。　　　（　　）

四、操作题

1．在 Eclipse 中创建一个 Hello 项目。
2．在 Hello 项目中编写代码，实现字符串 hello 的输出。

第2篇
C/C++语言基础知识

第 5 章　C 语言编程基础

从本章开始将介绍 C 语言的基础知识。C 语言是 Linux 系统最常用的程序设计语言。Linux 系统中的大多数软件提供了 C 语言接口和源代码，供用户扩展和改进软件的功能，或基于这些软件开发新的软件。正因为如此，在开源软件开发过程中可以很容易学习到他人的开发经验。GNU 项目为 C 语言开发提供了丰富的工具，充分利用现有的代码资源和这些开发工具，可以将学习到的知识付诸实践，从而更快速地掌握 C 语言开发技术。

5.1　程序设计语言的发展

程序设计语言是用来描写计算机程序的逻辑语法结构。它已成为一门学科，同时也是程序设计者之间的交流方式。过去，程序设计语言是针对特定的计算机设计的，程序员针对计算机的不同结构，设计特定算法或者数据结构。随着计算机技术的发展，很多程序设计语言已能够运行在多种计算机平台上，并能在不同平台之间移植。正因为如此，程序员才会试图使程序代码更容易阅读。在过去的七十多年间，大量的编程语言被发明、取代、修改或组合在一起，但无论如何变化，这些语言大致分为以下几类。

5.1.1　机器语言

电子计算机由复杂的逻辑电路组成，它能够"认识"的仅仅是 0 和 1 所代表的二进制数字信号。最初的计算机语言是以二进制数字组成的逻辑序列，也称为机器语言。每个二进制字符称为位（b），计算机最小的存储单元是 8 位组成的字节（B）。机器语言难以阅读，并只能针对特定的计算机编写，代码无法移植。

5.1.2　汇编语言

为了减轻程序设计的劳动强度，计算机科学家设计了一些简洁的英文缩写来替代用于控制或表明数据类型的二进制逻辑序列。例如，ADD 表示两个变量相加，IN 表示读取端口数据，于是诞生了汇编语言。

5.1.3　高级语言

汇编程序冗长，在代码上无法直接表现出所设计的逻辑。于是计算机科学家考虑引入更复杂的语言逻辑，并设计出了与机器类型无关的抽象语言，因此诞生了高级程序设计语言。

自 1954 年第一个高级语言 FORTRAN 问世至今，出现了数百种高级语言。这些高级语言的逻辑近似于人类语言逻辑，具备严密的语法结构，不依赖计算机硬件，如 ALGOL、COBOL、BASIC、LISP、Pascal、C、Ada、C++、Delphi、Java、C#和 Python 等。

高级语言的发展也经历了从早期语言到结构化程序设计语言、从面向过程到面向对象的转变。相应的，软件的开发也由最初的个体手工作坊式封闭生产，发展为产业化、流水线式工业化生产。随着程序设计语言的进步，程序设计方法也愈加丰富。

20 世纪 60 年代中后期，计算机硬件高速发展。而软件的发展速度未能跟上硬件的发展步伐，运行在计算机上的软件可靠性极差，于是出现了"软件危机"。20 世纪 70 年代结构化程序设计语言 Pascal 诞生后，标志着结构化程序设计方法时代的开始。20 世纪 80 年代开始，一场面向对象程序设计方法的革命彻底改变了"软件危机"局面，软件设计成为一门系统的工程学科。

面向对象是将现实世界的一切事物抽象化，在计算机中建立事物的模型，模拟客观世界分析、设计和实现的过程。这和人类日常处理事物的方式是一致的，对人类而言，希望发生一件事就处理一件事，面向对象的处理方法就是软件的集成化，生产一些通用的、封装紧密的功能模块。面向对象与具体应用无关，但能相互组合，完成具体的应用功能，同时又能重复使用。

高级语言的下一个发展目标是面向应用。也就是说，只需要告诉程序你要干什么，程序就能自动生成算法并进行处理，这就是非过程化的程序语言。

5.2　C 语言的特点

C 语言是一种通用的编程语言，广泛用于系统开发与应用软件开发中。它具有高效、灵活、功能丰富、表达力强和较高的移植性等特点，在程序员中备受青睐。C 语言是由 UNIX 的开发者丹尼斯·里奇（Dennis Ritchie）和肯·汤普逊（Ken Thompson）在 1970 年研发出的 B 语言的基础上发展和完善起来的。

5.2.1　C 语言是中级语言

C 语言通常称为中级语言，这是因为它有着与汇编语言类似的具有直接访问计算机底层资源的能力，同时它又具备高级语言的各种优点。作为中级语言，C 语言允许对位、字节和地址这些计算机语言中的基本成分进行操作。C 语言程序非常容易移植，甚至可以设计出能同时运行在 Linux、UNIX 和 Windows 等操作系统上的软件。

C 语言对数据类型的要求较为松散。从本质上来说，数据类型是告诉编译器如何为数据分配内存，内存的读取和写入方式都是相同的。

C 语言的另一个重要特点是它在诞生之初仅有 32 个关键字，即使发展至今也只有 44 个关键字，这些关键字构成 C 语言的命令。这与 BASIC 相比要简洁许多，后者包含的关键字多达 159 个。

5.2.2　C 语言是结构化语言

结构化语言源自日常生活中的问题求解方法。它首先将一个复杂的问题划分为许多独立的子问题，然后逐个去解决这些子问题。子问题之间是相互独立的，求解时逐个解决。有些问题会重复发生，虽然每次发生时的状况不完全一样，但是可通过总结获得一套由子问题求解而形成的通用问题的求解方法。结构化语言正是将复杂的程序化简为小而简单的独立模块，从而简化程序设计难度。

结构化语言所使用的设计方法为模块化设计方法，每个子问题求解的步骤被定义为模块。在 C 语言中，函数就是模块化的体现。函数之间是相互独立的，函数内的数据只能通过接口进行传递。在 C 语言程序中，数据与代码是分离的，数据在各个函数之间通过接口传递。因此，设计良好的函数能够在多个程序间反复使用，构成了代码复用的基础。

5.2.3　C 语言是程序员的语言

在程序设计语言中，有许多是针对非程序员所设计的语言，大多数解释性语言都是非程序员的语言，如 BASIC 和 FoxPro。这类语言虽然容易学习，但是所生产的程序执行效率低、可靠性差，不能访问计算机的底层资源。与其形成鲜明对比的是 C 语言，由于其程序生成、修改和现场测试自始至终均由真正的程序员执行，因而它实现了程序员的期望：很少限制，语法自由，具备块结构和独立的函数，以及紧凑的关键字集合。用 C 语言编程，程序员可以获得高效的机器代码，其效率几乎接近于汇编语言编程。

C 语言可以替代汇编语言使用。一方面原因是 C 语言能够直接操纵底层硬件，另一方面是因为在 C 语言中可包含汇编语言代码。因此，Linux 内核和大多数硬件的驱动程序是使用 C 语言设计的。GCC 等很多 C 语言编译器甚至能够将 C 语言直接翻译为汇编语言指令，并且以汇编语言为标准执行和控制。直接编写汇编语言是相当困难的，不仅难以设计出复杂的程序结构，而且对数据类型的支持也非常单调，C 语言的出现弥补了这些不足。

所有 Linux 系统均提供了 C 语言编译器。由此可见，C 语言是 Linux 系统最常用的编程语言。对于程序员来说，熟练掌握 C 语言，就能快速开发出各种应用软件。此外，由 C 语言开发的软件的执行效率和可移植性都能得到保证。Linux 系统上的很多大型软件都提供了 C 语言函数库，这些函数库可方便地构建新的应用程序或者进行二次开发。因此，C 语言对 Linux 系统有非常重要的意义，它可以降低在 Linux 系统上开发程序的难度。

5.3　C 语言的程序结构

任何一种程序设计语言都具有特定的语法规则和规定的表达方法。一个程序只有严格按照语言规定的语法和表达方式去编写，才能保证编写的程序在计算机中能正确地执行，同时也便于阅读和理解。

5.3.1　基本程序结构

　　基本程序结构就是从上至下顺序执行所有代码。C 语言程序必须有且只有一个主函数，程序从主函数开始执行，直到主函数结束。下面的示例是根据半径求圆形的面积。

```
01  #include <stdio.h>            //调用标准输入、输出函数库
02  #define PI 3.14               //定义常量 PI
03  int main()                    //从主函数开始执行
04  {
05      float r, s;               //定义单精度浮点型变量 r 和 s，分别代表半径与面积
06      printf("半径 = ");         //输出字符串作为提示
07      scanf("%f", &r);          //接受输入的半径数值并存入变量 r 中
08      s = PI * r * r;           //根据公式得出圆形面积的算法并将计算结果存入变量 s 中
09      printf("\n面积 = %f\n", s); //在终端上输出变量 s 的数值
10      return 0;                 //程序结束后向操作系统返回 0，表示正常退出
11  }
```

　　程序编译时，首先放入函数库 stdio.h，然后定义常量 PI，这些工作称为预处理。预处理命令以"#"开始，通常放在代码的最前面。程序从主函数 main() 开始执行，首先为变量声明，然后由 printf() 函数输出提示语，接着调用 scanf() 函数，这时终端会等待用户输入数值，该数值将被保存在变量 r 中。输入完数值后，程序运行到"s = PI * r * r;"这一行，该行是圆形面积算法的表达式，计算出的面积将保存在变量 s 中。后面再用 printf() 函数输出提示字符串及变量 s 的值，最后通过 return 命令返回一个值给操作系统，表示操作成功，主函数 main() 结束，同时程序也执行完成并退出。假设输入的半径值为 2.0，那么表达式"s = PI * r * r;"所计算的内容为 s ＝ $3.14 \times 2.0 \times 2.0$，结果为 12.56。

　　为了更清晰地说明结构化语言的特性，下面将计算圆形面积的公式设计成一个函数，该函数可在其他程序中反复利用，体现了代码重用的思想。修改后的代码如下：

```
01  #include <stdio.h>            //调用标准输入、输出函数库
02  #define PI 3.14               //定义常量 PI
03  float area(float r)           //定义求圆形面积函数
04  {
05      float s;                  //定义单精度浮点型变量 s，代表面积
06      s = PI * r * r;           //根据公式得出圆形面积算法，计算面积数值并存入变量 s 中
07      return s;                 //变量 s 作为函数的返回值
08  }
09
10  int main()                    //从主函数开始执行
11  {
12      float r, s;               //定义单精度浮点型变量 r 和 s，分别代表半径与面积
13      printf("半径 = ");         //输出字符串作为提示
14      scanf("%f", &r);          //接受输入的半径数值并存入变量 r 中
15      s = area(r);              //调用求圆形面积的函数，并将函数返回值存入变量 s 中
16      printf("\n面积 = %f\n", s); //在终端上输出变量 s 的数值
17      return 0;                 //程序结束时向操作系统返回 0，表示正常退出
18  }
```

　　与前一例子不同的是，程序执行到"s = area(r);"语句时，将进入子函数 area() 中运行，直到子函数用 return 命令返回值，这时又会回到主函数中继续执行。

从这些例子中可以看出 C 语言程序的基本结构。C 语言程序为函数模块结构，是由一个或多个函数构成的。C 语言程序的函数可分为编译器提供的标准函数和由用户自己定义的函数。例如，printf()和 scanf()是标准函数，area()是自定义函数。C 语言提供了大量的标准函数，它们被放在后缀为.h 的头文件中，例如，可以引入 math.h，用其中计算平方值的函数修改求圆形面积函数的表达式。修改后的代码如下：

```
...
#include <math.h>              //调用数学函数库
float area(float r)           //定义求圆形面积的函数
{
    float s;                  //定义单精度浮点型变量 s，代表面积
    s = PI * pow(r, 2);       //圆形面积算法，pow()函数返回变量的平方值
    return s;                 //变量 s 作为函数的返回值
}
...
```

在上面的代码中，pow()函数用来计算一个变量的 n 次方。表达式 s = PI * pow(r, 2) 更容易理解，等同于前一个例子中的表达式 s = PI * r * r。

注意：在使用命令编译引入 math.h 文件的程序时，需要添加-lm 选项，这样在编译时才可以链接数学库。如果要使用 Eclipse 编译引入 math.h 文件的程序，则需要在菜单中选择 Project | Properties 命令，在弹出的 Properties for *** 中选择 C/C++ Build | Settings 选项，弹出 Settings 面板，在其中选择 Tool Settings | Cross GCC Linker 选项，然后单击 Libraries(-l)旁边的添加按钮输入 m 就可以了。

虽然从技术上讲，主函数不是 C 语言的一个语法成分，但是它仍被看作 C 语言程序最重要的一部分，因此，main 这个单词被保留下来而不能用作变量名。函数的基本形式如下：

```
数据类型 函数名(形式参数列表)
{
    数据声明部分;
    语句部分;
    return 返回值;
}
```

其中，函数定义的首行包括数据类型说明、函数名和圆括号中的形式参数列表。如果函数调用时无参数传递，则圆括号中的形式参数列表为空。数据类型用于说明定义函数返回值的类型，如果没有返回值，则可定义成 void 型。形式参数列表用于指定函数调用时传递参数的数据类型和个数。函数体包括函数内使用的数据类型说明和执行函数功能的语句，花括号"{"和"}"表示函数体的开始和结束。

5.3.2　函数库和链接

程序员通常不需要从头开始设计每一个函数，完全用 C 语言命令所实现的函数非常罕见，因为所有的 C 语言编译器都提供了能完成各种常见任务的函数，如 printf()函数等。C 语言编译器的实现者已经编写了大部分常见的通用函数，这些函数根据其意义分类，分别存放在头文件中。例如，stdio.h 头文件存放的是与输入、输出相关的函数，math.h 头文件存放的是数学计算函数。

函数的集合称为函数库，遵守 ANSI C 标准的编译器所提供的函数组成的函数库称为 ANSI C 标准函数库。程序员在编写程序时用到的函数许多都可以在标准函数库中找到，它们是可以简单地组合起来的程序构件。编写了一个经常要用的函数之后，也可将其放入自定义的库中备用。

编译器编译代码时以函数为单位进行编译，并记忆函数的名字。随后，编译器以源文件中的顺序去查找函数间的关系，并且在可执行文件内部实现函数间的可访问性，该过程称为"链接"。因此，如果某一个函数要调用另一个函数，被调用的函数必须在前面定义。最简单的解决办法就是使用函数原型，在创建函数前，首先将函数原型定义在头文件中。

5.3.3　开发一个 C 语言程序

程序开发是一个规范的过程，开发一个 C 语言程序通常可概括为 4 个步骤。

1. 程序设计

每个程序都有它特定的目标，开发程序前首先需要将待解决的问题分析透彻，找到解决方案与算法。设计程序涉及软件工程的许多过程，如需求分析和可行性分析。另外，一些建模方法，如通用建模语言（UML），也可帮助将现实中的问题抽象出来。一些简单的问题也可以使用伪代码进行描述。伪代码是用自然语言代替程序设计语言编写的程序，虽然它不能被编译器编译，但易于阅读和改进。

2. 编写代码

程序设计好之后，需要根据设计的结果编写代码。如果在编写代码时发现程序设计存在问题，那么应该回到上一步骤修改设计。编写代码可选用任何一个文本编辑器或直接在集成开发环境上将代码输入计算机，并以文本文件的形式保存在计算机上，文件的后缀为.c。C 语言程序中的变量习惯使用小写英文字母，常量和其他用途的符号可用大写字母。C 语言对大小写字母是敏感的，关键字必须小写。

3. 程序测试

代码编写完成后，可以使用编译器进行编译与链接，这时可进行程序测试，检验该程序是否满足设计要求。程序测试环节经常出现的问题有逻辑错误、目标错误、语法错误和编写错误，这些错误可以使用调试器发现并修正。如果错误比较严重，那么需要回到第一个步骤中对程序重新设计。

4. 程序运行

程序测试通过后，即可让程序在操作系统上运行了。到此为止，可以说整个 C 语言程序的开发工作就结束了，但实际上并没有结束。现代软件工程思想里提出了许多问题，如程序能否预知需求的改变和环境的改变，以及在运行中发现程序隐藏着错误或执行效率并非最优等。当遇到这些问题时，又会使开发工作反复回到前面的步骤，直到这个程序不再被使用。

5.3.4　C 语言的关键字

关键字是指被 C 语言标准作为命令、数据类型或者固定函数名的字母组合。关键字不能被用于变量名或函数名。表 5.1 列举了 C 语言的 44 个关键字，它们遵循 C 语言的语法标准，形成了 C 程序设计语言。其中：前 4 行是 C86 标准的关键字；第 5 行的前 5 个是 C99 标准新增的关键字；第 5 行的后 3 个和第 6 行是 C11 标准新增的关键字。

表 5.1　C语言关键字

	auto	break	case	char
	const	continue	default	do
	double	else	enum	extern
C86	float	for	goto	if
	int	long	register	short
	signed	sizeof	static	return
	struct	switch	typedef	union
	unsigned	void	volatile	while
C99	_Bool	_Complex	_Imaginary	inline
	restrict			
C11	_Alignas	_Alignof	_Atomic	_Generic
	_Noreturn	_Static_assert	_Thread_local	

5.4　算　　法

关于计算机程序的定义，有一种经典的表述是程序等于数据结构加算法。这句话可以解释为，数据结构是将事物抽象为可运算的数据形式并输入计算机中，而算法是对这些数据进行计算的方法。例如，求某个学生的平均分，那么数据结构由课程名称和分值组成，求平均分的算法是将分值的总和除以课程总数。对于一些特殊的问题，如排序、解方程和编码等，出现了许多适合计算机运算的算法，这些算法甚至专门针对于某个程序设计语言。由此可见，程序设计的关键之一是解题的方法与步骤，即算法。

5.4.1　流程图与算法的结构化描述

流程图可以用来描述事务的处理过程，因此是最早引入计算机算法设计领域的图示方法。经过长期的发展，现在已形成了一套约定俗成的规则。计算机程序的每次处理都可以用一个几何图形表示，如矩形表示一般的赋值或计算，菱形表示判断。流程之间用线连接，并且使用箭头标明程序的处理方向。基本流程图的形状如图 5.1 所示。

汇编语言等非结构化程序使用 goto 命令，该命令能够使程序以行为单位跳转到任何位置。跳转语句赋予了程序执行的可选择性，不再是简单地按照指令顺序执行。但是，使用跳转语句的缺陷也十分明显，如代码中大量的 goto 命令使流程过于混乱，代码的维护难度极大。早期的结构化语言虽然也提供了 goto 命令，但是程序员使用时应该谨慎。ANSI C 标准已将其排除在外。

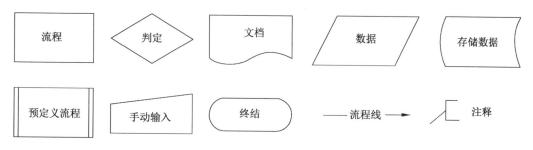

图 5.1　基本流程图的形状

以 C 语言为代表的结构化语言提供了 3 种基本的程序结构，分别为顺序结构、选择结构和循环结构。任何计算机算法都可化简为这 3 种基本结构的组合，基本结构间可以并行，也可以相互包含，但是不允许交叉。结构化语言要求所有算法遵循这 3 种基本结构和组合方法，一个结构不能进入另一个结构内部，保证了结构的独立性。

流程图可以很清晰地描绘出这 3 种基本结构，只要掌握了这 3 种基本结构的画法，也就能掌握流程图的画法。下面分别介绍这 3 种基本结构的画法。

1. 顺序结构

顺序结构是简单的线性结构，各流程按顺序执行。顺序结构流程图的基本形态如图 5.2 所示，语句的执行顺序为 A→B→C。

2. 选择结构

选择结构是通过判断语句实现的，判断语句使程序的执行变为两个路径。当判断的条件为真时，选择一个路径执行；当判断的条件为假时，选择另一个路径执行，如图 5.3 所示。

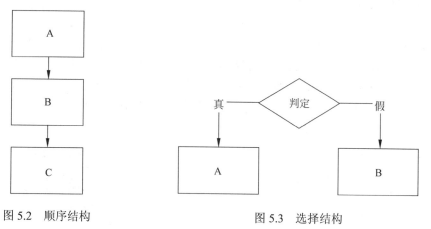

图 5.2　顺序结构　　　　　　　　　　图 5.3　选择结构

3. 循环结构

循环结构是指反复执行某一段代码，其基础为判断结构。执行的代码称为循环体。判断结构用于根据某一条件，判断是否继续循环。C 语言的循环结构有两种类型，分别是 while

循环和 do-while 循环。while 循环首先判断条件，再决定是否执行循环体；do-while 循环首先执行循环体一次，再判断是否继续执行循环体，如图 5.4 和图 5.5 所示。

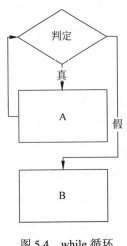

图 5.4　while 循环

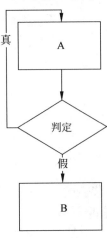

图 5.5　do-while 循环

5.4.2　用 N-S 图描述算法

除了传统的流程图以外，还有很多种图形可以用来描述程序的结构。N-S（Nassi Shneiderman）图就是其中的一种，它由矩形组成，一个程序模块是最外围的矩形外框，程序中的每个步骤都是一个内嵌的小矩形，如图 5.6 所示。该图没有使用箭头表示程序执行的方向，但也能准确定义程序的三种基本结构。N-S 图适合设计系统程序，特别是分支间相互独立的程序。

5.4.3　用 PAD 图描述算法

PAD（Problem Analysis Diagram）图是国际上专业的程序员广泛使用的一种程序流程表示法。与其他图形相比，PAD 图更容易描述扁平化的程序结构。特别是一些应用管理类软件，其中都会有很多扁平化的分支语句，这些语句用 PAD 描述更为清晰。例如，程序中有两个数值，要比较它们的大小，并根据比较结果执行 2 个不同的语句。在 PAD 图里，可以用一个内嵌的三角形代表判断语句的两个分支，如图 5.7 所示。

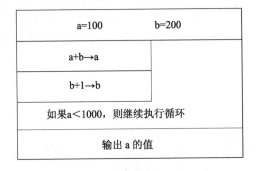

图 5.6　N-S 图示意

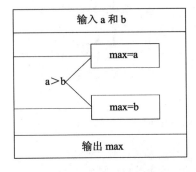

图 5.7　PAD 图示意

5.5　软件工程概述

软件工程是计算机科学的一个重要分支，涉及的范围非常广泛，包括软件开发技术、软件工程环境、工程经济学和工程管理等许多知识领域。本节主要介绍软件工程的基本任务和常用的软件项目的开发模型，以及如何通过软件工程指导 C 语言编程。其中，朴素软件工程思想是一套在教学中总结出来的软件开发规律，它的主要目的是指导编程语言的课程设计，也可用于少数开发者参与的软件项目。

5.5.1　认识软件工程

软件是程序与文档的总和。软件工程定义了软件开发过程中程序与文档的具体形式和提交方式。成功开发一个软件，离不开软件工程。软件工程存在于各种应用及软件开发的各个方面。而程序设计只包含程序设计和编码的反复迭代过程，它是软件开发的一个阶段。软件工程从软件的可行性分析到软件完成以后的维护工作可以对软件项目的各方面做出指导。

软件工程认为，各种市场活动与软件开发之间存在紧密的联系，如软件的销售、用户培训，以及软件和硬件安装等。软件工程的方法学认为，一个独立的程序员不应当脱离团队进行开发，同时，程序的编写不能够脱离软件的需求、设计及客户的利益。软件工程的发展是计算机程序设计工业化的体现。

在长期的项目实现中，软件工程被总结了 7 条基本原理。这 7 条原理被认为是确保软件产品质量和开发效率的根本性因素，介绍如下。

1. 用分阶段的生命周期计划严格管理

软件生命周期可划分为多个阶段。针对各阶段制定出切实可行的计划，然后严格按照计划对软件进行开发与维护，是保障软件质量和开发效率的最基本的要求。

2. 坚持进行阶段评审

在软件生命周期的各阶段，编码阶段之前的错误约占 63%，而编码错误仅占 37%。错误发现得越早，所付出的代价就越低。坚持在每个阶段结束前进行严格评审，可以最大限度地避免错误。

3. 实行严格的产品控制

由于外部环境的变化，在软件开发过程中需求变更是难免的，需要依靠科学的产品控制技术来顺应用户提出的变更要求。为了保持软件各个配置成分的一致性，必须实行严格的产品控制。其中主要是实行变更管理，经过评审后才能将这些变更实施在项目中。

4. 采用现代程序设计技术

程序设计技术处于不断进步中，采用先进的程序设计技术有助于提高软件开发与维护的效率。

5．结果应能清楚地审查

软件本身是一个虚拟化产品，因此软件开发工作的进展情况难以判断。为了更好地进行评价和管理，应根据软件开发的总目标和完成期限编写文档，提出相应阶段的测试方法，从而能清楚地审查所得到的结果。

6．开发人员应少而精

软件开发人员的数量和素质是影响软件质量和开发效率的重要因素。实践表明，开发人员数量不宜过多，否则将使开发人员间的沟通成为难题。开发人员的配置应与项目需求密切相关，这样可充分利用人力资源。

7．实践中不断改进软件工程

软件工程是一门实践性很强的学科，并非能够从教科书中照搬照用。只有在实践中不断总结项目经验，根据实际情况优化项目模型，才能真正找到适用的软件开发方法。

同任何事物一样，软件也有孕育、诞生、成长、成熟和衰亡的生命周期。软件的生命周期是指一个软件从功能的确定、设计、成长和成熟，到开发实现并投入使用，以及在使用过程中不断地修改和完善，直到软件停止使用的整个过程。软件的生命周期具体包括制定计划、需求分析、软件设计、程序编码、软件测试和运行维护 6 个阶段。

类似于其他工程项目中安排各道工序那样，为了反映软件生命周期内的各种活动如何组织，软件生命周期 6 个阶段如何衔接，需要用软件开发模型绘制出直观的图示来表达。软件开发模型是从软件项目需求定义开始到经过使用后废弃为止，跨越整个生命期的系统开发、运行和维护所实施的全部过程、活动和任务的结构框架。

5.5.2　瀑布模型及其改进

瀑布模型是由温斯顿·罗伊斯（Winston Royce）在 1970 年提出的软件开发模型。瀑布模型将软件开发过程定义为 6 个步骤，分别是问题定义，需求分析，设计原型，实现与单元测试，集成与系统测试，发布、运行与维护。这些步骤在开发过程中坚定、顺畅地进行，如图 5.8 所示。

罗伊斯在最初的论文中指出，瀑布模型应在软件的生命周期中重复使用。实际上，他的愿望是设计迭代开发模型。但是，大多数开发者都误解了瀑布模型的本意，而将瀑布模型理解为自上而下的单调过程。于是，很多开发者因误解瀑布模型而导致项目失败，并怀疑瀑布模型是否适用于软件开发。

历史上，瀑布模型是最早明确定义软件生命周期各个阶段的工程学方法。按照该模型的要求，只有在一个阶段结束后，才能开展下一个阶段的工作。每个阶段开始前要进行规划、分析和设计，每个阶段结束后则要进行测试、文件编撰和版本控制。如果阶段测试无法通过，则要回到上一个阶段甚至前一个阶段，对不满足项目需求的设计进行修改。

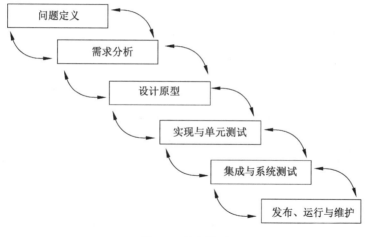

图 5.8　瀑布模型

5.5.3　迭代发布模型

迭代发布模型是一种与传统软件工程开发相反的软件开发过程，它弥补了传统开发方式中的一些缺点，具有更高的成功率和生产率。

迭代发布模型继承了瀑布模型的方法，将软件生命周期划分为多个阶段。每次按顺序经历完所有的阶段，称为一轮迭代。每轮迭代结束后，开始新一轮迭代，直到软件项目被终止，整个生命周期才会结束，如图 5.9 所示。迭代发布模型的核心思想是，每次只完成软件最迫切需要的一部分功能，并且随时关注用户的反馈信息。

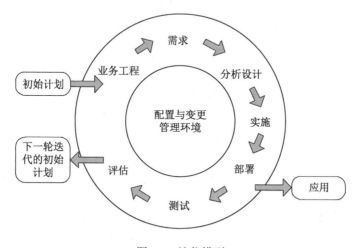

图 5.9　迭代模型

5.5.4　朴素软件工程思想

在学习程序设计时，使用一种软件工程思想指导项目实践有两大优点：其一是希望在学习的过程中能够设计出优秀的程序作品；其二是加深对软件项目协作、软件项目管理的认识。

以学习和实践编程技术为目标的软件开发过程并不需要过多关注软件的市场效应和后期维护情况，而是将更多注意力集中在程序的编码实现过程中。软件开发过程采用迭代开发模型，在每一轮的迭代中实现一部分功能。这种方法称为朴素软件工程思想，是一种适用于实践编程技术或小型项目开发的软件工程方法。

开放源代码是 Linux 系统的软件项目的共同特点。如果使用开源方式进行软件开发，不但能获得丰富的用户反馈，提高程序的实用性与健壮性，而且还会吸引其他开发者加入，在与其他开发者交流的过程中学习到更多的实践经验。在因特网上有许多 Linux 开源社区，开发者可在这些社区内托管源代码、发布开源软件、交流技术。

朴素软件工程思想将迭代发布模型简化为 4 个步骤，然后反复循环这 4 个步骤直到软件生命周期结束。下面介绍这 4 个步骤。

1. 确定项目视图与范围

在开发前，首先要确定项目面临的问题，根据问题提出解决方案（视图），然后划定范围，避免项目在开发过程中无限制扩大。将这些工作的结果制作成一份项目视图与范围文档，该文档大纲见表 5.2。

表 5.2　项目视图与范围

文　档　名	主　要　内　容
项目需求	（1）项目背景，用于说明问题产生的原因 （2）用户需求，列出用户所需求的软件产品面貌 （3）提供给用户的价值，说明解决所面对问题的价值
项目视图的解决方案	（1）项目视图陈述，描述如何通过软件解决用户的问题 （2）主要特性，列出软件的主要功能和技术 （3）假设和依赖环境，列出解决问题的假设条件，以及所依赖的各种环境
范围和局限性	（1）首次发行的范围，即本次迭代过程所要解决的问题 （2）随后发行的范围，留在将来解决的问题 （3）局限性和专用性，确定解决方案局限的硬件、软件环境，以及适用于哪一部分用户

2. 软件设计

软件设计是编码前的重要工作。在朴素软件工程思想中，软件设计只有简单的两个步骤。第一步是根据项目视图将所面临的问题进行量化，设计出程序所需的数据结构，然后将这些数据结构汇集起来编撰为一份文档，称为数据字典。第二步是根据项目范围所列出的问题解决方案得到程序的结构和算法。程序的结构可以使用基本框图表示，算法可以使用流程图表示。

3. 编码

如果项目并非十分庞大，那么编码过程将是整个软件生命周期中最耗时的一部分。处于学习阶段的开发者会不断碰到各种技术问题。解决这些技术问题时可能需要进一步完善数据字典，或者修改程序的流程图。但需要注意的是，应避免轻易改变项目视图与范围，也不可因噎废食，在碰到技术难题时使用投机取巧的办法解决，甚至半途而废终止项目开发过程。解决技术问题是磨炼开发者意志与耐心的过程，同时也是开发者必备的能力。

在每个程序模块编码结束时，需要对模块进行单元测试，不仅能及早发现编码中的错误，也可以使模块的复用性增强。整个程序编码结束后，还要进行集成测试。集成测试不但要注意编码中的错误，而且还需要验证程序的功能是否满足需求。

4．发布

项目发布是每个周期的最后一个任务，可以选择一个开源社区作为发布平台。因为朴素软件工程思想中并没有完善的测试过程，编码过程只能进行简单的测试，所以用户实际使用时会发现很多错误。如果能做到及时解决运行中的错误，并悉心听取用户的改进意见，那么该软件也许会获得商业价值，并成为开发者职业生涯中的宝贵资源。

5.6　小　　结

本章介绍了 C 语言的基础知识和程序设计知识。本章将多变的程序结构总结成 3 种基本结构，同时引入流程图的概念。流程图能将任何复杂的程序抽象为程序员之间通用的符号语言。另外，本章还介绍了算法的概念和软件工程的相关知识，将程序设计和软件开发作为一门工程学对待。这些内容与实际的软件开发工作完全一致，需要读者深入理解与掌握。

5.7　习　　题

一、填空题

1．机器语言是以_____进制数字所组成的逻辑序列。

2．第一个高级语言是_____。

3．基本程序结构就是从_____至_____顺序执行的程序。

二、选择题

1．下列不属于 C 语言关键字的是（　　　）。

A．auto　　　　　　　B．char　　　　　　　C．float　　　　　　　D．function

2．下列语言属于中级语言的是（　　　）。

A．C　　　　　　　　B．Java　　　　　　　C．C++　　　　　　　D．C#

3．下列不属于开发一个 C 语言程序通常步骤的是（　　　）

A．程序设计　　　　　B．编写代码　　　　　C．程序运行　　　　　D．发布

三、判断题

1．函数的集合称为函数库。　　　　　　　　　　　　　　　　　　　　（　　　）

2．如果某一个函数要调用另一个函数，被调用的函数必须在后面定义。　　　（　　　）

3．PAD 更容易描述扁平化的程序结构，特别是一些应用管理类软件。　　　（　　　）

四、操作题

1．编写一段代码，根据半径求圆形的周长。

2．将计算圆形周长的公式设计成一个函数，重新编写根据半径求圆形周长的程序。

第6章　数据类型、运算符和表达式

数据类型、运算符和表达式是 C 语言的 3 个基本组成部分。数据类型决定了如何将数据存储到计算机的内存中，运算符是数据之间执行何种运算的代号，而表达式则是 C 语言最基本的语法。本章通过 C 语言的 3 个基本组成部分介绍 C 语言程序设计的相关知识。

6.1　C 语言的数据类型

C 语言有 5 种基本的数据类型，分别是字符型、整型、单精度浮点型、双精度浮点型和空类型。在不同的操作系统或硬件平台中，这些数据类型的值域范围和所占用的内存的数量有关。这种差异影响了 C 语言的可移植性能，如果能深入地理解数据类型的构成，则可以最大程度地避免该问题。

6.1.1　基本类型的字长与范围

字长是指数据所占用内存的数量，字长决定了数据类型的值域，即范围。以字符型数据为例，在 ANSI C 标准中，字符型数据的长度是 1 字节（8 位二进制编码），可计算其值域为 $\pm 2^7$，取值范围为 $-128 \sim 127$。计算机所使用的 ASCII 字符编码共有 128 个元素，因此用字符型数据可以展示全部元素。ANSI C 标准中的基本类型的字长与范围见表 6.1。

表 6.1　ANSI C标准中的基本类型的字长与范围

基　本　类　型	字　　　长	范　　　围
char（字符型）	1字节	$-128 \sim 127$
int（整型）	2字节	$-32\,768 \sim 32\,767$
float（单精度浮点型）	4字节	约精确到6位数
double（双精度浮点型）	8字节	约精确到12位数
void（空值型）	0字节	无值

📖助记：char 是 Character（字符）的前四个字母。int 是 Integer（整型）的前三个字母。
　　　　float、double 和 void 都是完整的单词，分别表示浮动、双倍和空。

由于硬件平台和操作系统不同，数据类型的字长可能与表 6.1 不同。例如，在 AMD64 架构的 Linux 系统中，整型的长度为 4 字节。要获得当前系统环境中数据类型的字长，可运行下列程序。

```
01  #include <stdio.h>              //包含标准输入、输出函数库
02  int main()                      //主函数
```

```
03   {
04       printf("字符型字长为%d\n", sizeof(char));        //输出字符型字长
05       printf("整型字长为%d\n", sizeof(int));           //输出整型字长
06       printf("长整型字长为%d\n", sizeof(long));        //输出长整型字长
07       //输出单精度浮点型字长
08       printf("单精度浮点型字长为%d\n", sizeof(float));
09       //输出双精度浮点型字长
10       printf("双精度浮点型字长为%d\n", sizeof(double));
11       return 0;
12   }
```

上面的程序使用 sizeof()函数返回数据类型的字长，sizeof()函数的返回值为整型数据，返回的结果由 printf()函数输出到终端。

6.1.2　聚合类型与修饰符

C 语言支持聚合类型，包括数组、指针、结构体、共用体（联合）、位域和枚举。聚合类型构成了复杂的数据结构，用来描述事物的各种属性。除 void 类型外，基本类型的前面可以有各种修饰符。修饰符用来改变基本类型的意义，以便更准确地适应各种场景需求。修饰符如下：

- ❏ signed（有符号）；
- ❏ unsigned（无符号）；
- ❏ long（长型）；
- ❏ short（短型）。

signed、short、long 和 unsigned 修饰符适用于字符和整数两种基本类型，而 long 还可用于 double。unsigned 和 signed 修饰符分别表示无正负值符号和有正负值符号的数据类型，计算机中的原始数据类型使用的是二进制数，如果要表示正负值符号，则需要占用 1 位存储空间。以字符型为例，无符号字符型的取值值域是 2^8，其取值范围为 0～255；有符号字符型将 1 位用于存储符号，取值值域是 2^7，范围为–128～127。表 6.2 给出了所有根据 ANSI C 标准进行组合的类型、字长和范围。

表 6.2　根据ANSI C标准组合的类型、字长和范围

类　　型	字　　长	范　　围
char（字符型）	1字节	–128～127
unsigned char（无符号字符型）	1字节	0～255
signed char（有符号字符型）	1字节	–128～127
int（整型）	2字节	–32 768～32 767
unsigned int（无符号整型）	2字节	0～65 535
signed int（有符号整型）	2字节	–32 768～32 767
short int（短整型）	1字节	–128～127
unsigned short int（无符号短整型）	1字节	0～255
signed short int（有符号短整型）	1字节	–128～127
long int（长整型）	4字节	–2 147 483 648～2 147 483 647
unsigned long int（无符号长整型）	4字节	0～4 294 967 296

类　　型	字　　长	范　　围
signed long int（有符号长整型）	4字节	–2 147 483 648～2 147 483 647
float（单精度浮点型）	4字节	约精确到6位数
double（双精度浮点型）	8字节	约精确到12位数
void（空值型）	0字节	无值

因为数据类型的默认定义是有符号数，所以 singed 修饰符通常可省略。某些编译器允许将 unsigned 用于浮点型，如 unsigned double，但这一用法降低了程序的可移植性，因此建议一般不要采用。

为了使用方便，GCC 编译程序允许使用整型的简写形式：short int 表示为 short，即 int 可省略。

注意：表示正数时，最大能表示的值总是比值域少 1，这是因为将 0 作为正数看待，0 占用了一个取值空间。

6.2　常量与变量

顾名思义，常量是运算中不能改变数值的数据类型，而变量是可以改变数值的数据类型。根据需要，可以将一些在程序运行中不必改变数值的类型定义为常量，这样可避免因修改数值而造成程序错误。任何改变常量数值的操作都会引起编译错误。

6.2.1　标识符命名

在 C 语言程序中，每个数据都有其标识符，如常量名、变量名、函数名或宏名。标识符是数据或程序模块的名字。一般情况下，只能通过标识符操作对应的数据或模块。ANSI C 规定了标识符的命名规则，第一个字符必须为下画线或英文字母，其后的字符必须为下画线、数字或英文字母。例如，year、month01、_day 都是正确的命名，而 2year、mon!th01、day..one 是错误的命名。另外，标识符命名时要避免与 C 语言关键字相同。

标识符的长度不受限制，但 ANSI C 标准考虑到程序的移植性，要求不同源代码之间相互引用的外部名称必须能够由前 8 个字符进行区分。这是因为对某些仅能识别前 8 个字符的编译程序而言，外部名 calcount1、calcount2 会被当作同一个标识符处理。同一个源代码文件中的标识符称为内部名称，ANSI C 标准要求内部名称至少能通过前 31 个字符区别。虽然常量名、变量名、函数名或宏名代表程序的不同部分，但是不能使用同一个名称。

C 语言严格区别英文字母的大小写，如变量名 number、Number 和 NUMBER 是不同的标识符。

6.2.2　常量

C 语言中的常量有 4 种基本类型：#define 定义的符号常量，字符、字符串常量和数值常量，常量变量和枚举常量。

符号常量通常出现在文件的开始，它更像是编辑器的字符串替换操作。下面的例子是 #define 的用法。

```
#define PI 3.14                        //定义常量数值
#define NAME "Micro Computer"          //定义一个常量字符串
```

字符、字符串常量和数值常量是直接在源代码中出现的字符和字符串，因为程序运行时它们会在内存中占据固定的内存，所以认为它们是常量。以下示例是使用字符、字符串常量和数值常量的用法。

```
putchar('D');                          //单引号中的是字符常量
printf("Mick Scott");                  //双引号中的是字符串常量
a = 500.234;                           //赋值符号右边的是数值常量
```

常量变量是一种特殊的常量，它实际是用 const 修饰符限制了变量改变其值。下例是常量变量的定义方法。

```
const int dog_count = 65;              //dog_count 是定义的整型常量,其值为 65
```

枚举常量是一种聚合类型，它有多个成员，默认情况下第一个成员所代表的数值是 0，后面的成员所代表的数值在前面成员的数值上加 1。也可以在定义枚举常量时为成员赋值。示例代码如下：

```
//定义枚举常量和成员，将 MON 的值设置为 1
enum weekday {MON = 1, TUE, WED, THU, FRI, SAT, SUN};
printf("%d", SUN);                     //输出成员 SUN 的值
```

程序的输出结果为 7，第 1 个成员 MON 值为 1 后，第 7 个成员的值要在第 1 个成员的基础上加 6，所以 SUN 的值为 7。

6.2.3　变量

在运算过程中，可以改变数值的数据类型称为变量。每个变量拥有唯一的名字，在内存中占据一定的存储单元，在该存储单元中存放变量的值。所有的 C 变量必须在使用之前声明，声明变量的一般形式如下。

```
数据类型 变量名;
```

下例定义了一个整型变量并为其赋值：

```
int count;                             //定义一个整型变量，变量名为 count
count = 25;                            //为变量 count 赋值
```

当声明变量和为变量赋值时，可以将两个语句合并为一个语句，如"int count = 25;"，也可以同时声明多个变量并为其赋值，变量或表达式之间以逗号分隔，如"int count = 25, length;"。

变量在被使用前必须先赋值，未赋值前，其值可能会是对应数据类型中的任意一个数字。如果变量被声明，但在整个程序中都未对其赋值或使用，则 GCC 编译器会给出一个警告信息：

```
warning: 'i' is used uninitialized [-Wuninitialized]
```

6.3　整　型　数　据

没有小数位或指数的数据类型称为整型数据，根据使用方法分类，整型数据可以分为整型常量和整型变量。根据定义或显示的数制分类，整型数据可以分为十进制、八进制和十六进制。

6.3.1　整型常量

整型常量是在运算中不可改变的整型数据类型，可以使用十进制、八进制和十六进制描述一个整型常量。十进制整型常量的表述形式如下：

> [正负符号]十进制整数值

其中，十进制整数值可以是 0～9 的一个或多个十进制数位，第 1 位可以是正负符号，但不能是 0。八进制整型常量的表述形式如下：

> [正负符号]0 八进制整数值

八进制整数值可以是 0～7 的一个或多个八进制数位，正负符号后的第 1 位必须是 0。十六进制整型常量的表述形式如下：

> [正负符号]0x 十六进制整数值　　　　　　　　　　　　//使用小写 x
> [正负符号]0X 十六进制整数值　　　　　　　　　　　　//使用大写 X

正负符号后第 1 位必须是 0，第 2 位必须是小写 x 或大写 X。十六进制的 10～15 分别用字母 A～F 表示。例如，十进制数 162，用八进制表示为 0242，用十六进制表示为 0xA2。

📖助记：x 取自 Hexadecimal（十六进制的）的第三个字符。

正值整型常量可省略正负符号，负值整型常量必须在数值前加上负号"−"来说明。整型常量的数据类型取决于数值本身，如果常量表达式没有使用负号，那么编译器会认为该常量为无符号数。编译器会根据整型常量的长度自动分配存储空间，甚至可以认为常量的数据长度是没有上限的，但这并不代表任意大的数都能被 C 语言处理。

八进制和十六进制整型常量在存储方式上与十进制数并无区别，只是定义时使用了不同的表述方法。八进制和十六进制整型常量的存储空间长度也由数值决定，并且可以存在负值。

6.3.2　整型变量

为变量命名的过程称为"声明"。C 语言规定，变量使用前必须声明。整型变量用 int 修饰符声明，参见下列代码。

```
01   int main()
02   {
03     int a, c;                    //声明整型变量
04     unsigned int b;              //声明无符号整型变量
05     a = 15;                      //为变量 a 赋值
```

```
06      b = a;                          //为变量b赋值，b的值来自a
07      c = a + b;                      //为变量c赋值，c的值来自a与b的和
08      printf("c = %d\n", c);          //输出提示字符串和c的值
09      return 0;
10  }
```

上面的程序中声明了整型变量 a 和 c，以及无符号整型变量 b。变量 a 用整型常量 15 赋值，变量 b 用变量 a 赋值，变量 c 用变量 a 和 b 相加的表达式赋值。最后，程序输出 c 的值，输出结果为 30。通过上例可以看到，不同类型的整型数据也能进行算术运算。

6.4　浮点型数据

浮点型数据又称为实型数据，是一个以十进制表示的符号实数。符号实数的值包括整数部分、尾数部分和指数部分。

6.4.1　浮点型常量

一些较大的数值，或者有小数位、指数位的数值都需要用浮点型常量表示。浮点型常量的形式如下：

[正负符号] [数值] . [数值] E | e [正负符号] 数值]

其中，"数值"是一位或多位十进制数字，E 或 e 是指数符号。小数点之前是整数部分，小数点之后是尾数部分。如果小数点后没有数值，则小数点可以省略。指数符号后的正负符号用来修饰指数，如果是正数，则可省略正符号。如果没有指数，则指数符号及其后的内容都可省略。例如，浮点型常量 2.734E3 与数学表达式 2.734×10^3 的意义相同。在浮点型常量中不得出现任何空白符号。在不加说明的情况下，实型常量为正值。如果表示负值，则需要在常量前使用负号。

🔔注意：字母 E 或 e 之前必须有数字，并且 E 或 e 后面的指数必须为整数，如 e6、1.414e6.1、.e7 和 e 等都是不合法的指数形式。

6.4.2　浮点型变量

浮点型变量分为单精度（float 型）和双精度（double 型）。对每一个浮点型变量都应在使用前加以定义。示例如下：

```
float a;                  //声明单精度浮点型变量
double b;                 //声明双精度浮点型变量
```

如果浮点型常量是双精度浮点型，当把该常量赋给一个单精度浮点型变量时，则系统会截取相应的有效位数。示例如下：

```
float a;                  //声明单精度浮点型变量
a = 1.23456789;           //为单精度浮点型变量赋值
```

由于 float 型变量只能接收 7 位有效数字，因此最后两位小数不起作用。如果将 a 改为 double 型，则能全部接收上述 9 位数字并存储在变量 a 中。

6.5　字符型数据

字符型数据用于在计算机中保存字符编码和一些文本控制命令。多个字符型数据和字符串结束符组成的序列称为字符串。Linux 系统与大多数操作系统一样，支持 ASCII 编码格式对字符进行编码，每个字符占用 1 个字节的存储空间。

6.5.1　字符常量

字符常量是指用一对单引号包围起来的一个字符，如'c'、'3'和'%'。字符常量中的单引号只起定界作用并不表示字符本身。单引号中的字符不能是单引号 "'" 和反斜杠 "\"，它们必须用转义字符表示。

每个字符在 ASCII 编码里有唯一的整数值，例如，0 的值为 0x30，A 的值为 0x41。因此，两个字符常量的运算，或字符常量与整型变量的运算是允许的，代码如下：

```
short a, b;           //声明短整型变量
a = 'c' + '1';        //将两个字符常量相加，并将结果保存在短整型变量 c 中
b = '9' - 9;          //计算字符常量 9 与整型常量 9 之间的差，为变量 b 赋值
```

在上例中，变量 a 的值为 0x94，变量 b 的值为 0x30。

6.5.2　字符串常量

字符串常量是指用一对双引号包围起来的一串字符，如"China"和"88600000"等都是字符串常量。双引号只起定界作用，双引号中不能包含双引号，字符串也不能是唯一一个反斜杠。例如，""和"\"是非法的。

在 C 语言中，当字符串常量存储在内存中时，系统会自动在字符串的末尾加一个字符串结束符，即 ASCII 中编码为 0 的字符 NULL，常用\0 表示。因此在程序中，长度为 n 个字符的字符串常量，在内存中占有 $n+1$ 个字节的存储空间。

例如，字符串"China"有 5 个字符，作为字符串常量"China"存储于内存中时，共占 6 个字节，系统会自动在其后面加上 NULL 字符，其存储形式见表 6.3。

表 6.3　字符串储存形式

ASCII码	0x43	0x68	0x69	0x6E	0x61	0x00
字符	C	h	i	n	a	\0

要特别注意字符串与字符串常量的区别，除了表示形式不同外，二者的存储性质也不相同，字符'A'只占 1 个字节，而字符串常量"A"却占 2 个字节。

6.5.3　转义字符

转义字符用于表示 C 语言中有特殊意义的符号，或者 ASCII 码字符集中无法显示的控制符号，如单引号、双引号、换行符和字符串结束符。转义字符用反斜杠加上一个字符组

成，也可以用该字符的 ASCII 码来代替字符的意义。例如，\0 表示字符串结束符，\n 表示换行符。表 6.4 给出了 C 语言中常用的转义字符。

表 6.4 C语言中常用的转义字符

转 义 字 符	说 明	ASCII码
\a	响铃	0x07
\b	退格	0x08
\f	换页	0x0C
\n	换行	0x0A
\r	回车	0x0D
\t	水平制表	0x09
\\	反斜杠	0x5C
\?	问号字符	0x3F
\'	单引号	0x27
\"	双引号	0x22
\0	NULL	0x00

在 C 语言中使用转义字符\ddd 或者\xhh 可以方便、灵活地表示任意字符。\ddd 为斜杠后面跟 3 位八进制数，这 3 位八进制数的值即为对应的八进制 ASCII 码值。\xhh 后面跟 2 位十六进制数，这 2 位十六进制数即为对应的十六进制 ASCII 码值。

6.5.4 符号常量

使用预处理命令#define 定义的常量称为符号常量。为了在程序中易于区别，符号常量通常使用大写英文字母作为标识符，定义的形式如下：

```
#define <符号常量名> <常量>
```

其中，符号常量名遵循 C 语言标识符的定义方法，常量值可以是任何基本数据类型。示例如下：

```
#define EV 2.768                        //定义表示数值的符号常量
#define BJ "北京市"                      //定义表示字符串的符号常量
```

符号常量的作用是提高程序的易读性，便于程序的设计和调试。如果某一数值或字符串在程序中使用次数较多，或者代表特定的意义，那么可以将其定义为符号常量。如果该数值或字符串需要修改，只需要对预处理命令中定义的常量值进行修改即可。

6.5.5 字符变量

字符变量用来存放 ASCII 码符号，一次只能存放一个符号，因为单个字符变量的存储空间只有 1 字节。字符变量的定义形式如下：

```
char c;                                 //声明字符变量
c = 'm';                                //用字符常量给字符变量赋值
```

另外，给字符变量赋值也可以直接使用 ASCII 码值。例如：

```
c = 0x6D;                               //直接使用 ASCII 码值给字符变量赋值
```

与字符常量一样，字符变量也可以进行数学运算。通过查阅 ASCII 码表可以发现，大写字母与相同的小写字母之间的 ASCII 码值差为 0x20，即 A 加上 0x20 的结果为 a。当字符变量进行数值运算时，如果给字符变量赋的值大于字符变量的值域，则会产生周期性的变化。例如：

```
char c1, c2, c3;                     //声明字符变量
c1 = 357;                            //使用值域范围外的数值为字符变量赋值
c2 = -251;                           //使用值域范围外的数值为字符变量赋值
c3 = 'm' + 256;                      //表达式的计算结果在字符串变量值域以外
printf("%d, %d, %d\n", c1, c2, c3);  //将字符变量中储存的数值以十进制数输出
```

在 C 语言里，这个程序是正确的，3 个变量中储存的十进制数值分别是 101、5 和 109。变量 c1 的值等于 357 减去 256，c2 的值是 -251 加上 256，c3 的值加上 256 后并未发生变化，变量越界时呈现出周期性的变化。产生周期性的原因在于计算机底层的数值表示方法，所有数值都被保存为二进制，而数值超过值域后产生的高位数值被忽略了。例如，变量 c3 的二进制值为 01101101，当它加上 256 后，计算机需要 2 个字节来保存计算结果 00000001 01101101。而字符变量的存储空间只有 1 个字节，因此前面的高位数值被省略，计算结果与原值相同。这个特性也是所有整型变量都具备的。

6.6 运 算 符

运算符是程序中用于数值运算的操作符。C 语言的运算符可以分为算术运算符、关系与逻辑运算符和位操作运算符这 3 类。本节将讲解 C 语言运算符的意义和使用方法，并介绍运算符组合时的优先级。

6.6.1 算术运算符

算术运算符用于完成基本的数值运算，如加、减、乘和除，它们可运用在所有的数据类型中。表 6.5 列出了 C 语言所有的算术运算符。

表 6.5 算术运算符

运　算　符	说　　明	运　算　符	说　　明
+	加	%	取模
-	减，取反	++	自增
*	乘	--	自减
/	除法	=	赋值运算符

其中，"-" 运算符既能表示两个操作数的减法运算，又能对一个操作数进行取反运算，将正数变为负数，或将负数变为正数。取模运算是取得两数相除的余数。

6.6.2 自增和自减

自增和自减体现了 C 语言语法的简洁特性，自增就是在原值的基础上加 1，自减则是

减 1。它的使用格式是"变量 ++"或"++ 变量"，等同于"变量 = 变量 + 1"表达式。自减就是在原值的基础上减 1。它的使用格式是"变量-"或"-变量"，等同于"变量=变量-1"表达式。自增和自减运算符又称为一目运算符，即参与运算的操作数只有一个。自增和自减操作符与变量间的位置不同则会有不同的运算效果，如下例所示。

```
int a = 5;                    //声明整型变量并赋值
printf("a = %d\n", a++);      //输出变量的值后，再使变量自增
printf("a = %d\n", ++a);      //变量自增后，再输出变量的值
```

代码中的第 2 行输出的值为 5，因为先输出了变量的值，然后才使变量的值加 1。而运行到第 3 行时，输出的值为 7，变量在被输出前，已执行了自增运算。

运算符执行的顺序不同，代表运算符有着不同的优先级。通常一目算术运算符的优先级最高；其次是基本的算术运算符，即加、减、乘、除、取模，它们之间的优先级与算术运算相同，先乘、除、取模，后加、减；优先级最低的是赋值运算。自增和自减运算与变量的位置决定优先级是最高还是最低，如下例所示。

```
int a = 5, b = 7, c = 20;     //声明整型变量并赋值
c = c + - a * b - c % b++;    //使用表达式为变量
```

这个例子的运算结果是-21，在代码第 2 行的表达式中，第一步运算的是-a，为变量 a 取反，第二步是从左向右结合的乘法运算和取模运算，第三步是从左向右结合的加、减法运算，第四步是赋值运算，最后才是自增运算。

如果在表达式中使用小括号，则会改变优先级，最里层括号内的表达式会被优先计算，但不包括一目运算符。示例代码如下：

```
int a = 5, b = 7, c =20;           //声明整型变量并赋值
c = c + - a * ( ( b - c ) % b++ ); //使用表达式为变量
```

这个例子的运算结果是 50，取反运算符和最里层括号内的表达式 b-c 最先被计算，然后再计算外层括号中的表达式，最后进行加法运算和赋值操作。

6.6.3　关系和逻辑运算符

关系运算符用于比较两个数据间的差异，大于、小于和等于是基本的关系运算符。逻辑运算符用于数值间的逻辑演算，与、或、非是基本的逻辑运算符。关系运算符和逻辑运算符关系密切，因此常划为一个类别。C 语言中可用的关系运算符和逻辑运算符见表 6.6。

表 6.6　关系运算符和逻辑运算符

运　算　符	说　　明	运　算　符	说　　明
>	大于	!=	不等于
<	小于	&&	与
<=	大于或等于	||	或
>=	小于或等于	!	非
==	等于		

注意：或运算符\|\|是通过按两次键盘上的竖线输入的，即按两次 Shift＋\键。另外，等于操作符==和赋值操作符=的意义完全不同。

关系运算符和逻辑运算符用"真""假"表示运算结果。在 C 语言中，非 0 的值在关系运算中都可以表示为"真"，0 表示为"假"。它们有一套专门的计算方法，这套计算方法称为逻辑运算，逻辑运算的结果用整型数据 1 表示"真"，整型数据 0 表示"假"。为了计算方便，当代著名哲学家维特根斯坦推演出了逻辑真值表，如表 6.7 所示。

表 6.7　逻辑真值表

p	q	p && q	p || q	!p
0	0	0	0	1
0	非 0	0	1	1
非 0	非 0	1	1	0
非 0	0	0	1	0

表 6.7 是根据 p 和 q 的取值来计算逻辑表达式的值。在关系运算符和逻辑运算符中，优先级最高的仍然是一目运算符"!"，其次是关系运算符">="" <="，再次是"==""!="，其后是"&&"，最低是"||"。同算术表达式一样，在关系或逻辑表达式中也可以用括号来修改原计算顺序。

6.6.4　位操作符

位操作是计算机底层的运算方式，与组成计算机的逻辑电路运行模式一致，C 语言支持全部的位操作符。因为 C 语言的设计目的是取代汇编语言，所以它必须支持汇编语言所具备的运算功能。位操作是对字节或字中的位进行测试、置位或移位处理，这里字节或字是针对 C 语言标准中的字符型和整型数据类型而言的。位操作不能用于浮点型、空值或其他复杂类型。表 6.8 给出了位操作的操作符。

表 6.8　位操作符

运　算　符	说　明	运　算　符	说　明
&	按位与	～	1的补码
|	按位或	>>	右移
^	按位异或	<<	左移

位操作中的与、或和 1 的补码的真值表与逻辑运算等同。唯一不同的是，位操作是逐位进行运算的，即比较操作数的每一个二进制位。如果两个操作数的长度不一，则将较短的操作数高位全部补 0。位操作增加了异或运算。表 6.9 是异或运算的逻辑真值表。

表 6.9　异或运算的逻辑真值表

p	q	p ^ q	p	q	p ^ q
0	0	0	1	1	0
0	1	1	1	0	1

6.6.5　问号操作符

问号操作符是最简单的条件语句，格式如下：

条件表达式 ? 表达式 1 : 表达式 2;

问号操作符是 C 语言中唯一的三目运算符。它的作用是在条件表达式为真的情况下，执行表达式 1，否则执行表达式 2。示例如下：

```
int a = 5, b = 7;               //声明整型变量并赋值
a > b ? b ++ : b --;            //当a大于b时，b自增，否则b自减
```

显而易见，此例执行了后一个表达式 b --。需要说明的是，问号操作符比一般的运算符优先级要低，仅次于后置的自增和自减。

6.6.6　逗号操作符

逗号操作符用于将多个表达式连接在一起。逗号操作符的左侧总是作为空值，如果要取得整个表达式的值，只有逗号表达式右侧的值是有效的，如下例所示。

```
int a = 5, b = 7;               //声明整型变量并赋值
b = ( a + b , a - b );          //用表达式的结果为变量b赋值
```

代码第二行，b 的值变为–2。因为第一个表达式 a + b 的计算结果作为空值被忽略，第二个表达式 a – b 的计算结果被赋值给了 b。因为逗号操作符的优先级比赋值操作符优先级低，所以必须使用括号。

6.6.7　优先级

表 6.10 列出了 C 语言的所有操作符的优先级，其中包括将在后面章节中介绍的一些操作符。除了一元操作符和问号操作符之外，所有操作符都是左结合的。一元操作符及问号操作符则为右结合。

表 6.10　C语言操作符的优先级

优先级最高	( ) 　[ ] 　->
	! 　~ 　++ 　-- 　-(type) 　* 　& 　sizeof
	* 　/ 　%
	+ 　-
	<< 　>>
	<= 　>=
	== 　!=
	&
	^
	|
	&&
	||
	?
	= 　+= 　-= 　*= 　/=
优先级最低	,

6.7　表　达　式

表达式由运算符、常量及变量构成。C 语言的表达式基本上遵循一般的代数规则。有几种运算法则是 C 语言表达式特有的，下面分别介绍。

6.7.1　表达式中的类型转换

同一表达式中的不同类型常量及变量，在运算时需要转换为同一数据类型。C 语言的编译程序将所有操作数转换为与最大类型操作数相同的类型，代码如下：

```
char c = 85;                       //声明字符型变量并赋值
int i = 3;                         //声明整型变量并赋值
float f = 6.382;                   //声明单精度浮点型变量并赋值
double d = 2.71745, result;        //声明双精度浮点型变量并赋值
result = c / i + f * d - ( f + i );  //用表达式的结果为double型变量赋值
```

在该例中，表达式内最大的数据类型 double 称为该表达式返回值的数据类型。但并非一开始就将表达式转换成同一类型再计算，而是根据需要一步步转换，这种特性会影响计算结果，如图 6.1 所示。

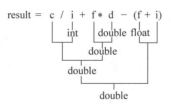

图 6.1　表达式中的类型转换

6.7.2　构成符

可以通过称为 cast 的构成符强制将表达式转换为特定的类型。它的一般形式如下：

```
(数据类型) 表达式
```

"（数据类型）"是标准 C 语言中的一个数据类型。这种方式常用在较大的类型转为较小的类型计算中，示例如下：

```
int d = 5, result;                 //声明整型变量并赋值
float f = 6.382;                   //声明单精度浮点型变量并赋值
result = d * (int) f;              //将变量强制转换为整型再计算
```

本例的计算结果为 30，在运算之初已将变量 f 强制转换为整型。如果没有使用构成符，则表达式 result = d * f 的结果为 31，变量首先被转换为单精度浮点型，然后赋值时再被转换为整型。

6.7.3　空格与括号

为了增加可读性，可以随意在表达式中插入 Tab 和空格符。例如，下面两个表达式的
意义是相同的。

```
result = c / i + f * d - ( f + i );
result = c / i + f * d -(f+ i );
```

括号可以改变表达式的执行顺序，可用的括号有小括号“()”和中括号“[ ]”，中括号
的优先级稍低。使用方法如下：

```
result = c / [ ( i + f ) * d - ( f + i ) ];
```

小括号内的表达式首先被计算，然后是中括号里的表达式。冗余的括号并不会导致错
误发生或减慢表达式的执行速度,因为编译后的机器代码里已根据括号编排好了计算顺序,
多余的括号将被忽略。笔者鼓励使用括号，它可使代码的执行顺序更清楚一些。

6.7.4　C 语言中的简写形式

C 语言为常用的赋值语句提供了简写形式。例如，语句“x = x + 5;”可以简写为“x +
= 5;”。这种简化的形式适用于 C 语言中的二目运算符，包括加、减、乘、除和取模。示例
如下：

```
c = c / ( a * b - c % b++ );              //原表达式
c /= a * b - c % b++;                     //简化后的表达式
```

是否对表达式简化，取决于简化的表达式能否直接体现出算法的实际意义，以及能否
更容易地被读懂。

6.8　C 语言的预处理命令

预处理命令是在程序编译阶段执行的命令，用于编译与特定环境相关的可执行文件。
预处理命令扩展了 C 语言。本节将选择其中一些常用的预处理命令进行讲解。

6.8.1　宏替换命令

宏替换命令的作用类似于对源代码文件进行文本替换操作，但是其形式更灵活和丰
富。编译器在每次遇到宏替换命令所定义的标识符时，都会用其后的字符串替换该标识符。
宏替换命令的一般形式如下：

```
#define 标识符 字符串
```

宏替换语句结束时没有分号，所有预处理程序也如此。在标识符和字符串之间可以有
任意个空格宏替换命令只在当前行有效，超出当前行范围的任何内容都不属于宏替换命令
的范围。例如，希望 TRUE 取值为 1，FALSE 取值为 0，可以用两个宏来说明，代码如下：

```
#define TRUE 1                                    //使用 TRUE 表示 1
#define FALSE 0                                   //使用 FALSE 表示 0
```

这样在程序中就能直接使用标识符来表示被宏替换的串，C 语言通过这种方法定义符号常量。另一种用法是作为宏代换。宏代换简单来说就是包含参数的宏替换。在定义宏代换时，宏名可以包含多个参量，在程序中遇到宏名时，与之相连的形式参数均由程序中的实际参数代替。例如：

```
//定义宏替换 MAX()，当 a 大于或等于 b 时返回 a 值，否则返回 b
#define MAX(a, b) (a >= b) ? a : b
int main()                                        //主函数
{
  int x = 190, y = 106;                           //定义整型变量 x、y 并赋值
  //输出 x 和 y 中较大的一个，使用宏代换 MAX()完成
  printf("MAX: %d", MAX(x, y));
  return 0;
}
```

当编译上面的程序时，MAX()定义的表达式被替换，程序第 5 行被转换为如下形式：

```
printf("MAX: %d", (x >= y) ? x : y);
```

用宏代换代替简单的函数能加快程序的执行速度，因为不存在函数调用的开销，同时也提高了代码的可读性。

命令#undef 用作取消已定义的宏名替换。一般形式如下：

```
#undef 标识符
```

上面的代码是将宏替换限定在一个代码块内。代码如下：

```
#define SUCCESS 1                                 //定义宏 SUCCESS 表示 1
  printf("%d", SUCCESS);                          //输出宏 SUCCESS 所代表的数值
#undef SUCCESS                                    //取消宏 SUCCESS 的定义
```

在使用#undef 命令取消宏 SUCCESS 之前，宏 SUCCESS 是有效的，因此代码第 2 行能正确地输出宏 SUCCESS 所代表的数值。

6.8.2　终止编译命令

在调试程序时，为了提高调试速度，通常在代码的适当位置加入终止编译命令#error。它的一般形式如下：

```
#error 错误信息字符串
```

错误信息字符串不用双引号包围，当程序编译到#error 指令时，错误信息被显示出来，代码如下：

```
#error MANUAL_STOP              //停止编译，并使编译器提示编译错误信息 MANUAL_STOP
```

当编译器编译到这条代码时就停止工作，并将字符串 MANUAL_STOP 作为错误提示。此命令常与条件编译命令配合使用，以便在特殊的条件下生效。

6.8.3　文件包含命令

文件包含命令常用于在编译时插入另一个源程序中的内容。被包含文件的名字必须用

一组双引号（""）或一对尖括号（<>）包围。例如：

```
#include "filename.h"
#include <stdio.h>
```

上面两行代码都使用编译器读入并编译头文件或代码文件。双引号用于包含指定相对路径的文件，如果未指明相对路径，则会在当前源文件所在的目录内进行检索。如果文件没找到，则检索标准目录，不检索当前的工作目录。尖括号用于包含标准函数库文件和用户在编译指令里所指明的函数库文件，系统会在这些函数库中搜索指定的文件。

被包含的文件中也允许有#include 命令，这种方式称为嵌套的嵌入文件，嵌套层次依赖于具体文件包含的代码。

6.8.4　条件编译命令

条件编译命令是编译阶段的逻辑控制结构，通常利用条件编译命令将同一个源代码编译为不同需求的多个版本。

1．#if、#else、#elif及#endif

#if 命令的意义为：如果#if 后面的常量表达式为真，则编译它与#endif 之间的代码，否则跳过这些代码。示例如下：

```
#define X 190            //定义整型常量X并赋值
#define Y 106            //定义整型常量Y并赋值
#if X > Y                //条件编译命令，如果条件成立，则编译后面的语句
   printf("MAX: %d", X); //输出提示符和X的值
#endif                   //条件编译块结束
```

在上面的例子中，因为 X 的值大于 Y，所以条件编译块中的语句被编译。如果将#else加入#if 块中，当#if 后面的常量表达式为真时，则执行#if 到#else 之间的语句，否则执行#else到#endif 之间的语句。示例如下：

```
#define X 190            //定义整型常量X并赋值
#define Y 106            //定义整型常量Y并赋值
#if X <= Y               //条件编译命令，如果条件成立，则编译后面的语句
   printf("MIN: %d", X); //输出提示符和X的值
#else                    //当前面的#if条件判断为假时，从这里开始编译
   printf("MIN: %d", Y); //输出提示符和Y的值，此语句被编译
#endif                   //条件编译块结束
```

在上面的代码中，因为#if 后的表达式"X <= Y"为结果假，所以编译器不会编译输出X 值的语句，而编译输出 Y 值的语句。#elif可实现分支条件，在条件编译语句中加入#elif和条件表达式后，当#if 条件为真时，编译#if 到#elif 之间的语句。当#if 条件为假时，判断#elif 的条件，如果#elif 条件为真，则执行其后的代码。条件编译语句中可以有多个#elif 语句，可以依次判断，但只要有一个为真，则编译完相关代码后会跳出条件编译语句。如果#if 和#elif 的条件都为假，那么看代码中是否有#else 相关的语句编译，否则不编译任何语句。示例如下：

```
#define X 106            //定义整型常量X并赋值
#define Y 106            //定义整型常量Y并赋值
```

```
#if X < Y                        //条件编译命令，如果条件成立，则编译后面的语句
    printf("MIN: %d", X);        //输出提示符和 X 的值
#elif X = Y                      //分支条件判断
    printf("X equal Y");         //输出 X 与 Y 值相等的提示
#else                            //当前面的#if 条件判断为假时，从这里开始编译
    printf("MIN: %d", Y);        //输出提示符和 Y 的值，此语句被编译
#endif                           //条件编译块结束
```

在上面的例子中，因为 X 与 Y 的值相等，所以以#elif 分支内的代码被编译。另外，条件编译命令可以在其条件编译块中嵌套另一组条件编译命令，能够嵌套多少层并没有限制。

2．#ifdef 与# ifndef

#ifdef 命令用于判断某个宏名是否已定义，如果已定义，则执行#ifdef 与#endif 之间的代码块。#ifndef 命令用于判断某个宏名是否未定义，与前者相反。在头文件中可大量见到这组命令，它们解决了头文件循环嵌套时反复加载同一段定义的问题。#ifdef 和#ifndef 的命令格式如下：

```
#ifdef 标识符
    代码块
#endif
#ifndef 标识符
    代码块
#endif
```

其中，标识符是指使用#define 所定义的宏名。#ifdef 的作用是，当其后的标识符存在时，则执行相关的代码。而#ifndef 的刚好相反，它的作用是，当其后的标识符不存在时，则执行相关的代码。示例如下：

```
//判断标识符 BASIC_ELEMENT 是否被定义，如果未定义，则编译下列语句
#ifndef BASIC_ELEMENT
#define BASIC_ELEMENT            //定义标识符 BASIC_ELEMENT，该标识符没有值
    #define H 1                  //条件编译块内代码
    #define C 12
    #define O 16
#endif                           //条件编译块结束
#ifdef BASIC_ELEMENT             //如果标识符 BASIC_ELEMENT 被定义，则编译下列语句
    printf("基本化学元素已定义");   //条件编译块内代码
#endif                           //条件编译块结束
```

上面这段代码首先判断是否存在 BASIC_ELEMENT 标识符。如果不存在，则将定义该标识符的语句和其他需要编译的语句一并编译。BASIC_ELEMENT 标识符并没有任何值，它的作用纯粹是用来指示条件编译的动作，这种方式在定义头文件时很常见。代码的第 7 行使用#ifdef 判断 BASIC_ELEMENT 标识符是否存在，因为前面已定义过，所以它后面的相关代码会被编译。另外，#ifdef 与#ifndef 命令也能嵌套使用。

6.8.5　修改行号命令

修改行号命令#line 可以修改编译器中所标识的源文件行号和文件名信息。编译器在编译时会为代码行编号，以便在编译时统计行数和指明警告或错误的行号，同时，编译器会将代码文件在文件系统中的文件名作为被编译文件的文件名。每行的行号由编译器预定义

的宏_LINE_表示，文件名信息由预定义的宏_FILE_表示，使用#line 命令可修改这些信息。
#line 命令的格式如下：

```
#line 行号["文件名字符串"]
```

其中，行号可以是整型常量，文件名为任意有效文件标识符。示例代码如下：

```
#line 200[COUNT]                        //将文件起始行号改为 200，文件名改为 COUNT
int main()                              //此行成为 201 行
{                                       //此行成为 202 行
    printf("%s : %d", _FILE_, _LINE_);  //输出文件名和行号
    return 0;
}
```

程序输出的结果为"COUNT : 203"。使用修改行号命令可以分割一个较大的代码文件，
或者在编译时使多个文件拥有连贯的信息。

6.8.6　编译指示命令

在使用 C 语言开发 Linux 程序时，编译指示命令#pragma 非常有用。#pragma 命令是
预处理命令中最复杂的一个，其作用是设定编译器的状态，或指示编译器完成一些特定的
动作。#pragma 指令对每个编译器都给出了一个方法，在保持与 ANSI C 标准完全兼容的情
况下，给出主机或操作系统专有的特征。依据定义，编译指示是机器或操作系统专有的，
且对于每个编译器都是不同的。其一般格式如下：

```
#pragma 参数
```

常见的编译指示命令参数及其说明如表 6.11 所示。

表 6.11　常见的编译指示命令参数及其说明

参　　数	说　　明
message	该参数指定编译器输出相应的信息，常用于代码信息的控制。编译信息输出窗使用方法为 #pragma message("消息文本")。当编译器遇到这条指令时，就在编译输出窗口中将消息文本输出
code_seg	该参数可设置程序中函数代码存放的代码段，在开发驱动程序的时候常被用到。其格式为 #pragma code_seg(["段名"[, "段类"]])
once	将该参数放在头文件的第一行，可保证头文件被编译一次
hdrstop	该参数表示预编译头文件到此为止，后面的头文件不进行预编译
resource	该参数表示将指定的文件加入项目中，格式为#pragma resource "文件名"
warning	该参数用于管理编译器的警告信息。例如，#pragma warning(disable: 4507)表示可屏蔽编号为4507的警告信息；#pragma warning(once: 4385)表示使编号为4385的警告在编译时只显示一次；#pragma warning(error: 164)表示将编号为164的警告作为错误进行处理
comment	该参数用于将一个注释记录放入一个对象文件或可执行文件中，格式为#pragma comment "注释信息"

6.8.7　预定义的宏名

ANSI C 标准有 5 个预定义的宏名，分别是_LINE_、_FILE_、_DATA_、_TIME_和
STDC。_LINE_宏名代表所处的行在代码文件中的行号；_FILE_宏名代表其所处的代码

文件的名称；_DATA_代表代码被编译成可执行文件的日期；_TIME_代表代码被编译成可执行文件的时间；_STDC_用于指示编译器是否执行 ANSI C 标准，如果是，其值为 1。

6.8.8　注释

注释的作用是在代码中增加便于理解其意义的信息，或者是将暂时不需要使用的代码屏蔽起来。C 语言有两种注释方法，即单行注释和多行注释。单行注释用双斜杠"//"表示注释的开始，同一行中处于"//"后的文本被当作注释。多行注释用"/*"表示注释的开始，"*/"表示注释的结束，其间的文本被当作注释。被注释的代码会被编译器忽略，不会编译到可执行文件中。示例如下：

```
//单行注释，双斜杠后的文本均被当作注释
/* 多行注释，
   这一行也被作为注释信息，
   在本行结束注释 */
```

6.9　小　　结

本章介绍了 C 语言的基本组成部分。数据类型、运算符和表达式构成了 C 语言的语法。熟悉和掌握这些信息是学习 C 语言的必经之路。通过阅读本章内容可以发现，C 语言具备严谨的语法结构，任何细微的差错都可以导致程序无法通过编译，正是这种严谨避免了模棱两可的解读出现。在学习数据类型和运算符的同时也能发现，C 语言保留了许多汇编语言的特性，对计算机底层控制能力不逊于汇编语言，因此 C 语言的数据类型相对灵活。

6.10　习　　题

一、填空题

1．字长决定了数据类型的_____。

2．整型变量用_____修饰符声明。

3．符号常量是使用预处理命令_____定义的常量。

二、选择题

1．float 型变量能接收的有效数字的位数是（　　）。

A．6 位　　　　　　B．7 位　　　　　　C．8 位　　　　　　D．9 位

2．长度为 n 个字符的字符串常量，在内存中占有的字节数为（　　）。

A、$n-1$　　　　　　B．n　　　　　　C．$n+1$　　　　　　D．不固定

3．下列优先级最高的运算符是（　　）。

A．( )　　　　　　B．+　　　　　　C．&&　　　　　　D．=

三、判断题

1．C 语言中对英文字母的大小写不敏感。　　　　　　　　　　　　　　　（　　　）
2．负值整型常量必须在数值前加上负号"–"来说明。　　　　　　　　　　（　　　）
3．C 语言规定，变量使用前必须声明。　　　　　　　　　　　　　　　　（　　　）

四、操作题

1．使用问号操作符输出两个数值中较大的数值。
2．使用#if 条件编译命令输出两个数值中最小的值。

第7章　程序控制结构

程序设计是一个问题求解的过程，解决问题的步骤可以看作程序的控制结构。简单地说，程序的运行过程就是数据输入、数据处理和数据输出 3 个步骤。其中，数据处理过程是否快捷和准确，主要依赖于程序控制结构的设计是否高效与清晰。本章将介绍 C 语言程序的控制结构，以及如何设计高效与清晰的程序控制结构。

7.1　程序的 3 种基本结构

任何复杂的程序都离不开 3 种基本结构，分别是顺序结构、选择结构和循环结构。顺序结构是最基本的结构，程序语句依次顺序执行，所有的程序都包含顺序结构；选择结构是一种根据条件来判断如何执行的逻辑结构，程序根据指定的条件来判断是否执行下面的语句；循环结构是反复执行一系列指令的逻辑结构，通常与选择结构配合使用，用于控制循环的次数。这 3 种结构相互组合，构成了丰富多彩的程序逻辑。

在 C 语言中，有一组相关的控制语句用于实现选择结构与循环结构。

- ❑ 选择控制语句：if、switch 和 case。
- ❑ 循环控制语句：for、while 和 do-while。
- ❑ 转移控制语句：break、continue 和 goto。

7.2　数据的输入与输出

在程序的运行过程中，通常需要用户输入一些数据，而程序运算所得到的计算结果等又需要输出给用户，由此实现人与计算机之间的交互。因此在程序设计中，输入、输出语句是一类必不可少的重要语句。在 C 语言中，没有专门的输入、输出语句，所有的输入、输出操作都是通过对标准输入、输出库函数（包含在 stdio.h 头文件中）的调用实现。最常用的输入、输出函数有 scanf()、printf()、getchar() 和 putchar()，下面分别介绍。

7.2.1　scanf() 函数

格式化输入函数 scanf() 的功能是获得从键盘上输入的数据，所获得的数据按指定输入格式被赋予相应的输入项。scanf() 函数的一般形式如下：

```
scanf("控制字符串", 输入项列表)
```

📖助记：scanf 是 Scan Format（扫描格式化）的简写。

其中，控制字符串规定数据的输入格式，必须用双引号括起来，内容由格式说明和普通字符两部分组成。输入项列表则由一个或多个变量地址组成，当变量地址有多个时，各变量地址之间用逗号（,）分隔。

在 scanf()函数输入项列表中，各变量要增加取地址操作符，就是在变量名前加"&"，只有这样，函数才能改变其值。输入类型与变量类型应尽量一致，以避免类型不匹配而造成的错误。

控制字符串有两个组成部分——格式说明和普通字符。格式说明规定了输入项中的变量以何种类型的数据格式被输入，形式如下：

%<修饰符>格式字符

修饰符是可选的，用来表示输入字段的宽度，约定整数是短整型还是长整型，是否屏蔽输入的数据。格式字符用来约定输入数据的数据类型，如表 7.1 所示。

表 7.1　输入类格式字符及其说明

格 式 字 符	说　　　明	格 式 字 符	说　　　明
d	输入一个十进制整数	e	输入一个指数形式的浮点数
o	输入一个八进制整数	c	输入一个字符
x	输入一个十六进制整数	s	输入一个字符串
f	输入一个小数点形式的浮点数		

📖助记：d 是 Decimal（十进制）的首字母，o 是 Octal（八进制）的首字母，f 是 Float（浮动）的首字母，e 是 Exponent（指数）的首字母，c 是 Character（字符）的首字母，s 是 String（字符串）的首字母。

如果需要输入一个十进制长整型数据，并且规定字段宽度为 9 位有效数字，可以用下面的代码来实现。

```
long a;                    //声明一个长整型变量
//输入一个字段宽度为 9 位有效数字的十进制长整型数据并保存在变量 a 中
scanf("%9ld", &a);
```

程序运行时，会要求在终端上输入数据，输入数据后按 Enter 键，程序会继续运行。假如输入的数据是 1234567890，那么前 9 位数字将作为有效的输入，变量 a 保存的数值为 123456789。当需要屏蔽输入的某个数据时，可使用修饰符"*"，示例如下：

```
char c1, c2, c3;                        //声明 3 个字符型变量
//输入 3 个字符型数据，分别保存在变量 c1、c2、c3 中，但 c2 对应的输入数据被屏蔽
scanf("%c%*c%c", &c1, &c2, &c3);
```

当输入的数据为 abc 时，变量 c1 中保存的字符型数据为 a，变量 c3 保存的数据为 c，变量 c2 没有保存任何数据，仍然是未赋值状态。

控制字符串的普通字符主要是用作多个数据间的分隔，或者表示某种特定的输入格式。例如，通常用空格或者逗号来表示多个数据之间的分隔：

```
int a, b, c;                //声明 3 个整型变量
scanf("%d,%d,%d", &a, &b, &c);    //输入 3 个整型数据，分别保存在变量 a、b、c 中
```

在控制字符串中，3 个输入格式说明被用逗号隔开，如果要为变量正确赋值，输入时必须遵循这种格式，如输入 12,15,18。如果输入的数据是 12　15　18，数据间用空格分隔，那么就与规定的格式不符，在上例中只有第一个变量能被正确赋值。另外，像换行符、制表符这样的转义字符，也可以作为输入数据之间的分隔。

7.2.2　printf()函数

与格式化输入函数相对应的是格式化输出函数 printf()，其作用是按控制字符串规定的格式向终端输出数据。基本格式如下：

printf("控制字符串"，输出项列表)

助记：printf 是 Print Format（格式化输出）的简写。

控制字符串由格式说明和普通字符两部分组成，必须用双引号括起来。格式说明的一般形式如下：

%<修饰符>格式字符

格式字符规定了对应输出项的输出格式，常用的格式字符见表 7.2。

表 7.2　输出类格式字符及其说明

格 式 字 符	说　　明	格 式 字 符	说　　明
d	输出一个十进制整数	e	输出一个指数形式的浮点数
u	输出一个无符号十进制整数	g	自动选择 f 和 e 格式中较短的形式输出
o	输出一个八进制整数	c	输出一个字符
x	输出一个十六进制整数	s	输出一个字符串
f	输出一个小数点形式的浮点数		

助记：u 是 Unsigned（无符号数）的首字母；g 是 General（通用的）的首字母，因为人们更乐于使用较短的形式。

修饰符是可选的，用于确定数据输出的宽度、精度、小数位数和对齐方式等，从而产生更规范、整齐的输出。当没有修饰符时，以上各项按系统的默认设定显示，示例如下：

```
int a = 123;                //定义一个整型变量并赋值
float b = 45.6789;          //定义一个浮点型变量并赋值
//格式化输出变量a和b，变量a字段宽度为5，变量b在小数点前的字段宽度为5，小数点后为2
printf("%5d-%5.2f", a, b);
```

在上面的代码中，printf()函数的输出结果如下：

```
123-45.68
```

控制字符串中输出的整数的字段宽度为 5 位，变量 a 的宽度为 3 位，不足的 2 位由空格补齐；输出浮点型数的小数点前 5 位，而变量 b 其小数点前为 2 位，不足的 3 位由空格补齐，输出小数点后 2 位，而变量 b 其小数点后为 4 位，输出函数会自动进行四舍五入运算。如果整型数据或浮点数整数部分对应的输出位数比实际要短，那么会被自动加长补齐。

用负号作为修饰符，可以规定当字段宽度大于变量的实际长度时输出数据的对齐方式，示例如下：

```
int a = 123;                    //定义一个整型变量并赋值
printf("%-5d\n", a);            //格式化输出变量 a，输出的数值向左对齐
printf("%5d\n", a);             //格式化输出变量 a，输出的数值向右对齐，这是默认值
```

这段代码分 2 行输出变量 a 的值，第 1 行因为使用了向左对齐的符号，所以变量 a 的值以左对齐方式输出，第 2 行则是以默认方式右对齐输出。

修饰符 l 和 h 可以规定是以长型还是短型输出数据。例如，%hd 表示短整型，%lf 表示双精度浮点型，%ld 表示长整型，%hu 表示无符号短整型。

📖助记：h 使用了 Short（短的）的第二个字母，而 Short 的第一个字母 s 表示字符串打印。

格式化输出函数还可以直接将字符串常量放在格式说明语句中输出，但通常是将字符串常量与输出格式字符组合使用，以实现各种输出效果，示例如下：

```
float sec1, sec2;               //定义两个浮点型变量，表示某学生第一和第二学期的成绩
sec1 = 88.0;                    //为变量赋值
sec2 = 79.5;
printf("第一学期成绩是：%2.1f\n", sec1);    //输出第一学期的成绩
printf("第二学期成绩是：%2.1f\n", sec2);    //输出第二学期的成绩
printf("总分是 ： %3.1f，平均分是 ：%2.1f\n",
    sec1 + sec2, (sec1 + sec2) / 2);       //输出两学期的总分和平均分
```

上面的代码将把格式说明语句中的字符串常量和输出项列表里的变量值一同输出。由此可见，输出格式字符的作用是方便程序运行时替换输出项的值。输出项也可以是表达式，如代码第 4 行所示。另外，代码最后一行被分为两行书写，这是为了阅读方便，在 C 语言里是允许的。

7.2.3　getchar()函数与 putchar()函数

getchar()函数的作用是从终端获得一个字符。putchar()函数的作用是向终端输出一个字符。与前面介绍输入、输出函数不同的是，getchar()函数与 putchar()函数每次只能操作一个 ASCII 代码。因此，在设计基于文本界面的简单应用程序时，常利用这一特性来实现菜单选择的输入和用户确认的输入。

getchar()没有任何参数，使用方法是直接返回一个字符。putchar()是用一个字符型数据作为参数，执行时直接将该字符型数据输出到终端上。下面的例子是实现一个运行在终端上的文本菜单。

```
char ch;                                    //声明一个字符型变量作为接受的输入
printf("如果您要输出字母 A，请输入数字 1\n");    //输出菜单文本
printf("如果您要输出字母 B，请输入数字 2\n");    //输出菜单文本
ch = getchar();                             //获取键盘上输入的字符
if(ch == '1') {                             //判断所输入的字符是否为 1
    putchar('A');                           //输出字母 A
}
else if(ch == '2') {                        //判断所输入的字符是否为 2
    putchar('B');                           //输出字母 B
}
else {                                      //将 1 和 2 以外的字符作为非法输入处理
```

```
    printf("您输入的字符不在选择范围\n");      //输出错误提示
}
printf("\n 按任意键退出程序");                //操作等待提示
getchar();                                  //输入任意字符后继续运行
return 0;                                   //程序结束
```

第 4 行使用 getchar()函数将输入的字符保存在字符型变量 ch 中。第 5~13 行根据 ch 的值判断所需执行的语句。第 15 行只使用了 getchar()函数而没有变量与之相连接，程序运行到这条语句时被该函数中断执行，等待用户输入，而用户输入的任何数值都不会被保存，这就是在文本界面程序中常见的用户确认功能的实现方法。

📖 助记：getchar 是词组 Get Character 的简写，表示获取字符。putchar 是词组 Put Character 的简写，表示输出字符。

🔔 注意：getchar()与 putchar()函数包含在头文件 stdio.h 中，使用前必须用#include <stdio.h> 命令将该头文件包含在代码中，否则编译器会出现警告提示。

7.3 条件控制语句

在程序的 3 种基本结构中，第 2 种是选择结构，选择结构是根据程序运行时获得的条件，决定程序的执行情况。条件控制语句可以实现这种结构，C 语言提供了 if 和 switch 两种条件控制语句，if 语句用于二选一的情况，而 switch 语句用于多选一的情况。

7.3.1 if 语句

if 语句通过表达式的值判断是否执行与其关联的代码，当表达式结果为 0 时，不执行关联的代码，当表达式结果为非 0 时，则执行关联的代码。if 语句的格式如下：

```
if(表达式) {语句}
```

示例如下：

```
int a, b;                           //声明两个整型变量
printf("请输入数值，格式为：a,b\n");  //提示数据输入的格式
scanf("%d,%d",&a,&b);               //输入两个数值并存入变量 a 和 b 中
if (a > b) {                        //判断变量 a 是否大于 b
   printf("数值 a 大于数值 b");        //当变量 a 大于变量 b 时，执行此输出语句
}
if (a <= b) {                       //判断变量 a 是否不大于 b
   printf("数值 a 不大于数值 b");      //当变量 a 不大于变量 b 时，执行此输出语句
}
```

上面代码的作用是比较输入的两个变量的大小，其中使用了两组 if 语句来实现，将问题分解为两个不同的条件。在这种情况下可以加入 else 语句简化代码，else 的作用是在前面的 if 条件表达式为 0 的情况下，执行其后另一组关联的代码。示例如下：

```
if (a > b) {                        //判断变量 a 是否大于 b
   printf("数值 a 大于数值 b");        //当变量 a 大于变量 b 时，执行此输出语句
```

```
    }
    else {                               //当表达式 a 大于变量 b 的值为 0 时，执行关联代码
        printf("数值 a 不大于数值 b");    //当变量 a 不大于变量 b 时，执行此输出语句
    }
```

if 语句也可以实现多选一的条件判断。在比较两个数值的大小时，如果需要考虑两个数值相等的情况，则可以使用 else if 语句来实现。示例如下：

```
    if (a > b) {                         //判断变量 a 是否大于 b
        printf("数值 a 大于数值 b");      //当变量 a 大于变量 b 时，执行此输出语句
    }
    else if (a = b) {                    //判断变量 a 是否等于 b
        printf("数值 a 等于数值 b");      //当变量 a 等于变量 b 时，执行此输出语句
    }
    else{                                //当前面的 if 和 else if 表达式值均为非 0 时，执行关联代码
        printf("数值 a 不大于数值 b");    //当变量 a 小于变量 b 时，执行此输出语句
    }
```

if 语句可多层嵌套，即在关联代码中可以包含另外的 if 语句。需要注意的是，每组 if 语句要与同一层次的 else if 语句和 else 语句条件相对应，否则程序会出现逻辑错误。前面的数值比较问题没有判断输入数值是否合法，可加入一组 if 语句解决此问题，代码如下：

```
    //根据 scanf()函数的返回值，检查输入是否为 2 个数值
    if (scanf("%d,%d",&a,&b) != 2){
        printf("输入的数值格式不合法");    //如果输入不符合要求，则输出错误提示信息
    }
    else{                                //如果输入正确，则执行下列语句
        if (a > b){                      //判断变量 a 是否大于 b
            printf("数值 a 大于数值 b");  //当变量 a 大于变量 b 时，执行此输出语句
        }
        else if (a == b){                //判断变量 a 是否等于 b
            printf("数值 a 等于数值 b");  //当变量 a 等于变量 b 时，执行此输出语句
        }
        else{                            //当前面的 if 和 else if 表达式值均为非 0 时，执行关联代码
            printf("数值 a 不大于数值 b");//当变量 a 小于变量 b 时，执行此输出语句
        }
    }
```

上面的代码利用 scanf()函数的返回值判断输入的数据是否合法，scanf()函数会返回获取的有效数值的个数。在第一组 if 语句内嵌套了比较两个变量大小的 if 语句。

🔍 注意：可以增加被嵌套的代码行前面的空格缩进，这种书写习惯能提高代码的可读性，避免不同层次的条件语句混淆。

7.3.2　switch 语句

当需要使用多选一的选择结构时，可以使用 switch 语句来实现。switch 语句相当于 if 语句与多个 else if 语句的组合，并且能执行多个满足条件的分支语句。switch 语句的基本结构如下：

```
    switch (表达式) {
        case 常量表达式 1 : 关联代码 1;
                        <break 终止命令>;
        case 常量表达式 2 : 关联代码 2;
```

```
                         <break 终止命令>;
    ┊
    case 常量表达式 n : 关联代码 n;
                         <break 终止命令>;
    default : 关联代码 n+1;
}
```

📖**助记**：switch 的英文原意是开关。一个开关可以有两个或者多个档位，但每次只能停留在一个档位。就像灯的开关，有开和关两个档位，但每次所处的档位只能是开或者关。case、break 和 default 均采用了其单词的英文原意，分别为情况、终止/中断和默认。

switch 语句的表达式与 case 子语句的常量表达式进行比较，如果结果相等，则执行 case 子语句内相关联的代码。switch 语句会依次执行每个满足条件的 case 子语句，当一个 case 子语句条件满足时，如果希望终止 switch 语句的执行，可以加入 break 命令。break 命令执行后，其后的 case 子语句和 default 子语句都将被跳过。default 子语句是默认执行条件，如果没有 case 子语句满足条件，或者执行的 case 子语句没有使用 break 命令终止 switch 语句的执行，则与 default 子语句相关联的代码将被执行。

例如，大学选修课成绩可用五分制或直接标以优秀、良好、及格和不及格，转换规则为：5 分为优秀，4 分为良好，3 分为及格，低于 3 分则为不及格。下列代码将用 switch 语句实现该转换。

```
int c;                              //定义整型变量
printf("请输入五分制成绩：");        //输出提示信息
scanf("%d", &c);                    //获取五分制成绩并保存到整型变量 c 中
switch (c) {                        //以变量 c 为条件表达式，判断需要执行的 case 子语句
  case 5 : printf("\n 成绩为 优秀");  //当五分制成绩为 5 时，输出结果为优秀
        break;                      //终止执行 switch 语句
  case 4 : printf("\n 成绩为 良好");  //当五分制成绩为 4 时，输出结果为良好
        break;                      //终止执行 switch 语句
  case 3 : printf("\n 成绩为 及格");  //当五分制成绩为 3 时，输出结果为及格
        break;                      //终止执行 switch 语句
  //当输入成绩不满足 5、4 和 3 时，输出结果为不及格
  default: printf("\n 成绩为 不及格");
        break;                      //终止执行 switch 语句
}
```

switch 语句可嵌套使用，与 if 语句一样需要注意每组语句的对应关系。另外，case 子语句必须用常量表达式作为条件，否则会造成语法错误。

7.4　循环控制语句

循环结构又称为重复结构，是程序的 3 种基本结构之一。它反复执行循环体内的代码，可以解决需要大量重复处理的问题。循环结构由循环控制语句实现，其中有条件控制语句，用来判断是否继续执行循环操作。C 语言有 while 语句、do-while 语句和 for 语句 3 种基本的循环控制语句，并且可以相互嵌套使用。

7.4.1　while 语句

while 语句是"当"型循环控制语句,即在条件满足时执行循环体,否则跳过或跳出循环体。while 语句的一般形式如下:

```
while (条件表达式) {循环体;}
```

例如,求阶乘 $n!$ 的结果。

```
int n = 1, p;                        //声明整型变量 n 和 p, n 用于控制步进, p 用于保存操作数
double s = 1;                        //声明双精度变量 s, s 用于保存计算结果
printf("请输入操作数 (1 - 170): ");    //输出操作提示信息
scanf("%d",&p);                      //获取操作数并保存在变量 p 中
while (n <= p) {                     //当步进值不大于操作数时,执行循环体
   //将上一次的计算结果 s 与步进值 n 相乘,并保存新的计算结果到 s 中,计算完成后步进值 n 自增
   s *= n++;
}
printf("\n阶乘 n = %d 的结果为 : %f \n",p, s);   //输出操作结果
```

上面的例子使用循环控制语句进行阶层操作,while 语句中的表达式用于判断当前阶乘的步进值是否大于输入的操作数。如果不大于则继续进行运算,否则结束循环。

☎提示:阶乘（Factorial）是基斯顿·卡曼（Christian Kramp,1760—1826）于 1808 年发明的运算符号。阶乘表示从 $1×2×3×4$,一直乘到所要求的数。例如,操作数是 4,则阶乘式是 $1×2×3×4$,得到的结果是 24,24 就是 4 的阶乘。阶乘的计算会产生相当大的结果,在 C 语言的基本数据类型中字长最大的 double 型也只能保存 170!的运算结果。当然,有很多方法可以保存更大的阶乘结果,有兴趣的读者可开动脑筋继续探索这个问题。

7.4.2　do-while 语句

在 C 语言中,"直到"型循环是 do-while 语句,do-while 语句的一般形式如下:

```
do {循环体} while (条件表达式)
```

与 while 语句的区别是,while 是先判断条件表达式再执行循环体,而 do-while 语句是先执行循环体再判断条件表达式。也就是说,do-while 语句首先会将循环体执行一次,再判断是否应该结束循环。例如,计算 sin(x) 的值的算法是 "$x - x3/3! + x5/5! - x7/7! (\cdots\cdots)$",直到最后一项小于 1e-7 时为止,可用下列代码描述。

```
01  #include <stdio.h>
02  #include <math.h>              //加入数学函数库,以提供幂运算函数 fabs()
03  int main()
04  {
05     //定义双精度型变量 s、t、x,其中,s 保存计算结果,t 表示下一项的结果,x 表示操作数
06     double s, t, x;
07     int n;                      //定义整型变量 n, n 表示公式中的幂
08     printf("请输入 x 的值: ");   //输出提示信息
09     scanf("%lf", &x);           //获取操作数
10     t = x;                      //使 t 的值等于 x,得到公式中第一项的值
```

```
11      n = 1;                                    //初始化幂数 n 为 1
12      s = x;                                    //将第一项的结果保存到结果 s 中
13      do                                        //开始执行循环体
14      {
15          n += 2;                               //幂数自增 2
16          //计算公式中当前项的值
17          t *= (-x * x) / ((float)(n) - 1) / (float) (n);
18          s += t;                               //将当前项的值加入结果中
19          //判断当前项的值是否小于预期，如果小于则继续执行循环体的后续代码
20      } while (fabs(t) >= 1e-7);
21      printf("\n sin(%f) = %lf\n", x, s);      //输出计算结果
22      return 0;
23  }
```

上面的例子使用循环控制语句依次将公式中的每一项加入结果中，从上一项推算当前项的结果只用将上一项乘以因子(x2) / ((n–1) * n)，即代码第 17 行所示。函数 fabs()由头文件 math.h 提供，作用是取绝对值。当输入 x 的值为 1.5753 时，运算结果为 0.999 990。

7.4.3　for 语句

for 语句适用于可预知执行次数的循环控制结构，它是 C 语言最常用的循环控制语句。for 语句的一般形式如下：

```
for(<表达式 1>; <表达式 2>; <表达式 3>) {循环体}
```

表达式 1 为控制变量赋初始值，表达式 2 用于放置循环控制条件的逻辑表达式，表达式 3 用于改变控制变量的值。这种结构能明确地展现循环控制结构的 3 个重要组成部分，即控制变量的初始值、循环条件和控制变量的改变。例如，计算自然数数列 1 至 n 的平方和，可用下列代码描述。

```
int i, p;                   //声明整型变量 i 与 p，i 为循环控制变量，p 为操作数
double s;                   //声明双精度浮点型变量 s，用于保存计算结果
printf("请输入操作数:");     //输出操作提示信息
scanf("%d", &p);            //获取操作数并保存在变量 p 中
//为循环控制变量 i 赋的初始值，循环条件是 i 不大于操作数 p，每次循环 i 自增 1
for (i = 1; i <= p; i++)
    //计算当前循环控制变量的平方值，并增加到计算结果 s 中
    s += (double) i * (double) i;
printf("\n 自然数 1 至%d 平方和为:%lf\n", p, s);      //输出计算结果
```

for 语句的 3 个表达式都可以省略，或者放置在 for 语句的参数集合外，但不能省略表达式之间的分号，否则会造成语法错误。

⚠️注意：在编写循环结构的程序时，如果循环控制条件不能有效地结束循环，就会出现死循环。死循环是程序员经常会碰到的问题。包含死循环的代码虽然能被编译器编译，但是运行该程序会造成循环体无休止地被执行，消耗系统资源，严重的会造成系统死机。Linux 系统针对死循环有良好的控制机制，不会让一个进程无休止地占据所有 CPU 资源，从而避免了死机的情况。当然，死循环在某些情况下的存在是合理的，如在硬件驱动程序、通信程序和设备控制程序中，都需要用死循环反复无休止地处理某些问题。while(1)和 for(; ;)常被用来生成死循环。

7.4.4　break 语句与 continue 语句

如果需要在循环体的执行过程中结束某一轮循环，或者直接跳出循环，可以使用 break 语句或 continue 语句。

break 语句的作用是立即结束当前循环并跳出循环体。下例用一个有趣的计算题说明该语句的使用方法。一只蜗牛顺着葡萄架向上爬，葡萄架高 11 米，蜗牛每天白天可以向上爬 3 米，但晚上会滑下来 1 米，问该蜗牛几天能够爬到葡萄架的顶端。程序代码如下：

```
int i = 1, s = 0;              //定义变量 i 和 s，i 表示天数，s 表示已爬上的高度
const int h = 11;              //定义常量 h，h 表示总高度
const int up_move = 3;         //定义常量 up_move，up_move 表示每天爬上的高度
const int down_move = 1;       //定义常量 down_move，down_move 表示每天滑下的高度
while(s <= h) {                //当 s 不大于 h 时，执行循环体
  s += up_move;                //将已爬上的高度加上当天爬上的高度
  if (s >= h) {                //判断以爬上的高度是否不小于总高度
    break;                     //结束当前循环，并跳出循环体
  }
  s -= down_move;              //将已爬上的高度减去当天滑下的高度
  i++;                         //天数自增
}
printf("蜗牛需要%d 天爬到葡萄架顶\n",i);     //输出结果
```

上例的计算结果是 5，每天蜗牛实际上是向上爬了 2 米。但是到了第 5 天，距离葡萄架顶只有 3 米，因此蜗牛可以一次爬上去，当前在 break 语句后的循环体代码都不会被执行。

continue 语句的作用是结束本轮循环，当前循环的循环体在 continue 后的代码不被执行，但并不跳出循环结构，而是立即开始新一轮的循环，代码如下：

```
int n1 = 1, nm = 100;          //定义查找的范围
int i, j, flag;                //定义循环控制变量
if(n1 == 1 || n1 == 2)         //处理素数 2
{
  printf("%4d", 2);            //输出素数 2
  n1 = 3;                      //将查找范围移动到 2 以后
}
for(i = n1; i <= nm; i++)      //第一层循环，遍历定义域内的每个数
{
  if(!(i % 2)) continue;   //如果当前的数能被 2 整除，则结束该轮循环，该数不是素数
  //从 3 开始遍历至 i ×1/2，每次步进 2
  for(flag = 1, j = 3; flag && j < i / 2; j += 2)
    if(!(i % j)) flag = 0;     //如果能整除则不是素数
  if(flag) printf("%4d", i);   //如果是素数，则输出该数
}
```

上例使用了双层循环结构来解决问题，第 1 层循环遍历定义域内的每个数，第 2 层循环判断该数是否素数。continue 和 break 一样，只能影响所处的那层循环。

7.5　媒体播放器——建立程序结构

本节将通过实例讲解在 Linux 系统上使用 C 语言进行程序开发的细节，同时简单介绍一些有用的软件工程知识。我们的任务是建立一个媒体播放器，并在后面的章节内由浅入深，逐步加强其功能。开发中尽量使用已有的库来构建自己的程序，如利用 GStreamer 多媒体框架实现媒体文件解码功能。这样，读者能更深切地体会到 Linux 开发的便捷之处，省去了在各种技术细节上所浪费的时间。

7.5.1　编写伪代码

伪代码是一种与程序设计语言结构相似，但又不能被编译器执行的代码。伪代码常用来描述程序算法，它使用自然语言编写，因此易于阅读。编写伪代码没有任何强制要求，唯一的原则是编写的伪代码清晰、易懂。下面是一些编写伪代码的经验。

- ❑ 保留目标语言与结构相关的命令和符号（本书的目标语言是 C 语言）。
- ❑ 书写上用"缩进"表示程序中的分支程序结构。
- ❑ 使用目标语言的注释符号标识注释，尽量写出详细的注释文本。
- ❑ 在伪代码中，变量名和保留字不区分大小写。
- ❑ 可以用一行文本表示需要用多行代码实现的任务。

例如，解一元二次方程 $ax^2 + bx + c = 0$ 的算法，使用伪代码描述如下：

```
float a, b, c;          //声明单精度型变量a、b 和c，用于保存方程的系数
float s;                //声明单精度型变量s，用于保存方程的求根因子
float x1, x2;           //声明单精度型变量x1 和x2，用于保存方程的两个实数根
获取(a, b, c);          //从键盘输入获取方程的系数
if(a 为 0) {            //判断系数a 是否为 0，如果为 0，则方程化简为 bx + c = 0
  if(b 不为 0)          //判断系数b 是否为 0
    x1 = x2 = -c ÷ b;   //根的值是-c ÷ b的结果
  else if(c 为 0)       //判断系数c 是否为 0，且a 和b 也为 0
    方程无定根;          //方程 0x = 0 无定根
  else                 //系数a 和b 为 0，c 不为 0
    方程无解;
}
else {                 //系数a 不为 0，则使用求根公式计算 x1 与 x2
  s = b2 - 4ac;        //计算求根因子
  if(s 大于 0) {        //如果求根因子大于 0，则方程有 2 个不相等的实数根
    x1 = -0.5 ×(b + s 的平方根) ÷ a;
    x2 = -0.5 ×(b + s 的平方根) ÷ a;
  }
  else if(s 等于 0) {   //如果求根因子等于 0，则方程有 2 个相等的实数根
    x1 = x2 = -0.5 × b ÷ a;
  }
  else {               //如果求根因子小于 0，则方程有 2 个共轭复根
    x1 = -0.5 × b ÷ a;                    //实部
    x2 = 绝对值(0.5 × -s 的平方根 ÷ a);    //虚部的绝对值
  }
}
```

有兴趣的读者可以根据上面的伪代码编写 C 语言代码。

7.5.2　建立媒体播放器的程序结构

媒体播放器是一种常用的多媒体软件,如 GNOME 桌面环境 Linux 系统中的 Totem 电影播放机。我们的目标是设计一个与 Totem 电影播放机类似的应用程序,该程序能播放多媒体音频文件如 MP3,同时能管理播放列表,按照播放列表的顺序依次播放媒体文件,并且能够调整播放媒体的大小和系统音量的大小。

媒体播放器的核心是多媒体框架。多媒体框架提供了各种多媒体文件格式的解码器,以实现多媒体文件的播放功能。本例使用 GStreamer 多媒体框架,该框架运行于 GNOME 桌面环境,支持多种多媒体文件格式和播放列表文件格式。基于 GStreamer 多媒体框架的媒体播放器的结构如图 7.1 所示。

媒体播放器程序位于结构的顶层,它使用 GTK+ 3.0 图形用户界面框架实现在屏幕上的显示功能,使用 Gstreamer 多媒体框架实现媒体文件的解码和播放控制功能。但是在现实中,屏幕显示或者计算机发出声音是由 Linux 内核驱动底层硬件实现的,因此 Linux 内核处于结构的最底层。

媒体播放器程序可以划分为 5 个主要模块,分别是用户界面模块、核心控制模块、媒体库模块、播放控制模块和媒体文件解码模块,如图 7.2 所示。

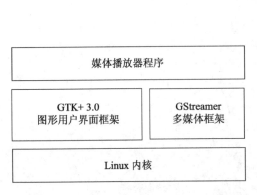

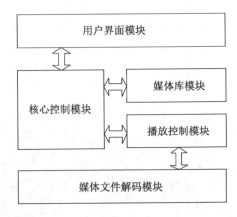

图 7.1　基于 GStreamer 多媒体框架的媒体播放器的结构　　图 7.2　媒体播放器的 5 个主要模块

用户界面是程序最顶层的模块,用于和用户进行交互。用户使用键盘或鼠标操作程序时,用户界面将识别出的操作指令传递给核心控制模块,再由核心控制模块作出反应,将程序的运行结果传送到用户界面。例如,在用户按下停止按钮后,核心控制模块将停止播放媒体文件,同时在界面上将显示一个停止标志。

核心控制模块是整个程序的中枢,用于协调各个模块的运作,保存当前状态。当程序启动时,该模块最先启动,然后调用其他模块。当程序结束时,该模块负责清理程序其他模块使用的内存,并且在最后退出。

播放控制模块专门用于媒体文件播放时针对媒体的操作,如开始、停止、快进、快退、暂停和调整音量等。

媒体文件解码模块是程序最底层的模块,它实际是通过调用多媒体框架中的功能来实现的。媒体文件经过解码模块解码后变成了一连串的声音或视频信号，Linux 内核将这些信号通过硬件输出。

相对于其他几个模块，媒体库模块最简单，但媒体库中的基本功能必须从头开始建立。媒体库的作用是管理媒体文件的路径与信息，将媒体文件进行分类和排序，并提供播放列表供播放器按顺序播放。进一步分解媒体库模块，可以划为管理媒体文件列表、显示媒体文件信息列表和播放列表等子模块，如图 7.3 所示。

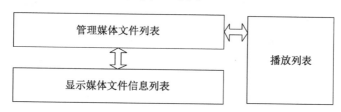

图 7.3　媒体库模块的子模块

管理媒体文件列表子模块的功能是添加媒体文件、搜索媒体文件、查找媒体文件、删除媒体文件和将选择的媒体文件移动到播放列表中。显示媒体文件信息列表的功能是将媒体文件的信息在用户界面中显示出来，如果媒体库改动，则立即刷新列表。管理媒体文件列表模块的流程如图 7.4 所示。

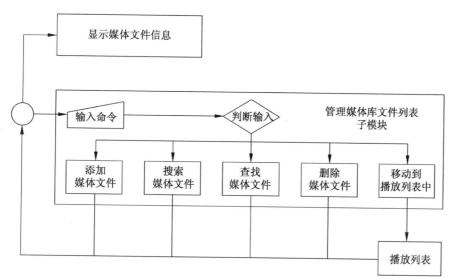

图 7.4　管理媒体库模块文件列表子模块

图 7.4 还需要进一步细化。管理媒体库模块文件列表子模块中的每个功能都可以列出一个更详细的流程图，这些工作留在具体实现时完成。下面是根据图 7.4 编写的伪代码：

```
int 管理媒体库()                    //管理媒体库模块文件列表子模块入口
{
    int op_cmd;                   //保存操作指令
    op_cmd = 输入命令();           //获得用户输入的命令
    switch(op_cmd) {
        case 1: 添加媒体文件;      //当操作指令值为 1 时执行
                break;
        case 2: 搜索媒体文件;      //当操作指令值为 1 时执行
```

```
             break;
      case 3: 查找媒体文件;            //当操作指令值为 1 时执行
             break;
      case 4: 删除媒体文件;            //当操作指令值为 1 时执行
             break;
      case 5: 移动到播放列表;           //当操作指令值为 1 时执行
             break;
      default: 显示错误;              //处理无效的用户输入
   }
}
```

　　上面的伪代码是调用管理媒体库模块文件列表子模块时执行的序列，首先获取用户输入的命令，然后根据输入选择不同的功能执行。如果用户输入错误的信息，则必须对其作出响应。

7.6　小　　结

　　本章介绍了 C 语言的基本输入和输出函数、条件控制语句和循环控制语句。通过举例介绍了这些基本语句的用法及程序的 3 种基本结构。在实际进行程序设计时，常面临着更复杂的程序结构，大量学习经典的计算机问题求解算法，如杨辉三角和汉诺塔等，可以增强对程序结构的分析能力。本章介绍了如何设计一个媒体播放器程序的相关内容，这一课题可能会让初学者望而生畏，但对于 Linux 程序开发并非难事。后面章节会根据所学的内容逐步实现这个程序，读者可以先下载 Totem 电影播放机代码进行初步分析，以提高代码的阅读能力。

7.7　习　　题

一、填空题

1．程序的 3 种基本结构分别为顺序结构、_____和循环结构。

2．在循环体的执行过程中直接跳出循环，可以使用_____语句。

3．while 语句是_____型循环控制语句。

二、选择题

1．%hu 表示（　　）。

A．短整型　　　　　　　　　　　　B．双精度浮点型

C．长整型　　　　　　　　　　　　D．无符号短整型

2．下列不是循环控制语句的是（　　）。

A．for　　　　　　　　　　　　　　B．while

C、do-while　　　　　　　　　　　D．if

3．从终端获得一个字符的函数是（　　　）。

A．scanf()　　　　　　　　　　　B．getchar()

C．putchar()　　　　　　　　　　D．其他

三、判断题

1．switch 语句相当于 if 语句与多个 else if 语句的组合。　　　　　　　（　　　）

2．for 语句适用于不可预知执行次数的循环控制结构。　　　　　　　　（　　　）

3．伪代码常用来描述程序算法。　　　　　　　　　　　　　　　　　　（　　　）

四、操作题

1．使用 for 语句编写代码，计算 1～100 的和。

2．使用 if 语句判断输入的数据是否偶数。

第8章　数组与指针

数组与指针涉及数据在内存中的存储位置问题。数组由连续的存储单元组成，最低地址对应数组的第一个单元，最高地址对应数组的最后一个单元。指针是一种特殊的变量，该变量所存放的是内存地址，通过指针变量可以访问所指向的内存空间中的内容。本章将通过数组与指针的介绍，探讨 C 语言的数据结构。

8.1　一 维 数 组

数组是一组相关的内存位置，它们都具有相同的名称和类型。引用数组中的特定位置或元素，需要指定数组的名称和数组中特定的元素的位置编号，该编号即是数组下标。一维数组是只使用一组下标表示的数组。

8.1.1　一维数组的一般形式

一维数组的一般声明形式如下：

```
数据类型  数组名[长度];
```

其中，长度必须是常量表达式，数组名与其他变量名称一样，只能包含字母、数字和下画线，并且不能以数字字符开始。例如下面的代码，声明了 10 个元素的字符型数组。

```
char c[10];                          //声明数组 c，类型为字符型，长度为 10
```

数组的第一个元素的下标为 c[0]，第 n 个元素的下标为 c[n–1]。为数组初始化有 3 种方式，第 1 种是根据数组下标逐个初始化，示例如下：

```
int i;                               //声明循环控制变量
for(i = 0; i < 10; i++)
  c[i] = 0;                          //依次将数组 c 的 10 个元素初始化为 0
```

数组初始化的第 2 种方式是在声明时加入等号和用逗号分开的初始值列表，代码如下：

```
char c[10] = {63, 64, 65, 66, 67, 68, 69, 70, 71, 72};   //声明数组并初始化
```

如果初始值少于数组中的元素，则剩余元素将初始化为 0。例如，下面的代码将数组的所有元素都初始化为 0。

```
char c[10] = {0};                    //声明数组并初始化为 0
```

数组初始化的第 3 种方式是声明时不指定数组长度，根据初始值的个数来决定数组长度，示例如下：

```
//声明数组并初始化，数组长度为 10
```

```
char c[] = { 63, 64 ,65, 66, 67, 68 ,69, 70, 71, 72 };
```

声明后，数组元素顺序存放于内存中，假设起始地址为 3001，则每个数组元素依次加 1，如图 8.1 所示。

数组元素	值	内存地址	
c[0]	63	3001	高位
c[1]	64	3002	
c[2]	65	3003	
c[3]	66	3004	
c[4]	67	3005	
c[5]	68	3006	
c[6]	69	3007	
c[7]	70	3008	
c[8]	71	3009	
c[9]	72	300A	低位

图 8.1　数组在内存中存放的位置示意

使用数组时，可以通过数组下标引用每个数组元素。例如，使用选择排序法对数据的元素进行从小到大排序。

```
01  #include <stdio.h>              //调用基本输入、输出函数
02  #include <stdlib.h>             //调用常用函数库，提供生成随机数函数
03  int main()
04  {
05      int a[10];                  //声明数组 a，类型为整型，长度为 10
06      int i, j;                   //声明循环控制变量
07      int t;                      //声明整型变量 t，用于排序中交换数组元素的值
08      printf("排序前的数组: \n"); //输出提示信息
09      for(i = 0; i < 10; i++) {   //i 从 0 循环到 9
10          a[i] = rand() % 100 + 1; //使用随机函数生成 1～100 的随机数
11          printf("%4d ", a[i]);   //输出未排序的数组
12      }
13      printf("\n 排序后的数组: \n"); //输出提示信息
14      for(i = 0; i < 9; i++) {    //i 从 0 循环到 8
15          for(j = i + 1; j < 10; j++) {    //j 从 i + 1 循环到 9
16              if (a[i] > a[j]) {
17              //比较两个元素值的大小，如果前一个大于后一个，则交换两个元素的值
18                  t = a[i];       //将前一个元素的值保存到变量 t 中
19                  a[i] = a[j];    //将后一个元素的值复制到前一个元素中
20                  a[j] = t;       //将变量 t 所保存的值复制到后一个元素中
21              }
22          }
23      }
24      for(i = 0; i < 10; i++) {   //i 从 0 循环到 9
25          printf("%4d ", a[i]);   //输出排序后的数组
26      }
```

```
27      return 0;                                    //退出程序
28  }
```

在上面的代码中，rand()函数用于生成整型伪随机数序列，将所生成的随机数用 n 取模再加上 1，则可将随机数的范围限定在 1 至 n 以内，这是一种常用的算法。选择排序法使用了双层循环，当进入外围第 1 轮循环时，将数组元素 a[0] 与其他元素依次比较。如果有小于 a[0] 的元素，则将两个元素交换位置，这样就能保证 a[0] 所保存的是数列里最小的值。当进入第 2 轮循环时，就不考虑 a[0]，而是将 a[1] 与其后的元素进行比较，a[1] 则保存数组中元素第二小的值。这样，每次内存循环的次数就减少了，数组内的元素被从小到大排序。

📖助记：rand 是 Random（随机的）的前 5 个字母。

🔔注意：数组的第一个元素下标为 0，最后一个元素下标为数组长度减 1。例如，int a[10]，
　　　　 数组的最后一个元素为 a[9]。

当使用下标访问数组元素时，[]是一个运算符。它有两个操作数，一个是数组名，另一个是下标值。这两个操作符是平等关系，因此二者位置可以交换。例如，a[3] 和 3[a] 是等效的。

8.1.2　字符串使用的一维数组

字符型数组可以存放字符串数据也可以存放字符数。在数组中存放字符串数据比存放数据时多了一个字符串结束符 "\0"，该符号的 ASCII 码值为 0。因此，存放字符串的一维数组长度比实际字符串的长度多一个元素，示例如下：

```
//声明字符数组 c1，分配的长度为 5
char c1[] = {'C', 'h', 'i', 'n', 'a'};
//声明字符串数组 c2，分配的长度为 6
char c2[] = "China";
```

数组 c1 是字符数组，数组 c2 是字符串数组，它们在内存中所占用的空间如图 8.2 所示。

C 语言并没有将字符串作为独立的数据类型，但允许使用字符串常量和字符串数组，并在标准函数库里提供了一些常用的字符串操作函数。常用的字符串操作函数见表 8.1。

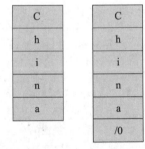

图 8.2　字符数组及其在内存中所占用的空间

表 8.1　常用的字符串操作函数

函　数　名	说　　　明
strcpy(s1, s2)	将s2复制到s1中
strcat(s1, s2)	将s2连接到s1的末尾
strlen(s1)	返回s1的长度
strcmp(s1, s2)	比较两个字符串：如果s1与s2相等，则返回值为0；如果s1 < s2，则返回值小于0；如果s1 > s2，则返回值大于0

🔔注意：只有包含字符串结束符的数组才被认为是字符串数组，字符数组不能被函数当作字符串操作。

8.2　二　维　数　组

C 语言允许使用多维数组，即使用多组下标的数组。二维数组是最常用的多维数组。多维数组在内存中存放数据的顺序与一维数组相同，使用连续的存储单元。

8.2.1　二维数组的一般形式

二维数组的一般声明形式如下：

数据类型　数组名[长度 1][长度 2];

数组的总长度等于长度 1 与长度 2 的乘积。例如：

```
//声明二维数组并初始化，数组总长度为10
char c[2][5] = {63, 64, 65, 66, 67, 68, 69, 70, 71, 72}
```

上面的代码声明了一个拥有 10 个存储单元的字符型数组，在内存中的位置如图 8.3 所示。在实际应用中，可将二维数组理解为一个表格，第一组下标为表格的行数，第二组下标为表格的列数。每组下标以 0 开始，最后一个元素的下标数值为长度减 1。

数组元素	值	内存地址	
c[0][0]	63	3001	高位
c[0][1]	64	3002	
c[0][2]	65	3003	
c[0][3]	66	3004	
c[0][4]	67	3005	
c[1][0]	68	3006	
c[1][1]	69	3007	
c[1][2]	70	3008	
c[1][3]	71	3009	
c[1][4]	72	300A	低位

图 8.3　二维数组在内存中存放的位置示意

注意：引用数组边界之外的元素将会造成程序运行错误。当数组初始值列表中提供的初始值多于数组元素数量时，或者使用变量作为数组长度声明数组，都会引起编译错误。

8.2.2　二维字符串数组

二维字符串数组可以看作多个一维字符串数组，第 1 组下标长度即存放的字符串个数，第 2 组下标长度是可以存放的最长的字符串长度加 1。当使用标准函数库中的字符串函数处理二维字符串数组时，必须给出第一组下标，每次只能处理其中的一个字符串，示例如下：

```
char buddy[3][200];                //声明二维字符型数组 buddy
int i;                             //声明循环控制变量
printf("请输入联系人姓名: ");       //输出提示信息
scanf("%50s", buddy[0]);           //从键盘上输入长度为 50 的字符串，保存在数组第 1 行
printf("\n 请输入联系人电话: ");    //输出提示信息
scanf("%30s", buddy[1]);           //从键盘上输入长度为 30 的字符串，保存在数组第 2 行
printf("\n 请输入联系人地址: ");    //输出提示信息
scanf("%199s", buddy[2]);          //从键盘输入获得长度为 199 的字符串，保存在数组第 3 行
printf("\n 您输入的信息是: :\n");   //输出提示信息
for(i = 0; i < 3; i++)             //i 从 0 到 2 循环
  printf("%s\n", buddy[i]);        //依次输出数组的每一行
```

上面的示例中声明了一个长度为 600 的二维字符串数组，该数组最后一组下标的长度为 200，因此能存放的字符串长度最长为 199。使用 scanf()函数和 printf()函数处理字符串数组时，要省略最后一组下标，这样能得到所要处理的字符串的首地址，字符串处理函数在遇到字符串结束符时会停止处理，忽略字符串结束符后的存储单元。scanf()函数会为输入的字符串加上字符串结束符。当输入的字符串长度超过格式控制符所指定的长度时，scanf()函数将自动根据指定长度进行裁剪。如果格式控制符没有指定长度，则会窜入下一行，造成逻辑错误。

8.3　多　维　数　组

多维数组是指拥有多组下标的数组，维数的限制由具体编译器决定。多维数组的一般声明形式如下：

数据类型　数组名[长度 1]　[长度 2]……[长度 n];

数组的总长度等于每组下标长度的乘积。多维数组使用连续的存储空间，编译器在为多维数组分配内存单元时，首先从"数组[0][0]……[0]"开始，沿着最后一组下标顺序分配。当分配到长度 n 时，将倒数第二组下标加上 1，继续沿着最后一组下标顺序分配。这种分配方法如同时钟的运转，秒针从 0 运行到 60 后，分针向前进 1，秒针回到 0 的位置。当分针运行到 60 时，时针则向前进 1。

由于大量占用内存的原因，三维数组以上的多维数组较少使用。计算机要花大量的时间计算数组的下标，这意味着存取多维数组的元素要比存取一维数组的元素花更多的时间。由于这些原因，多维数组通常将指针当作一维数组来使用。

8.4　指针与指针变量

在程序中声明变量后，编译器就会为该变量分配相应的内存单元。也就是说，每个变量在内存中会有固定的位置，有具体的地址。由于变量的数据类型不同，它所占的内存单

元数也不相同。下例声明了一些变量和数组。

```
int i = 18;                              //声明整型变量 i 并赋值
char c[5] = {89, 90, 91, 92, 93};        //声明字符型数组 c 并初始化
float f = 12.89;                         //声明单精度浮点型变量 f 并赋值
double d = 1.414213;                     //声明双精度浮点型变量 d 并赋值
```

　　当程序编译时，编译器将指定这些变量和数组所需要的存储空间长度。在程序运行过程中，由操作系统为这些变量和数组分配内存单元。整型变量所占用的内存为 2 字节，长度为 5 的字符型数组所占用的内存为 5 字节，单精度浮点型变量所占用的内存为 4 字节，双精度浮点型所占用的内存为 8 字节。由于计算机内存最小的寻址单位是字节，设变量的存放从内存 3000 单元开始，则操作系统为这些变量和数组分配的内存单元如图 8.4 所示。

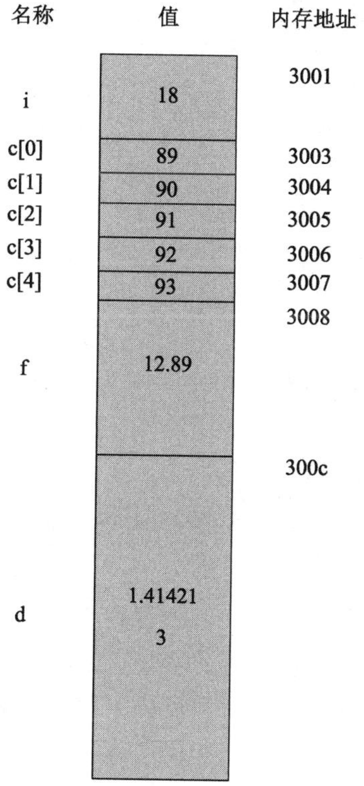

名称	值	内存地址
		3001
i	18	
c[0]	89	3003
c[1]	90	3004
c[2]	91	3005
c[3]	92	3006
c[4]	93	3007
		3008
f	12.89	
		300c
d	1.414213	

图 8.4　二维数组在内存中存放的位置示意

　　变量在内存中的数据类型不同，其所占内存的大小也不同，每个变量都有具体的内存单元地址。例如，变量 i 在内存中的地址是 3000，占据 2 个字节后，数组 c 的内存首地址就为 3002，变量 f 的内存地址为 3008 等。对内存中变量的访问，过去用 "scanf("%d", &a)" 表式数据输入变量的地址所指示的内存单元。访问变量时首先应找到其在内存中的地址，一个地址唯一指向一个内存变量，称这个地址为变量的指针。如果将变量的地址保存在内存的特定区域，用变量来存放这些地址，则这样的变量就是指针变量，通过指针对所指向变量的访问，就是一种对变量的间接访问。

　　假设一组指针变量 pi、pc、pf 和 pd 分别指向上述的变量或数组 i、c[]、f 和 d，指针变量也同样被存放在内存中，二者的关系如图 8.5 所示。指针变量在存储空间中存放的数据为对应变量或数组的内存地址，通过该地址就可以访问对应的变量或数组。

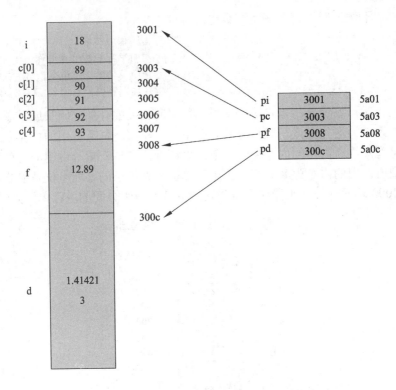

图 8.5　指针变量与所指向变量的映射关系

8.5　指针变量的定义与引用

指针变量是包含内存地址的变量。一般的变量直接包含一个特定的值，而指针变量包含的是某一特定数据类型的内存地址。普通变量直接引用其中的值，指针变量则间接引用所指向内存地址中的值。指针变量在使用前需要声明与初始化。

8.5.1　指针变量的定义

当定义指针变量时，需要指定所指向的数据类型。声明指针变量的一般形式如下：

数据类型 *变量名;

"*"运算符通常称为间接运算符或间接引用运算符，在声明中以这种方式使用间接运算符时，表明被声明的变量是指针变量。示例如下：

```
int *pi;                        //声明一个整型指针变量
char *pc;                       //声明一个字符型指针变量
float *pf;                      //声明一个单精度浮点型指针变量
```

声明为整型的指针变量*pi，只能指向整型变量或者整型变量的数组元素。声明为字符型的指针变量则只能指向字符型数据。指针变量声明后，才可以写入指向某种数据类型的变量的地址，或者说是为指针变量初始化。示例如下：

```
int *pi, i = 290;              //声明整型指针变量*pi和整型变量i，并为i赋初值
char *pc, c = 65;              //声明字符型指针变量*pc和字符型变量c，并为c赋初值
//声明单精度浮点型指针变量*pf和单精度浮点型变量f，并为f赋初值
float *pf, f = 1.414;
pi = &i;                       //将整型指针变量*pi指向整型变量i
//将字符型指针变量*pc指向字符型变量c
pc = &c;
//将单精度浮点型指针变量*pf指向单精度浮点型变量f
pf = &f;
```

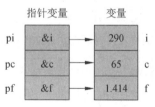

图 8.6　指针变量赋值后的效果

上述赋值语句 pi = &i 表示将变量 i 的地址赋给指针变量 pi，此时 pi 就指向了 i。3 条赋值语句产生的效果是 pi 指向 i，pc 指向 c，pf 指向 f，如图 8.6 所示。&运算符称为取地址运算符，作用是取得变量的内存地址。

8.5.2　指针变量的引用

利用指针变量可直接改变内存中某个单元的值，这是一种对系统底层的访问。指针变量为复杂的操作带来便利的同时，也存在很大的安全隐患，使用不当时极容易引起程序中止甚至系统死机。利用指针变量间接引用变量的形式如下：

```
*指针变量
```

间接运算符在这里的作用是访问指针变量所指向的内存单元的值。例如：

```
int *pi, i = 100;              //声明整型指针变量pi和整型变量i，并为i赋初值
pi = &i;                       //将整型指针变量pi指向整型变量i
(*pi)++;                       //间接访问变量i，使变量i的值自增
printf("%d", i);               //输出i的值
```

程序的输出结果为 101，因为指针变量*pi 间接引用变量 i，修改*pi 的值等同于修改变量 i 的值。如果将代码第 4 行改写如下：

```
printf("%d", *pi);             //输出*pi的值
```

程序的输出结果仍然为 101，*pi 与 i 的作用是等同的。很多函数都需要取得变量的地址用以修改变量的值，如 scanf()函数。在上例中，如果使用指针变量修改 i 的值，则可以用以下代码来实现。

```
scanf("%d", pi);               //从键盘上输入数据并保存在变量i中
```

这条语句的作用等同于 scanf("%d", &i)，因为指针 pi 的值为变量 i 的地址，所以不能使用间接运算符。

C 语言有两个指针运算符，分别是取地址运算符与间接引用运算符，这两个运算符都是一元运算符，它们的优先级仅次于一元算术运算符。

8.6　指针与数组

数组在内存中以顺序的形式存放。数组的第一个存储单元的地址即数组的首地址。对于一维数组来说，直接引用数组名就能获得该数组的首地址。指针变量可以存放与其内容

相同的数组首地址，也可以指向某一个具体的数组元素。通过这种方式，多维数组也能被当作一维数组来操作，简化了数组的操作方法。

8.6.1　指针与一维数组

定义一维数组后，可以定义一个与其类型相同的指针变量指向该数组，代码如下：

```
//定义整型数组 i 和整型指针变量*pi
int i[10] = {1, 2, 3, 4, 5, 6, 7, 8, 9, 10}, *pi;
pi = i;                          //将指针变量*pi 指向数组 i 的首地址
```

这样*pi 就指向了数组 i 的第一个单元，该赋值操作等同于"pi = &i[0]"，pi 与数组 i 的关系如图 8.7 所示。如果对指针内的地址进行运算，执行"pi += 4"，则 pi 的指向关系也随之发生改变，如图 8.8 所示。

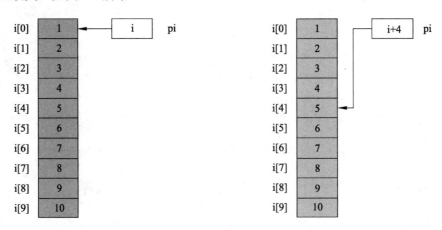

图 8.7　指针变量 pi 与数组 i 的指向关系　　　　图 8.8　pi 运算后与数组 i 的指向关系

因此，可以将 C 语言指针指向一维数组的表示方法总结为以下 3 条。

❑ pi + n 或 i + n 表示数组元素 i[n]的地址，即& i[n]。数组 i 有 10 个元素，n 的取值为 0 至 9，则数组的地址可表示为 pi + 0 至 pi + 9，或 i + 1 至 i + 9，与&i[0]至&i[9]的作用一样。

❑ 知道了数组元素的地址表示方法，"*(pi + n)"和"*(i + n)"可以表示为数组的各元素即等效于 i[n]。

❑ 指向数组的指针变量也可以用数组的下标形式，即 pi[n]，其效果相当于"*(pi + n)"。

8.6.2　指针与二维数组

二维数组和其他多维数组都能看作一维数组进行指针操作。例如，下面定义了一个二维数组。

```
//定义整型二维数组 i 和整型指针变量 pi
int i[2][5] = {1, 2, 3, 4, 5, 6, 7, 8, 9, 10}, *pi;
pi = i[0];                                //将指针变量 pi 指向数组 i 的首地址
```

上面的数组可以视作一个表格，数组 i 与 pi 的关系如图 8.9 所示。如果要访问其中的元素 i[1][2]，则可以用公式 $1 \times n + 2$ 得到该元素的位置，引用时可写作"$*(pi + 1 * n + 2)$"。

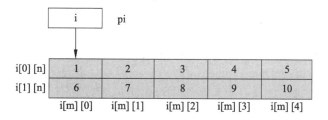

图 8.9　二维数组 i 与指针变量 pi 的关系

二维数组的每一行都有一个首地址，如 i[0]代表&i[0][0]的地址，i[1]代表 i[1][0]的地址。因此，二维数组也可以被看作 m 个长度为 n 的一维数组，引用二维数组时，需要将每行的首地址赋给指针变量。例如，下面的代码，用指针修改二维数组内的元素。

```
01  #include <stdio.h>                    //调用基本输入、输出函数
02  #define M 2                           //定义常量 M，用作二维数组的行数
03  #define N 4                           //定义常量 N，用作二维数组的列数
04  int main()
05  {
06      int a[M][N], *pa;                 //定义整型二维数组 N 和整型指针变量*pa
07      int i, j;                         //定义循环控制变量 i 和 j
08      pa = a[0];                        //将指针变量*pa 指向数组第 1 行的首地址
09      printf("请输入数组的数值：");      //输出提示信息
10      for(i = 0; i < M; i++){           //i 从 1 到 M 循环
11          for(j = 0; j < N; j++){       //j 从 1 到 N 循环
12              scanf("%d", pa + i * N + j);//从键盘输入获取数据并保存到数组中
13              putchar('\0');            //换行
14          }
15      }
16      printf("数组内的数值是：");        //输出提示信息
17      for(i = 0; i < M * N; i++){       //i 从 1 到 M × N 循环
18          printf("%d\n", *(pa + i));    //输出数组的值
19      }
20      return 0;
21  }
```

上面的代码首先将数组 a 的第 1 行首地址赋给整型指针变量。第 1 组循环使用数组行和列的关系计算数组单元内存中的位置，给数组 a 的每个元素赋值。第 2 组循环通过指针变量 pa 间接引用数组 a 内的元素，将所有数组元素的数值输出。

8.6.3　指针与字符串数组

当字符型指针变量指向字符串数组的首地址时，该指针即可当作字符串使用。字符串处理函数通常根据字符串结束符来判断该字符串的长度，因此这些函数都会沿着字符串首地址向后遍历，直到找到字符串结束符。下面是简单的字符串输入与输出的示例。

```
char c[20], *pc;               //定义字符型数组 c 与字符型指针变量 pc
pc = c;                        //将字符型数组 c 的首地址赋给指针变量 pc
scanf("%19s", pc);             //通过 pc 间接引用数组 c 并为数组 c 初始化
puts(pc);                      //输出 pc 所指向的字符串
```

puts()函数的作用是将字符串无格式输出,当*pc 作为参数时,puts()函数会将*pc 所指向的地址开始到字符串结束符之间的字符输出到终端。假如输入的字符串为"I love China!",将代码最后一行修改如下:

```
puts(pc + 2);              //输出内存中从 pc + 2 开始,到字符串结束符为止的字符串
```

那么,程序的输出为 love China!,因为 puts()函数会跳过字符串数组的前 2 个字符,从第 3 个字符开始处理。如果在字符数组中没有字符串结束符,则调用 printf()或 puts()输出函数时程序将会出错(一直向后处理,输出很多意想不到的字符,直到遇到值为 0 的内存块)。如果字符型指针变量没有初始化,可能会造成严重的,示例如下:

```
char *pc;                  //将字符型数组 c 的首地址赋给指针变量 pc
scanf("%s", pc);           //通过 pc 间接引用数组 c 并为数组 c 初始化
```

这是一种非常危险的用法,因为 pc 的值不可知,pc 可能指向内存中的任意位置。将字符串保存到 pc 所指向的内存单元中,可能会造成非常严重的系统错误。这种用法称为无源指针,在程序中应避免出现。

8.7 指针的地址分配

指针变量可指向任何类型的变量。在处理过程中,指针变量指向的变量通过传递变量的地址来实现。指针变量的取值是内存的地址,这个地址应当是安全的,不可以是随意的;如果写入内存单元的地址管理十分混乱,则无法保证对应地址中是否已经存在数据,此时如果盲目写入数据,就有可能在数据写入时将内存中原有的数据或程序覆盖,导致原有的数据丢失或损坏,因此应使用编译系统提供的标准函数来实现地址分配。

GCC 编译器支持动态分配内存的函数 malloc()和 free(),它们包含在头文件 stdlib.h 中。动态内存分配的含义是,在程序执行的过程中动态地划分内存空间供程序使用。当程序不需要使用这些内存空间时,则可以将其释放。malloc()函数的作用是向操作系统申请内存,free()函数的作用是释放所申请的内存。示例如下:

```
char *pc;                  //声明字符型指针变量 pc
pc = malloc(50);           //在内存中为程序申请 50 个字节的空间,并将首地址赋给指针变量 pc
if (pc != NULL) {          //如果分配内存成功,则执行下列代码
    //从键盘输入字符串,并保存在 malloc()所划分的内存空间内
    scanf("%49d", pc);
    puts(pc);              //输出该字符串
    free(pc);              //释放 malloc()函数所申请的内存空间
    pc = NULL;             //使指针指向空地址,避免再次引用被释放的内存空间
}
```

📖助记:malloc 是 Memory Allocation(内存分配)的简写;free 直接保留英文原意,表示释放。

malloc()函数的参数是长整型数值,该数值表示所申请的字节数。如果分配内存失败则返回 NULL;成功则返回所申请内存空间首地址。free()函数必须与 malloc()函数配对使用,当不需要所申请的内存空间时将其释放,否则会造成内存泄漏,影响操作系统和其他程序

运行。另外需要注意的是，当 free() 函数释放指向 NULL 的指针或并非 malloc() 函数所申请的内存空间的指针时，都会造成严重的程序错误。

8.8　指　针　数　组

指针数组是一种特殊的数组，这类数组存放的全部是同一种数据类型的内存地址。指针数组的定义形式如下：

数据类型 *数组名[长度];

示例如下：

```
const char *c[4] = { "China",        //定义长度为 4 的常量字符型指针数组
                     "USA",          //将该数组元素分别指向 4 个字符串常量
                     "Rassia",
                     "Japan" };
int i;                               //声明循环控制变量
for(i = 0; i < 4; i++)               //i 从 1 到 3 循环
  puts( *(c + i) );                  //输出指针数组元素所指向的字符串
```

指向常量的指针必须用 const 定义为常量指针，以避免修改该指针所指向的数据时造成程序错误。由于[ ]符号比间接运算符*的优先级高，所以首先是数组名 c 与[]符号结合，形成数组形式 c[4]，然后才是与*结合。这样，指针数组内包含 4 个指针 c[0]、c[1]、c[2] 和 c[3]，分别指向 4 个字符串的首地址。

8.9　指向指针的指针

指针变量可以指向另一个指针变量，这种操作并不是指将一个指针变量所指向的内存地址传递给另一个指针变量，而是定义一种指向指针类型变量的指针变量，可将其称为双重指针。双重指针的定义形式如下：

数据类型 **变量名;

其中使用了两个间接运算符，示例如下：

```
int i, *pi, **dpi;        //声明整型变量 i、整型指针变量 pi 和整型双重指针变量 dpi
pi = &i;                  //将变量 i 的地址赋给整型指针变量 pi
dpi = &pi;                //将整型指针变量 pi 的地址赋给整型双重指针变量 dpi
**dpi = 100;              //间接引用变量 i，给变量 i 赋值
printf("%d", i);          //输出变量 i 的值
```

在上面的代码中定义了双重指针变量 dpi，当双重指针变量指向指针变量时，必须使用取地址运算符得到指针变量自身的内存地址。当通过双重指针变量间接引用所指向的变量时，因为首先要获得其所指向指针变量的地址，然后要获得所指向指针变量中保存的内存地址，所以需要用两个取地址运算符完成这两重运算。

8.10　媒体播放器——建立播放列表

本节实例将建立媒体播放器中的媒体库模块的播放列表，将播放列表以数组的形式实现。为了演示对播放列表数据的操作，本节还会给出播放列表的程序实现部分。

8.10.1　建立一个播放列表

播放列表用于存放系统中的多媒体文件信息，以便播放器按用户编排的顺序播放多媒体文件。一个简单的播放列表由播放序号和文件名两部分组成。为了使它们之间建立联系，可以用指针将它们连接起来，这样在排序时就不用进行大规模的字符串赋值操作了。播放列表的数据结构如图 8.10 所示。

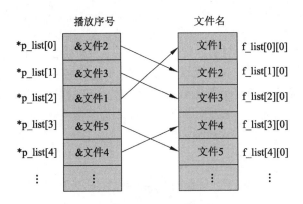

图 8.10　播放列表的数据结构

*p_list 数组的类型是字符型指针数组，f_list 数组的类型为二维字符型数组，实际的播放顺序则是*p_list 数组的下标。在程序中，整型变量 i 作为游标，记录当前操作的播放列表序号，用整型变量 l 记录播放列表的长度。建立该数据结构的代码如下：

```
#define MAX_LENGTH 40                    //定义数组长度，表示列表最大长度
#define MAX_FILE_LENGTH 255             //定义数组长度，表示文件名最大长度
    ⋮
  unsigned int i, l;          //i 表示操作时指向数组的游标，l 表示播放列表的总长度
  char *p_list[MAX_LENGTH];              //定义指针列表
  //定义文件名列表，文件名最大长度加 1 是用于存放字符串结束符
  char f_list[MAX_LENGTH][MAX_FILE_LENGTH + 1];
  for (i = 0; i < MAX_LENGTH; i++) {   //用循环对指针列表和文件名列表初始化
    p_list[i] = NULL;                    //将指针列表指向 NULL
    f_list[i][0] = 0;                    //将字符串列表首位置 0
  }
```

在代码中使用宏替换命令将字符串的长度定义为常量，这样在修改程序时，只需要修改一条语句即可。游标和列表总长度均为正整数，因此定义为无符号整型。指针列表用于指向文件名列表的行首，在使用前必须先将这两个列表初始化。初始化文件名列表时，只需要将每行行首的元素即 f_list[i][0] 的数值置 0，因为字符串结束符的 ASCII 码值为 0，这

样就能将行首为 0 的字符串数组当作空字符串来处理。

按照朴素软件工程思想的要求，首先需要为程序中的数据编制一个数据字典，将常量、变量、数组等数据结构在数据字典中列出并标明其含义，参见表 8.2。

表 8.2　数据字典

名　称	数 据 类 型	说　明
MAX_LENGTH	符号常量	定义数组长度，表示列表最大长度
MAX_FILE_LENGTH	符号常量	定义数组长度，表示文件名最大长度
GET_NAME	符号常量	使用scanf()函数输入文件名，用于说明输入字符串的长度，值为%< MAX_FILE_LENGTH >s
*p_list	整型指针数组	指定播放列表的顺序
f_list	二维字符数组	保存播放列表中文件的路径与名称，MAX_LENGTH作为第一维长度，MAX_FILE_LENGTH作为第二维长度
i	整型变量	遍历播放列表，值域为0至MAX_LENGTH-1
l	整型变量	保存播放列表的当前长度，该长度小于MAX_LENGTH
select_value	整型变量	接收键盘输入的菜单选择
exit_switch	字符变量	控制程序主操作循环的退出

定义数据字典后，还需要为播放列表增加简单的控制功能。这些功能包括添加新文件、删除列表中的文件名、打印播放列表和退出程序（为演示程序而增加），如图 8.11 所示。

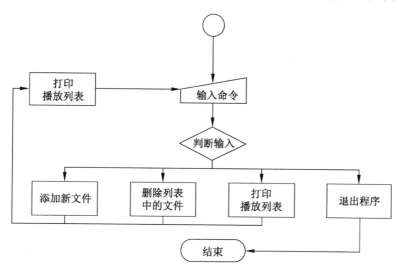

图 8.11　播放列表的控制功能

1. 添加新文件

为了确保列表的长度没有超过限制，必须判断变量 1 的值是否大于常量 MAX_LENGTH。如果列表长度处于允许的范围内，那么将在 f_list 数组中查找空位，并将位置的值传递给*p_list 数组指定的位置，如图 8.12 所示。

2. 删除列表中的文件

删除文件时首先需要给出文件在列表中的编号，然后将编号后的列表项依次向前移动一位，最后将代表列表长度的变量减 1，如图 8.13 所示。

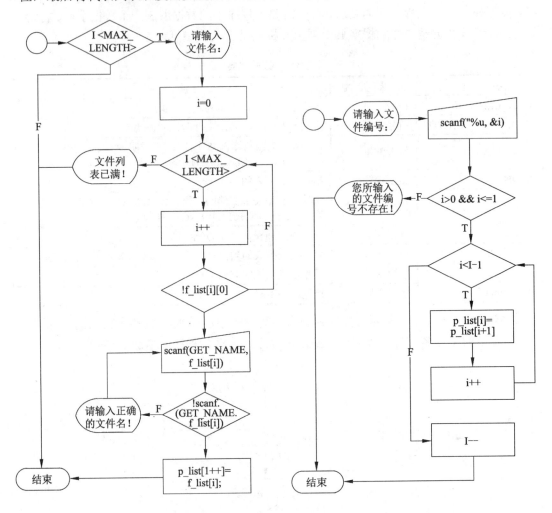

图 8.12　添加新文件

图 8.13　删除列表中的文件

3. 打印播放列表

　　*p_list 数组中的指针是按照列表顺序存放的，每个数组成员指向 f_list 数组中第二维的首地址。顺序输出*p_list 数组成员指向的内存地址的内容，即可打印播放列表，如图 8.14 所示。

　　将以上 3 个功能放在程序的主循环中，在每轮循环的开始输出操作提示信息，然后等待用户输入操作指令，代码如下：

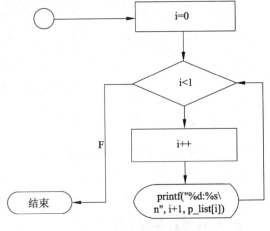

图 8.14　打印播放列表

```
#define GET_NAME "%255s"        //用于 scanf()函数输入文件名，说明输入字符串的长度
  :
   int select_value;                //接收键盘输入的菜单选择
   char exit_switch = 1;            //控制程序主操作循环的退出
   l = 0;                           //初始化列表长度
   do {                             //开始主操作循环
      puts("请选择操作命令：");
      puts("(1)添加新文件");
      puts("(2)删除列表中的文件");
      puts("(3)打印播放列表");
      puts("(4)退出程序");
      scanf("%1d", &select_value);  //输入的菜单选择
      getchar();                    //吸收多余的输入字符
      switch(select_value) {
         case 1: {                  //添加新文件
            if(l < MAX_LENGTH){     //判断列表是否已满
               puts("请输入文件名：");
               //在列表中循环，查找文件名列表中的空位
               for(i = 0; i < MAX_LENGTH; i++){
                  if(!f_list[i][0]){ //二维字符数组行首为 0，表示是空位
                     while(!scanf(GET_NAME, f_list[i])){
                        //输入文件名，并判断文件名是否有效
                        puts("请输入正确的文件名！");
                     }
                     p_list[l++] = f_list[i];
                     //将指针列表所对应的单元指向文件名存放的内存地址
                     break;
                  }
               }
            }
            else {
               puts("文件列表已满！");
            }
            break;
         }
         case 2: {                  //删除列表中的文件
            puts("请输入文件编号：");
            scanf("%u", &i);
            if(i > 0 && i <= l) {
            //判断编号是否有效，有效的编码应在 1 至总长度之间
               p_list[--i] = NULL;   //通过指针间接引用文件列表，将目标文件名删除
               while(i < l - 1){    //循环，从列表中删除的位置到列表结束
                  p_list[i] = p_list[i + 1];
                  //将游标所指向的指针列表后的元素向前挪动 1 位
                  i++;
               }
               l--;                  //列表长度减 1
            }
            else
               puts("您所输入的文件编号不存在！");
            break;
         }
```

```
        case 3: {                          //打印播放列表
          for(i = 0; i < l; i++)      //循环遍历列表
              //通过指针列表间接引用文件名列表，输出文件名
              printf("%d : %s\n", i + 1, p_list[i]);
          break;
        }
        case 4: {                          //退出程序
          exit_switch = 0;           //将程序主操作循环退出标记置 0
        }
      }
    } while(exit_switch);             //如果主操作循环退出标记不为 0，则继续执行循环
    return EXIT_SUCCESS;
}
```

上面的代码设置了一个主控制循环，由主控制循环反复输入控制提示信息，并等待用户的输入。用户可输入指定的数字来执行对应的操作。

❑ 输入数字 1，程序提示输入文件名。文件名并不是按列表的顺序存放在字符数组 f_list 中的，而是在遍历数组 f_list 中寻找行首为 0 的空位。储存成功后，将字符串在内存中的首地址传送给指针列表 p_list，p_list 是按列表顺序保存的每个文件名的字符串的地址。

❑ 输入数字 2，程序提示输入文件编号，该编号是从 1 开始的，因此在进行删除处理前，要将保存编号的游标 i 自减 1。当删除文件名字符串时，需要将该字符串行首的元素置 0，再依次将指针列表中游标指向位置之后的数值向前复制 1 位，然后将列表总长度减去 1。这样，就可以删除列表中任何位置的字符串了。

❑ 输入数字 3，程序将顺序打印播放列表，首先用游标从列表头开始遍历，再用指针列表参照游标的数值间接引用文件名列表。

❑ 输入数字 4，程序主操作循环退出标记 exit_switch 被置为 0，操作结束后，程序会跳出主循环，这样就能退出程序了。

🔔注意：在 do 循环中，scanf()函数接收一个数字字符作为用户操作菜单的指令。如果用户输入非法字符，这些字符将进入下一轮循环并被 scanf()函数继续作为后续的输入。这是由于标准输入的缓冲区缓冲造成的，形成了真正的死循环。如果在 scanf()函数后用 getchar()函数接收这些非法字符，即可避免该问题。

8.10.2   对播放列表排序

用户在使用媒体播放器时，经常会根据自己的喜好对播放列表进行排序。排序的方式有按名称排序、按播放时长排序和按媒体信息排序。各种排序的原理大同小异，因此这里选择按名称排序来演示播放列表排序的程序设计方法。

排序只有在列表长度大于 1 时才有意义。因此首先要判断列表长度是否大于 1，然后用双层循环遍历*p_list 数组，比较两个数组元素所指向的内存中的内容，如果前者的内容大于后者，则交换*p_list 数组元素的地址，如图 8.15 所示。

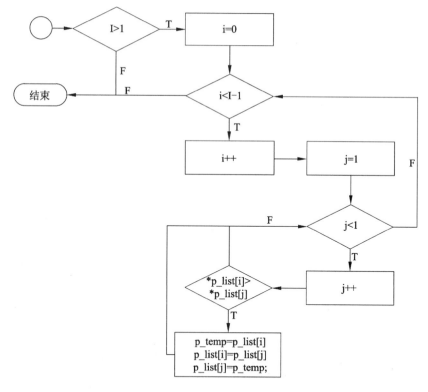

图 8.15　播放列表排序

在 8.10.1 小节的实例中使用了 switch 选择结构将程序的不同功能放在各个分支中，因此很容易扩充程序的功能。要实现按名称排序，只需要增加下列代码：

```
    ⋮
  unsigned int j;                    //用于排序的循环控制变量
  char *p_temp;                      //用于排序时交换指针列表中的数据
    ⋮
    puts("(5)按文件名排序");
    ⋮

    case 5: {                        //按文件名排序
      if (l > 1) {                   //当文件列表长度大于1时才有排序的意义
        //从列表首单元到列表总长度减1单元开始循环
        for(i = 0; i < l - 1; i++) {
          //从列表首单元加1到列表总长度开始循环
          for(j = i + 1; j < l; j++) {
            if (*p_list[i] > *p_list[j]) {
              //比较两个文件名字符串的首个字符大小
              p_temp = p_list[i];
              //如果前一个大于后一个，则交换指向两个字符串的指针
              p_list[i] = p_list[j];
              p_list[j] = p_temp;
            }
          }
        }
      }
    }
    break;
  }
```

上面的代码使用了选择法进行排序,通过指针列表 p_list 间接引用文件列表 f_list 行首的元素,排序时只交换 p_list 里存放的指针值,而不改变 f_list 文件名字符串的存放顺序,这样减少了程序运行时的开销。

但是,上面的排序算法只比较了字符串首字母,而没有考虑首字母相同但其他字母不同的情况,有兴趣的读者可自行增加代码完善此程序。另外,还可以考虑使用其他计算机排序算法提高程序的运行速度,如快速排序法和冒泡排序法等。

8.11　小　　结

本章讲解了 C 语言数组和指针的用法。数组和指针是学习 C 语言的难点,但也最能体现 C 语言功能的强大。指针的应用十分灵活,需要时刻注意对指针的正确性进行验证,否则会给程序带来巨大的隐患。数组与指针有着密切的联系,二者相互结合应用的地方非常多,如指针数组、指针指向数组等。本章并不能完全涵盖这些内容,在后面的实例程序中遇到这些问题时将会深入探讨。

8.12　习　　题

一、填空题

1. 数组是一组相关的_____。
2. 多维数组中的维数限制由具体_____决定。
3. "*"运算符通常称为_____符或间接引用运算。

二、选择题

1. char c[2][5]数组的总长度为（　　）。

A. 7　　　　　　B. 8　　　　　　C. 9　　　　　　D. 10

2. 下面代码的运行结果是（　　）。

```
int *pi, i = 100;
pi = &i;
(*pi) +=2;
printf("%d", i);
```

A. 100　　　　　B. 101　　　　　C. 102　　　　　D. 103

3. char c1[] = {'C', 'h', 'i', 'n', 'a'}数组中可以访问 h 的代码是（　　）。

A. c1[0]　　　　B. c1[1]　　　　C. c1[2]　　　　D. c1[3]

三、判断题

1. 字符串数组与一般的字符数组的区别是字符串数组包含字符串结束符"\0"。

（　　　）

2．strcpy(s1, s2)的作用是将 s2 连接到 s1 的末尾。　　　　　　（　　）

3．指向常量的指针必须用 const 定义为常量指针。　　　　　　　　（　　）

四、操作题

1．声明一个长度为 5 的一维数组，然后根据数组下标逐个初始化，初始化的元素为 0～4。

2．声明一个字符数组，元素为 Dance、Apple、Cat 和 Book，然后实现首字母升序排序。

第 9 章 函　　数

C 语言是结构化语言，它的主要结构成分是函数。函数作为一种构件，用来完成程序中的某个具体功能。函数允许一个程序的各个任务被分别定义和编码，使程序模块化。因此，设计良好的函数不仅能正确工作，而且不会对程序的其他部分产生副作用。本章将介绍 C 语言的函数知识，包括如何用函数分解程序的各个功能，如何用函数构成模块化程序，以及代码复用的基本思想等。

9.1　函数说明与返回值

函数由类型说明符、函数名、参数表、参数说明段和函数体 5 个部分组成。类型说明符定义了函数的返回值，即 return 语句所返回给调用者的数据类型。函数名是每个函数的唯一名称，函数命名规则与变量相同。参数表和参数说明段是函数的外部接口，函数调用时通过参数将值传递到函数体内，参数表是具体接口的个数，参数说明段是参数的数据类型定义。函数体是实现函数功能的代码块，需要用一对花括号将其包围，return 语句放置在函数体内。main()函数具备同样的结构。函数的一般形式如下：

```
类型说明符 函数名(参数表)
参数说明段
{
    函数体
}
```

9.1.1　函数的类型说明

函数的类型说明符可以是任何数据类型，包括空值型 void，即不使用 return 语句返回任何数据。默认情况下，函数被自动说明为整型。函数必须在第一次调用前定义，这样编译器才能找到该函数。也可以将函数的类型说明放在首次调用之前，前置函数类型说明称为函数原型。示例如下：

```
01  #include <stdio.h>
02  #define PI 3.141593
03  float cylinder_area(float r, float h); //函数的类型说明，函数原型
04  int main()
05  {
06      float r, h, s;      //变量 r 保存圆柱体半径，变量 h 保存高，变量 s 保存表面积
07      puts("请输入圆柱体的半径和高: ");
08      if (scanf("%f,%f", &r, &h) == 2)
09          //调用函数 cylinder_area()，返回值存储到变量 s 中
10          s = cylinder_area(r, h);
```

```
11      else
12         puts("您输入的数据格式不合法！");
13      printf("\n 该圆柱体的表面积为: %f\n", s);
14      return 0;
15   }
16   float cylinder_area(float r, float h)        //函数的类型说明和参数说明
17   {
18      float cd_area;                             //声明子函数内的变量 s
19      cd_area = 2 * (PI * r * r) + (2 * PI * r * h);    //计算圆柱体的表面积
20      return cd_area;                            //返回数值给调用者
21   }
```

上面的程序将圆柱体表面积计算公式放置在 cylinder_area() 函数中，cylinder_area() 函数的类型说明为单精度浮点型，函数体内 return 后的变量 cd_area 被定义为相同的类型。cylinder_area() 函数有两个参数，均被说明为单精度浮点型，调用时将单精度浮点型变量 r 和 h 传入 cylinder_area() 函数体，cylinder_area() 函数即可使用变量 r 和 h 的数值。cylinder_area() 函数将所计算的圆柱体表面积通过 return 语句返回给主程序，主程序中的变量 s 获得的 cylinder_area() 函数值，即为圆柱体表面积的计算结果。

设计函数时需注意数据类型的匹配关系。函数的类型说明符必须与 return 语句返回的数据类型相同，函数的参数说明必须与参数的数据类型相同，否则会造成编译错误。

9.1.2　返回语句

函数的返回语句 return 有两个作用：其一，结束当前函数，调用者获得程序控制权；其二，将计算结果传递给调用者。函数的结束有两种情况，一是函数体内所有的代码执行完毕，二是 return 语句被执行，示例如下：

```
01   #include <stdio.h>
02   void common_multiple(a, b, c)              //函数说明为空类型
03   int a, b, c;                               //参数说明为整型
04   {
05     if (a > 0 && b > 0 && c > 0) {           //判断是否为 0，如果为 0 则无公倍数
06       //如果一个数能被另外两个数的乘积整除，则该数即为最小公倍数
07       if (a % (b * c) == 0) {
08          printf("最小公倍数是%d", a);         //输出计算结果
09          return;                             //函数调用结束，不返回任何值
10       }
11       //如果一个数能被另外两个数的乘积整除，则该数即为最小公倍数
12       if (b % (a * c) == 0) {
13          printf("最小公倍数是%d", b);         //输出计算结果
14          return;
15       }
16       //如果一个数能被另外两个数的乘积整除，则该数即为最小公倍数
17       if (c % (a * b) == 0) {
18          printf("最小公倍数是%d", c);         //输出计算结果
19          return;
20       }
21       int i;
22       //i 从两个数的乘积循环到三个数的乘积
23       for (i = a * b; i < a * b * c; i += a * b) {
24          if (i % c == 0) {                   //如果 i 被第三个数整除，则 i 为最小公倍数
```

```
25            printf("最小公倍数是%d", i);    //输出计算结果
26            return;                          //函数调用结束,不返回任何值
27        }
28      }
29    }
30    else
31      puts("无公倍数");                       //无公倍数输出
32  }
33
34  int main()
35  {
36    int a, b, c;                              //声明整型变量a、b和c
37    puts("请输入三个正整数: ");
38    scanf("%u,%u,%u", &a, &b, &c);            //等待用户输入,为变量a、b和c赋值
39    common_multiple(a, b, c);                 //函数调用
40    return 0;
41  }
```

本例是在 3 个自然数中求最小公倍数的算法,主函数将 3 个整型变量作为参数传递给
common_multiple()函数,common_multiple()函数被说明为空类型,因此不返回任何值。在
子函数中,一旦 return 语句被执行,则该函数立即结束,程序将会回到主函数的调用处继
续向下执行。

9.2　函数的作用域规则

作用域规则是指代码或数据的有效使用范围。C 语言将函数作为独立的代码块,函数
之间不能相互访问其内部的代码或数据,函数间数据的传递只能通过接口来实现。但是,
变量的定义方法可以改变函数的作用域规则,可以将变量分为局部变量和全局变量两种。
本节将介绍局部变量和全局变量的使用方法。

9.2.1　局部变量

在函数体内部定义的变量称为局部变量,局部变量的作用域仅限于该函数体内。声明
局部变量的关键字为 auto,它的一般形式如下:

```
auto 数据类型 变量名;
```

auto 关键字作为声明语句的默认值,通常可以省略。在函数中定义的局部变量,其作
用域在该函数体内。示例如下:

```
void func()                               //定义 func()函数
{
  int x = 1000;                           //声明 func()函数体内的局部变量 x 并赋值
  printf("func()函数内的变量 x 值为: %d\n", x); //输出 func()函数体内变量 x 的值
}

int main()                                //定义 main()函数
{
  int x = 2000;                           //声明 main()函数体内的局部变量 x 并赋值
  func();                                 //调用 func()函数
```

```
        //输出 main()函数体内变量 x 的值
        printf("main()函数内的变量 x 值为：%d\n", x);
        return 0;
}
```

func()函数和 main()函数各自定义了一个变量 x，在 func()函数中访问变量 x，实际上访问的是 func()函数体内所定义的变量 x。同理，main()函数只能访问其函数体内的变量 x。这样，不同函数间的数据就被独立，保证了数据的安全性。上例的输出如下：

```
func()函数内的变量 x 值为：1000
main()函数内的变量 x 值为：2000
```

在独立的代码块内定义局部变量，其作用域在该代码块内，示例如下：

```
int main()
{
    int x = 100;                      //在 main()函数中定义变量 x
    if (x < 150) {                    //这里引用的是 main()函数中的变量 x
        int x = 200;                  //在代码块中定义变量 x
        printf("%d", x);              //这里引用的是代码块中定义的变量 x
    }
    return 0;
}
```

程序的输出结果为 200，因为引用的是代码块中的变量 x。如果去掉在代码块中定义变量 x 的这个语句，那么输出的将是 main()函数的变量 x，输出结果为 100。如果在变量的一个作用域内有同名的另一个变量的作用域，则只有一个变量是有效的。如图 9.1 所示，作用域 2 被包含在作用域 1 内，两个作用域都定义了变量 x，那么定义位置与引用位置相近的变量是有效的，即作用域 2 内定义的变量 x 被引用。

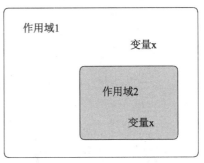

图 9.1 作用域内的作用域

9.2.2 全局变量

全局变量的作用域为整个源程序文件，文件中的所有函数或程序块都可以引用。当定义全局变量时，需要将变量的声明语句放置在所有函数外，示例如下：

```
01  #include <stdio.h>
02  int x = 1000;                    //定义全局变量 x
03  void func();
04  int main()
05  {
06      printf("%d\n", x);           //引用全局变量 x
07      x = 2000;                    //改变全局变量 x 的值
08      func();                      //调用函数 func()
09      return 0;
10  }
11
12  void func()
13  {
14      printf("%d\n", x); //引用全局变量 x，此时全局变量 x 的值已被 main()函数改变
15    return;
16  }
```

上面的程序中定义了全局变量 x，在程序的所有地方都可以引用该变量。main()函数引用全局变量 x 后，先修改 x 的值为 2000，再调用子程序输出 x。程序的运行结果如下：

```
1000
2000
```

全局变量虽然能方便地在程序的各个函数间传递数据，但是破坏了模块的独立性和完整性，因此应尽量避免使用全局变量。

9.2.3　动态存储变量

从变量的生存周期来分类，可以将变量分为动态存储变量和静态存储变量。动态存储变量在函数调用时放入内存，函数调用后从内存中删除。声明动态存储变量的关键字为auto，与声明局部变量相同，它的一般形式如下：

```
auto 数据类型 变量名;
```

auto 关键字作为声明语句的默认值，通常可以省略。由于函数中的动态变量会在函数退出时删除，所以两次调用函数时，函数不会保存动态变量的数据。示例如下：

```
void func()
{
    int x = 100;                 //声明动态变量 x 并赋初值
    printf("%d\n", x);           //输出 x 的值，此时变量 x 的值为 100
    x += 100;                    //改变 x 的值，此时变量 x 的值为 200
}

int main()
{
    func();                      //第一次调用函数 func()
    func();                      //第二次调用函数 func()
    return 0;
}
```

程序两次输出的值都是 100。虽然 func()函数在第 1 次调用时改变了变量 x 的值，但是函数退出后，变量 x 从内存中被删除，当第 2 次调用函数时又需要重新初始化 x 的值，因此两次输出的值相同。

还有一种动态存储变量称为寄存器变量。寄存器是位于 CPU 内部的存储单元，CPU读取寄存器内的数据极其快捷。因此，将程序中需要大量反复使用的变量设为寄存器变量，可以提高程序的运行速度。声明寄存器变量的一般形式如下：

```
register 数据类型 变量名;
```

寄存器资源非常有限。不同的操作系统和 C 语言编译器对寄存器变量的使用有不同的限制。例如，GCC 编译器通常限制寄存器变量的数量为 2 个，超过的寄存器变量将当作普通的动态变量来处理。

9.2.4　静态存储变量

在编译时，分配存储空间的变量称为静态存储变量。当函数退出时，静态存储变量依然被保留在内存中，再次执行同一个函数会得到与上次函数退出时相同的数值。声明静态存储变量的关键字为 static。声明的一般形式如下：

```
static 数据类型 变量名;
```

示例如下：

```
void func()
{
    static int x = 100;            //声明静态存储变量 x 并赋初值
    printf("%d\n", x);             //输出 x 的值，此时变量 x 的值为 100
    x += 100;                      //改变 x 的值，此时变量 x 的值为 200
}

int main()
{
    func();                        //第一次调用函数 func()
    func();                        //第二次调用函数 func()
    return 0;
}
```

当第一次调用 func()函数时，声明静态存储变量 x，并为变量 x 赋初值 100，然后输出变量 x 的值，将变量 x 的值加上 100。在 func()函数退出后，变量 x 仍然存在于内存中，因此当第二次调用 func()函数时，声明变量 x 并赋初值的语句不会被再次执行，因而第二次输出变量的值为 200。

9.3　函数的调用与参数

函数通过调用获得程序的控制权，函数的参数是调用者与函数的数据接口。函数可以定义一个或多个参数，也可以省略参数，调用时将与参数的数据类型相匹配的数据置于参数列表中，即可在函数体内使用。参数的调用有多种形式，因此函数的也有不同的结果。

9.3.1　形式参数与实际参数

形式参数是接口数据的目的地。实际参数是接口数据的来源地。函数定义时出现在参数列表中的参数是形式参数，函数体可通过引用形式参数获得接口数据。函数调用时输入的参数是实际参数，实际参数由调用者提供。形式参数与实际参数的数据类型必须一致，同时还需要注意实际参数的个数和位置要与形式参数相同。

9.3.2　赋值调用与引用调用

赋值调用与引用调用是给函数传递数据的两种形式，前者是将实际参数的数值传递给形式参数，后者是将实际参数的内存地址传递给形式参数。赋值调用不会改变实际参数原有的数值，而引用调用则可能改变实际参数的数值。当使用引用调用时，参数的类型必须设置为指针，示例如下：

```
void func(int a, int *b)    //定义函数的形式参数，a 为整型，b 为整型指针
{
```

```
    a = 199;                                //给形式参数 a 赋值
    *b = 299;                               //给形式参数*b 所指向的内存单元赋值
}
int main()
{
    int a = 0, b = 0;                       //声明整型变量 a 和 b 并赋值
    printf("a = %d, b = %d\n", a, b);       //第一次输出变量 a 和 b 的值
    func(a, &b);                //将变量 a 的值和变量 b 的地址作为实际参数传递给函数
    printf("a = %d, b = %d\n", a, b);       //第二次输出变量 a 和 b 的值
    return 0;
}
```

　　func()函数定义了两个参数，参数 a 为整型，参数 b 为整型指针。main()函数将变量 a
的数值和变量 b 的地址作为实际参数传递给 func()函数。在 func()函数体内，形式参数 a 的
数值和 b 所指向的内存单元的数值被改变。func()函数在调用结束后，将控制权还给 main()
函数。因为 main()函数内的变量 a 是以赋值调用的形式传递给 func()函数的，所以 func()
函数修改形式参数 a 的值并不会对实际参数 a 的值有任何改变。而 main()函数将变量 b 的
地址作为实际参数传递给 func()函数，形式参数 b 获得了变量 b 的内存地址，通过间接引
用修改了变量 b 的值。程序的输出结果如下：

```
a = 0, b = 0
a = 0, b = 299
```

9.4　递　　归

　　递归函数是能够直接或通过另一个函数间接调用自身的函数。调用自身的方法称为递
归调用。递归调用的本质是使用同一算法将复杂的问题不断化简，直到该问题被解决。
　　例如，求斐波那契数列中的某一项算法适用于递归函数实现。斐波那契数列指的是下
面这样的数列：

```
0,1,1,2,3,5,8,13,21 ...
```

　　这个数列从第 3 项开始，每一项都等于前两项之和。斐波那契数列可以按照如下公式
递归定义：

```
fibonacci(0) = 0                                    //处理 0
fibonacci(1) = 1                                    //处理自然数 1
fibonacci(n) = fibonacci(n - 1) + fibonacci(n - 2)  //处理 1 以外的自然数
```

　　完整的程序如下：

```
long fibonacci(long n)                      //函数说明为长整型
{
    if (n == 0 || n == 1)                   //判断 n 的值是否为 0 或 1
        return n;                           //返回当前参数的值
    else
        return fibonacci(n - 1) + fibonacci(n - 2);
        //递归调用自身，将当前问题分解为 2 个分支
}

int main()
{
```

```
    long n;                         //声明长整型变量，用于保存斐波那契数列项数
    puts("请输入一个正整数：");          //输出提示信息
    scanf("%ld", &n);               //输入变量 n 的值
    //调用 fibonacci()函数
    printf("斐波那契数列第%ld 项为: %ld", n, fibonacci(n));
}
```

　　main()函数调用 fibonacci()函数后，fibonacci()函数对自身递归调用。每次调用时，fibonacci()函数会判断 n 是否为 0 或者 1。如果条件为真，则返回 n，结束当前函数。如果 n 大于 1，那么该函数会生成两个递归调用，每个递归调用相比原始的 fibonacci()函数调用更简单，如图 9.2 所示。

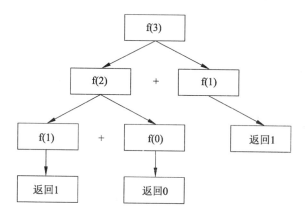

图 9.2　斐波那契数列递归函数算法示意

9.5　实　现　问　题

　　在设计函数时需要遵循一些基本原则，因为这会影响函数的执行效率和可用性。函数是代码复用的基础，一个健壮的函数和由多个函数组成的函数集可以在多个程序中使用。C 语言标准库里所存放的就是这样的函数。这些函数被放置在头文件中，使用时将它包含在程序内即可。

9.5.1　参数和通用函数

　　通用函数是指能够复用的函数。这类函数的显著特点是，只使用参数作为接口传递数据。如果一个函数依赖全局变量访问调用者的数据，当在另一个程序中的环境改变时，那么这个函数就无法运行。因此，不应该把函数建立在全局变量上，函数所需的所有数据都应从参数中获得。使用参数传递数据除了有助于函数复用以外，还能提高代码的可读性。

　　程序测试是程序设计中的一个重要步骤。在 C 语言程序设计中，模块测试是针对函数的测试方法。将函数独立于程序外，模拟调用者需要传递的各种数据和程序运行时的不同状态，借助 GDB 等调试工具检验函数体内的代码是否正常运行，以及函数所返回的结构是否符合预期，是一种常用的模块测试方法。函数只有在通过严格的模块测试后，才能成

为通用函数。

9.5.2　效率

函数是 C 语言的基本构件，所有的程序都是由函数组成的。C 语言程序执行的入口是 main() 函数，当 main() 函数调用子函数时，操作系统为子函数在内存中建立一种称为栈的数据结构，将主函数的返回地址和子函数的局部变量保存在栈中。如果子函数再调用另外一个子函数，则依旧遵循上述原则。建立栈数据结构的系统开销比较大，因此会影响程序执行效率，特别是在一个函数反复嵌套调用时，如递归调用，如图 9.3 所示。

因此，函数的调用结构应趋向于扁平的结构。例如，主函数调用子函数 A 结束后，再调用子函数 B，如图 9.4 所示。

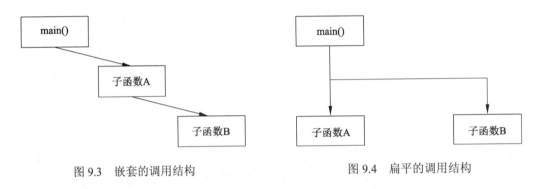

图 9.3　嵌套的调用结构　　　　　　　　图 9.4　扁平的调用结构

9.6　函数库和文件

函数库是为代码复用建立的，将同一类型，需要在不同的程序里使用的函数放置在一起，就组成了一个函数库。例如 C 语言的标准库，它集合了开发者常用的函数。开发者自行编写的函数也可以组成函数库，通常称为自定义函数库。C 语言的函数库以代码的形式放在头文件里，较大的函数库可能会用到多个文件，因此涉及编译的问题。本节将介绍用文件组成函数库的相关内容。

9.6.1　程序文件的大小

C 语言编译器允许分别编译，为每个文件生成以 ".o" 为后缀的目标文件，最后执行链接过程，生成可执行文件。将一个程序放在一个大文件中，或者分拆成多个较小的文件，所得到的结果其实是相同的。编译器编译一个大文件比编译由这个大文件拆分而成的一系列小文件所花费的时间更长。对程序员来说，小文件更容易阅读和理解，因此应该把大文件拆分为一系列小文件来编写。如果修改程序时只修改了其中一个文件，那么编译时只需要重新编译被修改的文件，然后执行链接过程生成可执行文件即可，这样能缩短程序编译的总时间。

9.6.2　分类组织文件

在开发大型程序时，很容易找不到某个具体功能点在代码中的具体位置。如果在程序设计的早期预先估计程序的规模，将同一类型的函数放在同一个文件中，以有意义的名字为函数和文件命名并编写详细的注释，则可以最大程度地避免该问题的发生，如下例的多个文件。

（1）主程序文件 exercise.c：

```
#include <stdio.h>
#include "rate_compute.h"          //包含用户自定义的函数库 rate_compute.h
int main()
{
    ⋮
    simple_interest();             //调用函数库 rate_compute.h 中的函数
    compound_interest();           //调用函数库 rate_compute.h 中的函数
    ⋮
}
```

（2）包含所有利率计算函数原型的头文件 rate_compute.h：

```
#ifndef RATE_COMPUTE_H_            //判断是否未定义标识符 RATE_COMPUTE_H_
#define RATE_COMPUTE_H_            //定义标识符 RATE_COMPUTE_H_

    float simple_interest(float rate, int day);     //定义函数原型
    float compound_interest(float rate, int day);
    ⋮
#endif                            //结束定义
```

（3）包含所有利率计算函数定义的头文件 rate_compute.c：

```
#include "rate_compute.h"          //包含用户自定义的函数库 rate_compute.h
⋮
float simple_interest(float rate, int day)          //定义函数
{
    ⋮                            //定义函数体
}

float compound_interest(float rate, int day)
{
    ⋮
}
⋮
```

这种结构是在 C 语言实际开发中经常使用的。主程序文件控制程序的主要流程，而具体功能实现放在其他文件中。与利率计算有关的函数说明放在头文件 rate_compute.h 内，该文件利用编译预处理命令判断自己是否已经被包含，如果没有则进行函数说明。这样可避免因多个文件相互包含时，函数被重复说明而出错。函数定义部分放在与头文件配对的 rate_compute.c 文件内，两个文件名的前一部分相同。rate_compute.c 文件需要使用#include 语句包含头文件 rate_compute.h，这样，当主程序文件也包含头文件 rate_compute.h 时，就可以使用这些函数了。编译器会处理文件之间的链接问题。

9.6.3　函数库

函数库由一系列函数说明文件和函数定义文件所组成，使用时将该文件包含在自己的程序文件内即可。例如，当需要使用输入、输出函数时，可以使用标准库内的 stdio.h 文件，当需要使用数学函数时，可以使用标准库内的 math.h 文件。

Linux 系统上有大量的函数库资源。根据 GPL 协议，这些函数库都能免费使用，并且可以按照自己的需求进行修改。很多 Linux 系统上的程序发布时，同时也提供了相应的函数库，以便开发者扩展该程序，或者借助该程序实现新程序的某项功能。例如，Pidgin 是 Linux 系统上常用的多协议即时通信软件，用户可使用 Pidgin 提供的 libpurple 函数库开发新的即时通信软件，或者让自己的程序具备即时通信功能。Linux 系统常用的 C 语言函数库参见表 9.1。

表 9.1　Linux系统常用的C语言函数库

函数库名称	说　　明
libdbus	D-Bus进程间通信机制函数库，用于两个应用程序相互联系和交互消息
libpthread	POSIX线程库，用于多线程通信
libthread	Solaris线程库，用于多线程通信
libnet	网络开发库，用于实现和封装数据包的构造和发送过程
libcurl	客户端URL传输库，用于数据的下载和上传
libpq	PostgreSQL数据库接口，用于操作PostgreSQL数据库
GLib	GTK+和GNOME的基础，提供了具备可移植性的数据结构
GTK+	图形化用户界面构件库，用于开发图形界面
GStreamer	GStreamer多媒体框架函数库，用于开发多媒体播放程序
libgrade	Grade开发库，用于所见即所得方式的图形界面开发

Linux 系统一般将函数库放置在 "/usr/include" 路径中，GCC 编译器在编译时会自动搜索这个路径。在位于默认搜索路径之外的函数库，可在环境变量 LD_LIBRARY_PATH 中指明库的搜索路径，或者在 "/etc/ld.so.conf" 文件中添加库的搜索路径。另外，还可以直接将库文件全部复制到程序开发目录中，或者在编译时指定函数库的路径。

pkg-config 程序为配置函数库的路径提供了方便，它在编译时用于指定函数库的路径。首先需要安装该软件，安装命令如下：

```
apt-get install pkg-config
```

pkg-config 可查看已安装的函数库和函数库的版本信息，命令为：

```
pkg-config --list-all
```

例如，当开发使用 GLib 函数库的程序时，在编译命令中加入参数'pkg-config --cflags --libs glib-2.0'：

```
gcc -g 'pkg-config --cflags --libs glib-2.0' glib_test.c -o glib_test.o
```

在 Eclipse 中，先用鼠标单击 Project Explorer 中对应的项目名称，选择 Project | Properties 命令打开该项目的属性对话框。然后在对话框左侧的列表框中选择 C/C++ Build | Settings 选项打开设置选项卡，在设置选项卡内的 Tool Settings 列表框中选择 Cross GCC Compiler |

Miscellaneous 列表项，将编译参数 "`pkg-config --cflags --libs glib-2.0`" 加入 Other flags 文本框原有的内容之后。再在同一个列表框中选择 Cross GCC Linker | Miscellaneous 列表项，将上面的编译参数输入 Linker flags 文本框原有的内容之后，单击 OK 按钮保存。

注意：pkg-config 指令由一对特殊的符号 "`" 包裹，该符号对应的键盘按键通常位于 Esc 键下方。

9.7　main()函数的参数

main()函数有两个参数，形式如下：

```
main(int argc, char *argv[])
```

argc(argument count,参数计数)的数据类型为整型，argv(argment vector,参数向量)的数据类型为字符型指针数组。有些程序在终端运行时，输入完程序文件名后可加上一些额外的运行参数，main()函数的参数即是用来向程序传递这些运行参数的入口。argc 参数用于记录运行参数的个数，argv 参数用于保存运行参数。所输入的程序名也是运行参数，因此在不输入其他运行参数的情况下也会捕获到一个运行参数。示例如下：

```
int main(int argc, char *argv[])              //定义主函数参数
{
    int i;                                    //声明循环控制变量
    printf("您输入的运行参数共有：%d条\n", argc);   //输出参数的条数
    for (i = 0; i < argc; i++)                //以参数的条数为条件循环
        puts(argv[i]);                        //输出每条参数
    return 0;
}
```

程序编译后，假设所生成的可执行文件名为 ex810，在终端将工作目录设为可执行文件所在的目录，输入下列命令：

```
./ex810 exam 2022 -t ac
```

程序的输出如下：

```
您输入的运行参数共有：5条
./ex810
exam
2022
-t
ac
```

9.8　媒体播放器——建立核心控制模块

本节的实例分为两个部分，第一部分通过编写一个简单的程序练习函数的设计，主要难点是如何将复杂的数据结构作为函数的参数进行传递。第二部分继续媒体播放器的设计，使用函数和伪代码将媒体播放器的功能点列举出来，并使用函数设计媒体播放器的控制指令。

9.8.1 通过函数传递参数

本例的任务是从键盘输入学生的成绩，计算学生的平均分和课程的平均分，找到所有分数中的最高值，求分数分布的方差。程序的各个功能放在不同的函数中，使用参数传递所需要的数据，讲解通过参数传递复杂的数据结构的方法。下面介绍该例的实现步骤。

1. 编写预处理语句和函数原型

首先包含程序中要使用的头文件和定义常量，然后定义函数的原型，使函数之间能够互相访问。代码如下：

```
01  # include <stdio.h>
02  # define COURSE 5                           //定义课程总数
03  # define STUDENT 5                          //定义学生总数
04  void input_stu(float (*score)[COURSE]);     //该函数的形式参数是指针数组
05  //该函数的形式参数是指针数组和指针
06  void avr_stu(float (*score)[COURSE], float *a_stu);
07  void avr_cor(float (*score)[COURSE], float *a_cor);    //同上
08  //该函数的形式参数是指针和指针数组
09  float highest(int *r, int *c, float (*score)[COURSE]);
10  float s_diff(float *a_stu);                 //该函数的形式参数是指针
```

程序自定义的函数共有 5 个：input_stu()函数用于输入学生成绩；avr_stu()函数用于计算学生的平均分；avr_cor()函数用于计算课程的平均分；highest()函数用于寻找最高分；s_diff()函数用于求方差。

2. 编写主函数代码

在主函数中创建一个数组保存学生成绩，然后调用 input_stu()函数输入学生成绩，再使用 avr_stu()函数和 avr_cor()函数计算学生的平均分和课程平均分，最后输出学生的成绩，同时使用 highest()函数找到最高分，使用 s_diff()函数求方差。代码如下：

```
11  int main()
12  {
13    float score[STUDENT][COURSE];            //保存学生成绩
14    float a_stu[STUDENT], a_cor[COURSE];     //保存学生平均分和课程平均分
15    int i, j, r, c;                          //声明循环控制变量
16    float h;                                 //保存最高分
17    r = 0;                                   //初始化最高分的学生编号
18    c = 1;                                   //初始化最高分的课程编号
19    input_stu(score);                        //实际参数是二维数组的首地址
20    avr_stu(score, a_stu);     //实际参数是二维数组的首地址和一维数组的首地址
21    avr_cor(score, a_cor);     //实际参数是二维数组的首地址和一维数组的首地址
22    printf("\n 序号   课程1   课程2   课程3   课程4   课程5   平均分");
23    for(i = 0; i < STUDENT; i++)             //输出学生成绩
24    {
25      printf("\n  NO%2d", i+1);              //输出每一行的换行符
26      for(j = 0; j < COURSE; j++)            //以课程总数为上限进行循环
27        printf("%8.2f", score[i][j]);        //输出课程成绩
```

```
28         printf("%8.2f", a_stu[i]);                    //输出学生的平均分
29       }
30     printf("\n 课平均");
31     for(j = 0; j < COURSE; j++)                        //以课程总数为上限循环
32         printf("%8.2f", a_cor[j]);                     //输出课程的平均分
33     h = highest(&r, &c, score);   //实际参数是变量的地址和二维数组首地址
34     printf("\n\n 最高分%8.2f 是 %d 号学生的第%d 门课\n", h, r, c);
35     printf("  方差 %8.2f\n", s_diff(a_stu));  //实际参数是一维数组首地址
36     return 0;
37   }
```

3. 编写input_stu()函数代码

input_stu()函数首先将二维数组的地址作为参数，使输入的成绩能保存到实际参数中。然后用双重循环获得数组的下标，第 1 组循环控制变量代表学生的编号，第 2 组循环控制变量代表课程的编号。代码如下：

```
38   void input_stu(float (*score)[COURSE]) //输入学生的成绩
39   {
40     int i, j;                                          //用于循环控制
41     for(i = 0; i < STUDENT; i++)                        //以学生数量作为循环的上限
42       {
43         printf("请输入学生%2d 的 5 个成绩:\n", i + 1);//输出提示信息
39         for(j = 0; j < COURSE; j++)                     //以课程数作为循环的上限
40           scanf("%f", score[i] + j);                    //间接引用参数传递的二维数组的地址
41       }
42   }
```

4. 编写avr_stu()函数代码

avr_stu()函数首先需要用到 2 个参数，第 1 个参数是二维数组的地址，第 2 个参数是一维数组的地址。然后用双重循环获得数组的下标，第 1 组循环控制变量代表学生的编号，第 2 组循环控制变量代表课程的编号，在循环中计算单个学生的总成绩，最后用总成绩除以课程数得到平均分。代码如下：

```
43   void avr_stu(float (*score)[COURSE], float *a_stu) //计算学生的平均分
44   {
45     int i, j;                                          //循环控制
46     float s;                                           //保存每个学生的总成绩
47     for(i = 0; i < STUDENT; i++)                        //以学生数量作为循环的上限
48       {
49         s = 0;                                          //初始化学生总成绩
50         for(j = 0; j < COURSE; j++)                     //以课程数量作为循环的上限
51           s += *(score[i] + j);                         //间接引用参数传递的二维数组的值
52         a_stu[i] = s / COURSE;                          //间接引用，为一维数组赋值
53       }
54   }
```

5. 编写avr_cor()函数代码

avr_cor()函数的参数列表与 avr_stu()函数相同。二者的区别在于：avr_cor()函数的第 1 组循环控制变量用于数组第 2 维的下标，即课程编号；第 2 组循环控制变量用于数组第 1

维的下标。这样在第 2 重循环内所求得的总数就是单门课程的总成绩,再除以学生数即得到课程的平均分。代码如下:

```
55   void avr_cor(float (*score)[COURSE], float *a_cor)  //计算课程的平均分
56   {
57     int i, j;                              //循环控制
58     float s;                               //保存每门课程的总成绩
59     for(j = 0; j < COURSE; j++)
60     {
61       s = 0;                               //初始化课程总成绩
62       for(i = 0; i < STUDENT; i++)         //以学生数量作为循环的上限
63         s += *(score[i] + j);              //间接引用参数传递的二维数组的值
64       a_cor[j] = s / (float) STUDENT;      //间接引用,为一维数组赋值
65     }
66   }
```

6. 编写highest()函数代码

highest()函数用于计算最高分,两个整型参数分别用于保存学生编号和课程编号,最后一个参数是二维数组的地址。在该函数中用双重循环遍历二维数组中的每个元素,并且每次都与保存的最大数进行比较,以此算法寻找最高分。代码如下:

```
67   float highest(int *r, int *c, float (*score)[COURSE])   //找最高分
68   {
69     float high;
70     int i, j;
71     high = *score[0];                      //引用的是二维数组第 0 行首地址的值
72     for(i = 0; i < STUDENT; i++)           //以学生总数作为循环上限
73       for(j = 0; j < COURSE; j++)          //以课程总数作为循环上限
74         if(*(score[i] + j) > high)         //间接引用参数传递的二维数组的值
75         {
76           high = *(score[i] + j);          //间接引用参数传递的二维数组的值
77           *r = i + 1;                      //引用参数传递的内存指针
78           *c = j + 1;                      //引用参数传递的内存指针
79         }
80     return high;
81   }
```

7. 编写s_diff()函数代码

s_diff()函数用于计算学生平均分的方差。方差的计算公式为每个学生成绩的平方和除以学生总数,再减去所有学生平均分的和除以学生总数的差的平方和。代码如下:

```
82   float s_diff(float *a_stu)                //求方差
83   {
84     int i;                                 //声明循环控制变量
85     float sumx;                            //保存所有学生平均分的平方和
86     float sumxn;                           //保存所有学生平均分的和
87     sumx = 0.0;                            //初始化所有学生平均分的平方和
88     sumxn = 0.0;                           //初始化所有学生平均分的和
89     for(i = 0; i < STUDENT; i++)           //以学生总数为上限循环
90     {
```

```
91        sumx = sumx + a_stu[i] * a_stu[i];//间接引用参数传递的一维数组的值
92        sumxn = sumxn + a_stu[i];          //间接引用参数传递的一维数组的值
93    }
94    //返回方差的值
95    return (sumx / STUDENT - (sumxn / STUDENT) * ( sumxn / STUDENT));
96 }
```

程序使用了 5 个函数分别实现 5 个功能，一共有 5 门课程。课程的成绩保存在单精度浮点型二维数组 score[][]中，每个学生的成绩和每门课程的平均分分别保存在单精度浮点型一维数组 a_stu[]和 a_sor[]中。该程序的难点在于如何将数组作为参数传递给函数。

input_stu()函数用于调用 scanf()函数输入成绩，成绩数据保存在数组 score[][]里。因此，需要把数组 score[][]作为参数以传址的方式传递给 input_stu()函数。实际上，C 语言并未提供这样的传递机制。而二维数组的本质实际上是数组的数组，$a[N][P]$可看作 N 个 $a[P]$ 的组合，或者说 $a[N]$ 中的每个元素，都是指向一个长度为 P 的数据单元首地址。根据这种原理，将函数的形式参数定义为 float (*score)[COURSE]。用括号将间接引用符包裹起来后，间接引用符在编译时首先生效。这样，在函数中声明的参数实际是一个指向 COURSE 个元素的 float 数组的指针，而不是长度为 COURSE 的 float 指针数组。函数的实际参数是数组名 score，score 的意义正是指向 COURSE 个元素的 float 数组的指针，因此得以通过编译。在函数体中引用该数组的元素首先要获得数组每行的首地址，即 score[i]，然后加上列数的值 j。

以二维数组作为指针传递的方法还有很多，这里不再一一列举。有兴趣的读者可自行探索，以提高对 C 语言的驾驭能力。

9.8.2　建立媒体播放器的核心控制模块

媒体播放器的操作响应由核心控制模块发出。为了实现模块化，所有用户请求必须调用核心控制模块，并将请求指令作为参数传递给核心控制模块函数。这些请求指令可定义为常量并编制为数据字典，参见表 9.2。

表 9.2　请求指令数据字典

名　　称	数据类型	说　　明
GENERAL_MEDIALIB_INIT	符号常量	初始化媒体库链表
GENERAL_PLAYLIST_INIT	符号常量	初始化播放列表链表
GENERAL_PLAY_MODE	符号常量	设置播放模式，如顺序模式、循环模式、随机模式
GENERAL_VOLUME	符号常量	调节音量
GENERAL_MUTE	符号常量	静音
REQUEST_STATE	符号常量	返回系统当前状态
REQUEST_NOW_PLAY	符号常量	返回当前播放的媒体文件名称
REQUEST_MEDIA_TYPE	符号常量	返回当前播放的媒体文件状态
REQUEST_PLAYLIST_POSITION	符号常量	返回指针指向当前播放列表的位置
REQUEST_WINDOW_SIZE	符号常量	返回窗体的尺寸
REQUEST_VOLUME	符号常量	返回当前音量信息
MEDIALIB_SHOW	符号常量	显示媒体库信息

名　　称	数据类型	说　　明
MEDIALIB_BRUSH	符号常量	刷新媒体库信息
MEDIALIB_ADD_FILE	符号常量	添加文件到媒体库
MEDIALIB_ADD_DIR	符号常量	添加目录到媒体库
MEDIALIB_FIND	符号常量	在媒体库中查找文件
MEDIALIB_SEARCH	符号常量	搜索本地媒体文件并保存到媒体库中
MEDIALIB_DEL	符号常量	从媒体库中删除选定的文件
MEDIALIB_DEL_ALL	符号常量	从媒体库中删除所有的文件
MEDIALIB_SELECT_CLASS	符号常量	在媒体库中选择一个分类
MEDIALIB_SELECT_FILE	符号常量	在媒体库中选择文件
MEDIALIB_SEND_TO_PLAYLIST	符号常量	将媒体库中选择的文件添加到播放列表中
PLAYLIST_SHOW	符号常量	显示播放列表
PLAYLIST_BRUSH	符号常量	刷新播放列表
PLAYLIST_ADD_FILE	符号常量	添加文件到播放列表
PLAYLIST_ADD_DIR	符号常量	添加目录中的所有文件到播放列表
PLAYLIST_DEL	符号常量	删除播放列表中选定的文件
PLAYLIST_DEL_ALL	符号常量	删除播放列表中的所有文件
PLAYLIST_SELECT	符号常量	在播放列表中选择文件
PLAYLIST_COMPOSITOR_BY_NAME	符号常量	按名称排序
PLAYLIST_OPEN	符号常量	打开播放列表文件
PLAYLIST_SAVE	符号常量	保存播放列表文件
PLAYLIST_COMP	符号常量	为播放列表排序
PLAY_START	符号常量	开始播放文件
PLAY_STOP	符号常量	停止播放文件
PLAY_PAUSE	符号常量	暂停播放文件
PLAY_PRE	符号常量	播放前一个文件
PLAY_NEXT	符号常量	播放后一个文件
PLAY_PITCH	符号常量	播放指定的文件

核心控制模块收到请求指令和相关数据后，将数据返回给请求者，并且调用其他模块完成相应的功能。

模块的函数原型可定义为下列形式：

```
void *main_core(int cmd, void *data);
```

函数有两个参数，cmd 是传递给核心控制模块的请求指令值，*data 是任意数据类型的指针。函数的返回值也是任意数据类型的指针，数据的转换在其他模块内进行。

核心控制模块的执行流程是，首先判断指令类型，然后根据指令类型进行操作，操作成功后将数据返回给请求者，如图 9.5 所示。

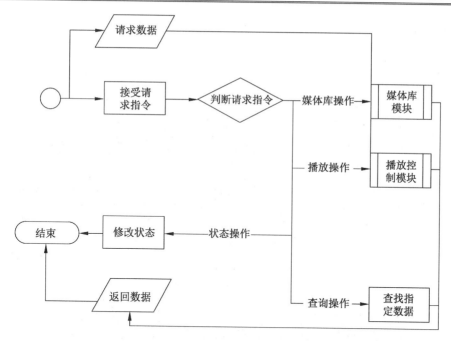

图 9.5　核心控制模块的执行流程

在数据字典中定义的指令可以分为 5 类，如果用一个加权数字代表每个分类，那么程序的处理结构将会清晰许多。因此，首先将所有分类并定义在头文件 main_core.h 中。代码如下：

```
#ifndef MAIN_CORE_H_                        //判断是否已包含该头文件
#define MAIN_CORE_H_                        //定义头文件
#define GENERAL_MEDIALIB_INIT 1000          //程序控制指令
#define GENERAL_PLAYLIST_INIT 1001
:

#define REQUEST_STATE 2000                  //程序请求指令
:

#define MEDIALIB_SHOW 3000                  //媒体库控制指令
:

#define PLAYLIST_SHOW 3100                  //播放列表控制指令
:

#define PLAY_START 4000                     //播放控制指令
:

int general_init(void);                     //定义函数原型
int general_sleep(void);
:

#endif /* MAIN_CORE_H_ */                   //结束头文件定义
```

在上面的代码中，请求指令作为整型变量传递给核心控制模块，指令类型用千位数定义，这样 1000 开始的指令为程序控制指令，2000 开始的为程序请求指令，3000 开始的为媒体库控制指令。媒体库控制指令用百位数定义了两个亚类型范围，3000～3099 之间为对媒体库的操作，3100～3199 之间为对播放列表的操作。4000 开始的为播放控制指令。

核心控制模块在 main_core.c 文件中实现，因为有些功能暂时不能实现，所以下列代码只列出了 main_core()函数的内容，具体代码如下：

```c
#include "main_core.h"
void *main_core(int cmd, void *data)
{
    static int state = 0;                   //保存当前的程序状态
    static char *now_play;                  //正在播放的媒体文件路径
    static char *mcdia_type;                //正在播放的媒体文件类型
    static int playlist_position;           //播放列表的当前位置
    static int window_size[2];              //主窗体的尺寸
    ⋮

    int ctype;                              //用户保存指令的分类
    ctype = cmd / 1000;                     //获得指令类型
    switch(ctype) {                         //第 1 层选择语句处理分类
      case 1:                               //处理程序控制指令
        switch(cmd) {                       //第 2 层选择语句处理具体指令
          case GENERAL_MEDIALIB_INIT:       //初始化媒体库链表
            mlink = (link_t *)data;
            break;

          case GENERAL_PLAYLIST_INIT:       //初始化播放列表链表
            plink = (link_t *)data;
            break;

          case GENERAL_PLAY_MODE:           //设置播放状态
            state = *((int*)data);
            break;

          case GENERAL_VOLUME:              //设置播放音量
            general_volume(*((int*)data));

          case GENERAL_MUTE:                //设置静音
            general_mute(*((int*)data));
          default:
            return NULL;
        }         break;
      case 2:                               //处理程序请求指令
        switch(cmd) {                       //请求返回播放状态
          case REQUEST_STATE:               //返回播放状态
            return &state;
            break;
    ⋮

        }
        break;
      case 3:                               //处理媒体库操作指令
        medialib(cmd, data);
        break;
      case 4:                               //处理播放控制操作指令
        play(cmd, data);
        break;
        //处理错误命令
      default:
        return NULL;
    }
}
```

　　上面的代码实现了在核心控制模块中收到信号的处理过程。由此可见，核心控制模块犹如一个信使，在各个模块间传递指令和信号。代码中大量使用了 void*指针类型作为参数和返回值，这种类型可以处理任何数据。但是使用 void*指针类型的数据前，必须将其转换成正确的类型。例如，general_play_mode()函数的形式参数是整型，调用该函数需要将 void* data 变量作为实际参数，因此需对其进行类型转换。代码*((int*)data)的意思就是先将 data 转换为整型指针，再用取值运算符获得所指向的内存地址中存放的整型值。

9.9　小　　结

本章介绍了 C 语言函数的设计方法和工作原理。函数的形式十分丰富，应用范围也非常广泛。读者在阅读代码时会发现，开发者不仅在函数使用形式上有差异，利用函数解决问题的思路也千差万别。如何设计运行性能良好、健壮性强、易于理解的函数，需要在大量的程序设计实践中不断总结经验。

为了让读者能够理解在实际应用中函数的设计方法，能够读懂开源软件中比较复杂的程序结构，本章还介绍了将大的程序分解为多个小文件的方法，这种方法也可以反推为将多个小的功能点集合成为大型的程序。熟练地掌握这种方法后，读者将具备开发大型软件的能力。

本章的最后简单介绍了函数库的概念，列举了 Linux 系统中 C 语言开发常用的函数库和使用方法，以及软件工程中的代码复用在 C 语言中的实际应用和意义。

9.10　习　　题

一、填空题

1. 类型说明符定义了函数的_____。
2. 默认情况下，函数被自动说明为_____型。
3. 声明局部变量的关键字为_____。

二、选择题

1. 声明静态存储变量的关键字为（　　　）。
A．auto　　　　　　B．static　　　　　　C．stati　　　　　　D．statice
2. 下列代码的运行结果为（　　　）。

```
void func()
{
   int x = 200;
   printf("%d  ", x);
   x += 100;
}
int main()
{
   func();
   func();
   return 0;
}
```

A．200　　200　　　　B．200　　400　　　　C．400　　400　　　　D．0　　0

3．在 main()函数中，argc 的数据类型为（　　）。

A．整型　　　　　　B．字符型　　　　　　C．浮点型　　　　　　D．其他

三、判断题

1．C 语言编译器不允许分别编译，为每个文件生成以 ".o" 为后缀的目标文件。

（　　）

2．函数的调用结构应趋向于扁平的结构。　　　　　　　　　　　　　（　　）

3．函数库由一系列函数说明文件和函数定义文件组成。　　　　　　　（　　）

四、操作题

1．使用函数计算任意两个数的和。

2．使用递归计算任意数（1＜N≤100）的阶乘。

第 10 章　字符与字符串处理

本章将介绍 Linux 系统中的字符编码，以及如何利用 C 语言标准函数库中的函数处理字符、字符串和内存中的数据。字符处理库 ctype.h、实用函数库 stdlib.h 和字符串处理库 string.h 中的函数是本章的重点，这些函数是开发文本编辑器和通信软件等程序的基础。另外，本章还将介绍如何使用简单的字符串处理算法设计文本加密程序，以加深读者对字符串处理函数工作原理的认识。

10.1　字　符　编　码

最早的字符编码是布莱叶发明的盲文体系。他用凸凹不平的点所组成的阵列来表示字符，使盲人能够阅读和书写。计算机受限于逻辑电路，并不能直接识别和表示字符，早期的计算机科学家受布莱叶盲文的启示，使用有规则的二进制序列代表字符，于是形成了计算机字符编码体系。

10.1.1　ASCII 编码

ASCII 编码的全称是美国信息交换标准编码（American Standard Code for Information Interchange）。它是当前最流行的计算机字符编码系统之一。ASCII 编码体系是 7 位，用十六进制数表示是 0x00～0xFF，共有 128 个元素。其中，前 32 个元素和最后一个元素是用于字符处理时的控制指令，如 0x0A 表示换行。第 33 个元素至第 126 个元素表示的是符号、数字和英文字母，如 0x61 表示字母 a。

在 ASCII 编码中，大写字母和小写字母的差值是十六进制的 20，所以将大写字母转换为小写字母，或将小写字母转换为大写字母非常方便，代码如下：

```
char c1 = 'A', c2='b';
c1 += 0x20;                          //将大写字母 A 转为小写字母 a
c2 -= 0x20;                          //将小写字母 b 转为大写字母 B
```

ASCII 编码最大的缺陷是它只考虑了美国的需求，很多国家都无法使用。

亚洲国家使用双字节体系文字编码。这套编码体系与 ASCII 编码相重叠，实际上，如果该编码的第一个字节的值为–128～0 之间，计算机就认为它是一个双字节编码，否则仍然将它作为 ASCII 码表示。

10.1.2　Unicode 编码

Unicode 编码是 ASCII 码的升级体系，这种编码使用 2 个、4 个或更多字节的存储空间，已建立了 10 万字符的全球通用字符集。Linux 系统以 UTF-8 标准的 Unicode 编码作为系统的内码，每个字符的存储空间为 2 字节，但同时也能兼容 ASCII 码的单字节体系。

在 Linux 系统中开发程序时，应考虑双字节编码的问题，尽量不要使用字符型变量保存系统传入的字符型数据，并且使字符型数组的长度保持为偶数。

10.2　字符处理库

字符处理库 ctype.h 包含一系列对 ASCII 编码字符数据进行测试和处理的函数。每个函数接受一个整型数据作为参数，或者用文件结束符 EOF 作为参数。ASCII 编码字符通常是 1 字节的整数，因此字符通常作为整数进行处理。文件结束符的值是–1，一些硬件体系结构并不允许在 char 变量中存储负值。因此，字符处理函数也将字符作为整数来处理。表 10.1 列举了字符处理库 ctype.h 中常用的函数。

表 10.1　字符处理库 ctype.h 的常用函数

函　数　名	说　　明	函　数　名	说　　明
int isalnum (int c)	测试 c 是否为字母或数字	int isupper (int c)	测试 c 是否为大写字母
int isalpha (int c)	测试 c 是否为字母	int ispunct (int c)	测试 c 是否为标点符号
int _iscsym (int c)	测试 c 是否为字母、下画线或数字	int isspace (int c)	测试 c 是否为空白
int _iscsymf (int c)	测试 c 是否为字母、下画线	int _toascii (int c)	将字符 c 转换成 ASCII 码
int isdigit (int c)	测试 c 是否为十进制数字	int tolower (int c)	将字符 c 转换为小写字母
int islower (int c)	测试 c 是否为小写字母	int toupper (int c)	将字符 c 转换为大写字母

下面举例说明 isalpha()函数、islower()函数和 toupper()函数的使用方法。

```
01  #include <stdio.h>
02  #include <ctype.h>                    //包含字符处理函数库
03  #define LENGTH 11                      //数组长度
04  int main()
05  {
06    char c[LENGTH] = {"CHinA No.1"};    //将字符串赋值给数组
07    int i;
08    puts(c);                            //输出该字符串
09    for (i = 0; i < LENGTH - 1; i++) {  //循环处理字符串中止符前面的每个元素
10      if (isalpha(c[i])) {              //判断该元素内的字符是否为字母
11        if (islower(c[i]))              //判断该元素内的字符是否为小写字母
12          c[i] = toupper(c[i]);         //将小写字母转换为大写字母
13      }
14    }
15    puts(c);                            //输出转换后的字符串
16    return 0;
17  }
```

上面的代码中定义了一个字符型数组，并将一个字符串赋值给该数组，该数组的每个元素都是字符型数据。为了将字符串的所有小写字符转换为大写字符，需要使用循环遍历其中的每个数组元素，首先使用 isalpha()函数判断该元素内的数据是否为字母。如果判断结果为真，则用 islower()函数判断该字母是否为小写字母。如果该元素内的数据是小写字母，则用 toupper()函数将小写字母转换为大写字母。

10.3　字符串转换函数

在进行设计程序时，有时需要将字符串所代表的数字转换为其他类型的数值，或者将其他类型的数值转换为用字符串表示的数据。实用函数库 stdlib.h 提供了这一类函数，见表 10.2。

表 10.2　stdlib.h库提供的常用字符串转换函数

函　数　名	说　　明
double atof(const char *nptr)	将字符串转换成双精度浮点型数
int atoi(const char *nptr)	将字符串转换成整型数
long int atol(const char *nptr)	将字符串转换成长整型数
double strtod(const char *__restrict nptr , har **__restrict endptr)	将字符串转换成双精度浮点型数
long int strtol(const char *__restrict nptr,char **__restrict endptr, int base)	将字符串转换成长整型数
unsigned long int strtoul(const char *__restrict nptr,char **__restrict endptr, int base)	将字符串转换成无符号长整型数
char *gcvt(double value, int ndigit, char *buf)	将浮点型数转换为字符串，取四舍五入

atof()函数、atoi()函数和 atol()函数的形式参数为字符型常量指针，返回值为指针指向的字符串所代表的数值，在函数中不能修改实际参数的数值。如果该字符串第一位不是数字，那么返回值将不确定。字符串任意一个数字以外的符号，包括小数点都能结束函数的转换过程。因此，如果字符串表示的是一个浮点型的数据，小数点或者指数符号及其后面的数据将被忽略。

📖助记：　函数名 atof、atoi 和 strtod 遵循统一的规则 "转换前的类型+to+转后的类型"。出于简化书写的原因，转换前的类型和转换后的类型都使用一个或者几个字符来取代。例如，字符串类型用 a 表示，整型用 i 表示等。大部分数据类型转换函数的命名都使用类似的方式。有的函数库会使用数字 2 代替单词 to，因为 2 的英文单词 two 和 to 具有相同的发音。

strtod()函数的形式参数为字符型常量指针和指向字符串的指针。字符型常量指针指向包含要转换为双精度浮点型数据的字符串，在转换为字符串后，把第 1 个字符的位置赋予指针，示例如下：

```
01  #include<stdio.h>
02  #include <stdlib.h>                    //包含实用函数库
03  int main()
04  {
05      const char *s = {"87.99%已完成"};    //声明字符串并赋值
```

```
06        char *p;                              //声明字符型指针
07        double d;                             //接收转换后的数值
08        //将字符串 s 的首地址和字符型指针变量 p 的地址作为参数调用 strtod()函数
09        d = strtod(s, &p);
10        printf("数值是：%.2f\n", d);
11        printf("%.2f 后的字符串是：%s\n", d, p);
12        return 0;
13    }
```

调用 strtod()函数时，将从字符串 s 转换过来的值赋予变量 d，并将字符串 s 在数值后的第 1 个字符的地址赋予指针变量 p。程序的输出结果如下：

```
数值是：87.99
87.99 后的字符串是：%已完成
```

strtol()函数表示将整数的字符序列转换为长整型数据，该函数接受 3 个参数，分别是字符型常量指针、指向字符串的指针和整型数据。字符型常量指针指向包含要转换为长整型数据的字符串，在转换为字符串后，把第 1 个字符的位置赋予指针。第 3 个参数用于规定字符串中的数值的进制形式。代码如下：

```
const char *s = {"13289870 个苹果"};     //声明字符串并赋值
char *p;                                //声明字符型指针
long l;                                 //接收转换后的数值
int i = 10;                             //规定字符串中的数值的进制形式
//将字符串 s 的首地址、字符型指针变量 p 的地址和变量 i 作为函数的实际参数
l = strtol(s, &p, i);
  printf("数值是：%ld\n", l);
  printf("%ld 后的字符串是：%s\n", l, p);
```

strtol()函数将从字符串 s 转换过来的数值赋予变量 l，并将字符串 s 在数值后的第 1 个字符的地址赋予指针变量 p，实参 i 是字符串所表示的数值的进制形式，这里用的是十进制。程序的输出结果如下：

```
数值是：13289870
13289870 后的字符串是：个苹果
```

strtoul()函数的作用是将字符串转换为无符号长整型数据，参数的形式与 strtol()函数相同，接受转换的结果需要使用无符号长整型变量。

gcvt()函数将双精度浮点型数据四舍五入后转换为字符串。该函数有 3 个参数，第 1 个参数是要转换的双精度浮点型数据。第 2 个参数为有效数字的位数，数据类型为 size_t，它是常用函数库为无符号整型定义的别名。第 3 个参数是字符型指针变量，转换后的字符串将存入该地址所指向的内存单元，该函数的返回值是转换后的字符串存放位置的首地址。其他数据类型没有对应的转换字符串函数，但可用 sprintf()函数将任何类型的数值转换为字符串。

sprintf()函数有两个以上的参数，第 1 个参数是字符型指针，该指针的地址指向格式化后字符串保存的位置。第 2 个参数是字符型常量指针，用于指向控制字符串，控制字符串的格式与 printf()函数相同。第 3 个参数开始是输出项列表，是格式化字符串的数据来源，如下例所示。

```
#define LENGTH 6                 //转换的有效数字长度
  ⋮
```

```
       double d = 1234.5678;      //待转换的数值
       char p[LENGTH+2];          //转换后字符串保存的位置,必须比转换的长度多2个字符
       gcvt(d, LENGTH, p);        //将双精度浮点型数据转换为字符串
       puts(p);
       char q[100];               //保存 sprintf()函数写入的数据
       //使用 sprintf()函数写入格式化数据到字符型数组
       sprintf(q,"%4.2f%s", d, "已转换");
       puts(q);
    ⋮
```

将数值转换为字符串时,必须先分配足够的内存空间来存放该字符串。在上例中,gcvt()
函数转换的有效数字长度为 6,因为小数点和字符串结束符各占用一个字符的位置,所以
接受转换结果的数组 p[]长度被声明为 8。sprintf()函数将格式化后的数据作为字符串保存在
数组 q 中,同样需要预先估计字符串的长度,否则会造成段错误。

10.4　字符串处理函数

字符串处理库 string.h 为处理字符串数据、比较字符串、在字符串中查找字符和其他
字符串、标记字符串(将字符串划分成逻辑段)和确定字符串长度提供了常用的函数,见
表 10.3。

表 10.3　常用的字符串处理函数

函　数　名	说　　明
char *strcpy (char *__restrict dest, const char *__restrict src)	将字符串src复制到字符数组dest中
char *strncpy (char *__restrict dest,const char *__restrict src, size_t n)	将字符串src开始的*n*个字节复制到字符数组dest中
char *strcat (char *__restrict dest, const char *__restrict src)	将字符串src追加到字符数组dest中的字符串后
char *strncat (char *__restrict dest, const char *__restrict src,size_t n)	将字符串src开始的*n*个字节追加到字符数组dest中的字符串后

📖助记:strcpy 是 String Copy(字符串复制)的简写;strcat 是 Strings Catenate(字符串连
　　　接)的简写,strncpy 和 strncat 中的 n 表示多个,意味着能指定操作的长度。

除了 strncpy()函数以外,表 10.3 中的其他函数都会将数组 s1 后未用到的数组元素置
为 0。s1 必须有足够的空间储存字符串 s2 或追加字符串 s2。下例将演示这几个函数的用法。

```
01   #include <stdio.h>
02   #include <string.h>              //包含字符串处理库
03   #define LENGTH 20
04   int main()
05   {
06       char a[LENGTH];              //声明长度为 LENGTH 的字符型数组
07       const char *s = "ABCDEFG";   //定义字符串常量 s
08       strcpy(a, s);               //将字符串 s 复制给字符数组 a
09       puts(a);
10       strncpy(a, s, 4);           //将字符串 s 的前 4 个字符复制给字符数组 a
```

```
11      puts(a);
12      strcat(a, s);           //将字符串 s 追加到字符数组 a 中的字符串结尾
13      puts(a);
14      strncat(a, s, 4);       //将字符串 s 前 4 个字符追加到字符数组 a 中的字符串结尾
15      puts(a);
16      return 0;
17  }
```

程序的运行结果如下：

```
ABCDEFG
ABCDEFG
ABCDEFGABCDEFG
ABCDEFGABCDEFGABCD
```

strcpy()函数将字符串 s 的值复制到字符数组 a 中以后，strncpy()函数将字符串 s 的前 4 位字符复制给字符数组 a。因为 strncpy()函数没有将字符数组 a 的其他元素置 0，所以第 2 次的输出与第 1 次的输出相同。

10.5　字符串比较函数

字符存储形式为正整数，因此可比较两个字符之间的大小。字符串比较是将两个字符串位置相对应的字符逐个比对，比较两个字符串之间的大小。字符串比较函数对判断两个字符串内容是否相同和对字符串排序非常有用。常用的字符串比较函数见表 10.4。

表 10.4　常用的字符串比较函数

函　数　名	说　　明
int strcmp (const char *s1, const char *s2)	比较字符串s1与字符串s2
int strncmp (const char *s1, const char *s2, size_t n)	比较字符串s1与字符串s2前n个字符

表 10.4 中的两个函数的返回值都为整型，比较结果相等时返回 0。如果 s1 小于 s2，则返回负数值，如果 s1 小于 s2，则返回整数值。下列代码演示了这两个函数的使用方法。

```
const char *s1 = "Happy New Year!";
const char *s2 = "Happy New Year!";
const char *s3 = "Happy Holidays!";
printf("%d,%d,%d,", strcmp(s1, s2),      //比较字符串 s1 与 s2 的大小
            strcmp(s1, s3),              //比较字符串 s1 与 s3 的大小
            strcmp(s3, s2));             //比较字符串 s3 与 s2 的大小
printf("%d,%d,%d", strncmp(s1, s2, 6),   //比较字符串 s1 与 s2 前 6 个字符的大小
            strncmp(s1, s3, 7),          //比较字符串 s1 与 s3 前 7 个字符的大小
            strncmp(s3, s2, 7));         //比较字符串 s3 与 s2 前 7 个字符的大小
```

程序的输出结果如下：

```
0, 1, -1, 0, 1, -1
```

字符串 s1 等于 s2，s1 与 s2 的前 6 个字符比较也相等，因为这两个字符串中的每个字符都是相同的。字符串之间大于或小于的意义实际上是比较两个字符串中第一个不相同的字符，s1 大于 s3，strcmp(s1, s3)返回的结果为 1。这两个字符串的第 7 个字符分别是 N 和 H，N 的 ASCII 码值大于 H，因此字符串 s1 大于 s3。字符串比较函数在排序时非常有用，因为 ASCII 编码中的字母顺序与英文字母表中的顺序相同。

10.6　字符串查找函数

字符串处理库提供了在字符串中查找相同字符或子字符串的函数，以及将字符串分组的函数。常用的字符串查找函数见表 10.5。

表 10.5　常用的字符串查找函数

函　数　名	说　　明
char *strchr (const char *s, int c)	查找c所代表的字符在字符串s中首次出现的位置，如查找成功则返回该位置的指针，否则返回NULL
char *strrchr (const char *s, int c)	返回c所代表的字符在s中最后一次出现的位置指针，否则返回NULL
size_t strcspn (const char *s, const char *reject)	计算并返回字符串s中不包含字符串reject中的任何字符的起始段的长度。即在字符串s中查找是否有字符串reject中的字符，如果查找到该字符则返回从字符串s的起始位置开始到该字符之前的字符串长度
size_t strspn (const char *s, const char *accept)	计算并返回字符串s中只包含字符串accept中的字符的起始段长度。即当在s中没遇到在accept中的字符时，返回从字符串s的起始位置开始到该字符之前的字符串的长度
char *strpbrk (char *s, const char *accept)	查找字符串accept中任意字符在字符串s中首次出现的位置。如果找到了来自字符串accept的字符，则返回指向字符串s中那个字符的指针，否则返回NULL
char *strstr (const char *haystack, const char *needle)	返回字符串needle在字符串haystack中首次出现（整个字符串匹配）的位置指针，否则返回NULL
char *strtok (char * __restrict s, const char * __restrict delim)	对strtok()函数的反复调用将使字符串s分解为若干"记号"（类似文本行中单词的逻辑部分），这些记号用字符串delim中所包含的字符分开。第1次调用时，s会指向要分解的字符串，再次调用时要将s设置为NULL。每次调用将返回指向当前记号的指针。如果调用函数时没有更多的记号，则返回NULL

📖**助记**：函数名 strchr 是 String Char（字符串字符）的简写；函数名 strrchr 中的 r 是 Right 的简写，表示从右侧开始操作；函数名 strcspn 是 String Complementary Span（字符串互补跨度）的简写；函数名 strspn 中的 spn 是 Span（跨度）的简写；函数名 strpbrk 是 String Pointer Break（字符串指针中断）的简写；函数名 strtok 中的 tok 是 Tokenize（标记）的简写。

表 10.5 中的前 6 个函数用于在字符串中查找包含另一个字符或另一个字符串的位置。它们的用法如下：

```
const char *s1 = "Happy New Year! ";
const char *s2 = "Year";
const char *s3 = "pye HwNa";
char *p;
p = strchr(s1, 'a');
printf("在字符串 s1 中首次出现字母 'a' 的位置是:");
```

```
p != NULL ? puts(p) : puts("无");                    //避免输出指向空的指针
p = strrchr(s1, 'a');
printf("在字符串 s1 中最后一次出现字母'a'的位置是:");
p != NULL ? puts(p) : puts("无");
printf("字符串 s1 从首字符开始不包括字符串 s2 所含字符的分段长度是：%d\n",
       strcspn(s1, s2));
printf("字符串 s1 从首字符开始只包括字符串 s3 所含字符的分段长度是：%d\n",
       strspn(s1, s3));
p = strpbrk(s1, s2);
printf("字符串 s2 中任意字符出现在 s1 中的位置是：");
p != NULL ? puts(p) : puts("无");
p = strstr(s1, s2);                                  //条件为字符串 s1 完全包含字符串 s2
printf("字符串 s2 出现在字符串 s1 中的位置是：");
p != NULL ? puts(p) : puts("无");
```

　　上面的代码使用三目的条件运算符判断 p 是否指向 NULL,如果输出函数将指向 NULL 的指针作为实参输出,则运行时会导致程序崩溃。

　　strtok()函数用于将字符串分解为一系列记号。记号是用分界符（通常使用空格或标点符号）分开的序列。例如,在英语文本中,每个单词可以作为一个记号,而单词间的空格就是分解符。为将字符串分解为记号,需要多次调用 strtok()函数,只有在第一次调用时将字符串作为实际参数传递给 strtok()函数,其后的调用只传入分隔符即可。示例如下：

```
char s[] = "Linux has come a long way";    //被分解的字符串
char *p;                                    //用于保存 strtok()函数返回的指针
p = strtok(s, " ");                         //第一次调用 strtok()函数,传递字符串和分界符
while (p != NULL) {                         //判断分解是否已经结束
    puts(p);                                //输出当前分解的段
    p = strtok(NULL, " ");                  //再次调用 strtok()函数,只传递分界符
}
```

　　程序会将字符串 s 中的每个单词单独输出。当第一次调用 strtok()函数时,函数找到作为分解符的空格,将其替换为字符串结束符"\0",并将该段的首个字符的地址作为返回值传递给指针 p。当再次调用 strtok()函数时,NULL 将作为参数传递给 strtok()函数,这样 strtok()函数就能从上次结束的地方继续寻找分界符并替换为字符串结束符,在找到的新段的首个字符的地址后,将其返回给指针 p。strtok()函数之所以能够保存上一次的工作状态,原因是它使用 static 修饰符声明的静态变量来保存所需要的值。这样 strtok()函数每次退出后,该值仍然在内存中。

10.7　字符串内存函数

　　字符串处理库提供了内存函数,这些函数将内存块作为字符数组进行处理,可以复制、比较和查找内存块。表 10.6 列出了字符串处理库的内存函数。

表 10.6　常用的字符串内存函数

函 数 名	说 明
void *memcpy(void *__restrict dest, const void *__restrict src,size_t n)	将src指向的内存块中的n个字符复制到dest指向的内存块中，返回结果对象的指针
void *memmove(void *dest, const void *src, size_t n)	将src指向的内存块中的n个字符复制到内存的临时空间中，再从临时空间复制到dest指向的内存块中，返回结果对象的指针
int memcmp(const void *s1, const void *s2, size_t n)	比较s1和s2所指向的内存块中的前n个字符的大小,返回比较的结果
void *memchr(void *s, int c, size_t n)	查找s所指向的内存块的前n个字符中第1次出现c（在函数中将其转换为unsigned char）的地方。如果找到了c，则返回s1中的c的指针，否则返回NULL
void *memset(void *s, int c, size_t n)	将c（在函数中将其转换为unsigned char）复制到s所指向的内存块的前n个字符中，返回产生的指针

📖**助记**：函数名 memcpy、memmove、memcmp 及 memset 都遵循统一的命名规则 "mem+操作"，其中，mem 是（Memory）的简写，操作也是各种简写或全拼，如 cpy 就是 Copy（复制）的简写，move 本身是一个单词，表示移动，memchr 函数中的 chr 是 Character（字符）的简写。

　　字符串内存函数都使用修饰符 void*声明为空值型指针，任何数据类型的指针都可以直接复制给空值型指针，空值型指针也可以直接向任意数据类型赋值。memcpy()函数与 memmove()函数都是将 src 指向的内存块中的 n 个字符复制到 dest 指向的内存块中，但 memmove()函数首先会将 src 的数据复制到内存的一处临时空间中，然后再将其复制到 des。因此，如果 dest 和 src 指向的是相同的内存地址，则 memcpy()函数会出现错误,而 memmove()函数能正常运行。下面演示这几个函数的用法。

```
char s1[20];                    //定义数组，可视为连续内存块
const char *s2 = "Linux Kernel"; //定义数组，可视为连续内存块
memcpy(s1, s2, 13);             //将 s2 指向的内存块的前 13 个字符复制到 s1 中
puts(s1);
memmove(s1, s1 + 6, 7); //将 s1 指向的内存块中从第 6 个字符开始的 7 个字符复制给自己
puts(s1);
printf("比较 s1 和 s2 第 6 个字符开始的 7 个字节的结果是：%d\n",
    memcmp(s1, s2 + 6, 7)); //比较 s1 和 s2 第 6 个字符开始的 7 个字节
puts(memchr(s2, 'e', 13)); //在 s2 指向的内存块的前 13 个字符中查找字符 e 的位置
puts(memset(s1, 'A', 6));  //将 s1 所指向的内存块的前 6 个字符设置为 A
```

　　上例利用字符数组定义了两个连续的存储空间 s1 和 s2。首先利用 memcpy()函数将 s2 的值复制给 s1。因为 s2 保存的是字符串，所以计算复制字符个数时应考虑字符串结束符，否则会造成输出函数出错。然后用 memmove()函数将 s1 空间中第 6 个字符开始的 7 个连续的字符复制给自己，参数 "s1 + 6" 表示 s1 的首地址后的第 6 个内存单元。

　　在操作中，s1 的第 7 个字符与 "s1 + 6" 的位置是重叠的，这可以证明 memmove()函数的工作原理是借用了内存中的其他空间。memcmp()函数中的参数 "s2 + 6" 使用的方法与前面相同，都是直接通过内存地址的运算找到相应位置。memchr()函数将找到字符 e 的位置作为指针传送给 puts()参数，puts()参数获得的是 s2 在内存块中的一个地址。memset()

函数的返回值是 s1 的首地址，该操作使从 s1 首地址开始的 6 个连续的内存单元中的值被置为 A。程序的运行结果如下：

```
Linux Kernel
Kernel
比较 s1 和 s2 第 6 个字符开始的 7 个字节的结果是：0
ernel
AAAAAA
```

10.8　字符串的其他函数

字符串处理库其余的两个函数是 strerror() 和 strlen()。sterror() 函数能从编译器获得错误代码的文本描述，使程序的错误能够获得直观的解答。strlen() 函数的作用是返回一个字符串的长度，该长度是从字符串首地址到字符串结束符之间的字符距离，见表 10.7。

表 10.7　字符串的其他处理函数

函　数　名	说　　明
char *strerror(int errornum)	用和系统相关的方式将errornum映射到纯文本字符串中，返回指向该字符串的指针
size_t strlen(const char *s)	确定字符串s的长度，返回字符串结束符前的字符个数

下面演示这两个函数的用法。

```
puts(strerror(2));                         //查询错误编码为 2 所代表的字符串
printf("错误信息长度为：%d\n", strlen(strerror(2)));//求出错误信息字符串的长度
```

strerror() 函数的参数为错误代码编号，该编号在 Linux 内核中定义。strlen() 函数的参数为字符串指针。程序的输出结果如下：

```
No such file or directory
错误信息长度为：25
```

10.9　媒体播放器——实现播放列表的检索功能

第 8 章的实例部分对播放列表实现了简单的排序功能，但只能以第一个字符作为排序的依据。本节将对其进行扩展，第一个任务是对播放列表进行排序，要求能比较整个字符串；第二个任务是在播放列表中进行查找，找到与查找条件匹配的项目。

10.9.1　对播放列表中的整个字符串进行排序

本章学习了字符串比较函数，该函数能够依次比较两个字符串中的所有字母，真正做到按名称排序的要求。使用该函数只需要对第 8 章的实例部分进行少量的修改，代码如下：

```
    ⋮
    unsigned int j;                  //用于排序的循环控制变量
```

```
      char *p_temp;                        //用于排序时交换指针列表中的数据
 ⋮
      puts("(5)按文件名排序");
 ⋮
        case 5: {                          //按文件名排序
          if (l > 1) {                     //当文件列表长度大于 1 时，才有排序的意义
              //从列表首单元到列表长减 1 单元开始循环
              for(i = 0; i < l - 1; i++) {
                  //从列表首单元加 1 到列表总长度开始循环
                  for(j = i + 1; j < l; j++) {
                      if (strcmp(p_list[i], p_list[j]) > 0) {
                      //比较两个文件名的字符串大小
                          p_temp = p_list[i];
                          //如果前一个大于后一个，则交换指向两个字符串的指针
                          p_list[i] = p_list[j];
                          p_list[j] = p_temp;
                      }
                  }
              }
          }
          break;
      }
```

上面的代码使用 strcmp()函数比较两个字符串的大小，如果前一个字符串大于后一个字符串，那么就交换两个指针的地址。

10.9.2　在播放列表中查找字符串

在播放列表中查找字符串有两种模式：一种是完全匹配，另一种是模糊查找。前者可使用现有的字符串处理库中的函数来实现，而后者必须定义新的函数来完成。假设播放列表中显示的字符串是媒体文件的文件名，因为文件名中不能出现 "=" "?" "*" 符号，所以可以将这些符号作为查找模式的指令。例如 "=" 后的字符串表示要完全匹配，"?" 用于模糊替代一个字符，"*" 用于模糊替代任意个字符。

1．在播放列表中查找字符串的方法

在播放列表中查找字符串的流程为，首先判断是否以完全匹配模式查找字符串，如果是，则遍历列表中的字符串，输出找到的结果；如果不是，则进行模糊查找，然后输出找到的结果，流程如图 10.1 所示。

用于查找的字符串放在字符数组 f_str 中。判断是否以完全匹配模式查找字符串的方法是检查 f_str[]数组中的第 1 个字符是否为 "="。如果是，则将变量 find_mode 置 0，否则置 1。然后遍历列表，完全匹配模式使用 strstr()函数进行字符串查找，模糊查找方式使用 hazy_find()函数进行查找。这两个函数的返回值保存在变量 res 中，根据 res 中的值是否为 NULL 可判断是否找到匹配的项目。遇到匹配的项目后将其输出，并用 score 变量保存匹配项目的数量。

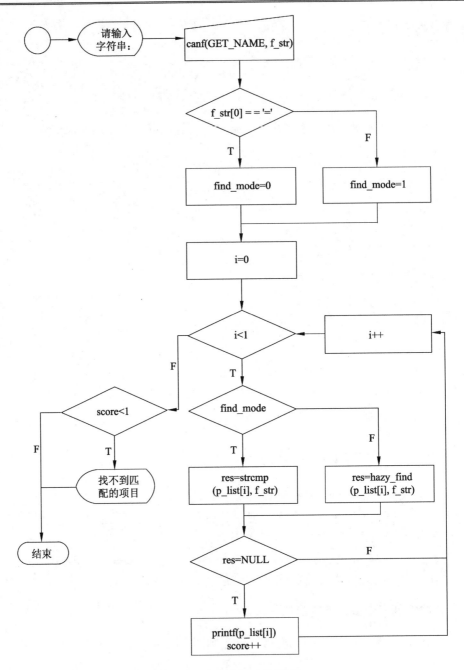

图 10.1　查找字符串的流程

在第 8 章的实例中已实现了播放列表的一些基本功能，加入查找功能只需要再增加一个 switch 语句选项即可，代码如下：

```
#include <string.h>
⋮
int main(){
  ⋮
  char f_str[MAX_LENGTH] = {0};     //定义查找字符串
  int find_mode = 0;                //保存查找模式，默认为 0，即完全匹配模式
```

```
        int res;                          //保存查找结果
        ⋮
            case 6: {
                int score = 0;            //保存匹配项目的个数
                puts("请输入要查找的字符串：");
                puts("“=”开始表示完全匹配，“?”用于替代一个字符，“*”用于替代多个字符");
                scanf(GET_NAME, f_str);   //用户输入查找字符串
                if (f_str[0] != '=')      //判断是否模糊查找模式
                    find_mode = 1;
                else                      //如果是完全匹配模式，则执行下列语句
                    //去掉字符串中第一位的“=”符号
                    memmove(f_str, f_str + 1, strlen(f_str));
                for(i = 0; i < l; i++) {
                    if (find_mode == 0) {  //以完全匹配模式查找字符串
                        if (strlen(p_list[i]) == strlen(f_str)){
                            }else{
                                res = 0;
                            }
                    }else{
                        res = hazy_find(p_list[i], f_str);
                    }
                        //以模糊查找模式查找字符串
                    if (res != NULL) {
                        printf("%d : %s\n", i + 1, p_list[i]); //输出找到的字符串
                        score++;
                    }
                }
                if (score < 1)
                    puts("找不到匹配的项目");
            }
        ⋮
}
```

　　上面的代码以 find_mode 判断要进行的操作，如果是完全匹配模式，则将查找字符串的首个字符“=”去掉。这里使用了 memmove()函数，因为该函数能对同一个内存地址进行操作。第 1 个实际参数 f_str 指针使函数获得了 f_str[]数组的首地址，第 2 个实际参数 f_str+1 使复制过去的字符串失去了首个字符，然后用 strlen(f_str)表达式作为第 3 个实际参数。strlen()函数返回值是字符串的长度，不包括字符串结束符在内，因此上述表达式恰好能得到少一位字符时要复制的内存数据长度。

　　当进行完全匹配模式查找时，首先用 strlen()函数取得对比的两个字符串的长度，比较二者的长度是否相等。如果长度不等，可立即断定二者无法匹配。如果长度相等，再用 strcmp()函数比较二者的内容是否相同。

2. 模糊查找的实现方法

　　模糊查找模式是使用 hazy_find()实现的，该函数是自定义的一个函数。模糊查找算法是使用逆向推定原则实现的，即，如果不能确定查找字符串与相比较的目标无差别，则认为二者匹配。

　　模糊查找算法的流程为：首先判断查找字符串的长度是否小于 1，如果小于 1 则无意义，返回代表失败的数值。然后遍历查找字符串的字符，判断字符是否为通配符。如果是通配符“?”，则将指向项目的字符串位置的指针偏移量增加 1 位。如果是通配符“*”，那

么就判断距离下一个通配符号的长度。在两种情况下长度为 0：一种是当前已遍历到查找字符串的末尾，这时可断定已经匹配成功（逆向推定原则，没有遇到不匹配的情况）；另一种是因为有两个相连的符号，这时直接跳过该符号，重新判断距离下一个通配符号的长度。

将两个通配符之间的字符串放入一个字符数组，搜索项目中是否包含这个片段。如果没有，则判定查找失败。如果有，则跳过这个片段继续进行遍历。

如果遍历到的字符并非通配符号，则获取与下一个通配符之间的距离，并将字符与通配符之间的字符串放入一个字符数组中，然后搜索项目中是否包含这个片段。如果没有，则判定查找失败。如果有，则跳过这个片段继续进行遍历。

当遍历到查找字符串的末尾，并没有产生不匹配的情况时，则认定查找字符串与当前项目是匹配的，输入该项目，流程如图 10.2 所示。

通过流程图可以写出 hazy_find()函数的代码如下：

```
01  int hazy_find(const char *str1, const char *str2)
02  {
03      const char *ct = "*?";                    //保存通配符
04      int i, j = 0;                             //保存 str1、str2 的操作位置
05      int l;                                    //保存 str2 的长度
06      int k;                                    //保存查找时每次查找的长度
07      char sec[MAX_FILE_LENGTH];                //保存每次查找的字符串分段
08      int res;                                  //保存查找的结果
09      const char *res2;                         //保存查找的结果
10      l = strlen(str2);                         //取得 str2 字符串长度
11      if (l < 1)
12          return 0;           //如果 str2 长度小于 1，则认为没有匹配的字符串
13      for (i = 0; i < l; i++) {                  //遍历字符串 str2
14          if (str2[i] == '?') {                 //遍历到通配符"?"
15              j++;
16          }
17          else if (str2[i] == '*') {            //遍历到通配符"*"
18              //取得距离下一个通配符的长度，如果为 0 则执行循环体
19              while(!(k = strcspn(str2 + i + 1, ct))) {
20                  //判断下一个符号是不是字符串结束符（ASCII 码为 0）
21                  if (* (str2 + i + 1))
22                      i++;       //如果下一个符号也是通配符，则跳过
23                  else
24                      return 1;  //如果下一个符号是字符串结束符，则认为已有匹配字符串
25              }
26              strncpy(sec, str2 + i +1, k);//将通配符之间的字符串复制到 sec 数组
27              sec[k] = '\0';                    //为数组加入字符串结束符
28              res2 = strstr(str1 + j, sec);     //在项目中查找字符串片段
29              if (!res2)
30                  return 0;                     //如果找不到该片段，则认为不匹配
31              i += k;                           //将 str1 的操作位置后移
32              j += strlen(str1 + j) - strlen(res2) + k;//将 str2 的操作位置后移
33          }
34          else {                                //遍历到其他字符
35              k = strcspn(str2 + i, ct);        //取得到下一个通配符的距离
36              res = strncmp(str1 +j, str2 + i, k);//比较两个字符串指定长度的内容
37              if (res)
38                  return 0;                     //如果不相同，则认为不匹配
39              else
40                  i += k - 1;                   //将 str1 的操作位置后移
```

```
41                j += k;                        //将 str2 的操作位置后移
42            }
43        }
44        return 1;                              //没有产生不匹配的情况
45 }
```

在上面的代码中，通配符被保存到*ct 指针指向的内存中。strcspn()函数用于到下一个通配符的距离。为了跳过已匹配的字符，该函数的第 1 个参数使用字符串的偏移地址。使用*通配符匹配字符串之后，指向 str1 的位置由 str1 剩余待匹配的长度减去距离下一个通配符之后的字符串长度，再加上字符片段的长度之和来确定，如代码 strlen(str1+j) − strlen(res2) + k 所示。

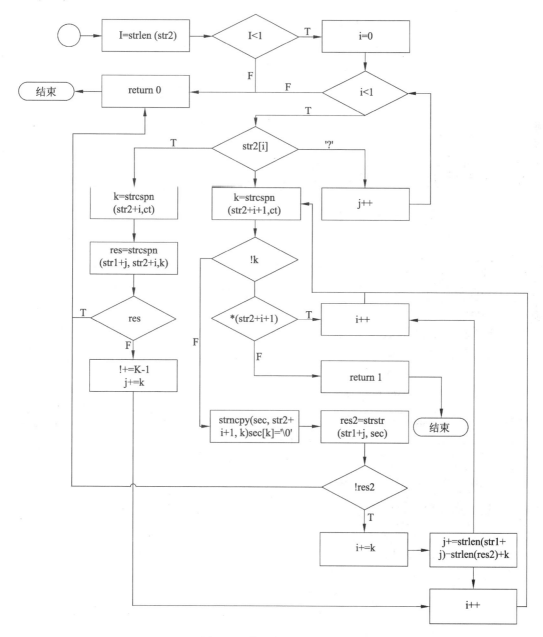

图 10.2　模糊查找模式流程

10.10　小　　结

本章介绍了字符串处理的各种函数和内存处理函数。读者通过本章的学习，对计算机的编码知识应该有了较深刻的理解，同时也具备了处理字符串数据的能力。借助于指针和内存处理函数，C 语言可直接处理内存中的数据，因此 C 语言常被用来设计各种操作系统软件和底层的网络通信软件。在利用这些函数设计程序时，可以借助 GDB 等编译器查看内存中的数据变化情况，这样既能避免程序出现严重的错误，又能更清晰地了解各种字符串处理函数和内存处理函数的工作原理。

10.11　习　　题

一、填空题

1. ASCII 编码的全称是_____。

2. Linux 系统中以_____标准的 Unicode 编码作为系统的内码。

3. 字符串处理库是_____。

二、选择题

1. 在 ASCII 编码表中，大写字母和小写字母的差值是（　　）。

A. 10h   B. 20h

C. 30h   D. 40h

2. isalph 函数的功能是（　　）。

A. 测试给定内容是否为字母   B. 测试给定内容是否为数字

C. 测试给定内容是否为下画线   D. 其他

3. 下列代码的运行结果是（　　）。

```c
#include <string.h>
#define LENGTH 20
int main()
{
    char a[LENGTH];
    const char *s = "ABCDEFGHIJKLMN";
    strncpy(a, s, 5);
    puts(a);
    return 0;
}
```

A. ABCDEFGHIJKLMN   B. AB

C. ABCD   D. ABCDE

三、判断题

1. 在 Linux 系统中可以忽略双字节编码的问题。　　　　　　　　　　　（　　）

2．字符串内存函数都使用修饰符 void*声明为空值型指针。　　　　　（　　　）

3．sterror()函数返回一个字符串的长度。　　　　　　　　　　　　（　　　）

四、操作题

1．使用字符处理库中的函数将字符 a 转换为大写。

2．将字符串 Install or upgrade an existing system 中的每个单词单独输出。

第 11 章　结构体与共用体

前面学习了变量和数组这些简单的数据结构，它们的特点是必须使用规定的数据类型。例如，数组被定义为整型后，它的所有存储单元都是由整型构成。在现实生活中某一类事物的共同属性可能是由不同数据类型组成的集合，或者某一属性在不同的情况下表现为不同的数据类型。本章将讲解结构体与共用体的相关知识，通过结构体与共用体，可以设计复合数据结构。

11.1　结构体类型变量的定义和引用

结构体是一种复合数据类型，它由不同数据类型的存储单元组合而成。例如，学生的成绩表上有姓名、专业、学号和每门功课的成绩，姓名和专业可以看作字符串型数据，学号是无符号长整型数据，每门功课的成绩是单精度浮点型数据，由这些数据类型复合组成的学生成绩单就是一种结构体类型。

11.1.1　结构体类型变量的定义

在定义结构体类型变量之前，首先需要设计结构体，定义结构体的名称和成员的数据类型，然后使用结构体声明变量，这时结构体就成为一种新的数据结构。定义结构体使用修饰符 struct，它的一般形式如下：

```
struct 结构体名
{
    成员项列表
};
```

📖助记：struct 取自英文单词 Structure（结构体）的前 6 个字母。

结构体名是该结构体独一无二的名称，命名规则与变量命名相同。成员项列表是结构体中数据成员的数据类型和名称，数据成员可以是变量、数组或者其他结构体等复合数据结构。成员项列表的一般形式如下：

```
数据类型 成员名1;
数据类型 成员名2;
数据类型 成员名3;
⋮
```

学生成绩单的数据结构如图 11.1 所示。该结构有 4 个成员，name[]和 dept[]是字符型数组，用于保存学生姓名与专业；no 是长整型变量，用于保存学生的学号；score[]是单精度浮点型数组，用于保存学生的成绩。下例是定义学生成绩单的结构体。

```
struct student                          //结构体名
{
    char name[50];                      //姓名
    char dept[50];                      //专业
    long no;                            //学号
    float score[4];                     //成绩
};                                      //结构体定义结束一定要加上分号
```

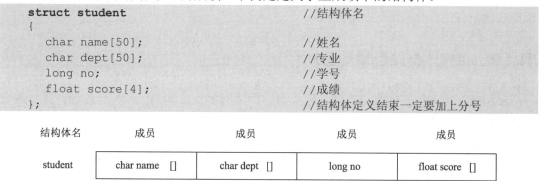

图 11.1　结构体的内存分配

　　结构体定义后，并没有在内存中为该结构体划分存储空间，它只是作为一种数据结构而存在。只有使用结构体类型声明变量后，系统才会给变量分配内存空间。使用结构体声明变量的一般形式如下：

```
struct 结构体名 结构体变量名
```

上面的语句只能在结构体定义后出现，如下例所示。

```
struct student stu1, stu2;               //声明结构体变量 stu1 和 stu2
```

　　结构体变量的声明还有其他形式，例如，直接在定义结构体的同时声明变量，或者省略结构体名直接定义结构体类型的变量。

```
struct student                          //结构体名
{
    ⋮                                   //成员项列表
} stu1, stu2;                           //定义结构体的同时声明变量

struct
{
    ⋮                                   //成员项列表
} strc1, strc2;                         //省略结构体名，直接定义结构体类型的变量
```

　　这两种形式使结构体丧失了通用性，特别是省略结构体名的做法，使结构体不能在代码的其他部分声明更多的结构体变量。在编写大型程序的代码时，结构体定义部分通常放在头文件中，使用时包含该头文件即可，这样就不需要在程序的不同文件中反复定义结构体了。

11.1.2　结构体类型变量的引用

　　结构类型变量简称结构体变量。引用结构体变量的数据需要同时给出结构体变量名和数据成员名。引用结构体变量的一般形式如下：

```
结构体变量名.数据成员名
```

它们之间用"."操作符分隔，示例如下：

```
stu1.no = 20090001;                     //使用"."操作符引用结构体成员
```

"."符号的优先级高于算术运算符和赋值符号，因此结构体变量的成员与普通的变量或数组使用方法完全相同。

11.1.3　结构体类型变量的初始化

结构体汇集了不同的数据类型，因此为结构体类型变量初始化就略显复杂，需要考虑初始化数据与结构体成员项的顺序及数据类型的匹配问题。例如：

```
//声明结构体变量并初始化
struct student stu1 = {"Tom", "Math", 20090001, 87.5, 70.5, 93, 91};
```

上面的语句为结构体变量 stu1 的成员赋值，各成员的值分别如下：

```
stu1.name = "Tom"              //引用 name 成员并赋值
stu1.dept = "Math"             //引用 dept 成员并赋值
stu1.no = 20090001             //引用 no 成员并赋值
stu1.score[0] = 87.5           //引用 score 成员，并为该数组的第 1 个元素赋值
stu1.score[1] = 70.5
stu1.score[2] = 93
stu1.score[3] = 91
```

这种初始化方法的原理是，结构体的成员在内存的连续空间中顺序存储，从结构体的首地址开始依次将相匹配的数据类型保存在对应的内存单元中。

11.2　结构体数组的定义和引用

当需要使用大量相同的结构体变量时，可使用结构体定义数组，该数组包含与结构体相同的数据结构所组成的连续存储空间。例如：

```
struct student stu_a[50];                  //声明长度为 50 的结构体数组 stu_a
```

引用结构体数组中的元素的一般形式如下：

```
结构体数组名[n].成员名
```

"[ ]"符号的优先级与"."符号相同，适用于自左向右的结合，因此运算时首先获得的是结构体数组的元素，然后再获得该元素的成员。如果该成员是数组，引用该成员数组元素的一般形式为：结构体数组名[n].成员名[n]。同理，如果该成员是结构体变量，引用形式为：结构体数组名[n].成员.子成员。以此类推，任何复杂的成员都可以被访问。例如：

```
struct student stu_a[2] =                  //初始化结构体数组
   {"Tom", "Math", 20090001, 87.5, 70.5, 93, 91,
    "Jerry", "Math", 20090002, 90, 78.5, 83.5, 66};
int i;
for(i = 0; i < 2; i++) {
  printf("%8s %8s %ld %5.2f %5.2f %5.2f %5.2f\n",
         stu_a[i].name,                    //引用结构体数组元素的成员
         stu_a[i].dept,
         stu_a[i].no,
         stu_a[i].score[0],                //成员是数组，引用其中的元素
         stu_a[i].score[1],
         stu_a[i].score[2],
```

```
        stu_a[i].score[3]);
    }
```

程序中声明了结构体数组 stu_a[]，并在声明时用数据为其初始化，然后用 printf()函数将结构体数组中的数据输出。

11.3　结构体指针的定义和引用

C 语言的指针操作非常灵活，它能指向结构体变量并对其进行操作。在学习结构体指针之前，需要再次加深对指针的认识。声明指针变量时所使用的数据类型修饰符实际上的作用是定义指针访问内存的范围。如果指针定义为整型，那么该指针访问内存的范围就是整型变量在内存中所占用的空间大小。虽然任何类型的内存地址长度都是一样的，但不同类型间不能相互复制，只有空值型除外。因此在使用指针操作结构体时，一定要确定指针所定义的数据类型与结构体的数据类型相同。

11.3.1　使用指向结构体类型变量的指针

定义结构体变量的一般形式如下：

结构体名 *结构体变量名

结构体名作为指针变量的类型修饰符。引用结构体指针所指向的结构体变量成员需要使用 "->" 操作符，该操作符由减号 "–" 和小于号 ">" 组合而成。示例如下：

```
typedef struct student stu_t;           //将结构体 student 定义为数据类型
:
    //定义结构体变量并初始化
    stu_t stu1 = {"Tom", "Math", 20090001, 87.5, 70.5, 93, 91};
    stu_t *p;                           //定义结构体指针
    p = &stu1;                          //将结构体变量地址赋给指针
    p -> no = 20090005;                 //引用指针所指向结构体变量的成员
```

在上面的代码中使用了 typedef 命令，该命令用于定义新的数据类型修饰符。执行 typedef 命令后，stu_t 成为 student 结构体类型修饰符，在代码中 stu_t 的作用等同于 struct student。指针*p 被指向结构体变量 stu1，但指针*p 并不是结构体变量，因此不能使用 "." 符号引用结构体成员，只能使用 "->" 操作符。

📖助记：typedef 是 Type define（类型定义）的简写。

在设计一些需要大量交换数据的程序时，需要动态为数据划分内存。当不需要该数据时，可以从内存中释放，以节省程序运行时占用的内存空间。下面演示为结构体指针动态分配内存的操作方法。

```
#include <stdlib.h>                     //包含内存动态分配相关函数
typedef struct student stu_t;           //将结构体 student 定义为数据类型
:
    stu_t *p = (stu_t *)malloc(sizeof(stu_t));   //为结构体指针划分内存空间
```

```
    p -> no = 2009;                             //引用该内存空间
    ⋮
    free(p);                                    //使用完毕后释放该内存空间
```

当为结构体动态分配内存空间时，首先使用 sizeof()函数计算结构体 stu_t 在内存中所需要的空间，然后使用 malloc()函数将 sizeof()函数返回的数量在内存中划分出来。malloc()函数的返回值是该内存空间的首地址，因此用强制转换表达式"(stu_t *)"将 malloc()函数返回的地址转换为 stu_t 类型的指针。

11.3.2　使用指向结构体类型数组的指针

结构体类型数组本质上是作为数组而存在的，数组的元素是结构体变量。结构体数组的名称即是指向该数组第一个数组元素的指针。结构体数组元素之间不能直接相互复制数据。下面介绍通过指针直接访问内存空间并复制结构体数组元素的方法。

```
#include <stdlib.h>                   //包含内存动态分配的相关函数
#include <string.h>                   //包含内存复制的相关函数
⋮
typedef struct student stu_t;         //将结构体 student 定义为数据类型
⋮
    //初始化结构体数组的第 1 个元素
    stu_t stu_a[2] = {"Tom", "Math", 20090001, 87.5, 70.5, 93, 91};
    stu_t *p = stu_a;                 //为结构体指针划分内存空间
    memcpy(p + 1, p, sizeof(stu_t));  //复制数组中的第 1 个元素并放到第 2 个元素中
    puts((p + 1) -> name);            //用指针引用数组第 2 个元素的数组成员
⋮
```

在上面的程序中定义了结构体数组 stu_a，在初始化时为其第 1 个元素赋值。定义指针*p 时，用数组名 stu_a 为指针*p 赋值，指针*p 指向了数组 stu_a 第 1 个元素。memcpy()函数的作用是将内存中从指针*p 指向的地址开始长度为 sizeof(stu_t)的数据，复制到内存中指针*p + 1 指向的地址开始长度为 sizeof(stu_t)的空间里。由此可见，对指针*p + 1 进行的操作，并非简单地将内存地址作为整型数据进行加 1 运算，1 代表的是 sizeof(stu_t)的长度的内存区间所跨越的地址差值。

11.4　共　用　体

共用体又称为联合体，是由不同数据类型组成的一个整体。与结构体不同的是，共用体每次只能使用其中一个成员。结构体的总长度是结构体所有成员的长度之和，共用体的总长度是其中最长的一个数据类型的长度，共用体的所有成员共享这个存储空间。

11.4.1　共用体的定义

定义共用体使用修饰符 union，一般形式如下：

```
union 共用体名 {
    成员项列表
};
```

共用体名是该共用体独一无二的名称，命名规则与变量命名相同。成员项列表是共用体中数据成员的数据类型和名称，数据成员可以是变量、数组或者其他结构体等复合数据结构，各成员通常不使用相同的数据类型。成员项列表的一般形式为：

```
数据类型 成员名1;
数据类型 成员名2;
数据类型 成员名3;
    ⋮
```

使用共用体声明变量的一般形式如下：

```
union 共用体名 共用体变量名;
```

上面的语句只能在共用体定义后出现，例如：

```
union unidate {                          //共用体名
    char a;                              //共用体成员
    int b;
    long c;
    double d;
};
union unidate x;                         //共用体变量
```

在共用体成员中，长度最长的是双精度浮点型 d，共用体变量 x 的长度为双精度浮点型数据类型的长度，内存分配形式如图 11.2 所示。

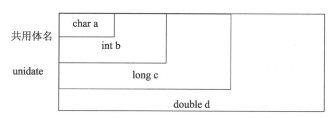

图 11.2　共用体的内存分配

11.4.2　共用体变量的引用

共用体变量的引用方式与结构体变量相同，一般形式如下：

```
共用体名.成员名
```

但共用体一次只能使用一个成员，例如：

```
union unidate x;                         //声明共用体变量
x.a = 65;                                //为成员 a 赋值
printf("x.a = %c\n", x.a);
x.b = 100;                               //为成员 b 赋值
printf("x.b = %d\n", x.b);
x.c = 10005000;                          //为成员 c 赋值
printf("x.c = %ld\n", x.c);
x.d = 0.69314718056;                     //为成员 d 赋值
```

```
printf("x.d = %f\n", x.d);
printf("x.a = %c\n", x.a);                    //再次输出成员 a，这时成员 a 未被使用
```

程序的输出结果如下：

```
x.a = A
x.b = 100
x.c = 10005000
x.d = 0.693147
x.a =
```

最后一次输出的结果为不可预知的，因为共用体 x 的存储空间已经被成员 x.d 使用过，而输出成员 x.a 前，没有重新为成员 x.a 赋值，这时如果引用成员 x.a 的数据，获得的是成员 x.d 的一部分数据，所以输出结果可能因系统环境的不同而有所差异。

11.5　媒体播放器——建立媒体库

媒体播放器程序中有许多复杂的数据结构，这些数据结构可以用来管理复杂的信息。以媒体库为例，每个媒体项目包含标题、艺术家、专辑名称、流派、时间长度和文件路径等几项基本信息。实际应用的播放列表，也必须有序号、标题、文件路径和时间长度等信息。本节实例将继续介绍媒体库的设计。首先介绍媒体库的数据结构的设计方法，然后介绍媒体库的基本操作的实现方法。

11.5.1　设计媒体库的数据结构

媒体库的主要数据结构用来保存媒体文件中包含的信息，这些信息可以使用 libid3tag 库读取。libid3tag 库被 mad 插件使用，该插件用于在 GStreamer 框架中对 MP3 文件提供支持，是一个用途非常广泛的函数库。安装 libid3tag 库可以从官方站点 http://www.underbit.com/products/mad 中下载源代码进行编译，也可在终端执行下列指令：

```
apt-get install libid3tag0 libid3tag0-dev
```

在程序中使用 libid3tag 库只须包含头文件 id3tag，编译时在 Cross GCC Linker | Libraries 列表项 Libraries(-l)中加入编译指令 id3tag，或者使用 pkg-config 程序加入指令'pkg-config --cflags --libs id3tag'。

1．libid3tag库简介

libid3tag 函数库本身就包含 4 个主要的数据结构。id3_file 用于保存文件信息，id3_file_open()函数用于打开指令路径的媒体文件，并创建 id3_file 结构体。id3_tag 用于保存文件中的媒体信息，可以使用id3_file_tag()函数通过一个id3_file 结构体创建libid3tag结构体。id3_frame 是使用的重点，用于保存项目的信息，由 id3_tag_findframe()函数访问 id3_tag 结构所创建，其中包含 id3_field 共用体，保存项目的具体数值。访问完媒体文件后，需要使用 id3_file_close()函数释放这些数据类型所使用的内存资源。libid3tag 库的一般形式如下：

```
struct id3_file *id3_file_open(char const *, enum id3_file_mode);
struct id3_tag *id3_file_tag(struct id3_file const *);
struct id3_frame *id3_tag_findframe(struct id3_tag const *,
```

```
                                    char const *, unsigned int);
    int id3_file_close(struct id3_file *);
```

id3_file_open()函数的第 1 个参数是包含完整路径的文件名，第 2 个参数是文件打开方式。例如，使用 ID3_FILE_MODE_READONLY 参数表示以只读方式打开，ID3_FILE_MODE_READWRITE 参数表示以读写方式打开。

id3_tag_findframe()函数的第 2 个参数用于指定要访问的项目名称，这些名称在一个关于媒体信息的 ID3 标准文档中定义。ID3 项目名称见表 11.1。

表 11.1　ID3 项目名称

常 量 名 称	缩　　写	描　　述
ID3_FRAME_TITLE	TIT2	媒体的标题
ID3_FRAME_ARTIST	TPE1	艺术家名称
ID3_FRAME_ALBUM	TALB	专辑名称
ID3_FRAME_YEAR	TDRC	发行年份
ID3_FRAME_TRACK	TRCK	在CD光盘中的轨道位置
ID3_FRAME_GENRE	TCON	流派
ID3_FRAME_COMMENT	COMM	注释
（无）	TDRC	记录长度（并不一定能反映真实长度）

第 3 个参数用于指定索引号，有些项目信息被分为多个段，第一段的编号为 0。创建了 id3_frame 结构体后，就可以访问其中的媒体信息了。该结构体内包含多个成员，定义形式如下：

```
struct id3_frame {
  char id[5];                     //项目的编号（媒体标题为"TIT2"）
  char const *description;        //结构体的英文描述字符串（媒体标题为"Title"）
  unsigned int refcount;
  ⋮
  unsigned int nfields;           //所包含项目的分段数
  union id3_field *fields;        //所包含项目的数据阵列
};
```

id3_field 共用体作为 id3_frame 共用体的成员，保存着实际的项目信息。不同项目的数据类型可能有区别，媒体的标题通常是字符串，发行年份是数字，使用共用体的作用是为读取这些数据提供正确的接口，代码如下：

```
union id3_field {
  enum id3_field_type type;          //项目类型
  struct {
    enum id3_field_type type;
    signed long value;
  } number;                          //数字
  struct {
    enum id3_field_type type;
    id3_latin1_t *ptr;
  } latin1;                          //拉丁文
  struct {
    enum id3_field_type type;
    unsigned int nstrings;
    id3_latin1_t **strings;
  } latin1list;                      //拉丁文列表
```

```
    struct {
      enum id3_field_type type;
      id3_ucs4_t *ptr;
    } string;                                //字符串
    struct {
      enum id3_field_type type;
      unsigned int nstrings;
      id3_ucs4_t **strings;
    } stringlist;                            //字符串列表
    struct {
      enum id3_field_type type;
      char value[9];
    } immediate;                             //直接数据
    struct {
      enum id3_field_type type;
      id3_byte_t *data;
      id3_length_t length;
    } binary;                                //二进制数据
};
```

在共用体中又定义了枚举类型成员和一系列结构体，从内存分配上来说，所有成员都是共享同一个内存区域，所以只有选择对应的类型才能获得相应的信息。

2. 设计媒体库的数据结构

单个媒体库项目的数据结构可以用一个结构体来表示，播放列表也一样。在实际使用时再对这些由结构体组成的数组进行操作，这样可以很容易地控制结构体的长短。这些数据结构被定义在头文件 medialib.h 中，代码如下：

```
01  #ifndef MEDIALIB_H_
02  #define MEDIALIB_H_
03  #define MAX_TITLE_LENGTH 512            //标题的最大长度
04  #define MAX_ATRIST_LENGTH 512           //艺术家名称的最大长度
05  #define MAX_ALBUM_LENGTH 256            //专辑名称的最大长度
06  #define MAX_GENRE_LENGTH 256            //流派的最大长度
07  #define MAX_PATH_LENGTH 4096            //路径的最大长度
08  typedef struct _medialib Medialib       //将结构体定义为新数据类型
09  struct _medialib {                      //媒体库项目结构体
10      char title[MAX_TITLE_LENGTH];       //标题
11      char atrist[MAX_ATRIST_LENGTH];     //艺术家
12      char album[MAX_ATRIST_LENGTH];      //专辑名称
13      char genre[MAX_GENRE_LENGTH];       //流派
14      double record_time;                 //记录时间
15      char filepath[MAX_PATH_LENGTH];     //文件路径
16  };
17  #endif /* MEDIALIB_H_ */
```

3. 读取媒体文件信息到媒体库项目中

读取媒体文件信息的流程为，首先通过文件创建 id3_file 结构体，然后使用 id3_file 结构体创建 id3_tag 结构体，最后使用 id3_tag 结构体创建出多个项目的 id3_frame 结构体。复制数据到媒体库项目中有两种方式，当复制字符串信息时，可直接访问 id3_field 共用体的内存空间。如果是其他类型，必须用接口函数提取出对应的数值，如 id3_field_getint() 函数用于提取数字信息。下列代码实现了读取文件信息到媒体库的功能。

```
01  #include <string.h>                                    //包含字符串函数库
02  #include <id3tag.h>                                    //包含 libid3tag 函数库
03  #include "medialib.h"                                  //包含媒体库相关函数的头文件
04  int read_tag_from_file(const char *file,
05                      struct _medialib *media)           //读取 MP3 文件中的信息
06  {
07      struct id3_file *id3file;                          //保存 libid3tag 库文件对象
08      struct id3_tag *tag;                               //保存文件信息
09      struct id3_frame *frame_title;                     //保存标题信息
10      struct id3_frame *frame_artist;                    //保存艺术家信息
11      struct id3_frame *frame_album;                     //保存专辑信息
12      struct id3_frame *frame_genre;                     //保存流派信息
13      struct id3_frame *frame_time;                      //保存记录长度信息
14      //打开文件并创建 id3_file 结构体
15      id3file = id3_file_open(file, ID3_FILE_MODE_READONLY);
16      if (id3file == NULL) {                             //判断文件打开是否失败
17          printf("打开文件失败\n");
18          return -1;
19      }
20      tag = id3_file_tag(id3file);                       //创建 id3_tag 结构体
21       //创建 id3_frame 结构体
22      frame_title = id3_tag_findframe(tag, ID3_FRAME_TITLE, 0);
23      if (frame_title->fields)                           //防止指向 NULL 的地址操作
24          //将项目信息复制到媒体库结构中
25          strcpy(media->title, (char*) frame_title->fields);
26      frame_artist = id3_tag_findframe(tag, ID3_FRAME_ARTIST, 0);
27      if (frame_artist->fields)
28          strcpy(media->atrist, (char*) frame_artist->fields);
29      frame_album = id3_tag_findframe(tag, ID3_FRAME_ALBUM, 0);
30      if (frame_album->fields)
31          strcpy(media->album, (char*) frame_album->fields);
32      frame_genre = id3_tag_findframe(tag, ID3_FRAME_GENRE, 0);
33      if (frame_genre->fields)
34          strcpy(media->genre, (char*) frame_genre->fields);
35      frame_time = id3_tag_findframe(tag, "TDRC", 0);
36      if (frame_time->fields)
37          //将项目信息作为数字类型提取出来
38          media->record_time = id3_field_getint(frame_time->fields);
39      strcpy(media->filepath, file);
40      id3_file_close(id3file);
41      return 0;
42  }
```

在上述代码中，将结构体 struct _medialib 的指针作为形式参数，因此运行时必须使用
"->"操作符访问其成员。改变该结构体内的数值后，实际参数将随之改变。读取 id3_frame
的成员 id3_field 共用体时，因为直接通过指针访问，所以需要将其强制转换为字符型指针，
如(char*) frame_title->fields。这段代码需要保存在文件 medialib.c 中，同时还需要在头文件
medialib.h 中加入函数原型如下：

```
int read_tag_from_file(const char *file, struct _medialib *media);
```

11.5.2　媒体库的基本操作

媒体库的基本操作在第 9 章的实例部分已定义过。因为有些内容涉及数据库和程序界

面，所以本小节暂不介绍。本小节将介绍在媒体库中添加文件、查找文件、删除选定文件和删除所有文件的操作方法。由于所有操作指令是由核心控制模块所发出的，所以媒体库数据的入口将在该模块中创建。

在第 8 章为播放列表建立的数据结构中使用了数组来存放项目信息。数组的长度在创建时已确定，在实际应用时有两个明显的缺陷，其一是当数组长度太短时无法装入更多的项目，其二是当数组长度太长时浪费了大量的内存空间。而数组长度应该是多长很难确定，因此，如果用一种长度可变的数据结构来存放媒体信息则更为合适。

单向链表就是一种可变长度的数据结构，它的每一项称为一个节点，每个节点是一个单独的结构体。节点的最后一个成员是节点的结构体指针，它能够指向另一个节点，由此形成了一个链状结构，如图 11.3 所示。

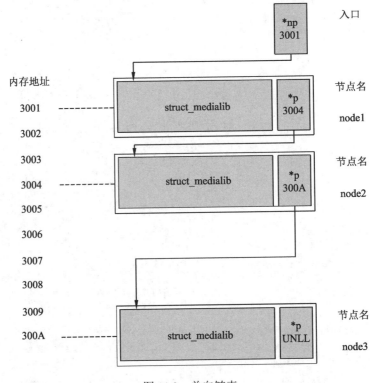

图 11.3　单向链表

在单向链表中有 3 个节点，这些节点并非处在连续的内存空间中。*np 指针是链表的入口，它指向了 node1 节点的首地址。node1 节点末尾的指针指向 node2 节点的首地址，node2 节点的指针指向 node3 节点的首地址。node3 节点是链表的末尾，它的指针指向 NULL。

节点使用动态内存分配方式创建，当链表为空时，链表入口指向 NULL 的位置。当创建第 1 个节点时，将节点的首地址传送给链表入口，当创建第 2 个节点时，将内存地址传送给上一个节点内的指针。节点本身没有名称，访问节点只能使用遍历的方法。通常用一个整型变量记录节点的总长度，再用另一个整型变量记录遍历的位置。

如果要删除一个节点，首先遍历到该节点之前的节点，将指针指向被删除节点之后的节点的首地址。如果删除的是链表首端的节点，则将链表入口指针指向被删除节点之后的节点的首地址。如果删除的是链表末尾的节点，则将上一个节点的指针置为 NULL。最后释放被删除节点的内存空间。

插入一个节点的原理与删除节点原理相似，首先为插入的节点分配内存空间，将插入位置后的节点的首地址传递到插入节点的指针中，然后将插入节点的首地址传递到插入位置前的一个节点的指针中。

了解链表操作的原理后，即可为媒体库创建链表，先定义节点的数据结构 node_t，然后定义链表的数据结构 link_t。这些定义放在 medialib.h 中，代码如下：

```
typedef struct _node_t node_t;       //将结构体定义为新类型
struct _node_t {                      //节点的结构体
  Medialib item;                      //存放媒体信息的结构体成员
  node_t *p;                          //指向另一个节点的指针
};
typedef struct _link_t link_t;
struct _link_t {                      //链表的结构体
  node_t *np;                         //指向链表中第一个节点首地址的指针
  int length;                         //记录链表的长度
};
```

媒体库的控制指令由核心控制模块发出，因此应该将链表初始化的代码放在核心控制模块中。使用时核心控制模块将链表的结构体首地址作为参数传递给调用者。在 main_core.c 中加入媒体库模块的头文件 medialib.h，然后在 main_core() 函数中加入初始化链表的语句，代码如下：

```
#include "medialib.h"
⋮
void *main_core(int cmd, void *data)
{
  link_t mlink = {NULL, 0};          //初始化媒体库链表
  ⋮
}
```

在头文件 medialib.h 中已经将媒体库链表结构定义为一个新类型 link_t，因此可以直接用 link_t 类型创建媒体库。媒体库结构创建后，即可实现一些对媒体库的基本操作。下面依次介绍这些操作的实现方法，代码保存在 medialib.c 文件中。

11.5.3　在媒体库中添加文件

在媒体库中添加文件的操作是将媒体文件信息作为一个链表项放在链表的末端。实现该操作需要设计两个函数：第一个函数是遍历到媒体库链表末端，第二个函数是调用用于读取媒体文件信息的 read_tag_from_file() 函数，然后用这些信息创建一个新节点。

遍历到媒体库链表末端的方法是设计一个递归函数，每次递归读取链表节点中的指针，然后将该指针作为下一轮递归的参数，直到遇到 NULL 结束，如图 11.4 所示。

函数的实现代码如下：

```
node_t *link_to_end(node_t *nt)
{
  if (nt->p)                          //判断指针是否指向 NULL
    return link_to_end(nt->p);        //递归调用
```

```
    else
        return nt;
}
```

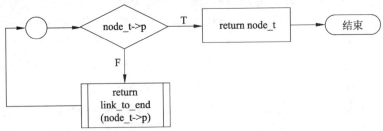

图 11.4　以递归方式遍历到链表末端

添加文件到媒体库之前，先调用上述递归函数，然后调用 read_tag_from_file()函数读取文件信息，最后分配内存空间，并为媒体库列表增加一个成员。代码如下：

```
01  int link_add(link_t *mlink, const char *file)
02  {
03    node_t *endnode;
04    node_t *mnode = (node_t *)malloc(sizeof(node_t));    //为节点分配内存
05    if (!mnode) {
06      printf("分配内存失败\n");
07      return 1;
08    }
09    if(read_tag_from_file(file, &mnode->item)) {    //读取媒体文件信息
10      printf("读取文件信息失败\n");
11      free(mnode);                                //释放节点的内存
12      return 1;
13    }
14    mnode->p = NULL;                              //将节点的指针置为 NULL
15    if (mlink->np) {                              //判断列表是否不为空
16      endnode = link_to_end(mlink->np);          //遍历到节点末端
17      endnode->p = mnode;                        //将末端节点指向当前节点
18    }
19    else
20      mlink->np = mnode;                         //将链表入口指向当前节点
21    mlink->length++;                             //链表个数的计数器自增
22    return 0;
23  }
```

下面设计一个简单的 main()函数，试着对节点进行操作。代码如下：

```
01  int main()
02  {
03    link_t mlink = {NULL, 0};
04    link_add(&mlink, "/home/User/音乐/memery.mp3");
05    link_add(&mlink, "/home/User/音乐/i_bought_a_cat.mp3");
06    link_add(&mlink, "/home/User/音乐/soft_speaker.mp3");
07    putchar(0);
08    return 0;
09  }
```

程序并没有输出功能，putchar(0);语句只是为了方便调试。要查看添加了 3 个节点后的效果，可以在 putchar(0);语句处添加断点。以 Eclipse 为例，双击语句前的编辑区外框添加断点，如图 11.5 所示。

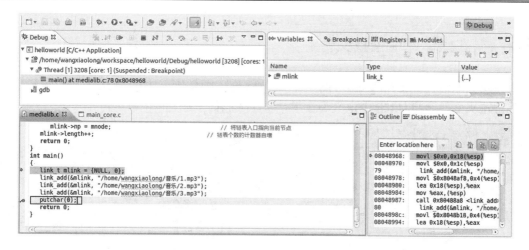

图 11.5 添加断点

选择 Run | Debug 命令或按 F11 键进入调试模式，再按 F8 键运行到断点处，这时可以在 Variables 选项卡中查看数据结构内部的数据，如图 11.6 所示。

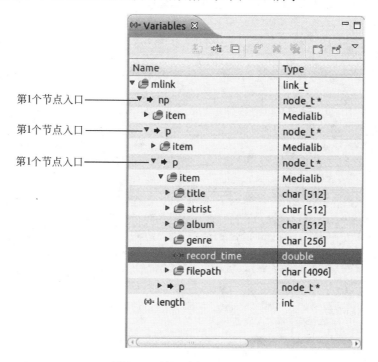

图 11.6 数据结构内部的数据

单击项目左侧的展开器，可以将数据结构展开。展开 mlink 结构体，可以看见*np 指针成员和 length 成员。因为添加了 3 个成员，所以 length 的值为 3。展开*np 指针，可以看到第 1 个节点内部的数据 item 成员和*p 指针成员。展开第 1 个节点的*p 指针，可以看见第 2 个节点的成员。直到第 3 个节点的*p 指针成员的值为 NULL，展开该指针会提示地址访问错误。

11.5.4　在媒体库中查找文件

在媒体库中查找文件所依据的条件有媒体标题、艺术家、专辑、流派和文件名，这些条件可在头文件 medialib.h 中定义为枚举常量。代码如下：

```
01  typedef enum _find_cond find_cond;
02  enum _find_cond {
03      BY_TITLE,                           //按标题查找
04      BY_ARTIST,                          //按艺术家查找
05      BY_ABLUM,                           //按专辑查找
06      BY_GENRE,                           //按流派查找
07      BY_FILEPATH                         //按文件名查找
08  };
```

在媒体库中查找文件需要遍历媒体库链表，然后将查找字符串与媒体库链表节点中的字符串进行匹配。第 10 章的实例部分设计了 hazy_find()函数，这里继续使用该函数进行字符串的匹配。查找结果保存在一个动态分配的指针数组中，数组中的每个元素保存的是指向链表节点的指针。这种方法节约了内存空间，查找结果也能实时反映链表节点内容的变化。代码如下：

```
01  int link_find(link_t *mlink,            //链表指针
02          find_cond t,                    //查找条件
03          const char *str2,               //查找字符串
04          node_t **res)                   //保存查找结果的动态数组指针
05  {
06      if (*res) {                         //判断结果动态数组的指针是否指向 NULL
07        free(*res);                       //释放该数组的内存空间
08        *res = NULL;                      //将指针指向 NULL
09      }
10      int i, l;
11      int count = 0;                      //保存找到匹配项目的数量
12      const char *str1;                   //指向链表节点数据结构中的字符串
13      node_t *tmp, **jump, **jump2;       //遍历时所使用的指针和访问动态数组的指针
14      if (!mlink->length) {               //判断链表是否为空
15        printf("媒体库为空，无法查找\n");
16        return 0;
17      }
18      if (str2)                           //判断查找字符串指针是否为 NULL
19        l = strlen(str2);
20      else {
21        printf("查找字符串地址有误\n");
22        return 0;
23      }
24      if (!l) {                           //判断查找字符串长度是否为 0
25        printf("查找字符串长度为 0\n");
26        return 0;
27      }
28      tmp = mlink->np;                    //指向链表首端节点
29      //创建临时用于保存查找结果的动态数组，数组长度与链表长度相同
30      node_t *tmp_link = (node_t *)malloc(sizeof(node_t *) * mlink->length);
31      jump = &tmp_link;                   //用指针指向动态数组的首地址
32      while(tmp) {                        //遍历链表
```

```
33        switch(t) {                            //选择查询条件
34          case BY_TITLE:
35            str1 = tmp->item.title;            //读取标题信息
36            break;
37          case BY_ARTIST:
38            str1 = tmp->item.atrist;           //读取艺术家信息
39            break;
40          case BY_ABLUM:
41            str1 = tmp->item.album;            //读取专辑信息
42            break;
43          case BY_GENRE:
44            str1 = tmp->item.genre;            //读取流派信息
45            break;
46          case BY_FILEPATH:
47            str1 = tmp->item.filepath;         //读取文件名信息
48            break;
49          default:
50            printf("查找条件出错");
51            free(tmp_link);
52            return 0;
53        }
54        if (str1 && strlen(str1)) {
55          //匹配字符串,如果成功则指向判断体内的代码
56          if (hazy_find(str1, str2)) {
57            *(jump + count) = tmp;             //将匹配的链表节点地址保存在临时数组中
58            count++;                           //查找结果自增1
59          }
60        }
61        tmp = tmp->p;                          //指向下一个节点
62      }
63      //依据匹配的数量为查询结果动态数组分配内存
64      *res = (node_t *)malloc(sizeof(node_t *) * count);
65      jump2 = res;                             //用指针指向动态数组的首地址
66      for(i = 0; i < count; i++)
67        * (jump2 + 0) = *(jump + 0);           //将临时数组内的数据复制到结果数组中
68      free(tmp_link);                          //释放临时数组的内存空间
69      return count;                            //返回结果数
70    }
```

在上面代码中，动态数组的首地址被保存在 node_t *定义的指针变量中，因此调用 malloc()函数分配的内存空间首地址必须用(node_t *)表达式进行强制转换。计算需要分配的内存空间的数量，使用的表达式为 sizeof(node_t *) * count，每个数组元素的长度实际上是一个 node_t *指针的长度。因此，访问动态数组需要使用指针的指针，**jump 即是这种指针。动态数组也可以像普通数组一样通过下标访问，但是不能直接以动态数组的名称加上偏移量的形式来访问，这样程序会直接跳到动态数组的内存空间以外。

11.5.5　从媒体库中删除选定的文件

从媒体库删除选定的文件有 3 种情况，分别是删除首端节点、删除中间节点和删除末端节点。在设计程序时除了要删除前一个节点的指针成员外，还要在删除后释放被删除节点所使用的内存空间。代码如下：

```
01  int link_del(link_t *mlink, int p)
02  {
03     node_t *tmp, *tmp2;                        //删除操作使用的临时指针
04     int i;
05     if (p < 1 || p > mlink->length) {          //判断序号是否有效
06       printf("输入的节点位置错误");
07       return 1;
08     }
09     tmp = mlink->np;                           //指向首端节点
10     if (p == 1) {                              //判断删除的是否为首端节点
11       mlink->np = tmp->p;      //将链表入口地址置为首端节点的指针成员指向的地址
12       free(tmp);                               //释放被删除节点的内存空间
13     }
14     else {
15       i = p - 2;                               //计算遍历的次数
16       while(i) {                               //遍历到被删除节点前的一个节点
17         tmp = tmp->p;
18         i--;
19       }
20       tmp2 = tmp->p;          //保存被删除节点的内存地址
21       tmp->p = tmp2->p;       //将被删除节点前一个节点的指针成员指向后一个节点
22       free(tmp2);             //释放被删除节点的内存空间
23     }
24     mlink->length--;          //将链表的长度减 1
25     return 0;
26  }
```

11.5.6　删除媒体库中的所有文件

从媒体库中删除所有文件操作也是通过遍历链表实现的，流程是，首先删除首端的节点，使后一个节点成为首端节点，然后循环执行该操作，直到所有节点被删除。在退出程序时，为了避免内存泄漏，也应进行该操作。代码如下：

```
01  int link_del_all(link_t *mlink)
02  {
03     node_t *tmp;                      //用于临时保存链表首端的节点
04     if (mlink->length > 0) {          //判断链表是否为空
05       do {
06         tmp = mlink->np;              //指向链表的首端节点
07         mlink->np = tmp->p;           //将链表入口指向下一个节点
08         free(tmp);                    //释放原先链表首端的节点
09       } while(mlink->np);             //判断链表是否为空
10       mlink->length = 0;
11     }
12     return 0;
13  }
```

11.6　小　　结

本章讲解了复合数据类型。理解和掌握它们的用法，是开启 C 语言神奇的数据结构之门的钥匙。利用复合数据类型，可以设计出队列、链表和堆栈等动态数据结构。C 语言优

于汇编语言正是在于它不但能够直接访问内存，而且能够设计直接面向现实问题的数据结构。有兴趣的读者可翻阅 C 语言数据结构的相关书籍，提高在实际应用中解决问题的能力。

11.7　习　　题

一、填空题

1. 结构体由_____数据类型的存储单元组合。
2. 共用体又称为_____。
3. 定义共用体使用的修饰符是_____。

二、选择题

1. 定义结构体使用的修饰符是（　　）。

A. cp　　　　　　　B. cd　　　　　　　　　C. struct　　　　　　　　　D. man

2. ID3_FILE_MODE_READONLY 参数的功能是（　　）。

A. 以只读方式打开　　　　　　　　B. 以读写方式打开

C. 以可读方式打开　　　　　　　　D. 其他

3. 以下代码的结构体变量的声明是（　　）。

```
struct student
{
    ...
} stu1, stu2;
```

A. 定义结构体后声明变量

B. 直接在定义结构体的同时声明变量

C. 省略结构体名，直接定义结构体类型的变量

D. 其他

三、判断题

1. 共用体一次可以使用两个成员。　　　　　　　　　　　　　　　　（　　）
2. 媒体库的主要数据结构用来保存媒体文件中包含的信息。　　　　　（　　）
3. 引用结构体变量的数据，需要同时给出结构体变量名和数据成员名。　（　　）

四、操作题

1. 利用结构体编写一个程序，当输入一个学生的期中和期末成绩时，程序会自动计算并输出平均成绩。

2. 定义一个名为 Data 的共用体类型，它有两个成员 i（int 类型）、f（float 类型），定义完成后为两个成员赋值（i 赋值为 20，f 赋值为 56.2）并输出。

第 12 章　C++语言编程基础

C++程序设计语言可以看作 C 语言的改进和升级，不仅完全兼容 C 语言的语法和函数库，还引入了面向对象、运算符重载、多态性、数据流和模板等最新的编程思想，极大地保证了源代码的生产率、质量和可重用性。GNU 项目为 Linux 系统上的 C++开发提供了 G++编译器，GDB 调试器也能用来调式 C++程序。本章将简单讲解 C++语言的特性与基本用法。

12.1　类和数据抽象

类和数据抽象是面向对象思想的基本范畴。面向对象思想将任何事物都看作对象，对象有自己的属性和行为，收集这些属性就是数据抽象的任务。例如，将篮球看作一个对象，篮球的属性有重量、颜色和内部气体压力等。重量和内部气体压力的差异决定篮球的弹性（行为）不同；对篮球充气和放气的行为又能改变篮球的内部气体压力属性，将这些属性作为分析篮球对象行为的数据，就是对篮球的数据抽象。如果把同一类事物的属性和行为作为一个类别来认识，那么这个类别就是该类事物的类，每一个有相同属性和行为的事物都是该类的对象。

12.1.1　用类实现数据抽象

在 C++语言中，类是封装的程序包。程序包里有自身的数据和函数，这些数据可看作属性，函数可看作行为。对象是由类在源代码中生成的程序体，对象具有类的全部属性和行为。因此可以认为，对象是有"生命"的程序体，它能通过行为改变自己的属性，也能根据属性产生不同的行为。

以联系人信息为例，其属性有联系人名称、电话和地址，其行为是修改联系人信息和输出联系人信息，那么我们可以将联系人信息设计成类。代码如下：

```
class Buddy {                                    //定义类名称
public:                                          //以下是公共成员
  Buddy();                                       //构造函数
  //修改联系人信息函数
  void setBuddy(const char *, long, const char *);
  void printBuddy();                             //输出联系人信息函数
private:                                         //以下是私有成员
  char name[50];                                 //联系人姓名
  long telnum;                                   //电话号码
  char address[200];                             //地址
};
```

代码定义了一个名为 Buddy 的类，Buddy 类有 6 个成员。public 和 private 称为成员访问说明符。public 说明符中的成员可以在该类以外被访问，而 private 说明符中的成员只能在该类内被访问。public 说明符中有 3 个函数，与类同名的函数称为构造函数，它可以自动对类的成员进行初始化，setBuddy()函数和 printBuddy()函数的作用是修改和输出联系人的信息。private 说明符下有两个数组和一个变量，简单地说，这些数据只能被该类中的函数访问。这种做法很好地保护了数据的独立性，外界只能通过类的行为来改变类的属性。下面给出定义和使用 Buddy 类的完整程序。

```
01  #include <iostream>                              //使用 C++的流输入、输出库
02  #include <string.h>                              //使用 C 的字符串处理库
03  using std::cout;                                 //使用名字空间 std 中的 cout
04  using std::endl;                                 //使用名字空间 std 中的 endl
05  class Buddy {                                     //定义类名称
06  public:                                          //公共成员
07      Buddy();                                     //构造函数
08      void setBuddy(const char *, long, const char *);//设置联系人信息函数
09      void printBuddy();                           //输出联系人信息函数
10  private:                                         //私有成员
11      char name[50];                               //联系人姓名
12      long telnum;                                 //电话号码
13      char address[200];                           //地址
14  };
15  Buddy::Buddy()                                   //定义构造函数
16  {
17      name[0] = '\0';                              //将 Buddy 类中的 private 成员初始化
18      telnum = -1;
19      address[0] = '\0';
20  }
21  //定义设置联系人信息函数
22  void Buddy::setBuddy(const char *n, long t, const char *a)
23  {
24      strcpy(name, n);                             //使用函数的参数修改类成员数据
25      telnum = t;
26      strcpy(address, a);
27  }
28  void Buddy::printBuddy()                         //定义要输出的联系人信息
29  {
30      //使用输出流的输出类成员数据
31      cout << "姓名: " << name << " 电话: " << telnum
32          << " 地址: " << address << endl;
33  }
34
35  int main()
36  {
37      Buddy b;                                     //使用类 Buddy 生成对象 b
38      b.setBuddy("Tom", 1234567890, "China"); //调用对象自身的函数输入数据
39      b.printBuddy();                              //调用对象自身的函数输出数据
40      return 0;
41  }
```

示例中使用了名字空间，using std::cout 的作用是将 cout 操作符从标准的名字空间 std 中提取出来。每一个类都有名字空间，Buddy 类的名字空间就是 Buddy，因此在定义 Buddy 的成员函数时要使用完整的名字空间 Buddy::setBuddy()。在主函数中，Buddy 类生成出对

象 b，对象 b 具备 Buddy 类的全部特性，但又保持独立的数据空间。直接访问 b 对象内的 private 成员是非法的，只能使用 public 成员来访问 private 成员。假如 Buddy 类生成另一个 c 对象，那么 c 对象与 b 对象也是相互独立的，有各自独立的结构。

12.1.2　类的作用域和访问类成员

类的作用域是整个文件，类的成员数据和成员函数的作用域在该类之中。类的所有成员函数在类的内部都可以直接访问其他类成员，并且可以按名称引用。在成员函数中定义的变量，作用域是该函数。如果成员函数定义了与类成员具有相同名称的数据，要访问同名的类成员时则需要加入作用域解析运算符（::），示例如下：

```
class Buddy {                           //定义类名称
  ⋮
  long telnum;                          //类中的变量
  ⋮
};
void Buddy::setTelnum(long telnum)      //类成员函数
{
  Buddy::telnum = telnum;               //参数名 telnum 与类成员 telnum 重名
}
```

代码中的成员函数 setTelnum() 的参数与类成员的变量名称相同，访问时可使用域解析运算符，这样两个变量都能使用。

12.1.3　从实现中分离接口

良好的软件编程习惯是接口与实现分离。这种方式使程序的修改更容易，正如使用类的程序一样，只要类的接口没有变化，对类内部的改变不会影响程序的其他部分。例如，联系人信息类的定义，可以放在两个文件中。

（1）类的接口文件 buddy.h：

```
01  #ifndef BUDDY_H
02  #define BUDDY_H
03  class Buddy {                                          //定义类名称
04  public:                                                //公共成员
05      Buddy ();                                          //构造函数
06      void setBuddy(const char *, long, const char *);   //设置联系人信息函数
07      void printBuddy();                                 //输出联系人信息函数
08  private:                                               //私有成员
09      char name[50];                                     //联系人姓名
10      long telnum;                                       //电话号码
11      char address[200];                                 //地址
12  };
13  #endif
```

（2）类的实现文件 buddy.cpp：

```
01  #include <iostream>      //使用 C++的流输入、输出库
02  #include <string.h>      //使用 C 的字符串处理库
03  #include "buddy.h"       //包含类的接口文件
```

```
04    using std::cout;                      //使用名字空间 std 中的 cout
05    using std::endl;                      //使用名字空间 std 中的 endl
06    Buddy::Buddy()                        //定义构造函数
07    {
08        name[0] = '\0';                   //将 Buddy 类中的 private 成员初始化
09        telnum = -1;
10        address[0] = '\0';
11    }
12    //定义设置联系人信息函数
13    void Buddy::setBuddy(const char *n, long t, const char *a)
14    {
15        strcpy(name, n);                  //使用函数的参数修改类成员数据
16        telnum = t;
17        strcpy(address, a);
18    }
19    void Buddy::printBuddy()              //定义输出联系人信息数据
20    {
21        //使用输出流输出类成员数据
22        cout << "姓名: " << name << " 电话: " << telnum
23            << " 地址: " << address << endl;
24    }
```

类的接口应在设计时尽量考虑周全，避免过于频繁的改动。当程序需要使用该类时，只需要在程序文件中包含类的接口文件即可。

12.1.4　控制访问成员

成员访问说明符共有 3 个，分别是 public、private 和 protected。public 说明符表示该成员可以在所需类以外被访问，该成员通常是类的接口函数或数据。private 说明符表示该成员只能被该类的其他成员访问，这样可以保护类数据。protected 说明符表示该成员可以被该类和该类的子类访问，在类的继承中涉及这个概念。

类成员的默认访问模式是 private，因此从类定义的开始到第一个成员访问说明符之间的所有成员都是 private 成员。每个成员访问说明符之后，由该成员说明符所调用的模式将在下一个成员访问说明符或者类定义结束之前保持有效。成员访问说明符可以重复，但通常将同一类成员放在一起说明，这样可以避免混淆。

12.1.5　构造函数和析构函数

所有的类都可定义一个或多个构造函数和析构函数。构造函数是与类同名的函数，它的作用是在对象生成时初始化成员数据。C++语言规定，每个类必须有构造函数，如果没有为该类定义构造函数，那么编译器会自动加上一个没有参数的默认构造函数，默认构造函数不会对类成员数据进行初始化。构造函数的另一作用是在生成对象的同时初始化类成员数据，示例如下：

```
class Buddy
{
    ⋮
public:
    Buddy(const char *n, long t, const char *a);          //有参数的构造函数
```

```
    ⋮
};
Buddy::Buddy(const char *n, long t, const char *a)       //定义构造函数
{
    strcpy(name, n);                                //使用函数的参数初始化类成员数据
    telnum = t;
    strcpy(address, a);
}

int main()
{
    Buddy b("Tom", 1234567890, "China");            //生成该对象的同时初始化成员数据
    b.printBuddy();                                 //调用对象自身的函数输出数据
}
```

析构函数的作用是在对象结束时清理对象的成员数据。析构函数的名称是在类的名称前加上一个"~"符号。如果在类中使用了动态内存分配，那么就可以使用析构函数在对象结束时释放该内存空间。

12.1.6　const 对象和 const 成员函数

const 修饰符的作用是声明常量型的变量，修改 const 类型的数据将引起编译错误。对象也可以被定义为 const 类型，这样该对象内的数据就不能再修改。示例如下：

```
const Buddy b("Tom", 1234567890, "China"); //生成常量对象
b.setBuddy("Jerry", 4567890123, "USA");       //该语句是非法的
```

上面的代码会显示如图 12.1 所示的错误。

图 12.1　错误信息

当对象 b 被定义为 const 类型后，任何途径对成员数据的修改都是非法的。C++语言还规定，只有被定义为 const 类型的成员函数，才能访问 const 类型对象的数据。即使成员函数 Buddy::printBuddy()不会修改 const 类型对象的数据，也被拒绝访问。因此当对象被当作

const 类型使用时，需要用到的成员函数必须定义为 const 类型，例如：

```
void Buddy::printBuddy() const;        //定义const 类型成员函数
```

12.1.7　friend 对象和 friend 类

friend 被称作友元。类的 friend 函数并不是该类的成员函数，但被定义为该类的友元后，friend 函数可以访问类的 private 成员。定义 friend 函数需要在类的定义中说明，示例如下：

```
using std::cin;                        //使用名字空间 std 中的 cin
class Buddy {                          //定义类名称
   friend void inputBuddy(Buddy &);    //将 inputBuddy()定义为 Buddy 类的友元
   ...
};
...
void inputBuddy(Buddy &b)
{
   cout << "姓名: " << endl;
   cin.getline(b.name, 50);            //将输入的值保存在 Buddy 类的成员中
   cout << "地址: " << endl;
   cin.getline(b.address, 200);
   cout << "电话: " << endl;
   cin >> b.telnum;
}
...
int main()
{
   Buddy b;                            //生成对象 b
   inputBuddy(b);                      //使用友元为对象 b 的成员赋值
   b.printBuddy();                     //输出对象 b 的成员数据
}
```

friend 函数引用的参数是类的地址，通过类的地址就可以访问该类的成员。这个用法与指针的原理是相似的。

类也可以作为另一个类的友元。例如，Class2 类作为 Class1 类的友元，需要在 Class1 类的定义中将 Class2 类定义为友元，示例如下：

```
01   #include <iostream>
02   using std::cout;
03   using std::endl;
04   class Class1;
05   class Class2;                     //预定义，这样才能使 Class2 在 Class1 定义中可见
06   class Class1
07   {
08   friend class Class2;              //定义 Class2 为 Class1 的友元
09   public:
10      Class1();
11   private:
12      int a;                         //定义 Class1 的成员
13   };
14   Class1::Class1()                  //定义 Class1 的构造函数
15   {
16      a = 1234;
17   }
```

```
18   class Class2
19   {
20   public:
21      void CopyC1toC2(Class1 &c1);
22      //在 Class2 的成员函数中，以 Class1 的地址作为参数
23      int a;
24   };
25   void Class2::CopyC1toC2(Class1 &c1)
26   {
27      a = c1.a;                          //引用 Class1 的 private 成员
28   }
29
30   int main()
31   {
32      Class1 c1;                         //使用 Class1 生成对象 c1
33      Class2 c2;                         //使用 Class2 生成对象 c2
34      c2.CopyC1toC2(c1);                 //使用 c2 对象访问 c1 对象
35      cout << c2.a << endl;
36   }
```

友元关系是授予的而不是获取的，也就是说 Class1 必须授予 Class2 为友元。而且，友元关系是不对称的，也不能传递。即使 Class2 是 Class1 的友元，Class3 又是 Class2 的友元，也不能推出 Class3 是 Class1 友元的结论。

12.1.8　this 指针

this 指针是类定义中指向自身的指针。每个对象都可以通过 this 指针来访问它自己的地址。对象的 this 指针并不是对象本身的组成部分，它不占用对象的内存空间。每次非 static 成员函数调用对象时，this 指针作为隐藏的第一个参数由编译器传递给对象。

this 指针隐含地引用对象的成员数据和成员函数，也就是说，在成员函数的定义中，引用的每个成员前都有一个 this 指针。this 指针也可以显式地使用，示例如下：

```
void Buddy::cpObjaddress(const char *cp)
{
   cp = this->name;                       //使用 this 指针引用成员数据
}
```

12.1.9　动态内存分配

在 C 语言中，动态分配内存可以使用 malloc()函数和 free()函数，这种分配方式必须指定分配内存空间的长度。C++语言提供了 new 和 delete 运算符执行动态内存分配任务，这种分配方式优于 C 语言的分配方式。申请内存的一般形式如下：

```
指针名 = new 数据类型;
```

释放内存的形式如下：

```
delete 指针名;
```

示例如下：

```
Buddy *p = new Buddy;                     //动态分配内存空间
if (p != NULL)                            //判断动态内存分配操作是否成功
```

delete p;	//释放内存空间

上面的代码使用动态内存分配方式创建了 Buddy 类的对象，指针*p 指向该内存空间。当该对象不再使用时，使用 delete 语句释放内存空间。这种方式使对象的使用更灵活，new操作符会为对象自动申请合适的空间。如果动态内存分配操作成功，则 new 表达式的返回值是该内存空间的首地址，否则将返回 NULL 指针。

12.1.10　static 类成员

在 C++语言中，static 修饰符用来定义静态数据类型。如果将类成员数据定义为 static类型，那么该类生成的所有对象将使用同一个内存空间来保存该成员数据。

```
class Buddy {                    //定义类名称
public:                          //公共成员
  Buddy();                       //构造函数
  void printCount();             //输出联系人信息函数
  static int count;              //静态成员数据
    ⋮
};
int Buddy::count=0;
Buddy::Buddy()                   //定义构造函数
{
    ⋮
  count++;                       //改变静态成员数据
}
void Buddy::printCount()         //定义输出联系人总数的函数
{
  cout << "联系人总数为: " << count << endl;
}

int main()
{
  Buddy a, b, c;                 //使用 Buddy 类生成 3 个对象
  a.printCount();                //输出联系人的总数
  b.printCount();                //输出联系人的总数
  c.printCount();                //输出联系人的总数
  return 0;
}
```

程序的 3 条输出结果是相同的，因为这 3 个对象的数据成员 count 共享一个内存空间。程序运行时，每个对象在内存中都会获得类的所有成员数据的一个副本，static 成员数据在编译时就划分好了。

12.2　C++的特性

12.1 节简单地介绍了 C++语言的类和数据抽象的相关内容。类和数据抽象只是 C++语言作为面向对象语言的基本特性。除此以外，运算符重载、继承、虚拟函数和多态性、流输入与输出、模板和异常处理等都是 C++语言的重要特性。本节将对这些特性进行简单介绍。

12.2.1　运算符重载

在 C++语言的定义中，很多运算符只能对简单的数据结构进行操作。例如，加法运算符只能用于两个数值类型的操作，要使两个字符串相加，可以使用下列代码重载加法运算符。

```
01   #include <string.h>                    //使用 C 语言的字符串处理库
02   #include <stdio.h>                      //使用 C 语言的输入与输出库
03
04   class String{                           //创建字符串类 String
05   public:
06     String(const char* str = NULL);                //构造函数
07     char *m_data;                         //放置字符串数据的成员
08     char *addstr;                         //字符串相加时使用的临时空间
09     String& operator + (const String& rhs);        //重载加法运算符
10   };
11   String::String(const char* str)//定义构造函数
12   {
13     if(str == NULL) {                     //如果输入为空字符串，则添加 "\0" 表示空串
14       m_data = new char[1];               //动态为字符串分配内存空间
15       m_data[0] = '\0';                   //初始化字符串
16     }
17     else                                  //如果输入为非空字符串，则复制该字符串
18     {
19       m_data = new char[strlen(str) + 1];
20       strcpy(m_data, str);
21     }
22   }
23   String& String::operator+(const String& rhs)      //重载加法运算符
24   {
25     //为临时空间划分内存，长度为两个字符串之和
26     addstr = new char[strlen(m_data) + strlen(rhs.m_data) + 1];
27     strcpy(addstr, m_data);               //将第一个字符串复制到临时空间中
28     strcat(addstr, rhs.m_data);           //将第二个字符串追加到临时空间中
29     delete [] m_data;                     //释放为 m_data 成员所划分的内存空间
30     //以临时空间的长度为准，为 m_data 成员划分内存空间
31     m_data = new char[strlen(addstr) + 1];
32     strcpy(m_data, addstr);               //将临时空间中的数据复制到 m_data 成员中
33     delete [] addstr;                     //释放临时空间
34     return *this;                         //返回 this 指针
35   }
36
37   int main()
38   {
39     String s1("I love ");                 //生成字符串对象并初始化
40     String s2("C++!");
41     s1 + s2;                              //将字符串 s1 与字符串 s2 相加
42     puts(s1.m_data);                      //输出相加后的 s1 字符串
43     return 0;
44   }
```

本例使用的是 C 语言的字符串处理函数，以便于读者理解操作符重载的工作过程。程序的开始为字符串设计了类，重载的运算符被定义为该类的一个成员函数，字符串相加在重载运算符函数中实现。在主函数中执行的操作 "s1 + s2" 实际上等同于 s1.operator+(s2)，

重载运算符的作用是简化了函数的表达方式。

12.2.2　继承

面向对象编程的一个重要特性是继承。继承是指利用一个类生成另一个类的对象，前者称为父类，后者称为子类。子类不但获得父类的所有成员，还可以加上它自己的一些成员。例如，矩形和三角形都有属性底和高，那么可以利用它们之间的共同特点定义出父类Cstd，再让矩形类 Crect 和三角形类 Cdelt 继承父类 Cstd。代码如下：

```
01   #include <iostream>
02   using namespace std;                //使用 std 名字空间下的所有操作符
03   class Cstd                          //定义父类 Cstd
04   {
05   public:
06      void set_values (int a, int b) { width=a; height=b;}
07   protected:
08      int width;                       //图形的底
09      int height;                      //图形的高
10   };
11   class Crect: public Cstd            //定义子类 Crect
12   {
13   public:
14      //定义子类成员函数，用于计算矩形面积
15      int area (void){ return (width * height); }
16   };
17   class Cdelt: public Cstd            //定义子类 Cdelt
18   {
19   public:
20      //定义子类成员函数，用于计算三角形面积
21      int area (void){ return (width * height / 2); }
22   };
23
24   int main () {
25      Crect rect;                      //生成对象
26      Cdelt delt;
27      rect.set_values (4,5);           //使用对象的成员函数赋值（在父类中定义）
28      delt.set_values (4,5);
29      cout << rect.area() << endl;     //使用对象的成员函数输出（在子类中定义）
30      cout <<delt.area() << endl;
31      return 0;
32   }
```

在程序中，类 Crect 和类 Cdelt 的每一个对象都包含类 Cstd 的成员 width、height 和 set_values()。标识符 protected 与 private 类似，它们的唯一区别是父类的 protected 成员可以被子类的其他成员所使用，而 private 成员则不可以。

12.2.3　虚拟函数和多态性

虚拟函数是一种特殊的成员，该成员在父类中定义但不实现函数的细节，而是将细节留在子类中实现。虚拟函数必须加上关键字 virtual，以便可以使用指针对指向相应的对象进行操作。多态性是通过虚拟函数实现的，即通过同一父类的虚拟函数的子类实现不同的

细节。代码如下：

```cpp
class Cstd
{
public:
    virtual int area (void) { return (0); }              //定义虚拟函数
    void set_values (int a, int b) { width=a; height=b;}
protected:
    int width;                                           //图形的底
    int height;                                          //图形的高
};
class Crect: public Cstd {                               //定义子类 Crect
public:
    int area (void) { return (width * height); }         //实现父类虚拟函数的细节
};
```

类 Cstd 的成员函数 area()被说明为虚拟函数，该函数没有任何参数。子类 Crect 继承自父类 Cstd，定义时实现了虚拟函数的细节。如果还有其他子类，这些子类也可以重新定义虚拟函数的细节，并且彼此独立。

12.2.4　流输入与输出

C++输入与输出操作是通过控制数据流实现的，流是数据的字节序列。在输入操作中，数据从输入设备流向内存；在输出操作中，数据从内存流向输出设备。C++提供了流输入与输出函数库，函数库的名称是 iostream。iostream 函数库将流输入与输出定义为操作符>>和<<，前者的作用是输入，后者的作用是输出。另外，iostream 函数库在标准名字空间 std中定义了 cin、cout 和 endl 函数，由此可见，操作符>>和<<是通过在这 3 个函数中的重载而实现的。cin 函数的作用是输入数据流，cout 函数的作用是输出数据流，endl 函数的作用是立即将缓存中的数据全部输出，示例如下：

```cpp
01    #include <iostream>                                //包含流输入与输出函数库
02    using namespace std;                               //使用 std 名字空间
03    int main()
04    {
05        int a;                                         //声明整型变量 a
06        cin >> a;                                      //输入数据到变量 a
07        cout << a << endl;                             //将变量 a 的数据输出
08        return 0;
09    }
```

上面的代码首先包含函数库文件，与 C 语言不同的是，C++语言的函数库没有".h"后缀名。在主函数内声明整型变量 a，其后使用 cin 函数和">>"操作符从终端读取用户输入的数据并存放到变量 a 中，然后用 cout 函数和"<<"操作符将变量 a 的值在终端输出。

12.2.5　模板

模板是 C++更高级的特性。利用模板不仅可以指定相关的全部函数重载，即模板函数，还可以指定相关的全部类，即模板类。模板可以生成通用的函数，这些函数不仅能够接受任意数据类型的实际参数，而且可返回任意类型的值。使用模板时，不需要对所有可能的数据类型进行函数重载，这简化了成员函数设计的难度，示例如下：

```
01   #include <iostream>
02   using namespace std;
03   //定义模板 T，计算任何数据类型两个数之和
04   template <typename T> T Add2Value(T a, T b)
05   {
06     T result;                          //定义返回的类型
07     result = a + b;                    //计算两个数之和
08     return (result);                   //返回两个数之和的计算结果
09   }
10   int main ()
11   {
12     int i = 11, j = 645, k;            //定义整型变量
13     float l = 2.718, m = 34.23, n;     //定义单精度浮点型变量
14     k = Add2Value(i, j);               //利用模板计算整型变量之和
15     n = Add2Value(l, m);               //利用模板计算单精度浮点型变量之和
16     cout << k << endl;
17     cout << n << endl;
18     return 0;
19   }
```

template 是一个声明模板的关键字，typename 用来表示之后的参数是一个类型的参数。早期的 C++版本中所使用的是 class，后来为了不与类产生混淆，增加了关键字 typename。

12.2.6　异常处理

在程序运行过程中，很多时候无法确定一段代码是否能够正常工作。程序出错的原因可能是因为程序访问了并不存在的资源，或者是一些变量超出了预期的范围等。这些情况统称为异常，C++新引入的 3 种操作符 try、throw 和 catch 能够处理这些出错情况，示例如下：

```
01   int main () {
02     float a, b;
03     cin >> a >> b;     //输入变量 a 和 b
04     try                //执行代码段 try
05     {
06       if (b == 0)
07         throw b;       //如果 b 为 0，throw 语句将 b 的值抛出，终止 try 代码段执行
08       cout << a / b << endl;
09     }
10     catch (float n)    //如果 throw 语句执行，则接受 throw 语句抛出的值
11     {
12       cout << "出错是因为 b = " << n << endl;
13     }
14     return 0;
15   }
```

在本例中，如果变量 b 的值为 0，则抛出一个异常，因为除以 0 会造成非常严重的错误。当 throw 被执行的时候，try 语句块立即停止执行，在 try 语句块中生成的所有对象会被销毁。此后，控制权被传递给相应的 catch 语句块。最后，程序紧跟着 catch 语句块继续向下执行。

12.3　小　　结

本章介绍了 C++语言的面向对象程序设计思想和一些新的特性。C++语言并不是本书的重点，因为篇幅所限，所以不能涵盖这些内容的全部知识点。在 Linux 系统设计中，特别是 GTK+图形化程序设计，使用了大量与面向对象编程有关的思想，学习 C++语言对理解这些新的编程思想有极大的帮助。C 语言编程在面向对象语言盛行的时代，仍然能保持其生命活力，其主要原因就是 C 语言的简洁性更适合一些系统编程，如嵌入式 Linux 系统的程序设计。在 Linux 系统中，提供给 C 语言的开源代码资源也很多。

12.4　习　　题

一、填空题

1. 在 C++语言中，类是_____的程序包。
2. C++语言提供了 new 和_____运算符执行动态内存分配任务。
3. 析构函数的名称是在类的名称前加上一个_____符号。

二、选择题

1. 声明常量型的变量是（　　　）。
A．class　　　　　　　B．const　　　　　　　C．friend　　　　　　　D．static
2. 以下不是成员访问说明符的选项是（　　　）。
A．public　　　　　　B．private　　　　　　C．protecte　　　　　　D．其他
3. cin 函数的作用是（　　　）。
A．输入数据流　　　　　　　　　　　　B．输出数据流
C．立即将缓存中的数据全部输出　　　　D．其他

三、判断题

1. 类的作用域是整个文件。　　　　　　　　　　　　　　　　　　　　　　（　　　）
2. 在 C++语言中，类可以没有构造函数。　　　　　　　　　　　　　　　　（　　　）
3. 虚拟函数在父类中定义并且可以实现该函数的细节。　　　　　　　　　　（　　　）

四、操作题

1. 将学生信息设计成一个类，其属性有名称、年龄和学号，其行为是修改学生信息和输出学生信息。
2. 使用运算符重载，实现两个 Box 对象相减。Box 类的属性有长度、宽度和高度，行为有修改 Box 信息和获取体积的信息。

第 3 篇
Linux 系统编程

第 13 章　文　件　操　作

　　在 Linux 系统中开发 C 语言程序所涉及的文件操作与其他平台有很大差别。Linux 系统对目录和文件有极其严格的保护措施，只有获得相关权限的用户才能进行指定的操作。Windows 系统也开始向这个方向靠近，如特殊命令必须是管理员才能执行。在本书的前面章节中提到过，进程是处于活动状态的程序，某个用户通过操作系统运行程序所产生的进程代表着该用户的行为。如果用户不具备访问某个目录和文件的权限，那么该用户的进程也不能被访问。本章将介绍文件的属性与权限问题和 C 语言文件操作的基本方法。

13.1　文件的属性与权限

　　文件的属性与权限是 Linux 系统目录和文件的两个基本特性，所有的目录和文件都具备这两个特性，它们决定了文件的使用方法与安全性问题。在 Linux 系统中，目录也是一种特殊的文件，并且可以将其作为文件使用。另外，Linux 系统还有多种文件类型，如设备文件、管道文件和链接文件，它们是文件概念的泛化。本节将介绍文件的属性与权限的相关知识。

13.1.1　文件的属性

　　Linux 系统的文件安全机制是通过给系统中的文件赋予两个属性来实现的，这两个属性分别是所有者属性和访问权限属性。Linux 系统中的每一个文件必须严格地属于一个用户和一个组，针对不同的用户和组又有不同的访问权限。对于多用户操作系统来说，这种机制是保障每一个用户数据安全的必要手段。在 Linux 系统的文件管理器中，右击一个文件或目录的图标，在弹出的快捷菜单中选择"属性"命令，打开"属性"对话框。在"属性"对话框中选择"权限"标签，可以查看文件的访问权限信息，如图 13.1 所示。

　　在终端查看文件或目录的属性，可以使用下列命令：

图 13.1　文件的权限

```
ls -l
```

在根目录中执行上面的命令，得到的结果如下：

```
lrwxrwxrwx   1 root root        7   8 月 29  16:08 bin -> usr/bin
drwxrwxr-x   4 root root     4096   9 月  3  15:47 boot
drwxrwxr-x   2 root root     4096   8 月 29  16:14 cdrom
drwxr-xr-x  19 root root     4140   9 月  5  21:26 dev
drwxr-xr-x 132 root root    12288   9 月  3  17:43 etc
-rw-r--r--   1 root root     1551   9 月  5  17:22 he.c
...
```

13.1.2　文件的权限

在 13.1.1 小节的代码输出结果中，每行文件信息的第 1 组字符串就是文件的权限信息。字符串的首个字符表示该文件的类型。其中：d 表示目录；–表示普通文件；b 表示块输入、输出设备文件，通常是硬盘驱动器；c 表示连续输入、输出设备，通常是声卡和调制解调器等；l 表示是链接文件，p 表示管道文件。

第 2～4 个字符用来确定文件的所有者权限，第 5～7 个字符用来确定文件的群组权限，第 8～10 个字符用来确定文件的其他用户（既不是文件所有者，也不是组成员的用户）的权限。在这 3 个分组中，每个分组的首字符用来控制文件的读权限，该字符为 r 表示允许读取数据，–则表示不允许。第 2 个字符控制文件的写权限，如果为 w 则表示允许写，如果为–则表示不允许写。最后一个字符用来控制文件的执行权限，如果为 x 则表示允许执行，如果为–则表示不允许执行。

文件信息的第 2 个字符串是一个数字，表示该文件拥有的链接数；第 3 和第 4 个字符串分别是文件所有者名称和群组名称；第 5 个字符串是文件长度；第 6 个字符串是文件修改的时间，最后一个字符串是文件名。

例如，boot 文件的权限是 drwxr-xr-x，可以解释为这是一个目录文件，所有者的权限为可读、写和执行，群组的权限为读和执行，其他用户的权限是读和执行。

13.1.3　修改文件的权限

修改文件权限的命令是 chmod，该命令的一般形式如下：

```
chmod [ugoa...] [[+/-/=][rwx...] ...][文件名,...]
```

📖助记：chmod 是 change mode（改变模式）的简写。

第 1 组参数是权限修改所涉及的用户，u 表示所有者，g 表示群组，o 表示其他用户，a 表示以上 3 者都有。第 2 组参数表示对权限的操作，+表示增加权限，–表示取消权限，= 表示唯一设定权限。权限字符 r、w、x 分别表示读、写和执行权限。例如：

```
chmod ug+w,o-w test1.c test1.h
```

上面的命令修改了文件 test1.c 和 test1.h 的权限，所有者和群组获得了写权限，其他用户取消了写权限。

🔍注意：如果执行文件权限修改命令的用户本身对文件没有写权限，那么系统会提示无权进行该项操作。只有根用户例外，可修改任意文件的权限。

chmod 命令还有一种使用加权数字的简便形式，描述方式如下：

```
chmod lmn [文件名,...]
```

其中，l、m 和 n 为加权数，l 表示所有者权限，m 表示群组权限，n 表示其他用户权限。权限的加权数是将读、写、执行分别用数值 4、2、1 代表，用户获得的权限是数值之和。这样 rwx 就可以转换为 7，rx 转换为 5，r 转换为 4。

```
chmod 771 test1.c
```

文件 test1.c 的所有者的权限为读、写和执行；群组获得的权限为读、写和执行；其他用户的权限为执行。

13.2　文件管理

C 语言的文件管理功能有 3 个常见的实现方法。第 1 个方法是直接进行文件系统的底层操作，这种方法需要程序员熟悉文件系统的结构，并编写大量的代码来完成。第 2 个方法是通过调用 shell 程序实现，C 语言提供了访问 shell 程序的接口，但 shell 的返回信息不便于在程序中进行分析。第 3 个方法是借助系统调用来实现，这种方式使 C 语言能够以很少的代码完成相应的功能，并且可以获得足够的反馈信息。本节将讲解使用系统调用函数实现文件管理功能的方法。

13.2.1　系统调用的原理

文件操作必须通过物理存储设备的驱动程序访问驱动器，如硬盘、光盘驱动器的驱动程序，这些驱动程序都存放在 Linux 的内核中。Linux 系统的核心部分即 Linux 内核，它是一系列设备的驱动程序。系统调用会使用 Linux 内核提供的一系列功能强大的函数。这些函数是在内核中实现的，它们是应用程序和内核交互的接口，如图 13.2 所示。系统调用在 Linux 系统中发挥着巨大的作用，如果没有系统调用，那么应用程序就失去了内核的支持。

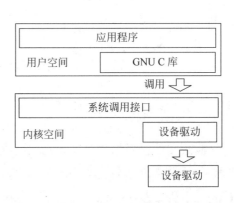

图 13.2　系统调用示意

🔔注意：系统调用并非 ANSI C 标准，因此不同的操作系统或不同 Linux 内核版本的系统调用函数可能不同。在预定义语句中包含系统调用函数库，需要在头文件前加上相对路径 sys/。

13.2.2　打开文件、新建文件和关闭文件操作

打开文件操作使用系统调用函数 open()，该函数的作用是建立一个文件描述符，其他函数可以通过文件描述符对指定的文件进行读取与写入的操作。打开文件的一般形式如下：

```
open(文件路径, 标志);
```

函数的返回值是文件描述符，如果打开文件成功，则返回一个正整数，否则返回–1。标志用于指定打开文件操作模式的枚举常量，主标志见表 13.1。

表 13.1　打开文件操作的主标志

参　　数	说　　明	参　　数	说　　明
O_RDONLY	以只读方式打开文件	O_RDWR	以可读写方式打开文件
O_WRONLY	以只写方式打开文件		

主标志是互斥的，使用其中一种则不能再使用另外一种。除了主标志以外，还有副标志可与它们配合使用，副标志可同时使用多个，使用时在主标志和副标志之间需要加入按位与（|）运算符，见表 13.2。

表 13.2　打开文件操作的副标志

参　　数	说　　明
O_APPEND	读写文件从文件尾部开始移动，写入的数据将追加到文件尾
O_TRUNC	如果文件存在并且以可写的方式打开，则此标志会将文件长度清0，而原来存于该文件中的资料也会消失
O_CREAT	如果路径中的文件不存在，则自动建立该文件
O_EXCL	如果与O_CREAT同时设置，此指令会检查文件是否存在，如果文件不存在，则建立该文件，否则将导致打开文件错误。此外，如果O_CREAT与O_EXCL同时设置，并且将要打开的文件作为符号链接，否则会导致文件打开失败

新建文件操作是在打开文件操作的函数中加入 O_CREAT 副标志实现的。如果路径中的文件不存在，则会创建一个新文件。创建新文件的同时可以设置文件的权限，这时函数需要增加一组实际参数，新建文件的一般形式如下：

```
open(文件路径, 标志, 权限标志);
```

文件权限标志见表 13.3。

表 13.3　文件权限标志

参　　数	说　　明	参　　数	说　　明
S_IRUSR	所有者拥有读权限	S_IXGRP	群组拥有执行权限
S_IWUSR	所有者拥有写权限	S_IROTH	其他用户拥有读权限
S_IXUSR	所有者拥有执行权限	S_IWOTH	其他用户拥有写权限
S_IRGRP	群组拥有读权限	S_IXOTH	其他用户拥有执行权限
S_IWGRP	群组拥有写权限		

文件权限标志也可以使用加权数字表示，这组数字被称为 umask 变量，它的类型是 mode_t，是一个无符号八进制数。umask 变量的定义方法如表 13.4 所示。umask 变量由 3 位数字组成，数字的每一位代表一类权限。用户所获得的权限是加权数值的总和。例如，764 表示所有者拥有读、写和执行权限，群组拥有读和写权限，其他用户拥有读权限。

表 13.4　umask变量的定义方法

加 权 数 值	第 1 位	第 2 位	第 3 位
4	所有者拥有读权限	群组拥有读权限	其他用户拥有读权限
2	所有者拥有写权限	群组拥有写权限	其他用户拥有写权限
1	所有者拥有执行权限	群组拥有执行权限	其他用户拥有执行权限

新建文件的另一个函数是 creat()，creat()函数的一般形式如下：

```
creat(路径, umask);
```

如果文件被成功创建，则函数的返回值为 0，否则为–1。当文件不需要使用时，可以使用 close()函数关闭该文件。关闭文件的一般形式为 close(文件描述符)，如果关闭文件成功，close()函数返回 0，否则返回–1。

下面演示打开文件、新建文件和关闭文件这 3 种操作。程序的逻辑为：指定一个路径，如果该文件存在，则输出提示信息，然后关闭该文件；如果该文件不存在，则新建文件并设置文件属性，输出提示信息，然后关闭该文件。完整的代码如下：

```
01  #include <fcntl.h>                       //提供 open()函数
02  #include <sys/types.h>                   //提供 mode_t 类型
03  #include <sys/stat.h>                    //提供 open()函数的符号
04  #include <unistd.h>                      //提供 close()函数
05  #include <stdio.h>
06  using namespace std;
07  int main()
08  {
09      int f;                               //声明变量 f，用于保存文件标识符
10      const char *f_path = "test";         //定义路径字符串
11      mode_t f_attrib;                     //声明 mode_t 型变量，保存文件属性
12      //为 umask 变量赋值
13      f_attrib = S_IRUSR | S_IWUSR | S_IRGRP | S_IWGRP | S_IROTH;
14      f = open(f_path, O_RDONLY);          //以只读方式打开文件
15      if (f == -1) {                       //判断文件是否打开成功
16          f =open(f_path, O_RDWR | O_CREAT, f_attrib);    //创建新文件
17          if (f != -1)                     //判断文件创建是否成功
18              puts("创建一个新文件");
19          else {
20              puts("无法创建新文件，程序退出");
21              return 1;
22          }
23      }
24      else
25          puts("文件打开成功");
26      close(f);                            //关闭文件
27      return 0;
28  }
```

程序首先判断是否存在文件 test，判断的方法是用 open()函数打开 test 文件，如果返回值是–1，则表示该文件不存在（有时候并非如此）。当文件不存在时，使用 open()函数创建该文件，最后关闭该文件。为 mode_t 型变量 f_attrib 赋值的方法使用了按位计算操作，将表示文件权限的常量进行按位或计算，计算的结果与八进制数 0664 相同，如图 13.3 所示。

图 13.3　按位或操作示意

13.2.3　文件状态和属性操作

获取文件状态和属性操作可使用 fstat()、lstat()和 stat()这 3 个函数。fstat()函数返回一个已打开文件的状态和属性信息,lstat()函数和 stat()函数可对未打开文件进行操作。lstat()函数和 stat()函数的区别是,当文件是一个符号链接时,lstat()函数返回的是该符号链接本身的信息;而 stat()函数返回的是该链接指向的文件信息。它们的一般形式如下:

```
fstat(文件标识符, struct stat *buf);
lstat(路径, struct stat *buf);
stat(路径, struct stat *buf);
```

其中,结构体 struct stat 类型是 stat.h 函数库提供的一种用于保存文件类型的结构体,该结构体成员及其说明见表 13.5。

表 13.5　stat结构体成员及其说明

成 员 名 称	说　　　明
st_mode	文件权限和文件类型信息
st_ino	与文件关联的inode
st_dev	文件保存在其上的设备
st_uid	文件所有者的用户身份标识
st_gid	文件群组的分组身份标识
st_atime	上次被访问时间
st_ctime	文件权限、所有者、群组或内容上次被修改的时间
st_mtime	文件内容上次被修改的时间
st_nlink	该文件中硬链接的个数

其中,st_mode 与其他成员相比要复杂许多,必须使用标志与文件权限的常量进行按位与运算才能获得相应信息。与前面所讲的按位或运算比较可得知,按位与运算其实是按位或运算的逆操作。st_mode 的标志名称及其说明见表 13.6。

表 13.6　st_mode的标志名称及其说明

标 志 名 称	说　　　明
S_IFBLK	文件是一个特殊的块设备
S_IFDIR	文件是一个目录
S_IFCHR	文件是一个特殊的字符设备
S_IFIFO	文件是一个FIFO设备
S_IFREG	文件是一个普通文件
S_IFLNK	文件是一个符号链接
S_ISUID	文件设置了SUID位
S_ISGID	文件设置了SGID位
S_ISVTX	文件设置了sticky位
S_IFMT	文件类型
S_IRWXU	所有者的读、写、执行权限，可以分为S_IXUSR、S_IRUSR和S_IWUSR
S_IRWXG	用户组的读、写、执行权限，可以分为S_IXGRP、S_IRGRP和S_IWGR
S_IRWXO	其他用户的读、写、执行权限，可以分为S_IXOTH、S_IROTH和S_IWOTH

　　修改文件权限的系统调用函数是 chmod()，它与 shell 的 chmod 命令的作用相似。chmod 命令的一般形式是：chmod（路径，umask）。如果文件权限修改成功则返回 0，否则返回–1。下面通过一个例子简单演示一下这几个函数的用法。

```
01   #include <fcntl.h>                         //提供 open()函数
02   #include <sys/types.h>                     //提供 mode_t 类型
03   #include <sys/stat.h>                       //提供 open()函数的符号
04   #include <unistd.h>                         //提供 close()函数
05   #include <stdio.h>
06   #include <stdlib.h>
07   int main()
08   {
09     int f;                                   //声明变量 f，用于保存文件标识符
10     const char *f_path = "test";             //定义路径字符串
11     mode_t f_attrib;                         //声明 mode_t 型变量，保存文件属性
12     struct stat *buf = malloc(sizeof(stat)); //动态分配结构体*buf 的内存
13     //为 umask 变量赋值
14     f_attrib = S_IRUSR | S_IWUSR | S_IRGRP | S_IWGRP | S_IROTH;
15     f = creat(f_path, f_attrib);             //创建一个新文件，并设置访问权限
16     if (f == -1) {                           //判断文件创建是否成功
17       puts("文件创建失败");                   //输出错误信息
18       return 1;
19     }
20     else
21       puts("文件创建成功");                   //输出成功信息
22     fstat(f, buf);                           //通过文件标识符获取访问权限
23     if (buf->st_mode & S_IRUSR)              //引用 buf 内的信息读取权限
24       puts("所有者拥有读权限");
25     if (buf->st_mode & S_IRGRP)
26       puts("群组拥有读权限");
27     close(f);                                //关闭文件
28     chmod(f_path, 0771);                     //修改该文件的权限
29     stat(f_path, buf);                       //通过路径获取访问权限
```

```
30      if (buf->st_mode & S_IWUSR)              //引用 buf 内的信息读取权限
31        puts("所有者拥有写权限");
32      if (buf->st_mode & S_IWGRP)
33        puts("群组拥有写权限");
34      free(buf);                               //释放 buf 指针所指向的内存空间
35      return 0;
36    }
```

程序首先声明了一个字符串常量指针 *f_path 并为其赋值为 test，该字符串将作为目标文件的文件名。然后声明了 mode_t 类型的 f_attrib 变量，用来保存目标文件的属性。在为 f_attrib 变量赋值后，f_attirb 变量代表文件所有者拥有读和写的权限，群组拥有读和写的权限，其他用户拥有读的权限。

creat()函数使用 *f_path 指针所指向的字符串作为文件名创建了一个新文件，f_attrib 变量作为文件权限标志为新文件定义属性。如果文件创建成功，则输出相应消息，并将文件标识符保存到变量 f 中。

随后，fstat()函数通过 f 变量获得文件标识符，并将文件的权限信息传递到 stat 类型的结构体指针 buf 中。通过 buf 指针的 st_mode 成员与 st_mode 标志的按位与运算，可以获得该文件的权限信息。

用 close()函数关闭文件标识符后，程序又使用 chmod()函数重新定义了 *f_path 字符串所指向的文件权限信息。权限值使用的是八进制常量 0771，代表所有者和群组拥有读、写和执行权限，其他用户拥有读权限。

最后，程序使用 stat()函数直接以文件名作为参数读取 f_path 字符串所指向的文件权限信息，并且将文件的权限信息传递到 buf 指针中，通过 st_mode 标志判断文件是否具备相应权限，并输出相关信息。

13.2.4　目录操作

新建目录操作可使用函数 mkdir()来实现，mkdir()函数的一般形式如下：

```
mkdir(路径, umask)
```

当目录被成功创建时，函数的返回值为 0，否则为-1。

获得当前工作目录的操作可以使用函数 getcwd()，getcwd()函数的一般形式如下：

```
getcwd(char *buf, size_t size);
```

其中，*buf 是存放当前目录的缓冲区，size 是缓冲区的大小。如果函数返回当前目录的字符串长度超过 size 规定的大小，则返回 NULL。

执行程序的工作目录就是当前的子目录，如果要改变执行程序的工作目录，可以使用函数 chdir()。这个函数的作用如同 shell 的 cd 命令一样，它的一般形式如下：

```
chdir(路径);
```

另一个常见的目录操作是扫描子目录，与此相关的函数被封装在头文件 dirent.h 里，它们使用一个名为 DIR 的结构作为子目录处理的基础，这个结构指针所指向的内存空间称为子目录流。与子目录流操作的相关函数见表 13.7。

表 13.7　子目录流操作的相关函数

函　数　名	说　　明
DIR *opendir(const char *name);	打开路径并建立子目录流，返回子目录流指针
struct dirent *readdir(DIR *dirp);	函数返回一个指针，指针指向的结构中保存着子目录流dirp中下一个目录数据项的有关资料。后续的readdir调用将返回后续的目录数据。如果发生错误或到达子目录尾，则返回NULL值
long int telldir(DIR *dirp);	函数返回值里记录着子目录流里的当前位置
void seekdir(DIR *dirp, long int loc);	对dirp指定的子目录流中的目录数据项的指针进行设置。loc的值用来设置指针位置，loc通过前一个telldir调用获得
int closedir(DIR *dirp);	关闭子目录流，返回关闭操作的结果

下面设计一个可遍历子目录下所有文件的函数，演示目录操作及目录流操作相关函数的使用方法。代码如下：

```
01  #include <fcntl.h>                          //提供 open()函数
02  #include <unistd.h>
03  #include <stdio.h>
04  #include <dirent.h>                          //提供目录流操作函数
05  #include <string.h>
06  #include <sys/stat.h>                        //提供属性操作函数
07  #include <sys/types.h>                       //提供 mode_t 类型
08  #include <stdlib.h>
09  void scan_dir(char *dir, int depth)                   //定义目录扫描函数
10  {
11    DIR *dp;                                   //定义子目录流指针
12    struct dirent *entry;                      //定义 dirent 结构指针，保存后续目录
13    struct stat statbuf;                       //定义 statbuf 结构，保存文件属性
14    //打开目录，获得子目录流指针，判断操作是否成功
15    if((dp = opendir(dir)) == NULL) {
16  puts("无法打开该目录");
17  return;
18    }
19    chdir(dir);                                //切换到当前目录，获取下一级目录信息
20    while((entry = readdir(dp)) != NULL) {              //如果未结束则循环
21    lstat(entry->d_name, &statbuf);    //获取下一级成员属性
22    if(S_IFDIR & statbuf.st_mode) {    //判断下一级成员是不是目录
23        if(strcmp(".", entry->d_name) == 0 || strcmp("..", entry->d_name)
24  == 0)
25  continue;                        //如果获得的成员是符号"."和".."，则跳过本次循环
26        printf("%*s%s/\n",depth,"",entry->d_name); //输出目录名称
27        scan_dir(entry->d_name,depth+4);//递归调用自身，扫描下一级目录的内容
28    }
29    else
30        //输出属性不是目录的成员
31        printf("%*s%s\n", depth, "", entry->d_name);
32    }
33    chdir("..");                               //回到上一级目录
34    closedir(dp);                              //关闭子目录流
35  }
```

在本例中，函数的作用是遍历目录，并将所有的子目录和文件输出到终端。遍历子目录实现的方法是递归调用，首先判断子目录流指针所指向的文件是否为目录文件。如果是，则函数调用自身去遍历子目录；如果不是，则输出文件名称，继续遍历当前目录，直到子

目录流指向 NULL。函数 depth 参数的作用是在子目录前增加空格的数量，每一轮递归都会增加 4 个空格，这样能更清晰地显示目录的层次。下面设计一个小程序来遍历目录。

```
01   int main()
02   {
03       puts("扫描/boot 目录:");
04       scan_dir("/boot",0);                 //调用目录扫描函数
05       puts("扫描结束");                     //扫描结束后输出提示信息
06       return 0;
07   }
```

上面的程序通过调用 scan_dir()函数遍历/boot 目录，程序的输出结果如下（有删减）：

```
扫描/boot 目录:
initrd.img
System.map-5.15.0-46-generic
memtest86+_multiboot.bin
grub/
    grubenv
    fonts/
        unicode.pf2
    gfxblacklist.txt
    unicode.pf2
    ...
vmlinuz.old
initrd.img-5.15.0-46-generic
System.map-5.15.0-47-generic
efi/
    EFI/
        ...
vmlinuz-5.15.0-47-generic
config-5.15.0-47-generic
...
扫描结束
```

13.2.5　删除目录或文件操作

删除目录操作可使用函数 rmdir()来完成，rmdir()函数的一般形式如下：

```
rmdir(路径);
```

rmdir()函数必须是在该目录下没有子目录或文件的情况下才能运行。删除文件操作可使用 unlink()函数，unlink()函数的一般形式如下：

```
unlink(路径);
```

示例如下：

```
    if(mkdir("testdir", 0774) != -1)          //创建一个新目录
        puts("创建目录成功");
    else
        return 1;
    if (creat("test1", 0664) != -1)           //创建一个新文件
        puts("创建文件成功");
    else
        return 1;
    if (unlink("test1") != -1)                //删除刚才创建的文件
        puts("删除文件成功");
    else
```

```
    return 1;
if (rmdir("testdir") != -1)                    //删除刚才创建的目录
    puts("删除目录成功");
else
    return 1;
```

如上例所示，在很多软件中实现的临时文件就是通过这种方式创建的。在程序运行时创建义件，在程序结束前删除文件。但这并不是最好的选择，如果程序意外终止则会留下无法清理的文件。在 Linux 系统中创建临时文件可使用 mkstemp()函数，mkstemp()函数的一般形式如下：

```
mkstemp(文件名 XXXXXX);
```

mkstemp()函数会以可读写模式和 0600 权限来打开文件，如果文件不存在则会建立该文件。打开文件后其文件描述符会返回，如果文件打开或创建失败，则返回 NULL。需要注意的是，文件名必须以字符串 XXXXXX 结尾。

13.2.6　错误处理

在进行文件操作的过程中可能会因为各种原因而操作失败，错误信息将以代码的形式保存在系统变量 errno 中。很多函数通过改变 errno 变量的值，输出标准错误信息编码，这些错误信息被保存在头文件 errno.h 中。

进行错误处理的函数有两个：一个是 10.8 节介绍的 sterror()函数，该函数的作用是根据标准错误信息编码在映射表中查询相关的字符串，并将该字符串的指针返回给调用者；另一个是 perror()函数，该函数内部已经调用了 sterror()函数，它的作用是将标准错误信息字符串输出到终端，并为其增加一个说明。例如：

```
perror("文件操作");                              //如果收到错误信息，则输出
```

将上面的语句放在文件操作函数失败时执行的代码块中，就能输出错误信息。例如，当无法打开一个文件时，输出结果如下：

```
文件操作: No such file or directory
```

注意：因为很多函数都是用 errno 变量，在另一个函数操作完成后可能会改变该变量的值。因此，如果要获得正确的错误信息，应该将取得 errno 变量值的语句或 sterror()函数放在离例子出错语句最近的位置。

13.3　媒体播放器——增强媒体库的功能

在第 11 章中的实例部分我们实现了为媒体库添加一个文件的功能,本节将介绍给媒体库添加目录的实现方法，以及搜索本地硬盘中的所有媒体文件并添加到媒体库的方法。

13.3.1　在媒体库中添加目录

在媒体库中添加目录需要利用遍历目录下所有文件的方法，并且需要判断该文件是否

为媒体文件。实现该功能以前，首先要设计一个函数检查某个表示文件路径的字符串是否为媒体文件。以 MP3 文件为例，所有 MP3 文件的后缀名都是.mp3 或者.MP3，这可以作为判断该文件是否为 MP3 文件的依据，代码如下：

```
01  int is_mp3(const char *name)
02  {
03    int l;
04    if (!name) {                               //判断指针是否执行 NULL
05      printf("文件名指针错误\n");
06      return 0;
07    }
08    l = strlen(name);                          //获得文件名的长度
09    if (l < 5) {                               //判断文件名字符串是否有意义
10      printf("输入的文件名有误\n ");
11      return 0;
12    }
13    l -= 4;                                    //计算距离后缀名的偏移量
14    //判断后缀名是否为媒体文件名
15    if (strcmp(name + l, ".mp3") && strcmp(name + l, ".MP3")) {
16      return 0;
17    }
18    return 1;
19  }
```

将上述函数添加到 medialib.c 文件中，然后为该文件添加下列头文件，以便于处理文件和目录操作。

```
01  #include <fcntl.h>                           //提供 open()函数
02  #include <unistd.h>                          //提供 close()函数
03  #include <dirent.h>                          //提供目录流操作函数
04  #include <sys/stat.h>                        //提供属性操作函数
05  #include <sys/types.h>                       //提供 mode_t 类型
```

实现在媒体库中添加目录的函数名称为 link_add_dir()，该函数也可用来操作播放列表。关于在播放列表中添加目录的实现方法将在后面介绍。link_add_dir()函数的代码如下：

```
01  int link_add_dir(link_t *mlink, const char *dir)
02  {
03    DIR *dp;                                   //定义子目录流指针
04    struct dirent *entry;                      //定义 dirent 结构指针保存后续目录
05    struct stat statbuf;                       //定义 statbuf 结构保存文件属性
06    //打开目录，获得子目录流指针，判断操作是否成功
07    if((dp = opendir(dir)) == NULL) {
08      printf("无法打开该目录");
09      return 0;
10    }
11    chdir(dir);                                //切换到当前目录下
12    //如果未结束循环则获取下一级目录信息
13    while((entry = readdir(dp)) != NULL) {
14      lstat(entry->d_name, &statbuf);          //获取下一级成员属性
15      if(S_IFDIR & statbuf.st_mode) {          //判断下一级成员是否为目录
16        if(strcmp(".",entry->d_name) == 0 || strcmp("..",entry->d_name)
17        ==0)                //如果获得的成员是符号"."和".."，则跳过本次循环
18          continue;
19        //递归调用自身，扫描下一级目录的内容
20        link_add_dir(mlink, entry->d_name);
21      }
```

```
22        else {
23           if(is_mp3(entry->d_name))            //判断当前文件是否为媒体文件
24              link_add(mlink, entry->d_name);   //添加该文件到媒体库链表
25        }
26     }
27     chdir("..");                               //回到上一级目录
28     closedir(dp);                              //关闭子目录流
29     return 1;
30 }
```

上面的代码调用了 is_mp3()函数判断遍历到的文件是否为媒体文件，如果是媒体文件，则用 link_add()函数将该文件添加到媒体库链表中。

13.3.2　搜索本地硬盘中的所有媒体文件

搜索本地硬盘中所有媒体文件可以利用 13.3.1 小节设计的 link_add_dir()函数，将该函数搜索的路径设置为"/"。代码如下：

```
int link_search(link_t *mlink)
{
   return link_add_dir(mlink, "/");
}
```

link_search()函数只有一个参数，即媒体库链表指针。在该函数中调用 link_add_dir()函数，其实际参数为媒体库链表指针和根路径"/"。此方法实现起来较为简单，但忽略了系统的性能，增加了算法的时间复杂度。因为整个硬盘中的文件通常有数十万之多，递归操作会占用大量的系统资源。

13.4　小　　结

本章讲解了通过系统调用方式实现的各种文件操作。正确地认识文件概念是掌握 Linux 系统文件操作编程的基础。Linux 系统安全机制十分健全，因此在 Linux 系统中设计文件操作程序必须考虑因权限问题而引起的各种错误。学习完本章内容后，建议读者建立自己的函数库来处理各种文件操作错误，这样的自定义函数库对于将来的实际开发会起到不可忽视的作用。另外，本章还介绍了系统调用的原理，关于系统调用操作，在后面的章节中还会遇到，希望读者注意总结这些函数的用法。随着 Linux 系统的发展，这些系统调用函数可能还会不断改变，也请读者通过多种途径留意这些变化。

13.5　习　　题

一、填空题

1. Linux 系统的文件安全机制是通过给系统中的文件赋予＿＿＿＿＿＿属性和＿＿＿＿＿＿属性来实现的。

2．文件操作必须通过物理存储设备的_____访问驱动器。

3．错误处理函数有两个，分别为 sterror()函数和_____函数。

二、选择题

1．修改文件权限的命令是（　　　）。

A．chmod B．cd C．move D．man

2．打开文件操作使用的系统调用函数是（　　　）。

A．close() B．open() C．create() D．其他

3．在文件信息中，表示目录的字符是（　　　）。

A．- B．b C．p D．d

三、判断题

1．执行文件权限修改命令的用户本身对文件拥有写权限。 （　　　）

2．lstat()函数和 stat()函数可对未打开的文件进行操作。 （　　　）

3．opendir()函数的功能是打开路径并建立子目录流，返回子目录流指针。

（　　　）

四、操作题

1．创建一个文件，使用 ls 命令查看文件的权限，然后使用 chmod 命令修改该文件的权限。

2．使用 creat()函数在当前目录下创建一个 myfile 文件。

第14章 文件 I/O 操作

文件在 Linux 系统中是一个广泛的概念。在前面的章节中提到过,Linux 将所有的硬件设备都当作文件来处理。因此,文件的输入与输出(I/O)操作也是对设备进行操作的基础。本章将文件 I/O 操作分为两部分来讲解,第一部分是非缓冲文件操作,这种操作适合小规模文件的读写和对实时性要求很高的设备的数据通信,这类操作是系统调用提供的;第二部分是缓冲文件操作,所面向的是大规模非实时性数据的处理,这类操作是标准输入、输出库提供的。

14.1 非缓冲文件操作

非缓冲文件操作针对的是小规模文件的读写和实时设备的数据通信,这些设备包括调制解调器和连接于串口的工业设备。执行非缓冲文件操作后,应用程序将立即获取或传送数据。非缓冲文件操作的函数只有两个,分别是 read()函数和 write()函数,这两个函数通过文件标识符找到文件。在介绍这些函数前,首先介绍 3 个操作系统预先分配的文件标识符。

- ❑ 0:标准输入,即通过终端输入。
- ❑ 1:标准输出,即通过终端输出。
- ❑ 2:标准错误,系统中存放错误信息的堆栈。

14.1.1 使用 read()函数读取文件

read()函数用于从文件中将信息读取到指定的内存区域。read()函数的一般形式如下:

```
read(文件标识符, 内存块指针, 内存块长度);
```

文件标识符可使用 open()函数获得,或者使用系统预先分配的文件标识符。内存块指针用于指定 read()函数读取数据的保存位置,内存块长度在 read()函数的第 3 个参数里定义。read()函数的返回值是它实际读取的长度,如果返回值为 0,则表示它没有读取任何数据,运行错误时则返回 1。示例如下:

```
01  #include <fcntl.h>
02  #include <sys/types.h>
03  #include <sys/stat.h>
04  #include <unistd.h>
05  #include <stdio.h>
06  #define LENGTH 2000                          //内存块的最大长度
07  int main()
08  {
```

```
09      char c[LENGTH];                              //定义内存块
10      int f, i, j = 0;
11      f = open("/usr/include/gnu-versions.h",      //打开指定路径的文件
12              O_RDONLY,                            //打开方式为只读
13              LENGTH);                             //每次读入缓冲区的字节为2000
14      if (f != -1) {                               //判断文件是否打开成功
15          //从文件读取指定长度的数据，将实际长度赋值给 i
16          i = read(f, c, LENGTH);
17          if (i > 0) {                             //判断是否正确读取
18              for( ; i > 0; i--)                   //以实际长度作为循环次数
19                  putchar(c[j++]);                 //输出指定位置的字符
20          }
21          else
22              perror("读取");                       //输出错误信息
23      }
24      else
25          perror("打开文件");
26      return 0;
27  }
```

上面的程序首先使用 open()函数以只读方式打开路径为"/usr/include/gnu-versions.h"的文件，并规定每次读入缓冲区的字节数为 2000。如果文件打开成功，则将指定长度的数据读入缓冲区 c，然后再把缓冲区内的数据输出到屏幕。

14.1.2 使用 write()函数写入文件

write()函数用于将指定长度的数据写入文件中，write()函数的一般形式如下：

```
write(文件标识符，内存块指针，内存块长度);
```

write()函数的返回值是它实际写入的长度，如果返回值为 0，则表示它没有写入任何数据，如果运行错误则返回 1。示例如下：

```
char c[LENGTH];                              //定义内存块
int f, i;
puts("输入要保存的文件信息：");
//从标准输入中读取数据，实际输入的长度赋值给 i
if ((i = read(0, c, LENGTH)) < 1) {
    perror("读取失败");
    return 1;
}
f = open("outfile", O_RDWR | O_CREAT, 0664);   //打开或新建一个文件
if (f != -1) {
    if(write(f, c, i) != i)                     //将内存块中长度为 i 的数据写入文件
        perror("写入失败");
    puts("保存文件成功！");
    close(f);
}
else
    perror("打开文件");
```

上面的程序从文件标识符为 0 的设备中读取数据，0 是系统预定义的文件标识符，该标识符代表标准输入，即终端，所实现的操作与 gets()函数或 scanf()函数相当。然后，write()函数将终端输入的字符输出到指定文件中。

14.1.3　随机读写文件

open()函数内部有一个隐藏的文件位置指针，该指针指向文件正在读写的位置，如果未指定，则该位置处于文件的开始。细心的读者会发现，如果多次运行 14.1.2 小节的程序，后一次输入的数据会覆盖上一次的输入。如果在open()函数参数中加入副标志 O_APPEND，那么打开文件时，指针将指向文件末端，后一次输入的数据将保存在文件末尾。代码如下：

```
//打开或新建一个文件，从文件末端操作
f = open("outfile", O_RDWR | O_CREAT | O_APPEND, 0664);
```

如果要在程序运行中指定指针的具体位置，可以使用 lseek()函数来实现。lseek()函数的一般形式如下：

```
lseek(文件标识符, 偏移长度, 起始位置);
```

偏移长度用于设置指针的位置，起始位置是定义指针位置的参考坐标，该坐标可用 3 个枚举常量来表示，见表 14.1。

表 14.1　指针位置的参考坐标标志

标 志 名 称	说　　　明
SEEK_SET	以文件开始位置作为参考坐标，将指针设置到偏移长度上
SEEK_CUR	以指针当前位置作为参考坐标，将指针设置到偏移长度上
SEEK_END	以文件末端位置作为参考坐标，将指针设置到偏移长度上

当起始位置为当前位置或文件末端时，偏移长度允许为负值，表示指针向前移动。但偏移长度不能超过文件首和文件尾限定的范围，否则将造成严重错误。lseek()函数的返回值是指针位置，如果操作失败则返回–1。示例如下：

```
int f;
f = open("outfile", O_RDWR | O_CREAT, 0664);
if (f != -1) {
if(write(f, "12345", strlen("12345")) != strlen("12345"))
        perror("写入失败");
lseek(f, 2, SEEK_SET);           //将指针移动到文件的第 2 个字符上
if(write(f, "6789a", strlen("6789a")) != strlen("6789a"))
    perror("写入失败");
lseek(f, -4, SEEK_END);          //将指针移动到文件末尾的倒数第 4 个字符上
if(write(f, "bcdef", strlen("bcdef")) != strlen("bcdef"))
    perror("写入失败");
lseek(f, -1, SEEK_CUR);          //将指针移动到指针当前位置的前 1 个字符上
if(write(f, "hijkl", strlen("hijkl")) != strlen("hijkl"))
        perror("写入失败");
puts("保存文件成功! ");
close(f);
}
else
 perror("打开文件");
```

在上面的程序中，首先使用 open()函数打开或创建文件 outfile。如果打开成功，则向文件内写入字符串数据。第 1 次写入的字符串为 12345，然后用 lseek()函数从开始位置将文件指针向右移动 2 位。第 2 次写入的字符串为 6789a，这时在文件中保存的字符串数据

如下：

```
126789a
```

然后用 lseek()函数从文件末尾向左移动 4 位。第 3 次写入的信息为 bcdef，这时文件中保存的字符串数据如下：

```
126bcdef
```

最后一次从指针的当前位置向左移动 1 位。第 4 次写入的信息为 hijkl，这时文件中保存的字符串数据如下：

```
126bcdehijkl
```

14.2　缓冲文件操作

缓冲区是为程序分配的内存块，在数据量比较大且不要求实时性的 I/O 操作时，一部分数据被置于缓冲区中，只有当数据的长度快要超过缓冲区范围或时间周期达到时，这些数据才会被送入指定的位置。基于缓冲区的文件 I/O 操作减少了对设备的物理数据接口的访问次数，从而节省了大量数据 I/O 操作的系统开销，提升了实际读写速度。标准输入输出库定义了文件流结构指针 FILE*作为文件的标识，同时提供了一系列缓冲文件操作函数。有 3 个文件流是系统预定义的，具体如下：

- ❑　stdin：标准输入。
- ❑　stdout：标准输出。
- ❑　stderr：标准错误。

14.2.1　打开与关闭文件流

打开文件流操作的函数是 fopen()，该函数与系统调用函数 open()的作用相似，它主要用于文件和终端的输入、输出操作，但并不能对文件权限进行操作。fopen()函数的一般形式如下：

```
fopen(路径，打开方式);
```

打开方式是一组字符串，定义方法见表 14.2。

表 14.2　打开方式字符串

参　　数	说　　明
r或rb	以只读方式打开
w或wb	以写方式打开，将文件长度置为0
a或ab	以写方式打开，数据追加在文件末端
r+或rb+或r+b	以修改方式打开（读与写）
w+或wb+或w+b	以修改方式打开，将文件长度置为0
a+或ab+或a+b	以修改方式打开，数据追加在文件末端

字母 b 表示操作的是二进制文件，但在 Linux 系统中并不区分文本文件和二进制文件，所以两种操作实际是一样的。如果函数执行成功，返回值是文件流指针，否则返回 NULL。

当文件不需要使用时，可以调用 fclose()函数将文件关闭。fclose()函数的一般形式如下：

```
fclose(文件流指针);
```

当 fclose()函数执行时，所有放在缓冲区等待写入的数据都将被写入文件。如果数据未能成功保存，则 fclose()函数返回–1，否则返回 0。

fopen()函数和 fclose()函数的用法如下：

```
01    #include <stdio.h>
02    int main()
03    {
04      FILE *fp;                              //定义文件流指针
05      //以只读方式打开文件，将函数返回的文件流指针赋给*fp
06      fp = fopen("/usr/include/gnu-versions.h","r");
07      if (fp != NULL)                        //判断文件是否打开成功
08        puts("打开文件成功");
09      else {
10        perror("打开文件");
11        return 1;
12      }
13      if (fclose(fp) != -1)                  //关闭文件并判断文件关闭是否成功
14        puts("关闭文件成功");
15      else {
16        perror("关闭文件");
17        return 1;
18      }
19      return 0;
20    }
```

上面的程序创建了一个文件流指针*fp，然后使用 fopen()函数以只读方式打开"/usr/include/ gnu-versions.h"文件。如果打开成功，则输出相关信息，最后使用 fclose()函数关闭文件流指针。

14.2.2　读取与写入文件流

读取文件流可使用函数 fread()，fread()函数的一般形式如下：

```
fread(缓冲区指针, 长度, 数量, 文件流指针);
```

缓冲区在程序中定义，定义后将指针作为参数传递给 fread()函数。参数的长度是指每次读取到缓冲区内的数据长度，参数的数量是读取操作的最多次数。该函数的返回值是读取到缓冲区的次数，这个数字可能会小于参数中定义的最多次数。如果文件的长度大于 fread()函数实际读取的数据长度，那么实际读取数据的总和为参数中长度与数量的乘积。

写入文件流可使用函数 fwrite()，该函数的形式与 fread()相同。这两个函数不适用于操作结构化数据的场合，如操作数据库中的表，原因是 fwrite()函数写的文件可能无法在不同的硬件平台之间移植。

如果待写入的数据存储在缓冲区中，而此时要立即将缓冲区的数据写入文件，那么可以使用 fflush()函数来实现。该函数的一般形式如下：

```
fflush(缓冲区指针);
```

以上 3 个函数的用法示例如下：

```
01  #include <stdio.h>
02  #define SIZE 65536                           //定义缓冲区大小为 64KB
03  #define LENGTH 1024                          //定义每次读取的长度为 1KB
04  int main()
05  {
06      char buf[SIZE] = {0};                    //定义缓冲区
07      FILE *fp;                                //定义文件流指针
08      fp = fopen("/usr/include/gnu-versions.h","r");   //打开文件
09      if (fp != NULL) {
10          if(fread(buf, LENGTH, SIZE / LENGTH, fp) >= 0) //读取数据到缓冲区
11              puts("读取文件成功");
12          else {
13              perror("读取文件失败");
14              return 1;
15          }
16      }
17      else
18          perror("打开文件");
19      fclose(fp);                              //关闭被读取的文件
20      //以读写模式打开文件（该文件必须是已存在的）
21      fp = fopen("copy","rw+");
22      if (fp != NULL) {
23  //将缓冲区内的数据写入文件
24  if(fwrite(buf, LENGTH, SIZE / LENGTH, fp) >= 0) {
25              fflush(fp);                      //立即将缓冲区待写入的数据写入文件
26              puts("写入文件成功");
27          }
28          else {
29              perror("写入文件失败");
30              return 1;
31          }
32      }
33      else
34          perror("打开文件");
35      if (fclose(fp) != -1)                    //关闭文件
36          puts("关闭文件成功");
37      else
38          perror("关闭文件");
39      return 0;
40  }
```

上例代码的作用实际上是复制一个文件的全部内容，但 fopen()函数没有新建文件的功能，因此必须先建立一个空白文件作为数据写入的目标。程序设置的缓冲区大小为 64KB，因此只能复制长度在 64KB 以内的文件。在 fread()函数和 fwrite()函数中设置的数值可设置为缓冲区大小除以每次读取的长度的商，这样就能保证将数据读满缓冲区。

注意：缓冲区的大小和每次操作数据的长度究竟该如何定义，是一个值得深入研究的问题。很多进行大规模数据存储的软件可能会因为这两个数值的设定而影响其性能。实际上，缓冲区并没有限定所操作文件的最大规模，一个大文件可以分次进行读取和写入操作，因此缓冲区的大小应由设备的实际内存来决定。假如设备的物理内存为 1GB，那么使用 1~100MB 的缓冲区都是合适的。每次操作数据的长度要看访问数据的来源和去向，最好也依据实际硬件的性能来定。例如，很多 SATA 硬盘一次读取的数据量为 512KB，那么在程序中也可以将每次操作数据的

长度设为 512KB。

14.2.3　文件流的格式化输入与输出

标准输入、输出库里提供了文件流的格式化输入、输出函数 fscanf()和 fprintf()，这两个函数的用法与 scanf()函数和 printf()函数极为相似。这两个函数的一般形式如下：

```
fscanf(文件流指针, "控制字符串", 输入项列表);
fprintf(文件流指针, "控制字符串", 输出项列表);
```

对于文本操作来说，fscanf()函数并不是最灵活的实现方法，因为需要预先估计文件的形式并定义控制字符串，它会将遇到数值为 0 的地方当作字符串结束符来处理。fscanf()函数对于结构化数据是最合适的选择，它可以将文件中不同类型的数据分别以指定的类型保存起来。如果处理成功，那么 fscanf()函数的返回值是正确输入项的个数，通过输入项的个数可进一步判断是否得到了需要的数据。当 fscanf()函数遇到错误或者已经到达文件结尾时，返回值为常量 EOF。

fprintf()函数用于将缓冲区内的数据按控制字符串里规定的形式在文件中输出，函数返回值是实际输出数据的长度。下例将演示这两个函数的使用方法。

```c
struct buddy                             //定义结构体，用于保存数据的格式
{
  char name[50];
  unsigned int tel;
  char address[200];
};
struct buddy bd1;                        //声明结构体变量
if(creat("buddy", 0664) == -1) {         //使用系统调用函数创建新文件
  perror("创建文件失败");
  return 1;
}
FILE *fp;                                //创建文件流指针
fp = fopen("buddy","rw+");               //打开文件
fprintf(fp, "<name>%s <tel>%d <address>%s ",//将格式化后的数据在文件中输出
    "Tom",1234567890,"China");
fclose(fp);                              //关闭文件
fp = fopen("buddy","rw+");               //再次打开文件
//读取结构化数据，并保存在结构体变量 bd1 中
fscanf(fp, "<name>%s <tel>%d <address>%s ",
    bd1.name, &bd1.tel, bd1.address);
fclose(fp);
printf("<name>%s <tel>%d <address>%s ",
bd1.name, bd1.tel, bd1.address);
```

上面的程序演示了保存和读取结构化数据的方法。使用 fprintf()函数保存数据时，每组数据前应加上尖括号包围的数据域名，每组数据之间用空格分隔。数据保存完毕后应将文件流关闭，因为文件流也有隐藏的指针指向文件的位置。执行完 fprintf()函数后，指针指向的位置是 fprintf()函数输出的字符串末尾。再次打开文件，指针的位置又回到了文件首，这时可以用 fscanf()函数读取文件中的数据。fscanf()函数的控制字符串将数据域名、要读取的数据类型和数据分组间的空格都列在其内，只有严格遵守此格式的数据才能被输入结构体变量 bd1 中。

文件流的格式化输入和输出并没有要求指定缓冲区的位置，但这并不代表它们不使用缓冲区。fscanf()函数和 fprintf()函数使用的缓冲区的位置和每次读取数据的长度由编译器指定。

14.2.4　文件流的定位操作

在文件流结构中有一个指针可以指向正在读写的文件的位置。在操作文件流时，可以通过调整该指针对文件的指定位置进行操作。在标准输入与输出库中，函数 fseek()与系统调用函数 seek()的定义方法和使用方法几乎一致，只是 fseek()函数的第一个参数是文件流指针。除此以外，标准输入与输出库中还为定位操作提供了 4 个函数，见表 14.3。

表 14.3　文件流的定位操作函数

函　数　名	说　明
fgetpos(文件流指针, fpos_t *位置)	获得文件当前的读写位置，如果操作成功则返回为0，否则返回–1
fsetpos(文件流指针, const fpos_t *位置)	设置文件的读写位置，如果操作成功则返回为0，否则返回–1
ftell(文件流指针)	获得文件当前的读写位置偏移量，返回值为长整型
rewind(文件流指针)	将文件指针重新指向一个流的开头

fpos_t 类型是标准函数库中定义的一种结构体，它也是文件流 FILE 结构体中的一个成员。表 14.3 中的函数正是用来对 FILE 结构体中 fpos_t 类型的成员进行操作的。这些函数的用法如下：

```
01  #define CTIME 3                        //定义操作次数
02  struct inputvalue                      //该结构体保存每次的输出操作信息
03  {
04     unsigned int length;                //每次输出的字符串长度
05     fpos_t pos;                         //每次输出在文件中的位置
06  };
07  int main()
08  {
09     if(creat("text", 0664) == -1) {     //创建文件
10        perror("创建文件失败");
11        return 1;
12     }
13     struct inputvalue iv[CTIME];         //创建记录操作行为的结构体数组
14     int i;
15     FILE *fp;
16     fp = fopen("text","rw+");            //打开文件
17     for (i = 0; i < CTIME; i++) {
18        fgetpos(fp, &(iv[i].pos));        //保存指针的当前位置
19  //输出数据并保存在文件中，然后记录输出信息的长度
20  iv[i].length = fprintf(fp, "第%d 次输出的数据", i);
21     }
22     fflush(fp);                          //将缓冲区内的数据输出到文件中
23  //当前指针的位置一定在文件尾，指针的偏移量即文件长度
24     printf("文件的总长度为%ld\n", ftell(fp));
25     rewind(fp);                          //将指针重新指向文件开头
26     for (i = 0; i < CTIME; i++) {
27        fsetpos(fp, &(iv[i].pos));        //用数组中的数据定位指针
```

```
28    //以数组中的输出长度加 1 的值动态分配缓冲区大小
29    char *buf = malloc(iv[i].length+1);
30       * (buf + iv[i].length+1) = '\0';   //缓冲区最后一位置为字符串终结符
31       fread(buf, iv[i].length, 1, fp);    //读取输出长度的数据到缓冲区
32       puts(buf);                          //输出缓冲区内的数据
33       free(buf);                          //释放缓冲区
34    }
35    fclose(fp);
36    return 0;
37  }
```

上面的代码实现的功能类似于在文本编辑器里的撤销操作。首先定义一个包含 fpos_t 结构的结构体，在结构体中定义一个整型数据用于保存每次操作数据的长度。每次向文件输出数据前，首先记录指针的位置，然后记录操作数据的长度。从文件中读取内容之前，这些数据作为定位指针和读取数据函数的参数。

💬注意：文件流的格式化输出函数 fprintf()并不会将字符串终结符输出到文件中，因此在使用格式化输入函数 fscanf()读取数据时，必须以其他字符作为判断字符串结束的标志。如果直接使用 fread()函数读取字符串数据，则需要在程序中手动增加字符串终结符。

14.2.5　文件流操作的其他函数

除了前面讲解的函数以外，标准输入、输出库还为文件流操作提供了一些不太常用的函数，这些函数如表 14.4 所示。

表 14.4　文件流操作的其他函数

函　数　名	说　明
fgetc(文件流指针)	从文件中读取一个字符，并将该字符以整型数据返回给调用者
fputc(字符型数据,文件流指针)	向文件输出一个字符并返回操作结果
fgets(字符串指针,最大长度,文件流指针)	从文件中读取一个字符串并保存到字符串指针指向的位置，如果操作成功则返回字符串指针
fputs(字符串指针,文件流指针)	向文件输出一个字符串，如果操作成功则返回字符串的长度
freopen(路径,打开方式,文件流指针)	重新打开一个文件
setvbuf(文件流指针,缓冲区指针,类型,缓冲区大小)	设置文件流的缓冲区。类型可选的值有： _IOFBF,文件全部缓冲，即缓冲区装满后才能对文件进行读写； _IOLBF,文件行缓冲，即缓冲区接收到一个换行符时才能对文件读写； _IONBF，文件不缓冲，直接读写文件，不再通过文件缓冲区缓冲
remove(路径)	删除文件或目录

14.2.6　文件流操作的错误处理

在 C 语言中，很多函数都使用标准输入输出库中定义的全局变量 errno 来保存错误代码。当文件流操作进行到文件末尾时，也会通过 errno 变量保存一个信息，这个信息是标

准输入、输出库中定义的常量 EOF。除此以外，其他文件流操作的错误也会保存在这个变量中。与该变量相关的函数有 3 个，它们的一般形式如下：

```
ferror(文件流指针);
feof(文件流指针);
clearee(文件流指针);
```

ferror()函数的作用是判断文件流操作是否失败，如果失败则返回非 0 值，否则返回 0。feof()函数的作用是当文件流内指向文件位置的指针到达文件尾时，函数返回非 0 值，否则返回 0。clearee()函数的作用是清除 errno 变量内的错误信息。这 3 个函数的用法如下：

```
FILE *fp = fopen("/usr/include/gnu-versions.h", "r");  //打开文件
if (fp != NULL) {                                       //判断打开文件操作是否有错
    while (!feof(fp))                                    //判断是否到达文件末端
        putchar(fgetc(fp));                             //输出一个字符
}
else {
    printf("错误代码：%d", ferror(fp));                 //输出文件流操作的错误代码
    perror("打开文件错误");
}
```

上面的代码首先创建了文件流指针 *fp，并以只读方式打开文件 "/usr/include/gnu-versions.h"。如果打开文件成功，则使用 putchar()函数依次输出文件中的每个字符。

14.3　媒体播放器——完善播放列表

在第 8 章的实例中设计了一个简单的播放列表，但该播放列表不能直接用在媒体播放器中，必须进行改写。播放列表可直接利用媒体库链表的数据结构，这样便于代码复用，而且更容易实现将在媒体库中选择的文件添加到播放列表的功能。在程序中，播放列表数据通常被保存为文件。本节将介绍读取播放列表文件的方法，以及将播放列表保存为文件的方法。

14.3.1　读取播放列表文件

播放列表文件并没有统一的格式，目前使用最广泛的是 M3U（MP3 URL），大多数媒体播放器均支持该文件格式。M3U 文件的后缀名为.m3u，它的文件格式并不复杂，是直接以字符形式保存的，可以通过文本编辑器打开。代码如下：

```
#EXTM3U
#EXTINF:215,No Matter What
/home/Shizhe/音乐/no matter what.mp3

#EXTINF:310,Hey Jude.mp3
/home/Shizhe/音乐/Beatles-Hey Jude.mp3
```

在 M3U 文件中记录着两首歌曲的 MP3 信息，文件的顺序即为播放的顺序。M3U 文件的开头必须用标识符#EXTM3U，表示该文件格式为 M3U 文件，然后用换行符结束。每条记录的开始为 "#EXTINF:信息行"，其中有两个数据域，中间用逗号隔开。第一个数据域

必须为正整数，代表 MP3 文件的长度，以秒为单位，第二个数据域为该文件的标题。该行结束后，紧接着是 MP3 文件的路径，然后空一行放置下一条记录。

📖注意：M3U 文件的路径可以是相对路径，或者是一个网络地址，本例暂时不予考虑。
　　　　另外，某些播放器生成的 M3U 文件并不规则，如没有#EXTM3U 标识符或者
　　　　"#EXTINF:信息行"，记录之间也没有空行，本例以标准的 M3U 文件格式为准。
　　　　"#EXTINF:信息行" 提供的数据域可能与媒体文件的实际信息不符，读取 M3U
　　　　文件时可以忽略这些信息。

　　　读取 M3U 文件要使用 fgets()函数，每次从文件中读取一整行字符，然后将其作为字符串进行操作。下面的代码将读取 M3U 文件，并将其中的记录加入播放列表。

```
01  int load_m3u(link_t *mlink, const char *file)
02  {
03      char str[MAX_PATH_LENGTH];              //保存读取的字符串
04      link_del_all(mlink);                    //清空链表
05      if (!file) {                            //判断文件指针是否为 NULL
06          printf("文件链接错误\n");
07          return 0;
08      }
09      FILE *fp = fopen(file, "r");            //以只读方式打开文件
10      if(fp != NULL) {
11          fgets(str, MAX_PATH_LENGTH, fp);    //读取文件的第 1 行
12  if(strncmp(str, "#EXTM3U", 7)) {        //判断文件的第 1 行是否包含 M3U 标识符
13              printf("该文件不是播放列表文件\n");
14              return 0;
15          }
16      }
17      else {
18          printf("错误代码: %d", ferror(fp));
19          perror("打开文件错误\n");
20      }
21      while(!feof(fp)) {                      //在没有遇到文件终结符时执行循环体
22          fgets(str, MAX_PATH_LENGTH, fp);    //读取一行字符串
23          str[strlen(str) - 1] = '\0';        //将读入的换行符替换为字符串结束符
24          if (is_mp3(str))                    //判断读入的字符串是否为 MP3 文件
25              link_add(mlink, str);           //加入播放列表
26      }
27      fclose(fp);                            //关闭文件流
28      return 1;
29  }
```

　　　上面的代码在 fgets()函数中创建了一个文件流指针，并以只读方式打开文件。首先判断该文件流指针是否有效，如果有效则读入文件的第一行，再通过与 M3U 标识符对比，可判断该文件是否为播放列表文件。在使用 fputs()函数读取一行字符串的同时会读入换行符\n，因此必须先将换行符去掉。str[strlen(str) –1] = '\0';语句的作用就是将末尾的换行符替换为字符串结束符，strlen(str) –1 表达式得到的是字符串最后一个符号的数组下标。

　　　创建播放列表的方法与创建媒体库链表的方法相同，并且使用的是同一种数据结构。假设存在一个 M3U 文件，文件的路径为/home/Shizhe/音乐/myplaylist.m3u。下列代码是使用 load_m3u()函数打开该文件，并将该文件中的文件记录加入播放列表。

```
...
   link_t mlink = {NULL, 0};                         //创建媒体库链表
   link_t playlist = {NULL, 0};                      //创建播放列表
   load_m3u(&playlist, "/home/Shizhe/音乐/hi.m3u");   //读取播放列表文件
   printf("播放列表中的文件数为：%d\n", playlist.length);  //输出列表长度
...
   link_del_all(&mlink);                             //清除媒体库链表
   link_del_all(&playlist);                          //清除播放列表
...
```

14.3.2 将播放列表保存为文件

将播放列表保存为文件时必须遵循 M3U 文件格式的规范，因此应该选用格式化输出函数进行操作。代码如下：

```
01   int save_m3u(link_t *mlink, const char *file)
02   {
03     FILE *fp;                              //创建文件流指针
04     node_t *tmp;                           //用于遍历链表的指针
05     if (!file) {                           //判断文件路径指针是否为 NULL
06       printf("文件链接错误\n");
07       return 0;
08     }
09     if(creat(file, 0664) == -1) {          //创建文件，无论该文件是否存在
10       perror("创建文件失败");
11       return 0;
12     }
13     fp = fopen(file,"rw+");                //打开创建的文件
14     tmp = mlink->np;
15     if (fp != NULL) {
16       fprintf(fp, "#EXTM3U\n");            //输出 M3U 标识符到文件
17       while(tmp) {                         //遍历链表
18         fprintf(fp, "#EXTINF:%d,%s\n%s\n\n",
19                 (int) tmp->item.record_time,
20                 tmp->item.title,
21                 tmp->item.filepath);        //格式化输出列表中的文件信息
22         tmp = tmp->p;
23       }
24       fflush(fp);                          //立即将缓冲区待写入的数据写入文件
25   }
26     else {
27       perror("打开文件失败");
28       return 0;
29     }
30     if (fclose(fp) != -1)                  //关闭文件流指针
31       printf("保存文件成功\n");
32     else {
33       perror("关闭文件");
34       return 0;
35     }
36     return 1;
37   }
```

上面的代码使用系统调用 creat() 函数创建了一个文件，假设该文件已经存在，原有的内容将被清空。然后用文件流指针以读写方式打开文件，这时就以 M3U 格式将信息输出

到文件中。当文件流指针可用时，从首端开始遍历链表的节点，读取节点指向的在内存空间中存放的播放列表项。遍历结束后，首先使用 fflush()函数将缓冲区待写入的数据写入文件，然后关闭文件。

⌂注意：fputs()函数输出字符串后并不包括换行符，甚至不包括字符串结束符，这一点与puts()函数有很大的区别。如果使用 fputs()函数代替上例中的 printf()函数，那么在字符串中必须含有换行符。

14.4　小　　结

本章以普通文件为例讲解了文件 I/O 操作的各种函数。虽然没有介绍其他类型的文件，但它们的操作方法与普通文件类似。在文件流的格式化输入与输出部分，以一个简单的例子介绍了如何操作结构化数据，这个用法是文件 I/O 操作的重点。很多应用程序以特定的方式保存数据，如 HTML 和 XML 文件直接以文本符号保存数据域名与数据，分析这些数据需要对其编码规则有所了解。有的软件以二进制形式保存数据，如压缩软件和多媒体软件，它们的数据是不直观的，只有针对这些数据格式开发相应的解码器才能得到有用的数据。Linux 系统提供了很多解码器函数库，在本书的网络编程部分内容中我们会接触简单的 HTML 解码器。

14.5　习　　题

一、填空题

1．非缓冲文件操作的函数只有两个，分别是 read()函数和_____函数。

2．打开文件流操作的函数是_____。

3．M3U 文件的后缀名为_____。

二、选择题

1．下列不是打开文件方式的字符串选项是（　　）。

A．rb　　　　　　B．ab　　　　　　　　C．w　　　　　　　　D．adw

2．假设待写入的数据存储在缓冲区中，但需要立即将缓冲区的数据写入文件，需要使用的函数是（　　）。

A．fflush()　　　B．fread()　　　　C．fwrite()　　　　D．其他

3．下面的代码最后在文件中保存的内容是（　　）。

```
int f;
f = open("outfile", O_RDWR | O_CREAT, 0664);
if (f != -1) {
    if(write(f, "abcdf", strlen("abcdf")) != strlen("abcdf"))
        perror("写入失败");
    lseek(f, 3, SEEK_SET);          //将指针移动到文件的第 2 个字符上
```

```
    if(write(f, "6789a", strlen("6789a")) != strlen("6789a"))
        perror("写入失败");
    puts("保存文件成功！");
    close(f);
}
else
    perror("打开文件");
```

A．adbdf   B．abc6789a   C．6789a   D．其他

三、判断题

1．缓冲区是为程序分配的内存块。   （　　）

2．在 Linux 系统中严格区分文本文件和二进制文件。   （　　）

3．fopen()函数不适用于操作结构化的数据。   （　　）

四、操作题

1．使用 read()函数读取/usr/include/values.h 文件中的数据。

2．使用 fprintf()方法将以下内容输入 student 文件中。

<姓名>:Tom <学号>1234567890

第15章 进 程 控 制

Linux 系统是多任务的操作系统，可同时运行多个程序，完成多项工作。进程是处于活动状态的程序，在操作系统管理下，所有进程共享计算机中的硬件资源。进程作为系统运行时的基本逻辑成员，不但作为独立个体运行在系统中，而且还会相互竞争系统资源。了解进程的本质对于理解、描述和设计系统软件有极为重要的意义，了解进程的活动状态也有利于设计复杂的程序。本章将介绍 Linux 系统中的进程概念以及与进程有关的系统调用函数。

15.1 进 程 简 述

在介绍进程的基本概念之前，首先介绍两种查看 Linux 系统中的进程信息的方法。3.2节介绍了在终端输入命令 ps -e 可以列出所有的进程。ps 命令还有很多参数，-f 表示显示进程的全部信息；-h 表示不显示进程标题，列出所有进程；-l 表示以长格式显示进程；-w 表示以宽格式显示进程；-a 表示显示终端的所有进程，包括其他用户的进程；-r 表示只显示正在运行的进程；-x 表示显示没有控制终端的进程。在应用程序中搜索"系统监视器"程序，打开程序后可查看"进程"选项卡内的进程信息，如图 15.1 所示。

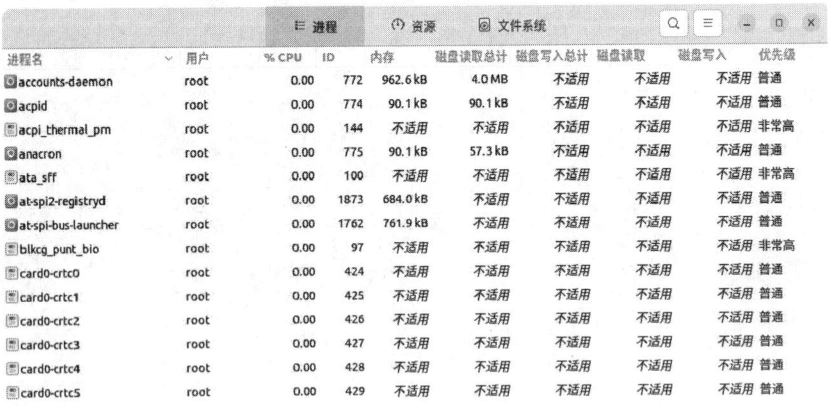

进程名	用户	% CPU	ID	内存	磁盘读取总计	磁盘写入总计	磁盘读取	磁盘写入	优先级
accounts-daemon	root	0.00	772	962.6 kB	4.0 MB	不适用	不适用	不适用	普通
acpid	root	0.00	774	90.1 kB	90.1 kB	不适用	不适用	不适用	普通
acpi_thermal_pm	root	0.00	144	不适用	不适用	不适用	不适用	不适用	非常高
anacron	root	0.00	775	90.1 kB	57.3 kB	不适用	不适用	不适用	普通
ata_sff	root	0.00	100	不适用	不适用	不适用	不适用	不适用	非常高
at-spi2-registryd	root	0.00	1873	684.0 kB	不适用	不适用	不适用	不适用	普通
at-spi-bus-launcher	root	0.00	1762	761.9 kB	不适用	不适用	不适用	不适用	普通
blkcg_punt_bio	root	0.00	97	不适用	不适用	不适用	不适用	不适用	非常高
card0-crtc0	root	0.00	424	不适用	不适用	不适用	不适用	不适用	普通
card0-crtc1	root	0.00	425	不适用	不适用	不适用	不适用	不适用	普通
card0-crtc2	root	0.00	426	不适用	不适用	不适用	不适用	不适用	普通
card0-crtc3	root	0.00	427	不适用	不适用	不适用	不适用	不适用	普通
card0-crtc4	root	0.00	428	不适用	不适用	不适用	不适用	不适用	普通
card0-crtc5	root	0.00	429	不适用	不适用	不适用	不适用	不适用	普通

图 15.1　进程选项卡

15.1.1　进程的状态和状态转换

进程在生存周期中呈现出各种状态及状态转换信息，这些信息反映了进程获取系统资源的情况。Linux 系统的进程状态模型见表 15.1。

表 15.1　Linux系统的进程状态模型

状　态　名　称	说　　明
创建状态	进程正在被Linux内核创建
就绪	进程还没有开始执行，但相关数据已被创建，只要内核调度它，就可以立即执行
内核状态	进程在内核状态下运行，被调度到CPU中运行
用户状态	进程在用户状态下运行，等待被调度到CPU中运行
睡眠	进程正在睡眠，等待系统资源或相关信号唤醒
唤醒	正在睡眠的进程收到Linux内核唤醒的信号
被抢先	具有更高优先级的进程强制获得进程的CPU时钟周期
僵死状态	系统调用进程结束，进程不再存在，但在进程表项中仍有记录，该记录可由父进程收集

1. 子进程被Linux内核调入CPU执行的过程

进程的生命周期包括从创建到退出的全部转化状态，在它的生命周期里并不一定要经历所有的状态。父进程创建子进程，子进程被 Linux 内核调入 CPU 执行的过程可用跨职能流程图来反映，如图 15.2 所示。

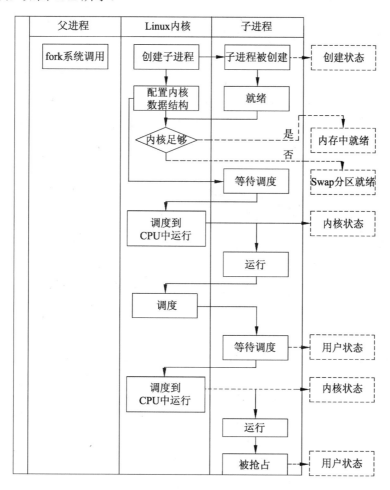

图 15.2　创建和调度子进程的流程

最初，父进程通过 fork 系统调用创建子进程，子进程被创建后，处于创建状态。Linux 内核会为子进程配置数据结构。如果内存空间足够，则子进程在内核中就绪，否则在 Swap 分区就绪。这时子进程处于就绪状态，等待 Linux 内核调度。

Linux 内核会为子进程分配 CPU 时钟周期，在合适的时间将子进程调度到 CPU 中运行，这时子进程处于内核状态，子进程开始运行。当被分配的 CPU 时钟周期结束时，Linux 内核再次调度子进程，将子进程调出 CPU，子进程进入用户状态。

待子进程被分配到下一个 CPU 时钟周期到来时，Linux 内核又将子进程调度到 CPU 中运行，使子进程进入内核状态。如果有其他的进程获得更高的优先级，子进程的时钟周期可能会被抢占，这时又会回到用户状态。

2．子进程进入睡眠状态

子进程在运行时，如果请求的资源得不到满足，则进入睡眠状态，睡眠状态的子进程将从内存区调换到 Swap 分区。被请求的资源可能是一个文件，也可能是打印机等硬件设备。如果该资源被释放，子进程将被调入内存，继续以系统状态执行，如图 15.3 所示。

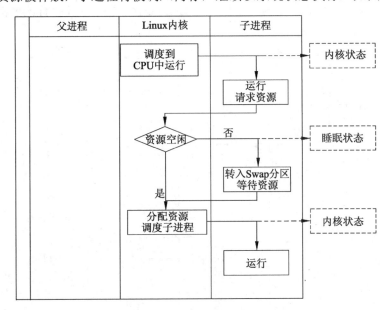

图 15.3　子进程进入睡眠状态

3．子进程结束

子进程可以通过 exit 系统调用来结束，这时子进程将进入僵死状态，生命周期结束，如图 15.4 所示。

子进程在内核中的数据结构又称为上下文。上下文包括 3 个部分：用户级上下文是子进程用户空间的内容；寄存器上下文是子进程运行时装入 CPU 寄存器的内容；系统级上下文是子进程在 Linux 内核中的数据结构。

子进程切换时，CPU 收到一个软中断，这时上下文将被保存起来，称为保存现场。子进程再次运行时，上下文被还原到相关位置，称为还原现场。整个过程称为上下文切换，保存上下文的数据空间称为 u 区，它也是 Linux 内核为进程分配的存储空间。内核在以下情况会执行上下文切换操作：

- ❑ 子进程进入睡眠状态。
- ❑ 子进程时钟周期结束，被转为用户状态。
- ❑ 子进程再次被调度到 CPU 中运行，转为系统状态。
- ❑ 子进程僵死。

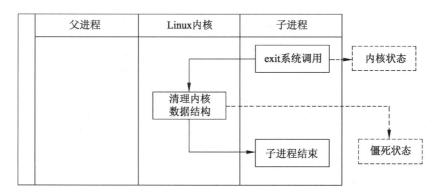

图 15.4　子进程结束

15.1.2　进程控制

在 Linux 系统中，用户创建子进程的唯一方法就是使用 fork 系统调用。fork 系统调用的流程如图 15.5 所示。

首先，Linux 内核在进程表中为子进程分配一个表项并分配 PID（Process Identifier，进程标识符）。子进程表项的内容来自于父进程，fork 系统调用会将父进程的进程表项复制为副本，并分配给子进程。其次，Linux 内核使父进程的文件表和索引表的节点自增 1，创建用户级上下文。最后，将父进程上下文复制到子进程的上下文空间中。fork 系统调用结束后，子进程的 PID 被返回给父进程，而子进程获得的值为 0。

最简单的进程控制为结束进程，通过 exit 系统调用来实现。进程执行 exit 系统调用后，Linux 内核将删除进程的上下文，但会保留进程表项，此时进程处于僵死状态。待合适的时候，再删除进程表项中的内容，释放进程 PID。

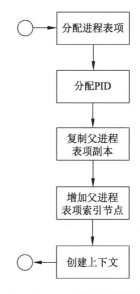

图 15.5　fork 系统调用流程

父进程与子进程的同步是通过 wait 系统调用实现的。父进程调用 wait()函数后，父进程的执行被阻断，直到子进程进入僵死状态。这时，子进程的退出参数可通过 wait()函数返回给父进程。wait 系统调用常被用来判断子进程是否已结束。

除此以外，进程可使用 exec 系统调用运行一个可执行文件。exec 和 fork 系统调用的区别是，exec 系统调用会结束原有进程，更新上下文的内容，并从头开始执行一个新的进程，两个进程之间并无父子关系。

15.1.3　进程调度

Linux 系统是分时操作系统。Linux 内核可同时执行多个进程，并为每个进程分配 CPU 时钟周期。当一个进程的时钟周期结束时，Linux 内核会调度另一个进程在 CPU 中执行，如此往复。这种调度方法属于多级反馈循环，Linux 内核会为每个进程设定优先级。如果有进程处于较高的优先级，它就能够抢占较低优先级进程的 CPU 时钟周期。

Linux 系统进程调度包括两个概念，分别是调度时机和调度算法。调度时机指进程何时被调度到 CPU 中执行。例如，转变为睡眠状态的进程将获得较高的优先级，一旦需要的资源被释放，那么该进程可以立即被调度到 CPU 中执行。被抢占的进程也将获得一个较高的优先级，抢占其 CPU 时钟周期的进程一旦转为用户状态，那么被抢占的进程会立即转为内核状态。调度算法所关心的就是如何为进程分配优先级。

在为 Linux 设计程序时，通常不需要人为地设置进程的优先级，Linux 系统进程调度机制可保证所有进程都能获得足够的运行时间。

15.2　进程的基本操作

本节通过介绍进程操作的系统调用函数来讲解进程的基本操作方法，包括 fork 系统调用、exec 系统调用、exit 系统调用、wait 系统调用和 sleep 系统调用，相关函数被定义在系统调用库 unistd.h 中。通过本节的学习，可以了解子进程是如何产生的，进程如何改变它的执行映像，父子进程的同步等内容，以及并行程序的基本概念，如何设计一个简单的并行程序。

15.2.1　fork 系统调用

fork 系统调用有两个函数，分别是 fork()函数和 vfork()函数。fork 系统调用可以创建一个子进程，它的一般形式如下：

```
__pid_t fork(void);
__pid_t vfork(void);
```

📖助记：fork 的英文原意为叉子，fork 系统调用就像叉子一样，寓意一分为二，一次调用，两个返回值。

其中，pid_t 是用来保存进程 PID 信息的结构体。如果调用成功，则该调用对父进程返回子进程的 PID，对子进程返回 0；如果调用失败，则返回–1，没有创建子进程。vfork()函数与 fork()函数的形式相同，它们的区别是当使用 vfork()函数创建子进程时，不会复制父进程的上下文。示例如下：

```
01  #include <sys/types.h>        //该头文件提供系统调用的标志
02  #include <sys/stat.h>         //该头文件提供系统状态信息和相关函数
03  #include <sys/uio.h>          //该头文件提供进程 I/O 操作的相关函数
04  #include <unistd.h>           //标准函数库
```

```
05  #include <fcntl.h>                                //文件操作相关函数库
06  #include <string.h>                               //字符串操作函数库
07  #include <sys/wait.h>                             //wait 调用相关函数库
08  #include <stdio.h>                                //标准输入与输出函数库
09  #include <stdlib.h>                               //常用的工具函数库
10  int main()
11  {
12      char buf[100] = {0};                          //定义缓冲区
13      pid_t cld_pid;                                //定义该结构保存子进程的 PID
14      int fd;
15      int status;                                   //用于 wait 调用时的参数
16      //打开或新建文件
17      if ((fd = open("temp", O_CREAT | O_RDWR | O_TRUNC, 0664)) == -1) {
18          perror("创建文件");
19          exit(1);
20      }
21      strcpy(buf, "父进程数据");
22      if ((cld_pid = fork()) == 0) {    //创建子进程，并判断自己是否是子进程
23          strcpy(buf, "子进程数据");
24          puts("子进程正在工作: ");
25          printf("子进程 PID 是%d\n", getpid());       //输出子进程的 PID
26          printf("父进程 PID 是%d\n", getppid());      //输出父进程的 PID
27          write(fd, buf, strlen(buf));
28          close(fd);
29          exit(0);
30      }
31      else {
32          puts("父进程正在工作: ");
33          printf("父进程 PID 是%d\n", getpid());       //输出父进程的 PID
34          printf("子进程 PID 是%d\n", cld_pid);        //输出子进程的 PID
35          write(fd, buf, strlen(buf));
36          close(fd);
37      }
38      wait(&status);                                //等待子进程结束
39      return 0;
40  }
```

程序的运行结果如下：

```
子进程正在工作:
子进程 PID 是 11718
父进程 PID 是 11713
父进程正在工作:
父进程 PID 是 11713
子进程 PID 是 11718
```

由结果可知，父进程调用子进程后，父进程由内核状态转为用户状态，子进程开始执行并输出信息。然后子进程调用 exit()函数进入僵死状态，父进程由用户状态重新回到内核状态并输出信息。最后，父进程等待子进程结束，父进程结束。

⌂注意：子进程是从 fork()调用处开始执行的，因此 fork()调用不会被执行两次。代码中的
　　　fork()调用返回给父进程和子进程的值不同，可于用于区分哪个是父进程，哪个
　　　是子进程。

15.2.2 exec 系统调用

exec 系统调用（execute 的简写）以新进程替代原有的进程，但是 PID 保持不变。因此可以认为，exec 系统调用实际上没有创建新进程，只是替换了原有进程上下文的内容。exec 系统调用共有 6 个函数，代码如下：

```
int execl(const char *path, const char *arg, ...);
int execlp(const char *file, const char *arg, ...);
int execle(const char *path, const char *arg, ...);
int execv(const char *path, char *const argv[]);
int execve(const char *path, char *const argv [], char *const envp[]);
int execvp(const char *file, char *const argv[]);
```

在使用这些函数之前，必须在程序中定义全局变量，代码如下：

```
extern char **environ;
```

这个变量是预定义用来指向 Linux 系统全局变量的指针，这样就能在当前的工作目录下执行系统程序了，正如在 shell 中可以不输入路径直接运行 Vi 和 GCC 等程序一样。

在 exec 系统调用的 6 个函数中，execve()函数是另外 5 个函数的基础。这几个函数的区别可以总结为以下 3 点：

- ❑ 待执行程序文件是由文件名还是路径名指定：第一个参数为*file 的是文件名，为 *path 的即路径名。
- ❑ 新程序的参数是一一列出还是由一个指针数组来引用：execl()函数和 execlp()函数是将参数一一列出；execle()函数也是将参数一一列出，但可以用指针数组引用环境变量；execv()函数和 execvp()函数的参数由一个指针数组来引用；execve()函数的参数用一个指针数组来引用，还用另一个指针数组引用环境变量。
- ❑ 把调用进程的环境传递给新程序还是新程序指定新的环境：execle()函数和 execve()函数为新程序指定新的环境。

这 6 个函数的执行效果是一样的，当执行成功时，函数的返回值为 0，否则返回–1。下例展示 execve()函数的用法。

```
01  //这是第一个文件，是被调用者，文件名为 beexec.c
02  #include <stdio.h>
03  #include <unistd.h>
04  extern char **environ;              //声明全局变量，用于保存环境变量信息
05  int main(int argc,char* argv[])
06  {
07    int i;
08    puts("输出执行参数: ");
09    for (i = 0; i <= argc; i++)  //以程序运行时输入的参数总数作为循环上限
10       printf("参数%d 是: %s\n", i, argv[i]);  //将所有的执行参数输出
11    puts("输出环境变量: ");
12    for (i = 0; environ[i] != NULL; i++)       //以环境变量总数作为循环上限
13       printf("%s\n", environ[i]);             //将所有环境变量输出
14  }
15
16  //这是第二个文件，是调用者，文件名为 doexec.c
17  #include <unistd.h>
18  #include <stdio.h>
```

```
19    extern char **environ;
20    int main(int argc, char* argv[])
21    {
22        puts("此信息可能无法输出");
23        execve("beexec",argv,environ);        //用 beexec 程序替换进程执行映像
24        puts("正常情况此信息无法输出");
25    }
```

该例由两个程序组成，必须分开编译。第一个程序名为 beexec，用于将第二个程序传递给它的参数和环境变量输出。执行第二个程序，puts()函数向缓冲区输入一条信息，使用 execve()系统调用函数使 beexec 替换原进程的执行映像。例如，输入命令如下：

```
./doexec test1
```

结果如下（因系统环境不同，结果有所差异）：

```
此信息可能无法输出
输出执行参数：
参数 0 是：./doexec
参数 1 是：test1
参数 2 是：(null)
输出环境变量：
SHELL=/bin/bash
SESSION_MANAGER=local/one-virtual-machine:@/tmp/.ICE-unix/1742,unix/
one-virtual-machine:/tmp/.ICE-unix/1742
...
```

通过结果可以发现，doexec 程序调用 execve()函数之前的一条输出语句没能输出到终端，原因是 doexec 程序的输出语句可能还存在于缓冲区中。当调用 beexec 程序时，缓冲区被 doexec.c 程序清空。如果不希望这样的情况发生，可使用"fflush(stdout);"语句将标准输出的缓冲区中的数据强制输出。

15.2.3　exit 系统调用

exit 系统调用的功能是终止发出调用的进程，它包含两个函数，分别是_exit()函数和 exit()函数。它们的一般形式如下：

```
void _exit(int status);
void exit(int status);
```

_exit()函数立即终止发出调用的进程，所有属于该进程的文件描述符都将关闭。如果该进程拥有子进程，那么父子进程关系被转到 init 进程上，被结束的进程将收到来自子进程的僵死信号 SIGCHLD。如果被结束的进程在控制台或终端上运行，shell 程序将收到 SIGHUP 信号。

exit 系统调用函数中的参数 status 用于返回父进程的状态值，父进程可通过 wait 系统调用获得。status 父进程最多只能读取 1 个字节，由此可知，其实际值域范围为 0～255。

_exit()函数没有返回值，被终止进程不会知道该调用是否成功。另外，该调用不会刷新输入、输出缓冲区，因此进程结束前必须自己刷新缓冲区，或者改用 exit()系统调用函数。exit()系统调用函数将进行一些上下文清理工作，如释放所有占用的资源、清空缓冲区等。

⌂注意：在由 fork()函数创建的子进程分支里，正常情况下使用 exit()函数是不正确的，原

因是使用它会导致标准输入、输出的缓冲区被清空两次，而且临时文件可能会被意外删除。

15.2.4　wait 系统调用

wait 系统调用可以使父进程与子进程同步。父进程调用子进程后，父进程将进入睡眠状态，直到子进程结束或者父进程被其他进程终止。使用 wait 系统调用需要包含头文件 sys/types.h 和 sys/wait.h。该调用有两个函数，分别是 wait()和 waitpid()，它们的一般形式如下：

```
__pid_t wait(int *stat_loc);
__pid_t waitpid(__pid_t pid, int *stat_loc, int options);
```

发出 wait 系统调用的进程进入睡眠状态，直到它收到一个子进程的僵死信号或收到其他重要的信号。如果父进程在 wait 系统调用的同时子进程进入僵死状态，则 wait 系统调用会立即结束。参数* stat_loc 用来获得子进程 exit 系统调用的参数值，只有最低 1 个字节能被读取。

调用 waitpid()函数与 wait()函数的区别是，wait()函数等待所有子进程的僵死状态，而 waitpid()函数等待 PID 与参数 pid 相关的子进程僵死状态。其中，参数 pid 的含义与取值方法如下：

- □ 当参数 pid 小于–1 且退出的子进程的进程组 ID 等于 pid 的绝对值时调用 waitpid()函数的进程结束等待。
- □ 当参数 pid 等于 0 且该子进程的进程组 ID 等于发出调用进程的组 ID 时子进程退出。
- □ 当参数 pid 大于 0 且等待进程 ID 等于参数 pid 时子进程退出。
- □ 当参数 pid 等于–1 时，调用 waitpid()函数的进程等待所有子进程退出后才能结束等待，相当于调用 wait()。

waitpid()函数的参数 options 的取值范围及意义如下：

- □ WNOHANG：该选项要求如果没有子进程退出就立即返回。
- □ WUNTRACED：如果发现已经僵死但未报告状态的子进程，那么父进程不进入睡眠状态，立即返回子进程的终止信息。

如果 stat_loc 参数不为 NULL，可通过该参数获得子进程的信息。下列宏能用来检查子进程的返回状态，见表 15.2。

表 15.2　检查子进程返回状态的宏

宏　名	说　明
WIFEXITED(status)	如果进程通过系统调用_exit()或exit()正常退出，则该宏的值为非0
WIFSIGNALED(status)	如果子进程是因为得到的信号没有被捕捉而导致退出，则该宏的值为非0
WIFSTOPPED(status)	如果子进程在没有终止的情况下停止了但可以重新执行时，该宏返回值为非0。这种情况仅在waitpid()调用中使用了WUNTRACED选项时出现
WEXITSTATUS(status)	如果WIFEXITED(status)返回值为非0，该宏返回由子进程调用_exit(status)或exit(status)时设置的调用参数status的值
WTERMSIG(status)	如果WIFSIGNALED(status)返回为非0，则该宏将返回导致子进程退出的信号的值
WSTOPSIG(status)	如果WIFSTOPPED(status)返回为非0，则该宏返回导致子进程停止的信号

15.2.5　sleep 系统调用

sleep 系统调用可以使进程主动进入睡眠状态，它的一般形式如下：

```
sleep(秒数);
```

执行该系统调用后，进程将进入睡眠状态，直到指定的秒数已到。正常情况下，该调用的返回值为 0，如果是被信号唤醒，则返回值为原始秒数减去已睡眠秒数的差。

15.3　进程的特殊操作

15.2 节介绍了进程的一些基本操作，如进程的产生、进程的终止、进程执行映像的改变和等待子进程终止等。本节介绍一些进程的特殊操作。掌握了这些操作，可以对进程的编程更加完善，能编写更为实用的程序。本节主要介绍获得进程的各种 ID、对进程设置用户 ID、改变进程的工作目录、根交换和改变进程的优先级等操作。

15.3.1　获得进程 ID

进程 ID 除了 PID 外，还有 UID、EUID、GID、EGID 和 PGID 这 5 个数值。其中，UID 是创建进程的用户信息；EUID 是创建进程的用户对进程所属的可执行文件的操作权限信息，另外还包括是否具有使用 kill 系统调用发送软中断信号给 Linux 内核结束进程的权限；GID 是创建进程的用户所属群组的信息；EGID 用于标识进程目前所属的用户组，它与 GID 并不一定相同，因为进程执行时所属的用户组可能会改变；PGID 用于标识进程组信息。

📖助记：UID 是 User Identification（用户身份证明）的简写；EUID 是 Effective User Identification（有效的用户身份证明）的简写；GID 是 Group Identification（组身份证明）的简写；EGID 是 Effective Group Identification（有效的组身份证明）的简写；PGID 是 Process Group Identification（进程组身份证明）的简写。

获得运行进程的 GID 可使用 getgid()函数，获得运行进程的 EGID 可使用 getegid()函数。标识 GID 与 EGID 是由于执行文件设置了 set-gid 位。这两个函数调用的一般形式如下：

```
__gid_t getgid(void);
__gid_t getegid(void);
```

如果要获得进程的 PID 可使用 getpid()函数，要获得父进程的 PID 可使用 getppid()调用。这两个函数调用的一般形式如下：

```
__pid_t getpid(void);
__pid_t getppid(void);
```

如果要获得进程的 PGID，可使用 getpgrp()函数，如果要获得指定进程的 PGID，可使用 getpgid()函数。这两个函数调用的一般形式如下：

```
__pid_t getpgrp(void);
```

```
__pid_t getpgid(__pid_t pid);
```

🔔注意：GID 和 PGID 的区别是，执行该进程的用户组 ID 一般就是该进程的 GID，如果
　　　　该执行文件设置了 set_gid 位，则文件所属的群组 ID 就是该进程的 GID。当一个
　　　　进程在 shell 中执行时，shell 程序就将该进程的 PID 作为该进程的组 PGID。从该
　　　　进程派生的子进程都拥有父进程所属进程的组 PGID，除非父进程将子进程的
　　　　PGID 设置为与该子进程的 PID 一样。

15.3.2　设置进程的 UID 和 GID

设置进程的 UID 可使用 setuid()函数，设置进程的 GID 可使用 setgid()函数。这两个函
数调用的一般形式如下：

```
int setuid(__uid_t uid);
int setgid(__gid_t gid);
```

setuid()函数可修改发出调用进程的 UID，参数 uid 为创建进程的用户信息。如果以
普通用户的 UID 作为参数执行该调用，Linux 内核将直接设置进程的 UID 为参数的 uid
信息。如果以根用户的 UID 作为参数，为了保障系统的安全性，Linux 内核将以进程表
和 u 区中用户真实的标识号来设置进程 UID。如果 setuid()函数执行成功则返回值为 0，
否则返回–1。

setgid()函数可修改发出调用进程的 GID，与 setgid()函数不同，该调用不会检验用户的
真实身份。参数 gid 为进程的新 GID 信息。setgid()函数执行成功时返回值为 0，否则返回–1。

🔔注意：setuid()函数使用时要十分小心。当进程的 EUID 为根用户时，如果 setuid()函数设
　　　　置 UID 为普通用户，则进程 UID 不能再被设置为根用户。当某个进程创建初期
　　　　需要根用户权限，完成相应任务后不再需要根用户权限时，可为进程原始的可执
　　　　行文件设置 set_uid 信息，并将所有者设置为根用户。这样，进程创建时的 UID
　　　　为根用户，当不需要根用户时，可用 setuid(getuid)表达式恢复进程的 UID 和 EUID
　　　　信息。

15.3.3　设置进程的 PGID

setpgrp()和 setpgid()系统调用可以设置进程的 PGID。它们的一般形式如下：

```
int setpgrp(void);
int setpgid(__pid_t pid, __pid_t pgid);
```

其中，setpgrp()函数直接将进程的 PGID 设为与 PID 相同的数值，setpgid()函数通过参
数修改 PGID。参数 pid 为指定进程的 PID，当其值为 0 时，则修改发出调用进程的 PGID。
参数 pgid 为指定的 PGID 信息，当其值为 0 时，修改所有 PID 与参数 pid 相等的进程，并
将这些进程的 PGID 值设为参数 pgid 的值。如果以普通用户权限发出此调用，而 PGID 原
本为根用户组所有，那么只有当指定进程与调用进程的 EUID 相同，或者指定进程为调用
进程的子进程时才有效。

15.3.4　设置进程的当前工作目录

在文件操作部分曾介绍过 chdir()系统调用，该调用对于进程控制有不同意义。chdir()函数将进程的当前工作目录改为由参数指定的目录。chdir()调用的一般形式如下：

```
int chdir(const char *path);
```

📖助记：chdir 是 Change directory（改变目录）的简写。

参数 path 为指定目录的路径，发出该调用的进程必须具备该目录的执行权限。当调用成功时返回值为 0，否则返回–1 并设置相应的错误代码。

15.3.5　设置根目录

chroot()系统调用又称为根交换操作，通常是在一个 Linux 系统上虚拟另一个 Linux 系统，根交换后，所有的命令操作都被重新定向。chroot()调用的一般形式如下：

```
int chroot(const char *path);
```

📖助记：chroot 是 Change root（更改 root 目录）的简写。

参数 path 为新的根目录路径，命令执行后，进程将以该目录作为根目录，并且进程不能访问该目录以外的内容。根交换操作不改变当前的工作目录，如果当前的工作目录在指定目录以外，则无法访问其中的内容。根交换操作只能由根用户发出，调用成功时返回值为 0，失败时返回–1，并设置相应的错误代码。

15.3.6　设置进程的优先级

nice()系统调用可以改变进程的优先级。nice()调用的一般形式如下：

```
int nice(int inc);
```

参数 inc 为调用 nice()函数的进程优先级数值的增量。优先级数值越低，被调度到 CPU 中运行的机会越大；优先级数值越高，被调度到 CPU 中运行的机会越低。但是，只有根用户能为 inc 参数设置负值，使进程的优先级提高，普通用户设置的正值会降低进程的优先级。当调用成功时，返回值为 0，否则返回–1。

15.4　小　　结

本章介绍了进程的基本概念和基本操作方法，还讲解了与进程操作有关的 Linux 系统调用函数。进程操作涉及许多操作系统和 Linux 内核方面的知识，读者不能理解时，可以查阅操作系统相关的书籍。进程控制对于发布大型软件非常有用，将程序实现功能不同的代码分开编译为可执行文件，实现了分而治之的思想。用一个主控制程序调用其他的程序，每个可执行文件的大小都有限，不用一次将所有程序调入内存。通过网络对软件升级时，每次只需要通过网络传输被改动的可执行文件，保证了升级过程的平稳过渡。

15.5　习　　题

一、填空题

1．子进程在内核中的数据结构又称为_____。
2．Linux 系统进程调度有调度_____和调度_____。
3．父进程与子进程的同步是通过_____系统调用实现的。

二、选择题

1．ps 命令中可以显示进程全部信息的选项是（　　）。
A．-f　　　　　　　　B．-e　　　　　　　　C．-a　　　　　　　D．-r
2．在 Linux 系统中，用户创建子进程的唯一方法是使用（　　）。
A．exec 系统调用　　B．exit 系统调用　　C．fork 系统调用　　D．其他
3．setuid()函数的功能是（　　）。
A．将进程的 PGID 设为与 PID 相同的数值　　B．修改发出调用进程的 UID
C．修改发出调用进程的 GID　　　　　　　　D．其他

三、判断题

1．Linux 系统是单任务操作系统。　　　　　　　　　　　　　　（　　）
2．调度时机指进程何时被调度到 CPU 中执行。　　　　　　　　（　　）
3．系统调用_exit()有返回值。　　　　　　　　　　　　　　　　（　　）

四、操作题

1．使用命令列出正在运行的进程。
2．使用代码获取子进程 PID 及父进程 PID。

第 16 章　进程间的通信

一个大型的应用软件往往需要众多进程协作，因此进程间通信（IPC）的重要性显而易见。Linux 系统的进程通信机制基本上是从 UNIX 平台的进程通信机制中移植过来的。主要的进程间通信机制有以下几种。

❑ 无名管道（Pipe）及命名管道（Named pipe）：无名管道可用于具有父子关系的进程间通信；命名管道用于无父子关系的进程间通信。无父子关系的进程可将信息发送到某个命名管道中，并通过管道名读取信息。

❑ 信号（Signal）：进程间的高级通信方式，用于通知其他进程有何事件发生。此外，进程可以向自身发送信号，还可以获得 Linux 内核发出的信号。Linux 支持 UNIX 系统早期信号函数 sigal()，并从 BSD 引入了信号函数 sigaction()。sigaction()函数不仅提供了更为有效的通信机制，并保持接口的统一，以替代 sigal()函数。

❑ 报文（Message）队列：又称为消息队列，是以 Posix 和 System V 为标准的通信机制。报文队列克服了信号的数据结构过于简单的问题，同时也解决了管道数据流无格式和缓冲区长度受限等问题。报文队列规定了每个进程的权限，避免了仿冒信息的出现。

❑ 共享内存：让多个进程访问同一个内存空间，适合于数据量极大和数据结构极为复杂的进程间通信。但这种方式忽略了系统的安全性，因此通常与其他进程间通信形式混合使用，并避免以根用户权限执行。

❑ 信号量（Semaphore）：为解决进程的同步和相关资源抢占而设计的。

❑ 套接字（Socket）：一种数据访问机制，不仅可用于进程间通信，还可用于网络通信。使用套接字最大的好处在于，可以使 Linux 中的程序能快速移植到其他类 UNIX 平台上。很多高级的进程间通信机制都是以套接字为基础实现的。

❑ D-Bus：一种高级的进程间通信机制，以上述机制为基础实现。它提供了丰富的接口和功能，简化了程序设计的难度。

16.1　进程之间的管道通信

本节将以管道方式为例讲解进程间通信的方法。管道本身是一种数据结构，遵循先进先出的原则。先进入管道的数据，只能先从管道中读出。数据一旦读取后，就会在管道中自动删除。管道通信以管道数据结构作为内部数据存储方式，以文件系统作为数据存储媒体。Linux 系统中有两种管道，分别是无名管道和命名管道。pipe 系统调用可创建无名管道，open 系统调用可创建命名管道。下面介绍这两种管道的实现方式。

16.1.1 pipe 系统调用

pipe（英文原意为管道）系统调用用来建立管道。与之相关的函数只有一个，即 pipe() 函数，该函数被定义在头文件 unistd.h 中，它的一般形式如下：

```
int pipe(int filedes[2]);
```

pipe 系统调用需要打开两个文件，文件标识符通过参数传递给 pipe()函数。文件描述符 filedes[0]用来读数据，filedes[1]用来写数据。pipe 系统调用成功时返回值为 0，错误时返回–1。管道的工作方式可以总结为以下 3 个步骤。

1．将数据写入管道

将数据写入管道使用的是 write()函数，与写入普通文件的操作方法一样。与文件不同的是，管道的长度受到限制，管道满时写入操作会被阻塞。执行写操作的进程会进入睡眠状态，直到管道中的数据被读取。fcntl()函数可将管道设置为非阻塞模式，当管道满时，write()函数的返回值为 0。如果写入的数据长度小于管道长度，则要求一次写入完成。如果写入的数据长度大于管道长度，当写完管道长度的数据时，write()函数将被阻塞。

2．从管道中读取数据

从管道中读取数据使用 read()函数来实现，读取的顺序与写入顺序相同。数据被读取后，这些数据将自动被管道清除。因此，使用管道通信的方式只能是一对一，不能由一个进程同时向多个进程传递同一个数据。如果读取的管道为空，并且管道写入端口是打开的，那么 read()函数将被阻塞，读取操作的进程进入睡眠状态，直到有数据写入管道为止。使用 fcntl()函数也可以将管道读取模式设置为非阻塞。

3．关闭管道

虽然管道有两个端口，但是只有一个端口能被打开，这样避免了同时对管道进行读和写的操作。关闭端口使用的是 close()函数，关闭读端口时，在管道上进行写操作的进程将收到 SIGPIPE 信号。关闭写端口时，进行读操作的 read()函数将返回 0。示例如下：

```
01    #include <unistd.h>              //标准函数库
02    #include <sys/types.h>           //该头文件提供系统调用的标志
03    #include <sys/wait.h>            //wait 系统调用相关函数库
04    #include <stdio.h>               //基本输入、输出函数库
05    #include <string.h>              //字符串处理函数库
06    #include <stdlib.h>              //该头文件提供 exit()
07    int main()
08    {
09      int fd[2], cld_pid, len;       //创建文件标识符数组
10      char buf[200];                 //创建缓冲区
11      if (pipe(fd) == -1) {          //创建管道
12        perror("创建管道出错");
13        exit(1);
14      }
15      if ((cld_pid=fork()) == 0) {   //创建子进程，判断进程自身是否为子进程
16        close(fd[1]);                //关闭写端口
```

```
17        len = read(fd[0], buf, sizeof(buf));   //从读端口中读取管道内的数据
18        //为缓冲区内的数据加入字符串结束符
19        buf[len]=0;
20        printf("子进程从管道中读取的数据是：%s ",buf);        //输出管道中的数据
21        exit(0);                                          //结束子进程
22     }
23     else {
24        close(fd[0]);                             //关闭读端口
25        //在缓冲区创建字符串信息
26        sprintf(buf, "父进程为子进程（PID=%d）创建该数据", cld_pid);
27        write(fd[1], buf, strlen(buf));          //通过写端口向管道写入数据
28        exit(0);                                 //结束父进程
29     }
30     return 0;
31  }
```

上述程序首先创建了一个管道，并且将管道的文件标识符传递给 fp[]数组。该数组有两个元素，fd[0]是读取管道的端口，fd[1]是写入管道的端口。然后，通过 fork()系统调用创建一个子进程。父进程的操作是向管道写入数据，子进程的操作是读取管道内的数据，最后子进程将所读取的数据显示到终端。

16.1.2 dup 系统调用

dup（duplicate，复制的简写）系统调用用来复制一个文件描述符，该操作是复制 U 区中的文件描述符。dup 系统调用能让多个文件描述符指向同一文件，便于管道操作。与 dup系统调用相关的函数有两个，分别是 dup()函数和 dup2()函数，它们的一般形式如下：

```
int dup(int fd);
int dup2(int fd, int fd2);
```

其中，fd 是原有的文件描述符，fd2 为指定的新文件描述符。这两个函数的区别为，dup()函数自动分配新文件描述符，并保证该文件描述符没有被使用。dup2()函数使用 fd2参数指定新文件描述符，如果该文件描述符已存在，则覆盖对应的文件描述符。新旧文件描述符可交换使用，并共享文件锁、文件指针和文件状态。如果调用成功，函数返回值为新文件描述符，否则返回–1。示例如下：

```
01  #include <unistd.h>                    //标准函数库
02  #include <stdio.h>                      //基本输入、输出函数库
03  #include <sys/types.h>                  //该头文件提供系统调用的标志
04  #include <sys/stat.h>                   //进程状态及相关操作函数库
05  #include <fcntl.h>                      //该头文件包含文件 I/O 相关操作
06
07  int main()
08  {
09     int fd;
10     if ((fd = open("output", O_CREAT|O_RDWR,0644)) == -1) {
11        //打开或创建文件
12        perror("打开或创建文件出错");
13        return 1;
14     }
15     close(1);                            //关闭标准输出
16     dup(fd);                             //复制 fd 到文件描述符 1 上
17     close(fd);                           //关闭文件描述符 fd
```

```
18    puts("该行数据将输出到文件中");
19    return 0;
20 }
```

在上述代码中，标准输出（文件描述符为 1）关闭，并将一个普通文件 output 的文件描述符复制到标准输出上。因为刚关闭了文件描述符 1，文件描述符表的第一个空表项是 1，dup()函数调用将 fd 的文件描述符复制到该位置上，所以，程序之后向标准输出写的内容都写到了文件 output 中。

16.2　进程之间的 D-Bus 通信

D-Bus 是一种高级的进程间通信机制，它由 freedesktop.org 项目提供，使用 GPL 许可证发行。D-Bus 最主要的用途是在 Linux 桌面环境中为进程提供通信，同时能将 Linux 桌面环境和 Linux 内核事件作为消息传递给进程。D-Bus 的主要概念为总线，注册后的进程可以通过总线接收或传递消息，进程也可以注册后等待内核事件响应，如等待网络状态的转变或者计算机发出关机指令。目前，D-Bus 已被大多数 Linux 发行版所采用，开发者可使用 D-Bus 实现各种复杂的进程间通信任务。

16.2.1　D-Bus 的基本概念

D-Bus 是一个消息总线系统，用于实现三层架构进程之间的通信。

- ❑ 接口层：由函数库 libdbus 提供，进程可以通过该函数库使用 D-Bus 的能力。
- ❑ 总线层：实际上总线层是由 D-Bus 总线守护进程提供的。它在 Linux 系统启动时运行，负责进程间的消息路由和传递，其中包括 Linux 内核和 Linux 桌面环境的消息传递。
- ❑ 包装层：由一系列基于特定应用程序框架的 Wrapper 库组成。

D-Bus 具备自身的协议，该协议基于二进制数据设计，与数据结构和编码方式无关。该协议无须对数据进行序列化，保证了信息传递的高效性。无论 libdbus 还是 D-Bus 总线守护进程，均不需要太大的系统开销。

总线是 D-Bus 的进程间通信机制。一个系统通常存在多条总线，这些总线由 D-Bus 总线守护进程管理。最重要的总线为系统总线（System Bus），Linux 内核引导时，该总线就已被装入内存。只有 Linux 内核、Linux 桌面环境和权限较高的程序才能向系统总线写入消息，以保障系统的安全性，防止恶意进程假冒 Linux 发送消息。

会话总线（Session Buses）由普通进程创建，可同时存在多条。会话总线属于某个进程私有，它用于进程间传递消息。

进程必须注册后才能收到总线的消息，并且可同时连接多条总线。D-Bus 提供的匹配器（Matchers）使进程可以有选择地接收消息，还可以运行进程注册回调函数，在收到指定消息时进行相应的处理。匹配器的功能等同于路由，可以避免因处理无关消息使进程的性能下降。除此以外，D-Bus 机制的重要概念有以下几个。

- ❑ 对象：封装后的匹配器与回调函数，它以对等（peer-to-peer）协议使每个消息都有一个源地址和一个目的地址。这些地址又称为对象路径或总线名称。对象的接口是回调函数，它以类似于 C++的虚拟函数实现。当一个进程注册到某个总线时，都要创建相应的消息对象。

- ❑ 消息：D-Bus 的消息分为信号（Signal）、方法调用（Method calls）、方法返回（Method Returns）和错误（Errors）。信号是最基本的消息，注册的进程可以给总线发送，其他进程通过总线读取消息。方法调用是通过总线传递参数，执行另一个进程接口函数的机制，用于通过某个进程控制另一个进程。方法返回是注册的进程在收到相关信息后自动做出反应的机制，由回调函数实现。错误是信号的一种，是注册进程错误处理机制之一。

- ❑ 服务（Services）：进程注册的抽象。进程注册某个地址后，即可获得对应总线的服务。D-Bus 提供了服务查询接口，进程可以通过该接口查询某个服务是否存在，或者服务结束时是否自动收到来自系统的消息。

安装 D-Bus 可在其官方网站上下载源码进行编译，地址为 http://dbus.freedesktop.org。或者在终端输入下列指令：

```
apt-get install dbus libdbus-1-dev
```

D-Bus 安装完毕后，头文件位于/usr/include/dbus-<版本号>/dbus 目录下，编译使用 D-Bus 的程序时，需加入编译指令`pkg-config  --cflags  --libs dbus-1`。

16.2.2　D-Bus 用例

在使用 GNOME 桌面环境的 Linux 系统中，通常用 GLib 函数库提供的函数来管理总线。在测试下列用例前，首先需要安装 GTK+开发包（见 22.3 节）并配置编译环境。该用例一共包含两个程序文件，每个程序文件需要单独编译为可执行文件。

1. 消息发送程序

dbus-ding-send.c 程序每秒都会通过会话总线发送一个参数为字符串 Ding!的信号。该程序的代码如下：

```
01  #include <glib.h>                          //包含 GLib 函数库
02  #include <dbus/dbus-glib-lowlevel.h>       //包含 GLib 函数库中的 D-Bus 管理库
03  #include <stdio.h>
04  static gboolean send_ding(DBusConnection *bus);//定义发送消息函数的原型
05  int main ()
06  {
07      GMainLoop *loop;                       //定义一个事件循环对象的指针
08      DBusConnection *bus;                   //定义总线连接对象的指针
09      DBusError error;                       //定义 D-Bus 错误消息对象
10      loop = g_main_loop_new(NULL, FALSE);//创建新事件循环对象
11      //将错误消息对象连接到 D-Bus
12      dbus_error_init (&error);
13      bus = dbus_bus_get(DBUS_BUS_SESSION, &error);     //连接到总线
14      if (!bus) {                            //判断是否连接错误
15          //使用 GLib 输出错误警告信息
16          g_warning("连接到 D-Bus 失败: %s", error.message);
17          dbus_error_free(&error);           //清除错误消息
```

```
18      return 1;
19    }
20    dbus_connection_setup_with_g_main(bus, NULL);
21    //将总线设为接收 GLib 事件循环
22    //每隔 1000ms 调用一次 send_ding()函数
23    g_timeout_add(1000, (GSourceFunc)send_ding, bus);
24    g_main_loop_run(loop);                       //将总线指针作为参数
25    return 0;                                    //启动事件循环
26  }
27  static gboolean send_ding(DBusConnection *bus) //定义发送消息函数的细节
28  {
29    DBusMessage *message;                        //创建消息对象指针
30    message = dbus_message_new_signal("/com/burtonini/dbus/ding",
31                              "com.burtonini.dbus.Signal",
32                              "ding");           //创建消息对象并标识路径
33    dbus_message_append_args(message,
34                  DBUS_TYPE_STRING, "ding!",
35                  DBUS_TYPE_INVALID);            //将字符串 Ding!定义为消息
36    dbus_connection_send(bus, message, NULL);    //发送该消息
37    dbus_message_unref(message);                 //释放消息对象
38    //该函数等同与标准输入、输出库的 printf()
39    g_print("ding!\n");
40    return TRUE;
41  }
```

main()函数创建了一个 GLib 事件循环，获得会话总线的一个连接，并将 D-Bus 事件处理集成到 GLib 事件循环中，然后创建了一个名为 send_ding()函数作为间隔为 1s 的计时器，并启动事件循环。send_ding()函数构造了一个来自对象路径/com/burtonini/dbus/ding 和接口 com.burtonini.dbus.Signal 的新的 Ding 信号，然后将字符串 Ding!作为参数添加到信号中并通过总线进行发送。在标准输出中会输出一条消息，让用户知道发送了一个信号。

注意：如果没有<dbus/dbus-glib.h>，需要执行以下命令：

```
apt-get install libdbus-glib-1-dev
```

2．消息接收程序

dbus-ding-listen.c 程序通过会话总线接收 dbus-ding-send.c 程序发送的消息。该程序的代码如下：

```
01  #include <glib.h>                      //包含 GLib 函数库
02  #include <dbus/dbus-glib-lowlevel.h>   //包含 GLib 函数库中的 D-Bus 管理库
03  //定义接收消息函数的原型
04  static DBusHandlerResult signal_filter
05    (DBusConnection *connection, DBusMessage *message, void *user_data);
06  int main()
07  {
08    GMainLoop *loop;                     //定义一个事件循环对象的指针
09    DBusConnection *bus;                 //定义总线连接对象的指针
10    DBusError error;                     //定义 D-Bus 错误消息对象
11    loop = g_main_loop_new(NULL, FALSE); //创建新事件循环对象
12    dbus_error_init(&error);             //将错误消息对象连接到 D-Bus
13    //错误消息对象
14    bus = dbus_bus_get(DBUS_BUS_SESSION, &error);  //连接到总线
15    if (!bus) {                          //判断是否连接错误
```

```
16          g_warning("连接到 D-Bus 失败: %s", error.message);
17          //使用 GLib 输出错误警告信息
18          dbus_error_free(&error);        //清除错误消息
19          return 1;
20      }
21      dbus_connection_setup_with_g_main(bus, NULL);
22  //将总线设为接收 GLib 事件循环
23  dbus_bus_add_match(bus,"type='signal',interface='com.burtonini.
24  dbus.Signal'",NULL);              //定义匹配器
25      dbus_connection_add_filter(bus, signal_filter, loop, NULL);
26      //调用函数接收消息
27      g_main_loop_run(loop);            //启动事件循环
28      return 0;
29  }
30  static DBusHandlerResult            //定义接收消息函数的细节
31  signal_filter (DBusConnection *connection, DBusMessage *message, void
32  *user_data)
33  {
34    //定义事件循环对象的指针,并与主函数同步
35    GMainLoop *loop = user_data;
36    if (dbus_message_is_signal       //接收连接成功消息,判断是否连接失败
37     (message,DBUS_INTERFACE_LOCAL,"Disconnected")) {
38      g_main_loop_quit (loop);        //退出主循环
39      return DBUS_HANDLER_RESULT_HANDLED;
40    }
41    //指定消息对象路径,判断是否成功
42    if (dbus_message_is_signal(message, "com.burtonini.dbus.Signal",
43    "Ping")) {
44      DBusError error;                //定义错误对象
45      char *s;
46  //将错误消息对象与 D-Bus 错误消息对象连接
47  dbus_error_init(&error);
48      if (dbus_message_get_args       //接收消息,并判断是否有错误
49        (message, &error, DBUS_TYPE_STRING, &s, DBUS_TYPE_INVALID)) {
50        g_print("接收到的消息是: %s\n", s);         //输出接收到的消息
51        dbus_free (s);                //清除该消息
52      }
53      else {                          //有错误时执行下列语句
54        g_print("消息已收到,但有错误提示: %s\n", error.message);
55        dbus_error_free (&error);
56      }
57      return DBUS_HANDLER_RESULT_HANDLED;
58    }
59    return DBUS_HANDLER_RESULT_NOT_YET_HANDLED;
60  }
```

　　上面的程序代码用于侦听 dbus-ping-send.c 程序正在发出的信号。main()函数启动后，创建一个到总线的连接，然后声明一个触发机制，当发送 com.burtonini.dbus.Signal 接口的信号时会得到通知，将 signal_filter()函数设置为通知函数，然后进入事件循环。当满足匹配的消息被发送时，signal_func()函数会被调用。

　　想要确定接收的消息如何处理，可以通过检测消息头来实现。如果收到的消息为总线断开信号，则主事件循环将被终止，因为监听的总线已经不存在了。如果收到其他消息，首先将收到的消息与期待的消息进行比较，如果两者相同，则输出其中的参数并退出程序，如果两者不相同，则告知总线并没有处理该消息，这样消息会继续保留在总线中让其他程

序来处理。

注意：生成可执行文件需要执行以下命令。

```
gcc dbus-ding-send.c -o dbus-ding-send.out `pkg-config --cflags --libs
glib-2.0 dbus-1 dbus-glib-1`
gcc dbus-ding-listen.c -o dbus-ding-listen.out `pkg-config --cflags --libs
glib-2.0 dbus-1 dbus-glib-1`
```

16.3　媒体播放器——完善退出和音量控制功能

一些小型的应用程序很少使用进程间通信机制，但在 Linux 系统中，可利用 D-Bus 获取操作系统的变化情况。例如，在桌面环境退出时，D-Bus 将发出相关信号告知接入系统总线的程序，使这些程序能够在强制退出前保存数据。除此以外，音量调节、网络连接和新的文件系统被挂载（CDROM 和 USB 驱动器）都可由 D-Bus 报告。这是因为 Linux 的多种桌面环境均使用 D-Bus，应用程序的可移植性也得到了保证。本节将介绍媒体播放器使用 D-Bus 的实例。

16.3.1　媒体播放器在桌面环境退出时响应

媒体播放器需要使用图形界面，而图形界面必须依赖一种 Linux 桌面环境。Linux 的内核与桌面环境是分离的，在系统退出前首先会结束桌面会话，因此可以通过 D-Bus 获得桌面环境退出的消息。媒体播放器在退出前需要完成一系列工作，如保存当前程序界面的数据和播放列表等，这些工作在核心控制模块收到 GENERAL_EXIT 指令后进行。使用 D-Bus 需要启动 GLib 主循环，相关代码可放在主函数或某个独立的函数内。代码如下：

```
01  #include <glib.h>                          //包含 GLib 函数库
02  #include <dbus/dbus-glib-lowlevel.h>       //包含 GLib 函数库中的 D-Bus 管理库
03  int link_dbus()
04  {
05    GMainLoop *loop;                         //定义一个事件循环对象的指针
06    DBusConnection *bus;                     //定义总线连接对象的指针
07    DBusError error;                         //定义 D-Bus 错误消息对象
08    loop = g_main_loop_new(NULL, FALSE);     //创建新事件循环对象
09    dbus_error_init(&error);                 //将错误消息对象与 D-Bus 错误消息对象连接
10    bus = dbus_bus_get(DBUS_BUS_SYSTEM, &error);   //连接到系统总线
11    if (!bus) {                              //判断是否连接错误
12  //使用 GLib 输出错误警告信息
13  g_warning("连接到 D-Bus 失败: %s", error.message);
14      dbus_error_free(&error);                       //清除错误消息
15      return 1;
16    }
17  //将总线设为接收 GLib 事件循环
18    dbus_connection_setup_with_g_main(bus, NULL);
19    dbus_bus_add_match(bus,
20    //定义匹配器
21    "type='signal',interface='com.system.dbus.    Signal'",NULL);
22    dbus_connection_add_filter(bus, general_exit, loop, NULL);
```

```
23        //调用函数接收消息
24        g_main_loop_run(loop);                              //启动事件循环
25        return 0;
26    }
```

link_dbus()函数连接到 D-Bus 的系统总线中，并接收 com.system.dbus.Signal 管道内的信息，系统关闭信息即通过该管道传送。如果接收到任何消息，将调用 general_exit()函数进行处理。代码如下：

```
01    static DBusHandlerResult                     //定义接收消息函数的细节
02    general_exit (DBusConnection *connection, DBusMessage *message, void
03    *user_data)
04    {
05        //定义事件循环对象的指针，并与主函数同步
06        GMainLoop *loop = user_data;
07        if (dbus_message_is_signal              //接收连接成功消息，判断是否连接失败
08        (message, DBUS_INTERFACE_LOCAL, "Disconnected")) {
09          g_main_loop_quit (loop);                   //退出主循环
10          return DBUS_HANDLER_RESULT_HANDLED;
11        }
12        if (dbus_message_is_signal(message, "com.burtonini.dbus.Signal",
13        "Ping")) {
14          //指定消息对象路径，判断是否成功
15          DBusError error;                          //定义错误对象
16          char *s;
17    //将错误消息对象与 D-Bus 错误消息对象连接
18    dbus_error_init(&error);
19          if (dbus_message_get_args              //接收消息，并判断是否有错误
20          (message, &error, DBUS_TYPE_STRING, &s, DBUS_TYPE_INVALID)) {
21            if (!strcmp(s, "SHUTDOWN")) {        //判断收到的消息是否为系统关闭信息
22                main_core(GENERAL_EXIT, NULL);   //调用核心控制模块
23                dbus_free (s);                   //清除该消息
24            }
25          }
26          else {                                  //有错误时执行下列语句
27            g_print("消息已收到，但有错误提示: %s\n", error.message);
28            dbus_error_free (&error);
29          }
30          return DBUS_HANDLER_RESULT_HANDLED;
31        }
32        return DBUS_HANDLER_RESULT_NOT_YET_HANDLED;
33    }
```

general_exit()函数将在收到系统信息时运行，首先判断收到的信息是否为系统关闭信息。如果是，则调用核心控制模块进行处理。

16.3.2　调整系统音量

Linux 系统目前使用的通用的音频接口是 ALSA（Advanced Linux Sound Architecture，高级 Linux 声音架构），它在 Linux 操作系统中提供了音频和 MIDI（Musical Instrument Digital Interface，音乐设备数字化接口）支持。

调整系统音量可以通过调用 libasound 来实现，在 C 语言程序中使用 ALSA 接口首先需要安装相关函数库。在终端输入下列命令：

```
apt-get install libasound2-dev
```

安装相关函数库后，头文件的路径位于/usr/include/alsa 目录下，编译使用 ALSA 的程序需要加入添加 libasound.so 库

1. 调节音量

媒体播放器调节音量的操作是向核心控制模块发送 GENERAL_VOLUME 指令，核心控制模块调用 general_volume()函数进行操作。首先在 main_core.c 文件中加入下列头文件：

```
01  #include <sys/ioctl.h>            //提供 I/O 操作的相关控制函数
02  #include <alsa/asoundlib.h>
03  #include <fcntl.h>                //提供文件操作的相关控制函数
04  #include <sys/soundcard.h>        //提供声卡配置的相关系统调用
05  #include <linux/soundcard.h>      //OSS 函数库
```

在实现 general_volume()函数之前，需要对音量进行初始化，代码如下：

```
01  int unmute, chn;
02  int al, ar;
03  snd_mixer_t *mixer;
04  snd_mixer_elem_t *master_element;
05  void initvolume(){
06      snd_mixer_open(&mixer, 0);
07      snd_mixer_attach(mixer, "default");
08      snd_mixer_selem_register(mixer, NULL, NULL);
09      snd_mixer_load(mixer);
10      //设定音量的范围为 0~100
11      master_element = snd_mixer_first_elem(mixer);
12      snd_mixer_selem_set_playback_volume_range(master_element,0,100);
13  }
```

general_volume()函数的细节代码如下：

```
01  int general_volume(int volume)
02  {
03      initvolume();
04      //设定 Master 音量
05  snd_mixer_selem_set_playback_volume(master_element,SND_MIXER_SCHN_FR
06  ONT_LEFT, volume);
07  snd_mixer_selem_set_playback_volume(master_element,SND_MIXER_SCHN_FR
08  ONT_RIGHT, volume);
09      return 0;
10  }
```

2. 查询音量

媒体播放器查询音量是通过向核心控制模块发送 REQUEST_VOLUME 指令实现的，核心控制模块调用 request_volume()函数通过 snd_mixer_selem_get_playback_volume()查询音量的值。程序代码如下：

```
01  int request_volume(void)
02  {
03      initvolume();
04      snd_mixer_selem_get_playback_volume(master_element,
05      SND_MIXER_SCHN_FRONT_LEFT, &al);
06      snd_mixer_selem_get_playback_volume(master_element,
07      SND_MIXER_SCHN_FRONT_RIGHT, &ar);
08      printf("Master volume is %d\n", (al + ar) >> 1);
```

```
09      return 0;
10   }
```

16.4　小　　结

本章介绍了进程间通信的机制和以管道方式进行进程间通信的相关系统调用函数，以及基于 D-Bus 消息总线系统实现的更简单、方便的进程间通信方式。D-Bus 对于开发各种 Linux 系统应用程序都有极大的帮助，大型软件间的各个应用程序模块可以通过 D-Bus 传递消息，应用程序也能获得更丰富的系统信息。例如，文字处理程序在收到即将关闭计算机的信号时，可代替用户将数据保存起来；网络程序则可以通有关网络的消息判断网络的状态。除此以外，其他进程间的通信机制对于特定领域也是非常重要的，读者在开发中可根据实际情况进行选择。

16.5　习　　题

一、填空题

1．无名管道可用于具有_____关系进程间的通信。

2．报文（Message）队列又称为_____队列。

3．pipe()函数被定义在头文件_____中。

二、选择题

1．现在与信号相关的函数是（　　　）。

A．pipe()　　　　　　　B．sigaction()　　　　　C．dup2()　　　　　D．move()

2．下列与其他进程间通信形式混合使用的通信机制是（　　　）。

A．无名管道　　　　B．信号量　　　　　　C．D-Bus　　　　　D．共享内存

3．下列不属于 D-Bus 的三层架构是（　　　）

A．网络连接层　　　B．接口层　　　　　　C．总线层　　　　　D．包装层

三、判断题

1．报文队列是以 Posix 和 System V 为标准的通信机制。　　　　　　　　　（　　　）

2．D-Bus 由 freedesktop.org 项目提供的。　　　　　　　　　　　　　　　（　　　）

3．系统调用 dup 用来移动一个文件描述符。　　　　　　　　　　　　　　（　　　）

四、操作题

1．使用 pipe()函数创建管道，如果创建成功，输出管道创建成功信息，否则输出管道创建失败信息。

2．使用 dup()函数将字符串 Hello,Linux 输出到 MyFile 文件中。

第 17 章　线　程　控　制

　　进程是操作系统中资源管理的最小单位，是程序执行的最小单位。在操作系统的设计上，从进程演化出线程的主要目的就是更好地支持多处理器及减少上下文切换开销。线程和进程十分相似，不同的只是线程比进程小。一个进程至少需要一个线程作为它的指令执行体，进程管理着计算机资源，将线程分配到某个 CPU 上执行。本章将介绍线程的基本概念和相关系统调用函数，以及在 Linux 系统上设计多线程的方法。

17.1　线程的基本概念

　　线程是在共享内存空间中并发的多道执行路径，它们共享一个进程资源，如文件描述符和信号处理。操作系统在两个进程间进行切换时，要对前一个进程进行保护现场操作，对后一个进程进行还原现场操作。反复进行上下文切换会带来极大的系统开销，CPU 必须为此分配一定的时钟周期。线程则无须进行上下文切换，因为多个线程共享同一个进程的上下文。多个线程也共享同一个进程的 CPU 时钟周期，进程的状态并未因线程切换而改变。

　　Linux 系统曾经出现过多种线程标准，但是所有的标准都统一为 IEEE 制定的可移植操作系统接口（POSIX）标准。目前广泛使用的是 Pthread 线程标准，它更接近执行体的概念。同一进程的线程可共享同一个 U 区和上下文，但也能拥有自身的堆栈空间和独立的执行序列。Pthread 线程与轻量级进程（LWP）相似，可以使进程同时执行多个任务。

　　在实际应用中，很多程序都是基于多线程的。例如，网页浏览器，为了加快从网络上读取文件的速度，通常会启用多个线程分别读取文件的不同位置，最后将数据合并在一起。即时通信软件也涉及多线程的概念，否则无法同时与多人进行通信。

17.2　线程的实现

　　早期，Linux 系统中的线程是通过 fork 系统调用实现的，这种线程即为轻量级进程。它的缺陷是最多只允许同时创建 4095 个线程或进程，而高端系统同时需要服务上千用户，这个限制使 Linux 系统无法进入企业级市场。随着 Linux 系统的发展，线程或进程数量的限制被取消，并逐渐形成了新的线程模型 NPTL（Native POSIX Threading Library）。

　　NPTL 与 POSIX 标准保持了兼容性，其创建、启动和链接开销都非常低，并且提供了良好的软硬件扩展能力。对于运行负荷繁重的线程应用，以及多路处理器和多核处理器而言，NPTL 线程性能提高显著。除此以外，NPTL 引入了线程组、线程独立的本地存储区等概念，在多线程和内存管理机制上也进行了大量改进。

17.2.1　用户态线程

用户态线程是由进程负责调度管理的高度抽象化且与硬件平台无关的线程机制。它的显著标志是，进程在创建多个线程时不需要 Linux 内核支持，也不直接对 CPU 标志寄存器进行操作。用户态的优势体现在下面两个方面。

- 减少多线程的系统开销：当进程中的线程进行调度切换时，不需要进行系统调用。同一个进程可创建的线程数没有限制。
- 用户态实现方式灵活：可根据实际需要设计相应的用户态线程机制，这对于实时性要求高的程序格外重要。

如果某个进程中的一个线程被阻塞，则该进程会进入睡眠状态，其他线程也同时被阻塞。导致这个结果的原因是 Linux 内核使用的是异步输入、输出机制。用户态的缺陷是无法发挥多路处理器和多核处理器的优势。

17.2.2　内核态线程

内核态线程是由 Linux 操作系统根据 CPU 硬件的特点，以硬件底层模式实现的线程机制。内核态将所有线程按照同一调度算法调度，更有利于发挥多路处理器和多核处理器所支持的并发处理特性。内核态线程可自由访问内存空间，并且在某一线程阻塞时，其他线程还能正常运行。但是，相对于用户态线程，内核态线程的系统开销稍大，并且必须通过系统调用实现，对硬件和 Linux 内核版本的依赖性较高，不利于程序移植。

17.3　POSIX 线程库

本节将以 Pthread 线程为标准讲解 POSIX 线程库的使用方法。Pthread 线程对应的函数库为 libpthread，它是目前 Linux 系统常用的线程库。它支持 NPTL 线程模型，以用户态线程实现，该函数库的接口被定义在 pthread.h 头文件中。

17.3.1　创建线程

创建线程可通过函数 pthread_create()实现。线程没有独立的 PID 等信息，无法直观地证明已创建成功。pthread_create()函数的一般形式如下：

```
int pthread_create(pthread_t *__restrict __newthread,
        const pthread_attr_t *__restrict __attr,
        void *(*__start_routine) (void *),
      void *__restrict __arg);
```

其中，第 1 个参数 newthread 是一个 pthread_t 结构的指针，该结构用于保存线程的信息，如果函数创建线程成功，则将线程的标识符等信息写入 newthread 指针所指向的内存空间。

第 2 个参数 attr 是一个 pthread_attr_t 结构指针。当没有特殊的属性要求时，可将 NULL 作为参数传递。

第 3 个参数表示需要传递的是 start_routine()函数的地址，该函数以一个指向 void 的指针为参数，返回的也是指向 void 的指针，这种方式使任何类型的数据都能作为参数，也能返回任何类型的数据结构。start_routine()函数的作用是启动线程。

第 4 个参数是 start_routine()函数的参数。

pthread_create()在创建线程成功时返回 0，如果失败则返回一个错误代码。需要注意的是，与 Pthread 相关的函数在发生错误时都不会返回–1。

17.3.2　结束线程

如果要线程结束，可调用函数 pthread_exit()，该函数的原理与结束进程的 exit 系统调用相似。它的作用是结束调用这个函数的线程，返回一个指向某个变量的指针。这个指针绝对不能是局部变量的指针，因为局部变量会在线程出现严重问题时消失。pthread_exit()函数的一般形式如下：

```
void pthread_exit(void *__retval) __attribute__ ((__noreturn__));
```

如果进程需要在线程结束后与其归并到一起，可以使用函数 pthread_join()，该函数的原理与进程同步的 wait 系统调用相同。pthread_join()函数的一般形式如下：

```
int pthread_join(pthread_t __th, void **__thread_return);
```

第 1 个参数用于指定要等待的线程，该参数即是 pthread_create()函数定义的标识符。第 2 个参数是一个指针，它指向另一个指针，这个指针指向线程的返回值。当等待的线程成功结束时，函数返回 0，否则返回一个错误代码。

下面演示从创建线程到结束线程的操作方法，新线程与原有线程共享变量。程序的完整代码如下：

```
01  #include <stdio.h>
02  #include <unistd.h>
03  #include <stdlib.h>
04  #include <pthread.h>                           //包含线程库
05  #include <string.h>
06  void *thread_function(void *arg);              //定义线程函数原型
07  char message[] = "THREAD TEST";               //定义公用的内存空间
08  int main()
09  {
10      int res;                                   //用于保存创建线程的返回值
11      pthread_t a_thread;                        //用于保存线程标识符等信息
12      void *thread_result;                       //用于接收线程结束时的返回值
13      //创建线程
14      res = pthread_create(&a_thread, NULL, thread_function, (void *)
15      message);
16      if (res != 0) {                            //判断创建是否有错误
17          perror("线程创建失败");
18          exit(EXIT_FAILURE);
19      }
20      printf("等待线程结束...\n");
21      res = pthread_join(a_thread, &thread_result);     //等待线程结束
```

```
22      if (res != 0) {                              //判断结束线程是否有错误
23          perror("等待线程结束失败");
24          exit(EXIT_FAILURE);
25      }
26      //输出线程返回的消息
27      printf("线程已结束，返回值：%s\n", (char *)thread_result);
28      printf("Message 的值为：%s\n", message);       //输出公用的内存空间的值
29      exit(EXIT_SUCCESS);
30  }
31  void *thread_function(void *arg) {               //定义线程函数的细节
32      printf("线程在运行，参数为：%s\n", (char *)arg);//输出线程的参数
33      sleep(3);                                    //使线程休眠 3s
34      strcpy(message, "线程修改");                   //修改公用的内存空间的值
35      pthread_exit("线程执行完毕");                    //结束线程
36  }
```

在上面的程序中，pthread_create()函数传递了一个 pthread_t 类型结构的地址，该地址用于对新线程的引用。pthread_create()函数的第 2 个参数实际为 NULL，表示不改变线程的默认属性。pthread_create()的第 3 个参数是为线程定义的函数名，第 4 个参数是线程函数的参数，即在程序开始部分定义的公用内存空间。

如果线程创建成功，那么就会有两个线程在同时执行。原有线程将继续执行 pthread_create()后面的代码，新线程执行线程函数体内的代码。在验证新线程启动成功后，原有线程调用 pthread_join()函数等待新线程结束。pthread_join()函数的两个参数分别是新线程的标识符信息和用于指向新线程返回值的指针。

新线程在函数体内先输出一条信息，再在休眠 3s 后改变公共内存空间内的数值，最后执行 pthread_exit()函数结束自身并返回一条信息。原有线程这时正在等待 pthread_join()函数接收新线程结束的信息，当收到结束信息时，pthread_join()函数将控制权还给主函数，主函数输出结束信息并退出。程序的输出结果如下：

```
等待线程结束...
线程在运行，参数为：THREAD_TEST
线程已结束，返回值：线程执行完毕
Message 的值为：线程修改
```

当编译上面的程序时，需要加入预先定义的_REENTRANT 宏和_POSIX_C_SOURCE 宏。例如：

```
gcc book_h32.c -o book_h32 -lpthread
```

🔔注意：上面的程序在多路处理器或多核处理器中可同时执行，即在不同的处理器或内核中可以同时执行；而在单路处理器中，需要处理器能够在两个线程间快速切换，才能达到同时执行的效果。

17.4　同　　步

线程同时运行时，可以使用两种方法帮助我们控制线程的执行情况，更好地访问关键代码。第一种方法是使用信号量，第二种方法是使用互斥量。这两种方法非常相似并能互相实现，选择哪种方法取决于程序的实际需要。例如，如果想要控制共享内存，使其在任

何时刻只有一个线程能够访问，那么使用互斥量更合适。如果需要控制一组同等对象的访问权，如从 5 条电话线里给某个线程分配一条，则计数信号量更合适。

17.4.1　信号量同步

与信号量相关的函数名字都以 sem_ 作为前缀，线程中使用的基本信号量函数有 4 个，它们被包含在头文件 semaphore.h 中。初始化信号量可使用函数 sem_init()，它的一般形式如下：

```
int sem_init(sem_t *__sem, int __pshared, unsigned int __value);
```

其中：第 1 个参数是 sem_t 结构的指针，该结构用于保存信号量的信息；第 2 个参数用于控制信号量的类型，如果参数值为 0，表示该信号量是局部的，否则其他程序就能共享这个信号量；第 3 个参数是信号量的初始值。

修改信号量可使用 sem_wait()函数和 sem_post()函数来实现，这两个函数执行的都是原子操作，即同时对同一个信号量操作的两个线程不会冲突。sem_wait()函数的作用是使信号量减 1，如果信号量的值为 0，那么 sem_wait()函数会保留控制权，等待信号量变为非 0 值后再进行操作，然后将控制权还给调用者。sem_post()函数的作用是使信号量加 1。它们的一般形式如下：

```
int sem_wait(sem_t *__sem);
int sem_post(sem_t *__sem);
```

参数为 sem_init()函数所生成的信号结构数据。当信号量使用结束的时候，可使用 sem_destroy()函数对其进行清理。该函数的一般形式如下：

```
int sem_destroy(sem_t *__sem);
```

sem_destroy()函数以信号量指针作为参数，归还信号量占用的资源。如果还有其他线程使用了已清理的信号量，那么线程会收到一个错误信息。下例演示信号量的操作方法。

```
01   #include <stdio.h>
02   #include <unistd.h>
03   #include <stdlib.h>
04   #include <string.h>
05   #include <pthread.h>                            //包含线程库
06   #include <semaphore.h>                          //包含信号量库
07   void *thread_function(void *arg);               //定义线程函数原型
08   sem_t bin_sem;                                  //定义信号量类型
09   #define WORK_SIZE 1024
10   char work_area[WORK_SIZE];                      //定义公用的内存空间
11   int main()
12   {
13     int res;
14     pthread_t a_thread;                           //保存创建线程的返回值
15     void *thread_result;                          //接收线程结束时的返回值
16     res = sem_init(&bin_sem, 0, 0);               //创建并初始化信号量
17     if (res != 0) {                               //判断信号量创建是否成功
18       perror("初始化信号量失败");
19       exit(EXIT_FAILURE);
20     }
21     res = pthread_create(&a_thread, NULL, thread_function, NULL);
22     //创建线程
```

```
23      if (res != 0) {                              //判断创建线程是否发生错误
24        perror("线程创建失败");
25        exit(EXIT_FAILURE);
26      }
27      printf("请输入要传送的信息，输入'end'退出\n");
28      while (strncmp("end", work_area, 3) != 0) {  //判断输入的是否为 end
29        fgets(work_area, WORK_SIZE, stdin);        //接收输入信息
30        sem_post(&bin_sem);                        //将信号量加 1
31      }
32      printf("\n 等待线程结束...\n");
33      res = pthread_join(a_thread, &thread_result);//等待线程结束
34      if (res != 0) {                              //判断结束线程是否发生错误
35        perror("线程结束失败");
36        exit(EXIT_FAILURE);
37      }
38      printf("线程结束\n");
39      sem_destroy(&bin_sem);                       //清除信号量
40      exit(EXIT_SUCCESS);
41    }
42    void *thread_function(void *arg)               //定义线程函数的细节
43    {
44      sem_wait(&bin_sem);                          //等待信号量变化，将信号量减 1
45      while (strncmp("end", work_area, 3) != 0) {  //判断收到的信息是否为 end
46        //输出收到信息的字符数量
47        printf("收到%d 个字符\n", strlen(work_area) - 1);
48        sem_wait(&bin_sem);                        //等待信号量变化，将信号量减 1
49      }
50      pthread_exit(NULL);                          //结束线程
51    }
```

上面的程序定义了一个全局范围的信号量，在创建进程前对信号量进行初始化，信号量初始值为 0。启动新线程后，将标准输入获得的数据存入公共的内存空间 work_area 中，然后用 sem_post()函数对信号量加 1。新线程等待信号量发生变化，一旦信号量发生变化，就检查公共空间里的数据并将数据的字符个数输出。如果键盘输入的信息为 end，那么原有线程将等待新线程结束，新线程在公共空间收到 end 信息后结束线程。

17.4.2　互斥量同步

互斥量同步是另一种在多线程程序中的同步访问手段。互斥量的作用犹如给某个对象加上一把锁，每次只允许一个线程去访问它。如果想对代码关键部分的访问进行控制，可以在进入这段代码之前锁定一个互斥量，完成操作之后再解开它。互斥量同步要用到的基本函数与信号量同步需要使用的函数相似，同样是 4 个，它们的一般形式如下：

```
int pthread_mutex_init(pthread_mutex_t *__mutex,const pthread_mutexattr_t
*__mutexattr);
int pthread_mutex_lock(pthread_mutex_t *__mutex);
int pthread_mutex_unlock(pthread_mutex_t *__mutex);
int pthread_mutex_destroy(pthread_mutex_t *__mutex);
```

pthread_mutex_init()函数用于创建一个互斥量，第 1 个参数是指向互斥量的数据结构 pthread_mutex_t 的指针，第 2 个参数是定义互斥量属性的 pthread_mutexattr_t 结构的指针，它的默认类型是 fast。类似于信号量的使用方法，pthread_mutex_lock()函数是对互斥量进

行锁定操作，pthread_mutex_unlock()函数是对互斥量进行解锁操作。pthread_mutex_destroy()
函数的作用是清除互斥量。

　　如果对一个已经加锁的互斥量调用 pthread_mutex_lock()函数，那么程序本身就会被阻
塞，而且拥有互斥量的那个线程因其现在也是被阻塞的线程之一，所以互斥量就永远也打
不开了，程序将进入死锁状态。要避免程序进入死锁状态有两种做法：一是让程序检测有
可能发生死锁的情况并返回一个错误；二是让程序递归地操作，允许同一个线程加多把锁，
但前提是以后必须有同等数量的解锁钥匙。下面演示互斥量的操作方法，代码如下：

```
01  #include <stdio.h>
02  #include <unistd.h>
03  #include <stdlib.h>
04  #include <string.h>
05  #include <pthread.h>                                  //包含线程库
06  #include <semaphore.h>                                //包含信号量库
07  void *thread_function(void *arg);                     //定义线程函数原型
08  pthread_mutex_t work_mutex;                           //定义互斥量
09  #define WORK_SIZE 1024
10  char work_area[WORK_SIZE];                            //定义公用的内存空间
11  int time_to_exit = 1;                                 //控制循环
12  int main()
13  {
14    int res;
15    pthread_t a_thread;                                 //保存创建线程的返回值
16    void *thread_result;                                //接收线程结束时的返回值
17    res = pthread_mutex_init(&work_mutex, NULL);//创建并初始化互斥量
18    if (res != 0) {                                     //判断互斥量创建是否成功
19      perror("初始化互斥量失败");
20      exit(EXIT_FAILURE);
21    }
22    //创建线程
23    res = pthread_create(&a_thread, NULL, thread_function, NULL);
24    if (res != 0) {                                     //判断创建线程是否成功
25      perror("线程创建失败");
26      exit(EXIT_FAILURE);
27    }
28    pthread_mutex_lock(&work_mutex);                    //锁定互斥量
29    printf("请输入要传送的信息，输入'end'退出\n");
30    while (time_to_exit) {                              //判断循环标志状态
31      fgets(work_area, WORK_SIZE, stdin);              //接收输入信息
32      pthread_mutex_unlock(&work_mutex);               //解锁互斥量
33      while (1) {
34        pthread_mutex_lock(&work_mutex);               //锁定互斥量
35        if (work_area[0] != '\0') {                    //判断公共内存空间是否为空
36          pthread_mutex_unlock(&work_mutex);           //解锁互斥量
37          sleep(1);                                    //原有线程睡眠1s
38        }
39        else {
40          break;                                       //结束循环
41        }
42      }
43    }
44    pthread_mutex_unlock(&work_mutex);                  //解锁互斥量
45    printf("\n 等待线程结束...\n");
46    res = pthread_join(a_thread, &thread_result);//等待线程结束
```

```
47      if (res != 0) {                              //判断结束线程是否成功
48         perror("线程结束失败");
49         exit(EXIT_FAILURE);
50      }
51      printf("线程结束\n");
52      pthread_mutex_destroy(&work_mutex);           //清除互斥量
53      exit(EXIT_SUCCESS);
54  }
55  void *thread_function(void *arg)                  //定义线程函数细节
56  {
57      sleep(1);                                     //子线程睡眠 1s
58      pthread_mutex_lock(&work_mutex);              //锁定信号量
59      while (strncmp("end", work_area, 3) != 0) {   //判断收到的信息是否为 end
60          printf("收到%d 个字符\n", strlen(work_area) - 1);
61          work_area[0] = '\0';                      //将公共空间清除
62          pthread_mutex_unlock(&work_mutex);        //解锁互斥量
63          sleep(1);                                 //子线程睡眠 1s
64          pthread_mutex_lock(&work_mutex);          //判断公共空间是否为空
65          while (work_area[0] == '\0') {
66              pthread_mutex_unlock(&work_mutex);    //解锁互斥量
67              sleep(1);                             //子线程睡眠 1s
68              pthread_mutex_lock(&work_mutex);      //锁定互斥量
69          }
70      }
71      time_to_exit = 0;                             //将循环结束标志置为 0
72      work_area[0] = '\0';                          //清除公共空间
73      pthread_mutex_unlock(&work_mutex);            //解锁互斥量
74      pthread_exit(0);                              //结束线程
75  }
```

在程序的开始，首先建立互斥量和公共内存空间，对循环控制符 time_to_exit 进行定义。互斥量初始化后，启动新线程，新线程首先试图对互斥量进行加锁。如果互斥量已经被锁定，则调用被阻塞，直到互斥量被解除锁定。新线程获得访问权时，先检查是否有退出程序的请求，如果有就将循环控制符 time_to_exit 设置为 0，然后清除公共空间内的数据并退出线程。如果没有收到退出请求，则统计公共空间内的字符个数，然后对互斥量进行解锁并等待原有线程的运行。实际上，原有线程的运行和新线程的运行是交叉进行的。

17.5 取 消 线 程

有时需要让一个线程能够请求另外一个线程结束，可以使用 pthread_cancel()函数发送一个要求取消线程的信号。该函数的一般形式如下：

```
int pthread_cancel(pthread_t __th);
```

参数指定的线程在收到取消请求后，会对自己稍做一些处理，然后结束。在线程函数中可使用 pthread_setcancelstate()设置线程自身的取消状态。该函数的一般形式如下：

```
int pthread_setcancelstate(int __state, int *_oldstate);
```

第 1 个参数是状态的设定值，它可以是一个枚举常量，定义有两个：PTHREAD_CANCEL_ENABLE 这个值允许线程接收取消请求；PTHREAD_CANCEL_DISABLE 这个值可以屏蔽取消请求。第 2 个参数是线程的取消状态，该状态的定义与创建线程的函数相同，如果没有特殊要求可传送 NULL。

如果取消请求被接受了，那么线程会进入第 2 个控制层次，即用 pthread_setcanceltype() 函数设置取消类型。该函数的一般形式如下：

```
int pthread_setcanceltype(int __type, int *__oldtype);
```

type 参数有两个取值：一个是 PTHREAD_CANCEL_ASYNCHRONOUS，表示线程接受取消请求后立即采取行动；另一个是 PTHREAD_CANCEL_DEFERRED，表示线程收到取消请求之后在采取实际行动之前，先执行 pthread_join()、pthread_cond_wait()、pthread_cond_tomewait()、pthread_testcancel()、sem_wait()或 sigwait()函数。下面用一个例子来演示线程取消操作的方法，代码如下：

```
01  #include <stdio.h>
02  #include <unistd.h>
03  #include <stdlib.h>
04  #include <pthread.h>                              //包含线程库
05  void *thread_function(void *arg);                //定义线程函数原型
06  int main()
07  {
08    int res;                                        //保存操作结果
09    pthread_t a_thread;                             //保存线程信息
10    void *thread_result;                            //保存线程返回值
11    //创建线程
12    res = pthread_create(&a_thread, NULL, thread_function, NULL);
13    if (res != 0) {                                 //判断线程创建是否成功
14      perror("线程创建失败");
15      exit(EXIT_FAILURE);
16    }
17    sleep(3);                                       //睡眠 3s
18    printf("取消线程...\n");
19    res = pthread_cancel(a_thread);                 //发送取消线程请求
20    if (res != 0) {                                 //判断线程取消是否成功
21      perror("取消线程失败");
22      exit(EXIT_FAILURE);
23    }
24    printf("等待线程结束...\n");
25    res = pthread_join(a_thread, &thread_result);        //等待线程结束
26    if (res != 0) {                                 //判断线程结束是否成功
27      perror("线程结束失败");
28      exit(EXIT_FAILURE);
29    }
30    exit(EXIT_SUCCESS);
31  }
32  void *thread_function(void *arg)                  //定义线程函数的细节
33  {
34    int i, res;
35    //定义线程状态，允许接受取消请求
36    res = pthread_setcancelstate(PTHREAD_CANCEL_ENABLE, NULL);
37    if (res != 0) {                                 //判断定义线程状态是否成功
38      perror("定义线程状态失败");
39      exit(EXIT_FAILURE);
40    }
41    //定义线程结束的方式为采取一些动作后再结束
```

```
42      res = pthread_setcanceltype(PTHREAD_CANCEL_DEFERRED, NULL);
43      if (res != 0) {                           //判断定义线程结束方式是否成功
44          perror("定义线程结束失败");
45          exit(EXIT_FAILURE);
46      }
47      printf("线程函数正在运行\n");
48
49      for (i = 0; i < 10; i++) {
50          printf("线程函数正在运行(%d)...\n", i);
51          sleep(1);                             //睡眠 1s
52      }
53      pthread_exit(0);
54  }
```

在上面的程序中，原有线程睡眠 3s 后，发出一个结束新线程的请求。新线程的取消状态被设置为允许取消，取消的类型为延迟取消。当新线程收到取消请求时，至少执行了pthread_join()函数，这样原有线程就能收到新线程已经取消的消息了。

17.6　多线程的实现

程序运行时创建的线程可以作为主线程。主线程可以创建出多个线程，在新创建的线程中还能再创建线程。本节用一个例子来讲解多线程的实现方法，完整的代码如下：

```
01  #include <stdio.h>
02  #include <unistd.h>
03  #include <stdlib.h>
04  #include <pthread.h>
05  #define NUM_THREADS 6                              //定义线程总数
06  void *thread_function(void *arg);
07  int main()
08  {
09      int res;
10      pthread_t a_thread[NUM_THREADS];               //定义线程数组
11      void *thread_result;
12      int lots_of_threads;
13      for (lots_of_threads = 0; lots_of_threads < NUM_THREADS; lots_of_
14      threads++) {
15          res = pthread_create(&(a_thread[lots_of_threads]), NULL,
16              thread_function, (void *) &lots_of_threads); //创建一个线程
17          if (res != 0) {
18              perror("线程创建失败");
19              exit(EXIT_FAILURE);
20          }
21          sleep(1);                                  //主线程睡眠 1s
22      }
23      printf("等待线程结束...\n");
24      for (lots_of_threads = NUM_THREADS - 1; lots_of_threads >= 0; lots_of_
25      threads--) {
26  res = pthread_join(a_thread[lots_of_threads], &thread_result);
27          if (res == 0) {
28              printf("结束一个线程\n");
29          } else {
30              perror("线程结束失败");
31          }
```

```
32        }
33
34        printf("线程全部结束\n");
35        exit(EXIT_SUCCESS);
36   }
37   void *thread_function(void *arg)                    //定义线程函数
38   {
39        //接收主线程传递的参数，该参数可以是任意类型
40        int my_number = * (int *) arg;
41        int rand_num;
42        printf("线程函数已运行，参数为：%d\n", my_number);
43        //获得一个随机数
44        rand_num = 1 + (int) (9.0 * rand() / (RAND_MAX + 1.0));
45        sleep(rand_num);                              //线程以随机数定义的时间睡眠
46        printf("第%d 个线程结束\n", my_number);
47        pthread_exit(NULL);                           //结束线程
48   }
```

上面的程序定义了一个线程数组，然后创建多个线程，并将线程的标识符保存在线程
数组里。主线程依次等待每个线程的结束。在线程函数中，每个线程获得随机的睡眠时间，
然后进入睡眠状态。主线程收到所有线程结束的消息后结束运行。程序的运行结果如下：

```
线程函数已运行，参数为：0
线程函数已运行，参数为：1
线程函数已运行，参数为：2
线程函数已运行，参数为：3
线程函数已运行，参数为：4
第 1 个线程结束
线程函数已运行，参数为：5
等待线程结束...
第 5 个线程结束
结束一个线程
第 0 个线程结束
第 2 个线程结束
第 3 个线程结束
第 4 个线程结束
结束一个线程
结束一个线程
结束一个线程
结束一个线程
结束一个线程
线程全部结束
```

这个结果是随机的，因为每个线程获得的睡眠时间不同。1+(int)(9.0*rand()/
(RAND_MAX +1.0))式的值域为 1～9 的正整数，该表达式也是一个非常有用的随机数产生
表达式。

17.7　小　　结

本章介绍了线程的概念和 POSIX 线程库。除此之外，Linux 还有很多线程的实现方式，
每种方式都有其优点和缺点，有的甚至并不完全与 POSIX 标准相兼容。线程主要用于需要

同时进行多个服务的程序中，例如，在即时通信软件里可以同时和多个人聊天，那么每个聊天的信道都需要一个线程来实现。在第 4 篇介绍网络编程的章节中还会多次提到线程的概念，希望读者能进一步理解线程编程的实际作用。

17.8　习　　题

一、填空题

1．线程使用的基本信号量函数包含在头文件_____中。

2．修改信号量可使用函数_____和 sem_post()实现。

3．在 Linux 系统中广泛使用的线程标准是_____。

二、选择题

1．线程结束时可调用的函数是（　　　）。

A．pthread_exit()　　　　　　　　　　B．pthread_create()

C．pthread_join()　　　　　　　　　　D．其他

2．在操作系统中资源管理的最小单位是（　　　）。

A．函数　　　　　　　　　　　　　　B．进程

C．线程　　　　　　　　　　　　　　D．其他

3．Pthread 线程对应的函数库为（　　　）。

A．libid3tag　　　　　B．libpthread　　　　C．libgtk　　　　D．其他

三、判断题

1．与信号量相关的函数名字都以 se_作为前缀。　　　　　　　　　　（　　　）

2．互斥量的作用犹如给某个对象加上一把锁，每次只允许一个线程去访问它。

（　　　）

3．内核态的缺陷是无法发挥多路处理器和多核处理器的优势。　　　（　　　）

四、操作题

1．编写代码，实现输出线程标识符。

2．编写代码，实现对信号量的初始化，如果成功则输出初始化信号量成功，如果失败则输出初始化信号量失败。

第 4 篇
Linux 网络编程与数据库开发

第 18 章　网络编程基础

计算机网络是通过通信线路互相连接的计算机的集合，它是由计算机及外围设备、数据通信和中断设备等构成的一个群体。TCP/IP 是 Internet 上使用的协议，而 Internet 是世界上最大的计算机网络。国际标准化组织对网络标准提出了 OSI 参考模型，该模型进一步规范了计算机网络的设计并解决了 TCP/IP 没有涉及的底层实现问题。Linux 系统的一个主要特点是它的网络功能非常强大。随着网络的日益普及，基于网络的应用也将越来越多。本章将讲解计算机网络的基本概念及基础的网络编程方法。

18.1　计算机网络的组成

在学习网络编程之前，首先需要了解计算机网络的组成部分，只有这样才能知道如何让程序在其上进行通信，以及网络编程所面对的问题。从物理层面来看，计算机网络由计算机设备、网络连接设备和传输介质三部分组成；从逻辑层面来看，计算机网络由网络协议、网络应用软件和数据三部分组成。计算机网络根据其组成形式又可分为多种结构，有的结构适用于某种特定的环境，但更多情况是将多种网络结构复合使用，组成实际的网络。为了规范不同的计算机和计算机网络进行通信，通常用网络模型来描述需要解决的问题的层次，并以网络模型为基础编制出了多种网络传输协议。

18.1.1　网络结构

大多数的计算机网络是局域网，整个网络位于一幢建筑物或一个房间内。局域网用于多台计算机之间共享资源。例如，连接两台计算机和一台打印机的局域网允许任何一台计算机访问打印机，如图 18.1 所示。

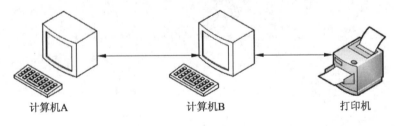

图 18.1　简单的局域网

根据局域网的组成形式，可以将局域网分为星型网络、环状网络和总线网络 3 种基本的网络结构。计算机都连在一个中心站点上，那么该网络即是星型网络。星型网络像车轮的轮辐，所以星型网络的中心通常被称为集线器或交换机。典型的集线器或交换机包含这样一种电子装置：它从发送数据的计算机那里接收数据并把数据传输到合适的目的地，如图 18.2 所示。

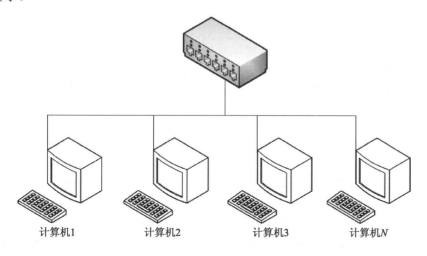

图 18.2　星型网络

环状网络将计算机连接成一个封闭的圆环，它用一根电缆连接第 1 台计算机与第 2 台计算机，再用另一根电缆连接第 2 台计算机与第 3 台计算机，以此类推，最后用一根电缆将最后一台计算机与第一台计算机连接，如图 18.3 所示。

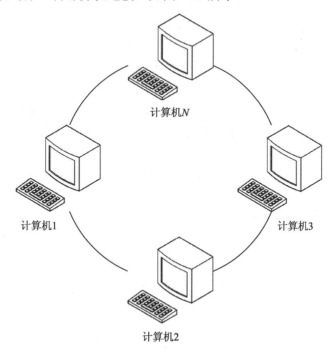

图 18.3　环状网络

总线网络通常有一根连接计算机的长电缆，任何连接在总线上的计算机都能通过总线发送信号，并且所有计算机也都能接收信号。由于所有连接在电缆上的计算机都能检测到电子信号，所以任何计算机都能向其他计算机发送数据，如图 18.4 所示。

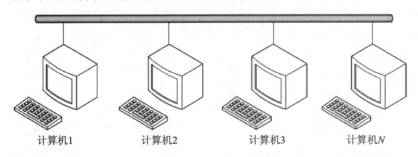

计算机1　　　　计算机2　　　　计算机3　　　　计算机N

图 18.4　总线网络

18.1.2　OSI 参考模型

国际标准化组织开发了开放式系统互联参考模型（Open System Interconnection Reference Model，OSI），以促进计算机系统的开放互联。开放式互联的特点是支持不同系统环境互联。OSI 模型为计算机间开放式通信需要定义的功能层次建立了全球标准，该模型的层次介绍如下：

- ❑ 物理层：该层并非指网络硬件或传输媒介，它只存在于抽象结构中，是负责数据流传输的最底层功能模块。物理层从第二层数据链路层（DDL）接收数据帧，然后以串行方式发送数据帧，每次只发送一个字节。另外，该层也负责接收数据流，然后组合成数据帧传送给数据链路层。
- ❑ 数据链路层：该层的作用是将数据流打包成数据帧，然后将数据帧交给物理层进行传递。该层也从物理层接收数据帧，并通过循环校验来检测数据传输的可靠性。
- ❑ 网络层：该层用于在设备间建立路由，处理数据帧中的地址信息。但是，该层不检验数据的完整性，而是交由数据链路层来完成。
- ❑ 传输层：该层是以数据包和网段为对象的数据处理层，它是高度抽象化的数据链路层服务。该层对数据的完整性负责，如果某个数据包丢失，其会要求对方重新发送该数据包。
- ❑ 会话层：该层用于建立两个网络终端之间的联系，与传输层关系极为密切，用于决定通信的模式是单工还是双工，以及基本的握手协议。
- ❑ 表示层：该层用于处理不同计算机的数据编码方式，负责对数据编码进行转换。不同计算机的数据编码系统可能有所差别，如 IBM 和 APPLE 系统之间的差别。
- ❑ 应用层：该层不包括任何应用，只是为 OSI 参考模型提供接口。通常，网络协议被应用程序调用的是应用层。

为了更清晰地展现 OSI 参考模型的每一层的功能，以及两个网络终端以 OSI 参考模型进行通信的原理，可以用垂直方向图表示该模型，如图 18.5 所示。OSI 参考模型在两个网络终端层层对应，因此每一层都具备输入和输出的功能。

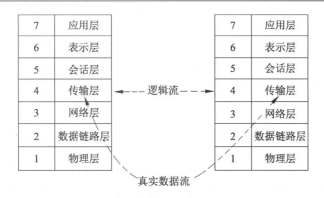

图 18.5　OSI 模型垂直方向的结构层次

18.1.3　TCP/IP 参考模型

OSI 参考模型并非实际应用中的标准，它只是一种抽象化的表示方法。目前真正被广泛使用的是 TCP/IP 参考模型，它是以 OSI 参考模型为基础设计的。Internet 的高速发展使 TCP/IP 参考模型被所有计算机所使用。

TCP/IP 是一个协议集，其核心为 TCP 与 IP。TCP/IP 参考模型也是一个开放模型，能适用互联网等各种网络，它具有如下 4 个特点。

- ❑　TCP/IP 是一种标准化的高级协议，同时提供了多种网络服务协议。
- ❑　具有完善的网络地址分配方法，网络中的每个点都具备独立的地址。
- ❑　是非专利技术，与操作系统及硬件结构无关。
- ❑　与网络硬件无关，适合各种网络结构。

TCP/IP 参考模型有 4 个层次。其中，应用层与 OSI 中的应用层对应，传输层与 OSI 中的传输层对应，网络层与 OSI 中的网络层对应，物理链路层与 OSI 中的物理层和数据链路层对应。TCP/IP 中没有 OSI 中的表示层和会话层，如图 18.6 所示。

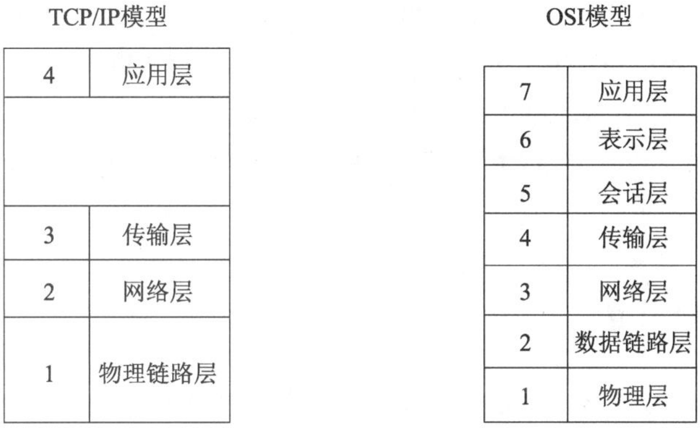

TCP/IP模型		OSI模型	
4	应用层	7	应用层
		6	表示层
		5	会话层
3	传输层	4	传输层
2	网络层	3	网络层
		2	数据链路层
1	物理链路层	1	物理层

图 18.6　TCP/IP 模型与 OSI 模型比较

1. 应用层

应用层是 TCP/IP 参考模型的最高层，它向用户提供一些常用应用程序，如电子邮件等。应用层包括所有的高层协议，并且总是不断有新的协议加入。应用层协议主要有：网络终端协议（TELNET），用于实现在互联网中远程登录的功能；文件传输协议（FTP），用于实现在互联网中交互式文件传输的功能；简单电子邮件协议（SMTP），用于实现在互联网中发送电子邮件的功能；域名服务（DNS），用于实现网络设备名字到 IP 地址映射的网络服务；网络文件系统（NFS），用于实现互联网中不同主机之间的文件系统共享功能。

2．传输层

传输层也称为 TCP 层，主要功能是负责应用进程之间的"端－端"通信。传输层定义了两种协议：传输控制协议（TCP）与用户数据包协议（UDP）。TCP 是一种可靠的面向连接的协议，主要功能是保证信息无差错地传输到目的主机上。UDP 是一种不可靠的无连接协议，它与 TCP 的区别是，它不进行分组顺序的检查和差错控制，而是把这些工作交给上一级应用层来完成。

3．网络层

网络层又称为 IP 层，负责处理互联网中计算机之间的通信，向传输层提供统一的数据包。它的主要功能有 3 个：处理来自传输层的分组发送请求；处理接收的数据包；处理互联的路径。

4．物理链路层

物理链路层的主要功能是接收 IP 层的 IP 数据包并通过网络向外发送，或接收从网络上传送的物理帧，抽出 IP 数据包然后向 IP 层发送。该层是主机与网络的实际连接层。

18.2　TCP/IP 概述

TCP/IP（Transmission Control Protocol/Internet Protocol）是随着 Internet 而发展的网络协议，目前应用非常广泛。Internet 最初是因为美国国防需要而建立的，用于保证美国政府的计算机网络间能够互通，并保证遭受核打击时不至于瘫痪。TCP/IP 很好地解决了不同网络互访问性和网络的健全性，它促进了 Internet 的发展。几乎所有的操作系统都支持 TCP/IP，Linux 系统更是将 TCP/IP 作为重要标准，因此成为世界上最流行的网络服务器操作系统。

18.2.1　IP 与 Internet

计算机网络技术在近 60 年的发展历程中，产生过多种不同的网络结构和通信协议，很多至今还在使用。让不同网络可相互访问的方案有两种：第一种是选择一种组网络结构为标准，使所有网络都按照同一个方法来组建。这种方案显然没有可行性，因为这样不但网络重建的费用太高，而且没有一种网络结构能满足所有应用。因此，第 2 种方法被提出，该方法要求设计一种协议，该协议能够被所有网络结构支持。TCP/IP 由此诞生，解决网络互通问题的是 IP。

IP 又称为网际协议，对应于 TCP/IP 参考模型的网络层，是 Internet 中最重要的协议。IP 规定数据包由数据包正文与报头两部分组成。数据包正文是要传递的数据，没有格式要求。报头包括发送主机的网络地址、接收主机的网络地址、数据包的报头校验和数据包的长度等信息。IP 的主要功能有数据包传输、数据包路由选择和堵塞控制。

18.2.2　IP 地址

所有 Internet 上的计算机都必须有一个 Internet 上唯一的编号作为其在 Internet 上的标识，这个编号称为 IP 地址。每个数据包都包含发送方的 IP 地址和接收方的 IP 地址。IP 地址是一个 32 位的二进制数，即 4 个字节，为方便起见，通常将其表示为 w.x.y.z 的形式。其中，w、x、y 和 z 分别为一个 0～255 的十进制整数，对应二进制表示法中的一个字节。这样的表示叫作点分十进制表示。

IP 地址的取得方式简单地说是大的组织先向 Internet 的 NIC（Network Information Center）申请若干个 IP 地址，然后将其向下级组织分配，下级组织再向更下一级的组织分配。各子网的网络管理员将取得的 IP 地址指定给子网中的各台计算机。IP 地址分为 3 类。

1．A类地址

A 类 IP 地址的最高位为 0，其前 8 位为网络地址，是在申请地址时由管理机构设定的，后 24 位为主机地址，可以由网络管理员分配给本机构子网的各主机。A 类地址的第一个十进制整数的值范围为 1～126。一个 A 类地址最多可以容纳 2^{24}（约 1600 万）台主机，最多可以有 127 个 A 类地址。当然这是从数学上讲的，事实上不可能达到，因为一个网络中有些地址是有特殊用途的，不能分配给具体的主机和网络，在 B 类地址和 C 类地址中也是如此。

2．B类地址

B 类 IP 地址的前 16 位为网络地址，后 16 位为主机地址，并且第一位为 1，第二位为 0。B 类地址的第一个十进制整数的值范围为 128～191。一个 B 类网络最多可以容纳 2^{16} 即 65536 台主机，最多可以有 214 个 B 类地址。

3．C类地址

C 类 IP 地址的前 24 位为网络地址，最后 8 位为主机地址，并且第 1 位、第 2 位为 1，第 3 位为 0。C 类地址的第一个整数值范围为 192～223。一个 C 类网络最多可容纳 2^8 即 256 台主机，共有 221 个 C 类地址。

有几个特殊的 IP 地址，第 1 个是回送地址，该地址用于网络测试或本机进程间通信，十进制形式为 127.0.0.1。第 2 个是广播地址，用于呼叫整个网络中的计算机，子网中的最后一个地址即被用作广播地址，例如 16.255.255.255 用于 A 类网络 16.0.0.0 中所有计算机的呼叫。第 3 个是子网地址，用于识别子网，子网中的第一个地址即是子网地址，如192.168.0.0。

18.2.3　TCP 简介

TCP 具有完善的循环效验机制，而且是重要的传输层协议，必须保证数据传递的完整性。另外，数据包报文中有计算机端口号信息，可以用来区别同一计算机中不同应用程序的数据。

TCP 的另一个重要功能就是把大的数据切成较小的数据包，或者将接收到的数据包按顺序还原为原始数据。如果发现某一个数据包丢失了，那么 TCP 会向源计算机发送请求，要求重新传递丢失的数据包。这种处理能力称为全双工。

为了可靠地完成数据传输任务，TCP 将报文或数据分成可管理的长度并加上 TCP 头，而且定义了一些主要的字段，如图 18.7 所示。

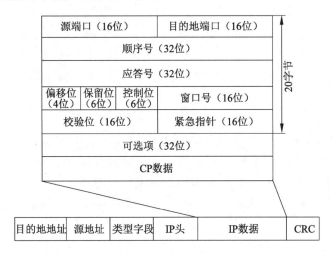

图 18.7　TCP 报文结构

下面介绍 TCP 报文中的字段定义。

- □ 源端口：源计算机指定的端口编号。
- □ 目的地端口：接收计算机的端口编号。
- □ 顺序号：分配给 TCP 包的编号。
- □ 应答号：接收计算机向源计算机发送的编号。
- □ 偏移位：指出 TCP 头的长度。它表明数据开始和 TCP 头结束。
- □ 保留位：为将来使用而保留的位，必须设置为 0。
- □ 控制位：包含各种控制指令，见表 18.1。
- □ 窗口号：也称接收窗口大小，表示在 TCP 连接上准备由主机接收的 8 位字节的数目。
- □ 校验位：一个差错检验数，用于确定被接收的数据报文（包括 TCP 头和所有数据）在传输期间是否出错。
- □ 紧急指针：指出紧接紧急数据的字节的顺序编号。
- □ 可选项：长度变量，涉及 TCP 使用的各种选项，即选项表的结束、无操作和最大分段长度。

表 18.1　TCP报头控制位指令

指　　令	说　　　明
URG	紧急指示字段
ACK	确认字符。在数据通信中，是接收站发给发送站的一种传输类控制字符，表示发送的数据已确认接收无误
PSH	启用推入功能
RST	恢复连接。用于一个功能不接收连接请求的情况
SYN	用于建立同步序号
FIN	数据不再从连接的发送点进入，结束总报文

TCP 提供的主要服务如下：

- 建立、维持和终结两个进程之间的连接。
- 可靠的包传递（经过确认过程）。
- 编序包（可靠的数据传送）。
- 控制差错的机制。
- 通过使用端口，允许在个别的源和目的地主机内部实现和不同进程多重连接的能力。
- 使用全双工操作的数据交换。

18.2.4　UDP 简介

UDP（User Datagram Protocol，用户数据包文协议）也是 TCP/IP 的传输层协议，它是无连接、不可靠的传输服务。当接收数据时，它不向发送方提供确认信息，也不提供输入包的顺序。如果出现丢失包或重复包的情况，它也不会向发送方发出差错报文，与 IP 非常类似。UDP 的主要作用是分配和管理端口编号，以正确无误地识别运行在网络站点上的个别应用程序。由于它执行时开销较低，因而执行速度比 TCP 快。UDP 多用于不需要可靠传输的应用程序，如网络管理域和域名服务器等。UDP 的报文结构如图 18.8 所示。

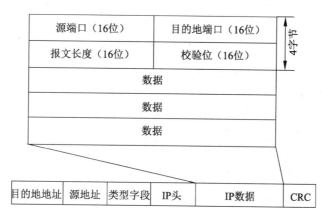

图 18.8　UDP 报文结构

18.3　Socket 套接字

Socket 套接字由远景研究规划局（Advanced Research Projects Agency，ARPA）资助加利福尼亚大学伯克利分校的一个研究组研发，其目的是将 TCP/IP 相关软件移植到 UNIX 类系统中。设计者开发了一个接口，以便应用程序能简单地调用该接口进行通信。这个接口不断完善，最终形成了 Socket 套接字。Linux 系统采用了 Socket 套接字，因此 Socket 接口被广泛地使用。与套接字相关的函数在头文件 sys/socket.h 中。

18.3.1　Socket 套接字简介

Socket 的英文原意是"插座"，作为类 UNIX 系统的进程通信机制，它如同插座一样帮助计算机方便地接入互联网进行通信。

任何用户在通信之前，首先要先申请一个 Socket 号，Socket 号相当于自己的电话号码。其次要知道对方的电话号码，相当于对方有一个 Socket。然后向对方拨号呼叫，相当于发出连接请求（假如对方不在同一区域内，还要拨对方的区号，相当于给出网络地址）。如果对方的电话处于空闲状态（相当于通信的另一个主机已开机且可以接受连接请求），拿起电话，双方就可以正式通话了，相当于连接成功。双方通话的过程，是向电话发出信号和从电话接收信号的过程，相当于 Socket 发送数据和从 Socket 接收数据。通话结束后，一方挂断电话，相当于关闭 Socket，撤销连接。

由此可见，Socket 的通信机制与电话交换机制非常相似。Socket 实质上提供了进程通信的端点。进程通信之前，双方必须先各自创建一个端点，否则是没有办法建立联系并相互通信的。每一个 Socket 都用一个半相关来描述：

{协议,本地地址,本地端口}

一个完整的 Socket 则用一个相关来描述：

{协议,本地地址,本地端口,远程地址,远程端口}

每一个 Socket 都有一个本地唯一的 Socket 号，由操作系统分配。套接字有 3 种类型：流式套接字（SOCK_STREAM）、数据包套接字（SOCK_DGRAM）和原始套接字。

流式套接字可以提供可靠的面向连接的通信流。如果通过流式套接字发送的数据顺序为 1 和 2，那么数据到达远程的顺序也是 1 和 2。流式套接字可用于 Telnet 远程连接、WWW 服务等需要使数据顺序传递的应用，它使用 TCP 保证数据传输的可靠性。流式套接字的工作原理如图 18.9 所示，我们将网络中的两台主机分别作为服务器和客户机看待。

数据包套接字定义了一种无连接的服务，数据通过相互独立的报文进行传输，它是无序的，并且不保证可靠性。数据包套接字使用的是 UDP，数据只是简单地传送给对方。数据包套接字的工作原理如图 18.10 所示。

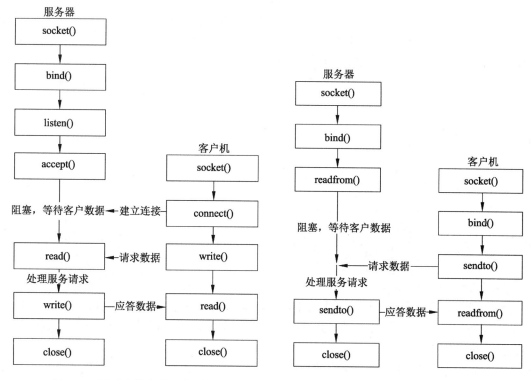

图 18.9　流式套接字的工作原理　　　　图 18.10　数据套接字的工作原理

原始套接字主要用于一些协议的开发，可以进行比较底层的操作，允许对底层协议如 IP 或 ICMP 直接访问，进行新的网络协议实现的测试等。原始套接字的功能强大，但是没有流式套接字和数据包套接字使用方便，一般的程序也不涉及原始套接字。

18.3.2　创建套接字

套接字是通过标准的 UNIX 文件描述符和其他的程序通信的一个方法。套接字在使用前必须先建立。建立套接字的系统调用为 socket()，它的一般形式如下：

```
int socket(int domain, int type, int protocol);
```

创建出来的套接字是一条通信线路的一个端点，domain 参数负责指定地址族，type 参数负责指定与这个套接字一起使用的通信类型，protocol 参数负责指定所使用的协议。domain 参数的取值范围见表 18.2。

表 18.2　domain参数的取值范围

参　　数	说　　明
AF_UNIX	UNIX内部（文件系统套接字）
AF_INET	ARPA因特网协议（UNIX网络套接字）
AF_ISO	ISO标准协议
AF_NS	施乐网络系统协议
AF_IPX	NOVELL IPX
AF_APPLETALK	Apple Talk DDS

最常用的套接字域是 AF_UNIX 和 AF_INET，前者用于通过 UNIX 文件系统实现的本地套接字，后者用于 UNIX 网络套接字。AF_INET 套接字域可以用在穿过包括 Internet 在内的各种 TCP/IP 网络而进行通信的应用程序中。

Socket 系统调用返回的是一个描述符，它与文件描述符非常相似。当这个套接字和通信线路另一端的套接字连接好以后，就可以进行数据的传输和接收操作了。

18.3.3 套接字地址

每个套接字域都有独特的地址格式。对于一个 AF_UNIX 套接字域来说，它的地址是由一个包含在 sys/un.h 头文件里的 sockaddr_un 结构描述的。该结构的定义如下：

```
struct sockaddr_un
{
    __SOCKADDR_COMMON(sun_);
    char sun_path[108];                          //路径
};
```

sun_path 给出的路径长度是有限制的，Linux 规定其最长不能超过 108 个字符。因为地址结构在长度方面是不固定的，所以许多套接字调用都要用到或输出一个用来复制特定地址结构的长度值。

AF_INET 套接字域里的套接字地址是由一个定义在 netinet/in.h 头文件里的 sockaddr_in 结构确定的。该结构的定义如下：

```
struct sockaddr_in
  {
    __SOCKADDR_COMMON(sin_);
    in_port_t sin_port;                          //端口号
    struct in_addr sin_addr;                     //Internet 地址
    /* 填充到 'struct sockaddr' 的大小。 */
    unsigned char sin_zero[sizeof (struct sockaddr)
          - __SOCKADDR_COMMON_SIZE
          - sizeof(in_port_t)
          - sizeof(struct in_addr)];
  };
```

其中，Internet 地址是 netinet/in.h 头文件中定义的另一个结构体。该结构体的定义如下：

```
struct in_addr
{
    in_addr_t s_addr;
};
```

18.3.4 套接字的名字

要使 socket()调用创建的套接字能够被其他进程使用，程序就必须给该套接字起个名字。AF_UNIX 套接字域会关联到一个文件系统的路径名，AF_INET 套接字域会关联到一个 IP 端口号。为套接字命名可使用 bind()系统调用，它的一般形式如下：

```
    int bind(int socket, __CONST_SOCKADDR_ARG addr, socklen_t len)
```

bind()系统调用的作用是把参数 addr 中给出的地址赋值给与文件描述符 socket 相关联的未命名套接字。地址结构的长度是通过 len 参数传递的。地址的长度和类型取决于地址族。bind()调用需要用一个与之对应的地址结构指针指向真正的地址类型。如果调用成功则返回 0，否则返回–1，并将 errno 变量设置为表 18.3 中的值。

表 18.3　bind()系统调用返回的错误代码

代　　码	说　　明
EBADF	文件描述符无效
ENOTSOCK	该文件描述符代表的不是一个套接字
EINVAL	该文件描述符是一个已命名的套接字
EADDRNOTAVAIL	地址不可用
EADDRINUSE	该地址已经绑定一个套接字

AF_UNIX 套接字域对应的错误代码比表 18.3 要多出两个：一个是 EACCESS，表示权限不足，不能创建文件系统中使用的名字；另一个是 ENOTDIR/ENAMETOOLONG，表示路径错误或路径名太长。

18.3.5　创建套接字队列

为了能够在套接字上接受接入的连接，服务器程序必须创建一个队列来保存到达的请求。创建队列可通过系统调用 listen()来完成。它的一般形式如下：

```
int listen(int socket, int backlog);
```

Linux 系统可能会对队列里能够容纳的排队连接的最大个数进行限制。在这个最大值范围内，listen()把队列长度设置为 backlog 个连接。在套接字上排队的接入连接个数最多不能超过这个数字，之后的连接将被拒绝，用户的连接请求将会失败。这是 listen()提供的一个机制，在服务器程序紧张地处理着上一个客户的时候，后来的连接将被放到队列里排队等号。backlog 常用的值是 5。

如果 listen()函数调用成功则会返回 0，否则返回–1，它的错误代码包括 EBADF、EINVAL 和 ENOTSOCK，含义同 bind()系统调用的错误代码相同。

18.3.6　接受连接

为服务器上的应用程序创建好命名套接字之后，就可以通过 accept()系统调用来等待客户端程序建立对该套接字的连接了。accept()函数的一般形式如下：

```
int accept(int socket, __SOCKADDR_ARG addr, socklen_t *__restrict addr_len);
```

accept()系统调用会等到有客户程序试图连接到由 socket 参数指定的套接字时才返回。该客户就是套接字队列里排在第一位的连接，accept()函数将创建一个新的套接字与该客户进行通信，返回的是与之对应的文件描述符。新套接字的类型与服务器监听套接字的类型相同。

套接字必须是被 bind()调用命名的，并且还要有一个由 listen()调用分配的连接队列。客户的地址放在 addrs 指向的__SOCKADDR_ARG 结构里。如果不关心客户的地址，可以在这里使用一个空指针。

参数 addr_len 给出了客户地址结构的长度。如果客户地址的长度超过了这个值，就会被截短。在调用 accept()之前，必须把 addr_len 设置为预期的地址长度。当这个调用返回时，addr_len 将被设置为客户地址结构的实际长度。

如果套接字队列里没有排队等候的连接，accept 将阻塞程序，直到有客户建立连接为止。这个行为可以用 O_NONBLOCK 标志来改变，方法是对这个套接字文件描述符调用 fcntl()函数。代码如下：

```
int flags = fcntl(socket, F_GETFL, 0);
fcntl(socket, F_SETFL, O_NONBLOCK|flags);
```

如果有排队等候的客户连接，accept()函数将返回一个新的套接字文件描述符，否则它将返回–1。错误原因除了类似于 bind()调用和 listen()调用中的情况之外，还有一个 EWOULDBLOCK，如果前面指定了 O_NONBLOCK 标志，但队列里没有排队的连接，就会出现这个错误。如果进程阻塞在 accept()调用的时候执行被中断了，就会出现 EINTR 错误。

18.3.7　请求连接

当客户想要连接到服务器的时候，客户端程序会尝试在一个未命名套接字和服务器的监听套接字之间建立一个连接。客户端程序和服务器程序使用 connect()系统调用来完成这个工作，它的一般形式如下：

```
int connect(int socket, __CONST_SOCKADDR_ARG addr, socklen_t len);
```

参数 socket 指定的套接字将连接到参数 addr 指定的服务器套接字上，服务器套接字的长度由参数 len 指定。套接字必须是通过 socket 调用获得的一个有效的文件描述符。如果操作成功，函数返回 0，否则返回–1。connect()函数产生的错误代码见表 18.4。

表 18.4　connect()系统调用返回的错误代码

代　　　码	说　　　明
EBADF	文件描述符无效
EALREADY	套接字上已经有了一个正在使用的连接
ETIMEDOUT	连接超时
ECONNREFUSED	连接请求被服务器拒绝

如果连接不能立刻建立，connect()会阻塞一段不确定的倒计时时间，这段倒计时时间结束后，这次连接就会失败。如果 connect()调用是被一个信号中断的，而这个信号又得到了处理，connect 还是会失败，但这次连接尝试是成功的，它会以异步方式继续尝试。

类似于 accept()调用，connect()的阻塞特性可以用设置该文件描述符的 O_NONBLOCK 标志的办法来改变。在这种情况下，如果连接不能立刻建立，则 connect()会失败并把 errno 变量设置为 EINPROGRESS，而连接将以异步方式继续尝试。

异步连接的处理是比较困难的，我们可以在套接字文件描述符上用一个 select()调用来表明该套接字已经处于写就绪状态。

18.3.8　关闭连接

系统调用 close()函数可以结束服务器和客户端上的套接字连接，就像对底层文件描述符进行操作一样。要想关闭套接字，就必须要把服务器和客户两边都关掉。对服务器来说，应该在 read()返回 0 时进行这项操作，如果套接字是一个面向连接的类型并且设置了 SOCK_LINGER 选项，那么 close()调用会在该套接字尚有未传输数据时阻塞。

18.3.9　套接字通信

本节将设计两个程序来演示套接字通信的过程。其中，一个为服务器程序，另一个为客户程序。

1．服务器程序

服务器程序的代码如下：

```
01  #include <sys/types.h>
02  #include <sys/socket.h>              //包含套接字函数库
03  #include <stdio.h>
04  #include <netinet/in.h>              //包含 AF_INET 相关结构
05  #include <arpa/inet.h>               //包含 AF_INET 相关操作的函数
06  #include <unistd.h>
07  int main()
08  {
09    int server_sockfd, client_sockfd;   //保存服务器和客户套接字标识符
10    int server_len, client_len;         //保存服务器和客户消息长度
11    struct sockaddr_in server_address;  //定义服务器套接字地址
12    struct sockaddr_in client_address;  //定义客户套接字地址
13    server_sockfd = socket(AF_INET, SOCK_STREAM, 0);    //定义套接字类型
14    server_address.sin_family = AF_INET;//定义套接字地址中的域
15    //定义套接字地址
16    server_address.sin_addr.s_addr = inet_addr("127.0.0.1");
17    server_address.sin_port = 9734;     //定义套接字端口
18    server_len = sizeof(server_address);
19    bind(server_sockfd, (struct sockaddr *) &server_address, server_
20    len);20                             //定义套接字名字
21    listen(server_sockfd, 5);           //创建套接字队列
22    while (1) {
23      char ch;
24      printf("服务器等待消息\n");
25      client_len = sizeof(client_address);
26      client_sockfd = accept(server_sockfd,        //接收连接
27          (struct sockaddr *) &client_address,
28          (socklen_t *__restrict) &client_len);
29      read(client_sockfd, &ch, 1);                 //读取客户消息
30      ch++;
31      write(client_sockfd, &ch, 1);                //向客户传送消息
32      close(client_sockfd);                        //关闭连接
33    }
34  }
```

　　服务器程序监听本地的 9734 端口，程序运行后等待客户通过该端口进行连接，从客户传送的消息里读取一个字符，对该字符进行加 1 操作后再传送给客户并关闭该连接。

2. 客户程序

客户程序的代码如下：

```
01  #include <sys/types.h>
02  #include <sys/socket.h>                  //包含套接字函数库
03  #include <stdio.h>
04  #include <netinet/in.h>                  //包含 AF_INET 相关结构
05  #include <arpa/inet.h>                   //包含 AF_INET 相关操作的函数
06  #include <unistd.h>
07  int main() {
08    int sockfd;                            //保存客户套接字标识符
09    int len;                               //保存客户消息长度
10    struct sockaddr_in address;            //定义客户套接字地址
11    int result;
12    char ch = 'A';                         //定义要传送的消息
13    sockfd = socket(AF_INET,SOCK_STREAM, 0);//定义套接字类型
14    address.sin_family = AF_INET;          //定义套接字地址中的域
15    address.sin_addr.s_addr = inet_addr("127.0.0.1");//定义套接字地址
16    address.sin_port = 9734;               //定义套接字端口
17    len = sizeof(address);
18    //请求连接
19    result = connect(sockfd, (struct sockaddr *) &address, len);
20    if (result == -1) {
21      perror("连接失败");
22      return 1;
23    }
24    write(sockfd, &ch, 1);                 //向服务器传送消息
25    read(sockfd, &ch, 1);                  //从服务器接收消息
26    printf("来自服务器的消息是%c\n", ch);
27    close(sockfd);                         //关闭连接
28    return 0;
29  }
```

　　客户端程序向本地的 9734 端口请求连接，如果连接成功则发送一个字符 A 作为消息，然后从服务器传送的消息中读取一个字符并将该字符输出，最后退出程序。

　　将这两个程序分别编译，然后打开两个终端，第 1 个终端运行服务器程序，这时会出现提示符"服务器等待消息"。第 2 个终端运行客户程序，客户程序会将字符 A 作为消息传送给服务器程序，服务器程序对该字符进行加 1 处理后再将其传送回客户程序。客户程序的输出是"来自服务器的消息是 B"。这样两个程序就完成了连接和通信。结束客户端程序可使用组合键 Ctrl + C。

18.4　网　络　通　信

　　18.3 节的例子实现了在同一台计算机中通过套接字通信的方法。如果是在网络中通信，需要客户端连接的地址为一个有效的 IP 地址，这样才能在两台计算机之间通信。除了 IP 地址以外，计算机名称也可以代表网络中的一台计算机。例如，在浏览器中使用的域名就

是 Internet 中由 DNS 服务所提供的网络地址机制。

18.4.1 查询主机名称

查询主机名称是通过访问主机数据库实现的，服务器数据库接口函数在头文件 netdb.h 中定义。与此相关的函数有 gethostbyaddr()和 gethostbyname()两个。它们的一般形式如下：

```
struct hostent *gethostbyaddr(const void *addr, __socklen_t len, int type);
struct hostent *gethostbyname(const char *name);
```

函数的返回值是指向 hostent 结构的指针，该结构用于保存主机名称等信息。hostent 结构的定义如下：

```
struct hostent {
  char *h_name;                    //主机名
  char **h_aliases;                //别名列表
  int h_addrtype;                  //地址类型
  int h_length;                    //地址的字节长度
  char **h_addr_list;              //地址列表
#ifdef  __USE_MISC
# define    h_addr  h_addr_list[0]
#endif
};
```

gethostbyaddr()是通过 IP 地址查询主机信息，gethostbyname()是通过主机名查询主机信息。如果在主机数据库中没有查到相关主机或地址的项，那么这些函数会返回一个空指针。

与服务及其关联的端口号有关的信息可以通过 getservbyname()函数和 getservbyport() 函数来查询。它们的一般形式如下：

```
struct servent *getservbyname(const char *name, const char *proto);
struct servent *getservbyport(int port, const char *proto);
```

其中，proto 参数用于指定连接到该项服务的协议，SOCK_STREAM 类型的 TCP 连接对应的是 tcp，UDP 连接对应的是 udp。函数的返回值是 servent 结构指针，该结构的定义如下：

```
struct servent {
  char *s_name;                    //服务名
  char **s_aliases;                //服务别名列表
  int s_port;                      //端口号
  char *s_proto;                   //协议类型
};
```

如果需要将地址信息用四分十进制法表示，可使用 inet_ntoa()函数来完成。该函数被包含在头文件 arpa/inet.h 中。它的一般形式如下：

```
char *inet_ntoa(struct in_addr in);
```

如果 inet_ntoa()执行成功，将返回一个指向四分十进制法表示的地址的字符串指针，否则返回 "-1"。查询当前主机名的函数是 gethostname()，它的一般形式如下：

```
int gethostname(char *name, size_t namelength);
```

如果 gethostname()函数执行成功，*name 参数所指向的内存空间将被写入主机名，namelength 参数限定了*name 参数所指向内存空间的长度。如果主机名太长，会被截短为

namelength 限定的长度。gethostname()函数执行成功时返回"0"，否则返回"–1"。下面用一个示例来演示查询主机名称操作的方法，代码如下：

```
01   #include <sys/socket.h>            //包含套接字的相关函数
02   #include <netinet/in.h>            //包含 AF_INET 相关结构
03   #include <netdb.h>                 //包含读取主机信息的相关函数
04   #include <stdio.h>
05   #include <unistd.h>
06   int main(int argc, char *argv[])
07   {
08      char *host;                     //保存主机名
09      int sockfd;                     //保存套接字标识符
10      int len, result;
11      struct sockaddr_in address;     //定义套接字地址
12      struct hostent *hostinfo;       //定义主机信息结构
13      struct servent *servinfo;       //定义服务信息结构
14      char buffer[128];
15      if (argc == 1)
16        host = "localhost";           //如果没有指定主机名，则设置为本机
17      else
18        host = argv[1];
19      hostinfo = gethostbyname(host); //获得主机信息
20      if (!hostinfo) {
21        fprintf(stderr, "找不到主机: %s\n", host);
22        return 1;
23      }
24      servinfo = getservbyname("daytime", "tcp"); //获得服务信息
25      if (!servinfo) {
26        fprintf(stderr, "无 daytime 服务\n");
27        return 1;
28      }
29      //输出端口信息
30      printf("daytime 服务端口是: %d\n", ntohs(servinfo -> s_port));
31      sockfd = socket(AF_INET, SOCK_STREAM, 0);     //建立套接字
32      address.sin_family = AF_INET;                 //定义套接字地址中的域
33      address.sin_port = servinfo -> s_port;        //定义套接字端口
34      //定义套接字地址
35      address.sin_addr = *(struct in_addr *) *hostinfo -> h_addr_list;
36      len = sizeof(address);
37      //请求连接
38      result = connect(sockfd, (struct sockaddr *) &address, len);
39      if (result == -1) {
40        perror("获得数据出错");
41        return 1;
42      }
43      result = read(sockfd, buffer, sizeof(buffer)); //接收数据
44      buffer[result] = '\0';
45      printf("读取%d 字节: %s", result, buffer);       //输出数据
46      close(sockfd);                                 //关闭连接
47      return 0;
48   }
```

运行程序时，将一个 UNIX 服务器地址作为该程序的运行参数。daytime 服务的端口号是通过网络数据库函数 getserverbyname()确定的，这个函数返回的是关于网络服务方面的资料，它们和主机资料差不多。程序先尝试连接指定主机信息数据库里的地址，如果成功

就读取 daytime 服务返回的信息，该信息是一个表示 UNIX 时间和日期的字符串。如果测试平台是 Linux 桌面操作系统，就修改/etc/xinetd.d/daytime 文件，将此文件中的两个 disable 的值由 yes 改为 no，再重启计算机即可运行 daytime 服务。

注意：在 Ubuntu 中默认没有安装 xinetd 软件，需要执行以下命令：

```
apt-get install xinetd
```

18.4.2　Internet 守护进程

提供多项网络服务的 Linux 系统通常是以超级服务器的方式运行的，由 Internet 守护进程 inetd 同时监听着许多端口地址上的连接。当有客户连接到某项服务时，inetd 进程就会运行相应的服务器程序。这使服务器程序不必一直保持运行状态，它们可以在必要时由 inetd 启动执行。下面是 inetd 配置文件/etc/inetd.conf 中的一个片段，这个文件的作用是决定运行哪些服务器。

```
#
# <service_name> <sock_type> <proto> <flags> <user> <server_path> <args>
#
#:INTERNAL: Internal services
#discard        stream tcp nowait  root     internal
#discard        dgram  udp wait    root     internal
#daytime        stream tcp nowait  root     internal
#time       stream tcp nowait  root     internal

#:STANDARD: These are standard services.

#:BSD: Shell, login, exec and talk are BSD protocols.

#:MAIL: Mail, news and uucp services.

#:INFO: Info services

#:BOOT: TFTP service is provided primarily for booting.  Most sites
#       run this only on machines acting as "boot servers."

#:RPC: RPC based services

#:HAM-RADIO: amateur-radio services

#:OTHER: Other services
```

连接 daytime 服务的操作实际上是由 inetd 进程本身负责处理的，SOCK_STREAM（tcp）套接字和 SOCK_DGRAM（udp）套接字都能使用这项服务。文件传输服务 FTP 只能通过 SOCK_STREAM 套接字提供，并且是由一个外部程序提供的。通过编辑该文件并将服务与某一程序相联系，就可以改变通过 inetd 进程提供的服务。

注意：在 Ubuntu 中默认没有安装 openbsd-inetd，需要执行以下命令：

```
sudo apt-get install openbsd-inetd
```

18.5　小　　结

本章介绍了计算机网络的相关概念，以及使用套接字进行网络间通信的方法。套接字通信的方法适用于较底层的通信协议设计，其他的各种网络协议如 FTP 和 HTTP 等都是在套接字的基础上建立的。如果需要进行网络间多点的连接，可以使用多进程或多线程的编程方法，在每个进程或线程中建立一个套接字连接，这样就能保证多个客户可以同时连接到服务器上。

18.6　习　　题

一、填空题

1．根据局域网的组成形式，可以将局域网分为_____、环状网络和总线网络 3 种基本网络结构。

2．IP 地址是一个_____位二进制数。

3．UDP 又称_____协议。

二、选择题

1．下列不是 TCP/IP 参考模型的层次是（　　）。

A．应用层　　　　　　　B．传输层　　　　　　　C．网络层　　　　　　　D．会话层

2．下列可以实现创建队列的函数是（　　）。

A．socket()　　　　　　B．bind()　　　　　　　C．accept()　　　　　　D．listen()

3．下列对于 EBADF 说明正确的是（　　）。

A．文件描述符无效　　　　　　　　　　　　B．地址不可用

C．该地址已经绑定一个套接字　　　　　　　D．其他

三、判断题

1．从物理层面看，计算机网络由网络协议、网络应用软件和数据这 3 个部分组成。

（　　）

2．TCP 可以把大的数据切成较小的数据包。　　　　　　　　　　　　　（　　）

3．IP 规定数据包由数据包正文与报头两部分组成。　　　　　　　　　　（　　）

四、操作题

1．编写代码，实现对套接字的创建，此套接字的套接字域为 AF_INET，通用类型为 SOCK_STREAM，如果创建成功，则输出创建套接字成功，否则输出创建套接字失败。

2．使用代码获取主机的名称。

第 19 章　网络编程函数库

网络应用中有许多建立在应用层的协议，这些协议提供了常用的 HTTP、FTP、TELNET、EMAIL 和即时通信服务。在 Linux 系统中设计这些网络应用，可以通过查阅 RFC（Request For Comments）文档获取相关协议的细节，再用 Socket 编程实现这些细节，从而组成一个网络应用程序。如果对这些应用没有特殊的功能要求，也可以使用现有的函数库来构建所需要的网络应用。所有常见的网络应用在 Linux 系统中都有对应的函数库，本章将介绍其中常用的几个函数库。

19.1　HTTP 与 FTP 函数库

超文本传输协议（HyperText Transfer Protocol，HTTP）是 Internet 上应用最广泛的一种网络协议。所有的 Web 网站都必须遵守这个标准。设计 HTTP 最初的目的是为了提供一种发布和接收 HTML 页面的方法。

文件传输协议（File Transfer Protocol，FTP）是进行文件传输的一套标准协议，属于 TCP/IP 中的一部分。FTP 服务一般运行在 20 和 21 两个端口上。其中，端口 20 用于传输数据流，端口 21 用于传输控制流。FTP 有两种使用模式：主动传输模式和被动传输模式。主动传输模式安全性更高，要求客户端和服务器端同时打开并且监听一个端口以建立连接。但客户端的防火墙会阻碍主动传输模式，因此创立了被动传输模式。被动传输模式比较简单，只要求服务器监听相应端口的进程，这样就可以绕过客户端防火墙的问题。

统一资源定位符（Uniform/Universal Resource Locator，URL）也称为网页地址，是 Internet 上标准的资源地址（Address）。

在 Linux 系统中实现这两种服务的函数库很多，本节将介绍其中最流行的 libcurl 函数库，并演示使用 libcurl 函数库中的常用函数建立简单客户端程序的方法。

19.1.1　libcurl 函数库简介

libcurl 是一个为网络客户端提供数据传输功能的函数库，它支持的协议有 HTTP、HTTPS、FTP、FTPS、SCP、SFTP、TFTP、DICT、TELNET、LDAP 和 FILE 等，同时支持各种 SSL 安全认证。使用 libcurl 函数库设计客户端程序的优点是功能强大，不需要了解各种协议的细节，程序简单、易运行。

libcurl 函数库是开源项目，可在其官方网站 http://curl.haxx.se/libcurl/ 上下载源代码并安装，也可以直接在终端执行以下命令安装：

```
sudo apt-get install libcurl4-openssl-dev
```

在基于 libcurl 函数库的程序里，主要采用回调函数（Callback Function）的形式完成传输任务，用户在启动传输前应设置好各类参数和回调函数。如果满足条件，libcurl 函数库将调用用户的回调函数实现特定的功能。libcurl 函数库的工作模式有两种，一种称为简单接口，在这种模式下可同步、直接、快速地进行文件传输，这种模式适用于大多数情况；另一种称为多线程接口，多线程接口可生成多个连接线程以异步方式进行文件传输。使用简单接口模式的 libcurl 函数库程序的工作流程如图 19.1 所示。

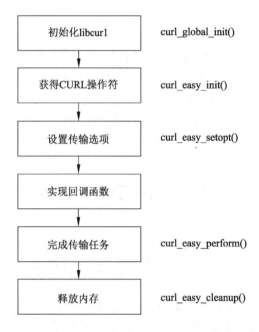

图 19.1　简单接口模式的 libcurl 函数库工作流程

19.1.2　libcurl 函数库中的主要函数

与 libcurl 相关的函数被包含在头文件 curl/curl.h 中。使用 libcurl 函数库前首先要对其进行初始化，可通过 curl_global_init()函数来实现。它的一般形式如下：

```
CURLcode curl_global_init(long flags);
```

curl_global_init()函数只能调用一次，如果在调用 curl_easy_init()函数前没有调用 curl_global_init()函数，那么 curl_easy_init()函数会自动调用 curl_global_init()函数。参数 flags 用于指定初始化状态，该参数的取值范围是一组枚举变量，见表 19.1。

表 19.1　flags参数的取值范围

成 员 名 称	说 明
CURL_GLOBAL_ALL	初始化所有可能的调用
CURL_GLOBAL_SSL	初始化支持安全套接字层的调用
CURL_GLOBAL_WIN32	初始化WIN32套接字库
CURL_GLOBAL_NOTHING	没有额外的初始化要求

当 libcurl 函数库结束使用时，可以调用 curl_global_cleanup()函数清理内存，该函数的

作用类似于 close()系统调用。

对 libcurl 函数库初始化后,可以调用 curl_easy_init()函数获得一个 cURL 操作符,这个操作符的作用与文件操作符非常相似,在程序中可通过 cURL 操作符访问相应的网络资源。curl_easy_init()函数的一般形式如下:

```
CURL *curl_easy_init(void);
```

cURL 操作符使用完毕后,同样需要对其内存进行清理,可以使用函数 curl_easy_cleanup()来完成。它的一般形式如下:

```
void curl_easy_cleanup(CURL *handle);
```

进行数据传输前必须告诉 libcurl 函数库如何工作。使用 curl_easy_setopt()函数可以指定 libcurl 的工作方式,或者在程序运行中改变 libcurl 函数库的工作方式。它的一般形式如下:

```
CURLcode curl_easy_setopt(CURL *handle, CURLoption option, parameter);
```

curl_easy_init()函数的第 1 个参数是 cURL 标识符,第 2 个参数是 CURLoption 类型的选项,第 3 个参数 parameter 既可以是函数的指针,又可以是某个对象的指针,还可以是 long 型的变量,它的类型取决于第 2 个参数的定义。CURLoption 类型关于 HTTP 和 FTP 的选项参见表 19.2。

表 19.2　CURLoption类型关于HTTP和FTP的选项

选　　项	说　　明
CURLOPT_URL	设置要访问的URL
CURLOPT_WRITEFUNCTION, CURLOPT_WRITEDATA	回调函数的原型为: size_t function(void *ptr, size_t size, size_t nmemb, void *stream); 该函数在libcurl接收到数据后被调用,因此该函数多用于数据保存的功能,如处理下载文件。CURLOPT_WRITEDATA用于表明CURLOPT_WRITEFUNCTION选项中的stream指针的来源
CURLOPT_HEADERFUNCTION, CURLOPT_HEADERDATA	回调函数原型为: size_t function(void *ptr, size_t size,size_t nmemb, void *stream); libcurl一旦接收到HTTP头部数据,将调用该函数。 CURLOPT_WRITEDATA传递指针给libcurl,该指针表明CURLOPT_HEADERFUNCTION函数的stream指针的来源
CURLOPT_READFUNCTION , CURLOPT_READDATA	libcurl需要将读取数据传递给远程主机时会调用CURLOPT_READFUNCTION指定的函数,函数原型是: size_t function(void *ptr, size_t size, size_t nmemb,void *stream); CURLOPT_READDATA表明CURLOPT_READFUNCTION()函数原型中的stream指针来源
CURLOPT_NOPROGRESS, CURLOPT_PROGRESSFUNCTION, CURLOPT_PROGRESSDATA	跟数据传输进度相关的参数。 CURLOPT_PROGRESSFUNCTION指定的函数正常情况下每秒被libcurl调用一次,为了使CURL OPT_PROGRESSFUNCTION被调用,CURLOPT_NOPROGRESS必须被设置为false, CURLOPT_PROGRESSDATA指定的参数将作为CURLOPT_PROGRESSFUNCTION指定函数的第一个参数
CURLOPT_TIMEOUT, CURLOPT_CONNECTTIMEOUT	CURLOPT_TIMEOUT用于设置传输时间,CURLOPT_CONNECTTIMEOUT用丁设置连接等待时间
CURLOPT_FOLLOWLOCATION	设置重定位URL

设置好工作方式后，可以使用 curl_easy_perform()函数执行相关的操作。该函数的一般形式如下：

```
CURLcode curl_easy_perform(CURL *handle);
```

curl_easy_perform()函数执行后，就会根据 curl_easy_setopt()函数指定的工作方式开始工作。如果执行成功，返回值为 0，否则返回一个错误代码。常见的错误代码是由 curl_easy_setopt()函数所指定的，参见表 19.3。

表 19.3　curl_easy_setopt()函数常见的错误代码

代　　码	说　　明
CURLE_OK	任务已完成
CURLE_UNSUPPORTED_PROTOCOL	不支持由URL的头部指定的协议
CURLE_COULDNT_CONNECT	不能连接到远程主机或者代理
CURLE_REMOTE_ACCESS_DENIED	访问被拒绝
CURLE_HTTP_RETURNED_ERROR	HTTP返回错误
CURLE_READ_ERROR	读取本地文件错误

19.1.3　使用 libcurl 函数库实现简单的 HTTP 访问

本例将使用简单接口模式设计一个 HTTP 访问的应用程序，通过网络获得 HTML 文件（超文本文件格式文件，HTTP 服务所使用的标准文件格式）并将该文件保存到本地。程序的完整代码如下：

```
01  #include <stdio.h>
02  #include <stdlib.h>
03  #include <curl/curl.h>                        //包含 libcurl 库
04  FILE *fp;                                     //定义一个文件标识符
05  size_t write_data(void *ptr,
06                  size_t size,
07                  size_t nmemb,
08                  void *stream) {  //定义回调函数，用于将 HTML 文件写入本地
09     int written = fwrite(ptr, size, nmemb, (FILE *) fp);
10     return written;
11  }
12  //第一个运行参数为 URL，第二个为本地文件路径
13  int main(int argc, char *argv[]) {
14     CURL *curl;                                //定义 cURL 标识符指针
15     curl_global_init(CURL_GLOBAL_ALL);    //初始化 libcurl
16     curl = curl_easy_init();                  //创建 cURL 标识符
17     //将第一个运行参数设置为要访问的 URL
18     curl_easy_setopt(curl, CURLOPT_URL, argv[1]);
19     //将第二个参数设置作为路径创建文件
20     if ((fp = fopen(argv[2], "w")) == NULL) {
21       puts("请以正确的形式输入要保存的文件名");
22       curl_easy_cleanup(curl);                //错误时清除 cURL 标识符
23       return 1;
24     }
25     //设置回调函数名称
26     curl_easy_setopt(curl, CURLOPT_WRITEFUNCTION, write_data);
27     curl_easy_perform(curl);                  //开始执行数据传输，结束后执行回调
```

```
28    curl_easy_cleanup(curl);                    //清除 cURL 标识符
29    return 0;
30  }
```

编译包含 libcurl 函数库的程序时需要加入编译指令-lcurl。在程序的开始部分定义了一个回调函数，回调函数的参数是 libcurl 函数库规定的。该程序的执行参数有两个，第 1 个是 URL，第 2 个是本地文件路径。将 libcurl 函数库的工作方式设置为 CURLOPT_URL 后，第 1 个参数被传递给 libcurl 函数库作为要访问的地址。然后设置 CURLOPT_WRITEFUNCTION，将回调函数的名称传递给 libcurl 函数库。这样，当执行 curl_easy_perform()函数时，回调函数将从网络上获得的数据写入本地文件。

19.2　SMTP、POP 与 IMAP 函数库

IMAP、POP 与 SMTP 是常用的 3 种电子邮件协议。SMTP 称为简单 Mail 传输协议（Simple Mail Transfer Protocal），目标是向用户提供高效、可靠的邮件传输方式。SMTP 的一个重要特点是能够在传送中接力传送邮件，即邮件可以通过不同网络上的主机进行接力式传送。SMTP 适用于两种场景：一是电子邮件从客户机传输到服务器上；二是电子邮件从某一个服务器传输到另一个服务器上。SMTP 监听 25 号端口，用于接收用户的 Mail 请求，并与远端 Mail 服务器建立 SMTP 连接。

POP（Post Office Protocol，邮局协议）用于电子邮件的接收，它使用 TCP 的 110 端口，现在常用的是第 3 版，因此简称为 POP3。POP3 仍采用客户端与服务器的工作模式。当客户机需要服务时，客户端的软件（Outlook Express 或 FoxMail）将与 POP3 服务器建立 TCP 连接，此后要经过 POP3 协议的 3 种工作状态，首先是认证过程，确认客户机提供的用户名和密码。认证通过后便转入处理状态，在此状态下用户可收取自己的邮件或删除邮件。完成响应的操作后，客户机便发出 quit 命令，此后进入更新状态，将做删除标记的邮件从服务器端删除。至此，整个 POP 过程完成。

IMAP（Internet Message Access Protocol）是通过 Internet 获取邮件信息的一种协议。IMAP 像 POP 那样提供了方便的邮件下载服务，让用户能进行离线阅读，但 IMAP 的功能远不止这些。IMAP 提供的摘要浏览功能可以让用户在阅读完所有的邮件到达时间、主题、发件人和大小等信息后才做出是否下载的决定。本节将介绍 Linux 系统中实现电子邮件客户端的函数库。

19.2.1　使用 libESMTP 函数库实现电子邮件的发送

libESMTP 函数库是 Linux 系统常用的 SMTP 库，很多电子邮件客户端的邮件传送功能都是建立在 libESMTP 库的基础上实现的，有的甚至直接借用 libESMTP 库实现 SMTP 的细节代码。要使用该函数库，可在其 GitHub 站点 https://github.com/libesmtp/libESMTP/releases 上下载源文件进行编译，或者在 Linux 终端输入下列命令：

```
apt-get install libesmtp6 libesmtp-dev
```

下例为无验证方式通过 SMTP 服务器发送邮件的程序代码：

```
01  #define _XOPEN_SOURCE                    //定义系统环境，使其符合 X/Open 标准
02  #include <stdio.h>
03  #include <stdlib.h>
04  #include <ctype.h>
05  #include <unistd.h>
06  #include <getopt.h>
07  #include <string.h>
08  #include <fcntl.h>
09  #include <signal.h>
10  #include <errno.h>
11  #include <stdarg.h>
12  #include <libesmtp.h>                     //包含 libESMTP 函数库
13  int main()
14  {
15      smtp_session_t session;              //定义 SMTP 会话
16      smtp_message_t message;              //定义 SMTP 消息结构
17      struct sigaction sa;                 //该结构包含收到信号后程序的行为
18      const smtp_status_t *status;         //保存 SMTP 状态
19      char buf[128];                       //文件的缓冲区
20      FILE *fp;                            //文件标识符
21      if((session = smtp_create_session ()) == NULL){ //创建 SMTP 会话
22          fprintf (stderr, "创建会话失败：%s\n",
23                   smtp_strerror (smtp_errno (), buf, sizeof buf));
24          return 1;
25      }
26      //从 SMTP 会话中接收消息并判断是否成功
27      if((message = smtp_add_message (session)) == NULL) {
28          fprintf (stderr, "服务器无应答：%s\n",
29                   smtp_strerror (smtp_errno (), buf, sizeof buf));
30          return 1;
31      }
32      sa.sa_handler = SIG_IGN;             //避免进程僵死
33      sigemptyset(&sa.sa_mask);            //初始化信号集
34      sa.sa_flags = 0;                     //使信息不被阻塞
35      sigaction (SIGPIPE, &sa, NULL);      //设置信号行为
36      smtp_set_server (session, "127.0.0.1:25");//设置 SMTP 服务器地址与端口
37      smtp_set_reverse_path (message, "test@test.com");//设置发送者邮箱地址
38      //使邮件头包含目的邮箱地址
39      smtp_set_header (message, "To", NULL, NULL);
40      smtp_set_header (message, "Subject", " test mail");//使邮件头包含主题
41      //使用默认的邮件头设置
42      smtp_set_header_option (message, "Subject", Hdr_OVERRIDE, 1);
43      fprintf(stderr, "%s\n", "SMTP 服务器设置成功");
44      if ((fp = fopen ("mail.eml", "r")) == NULL) {
45          perror("打开文件失败");
46          return 1;
47      }
48      smtp_set_message_fp (message, fp);  //将文件中的内容作为邮件消息内容
49      smtp_add_recipient (message,"test@localhost"); //为消息添加一个容器
50      if (!smtp_start_session (session)){ //连接 SMTP 服务器传送邮件
51          fprintf (stderr, "SMTP server problem %s\n",
52          smtp_strerror (smtp_errno (), buf, sizeof buf));
53      }
54      else
55      {
56          status = smtp_message_transfer_status (message); //获取发送状态
57          printf ("%d %s", status->code,
```

```
58              (status->text != NULL) ? status->text : "\n");
59     }
60     smtp_destroy_session (session);              //结束 SMTP 会话
61     if(fp != NULL)
62       fclose(fp);                               //关闭文件
63     return 0;
64 }
```

邮件的内容被定义在文件 mail.eml 文件中，可以用下例的形式编辑一个邮件：

```
[quote]
Return-Path: <[email]test@localhost[/email]>    //回复地址
Subject: LibESMTP 测试邮件
MIME-Version: 1.0                                //定义邮件的版本
Message-Id: <[email]test@localhost[/email]>      //目的地址
Content-Type: text/plain;                        //定义邮件类型
  charset=iso-8859-1                             //定义字符编码类型
Content-Transfer-Encoding: 7bit                  //定义传送的指令长度
邮件邮件内容开始，
...
邮件内容结束---
```

本例使用 Linux 系统中自带的 SMTP 服务器传送邮件，测试前需要确定 SMTP 服务器
已开启，并建立一个 test@localhost 邮箱。另外需要将 SMTP 发送验证设置为关闭状态，
也不要开启 SSL 连接模式。程序的编译参数为'pkg-config --cflags –libs esmtp'。

19.2.2　使用 libspopc 函数库实现 POP 访问

libspopc 函数库是一个开源项目，该项目提供了简单的 POP 接口。可在 libspopc 的官
方网站 http://brouits.free.fr/libspopc/releases 上下载函数库源文件进行编译。

注意：安装 libspopc 之前，需要安装 openssl 和 libssl-dev。命令如下：

```
sudo apt-get install openssl
sudo apt-get install libssl-dev
```

libspopc 函数库提供了两类访问 POP 服务器的函数，一类是高层函数，另一类是低层
函数。下例演示如何以高层函数访问 POP 服务器。

```
01 #include <libspopc.h>
02 #include <stdio.h>
03 #include <stdlib.h>
04 #include <string.h>
05 typedef struct _emaillist emaillist;
06 struct _emaillist {                          //定义结构体，用于保存邮件信息
07    int size;
08    int sig;
09    char head[500];
10    char msg[65536];
11 };
12
13 int main()
14 {
15    popsession* mysession;                     //定义 libspopc 会话
16    int error;
17    char servername[200];                      //保存 pop3 服务器地址
```

```
18        char user[20];                           //保存用户名
19        char pass[20];                           //保存密码
20        int last, total, i, j;
21        puts("请输入 pop3 服务器地址: ");
22        scanf("%s", servername);
23        puts("请输入用户名: ");
24        scanf("%s", user);
25        puts("请输入密码: ");
26        scanf("%s", pass);
27        libspopc_init();                         //初始化 libspopc
28        error = popbegin(servername,
29                    user,
30                    pass,
31                    &mysession);                 //打开 pop 连接
32        if (error != 0) {
33          puts("无法打开邮箱");
34          return 1;
35        }
36        last = mysession -> last;                //获取最后一个邮件的编码
37        total = mysession -> num;                //获取邮件总数
38        emaillist *els = malloc(sizeof(emaillist) * total);//动态分配内存
39        //存放邮件内容
40        for(i = 1; i <= last; i++){
41          (els + i - 1) -> size = popmsgsize(mysession,i) ; //获取邮件大小
42          (els + i - 1) -> sig = popmsguid(mysession,i);    //获取邮件编号
43          //获取邮件标题
44          strncpy((els + i - 1) -> head, popgethead(mysession,i), 499);
45          //获取邮件内容
46          strncpy((els + i - 1) -> msg, popgetmsg(mysession,i), 65535);
47          *(((els + i - 1) -> head) +500) = '\0';
48          *(((els + i - 1) -> msg) + 65536) = '\0';
49          popdelmsg(mysession,i);                //在邮箱中删除邮件
50        }
51        popend(mysession);                       //结束会话
52        libspopc_clean();                        //终止 libspopc
53        for (i = 0; i <= last - 1; i++) {
54          printf("%d: %30s %dB", (els + i) -> sig,
55                          (els + i) -> head,
56                          (int) (els + i) -> size / 1024 );
57        }
58        while(1) {
59          puts("请输入要查看邮件的编码, 输入-1 退出");
60          scanf("%d", &j);
61          if (j == -1)
62            break;
63          else {
64            for(i = 0; i <= last - 1; i++) {
65              if ((els + i) -> sig == j);
66              puts((els + i) -> msg);            //输出邮件内容
67            }
68          }
69        }
70        free(els);
71        return 0;
72    }
```

在本例中定义的 emaillist 结构体用于保存邮件列表信息，该结构体所占用的内存是根

据邮件数量动态分配的。接收邮件的过程极为简单，首先定义 popsession 结构指针，用户输入了服务器地址、用户名和密码后通过 popbegin()函数创建一个 POP 会话，popsession 结构指针里保存的是相应会话的标识符。然后调用 popmsgsize()函数获取每个邮件的长度，调用 popmsguid()函数获取邮件的编码，调用 popgethead()函数获取邮件的标题，调用 popgetmsg()函数获取邮件的内容。连接完成后，使用 popend()函数终止会话。最后，使用 libspopc_clean()函数进行清理。

　程序编译时需要加入编译参数'pkg-config --cflags --libs libspopc'，如果 libspopc 库是通过源文件编译的，则需要在/usr/lib/pkgconfig 路径中参照其他库配置 libspopc.pc 文件。

19.2.3　使用 mailutils 函数库实现 IMAP 访问

　IMAP 的实现比 POP 复杂许多。与 IMAP 服务器建立连接后，可直接通过会话管理邮箱中的文件。常用的 IMAP 函数库是华盛顿大学提供的 UW-IMAP 和 GNU 项目中的 mailutils 函数库，两者支持几乎所有的电子邮件协议，包括 SMTP 和 POP。mailutils 函数库倾向于邮件客户端的开发。mailutils 函数库没有对应的 Linux 系统安装包，必须从 GNU 官方网站上下载源代码进行编译安装，下载地址为 http://www.gnu.org/software/mailutils，代码中有详细的 IMAP 访问实现范例。访问 IMAP 服务器的工作流程与 POP 非常相似，只需要用对应函数替代上例中的函数即可。

19.3　即时通信函数库

　即时通信软件（IM）是一种用于网络间文本消息传递的程序，又称为聊天软件。自其诞生以来，逐渐成为网络中最重要的通信工具，并向着多元化方向发展。目前，主流的即时通信软件不但能提供语音和视频通信，而且集成了电子邮件、游戏、电子商务和办公协作等功能，成为综合化信息平台。因为提供即时通信服务的服务商没有统一的标准，所以即时通信软件的协议各不相同，甚至大多数协议都不对外开放。下面列出常见的协议。

- ❑ ICQ：世界上出现最早、使用最广泛的即时通信工具。
- ❑ IRC：一种开放的文本交流平台。
- ❑ MSN：微软公司开发的即时通信工具。
- ❑ QQ：腾讯公司开发的即时通信工具。
- ❑ Yahoo! IM：雅虎公司开发的即时通信工具。

　但是在 Linux 系统中，即时通信软件各自为政的时代已经结束，大多数软件都能支持多个即时通信协议。其中最著名的为 Pidgin，它几乎支持所有流行的即时通信协议，各种协议以插件的形式存在，因而可以方便地增加新协议的支持。Pidgin 提供了 libpurple 函数库，Pidgin 自身即建立在该函数库之上。目前，Pidgin 和 libpurple 已成为 GNOME 桌面环境的一部分。

19.3.1　libpurple 函数库简介

　libpurple 函数库提供了一种进行即时通信的公共机制，所有的即时通信协议都可以作为其中的一部分来运行。libpurple 函数库支持多个操作系统，包括 Linux 系统、Windows 系统和其他类 UNIX 系统，如 SCO-UNIX、BSD 和 AmigaOS。libpurple 函数库本身支持 NSS，为客户端和服务器之间加密通信的协定提供基础。除此之外，使用者可以安装插件以获得更多的功能，每一种通信协议都作为插件装入 libpurple 函数库。

libpurple 函数库包含即时通信软件的常见功能，如网络聊天、联系人信息管理、文件传输和聊天记录查询功能。

另外，libpurple 函数库支持 GTK+，可直接生成具有图形界面的即时通信软件。与当前 Linux 系统上另一个流行的多协议即时通信函数库 Telepathy 相比，libpurple 函数库所支持的协议更丰富，运行效率更高。但 libpurple 函数库在语音和视频通信方面的发展比 Telepathy 函数库慢，后者已开发出了成熟的语音和视频通信函数库。

运行 GNOME 桌面的 Linux 系统通常已包含 libpurple 函数库。如果需要下载源代码，可登录其官方网站 http://pidgin.im 进行下载。代码包提供了 libpurple 函数库的详细文档，以及多个示例程序。

🔊注意：在 Ubuntu 中可以在端口中输入以下命令安装 Pidgin 及相关的包。

```
sudo apt install pidgin
sudo apt-get install libpurple-dev
```

19.3.2　即时通信软件的工作机制

即时通信软件的工作机制如图 19.2 所示。

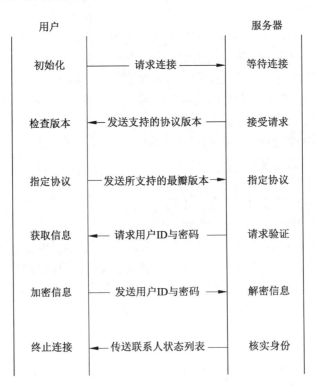

图 19.2　即时通信软件工作机制

即时通信服务商在网络上架设了一台服务器，这台服务器上存放了所有用户的信息。用户与服务器连接的过程称为用户登录。用户登录的步骤如下：

（1）用户通过网络地址向服务器发出连接请求。

（2）服务器接收请求，与用户建立连接，通常是 TCP 连接。

（3）服务器将自己支持的协议版本发送给用户。

（4）用户收到协议版本后，如果具有相同的协议版本，就传送一个协议匹配指令和匹配协议中最新的版本号，否则传送协议不匹配指令。

（5）服务器收到用户答复，如果协议不匹配，通常会传送一个要求升级的消息，然后断开连接。如果协议匹配，那么将按照指定的协议与用户进行通信。

（6）服务器向用户发送要求获取用户 ID 与密码的指令。

（7）用户将用户 ID 与密码通过加密方式传送给服务器（通常是 MD5 算法）。

（8）服务器将用户 ID 与密码信息进行解密，并与自身所保存的信息进行比较。如果信息不匹配，服务器就发出身份不符消息，然后断开与用户的连接。如果信息匹配，服务器则会记录用户的网络地址，并将其他相关用户的状态传送回去。

（9）用户收到服务器返回的身份正确消息和其他用户状态后，断开与服务器的 TCP 连接，以减轻服务器的负担。然后，服务器每隔一定周期的时间，就将自身状态通过 UDP 报告给服务器。如果用户要结束连接，那么也会在程序退出之前向服务器发送离线消息。如果服务器超过一定时间没有收到用户信息，那么将认为用户已非正常退出。

用户之间传递消息一般情况下并不需要通过服务器中转，服务器会在一定周期内更新一次用户联系人列表中的联系人信息，其中包括有联系人的网络地址，用户可以直接通过该地址向联系人发出连接请求，这样双方即能进行通信。有的即时通信服务还提供了离线消息功能，这个功能是通过服务器中转的方式实现的。

19.3.3　使用 libpurple 函数库接入服务器

下面是一个由 libpurple 函数库中的标准示例改编而来的程序，该程序假设用户已经通过 Pidgin 或其他方法设置了即时通信账户信息。

1．预处理

在本示例的预处理部分定义程序使用的头文件、常量、宏和数据结构。代码如下：

```
01  #define CUSTOM_USER_DIRECTORY  "/dev/null" //定义用户目录
02  #define CUSTOM_PLUGIN_PATH ""              //定义插件目录
03  //定义插件头目录
04  #define PLUGIN_SAVE_PREF "/purple/nullclient/plugins/saved"
05  #define UI_ID "nullclient"                 //定义用户接口 ID
06  #include <libpurple/purple.h>              //包含 libpurple 函数库
07  #include <glib.h>                          //包含 GLib 函数库
08  #include <signal.h>
09  #include <string.h>
10  #include <unistd.h>
11  //定义 GLib 读成员
12  #define PURPLE_GLIB_READ_COND  (G_IO_IN | G_IO_HUP | G_IO_ERR)
13  //定义 GLib 写成员
```

```
14   #define PURPLE_GLIB_WRITE_COND (G_IO_OUT | G_IO_HUP | G_IO_ERR |
15   G_IO_NVAL)
16   typedef struct _PurpleGLibIOClosure {       //该结构作为回调函数参数
17     PurpleInputFunction function;             //函数名
18     guint result;                             //返回结果
19     gpointer data;                            //数据参数
20   } PurpleGLibIOClosure;
```

预处理部分首先定义了常量 CUSTOM_USER_DIRECTORY、CUSTOM_PLUGIN_PATH 和 PLUGIN_SAVE_PREF,程序的其他部分通过这些常量获得相应目录的路径。常量 UI_ID 是用户接口 ID,通常是应用程序的名称。

libpurple 的文件读写操作通过 GLib 函数库实现,为了使整个程序能获得统一的属性,预处理部分定义了宏 PURPLE_GLIB_READ_COND 和 PURPLE_GLIB_WRITE_COND。这两个宏分别是读取和写入的属性标志,其后是用按位或运算得到的相关属性值。

结构体 _PurpleGLibIOClosure 是根据 GLib 函数库对回调函数的要求定义的参数类型,其中的 3 个成员分别为函数名、返回结果和数据参数。

2. 清除函数

清除函数的设计思想与面向对象语言中的析构函数相似,负责在程序退出时清除动态分配的内存。代码如下:

```
static void purple_glib_io_destroy(gpointer data)  //清除数据
{
    g_free(data);                                   //释放 data 所指向的内存空间
}
```

清除函数的参数为 gpointer 类型,可以用于处理任何类型的数据。当某个数据类型不再被使用时,该函数将调用 g_free()函数释放动态分配的内存。g_free()函数与 free()函数类似,只是 g_free()函数增加了对 GLib 函数库定义的复合数据结构的支持。

3. 调用GLib中的输入输出接口

调用 GLib 中的输入输出接口函数是一个回调函数,其中的 3 个形式参数分别是 GLib 输入输出通道指针、GLib 输入输出条件和数据指针。该函数的作用是在需要时打开 GLib 输入输出通道,读取或写入数据。代码如下:

```
01   static gboolean purple_glib_io_invoke(GIOChannel *source,
02                                         GIOCondition condition,
03                                         gpointer data)      //调用 GLib 输入输出接口
04   {
05     PurpleGLibIOClosure *closure = data; //创建 libpurple 输入输出终止符
06     PurpleInputCondition purple_cond = 0;    //创建 libpurple 输入条件对象
07     if (condition & PURPLE_GLIB_READ_COND)   //判断条件是否为读取
08       purple_cond |= PURPLE_INPUT_READ; //将 libpurple 输入条件对象设为读取
09     if (condition & PURPLE_GLIB_WRITE_COND)  //判断条件是否为写入
10       //将 libpurple 输入条件对象设为写入
11       purple_cond |= PURPLE_INPUT_WRITE;
12     closure->function(closure->data, g_io_channel_unix_get_fd(source),
13           purple_cond);                       //调用回调函数执行输入输出操作
14     return TRUE;
15   }
```

在 purple_glib_io_invoke()函数中创建了一个 libpurple 输入/输出终止符,该终止符指针
指向了函数的数据指针。然后判断参数中的 GLib 输入/输出条件是读取还是写入,再根据
此条件设置 libpurple 输入条件。最后,使用数据指针中定义的回调函数执行输入/输出操作。

4．加入一个GLib输入接口

程序在开始执行时并没有定义 GLib 输入接口。该接口可用于网络、数据库和文件的
读写操作。加入一个 GLib 输入接口函数的代码如下:

```
01  static guint glib_input_add(gint fd,
02                    PurpleInputCondition condition,
03                    PurpleInputFunction function,
04                    gpointer data)              //加入一个 GLib 输入接口
05  {
06    PurpleGLibIOClosure *closure = g_new0(PurpleGLibIOClosure, 1);
07    // 创建 libpurple 输入/输出终止符
08    GIOChannel *channel;                       //声明 GLib 通道对象
09    GIOCondition cond = 0;                      //声明 GLib 输入/输出条件
10    closure->function = function;              //定义回调函数
11    closure->data = data;                      //定义数据指针
12    if (condition & PURPLE_INPUT_READ)         //判断条件是否为读取
13      //将 libpurple 输入条件对象设为读取
14      cond |= PURPLE_GLIB_READ_COND;
15    if (condition & PURPLE_INPUT_WRITE)        //判断条件是否为写入
16      //将 libpurple 输入条件对象设为写入
17      cond |= PURPLE_GLIB_WRITE_COND;
18    channel = g_io_channel_unix_new(fd);       //创建 GLib 通道
19     //设置通道中的回调函数
20    closure->result = g_io_add_watch_full(channel,
21                            G_PRIORITY_DEFAULT,
22                            cond,
23                            purple_glib_io_invoke,
24                            closure,
25                            purple_glib_io_destroy);
26    g_io_channel_unref(channel);               //将通道对象托管
27    return closure->result;
28  }
```

在 glib_input_add()函数中首先创建了 libpurple 函数库输入输出终止符,然后创建了一
个 GLib 通道。最后,为了让通道能对新增写入的消息作出反应,使用 g_io_add_watch_full()
函数设置通道中的回调函数。GLib 通道与 D-Bus 中的总线非常相似,都能够在得到消息时
主动进行处理。

5．定义GLib事件循环

GLib 事件循环被定义在 PurpleEventLoopUiOps 类型中,并作为全局变量供程序的其
他地方使用。代码如下:

```
01  static PurpleEventLoopUiOps glib_eventloops = //定义 GLib 事件循环
02  {
03    g_timeout_add,                             //超时处理
04    g_source_remove,                           //源删除
05    glib_input_add,                            //添加输入管道
06    g_source_remove,                           //源删除
```

```
07    NULL,
08  #if GLIB_CHECK_VERSION(2,14,0)                   //判断 GLib 版本是否为 2.14.0
09    g_timeout_add_seconds,                         //超时秒数
10  #else
11    NULL,
12  #endif
13    NULL
14  };
```

上面的代码中创建了一个静态 PurpleEventLoopUiOps 类型的全局变量 glib_eventloops。创建时，某些成员必须在 GLib 函数库版本大于 2.14.0 的情况下才有效，因此用宏 GLIB_CHECK_VERSION()检查 GLib 的版本。

6．定义会话时的输出

会话输出函数有 6 个参数，分别为会话标识符、好友 ID、昵称、消息、消息类型和发送时间。该函数的作用是将这些信息输出到终端。代码如下：

```
01  static void null_write_conv(PurpleConversation *conv, //会话标识符
02                   const char *who,                      //好友 ID
03                   const char *alias,                    //昵称
04                   const char *message,                  //消息
05                   PurpleMessageFlags flags,             //消息类型
06                   time_t mtime)                         //发送时间
07  {
08    const char *name;                                   //保存好友名称
09    if (alias && *alias)                                //判断是否存在好友昵称
10      name = alias;                                     //将好友名称设为昵称
11    else if (who && *who)                               //判断好友是否 ID 存在
12      name = who;                                       //将好友名称设为好友 ID
13    else
14      name = NULL;
15    printf("(%s) %s %s: %s\n", purple_conversation_get_name(conv),
16        purple_utf8_strftime("(%H:%M:%S)", localtime(&mtime)),
17        name, message);                                 //输出会话
18  }
```

在 void null_write_conv()函数中使用与运算判断一个字符串是否为空，如表达式 alias && *alias 所示。该表达式的意义是，当指针 alias 指向的位置不为 NULL，并且*alias 指向的内存中的字符串不为"\0"时，表达式的结果才为真。

7．定义会话的UI选项

会话的 UI 选择定义在 PurpleConversationUiOps 类型中，用于决定打开的聊天窗口样式。代码如下：

```
static PurpleConversationUiOps null_conv_uiops =        //定义会话的 UI 选项
{
    NULL,                                               //创建会话
    NULL,                                               //清除会话
    NULL,                                               //输入聊天消息
    NULL,                                               //输入通信信息
    null_write_conv,                                    //写入会话
    NULL,                                               //添加联系人
```

```
    NULL,                                            //修改联系人姓名
    NULL,                                            //删除联系人
    NULL,                                            //更新联系人姓名
    NULL,                                            //当前时间
    NULL,                                            //获得焦点
    NULL,                                            //增加表情
    NULL,                                            //输入表情
    NULL,                                            //关闭表情
    NULL,                                            //发送确认
};
```

在上面的代码中创建了一个静态 PurpleConversationUiOps 类型的全局变量 null_conv_uiops。因为程序的运行目标为终端，所以将大部分 UI 选项设置为 NULL。

8. 初始化用户接口

初始化用户接口通过函数 null_ui_init()来实现。代码如下：

```
static void null_ui_init(void)                       //初始化用户接口
{
    //使用会话的 UI 选项初始化用户接口
    purple_conversations_set_ui_ops(&null_conv_uiops);
}
```

null_ui_init()函数调用 purple_conversations_set_ui_ops()函数初始化用户接口，参数为上一步所定义的全局变量 null_conv_uiops。

9. 定义核心用户接口选项

定义核心用户接口选项的代码如下：

```
static PurpleCoreUiOps null_core_uiops =             //定义核心用户接口选项
{
    NULL, NULL, null_ui_init, NULL
};
```

10. 初始化libpurple库

在使用 libpurple 库前，首先要对 libpurple 库进行初始化操作，包括设置各种目录的路径、读取账户信息和连接即时通信服务器等。代码如下：

```
01   static void init_libpurple(void)                  //初始化 libpurple 函数库
02   {
03       purple_util_set_user_dir(CUSTOM_USER_DIRECTORY);//设置用户目录
04       purple_debug_set_enabled(FALSE);             //不接受调试信息
05       purple_core_set_ui_ops(&null_core_uiops);    //设置核心用户接口选项
06       purple_eventloop_set_ui_ops(&glib_eventloops); //设置 GLib 事件循环
07       purple_plugins_add_search_path(CUSTOM_PLUGIN_PATH);//添加搜索插件路径
08       if (!purple_core_init(UI_ID)) {              //初始化 libpurple 函数库环境
09           fprintf(stderr,
10               "libpurple 初始化失败!\n");
11           abort();
12       }
13       purple_set_blist(purple_blist_new());        //读取联系人列表
14       purple_blist_load();
15       purple_prefs_load();                         //读取用户配置
```

```
16    purple_plugins_load_saved(PLUGIN_SAVE_PREF);//加载插件
17    purple_pounces_load();                        //完成初始化
18  }
```

在上面的代码中首先调用 purple_util_set_user_dir()函数设置用户目录,然后调用 purple_debug_set_enabled()函数设置调试状态,调用 purple_core_set_ui_ops()函数设置核心用户接口选项。之后,调用 purple_eventloop_set_ui_ops()函数设置 GLib 事件循环,调用 purple_plugins_add_search_path()函数设置搜索插件路径。这些函数的参数都是在程序前面定义的常量和全局变量。

UI_ID 常量中保存的是用户接口 ID,purple_core_init()函数以用户接口 ID 为参数对 libpurple 库进行初始化。如果初始化成功,则 libpurple 函数库通过网络连接到 IM 服务器。然后可以用 purple_blist_load()函数和 purple_prefs_load()函数下载联系人列表,用 purple_plugins_load_saved()函数加载插件。最后,使用 purple_pounces_load()函数完成初始化。

11．接收libpurple信号

接收 libpurple 信号包括两个步骤,首先读取本地的账户信息,然后将本地账户信息输出到终端。代码如下:

```
//接收 libpurple 信号
static void signed_on(PurpleConnection *gc, gpointer null)
{
    //读取本地账户信息
    PurpleAccount *account = purple_connection_get_account(gc);
    printf("Account connected: %s %s\n", account->username, account->
protocol_id);
}
```

PurpleAccount 类用来定义账户信息,signed_on()函数创建了 PurpleAccount 类的实例 account,并读取本地账户文件。本程序没有提供创建账户的功能,但是可通过 Pidgin 程序创建账户,供程序测试时使用。

12．对信号进行过滤

程序中的信号来自于 GLib 管道,对信号进行过滤的机制与 D-Bus 原理相同,目的是只处理程序关心的信号。代码如下:

```
//对信号进行过滤
static void connect_to_signals_for_demonstration_purposes_only(void)
{
    static int handle;                                //保存句柄
    purple_signal_connect(purple_connections_get_handle(), "signed-on",
&handle,
        PURPLE_CALLBACK(signed_on), NULL);            //设置过滤器和回调函数
}
```

13．主函数

在主函数中定义了程序的完整流程。首先创建一个新 libpurple 账户,然后通过该账户连接 IM 服务器并下载好友列表。最后等待用户选择命令进行操作。代码如下:

```
01  int main(int argc, char *argv[])
02  {
```

```
03     GList *iter;                                 //声明 GList 链表节点
04     int i, num;                                  //用户循环控制变量
05     GList *names = NULL;                          //声明 GList 链表
06     const char *prpl;
07     char name[128];                              //保存用户名
08     char *password;                             //保存密码
09     GMainLoop *loop = g_main_loop_new(NULL, FALSE); //创建一个主循环
10     PurpleAccount *account;                      //定义 libpurple 账户
11     PurpleSavedStatus *status;                   //定义 libpurple 状态
12     char *res;                                   //用于用户输入交互
13     signal(SIGCHLD, SIG_IGN);                    //设置 libpurple 信号
14     init_libpurple();                            //初始化 libpurple 函数库
15     printf("libpurple 初始化成功。\n");
16     iter = purple_plugins_get_protocols();       //通过插件获得即时通信协议
17     for (i = 0; iter; iter = iter->next) {       //遍历 GList 链表
18       PurplePlugin *plugin = iter->data;         //取得 libpurple 插件信息
19       PurplePluginInfo *info = plugin->info;
20       if (info && info->name) {
21         printf("\t%d: %s\n", i++, info->name); //输出 libpurple 插件名
22         //将 libpurple 插件名加入 GList 链表
23         names = g_list_append(names, info->id);
24       }
25     }
26     printf("请选择一个协议 [0-%d]: ", i-1);      //提示用户选择一个 IM 协议
27     res = fgets(name, sizeof(name), stdin);     //从终端读取用户的输入信息
28     if (!res) {
29       fprintf(stderr, "协议选择不正确");
30       abort();
31     }
32     sscanf(name, "%d", &num);                     //输入协议编号
33     prpl = g_list_nth_data(names, num);         //在 GList 链表中读取相关的协议信息
34     printf("用户名: ");                          //提示输入用户名
35     res = fgets(name, sizeof(name), stdin);     //从终端读取用户的输入信息
36     if (!res) {
37       fprintf(stderr, "无法读取用户名");
38       abort();
39     }
40     name[strlen(name) - 1] = 0;
41     account = purple_account_new(name, prpl);                 //创建账户
42     password = getpass("请输入密码: ");
43     purple_account_set_password(account, password);           //获取用户密码
44     purple_account_set_enabled(account, UI_ID, TRUE);         //激活账户
45     status = purple_savedstatus_new(NULL,
46                     PURPLE_STATUS_AVAILABLE); //设置当前状态为可用
47     purple_savedstatus_activate(status);                      //设置用户状态为"活动"
48     //接收 IM 服务器传来的消息
49     connect_to_signals_for_demonstration_purposes_only();
50     g_main_loop_run(loop);                       //启动 GLib 主循环
51     return 0;
52   }
```

在主函数中，为了保存插件信息创建了一个 GList 链表。插件是向 libpurple 提供 IM 协议的机制，将插件信息输出到终端后，用户可以选择将要创建的账户使用何种 IM 协议。用户选择协议后，使用该协议的所有账户名会被输出到终端上，用户需要选择一个用于连

接的账户名并输入该账户的密码。

如果账户信息是正确的，计算机也能顺利接入互联网，那么程序将进入主循环。其他用户传送至当前用户的消息将在终端输出。

19.4　小　　结

本章介绍了通过函数库实现各种网络应用的方法。所选择的函数库是目前应用最广泛的网络工具。但这些函数库并不是开发相应网络应用的唯一选择，同样一个网络协议可能对应数十种函数库。读者无须了解这些函数库的细节，但是通过本章的学习应该掌握选择函数库和使用函数库的方法。关于这些函数库的细节和更复杂的应用案例，读者可下载该函数库的代码包，阅读其中的开发文档，或者直接以该函数库建立的开源软件作为范本研究。

19.5　习　　题

一、填空题

1．Internet 上应用最广泛的一种网络协议是＿＿＿＿＿＿＿。
2．libcurl 相关的函数被包含在头文件＿＿＿＿＿＿＿。
3．IMAP 是通过＿＿＿＿＿＿＿获取邮件信息的一种协议。

二、选择题

1．文件传输的一套标准协议是（　　　）。
A．HTTP　　　　　　　　B．FTP　　　　　　　　C．IP　　　　　　　　D．其他
2．SMTP 监听的端口号是（　　　）。
A．25　　　　　　　　　B．110　　　　　　　　C．8080　　　　　　　D．其他
3．libcurl 进行初始化的函数是（　　　）。
A．curl_easy_init()　　　　　　　　　　　　B．curl_easy_perform()
C．curl_global_init()　　　　　　　　　　　D．其他

三、判断题

1．libpurple 函数库不支持 GTK+。　　　　　　　　　　　　　　　　（　　　）
2．FTP 服务一般运行在 20 和 25 两个端口上。　　　　　　　　　　（　　　）
3．统一资源定位符是 Internet 上标准的资源地址。　　　　　　　　（　　　）

四、操作题

1．编写代码，使用简单接口模式获取百度的 HTML 文件，并将该文件保存到本地 test 文件中。
2．尝试安装 mailutils 函数库。

第 20 章　数据库开发

数据库可以视为能够进行自动查询和修改的数据集。在 Linux 系统中可以选择的数据库很多，有些数据库是嵌入程序的格式化文本，有的数据库是作为独立的程序运行的。本章将以 Berkeley 和 PostgreSQL 为例，讲解数据文件和数据库接口的使用方法。

20.1　数据的存储与访问

数据是有一定意义的格式化文本，数据的存储通常是指按照一定的规则将数据写入数据文件或数据库中。对数据的访问总结起来有下面几种：

❏ 查询数据：按一定的规则将满足条件的数据记录从数据文件或数据库中输出。
❏ 插入数据：将符合数据文件或数据库格式的数据存入目标位置。
❏ 修改数据：修改数据文件或数据库中的数据记录。
❏ 删除数据：删除数据文件或数据库中的数据记录。

本节分别介绍数据文件和数据库的存储与访问的原理。

20.1.1　使用数据文件

数据文件是具有一定格式的文件，对操作系统来说它只是一个普通文件，但必须以约定的格式向数据文件写入数据，读取数据也必须按约定的格式进行读取。

以一个电话系统的计费清单为例，我们需要记录的每一条数据至少应包括记录编号、通话类型、对方号码等几项数据域。通话清单的数据字典参见表 20.1。

表 20.1　通话清单的数据字典

数据域名称	类　　型	长　　度	说　　明
记录编号	长整型	4字节	作为记录的唯一识别编码
通话类型	整型	2字节	0代表呼出通话，1代表呼入通话（不考虑长途通话）
对方号码	长整型	4字节	通话方电话号码
通话起始时间	字符型	14字节	格式为YYYYMMDDHHMMSS
通话时长	长整型	4字节	以秒作为计时单位
费率	单精度浮点型	4字节	以0.01元为计费单位，以分钟为单位计费次数。费率还需要以通话类型作为参考，如呼出为0.10元，呼入为免费
总费用	单精度浮点型	4字节	总费用为通话时长×费率

根据数据字典的定义，可以将每条记录定义为一个结构体，代码如下：

```
01  #include <stdio.h>
02  #include <string.h>
03  #include <stdlib.h>
04  #include <fcntl.h>              //提供 open()函数
05  #include <sys/types.h>          //提供 mode_t 类型
06  #include <sys/stat.h>           //提供 open()函数的符号
07  #include <unistd.h>             //提供 close()函数
08  #define TM_L 14                 //定义表示时间的字符串长度
09  typedef struct _calllist callist;
10  struct _calllist {
11    long id;                      //记录编号
12    int type;                     //通话类型
13    long telnum;                  //对方号码
14    char btime[TM_L];             //通话起始时间
15    long tcount;                  //通话时长
16    float charge_rate;            //费率
17    float charge_sum;             //总费用
18  };
```

下面用一种简单的方式查询数据，将文件中的所有内容读入计算机内存中，然后再根据数据字典将内存中的数据过滤到 callist 结构的数组中。示例如下：

```
01  int selectdb(callist **cl, int f)        //定义查询记录函数
02  {
03    int i = sizeof(callist);               //获取记录长度
04    long length = lseek(f, 0, SEEK_END);   //获取文件长度
05    if (length < i) {
06      puts("无记录");
07      return -1;                           //表示无记录
08    }
09    if (*cl != NULL)
10      free(*cl);                           //释放原有内存空间
11    *cl = malloc(length);                  //申请内存空间
12    lseek(f, 0, SEEK_SET);                 //将文件指针指向文件开始
13    if(read(f, *cl, length) != length) {   //将所有记录读取到缓冲区
14      perror("读取数据失败");
15      return -2;                           //表示无法读取数据
16    }
17    return 0;
18  }
```

将数据写入数据文件时，每次写入数据的总长度为 callist 结构体的长度，文件中的每个 callist 结构体的长度数据即为一条记录。示例如下：

```
01  int insertdb(callist *cr, int f, callist *cl)  //定义插入记录函数
02  {
03    int i = sizeof(callist);                     //获取记录长度
04    int length = lseek(f, 0, SEEK_END);          //获取文件长度
05    //获取最后一条记录的 ID，然后加 1 作为新记录 ID
06    cr -> id = (cl + length / i - 1) -> id + 1;
07    lseek(f, 0, SEEK_END);                       //将文件指针指向文件结尾
08    if(write(f, cr, i) != i) {                   //将所有记录写入文件末端
09      perror("插入记录失败");
10      return -1;
11    }
12    return 0;
13  }
```

　　如果要修改其中一条数据，可以先在内存中修改这条数据，然后将内存中所有的数据写入文件，使文件同时被更新。示例如下：

```
01  int changedb(callist *cr, int f, callist *cl)         //定义修改记录函数
02  {
03    int i = sizeof(callist);                            //获取记录长度
04    long length = lseek(f, 0, SEEK_END);                //获取文件长度
05    long j;
06    for(j = 0; j <= length / i; j++) {
07      if ((cl + j) -> id == cr -> id)                   //找到指定记录
08        break;
09      }
10    memcpy(cl + j, cr, i);                   //用改写记录覆盖记录列表中的指定记录
11    lseek(f, 0, SEEK_SET);                             //将文件指针指向文件开始
12    if(write(f, cl, length) != length) {     //将内存中记录列表的数据写入文件
13      perror("写入数据失败");
14      return -1;
15    }
16    return 0;
17  }
```

　　如果需要删除一条记录，可以使该记录后面的记录依次向前移一位，覆盖住要删除的记录。示例如下：

```
01  int deletedb(callist *cr, int *f, callist **cl)//定义删除记录的函数
02  {
03    int i = sizeof(callist);                             //获取记录长度
04    long length = lseek(*f, 0, SEEK_END);                //获取文件长度
05    long j;
06    for(j = 0; j <= length / i; j++) {
07      if ((*cl + j) -> id == cr -> id)                   //指定要删除的记录
08        break;
09    }
10    //将删除记录后面的数据向前移，覆盖要删除的记录
11    memmove(*cl + j, *cl + j + 1, length - i * (j + 1));
12    length -= i;                               //将列表长度减去一条记录长度
13    close(*f);                                 //关闭原来的文件
14    *f = open("listdb", O_RDWR | O_TRUNC);     //打开文件并将文件长度清零
15    if(write(*f, *cl, length) != length) {     //将内存列表中的有效部分写入文件
16      perror("写入数据失败");
17      return -1;
18    }
19    return 0;
20  }
```

　　输出记录时要将记录列表中的数据转为有效格式，否则这些记录将是无法直接用字符表示的二进制串。示例如下：

```
01  void printdb(callist *cl, int f)                      //输出记录函数
02  {
03    int i = sizeof(callist);
04    long length = lseek(f, 0, SEEK_END);       //获取文件长度
05    int j;
06    char btime[TM_L + 1] = {0};                //读取字符串，为字符串加入结束符
07    for(j = 0 ;j < length / i; j++) {
08      memcpy(btime, (cl + j) -> btime, TM_L);  //将字符串读出
09      printf("%ld,%d, %ld, %14s, %ld, %1.2f, %1.2f\n",//输出数据中的内容
```

```
10              (cl + j) -> id,
11              (cl + j) -> type,
12              (cl + j) -> telnum,
13              btime,
14              (cl + j) -> tcount,
15              (cl + j) -> charge_rate,
16              (cl + j) -> charge_sum);
17      }
18  }
```

对应的功能模块和数据结构已建立，下面再用一个主函数调用这些功能模块函数。主
函数代码如下：

```
01  int main()
02  {
03      int f;                                      //文件标识符
04      int res;
05      //用于操作的记录模板
06      callist cr = {1, 0, 12345, "200903011200011", 30, 0.36, 0.36};
07      callist *cl;                                //定义记录列表指针
08      cl = NULL;                                  //初始化为 NULL
09      f = open("listdb", O_RDWR | O_CREAT, 0664); //打开或创建一个文件
10      if (f == -1) {
11          perror("打开文件错误");
12          return 1;
13      }
14      puts("原始文件输出: ");
15      res = selectdb(&cl, f);                     //查询数据文件
16      if (res == -2)
17          return 1;
18      else if (res == 0)
19          printdb(cl, f);                         //输出所有记录
20      puts("插入操作后文件输出: ");
21      insertdb(&cr, f, cl);                       //使用记录模板插入一条记录
22      res = selectdb(&cl, f);                     //查询数据文件
23      if (res == -2)
24          return 1;
25      else if (res == 0)
26          printdb(cl, f);                         //输出所有记录
27      puts("修改记录后文件输出: ");
28      cr.telnum = 54321;                          //修改模板内的数据
29      changedb(&cr, f, cl);                       //使用记录模板修改一条记录
30      res = selectdb(&cl, f);                     //查询数据文件
31      if (res == -2)
32          return 1;
33      else if (res == 0)
34          printdb(cl, f);                         //输出所有记录
35      puts("删除记录后文件输出: ");
36      deletedb(&cr, &f, &cl);                     //使用记录模板删除一条记录
37      res = selectdb(&cl, f);                     //查询数据文件
38      if (res == -2)
39          return 1;
40      else if (res == 0)
41          printdb(cl, f);                         //输出所有记录
42      close(f);
43      return 0;
44  }
```

这些代码合并后是一个完整的程序，实际上已经实现了数据库的基本模型。但是该程序还存在以下缺陷：

- ❑ 性能低下，每次操作都要进行大规模的内存数据修改和文件修改。
- ❑ 只能单用户操作，当多个用户同时操作一个文件时，数据无法得到保证。
- ❑ 功能单一，不能对数据进行筛选或同时操作多条记录。

数据库可以很好地解决这些问题，主流的数据库软件在操作海量数据时也能保持良好的性能。因此，数据库成为一个专门的课题，也是当前应用程序设计的一个重要概念。

20.1.2　使用数据库

20.1.1 小节中的程序缺陷如果用数据库来解决会轻松许多。当前最流行的数据库为关系数据库，其核心思想为实体关系模型。

实体关系模型（Entity Relationship Model，E-R 模型）的设计者为陈品山（Peter P.S Chen）。他以图形的方式（Entity Relationship Diagram，实体关系图）来表达数据库的概念设计，有助于设计过程中的构思及沟通。话费清单的 E-R 模型如图 20.1 所示。

实际上，在数据库中需要实现的有 3 个部分，每一部分是一个数据表。通话类型在通话清单表中是整型数据，如果需要知道它的具体含义，那么可以使用代码在通话类型表中查找相应的内容。同理，费率也作为一个单独的表来保存。这样，数据字典就不用在程序代码中体现出来，如果需要修改，只要对相应的表进行修改即可。

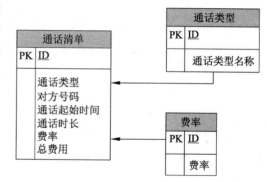

图 20.1　话费清单的 E-R 模型

设计好数据表后，可以用 SQL 语言建立数据表并实现查询功能。标准数据查询语言 SQL 是一种基于关系数据库的语言，这种语言执行对关系数据库中数据的检索和操作。

SQL 语言是面向数据的非过程化语言，开发者无须考虑数据的存储方法和物理结构，只需要将查询条件编辑为语句并交由数据库执行，数据库会将符合条件的结果返回开发者。查询结果以记录（Records）为单位，每次查询的结果称为结果集。除此以外，SQL 语言还能被扩展为数据库的管理语言，对数据及数据库进行操作。CREATE TABLE 语句用于在数据库中创建数据表。它的一般形式如下：

```
CREATE TABLE 表名
(字段 1 数据类型[长度],
 字段 2 数据类型[长度],
 ...)
```

下例是使用 CREATE TABLE 语句创建通话清单数据表的方法，id 被设置为主关键字，并且是自增类型。

```
CREATE TABLE call_list (id INTEGER[4] NOT NULL AUTO_INCREMENT PRIMARY KEY,
                        type INTEGER[1],
                        telnum INTEGER[4],
```

```
                        bttime CHAR(14),
                        tcount INTEGER[4],
                        charge_rate FLOAT[4],
                        charge_sum FLOAT[4])           //创建通话清单表
CREATE TABLE call_type (id INTEGER[4] NOT NULL AUTO_INCREMENT PRIMARY KEY,
                        type CHAR[30])                 //创建通话类型表
CREATE TABLE call_rate (id INTEGER[4] NOT NULL AUTO_INCREMENT PRIMARY KEY,
                        charge_rate FLOAT[4])          //创建费率表
```

在数据库中，数据查询是通过 SELECT 语句完成的。SELECT 语句可以从数据库中按用户要求检索数据，并将查询结果以表格的形式返回。SELECT 语句的一般形式如下：

```
SELECT 字段 <*表示全部字段>
FROM 数据表
WHERE 条件表达式
ORDER BY 排序方式
```

下例是使用 SELECT 语句在通话清单数据表中查询数据的方法。

```
SELECT * FROM call_list
```

INSERT INTO 语句用于向一个表中添加一条或多条记录。INSERT INTO 语句的一般形式如下：

```
INSERT INTO 数据表 VALUES(数据 1，数据 2, ...)
```

下例是使用 INSERT INTO 语句在通话清单数据表中添加一条记录的方法，自增类型 id 不用在数据项中列出。

```
INSERT INTO call_list(0, 12345, '20080301120011', 30, 0.36, 0.36)
```

UPDATE 语句用于修改记录，该语句可以根据指定的条件更改指定表中的字段值。UPDATE 语句的一般形式如下：

```
UPDATE 数据表
SET 字段 1=值，字段 2=值, ...
WHERE 条件表达式
```

下例是使用 UPDATE 语句在通话清单数据表中修改一条记录的方法，自增类型 id 不能被修改。

```
UPDATE call_list SET telnum = 54321 WHERE id = 1
```

DELETE 语句用于删除一条或多条记录。DELETE 语句的一般形式如下：

```
DELETE FROM 数据表 WHRER 条件表达式
```

下例是使用 DELETE 语句在通话清单数据表中删除一条记录的方法。

```
DELETE FROM call_list WHRER id = 1
```

20.1.2 小节中的示例程序的全部功能在数据库中只需要几条简单的语句即可完成，需要掌握的只是使用 C 语言通过接口访问数据库的方法。

20.2　Berkeley DB 数据包

Berkeley DB 数据包是由美国的甲骨文公司开发的一套开源的嵌入式数据文件访问的函数库，它可以为应用程序提供可伸缩、高性能、有事务保护功能的数据管理服务。Berkeley

DB 为数据的存取和管理提供了一组简洁的函数调用 API 接口，它是一套机制健全的数据文件访问工具。

20.2.1　Berkeley DB 数据包简介

Berkeley DB 数据包是一个经典的 C 语言函数库模式的工具集，为程序员提供广泛丰富的函数集，可用于开发工业级强度的数据库服务。

Berkeley DB 数据包不支持 SQL 语言，对于小型应用程序开发的优势非常明显。Berkeley DB 由 5 个主要的子系统构成，其中包括存取管理（Access Methods）子系统、内存池（Memory pool）管理子系统、事务（Transaction）子系统、锁（Locking）子系统及日志（Logging）子系统。存取管理子系统是 Berkeley DB 数据库进程包内部的核心组件，其他子系统都存在于 Berkeley DB 数据库进程包的外部，如图 20.2 所示。

每个子系统支持不同的应用级别，下面分别介绍这些子系统的功能。

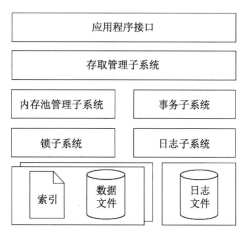

图 20.2　Berkeley DB 的内部结构

1. 存取管理子系统

存取管理子系统用于创建、存储和访问数据文件。存储方法共有 4 种，分别是定长记录、变长记录、哈希文件和 B 树。定长记录是为所有记录分配相同长度的存储空间，数据结构属于队列，与关系数据库最相似。变长记录是基于标记符号的简单存储模式，与普通数据文件最相似。哈希文件是无格式文件，数据以非连续方式存储。B 树又称为二叉树，是树数据结构。选择何种存储方法取决于具体的应用需求。

2. 内存池管理子系统

内存池管理子系统用于管理访问 Berkeley DB 时所产生的共享缓冲区。当多个进程或线程同时访问数据库时，内存池管理子系统可以在内存中建立一个公共的高速缓存，避免因反复读取数据文件而造成的延时。内存池管理子系统独立于 Berkeley DB 系统之外，能单独为应用程序所使用，并能满足其他需求，适合替代标准缓冲区。

3. 事务子系统

事务子系统用于管理对数据库的访问操作。Berkeley DB 支持原子操作，多个进程或者线程同时在同一文件的同一位置写入数据，不会对数据库造成任何影响。该系统要么会处理所有的操作请求，要么不处理任何一个操作请求，以保证数据的正确。另一方面，该系统可以有效地解决数据库死锁问题。在默认情况下，事务子系统将提供严格的 ACID 事务属性，但是应用程序可以选择不使用系统所做的隔离保证。

4．锁子系统

锁子系统是所有数据库必须提供的功能模块，用于对数据库文件进行锁定。当某个调用者要求锁定数据库时，其他操作者不能向数据库进行读写操作。事务子系统的并发控制机制就是建立在锁子系统基础上的。

5．日志子系统

日志子系统用于记录每次操作的过程。其策略是先将操作写入日志，然后进行操作。这样可在操作失败时进行数据恢复，最大程度保证数据一致性。

Berkeley DB 数据库的管理是通过函数库接口实现的，它本身没有图形界面和访问接口。Berkeley DB 数据库的管理分为以下几类。

- ❑ 创建、删除、重命名、打开和关闭数据包，增加、删除和修改数据的检索。
- ❑ 读取数据文件的信息、读取数据包状态信息、数据包的同步备份、清空数据包的内容、读取所在数据包环境的信息，以及版本升级和出错提示等附加功能。
- ❑ 提供用于存取和访问数据的游标机制，以及对多个相关数据包进行关联和等值连接操作。
- ❑ 排序、优化数据文件等操作。

安装 Berkeley DB 数据包函数库，可以从甲骨文公司网站上下载源代码包进行编译，下载地址为 http://www.oracle.com/technology/products/berkeley-db/index.html，或直接输入命令：

```
sudo apt-get install libdb-dev            //Ubuntu 使用的名称
```

Berkeley DB 数据包函数库没有设置.pc 文件，因此 pkg-config 无法为其配置编译目录。编译使用 Berkeley DB 库的程序，需要先找到其静态库与头文件所在目录，然后编写一个.pc 文件，或者直接将 Berkeley DB 库的静态库和头文件的所在目录加入编译命令。

20.2.2　Berkeley DB 数据包的连接和使用

Berkeley DB 数据包的连接和使用可以分为 6 步，分别是初始化数据包标识符、打开数据文件、数据操作、创建数据包连接、错误处理和关闭数据包标识符。除了数据操作外，实现其他步骤的代码复用性较强。下面介绍 Berkeley DB 数据包连接的实现方法。

1．初始化数据包标识符

打开 Berkeley DB 数据包之前，首先要使用 db_create()函数初始化一个数据包标识符。初始化成功后，可使用 open()函数将数据包打开。如果没有创建数据文件，可以在 open()函数中加入 DB_CREATE 标志。示例如下：

```
#include <db.h>
...
DB *dbp;                                  //数据包标识符
u_int32_t flags;                          //数据包打开标识
int ret;                                  //函数返回结果
ret = db_create(&dbp, NULL, 0);           //初始化数据包标识符
```

```
if (ret != 0) {
    puts("无法初始化数据包标识符");
}
flags = DB_CREATE;                        //将数据包打开标识设为创建数据包
ret = dbp->open(dbp,                      //数据包标识符指针
                NULL,                     //事务指针
                "my_db.db",               //数据文件名称
                NULL,                     //可选数据包逻辑名称
                DB_BTREE,                 //将数据存取子系统设置为 B 树
                flags,                    //数据包打开标识
                0);                       //文件模式，0 表示默认
if (ret != 0) {
    puts("无法打开数据包");
}
```

2．关闭数据包标识符

数据包结束使用时，必须通过 DB->close()函数将其关闭。关闭数据包后，数据包标识符不能再被使用，所有在缓存中没有写入数据文件的数据将会被立即写入。如果需要在关闭数据包之前将缓存数据写入，可以使用 DB->sync()函数。关闭数据包的示例如下：

```
#include <db.h>
...
DB *dbp;                                  //数据包标识符
...
if (dbp != NULL)
    dbp->close(dbp, 0);                   //关闭数据包
```

3．打开数据文件

open()函数有多个标志可以选择，同时使用多个标志时，需要使用按位或"|"运算符将其连接。open()函数的标志参见表 20.2。

表 20.2　open()函数的标志

标 志 名 称	说　明
DB_CREATE	如果数据文件不存在，则创建一个新文件。默认情况下数据文件不存在会引发错误
DB_EXCL	如果数据文件存在，则引发打开文件错误。该标志只有在和DB_CREATE标志一同使用时才有意义
DB_RDONLY	以只读方式打开数据文件，任何修改都会引发错误
DB_TRUNCATE	打开数据文件并将数据文件中的原有内容清除

数据包的管理有 3 个函数。DB->get_open_flags()函数的作用是从数据包标识符中获得数据包的打开状态，如果操作的数据包并没有打开则会引发错误，示例如下：

```
#include <db.h>
...
DB *dbp;
u_int32_t open_flags;
...
dbp->get_open_flags(dbp, &open_flags);    //获得数据包的打开状态
```

4．数据操作

DB->remove()函数用于删除指定的数据包，如果在参数中没有指明数据包名称，那么

整个数据文件将被删除，示例如下：

```
#include <db.h>
...
DB *dbp;
...
dbp->remove(dbp,                    //数据包标识符指针
            "mydb.db",              //数据文件名称
            NULL,                   //数据包名称，这里没有指定，所以删除的是整个文件
            0);                     //操作标志
```

DB->rename()函数用于修改数据包的名称，如果参数中没有指明数据包名称，则整个数据文件将被改名，示例如下：

```
#include <db.h>
...
DB *dbp;
...
dbp->rename(dbp,                    //数据包标识符指针
            "mydb.db",              //数据文件名称
            NULL,                   //数据包名称，这里没有指定，因此不修改数据文件名
            "newdb.db",             //数据文件的新名称
            0);                     //操作标志
```

5. 错误处理

Berkeley DB 有一套完整的错误报告机制，可用的错误报告函数有 7 个。其中：set_errcall()用于设置在错误发生时启动的回调函数，错误代码和消息将作为参数传递给该回调函数；set_errfile()函数使用文件流指针将错误信息写入文件；set_errpfx()函数用于设置错误消息的前缀；err()函数用于捕捉错误消息，当错误发生时调用该函数将启动回调函数，如果错误发生时未使用该函数，那么错误信息将被传送到 set_errfile()函数指定的文件中；errx()函数的作用与 err()函数相似，只是不发送错误信息字符串给回调函数；db_strerror()函数可以根据错误代码返回错误字符串。下面演示错误处理的用法。

```
01  //回调函数，在错误发生时调用
02  void my_error_handler(const char *error_prefix, char *msg)
03  {
04      printf("%s: %s\n", error_prefix, msg);      //输出错误信息
05  }
06  DB *dbp;                                        //创建数据包标识符
07  int ret;
08  ret = db_create(&dbp, NULL, 0);                 //初始化数据包
09  if (ret != 0) {
10      fprintf(stderr, "%s: %s\n", "数据包初始化失败: ",
11          db_strerror(ret));                      //将错误信息输出到标准输出中
12          return(ret);
13  }
14  dbp->set_errcall(dbp, my_error_handler);        //设置错误发生时的回调函数
15  dbp->set_errpfx(dbp, "数据包");                   //设置错误信息前缀
16  ret = dbp->open(dbp,
17                  NULL,
18                  "mydb.db",
19                  NULL,
20                  DB_BTREE,
21                  DB_CREATE,
```

```
22                0);
23   if (ret != 0) {
24       dbp->err(dbp, ret, "数据文件打开失败： %s", "mydb.db");//捕捉错误信息
25       return(ret);
26   }
```

6．环境变量

如果需要指定数据文件的目录，可通过设置 Berkeley DB 环境变量来实现，设置前必须创建一个环境标识符指针，然后使用 db_env_create()函数初始化环境标识符。需要注意的是，用户必须拥有该目录的操作权限。当程序结束时，必须通过 DB_ENV->close()函数清除该环境变量。示例如下：

```
?  #include <db.h>
...
DB_ENV *myEnv;                               //定义环境标识符指针
DB *dbp;
u_int32_t db_flags;
u_int32_t env_flags;                         //定义打开环境标志
int ret;
ret = db_env_create(&myEnv, 0);              //初始化环境标识符
if (ret != 0) {
    fprintf(stderr, "环境标识符初始化失败： %s\n", db_strerror(ret));
    return -1;
}
env_flags = DB_CREATE |                       //如果目录不存在，则创建该目录
        DB_INIT_MPOOL;                        //初始化缓存管理功能

ret = myEnv->open(myEnv,                       //环境标识符指针
  "~/testEnv",                                 //设置环境目录
  env_flags,                                   //打开标识
  0);                                          //设置文件模式，0 表示默认
if (ret != 0) {
    fprintf(stderr, "打开环境失败： %s", db_strerror(ret));
    return -1;
}
...
if (myEnv != NULL) {
    myEnv->close(myEnv, 0);                    //清除环境变量
}
```

7．创建公用模板

在进行数据包的读写操作前，可以将数据库连接操作设置为头文件和一系列函数，这样在任何情况下都可以通过这些公用的模板进行数据库连接。下面用一个供求关系数据库来演示创建公用模板的方法。

（1）定义头文件 gettingstarted_common.h。代码如下：

```
01   #include <db.h>
02   typedef struct stock_dbs {
03       DB *inventory_dbp;                    //买主数据包内容的信息
04       DB *vendor_dbp;                       //卖主数据包内容的信息
05       char *db_home_dir;                    //数据文件目录
06       char *inventory_db_name;              //买主数据包名称
07       char *vendor_db_name;                 //卖主数据包名称
```

```
08    } STOCK_DBS;
09    int databases_setup(STOCK_DBS *, const char *, FILE *);//设置数据文件
10    int databases_close(STOCK_DBS *);              //关闭数据文件标识符
11    void initialize_stockdbs(STOCK_DBS *);         //初始化数据包
12    //打开数据文件
13    int open_database(DB **, const char *, const char *, FILE *);
14    void set_db_filenames(STOCK_DBS *my_stock);//设置数据文件名
```

在头文件中定义了结构体 stock_dbs，用于保存买卖双方的信息和需要读写的数据。另外定义了 5 个函数原型，这些函数的功能包括设置数据文件、关闭数据文件标识符、初始化数据包、打开数据文件和设置数据文件名。

（2）初始化数据包并设置数据包的环境变量。代码如下：

```
01    #include "gettingstarted_common.h"
02    void initialize_stockdbs(STOCK_DBS *my_stock)  //初始化 stock_dbs 结构
03    {
04        my_stock->db_home_dir = DEFAULT_HOMEDIR;   //数据包主目录
05        my_stock->inventory_dbp = NULL;            //库存
06        my_stock->vendor_dbp = NULL;               //卖方
07        my_stock->inventory_db_name = NULL;        //库存信息数据表名
08        my_stock->vendor_db_name = NULL;           //卖方信息数据表名
09    }
```

在函数中，结构体 stock_dbs 内的成员被初始化，其中包括数据包主目录、库存和卖方的信息，所有信息被设置为 NULL。

（3）定义数据包的所有相关文件，为保存买主信息和卖主信息的数据包文件命名。代码如下：

```
01    void set_db_filenames(STOCK_DBS *my_stock) //定义数据包的所有相关文件
02    {
03        size_t size;
04        size = strlen(my_stock->db_home_dir) + strlen(INVENTORYDB) + 1;
05        my_stock->inventory_db_name = malloc(size);
06        snprintf(my_stock->inventory_db_name, size, "%s%s",
07          my_stock->db_home_dir, INVENTORYDB); //定义买主数据包文件名
08        size = strlen(my_stock->db_home_dir) + strlen(VENDORDB) + 1;
09        my_stock->vendor_db_name = malloc(size);
10        snprintf(my_stock->vendor_db_name, size, "%s%s",
11          my_stock->db_home_dir, VENDORDB);    //定义卖主数据包文件名
12    }
```

（4）打开数据包文件。代码如下：

```
01    int open_database(DB **dbpp,                  //数据包标识符指针
02                const char *file_name,           //数据文件名
03                const char *program_name,        //程序名称
04                FILE *error_file_pointer)        //存放错误信息的文件流指针
05    {
06        DB *dbp;                                  //定义数据包标识符
07        u_int32_t open_flags;                     //定义打开标志
08        u_int32_t flags;                          //定义数据数据包打开标识
09        int ret;
10        ret = db_create(&dbp, NULL, 0);           //初始化数据包标识符
11        if (ret != 0) {
12          fprintf(error_file_pointer, "%s: %s\n", program_name,
13                db_strerror(ret));
```

```
14          return(ret);
15        }
16     *dbpp = dbp;                              //指向 db_create()动态分配的内存
17     dbp->set_errfile(dbp, error_file_pointer);   //指定错误输出文件
18     dbp->set_errpfx(dbp, program_name);   //指定错误信息前缀
19     open_flags = DB_CREATE;                   //设定打开标志
20     flags = DB_CREATE;                        //将数据包打开标识设为创建数据包
21     ret = dbp->open(dbp,                      //数据包标识符指针
22                 NULL,                         //事务指针
23                 "my_db.db",                   //数据文件名称
24                 NULL,                         //可选数据包逻辑名称
25                 DB_BTREE,                     //将数据存取子系统设置为 B 树
26                 flags,                        //数据包打开标识
27                 0);                           //文件模式，0 表示默认
28     if (ret != 0) {
29        dbp->err(dbp, ret, "数据包'%s'打开失败.", file_name);
30        return(ret);
31     }
32     return (0);
33 }
```

（5）设置数据包文件。代码如下：

```
01 //设置数据包文件
02 int databases_setup(STOCK_DBS *my_stock,
03                 const char *program_name,
04                 FILE *error_file_pointer)
05 {
06    int ret;
07    //打开卖主数据包
08    ret = open_database(&(my_stock->vendor_dbp),
09                 my_stock->vendor_db_name,
10                 program_name,
11                 error_file_pointer);
12    if (ret != 0)
13      return (ret);
14    //打开买主数据包
15    ret = open_database(&(my_stock->inventory_dbp),
16                 my_stock->inventory_db_name,
17                 program_name,
18                 error_file_pointer);
19     if (ret != 0)
20       return (ret);
21    printf("数据包打开成功\n");
22    return (0);
23 }
```

（6）关闭数据包标识符。代码如下：

```
01 int databases_close(STOCK_DBS *my_stock)            //关闭数据包标识符
02 {
03    int ret;
04    if (my_stock->inventory_dbp != NULL) {
05       ret =my_stock->inventory_dbp->close(my_stock->inventory_dbp, 0);
06       if (ret != 0)
07          fprintf(stderr, "买主数据包关闭失败: %s\n",
08              db_strerror(ret));
09    }
10    if (my_stock->vendor_dbp != NULL) {
```

```
11        ret = my_stock->vendor_dbp->close(my_stock->vendor_dbp, 0);
12        if (ret != 0)
13          fprintf(stderr, "卖主数据包关闭失败: %s\n",
14                db_strerror(ret));
15      }
16      printf("数据包已关闭.\n");
17      return (0);
18  }
```

上述 6 个函数的实现代码需要保存到源文件 gettingstarted_common.c 中。程序中的数据包有两个数据表，分别保存买主和卖主的信息。目前，程序已实现了连接数据包的基本操作。

20.2.3 Berkeley DB 数据包的访问

Berkeley DB 数据包的记录由两部分组成，即数据项和一些数值。数据项和它相应的数据被装入 DBT 结构。DBT 结构有两个成员，一个是 void*类型的成员，可以指向任何数据，另一个成员用来定义数据的长度。因此，DBT 结构的两个成员可以用来存储简单的原始数据类型或各种复杂的数据结构，示例如下：

```
#include <db.h>
#include <string.h>
...
DBT key, data;                              //定义数据项与值
float money = 122.45;
char *description = "Grocery bill.";
memset(&key, 0, sizeof(DBT));               //将数据项中的内容置 0
memset(&data, 0, sizeof(DBT));              //将值的内容置 0
key.data = &money;                          //定义数据项所指向的内容
key.size = sizeof(float);                   //定义数据项的长度
data.data = description;                     //定义值所指向的内容
data.size = strlen(description) + 1;         //定义值的长度
```

如果要得到数据项或值中的内容，只需要将 DBT 结构中 void*所指向的数据返回到适当的数据结构中。为了避免某些类型在传递时直接将地址赋值给变量，可以通过设置 DB_DBT_USERMEM 标签来告诉 DBT 结构，示例如下：

```
#include <db.h>
#include <string.h>
...
float money;
DBT key, data;
char *description;
memset(&key, 0, sizeof(DBT));
memset(&data, 0, sizeof(DBT));
key.data = &money;
key.ulen = sizeof(float);
key.flags = DB_DBT_USERMEM;                  //避免将地址传递给变量
description = data.data;
```

Berkeley DB 数据包提供两种基本机制读写"数据项/值"部分，一种是使用 DBT->put()函数和 DBT->get()函数提供的简单非副本机制，另一种是通过游标读写数据记录。

DB->put()函数用于将 DBT 结构的数据写入数据文件，可以通过设置一些标志控制写的方式。DB->get()函数用来读取数据记录，默认情况下该函数返回与调用时提供的数据项

相同的第 1 项。

DB->del()函数用于删除记录。如果开启了副本机制，那么所有符合条件的记录都将被删除，否则只会删除符合条件的第一条记录。

20.2.4 Berkeley DB 数据包中的游标

Berkeley DB 的游标（Dbc）是一种可以迭代数据库中的记录的装置。通过游标可以逐条操作（修改和删除）记录。在使用游标之前，必须先定义一个 Dbc 结构的游标指针，然后使用 Db->cursor 函数打开游标，示例如下：

```
DBC * cur;                               //定义一个游标指针
dbp->open(dbp, ...);                     //首先打开数据库，再打开游标
dbp->cursor(dbp, NULL, &cur, 0);
...
cur->c_close(cur);                       //关闭游标
dbp->close(dbp, 0);                      //关闭数据库
```

下面以一个完成的程序来演示通过游标访问数据库的方法，该例需要使用 20.2.3 小节为连接数据文件建立的头文件，具体步骤如下。

（1）定义函数原型与主函数。代码如下：

```
01  #include "gettingstarted_common.h"
02  char * show_inventory_item(void *);      //显示库存条目
03  int show_all_records(STOCK_DBS *);       //显示所有记录
04  int show_records(STOCK_DBS *, char *);   //显示指定记录
05  int show_vendor_record(char *, DB *);    //显示卖主记录
06  int main(int argc, char *argv[])         //主函数
07  {
08      STOCK_DBS my_stock;
09      int ret;
10      initialize_stockdbs(&my_stock);      //初始化
11      set_db_filenames(&my_stock);         //设置数据文件名
12      ret = databases_setup(&my_stock, "example_database_read", stderr);
13      if (ret != 0) {
14          fprintf(stderr, "打开数据文件失败\n");
15          databases_close(&my_stock);
16          return (ret);
17      }
18      ret = show_all_records(&my_stock);   //显示所有记录
19      databases_close(&my_stock);          //关闭数据库连接
20      return (ret);
21  }
```

在上面的代码中，首先包含头文件 gettingstarted_common.h，然后为其他几个函数设置原型。主函数的流程为，首先创建 stock_dbs 结构体对数据包进行初始化，设置数据文件名并打开数据文件，然后调用 show_all_records()函数显示所有记录，最后调用 databases_close()函数关闭数据文件描述符。

（2）显示所有记录。代码如下：

```
01  int show_all_records(STOCK_DBS *my_stock)
02  {
03      DBC *cursorp;                        //建立游标
```

```
04       DBT key, data;                              //保存数据项和数据
05       char *the_vendor;                           //保存卖主信息
06       int exit_value, ret;                        //返回值和操作结果
07       memset(&key, 0, sizeof(DBT));               //设置数据项格式
08       memset(&data, 0, sizeof(DBT));              //设置数据格式
09       my_stock->inventory_dbp->cursor(my_stock->inventory_dbp, NULL,
10       &cursorp, 0);                               //将游标设置到文件开始位置
11       exit_value = 0;
12       while ((ret =
13            cursorp->c_get(cursorp, &key, &data, DB_NEXT))
14            == 0)                                  //遍历数据文件中的所有记录
15       {
16         the_vendor = show_inventory_item(data.data);
17         //输出记录
18         ret = show_vendor_record(the_vendor, my_stock->vendor_dbp);
19         if (ret) {
20           exit_value = ret;
21           break;
22         }
23       }
24       cursorp->c_close(cursorp);                   //关闭游标
25       return(exit_value);
26   }
```

show_all_records()函数将一个打开的数据文件标识符内的所有记录读取出来。首先将游标设置到文件开始位置，然后对数据文件中的所有记录进行遍历并输出记录信息，最后关闭游标。

（3）显示库存条目。代码如下：

```
01   char *show_inventory_item(void *vBuf)
02   {
03       float price;                                //保存单价
04       int buf_pos, quantity;                      //保存质量
05       char *category, *name, *sku, *vendor_name;  //保存分类、名称和卖主名
06       char *buf = (char *)vBuf;                   //用户数据读取时的缓存
07       price = *((float *)buf);                    //获取价格
08       buf_pos = sizeof(float);
09       quantity = *((int *)(buf + buf_pos));       //获取质量
10       buf_pos += sizeof(int);
11       name = buf + buf_pos;                       //获取名称
12       buf_pos += strlen(name) + 1;
13       sku = buf + buf_pos;                        //获取 SKU 信息
14       buf_pos += strlen(sku) + 1;
15       category = buf + buf_pos;                   //获取分类名称
16       buf_pos += strlen(category) + 1;
17       vendor_name = buf + buf_pos;
18       printf("名称: %s\n", name);                 //输出名称信息
19       printf("\tSKU: %s\n", sku);                 //输出 SKU 信息
20       printf("\t 分类: %s\n", category);          //输出分类信息
21       printf("\t 价格: %.2f\n", price);           //输出价格信息
22       printf("\t 质量: %i\n", quantity);          //输出质量信息
23       printf("\t 卖主:\n");                       //输出卖主信息
24       return(vendor_name);
25   }
```

show_inventory_item()函数通过一个已打开的数据项读取其中的字段。这些字段包括名

称、SKU、分类、价格、质量和卖主等信息。最后将这些字段输出到终端。

（4）显示卖主信息。代码如下：

```
01   int show_vendor_record(char*vendor_name,DB *vendor_dbp)//返回卖主信息
02   {
03       DBT key, data;                                  //保存数据项和数据
04       VENDOR my_vendor;                               //保存卖主信息的结构体
05       int ret;                                        //保存操作结果
06       memset(&key, 0, sizeof(DBT));                   //设置数据项格式
07       memset(&data, 0, sizeof(DBT));                  //设置数据格式
08       key.data = vendor_name;                         //读取卖主名称
09       key.size = strlen(vendor_name) + 1;             //设置卖主名称长度
10       data.data = &my_vendor;                         //设置卖主名称
11       data.ulen = sizeof(VENDOR);                     //设置卖主名称长度
12       data.flags = DB_DBT_USERMEM;                    //设置标志
13       ret = vendor_dbp->get(vendor_dbp, 0, &key, &data, 0);//打开数据表
14       if (ret != 0) {
15         vendor_dbp->err(vendor_dbp, ret, "查找卖主信息失败：'%s'",
16                     vendor_name);                     //输出错误信息
17          return(ret);
18       } else {
19         printf("\t\t%s\n", my_vendor.name);     //输出卖主名称
20         printf("\t\t%s\n", my_vendor.street); //输出卖主地址
21         //输出卖主的地理信息
22         printf("\t\t%s, %s\n", my_vendor.city, my_vendor.state);
23         printf("\t\t%s\n\n",my_vendor.zipcode);    //输出卖主的邮政编码信息
24         //输出卖主的电话号码信息
25         printf("\t\t%s\n\n",my_vendor.phone_number);
26         //输出卖主的代理人信息
27         printf("\t\tContact: %s\n", my_vendor.sales_rep);
28         //输出卖主的代理人电话
29         printf("\t\t%s\n", my_vendor.sales_rep_phone);
30       }
31        return(0);
32   }
```

show_vendor_record()函数将打开卖主信息表，然后通过遍历的方法读取所有卖主的相关信息，最后以表格的形式输出卖主名称和卖主的地址等信息。

20.3　PostgreSQL 数据库服务器

PostgreSQL 是面向目标的关系数据库系统，与 Berkeley DB 相比，PostgreSQL 具备更强的数据管理能力和更出色的性能。本节主要以 PostgreSQL 的 C 语言接口为核心讲解数据库操作的概念和基本方法。

20.3.1　PostgreSQL 的基本简介

要安装 PostgreSQL 数据库，可以从 PostgreSQL 官方网站 http://www.postgresql.org/上下载代码，或者直接在终端上输入下列命令：

```
apt-get install postgresql libpq-dev
```

安装完成后，PostgreSQL 会在系统中创建一个名为 postgres 的普通用户，该用户的密码没有设置，可以在获得 root 权限后对其设置密码。操作命令如下：

```
sudo passwd postgres
```

目前为止，PostgreSQL 服务器并没有运行。运行前需要将当前用户切换为 postgres 用户，然后对数据库进行初始化，再执行下面的服务器启动指令：

```
su postgres                              //切换到postgres用户的工作环境
//初始化数据库
/usr/lib/postgresql/14/bin/initdb -D /var/lib/postgresql/data
//启动 PostgreSQL 服务器
/usr/lib/postgresql/14/bin/pg_ctl -D /var/lib/postgresql/data -l logfile start
```

🔔注意：如果出现 pg_ctl: could not start server 错误，需要找到 postmaster.pid（/var/lib/postgresql/data 下）并将其删除，然后重新启动计算机再次运行命令即可。

例如，创建一个新的数据库，名称为 mydb，可以使用下面的命令：

```
createdb mydb
```

下面以 psql 工具为例打开刚才创建的数据库，命令如下：

```
psql mydb
```

如果打开数据库成功，那么会出现操作提示信息和 psql 命令提示符。相应显示如下：

```
psql (14.5 (Ubuntu 14.5-0ubuntu0.22.04.1))
Type "help" for help.

mydb=#                             // psql 命令提示符
```

20.3.2　数据库连接函数

libpq 是 PostgreSQL 的 C 应用程序接口，libpq 也是一套允许客户程序向 PostgreSQL 服务器服务进程发送查询并且获得查询返回的库函数。

1. 与数据库服务器连接

一个应用程序一次可以与多个服务器建立连接，每个连接都用一个从函数 PQconnectdb() 或 PQsetdbLogin() 获得的 PGconn 对象来表示。在将查询发送给连接对象之前，可以调用 PQstatus() 函数来判断连接是否成功。使用 PQconnectdb() 函数建立一个新的连接的一般形式如下：

```
PGconn *PQconnectdb(const char *conninfo);
```

PQconnectdb() 函数使用连接信息字符串变量 conninfo 包含值打开一个新的数据库连接。该函数无须更换函数签名就可以扩展参数集，因此建议在应用程序中使用这个函数（或者是与它类似的非阻塞的变种函数 PQconnectStart() 和 PQconnectPoll()）。

conninfo 参数可以为空，表明使用默认设置，或者可以包含一个或多个参数。每个参数以"关键字=数值"的形式设置。

2．新建数据库服务器连接

PQsetdbLogin()函数用于与数据库服务器建立一个新的连接，它是 PQconnectdb()函数的前身，功能与之相同。唯一的区别在于 PQsetdbLogin()函数的参数是固定的。PQsetdbLogin()函数的一般形式如下：

```
PGconn *PQsetdbLogin(const char *pghost,
            const char *pgport,
            const char *pgoptions,
            const char *pgtty,
            const char *dbName,
            const char *login,
            const char *pwd);
```

3．非阻塞连接

PQconnectStart()函数和 PQconnectPoll()函数用于与数据库服务器建立一次非阻塞的连接。PQconnectStart()函数和 PQconnectPoll()函数的一般形式如下：

```
PGconn *PQconnectStart(const char *conninfo);
PostgreSQLPollingStatusType PQconnectPoll(PGconn *conn);
```

数据库连接是将从 conninfo 字符串里取得的参数传递给 PQconnectStart()函数来完成的。要开始一次非阻塞连接请求，调用 conn=PQconnectStart("connection_info_string")。

在连接过程中的任意时刻，都可以通过调用 PQstatus 来检查连接的状态。如果是 CONNE CTION_BAD，那么连接过程失败；如果是 CONNECTION_OK，那么连接已经做好。其他状态可能会在一次异步连接过程中发生，这些状态参见表 20.3。

表 20.3　PQconnectPoll()函数返回的状态

状　态　名	说　　明
CONNECTION_MADE	连接成功，等待发送
CONNECTION_AWAITING_RESPONSE	等待来自服务器的响应
CONNECTION_AUTH_OK	已收到认证，等待连接启动继续进行
CONNECTION_SSL_STARTUP	协商SSL加密
CONNECTION_SETENV	协商环境驱动的参数设置

4．查询默认连接选项

PQconndefaults()函数返回默认的连接选项。它的一般形式如下：

```
PQconninfoOption *PQconndefaults(void);
```

PQconndefaults()函数返回一个 PQconninfoOption 结构的指针，用于获取所有可能的 PQconnectdb()选项和它们的当前默认值。该结构的定义如下：

```
01  typedef struct _PQconninfoOption
02  {
03      char *keyword;                  //选项的键字
04      char *envvar;                   //退守的环境变量名
05      char *compiled;                 //退守编译时的默认值
06      char *val;                      //选项的当前值或者 NULL
```

```
07        char *label;                              //连接对话里字段的标识
08        //在连接对话里为此字段显示的字符。如果为空表示原样显示输入的数值
09        char *dispchar;
10        int dispsize;
11    }PQconninfoOption;
```

处理完选项结构指针后，把指针交给 PQconninfoFree()函数释放；否则，每次调用
PQconndefaults()时都会有一小部分内存泄漏。

5．关闭或重置连接

PQfinish()函数用于关闭与服务器的连接，同时释放被 PGconn 对象使用的存储器，它
的一般形式如下：

```
void PQfinish(PGconn *conn);
```

🔔注意：即使与服务器的连接尝试失败（可由 PQstatus()判断），应用程序也会调用 PQfinish()
　　　　函数释放被 PGconn 对象使用的存储器。不应该在调用 PQfinish()函数后再使用
　　　　PGconn 指针。

PQreset()函数用于重置与服务器的通信端口。此函数将关闭与服务器的连接并且试图
与同一个服务器重建新的连接，使用前面用过的所有参数。这在失去工作连接后进行故障
恢复时很有用。PQreset()函数的一般形式如下：

```
void PQreset(PGconn *conn);
```

PQresetStart()函数和 PQresetPoll()函数以非阻塞模式重置与服务器的通信端口。此函数
将关闭与服务器的连接并且试图与同一个服务器重建新的连接,使用前面用过的所有参数。
这在失去工作连接后进行故障恢复时很有用。这两个函数的一般形式如下：

```
int PQresetStart(PGconn *conn);
PostgreSQLPollingStatusType PQresetPoll(PGconn *conn);
```

下面用一个简单的程序来演示连接本机的 PostgreSQL 服务器的方法。

```
01    #include <stdio.h>
02    #include <stdlib.h>
03    #include <libpq-fe.h>                          //包含 libpq 函数库
04    static void exit_nicely(PGconn *conn)          //结束与数据库的连接
05    {
06        PQfinish(conn);
07        exit(1);
08    }
09    int main()
10    {
11        const char *conninfo;
12        PGconn *conn;
13        conninfo = "dbname = postgres";            //定义数据库连接字符串
14        conn = PQconnectdb(conninfo);              //建立数据库连接
15        if (PQstatus(conn) != CONNECTION_OK) {     //检查后端是否成功建立连接
16            fprintf(stderr, "数据库连接失败: %s",
17            PQerrorMessage(conn));
18            exit_nicely(conn);
19        }
20        else
21            puts("连接数据库成功");
```

```
22      PQfinish(conn);                                    //断开与数据库的连接
23        puts("已断开与数据库的连接");
24      return 0;
25  }
```

编译时需要指定静态链接库和头文件的地址，这些目录的位置可能因安装版本与安装方式不同而有所差异，因此请先在系统中查找 libpq.so 与 libpq-fe.h 文件的位置，代码如下：

```
gcc pstest.c -o pstest -I/usr/include/postgresql -lpq
```

20.3.3　命令执行函数

一旦与数据库服务器的连接建立成功，便可用函数执行 SQL 查询和命令。PQexec()函数用于给服务器提交一条命令并且等待命令的执行结果，它的一般形式如下：

```
PGresult *PQexec(PGconn *conn, const char *command);
```

PQexec()函数返回一个 PGresult 结构指针或 NULL 指针。如果出现内存不足或出现严重错误，返回值为 NULL。

1. 提交SQL命令

PQexecParams()函数用于向服务器提交一条命令并且等待命令的执行结果。此外，该函数还具有传递独立的参数的功能。PQexecParams()函数的一般形式如下：

```
PGresult *PQexecParams(PGconn *conn,
                const char *command,
                int nParams,
                const Oid *paramTypes,
                const char * const *paramValues,
                const int *paramLengths,
                const int *paramFormats,
                int resultFormat);
```

PQexecParams()函数的参数值可以独立于命令串进行声明，并且可以要求查询结果是文本或者二进制格式。如果使用参数，那么这些参数以$1,$2,……的形式在命令字符串中被引用。nParams 是提供的参数个数；nParams 是数组 paramTypes[]、paramValues[]、paramLengths[]和 paramFormats[]的长度（如果 nParams 是 0，那么数组指针可以是 NULL）。

paramTypes[]以 OID 的形式声明赋予参数符号的数据类型；paramValues[]用于声明该参数的实际数值；paramLengths[]用于声明二进制格式的参数的实际数据长度；paramFormats[]用于声明某个参数是文本（在数组中放一个 0）还是二进制（在数组中放一个 1）；resultFormat 如果为 0 则获取以文本方式返回的结果，如果为 1 则获取以二进制形式返回的结果。

2. 提交请求

PQprepare()函数用给定的参数提交请求，创建一个准备好的语句，然后等待命令执行结束。该函数的一般形式如下：

```
PGresult *PQprepare(PGconn *conn,
                const char *stmtName,
                const char *query,
```

```
                                int nParams,
                                const Oid *paramTypes);
```

PQprepare()函数从 query 字符串里创建一个叫 stmtName 的准备好的语句，query 必须只包含一个 SQL 命令。stmtName 是空字符串时，表示创建一个无名的语句，此时前面存在的任何无名语句都会自动被代替。

nParams 是参数的个数。paramTypes[]以 OID 的方式声明与参数符号关联的数据类型。如果 paramTypes 为 NULL，或者数组中某个特定元素是 0，那么服务器将用与处理无类型文本同样的方法给这个参数符号赋予数据类型。

3．发送请求

PQexecPrepared()函数用于发送一个请求，执行一个带有给出参数的准备好的语句，并且等待执行的结果。该函数的一般形式如下：

```
PGresult *PQexecPrepared(PGconn *conn,
                        const char *stmtName,
                        int nParams,
                        const char * const *paramValues,
                        const int *paramLengths,
                        const int *paramFormats,
                        int resultFormat);
```

PQexecPrepared()函数强调要执行的命令为准备好的语句，而不是给出一个查询字串。该特性允许那些要重复使用的命令只进行一次分析和规划，无须每次执行时重复一次。参数中会给出一个准备好的语句的名字，而不是一个查询字串，并且没有 paramTypes[]参数。

PQresultStatus()函数用于返回命令的结果状态，它的一般形式如下：

```
ExecStatusType PQresultStatus(const PGresult *res);
```

PQresultStatus()函数的常见返回值是表 20.4 中所列举的枚举常量。

表 20.4　PQresultStatus()函数常见的返回值

成 员 名 称	说　　明
PGRES_EMPTY_QUERY	发送给服务器的字串是空的
PGRES_COMMAND_OK	成功完成一个不返回数据的命令
PGRES_TUPLES_OK	成功执行一个返回数据的查询（SELECT或者SHOW）
PGRES_COPY_OUT	CopyOut（从服务器复制出）数据传输开始
PGRES_COPY_IN	CopyIn（复制入服务器）数据传输开始
PGRES_BAD_RESPONSE	服务器的响应无法理解
PGRES_NONFATAL_ERROR	发生了一个非致命错误（通知或者警告）
PGRES_FATAL_ERROR	发生了一个致命错误

PQresStatus()函数的作用是把 PQresultStatus()函数返回的枚举类型转换成一个描述状态码的字符串常量。调用者不应该释放结果。PQresStatus()函数的一般形式如下：

```
char *PQresStatus(ExecStatusType status);
```

4．错误处理

PQresultErrorMessage()函数与 PQerrorMessage()函数返回与查询关联的错误信息，或者

在没有错误时返回一个空字符串。这两个函数的一般形式如下：

```
char *PQresultErrorMessage(const PGresult *res);
char *PQerrorMessage(const PGconn *res);
```

如果有错误，PQresultErrorMessage()函数将返回一个错误信息字符串。PQerrorMessage()函数将错误信息保存在 PGresult 对象中，而 PQresultErrorMessage()函数返回的错误信息字符串将在下一次执行数据库操作时删除。如果需要知道与某个 PGresult 相关联的状态，则用 PQresultErrorMessage()函数；如果需要知道与连接的最近一个操作相关联的状态，则用 PQerrorMessage()函数。

PQresultErrorField()函数返回一个独立的错误报告字段，该函数的一般形式如下：

```
char *PQresultErrorField(const PGresult *res, int fieldcode);
```

fieldcode 是一个错误字段标识符。如果 PGresult 不是错误信息、警告结果，或者不包括指定的字段，那么返回 NULL。

5．释放查询结果

PQclear()函数用于释放与 PGresult 相关联的存储空间。任何不再需要的查询结果都应该用 PQclear 释放。PQclear()函数的一般形式如下：

```
void PQclear(PGresult *res);
```

只要需要，就可以保留 PGresult 对象任意长的时间，当提交新的查询时它也不会消失，甚至断开连接后也是这样。要删除 PGresult 对象，必须调用 PQclear()函数，否则将导致内存泄漏。

PQmakeEmptyPGresult()函数用于构造一个带有给出的状态的空的 PGresult 对象。PQmakeEmptyPGresult()函数的一般形式如下：

```
PGresult *PQmakeEmptyPGresult(PGconn*conn,ExecStatusType status);
```

PQmakeEmptyPGresult()是 libpq 库的内部函数，用于分配和初始化一个空 PGresult 对象。当无法分配内存时，这个函数返回 NULL。

6．示例

下面用一个简单的例子来演示执行 SQL 命令的方法，该程序创建了一个通话清单数据表。程序代码如下：

```
01  #include <stdio.h>
02  #include <stdlib.h>
03  #include <libpq-fe.h>
04  static void exit_nicely(PGconn *conn)   //结束数据库连接
05  {
06     PQfinish(conn);
07     exit(1);
08  }
09  int main()
10  {
11     const char *conninfo;
12     PGconn *conn;
13     PGresult *res;
14     conninfo = "dbname = mydb";           //假设服务器中已有"mydb"数据库
15     conn = PQconnectdb(conninfo);         //建立数据库连接
```

```
16      if (PQstatus(conn) != CONNECTION_OK) {//检查后端连接是否成功建立
17          fprintf(stderr, "数据库连接失败: %s",
18          PQerrorMessage(conn));
19          exit_nicely(conn);
20      }
21      else
22          puts("连接数据库成功");
23      //创建一个通话清单数据表，"\"符号用于将一行分为多行
24      const char *sqlcmd = "CREATE TABLE call_list (\
25                          id INTEGER[4] NOT NULL AUTO_INCREMENT PRIMARY KEY,\
26                          type INTEGER[1], \
27                          telnum INTEGER[4], \
28                          bttime CHAR(14), \
29                          tcount INTEGER[4], \
30                          charge_rate FLOAT[4], \
31                          charge_sum FLOAT[4]";
32      res = PQexec(conn, sqlcmd);          //执行 SQL 命令
33      if (PQresultStatus(res) != PGRES_COMMAND_OK)
34      {
35          fprintf(stderr, "创建数据表失败: %s", PQerrorMessage(conn));
36          PQclear(res);
37          exit_nicely(conn);
38      }
39      PQclear(res);                        //清除 PGresult 对象
40      PQfinish(conn);
41      return 0;
42  }
```

在上面的程序中，首先使用 PQconnectdb()函数打开一个数据库连接，如果打开成功则创建保存通话信息的数据表 call_list。最后使用 PQfinish()函数关闭数据库连接。

20.3.4　查询结果检索函数

查询结果检索函数用于从一个代表查询成功（也就是状态为 PGRES_TUPLES_OK 的查询）的 PGresult 对象中提取需要的数据。对于其他状态值的对象，查询结果为一个空集。

1. 返回查询记录数或编号

PQntuples()函数用于返回查询结果的行（元组）数，该函数的一般形式如下：

```
int PQntuples(const PGresult *res);
```

PQnfields()函数返回查询结果里数据行的数据域（字段）的个数，它的一般形式如下：

```
int PQnfields(const PGresult *res);
```

PQfname()函数返回与给出的数据域编号相关联的数据域（字段）的名称。数据域编号从 0 开始。调用者不应该直接释放结果。相关联的 PGresult 句柄传递给 PQclear 之后，结果会被自动释放。如果字段编号超出范围，那么返回 NULL。PQfname()函数的一般形式如下：

```
char *PQfname(const PGresult *res, int column_number);
```

PQfnumber()函数返回与给出的数据域名称相关联的数据域（字段）的编号。如果给出的名字不匹配任何字段则返回–1。PQfnumber()函数的一般形式如下：

```
int PQfnumber(const PGresult *res, const char *column_name);
```

参数 column_name 给出的名字视为 SQL 命令的一个标识符。也就是说，如果没有加双引号，那么给出的名字将会转换为小写。

2．返回字段编号

PQftable()函数返回抓取的字段所在的表的 OID，字段编号从 0 开始。如果字段编号超出了范围，或者声明的字段不是一个指向某个表的字段的简单引用，那么就会返回 InvalidOid。PQftable()函数的一般形式如下：

```
Oid PQftable(const PGresult *res, int column_number);
```

在包含 libpq 头文件的时候就会定义类型 OID 和常量 InvalidOid，它们都是相同的整数类型。

PQftablecol()函数返回组成声明的查询结果字段的字段号（在它的表内部）。查询结果的字段编号从 0 开始，但是表的字段编号不会是 0。如果字段编号超出范围，或者声明的字段并不是一个表字段的简单引用，那么返回 0。PQftablecol()函数的一般形式如下：

```
int PQftablecol(const PGresult *res, int column_number);
```

3．返回字段格式

PQfformat()函数返回说明给出字段的格式的格式代码。字段编号从 0 开始。当格式码为 0 时表示文本数据，当格式码为 1 时表示二进制数据。PQfformat()函数的一般形式如下：

```
int PQfformat(const PGresult *res, int column_number);
```

PQftype()函数返回与给定数据域编号关联的数据域类型，返回的整数是该类型的一个内部 OID 号。数据域编号从 0 开始。PQftype()函数的一般形式如下：

```
Oid PQftype(const PGresult *res, int column_number);
```

可以通过查询系统表 pg_type 来获取各种数据类型的名称和属性。内建的数据类型的 OID 在源码树的 src/include/catalog/pg_type.h 文件里定义。

PQfmod()函数返回与给定字段编号相关联的类型修饰词，字段编号从 0 开始。类型修饰符的值与类型相关，通常包括精度或者尺寸限制。数值–1 表示"没有可用信息"。大多数的数据类型不用修饰词，因此其值总是–1。PQfmod()函数的一般形式如下：

```
int PQfmod(const PGresult *res, int column_number);
```

PQfsize()函数是 PostgreSQL 数据库中的一个函数，其功能是返回查询结果中某个字段的大小（即字节数），字段编号从 0 开始。PQfsize()函数的一般形式如下：

```
int PQfsize(const PGresult *res, int column_number);
```

PQfsize()函数返回在数据库中给该数据字段分配的空间，换句话说就是该数据的二进制存储形式占用的内存大小。如果该数据域是可变尺寸，则返回–1。

4．返回数据项

PQbinaryTuples()函数在 PGresult 包含二进制元组数据时返回 1，包含 ASCII 数据时返回 0。PQbinaryTuples()函数的一般形式如下：

```
int PQbinaryTuples(const PGresult *res);
```

PQgetvalue()函数也是 PostgreSQL 数据库中的一个函数，其功能是返回查询结果集中某个字段的值，行和字段编号从 0 开始。PQgetvalue()函数的一般形式如下：

```
char *PQgetvalue(const PGresult *res, int row_number, int column_number);
```

对于文本格式的数据，PQgetvalue()函数返回的值是一个表示字段值的空字符串。对于二进制格式，PQgetvalue()函数的返回的值就是由该数据类型的 typsend 和 typreceive 决定的二进制表现形式。如果字段值是空，则返回一个空字串。PQgetvalue()函数返回的指针指向一个本身是 PGresult 结构的一部分的存储区域。PQgetisnull()函数用于测试一个字段是否为空，行和字段编号从 0 开始。PQgetisnull()函数的一般形式如下：

```
int PQgetisnull(const PGresult *res,
     int row_number,
     int column_number);
```

PQgetlength()函数是 PostgreSQL 数据库中的一个函数，其功能是返回查询结果集中某个字段值的长度（即字节数），行和字段编号从 0 开始。PQgetlength()函数的一般形式如下：

```
int PQgetlength(const PGresult *res,
     int row_number,
     int column_number);
```

PQprint()函数用于向指定的输出流打印所有的行和字段名称，该函数的一般形式如下：

```
void PQprint(FILE *fout,                    //输出流
     const PGresult *res,
     const PQprintOpt *po);
```

下面用一个例子演示数据库查询结果检索函数的使用方法。程序的代码如下：

```
01   #include <stdio.h>
02   #include <stdlib.h>
03   #include <libpq-fe.h>
04   static void exit_nicely(PGconn *conn)          //结束数据库连接
05   {
06      PQfinish(conn);
07      exit(1);
08   }
09   int main()
10   {
11      const char *conninfo;
12      PGconn *conn;
13      PGresult *res;
14      int nFields;
15      int i, j;
16      conninfo = "dbname = postgres";             //定义数据库连接字符串
17      conn = PQconnectdb(conninfo);               //建立数据库连接
18      if (PQstatus(conn) != CONNECTION_OK) {      //检查后端连接是否成功建立
19         fprintf(stderr, "数据库连接失败：%s",
20         PQerrorMessage(conn));
21         exit_nicely(conn);
22      }
23      else
24         puts("连接数据库成功");
25      res = PQexec(conn, "BEGIN");  //开始一个事务块,即输入多个 SQL 命令一并执行
26      if (PQresultStatus(res) != PGRES_COMMAND_OK) {
27         fprintf(stderr, "BEGIN 命令失败：%s", PQerrorMessage(conn));
```

```
28        PQclear(res);
29        exit_nicely(conn);
30    }
31    PQclear(res);                              //清除不需要的查询结果
32    res = PQexec(conn, "DECLARE myportal CURSOR FOR select * from pg_
33    database");                                //从系统表 pg_database 中抓取数据
34    if (PQresultStatus(res) != PGRES_COMMAND_OK) {
35        fprintf(stderr, "声明游标失败: %s", PQerrorMessage(conn));
36        PQclear(res);
37        exit_nicely(conn);
38    }
39    PQclear(res);
40    res = PQexec(conn, "FETCH ALL in myportal");
41    if (PQresultStatus(res) != PGRES_TUPLES_OK) {
42        fprintf(stderr, "FETCH ALL failed: %s", PQerrorMessage(conn));
43        PQclear(res);
44        exit_nicely(conn);
45    }
46    nFields = PQnfields(res);
47    for (i = 0; i < nFields; i++)
48        printf("%-15s", PQfname(res, i));       //输出属性的名称
49    printf("\n\n");
50    for (i = 0; i < PQntuples(res); i++) {
51        for (j = 0; j < nFields; j++)
52            printf("%-15s", PQgetvalue(res, i, j));  //输出每行数据记录
53        printf("\n");
54    }
55    PQclear(res);
56    res = PQexec(conn, "CLOSE myportal");        //关闭游标
57    PQclear(res);
58    res = PQexec(conn, "END");                   //结束事务
59    PQclear(res);
60    PQfinish(conn);
61    return 0;
62 }
```

上面的程序中，首先创建了一个数据库连接并将该数据库连接打开。如果连接成功，则使用多个 SQL 命令创建事务块。然后从系统表 pg_database 中抓取数据，并输出其中的属性名称，再通过游标遍历该数据表并输出所有数据。最后关闭游标并结束事务处理。

20.4　小　　结

本章介绍了数据库的概念和通过接口访问数据库的方法。通过将数据文件与数据库进行对比可知，在数据量比较小的情况下，选择数据文件作为数据存储和管理的对象是非常方便的。而在大规模数据、多个用户需要同时对数据进行操作，以及需要通过网络来管理数据的情况下，数据库无疑是最佳的选择。有关数据库的设计和管理并非本书的知识范畴，读者可参考相关书籍更深一步了解数据库的高级应用。第 21 章将探讨更多常用的数据库接口，以及通过网络连接数据库的方法。

20.5　习　　题

一、填空题

1．实体关系模型简称_____模型。

2．PostgreSQL 是面向_____的关系数据库系统。

3．Berkeley DB 数据包是一个经典的_____语言函数库模式的工具集。

二、选择题

1．下列不是 Berkeley DB 主要的子系统选项是（　　　）。

A．存取管理子系统　　　　　　　　　B．内存管理子系统

C．锁子系统　　　　　　　　　　　　D．日志子系统

2．CREATE TABLE 语句的作用是（　　　）。

A．创建数据表　　　　　　　　　　　B．创建数据库

C．创建数据　　　　　　　　　　　　D．其他

3．返回与给定字段编号相关联的类型修饰词的函数是（　　　）。

A．PQntuples()　　　　B．PQfmod()　　　　C．PQfnumber()　　　　D．其他

三、判断题

1．Berkeley DB 数据包支持 SQL 语言。　　　　　　　　　　　　　　（　　　）

2．SQL 语言是面向数据的非过程化语言。　　　　　　　　　　　　　（　　　）

3．libpq 是 PostgreSQL 的 C++应用程序接口。　　　　　　　　　　（　　　）

四、操作题

1．使用代码初始化数据包标识符，如果成功则显示初始化数据包标识符成功，否则显示无法初始化数据包标识符。

2．尝试安装 PostgreSQL 数据库并创建 mydb 数据库。

第 21 章　Linux 系统常用数据库与接口

在大型的企业应用领域，数据库作为一个单独的系统而存在，各种专业数据库都提供了丰富的管理功能和网络服务功能。程序设计的工作趋向于从数据处理中抽象出业务逻辑，于是产生了数据层、逻辑层和表示层的三层模型概念。

三层模型对大型企业应用设计所面临的问题进行了细分。在 Linux 系统中进行 C 语言程序设计所面向的主要为其中的应用层。本章将介绍 Linux 系统常用的数据库及接口。

21.1　SQLite 数据库

SQLite 数据库是一种开源的嵌入式数据库系统。它是设计小型应用系统的首选，配合一些开源工具的使用，它可以成为具有网络访问功能的数据库。

21.1.1　SQLite 简介

SQLite 是理查德·希普用 C 语言编写的开源的嵌入式数据库引擎，其数据库管理功能完全独立，不具有外部依赖性。SQLite 能支持 TB 级别的数据操作，并且为大多数程序设计语言（特别是 C 语言）提供了接口函数库。

SQLite 由 SQL 编译器、内核、后端和附件几个组件组成，如图 21.1 所示。

SQLite 的数据库文件与操作系统内码无关，因此可以在不同的操作系统间共用。SQLite 不支持静态数据类型而是使用列关系，因此它的数据类型不具有表列属性而具有数据本身的属性。SQLite 支持 NULL、INTEGER、REAL、TEXT 和 BLOB 数据类型。

要安装 SQLite，可以登录其官方站点获得代码，地址为 http://www.sqlite.org，或输入下列命令：

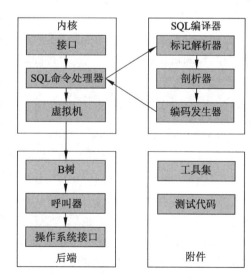

图 21.1　SQLite 的内部结构

```
apt-get install sqlite libsqlite3-dev
```

支持 SQLite 数据库的图形化管理工具很多，例如，可通过 Firefox 浏览器安装一款名为 SQLite Manager 的插件，该插件可以在浏览器中管理 SQLite 数据库文件，如图 21.2 所示。

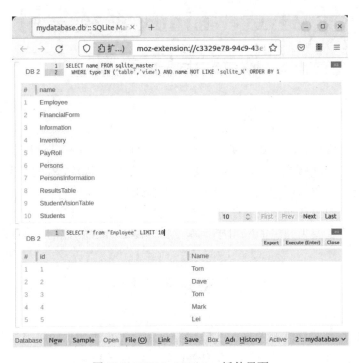

图 21.2　SQLite Manager 插件界面

21.1.2　连接 SQLite 数据库

SQLite 数据库的接口函数包含在头文件 sqlite3.h 中，连接数据库只需要 sqlite3_open() 一个函数即可，该函数的一般形式如下：

```
int sqlite3_open(
    const char *filename,              //UTF-8 编码的数据库文件名
    sqlite3 **ppDb);                   //SQLite 数据库标识符指针
```

sqlite3_open() 函数有两个参数，其中，filename 用于指定数据库的路径和文件名，它必须是以 UTF-8 编码的字符串。如果字符串以 UTF-16 编码，那么可以使用 sqlite3_open16() 函数来代替。sqlite3_open16() 函数的参数与 sqlite3_open() 函数相同。**ppDb 参数用于返回一个数据库操作符的指针，打开数据库成功后就可以用该指针进行数据库操作了。如果打开数据库成功，sqlite3_open() 函数的返回值为 0，否则返回一个错误代码。

sqlite3_open_v2() 函数可用于打开和创建数据库文件，它比 sqlite3_open() 函数多两个参数，使用起来也更灵活。sqlite3_open_v2() 函数的一般形式如下：

```
int sqlite3_open_v2(
    const char *filename,              //UTF-8 编码的数据库文件名
    sqlite3 **ppDb,                    //SQLite 数据库标识符指针
    int flags,                         //标志
    const char *zVfs);                 //VFS 对象的名称
```

　　filename 参数为数据库文件名，如果文件名为:memory:，那么 sqlite3_open_v2()函数会在内存中创建一个私有的临时文件；如果文件名为空，那么该函数将在本地创建一个临时文件，当数据库标识符被关闭时，临时文件会自动删除。flags 参数用于设定打开方式。zVfs 参数是 sqlite3_vfs 结构的名称，该结构是为操作系统接口定义的对象，如果以 NULL 作为实际参数，那么系统将使用默认的 sqlite3_vfs 对象。sqlite3_vfs 结构的定义如下：

```
typedef struct sqlite3_vfs sqlite3_vfs;
struct sqlite3_vfs {
  int iVersion;                            //结构的版本号
  int szOsFile;                            //sqlite3_file 子集的长度
  int mxPathname;                          //文件路径的最大长度
  sqlite3_vfs *pNext;                      //下一个注册的 VFS
  const char *zName;                       //虚拟文件系统的名称
  void *pAppData;                          //指向应用程序特征的数据
  int (*xOpen)(sqlite3_vfs*, const char *zName, sqlite3_file*,
            int flags, int *pOutFlags);
  int (*xDelete)(sqlite3_vfs*, const char *zName, int syncDir);
  ...
};
```

　　sqlite3_vfs 对象的接口定义在 SQLite 核心和操作系统之间。vfs 的意义为虚拟文件系统。iVersion 成员代表对象的版本号。szOsFil 成员用于定义 sqlite3_file 子集的结构长度，mxPathname 成员用于限定 VFS 中的路径名称的最大长度。pNext 指针用于指向另一个 sqlite3_vfs，多个已注册的 sqlite3_vfs 对象可通过 pNext 指针组成链表，因此可以将多个文件作为同一个数据库文件，通过 sqlite3_vfs 对象来管理。

　　sqlite3_errcode()函数通常用来获取最近调用的数据库接口返回的错误代码。sqlite3_errmsg()函数则用来得到这些错误代码所对应的文字说明,这些错误信息将以 UTF-8 的编码形式返回，并且在下一次调用任何 SQLite 接口函数的时候被清除。如果要以 UTF-16 编码形式返回错误文字信息，可使用 sqlite3_errmsg16()函数。以上 3 个函数的一般形式如下：

```
int sqlite3_errcode(sqlite3 *db);
const char *sqlite3_errmsg(sqlite3*);
const void *sqlite3_errmsg16(sqlite3*);
```

　　可用的 SQLite 的错误代码参见表 21.1。

表 21.1　SQLite的错误代码

代　　　码	十 进 制 值	说　　　明
SQLITE_OK	0	操作成功
SQLITE_ERROR	1	SQL错误或找不到数据库
SQLITE_INTERNAL	2	SQLite中的内部逻辑错误
SQLITE_PERM	3	拒绝访问错误
SQLITE_ABORT	4	回调程序请求被终止
SQLITE_BUSY	5	数据库被锁定
SQLITE_LOCKED	6	数据表被锁定
SQLITE_NOMEM	7	动态内存分配失败
SQLITE_READONLY	8	对只读数据库进行写入操作失败

续表

代　码	十 进 制 值	说　明
SQLITE_INTERRUPT	9	通过调用sqlite3_interrupt()函数停止操作
SQLITE_IOERR	10	硬盘I/O错误发生
SQLITE_CORRUPT	11	数据库硬盘映像是畸形的
SQLITE_NOTFOUND	12	表或记录未找到
SQLITE_FULL	13	数据库已满，插入数据失败
SQLITE_CANTOPEN	14	不能打开数据库文件
SQLITE_PROTOCOL	15	数据库锁定协议错误
SQLITE_EMPTY	16	数据库是空的
SQLITE_SCHEMA	17	数据库计划被改变
SQLITE_TOOBIG	18	字符串或BLOB类型操作了最大可用长度
SQLITE_CONSTRAINT	19	由于强制原因而终止
SQLITE_MISMATCH	20	数据类型不匹配
SQLITE_MISUSE	21	函数库使用不正确
SQLITE_NOLFS	22	用于在编译SQLite时禁用文件锁定
SQLITE_AUTH	23	拒绝授权
SQLITE_FORMAT	24	辅助数据库格式错误
SQLITE_RANGE	25	sqlite3_bind()函数的第2个参数超出界限
SQLITE_NOTADB	26	打开的文件不是一个数据库文件
SQLITE_NOTICE	27	来自sqlite3_log()的通知
SQLITE_WARNING	28	来自sqlite3_log()的警告
SQLITE_ROW	100	sqlite3_step()函数已进入另一行
SQLITE_DONE	101	sqlite3_step()函数已经结束执行

当数据库文件不需要再使用时，可以使用 sqlite3_close()函数将其关闭，如果再次对已关闭的数据库操作符进行操作将会引发错误。sqlite3_close()函数的一般形式如下：

```
int sqlite3_close(sqlite3 *);
```

下面以一个简单的例子演示数据库的连接操作，这个例子也可以被定义为头文件放在程序中，在程序的开始部分调用。程序代码如下：

```
01  #include <sqlite3.h>                        //包含 SQLite 接口函数
02  #include <stdio.h>
03  sqlite3 *db = NULL;                          //定义一个全局的数据库标识符
04  int open_database(const char *dbfile)        //定义数据库打开函数
05  {
06      int result;
07      result = sqlite3_open(dbfile, &db );     //打开一个数据库
08      return result;
09  }
10  int close_database(void)                     //定义数据库关闭函数
11  {
12      int result;
13      result = sqlite3_close(db);
14      return result;
15  }
```

```
16   int main()
17   {
18       const char *dbfile = "data.sqlite";        //定义数据库文件名
19       int res;
20       res = open_database(dbfile);                //打开数据库
21       if (res != 0) {
22           printf("数据库打开失败：%s", sqlite3_errmsg(db));
23           return 1;
24       }
25       else
26           puts("数据库已打开");
27       res = close_database();
28       if (res != 0) {
29           printf("数据库关闭失败：%s", sqlite3_errmsg(db));
30           return 1;
31       }
32       else
33           puts("数据库已关闭");
34       return 0;
35   }
```

在上面的程序中将数据库标识符定义为全局变量，这样各个函数都可以使用该标识符，简化了函数设计的难度，但对函数的通用性产生了不良影响。程序定义了两个函数，分别用于打开和关闭数据库，并将操作后的错误代码作为返回值给函数调用。

21.1.3　SQLite 命令执行函数

SQLite 的 SQL 命令执行函数只有 sqlite3_exec() 一个，但是它也能很好地满足工作需要。sqlite3_exec() 函数的一般形式如下：

```
int sqlite3_exec(
    sqlite3*,                                  //有效的数据库标识符
    const char *sql,                           //SQL 命令字符串
    int (*callback)(void*,int,char**,char**),  //回调函数
    void *,                                    //第一个回调参数
    char **errmsg                              //将错误信息写到此指针指向的地址
);
```

sqlite3_exec() 函数的第 3 个参数是回调函数的指针，回调函数是按一定规则定义的事务处理函数，当 sqlite3_exec() 函数执行成功时将调用回调函数。sqlite3_exec() 函数的第 4 个参数被作为回调函数的第 1 个参数传送过去。errmsg 参数用于将错误信息写入指定的内存空间，该信息是一个字符串。如果只是执行简单的 SQL 命令，那么第 3 个参数与第 4 个参数可以为 NULL。

下例将数据库连接和 SQL 命令执行函数分别放在不同的文件中，代码如下：

```
01   //database.h 文件的内容
02   #include <sqlite3.h>                      //包含 SQLite 接口函数
03   sqlite3 *db = NULL;                       //定义一个全局的数据库标识符
04   int open_database(const char *dbfile);    //定义数据库打开函数原型
05   int close_database(void);                 //定义数据库关闭函数
06   //database.c 文件的内容
07   #include "database.h"
08   int open_database(const char *dbfile)     //定义数据库打开函数
```

```
09  {
10    int result;
11    result = sqlite3_open(dbfile, &db );//打开一个数据库
12    return result;
13  }
14  int close_database(void)                      //定义数据库关闭函数
15  {
16    int result;
17    result = sqlite3_close(db);
18    return result;
19  }
```

定义好数据库连接头文件后，在程序文件里只需要调用 open_database()和 close_database()
函数即可，代码如下：

```
01  #include <stdio.h>
02  #include "database.h"
03  int main()
04  {
05    const char *dbfile = "data.sqlite";          //定义数据库文件名
06    int res;
07    char *errmsg = NULL;
08    res = open_database(dbfile);                  //打开数据库
09    if (res != 0) {
10      printf("数据库打开失败：%s", sqlite3_errmsg(db));
11      return 1;
12    }
13    else
14      puts("数据库已打开");
15    const char *sqlcmd = "CREATE TABLE call_list (
16                          id INTEGER PRIMARY KEY, \
17                          type NUMERIC, \
18                          telnum NUMERIC, \
19                          bttime TEXT, \
20                          tcount NUMERIC, \
21                          charge_rate NUMERIC, \ // "\"符号用于将一行分为多行
22                          charge_sum NUMERIC)";  //创建一个通话清单数据表
23    res = sqlite3_exec(db, sqlcmd, NULL, NULL, &errmsg);//执行 SQL 命令
24    if (res != SQLITE_OK )
25      printf("执行失败，代码：%d-%s\n", res, errmsg);
26    else
27      puts("执行成功，创建了一个数据表");
28    res = close_database();
29    if (res != 0) {
30      printf("数据库关闭失败：%s", sqlite3_errmsg(db));
31      return 1;
32    }
33    else
34      puts("数据库已关闭");
35    return 0;
36  }
```

本例执行了一个创建数据表的 SQL 命令，在 SQLite 中只有几种简单的数据类型，因
此创建表格的 SQL 语句与其他数据库并不相同。

21.1.4　SQLite 检索查询结果函数

sqlite3_get_table()函数用于检索数据表内的数据，它的一般形式如下：

```
int sqlite3_get_table(
    sqlite3 *db,                    //可用的数据库标识符
    const char *zSql,               //SQL 查询语句
    char ***pazResult,              //查询结果
    int *pnRow,                     //所查询到的行数
    int *pnColumn,                  //所查询到的列数
    char **pzErrmsg                 //错误信息写入的地址
);
```

　　sqlite3_get_table()函数的第 2 个参数是一条 SQL 查询语句，通常该语句是 SELECT 语句。如果执行查询语句成功，那么所有的查询结果将以字符串的形式返回给∗∗∗pazResult 参数所指向的内存空间，∗∗∗pazResult 可以视作一个指向二维字符数组的指针。参数 pnRow 和 pnColumn 分别用来保存查询结果的行数和列数，即使查询结果为 0 条数据，也会给∗∗∗pazResult 返回一条数据，这一条数据是字段名信息。假设在数据库中存在 call_list 数据表，该表中有一条数据，那么使用 SELECT ∗ FROM call_list 语句进行查询的返回结果如下：

```
id  type    telnum  bttime          tcount  charge_rate    charge_sum
1   0       12345   20090331120011  30      0.36           0.36
// pnRow 的值为 2, pnColumn 的值为 7
```

　　如果查询操作产生错误，错误文本信息将被写入∗∗pzErrmsg 参数所指向的内存地址。sqlite3_get_table()函数如果执行成功时则返回 1，否则返回一个错误代码。

　　执行完查询结果检索函数后，必须使用 sqlite3_free_table()函数将∗∗∗pazResult 参数所使用的内存空间释放，否则会造成内存溢出。该函数的一般形式如下：

```
void sqlite3_free_table(char **result);
```

　　下面以一个例子来演示查询结果检索函数的操作方法，代码如下：

```
01  #include <stdio.h>
02  #include <string.h>
03  #include "database.h"
04  #define TM_L 14                            //定义表示时间的字符串长度
05  typedef struct _calllist callist;
06  struct _calllist {
07      long id;                               //记录编号
08      int type;                              //通话类型
09      long telnum;                           //对方号码
10      char btime[TM_L];                      //通话起始时间
11      long tcount;                           //通话时长
12      float charge_rate;                     //费率
13      float charge_sum;                      //总费用
14  };
15  void printdb(callist *cl, int length)      //输出记录函数
16  {
17      int i = sizeof(callist);
18      int j;
19      char btime[TM_L + 1] = {0};            //读取字符串，为字符串加入结束符
20      for(j = 0 ;j < length / i; j++) {
21          memcpy(btime, (cl + j) -> btime, TM_L);    //将字符串读出
22          //输出数据中的内容
23          printf("%ld, %d, %ld, %14s, %ld, %1.2f, %1.2f\n",
24              (cl + j) -> id,
25              (cl + j) -> type,
26              (cl + j) -> telnum,
```

```
27             btime,
28             (cl + j) -> tcount,
29             (cl + j) -> charge_rate,
30             (cl + j) -> charge_sum);
31     }
32 }
33
34 int main()
35 {
36    const char *dbfile = "data.sqlite";  //定义数据库文件名
37    int res;
38    char *errmsg = NULL;
39    char **result;                        //保存查询结果
40    int row, col;                         //保存行和列
41    int i;
42    res = open_database(dbfile);          //打开数据库
43    if (res != 0) {
44       printf("数据库打开失败：%s", sqlite3_errmsg(db));
45       return 1;
46    }
47    else
48       puts("数据库已打开");
49    const char *sqlcmd = "SELECT * FROM call_list";//定义 SQL 查询字符串
50    res = sqlite3_get_table(db, sqlcmd, &result, row, col, &errmsg);
51
52
53    if (res != SQLITE_OK )
54       printf("查询失败，代码：%d-%s\n", res, errmsg);
55    else if (row < 2)                     //判断查询到的实际记录数是否为 0
56       puts("查询结果为 0 条");
57    else {
58       puts("查询成功，查询结果为：");
59       //为保存结果的结构体动态分配内存
60       callist *cl = malloc(sizeof(callist) * row - 1);
61       callist *p_cl;                     //定义一个 callist 类型指针
62       p_cl = cl;
63       for(i = 0; i <= row; i++) {        //将结果中的值取出
64          p_cl -> id = atol(result[i * col]);
65          p_cl -> type = atoi(result[i * col + 1]);
66          p_cl -> telnum = atol(result[i * col + 2]);
67          memcpy (p_cl -> btime, result[i * col + 3], TM_L);
68          p_cl -> tcount = atol(result[i * col + 4]);
69          p_cl -> charge_rate = atof(result[i * col + 5]);
70          p_cl -> charge_sum = atof(result[i * col + 6]);
71       }
72       sqlite3_free_table(result);        //释放结果所占用的内存空间
73       printdb(cl, row -1);               //输出结果
74       free(cl);
75    }
76    res = close_database();
77    if (res != 0) {
78       printf("数据库关闭失败：%s", sqlite3_errmsg(db));
79       return 1;
80    }
81    else
```

```
82          puts("数据库已关闭");
83      return 0;
84  }
```

本例使用 sqlite3_get_table()函数将数据表的检索结果输出到一个动态的内存空间中。这种方法简单、易懂，但并不是 SQLite 数据库查询结果检索的唯一方法。sqlite3_exec()函数也可以进行查询操作，并且将查询结果返回给回调函数进行处理。另外，SQLite 也支持与 PostgreSQL 数据库相似的游标操作，具体用法请参考 SQLite 源码包中的文档。

21.2　MySQL 数据库

MySQL 是一个开放源码的小型关系数据库管理系统，开发者为瑞典的 MySQL AB 公司。目前，MySQL 被广泛地应用在 Linux 系统上。由于 MySQL 体积小、速度快、总体拥有成本低，尤其是开放源码这个特点，许多中小型企业选择 MySQL 作为企业应用数据库。

21.2.1　MySQL 简介

MySQL 是一个广受 Linux 社区欢迎的数据库，很多 Linux 发行版都将其作为自身的一部分。MySQL 支持大量的数据类型，并支持变长的 BLOB（Binary Large OBject）类型。MySQL 提供了两个相对不常用的字段类型：ENUM 和 SET，它们与 C 语言的枚举类型非常相似。安装 MySQL 可在其官方网站下载源代码进行编译，地址为 www.mysql.com，也可以在终端输入下列命令：

```
apt-get install mysql-client mysql-server libmysqlclient-dev
```

这 3 个程序分别是 MySQL 的客户端、服务器和接口函数库。初始化过程中可能会给出一些警告，但只要没有错误信息，就表示初始化成功了，并且 MySQL 服务器会自动启动。可以通过下列命令启动和停止 MySQL 服务器。

```
service mysql start              //启动 MySQL 服务器
service mysql stop               //停止 MySQL 服务器
```

这时即可用 MySQL 的标准客户端连接服务器进行相关操作，连接命令如下：

```
mysql -u root -p                 //以 root 用户身份登录服务器
```

连接后，MySQL 服务器会提示输入密码，当终端的操作提示符变成 mysql>时，代表成功连接到本地计算机中的 MySQL 数据库。输入 show databases;命令，可以显示服务器中的所有数据库。

```
mysql> show databases;
+--------------------+
| Database           |
+--------------------+
| information_schema |
| mysql              |
| performance_schema |
| sys                |
+--------------------+
4 rows in set (0.00 sec)
```

使用 MySQL 的标准客户端可以进行所有的数据库操作，并且有很多图形化管理工具可供选择，如 MySQL Administrator，它是 MySQL 官方提供的图形化管理器。

21.2.2　连接 MySQL 数据库

连接 MySQL 数据库的 C 语言函数库包含在 MySQL 库中，头文件名称为 mysql.h。连接 MySQL 服务器的步骤如下。

（1）调用 mysql_library_init()函数初始化 MySQL 库。库可以是 mysqlclient C 客户端库或 MySQL 嵌入式服务器库，具体情况取决于应用程序编译时是否与-libmysqlclient 或 -libmysqld 标志链接。

（2）调用 mysql_init()函数初始化连接处理程序，调用 mysql_real_connect()函数连接服务器。

（3）调用 mysql_close()函数关闭与 MySQL 服务器的连接。

（4）调用 mysql_library_end()函数结束 MySQL 库的使用。

调用 mysql_library_init()函数和 mysql_library_end()函数是初始化 MySQL 库和结束使用 MySQL 库。对于与客户端库链接的应用程序，它们提供了改进的内存管理功能，如果不调用 mysql_library_end()函数，内存块仍将保持分配状态从而造成内存泄漏。对于与嵌入式服务器链接的应用程序，mysql_library_init()和 mysql_library_end()函数调用会启动或停止服务器。mysql_library_init()和 mysql_library_end()实际上是#define 符号，这类符号使得它们等效于 mysql_server_init()和 mysql_server_end()，它们的一般形式如下：

```
#define mysql_library_init mysql_server_init
#define mysql_library_end mysql_server_end
int STDCALL mysql_server_init(int argc, char **argv, char **groups);
void STDCALL mysql_server_end(void);
```

调用任何 MySQL 函数之前，必须在使用嵌入式服务器的程序中调用 mysql_library_init()函数。它将启动服务器，并初始化服务器使用的任何子系统（Mysys、InnoDB 等）。mysql_server_init()函数中的 argc 和 argv 参数与主函数 main()的参数相似，通常用于接收程序的执行参数。argv 的第 1 个元素将被忽略，它包含的是程序的文件名。如果没有程序的执行参数，argc 可以是 0。如果打算连接到外部服务器而不启动嵌入式服务器，应为 argc 指定负值。groups 是参数数组，用于存储命令行参数，它可以是 NULL，在这种情况下，[server]和[embedded]组是活动的。在执行所有 MySQL 函数后，程序中必须调用一次 mysql_server_end()函数，它将关闭嵌入式服务器。这两个函数的用法如下：

```
01   #include <mysql/mysql.h>
02   #include <stdlib.h>
03   static char *server_args[] = { "this_program",      //定义执行参数
04                        "--datadir=.",
05                        "--key_buffer_size=32M"};
06   static char *server_groups[] = { "embedded",
07                         "server",
08                         "this_program_SERVER",
09                         (char *)NULL};
10   int main(void)
11   {
12     if (mysql_library_init(sizeof(server_args) / sizeof(char *),
```

```
13                          server_args, server_groups)) //初始化 MySQL 库
14        exit(1);
15    mysql_library_end();                              //结束处理
16    return EXIT_SUCCESS;
17  }
```

要连接到服务器,可调用 mysql_init()函数初始化连接处理程序,然后用该处理程序(以及其他信息,如主机名、用户名和密码)调用 mysql_real_connect()函数。建立连接后,mysql_real_connect()函数会将再连接标志设置为 0,该标志是数据库标识符的一部分。可以在 mysql_options()函数中使用 MYSQL_OPT_RECONNECT 选项,以控制再连接的行为。完成连接后,调用 mysql_close()函数终止当 MySQL 服务器的连接。示例如下:

```
MYSQL *STDCALL mysql_init(MYSQL *mysql);
MYSQL *STDCALL mysql_real_connect (MYSQL *mysql,   //数据库标识符
                      const char *host,            //主机名
                      const char *user,            //用户名
                      const char *passwd,          //用户密码
                      const char *db,              //数据库名
                      unsigned int port,           //端口号
                      const char *unix_socket,     //套接字
                      unsigned long client_flag);  //客户端标志
void mysql_close(MYSQL *mysql);
```

以上 3 个函数使用 MySQL 结构作为其标识符,使用前必须在程序中声明。mysql_init()函数用于分配或初始化与 mysql_real_connect()函数相适应的 MySQL 对象。如果 MySQL 的实际参数是 NULL 指针,mysql_init()函数将分配、初始化并返回新对象;否则该函数将初始化对象并返回对象的地址。如果 mysql_init()函数分配了新的对象,应当调用 mysql_close()函数关闭连接并释放该对象的内存空间。如果无足够内存来分配新的对象,则 mysql_init()返回 NULL。

mysql_real_connect()函数尝试与运行在主机上的 MySQL 数据库引擎建立连接。在执行有效的 MySQL 连接句柄结构的任何接口函数之前,mysql_real_connect()函数必须成功建立连接。该函数的第一个参数应是可用的 MySQL 结构的地址。host 参数的值必须是主机名或 IP 地址。如果 host 的实际参数是 NULL 或字符串 localhost,那么连接将被视为与本地主机的连接。如果操作系统支持套接字,那么将使用套接字而不是 TCP/IP 连接服务器。user 参数包含用户的 MySQL 登录 ID。如果 user 是 NULL 或空字符串,用户将被视为当前用户。passwd 参数包含用户的密码。如果 passwd 是 NULL,那么仅会对该用户的(拥有 1 个空密码字段的)用户表中的条目进行匹配检查。

db 参数是数据库名称。如果 db 的实际参数为 NULL,则连接会将默认的数据库设为该值。如果 port 参数不是 0,其值将用作 TCP/IP 连接的端口号,host 参数决定了连接的类型。如果 unix_socket 参数不是 NULL,则该字符表示应使用的套接字。client_flag 参数的值通常为 0,但是也能将其设置为标志的组合,以允许特定的功能。

在调用 mysql_real_connect()函数之前,应与 MYSQL_READ_DEFAULT_FILE 或 MYSQL_READ_DEFAULT_GROUP 选项一起调用 mysql_options()函数。如果连接成功,则返回 MYSQL*连接标识符。如果连接失败,则返回 NULL 并产生一个 MySQL 错误代码。可以使用 mysql_error()函数捕捉错误信息。

mysql_close()函数关闭前面打开的连接。如果句柄是由 mysql_init()函数或 mysql_

connect()函数自动分配的，那么 mysql_close()函数将解除分配由 MySQL 指向的连接句柄。下面是连接 MySQL 数据库的示例。

```
MYSQL mysql;                                    //声明数据库标识符
mysql_init(&mysql);                             //初始化连接处理程序
//建立数据库
mysql_options(&mysql, MYSQL_READ_DEFAULT_GROUP, "your_prog_name");
//建立数据库连接
if (!mysql_real_connect(&mysql, "host", "root", "password", "test", 0,
NULL, 0)){
    fprintf(stderr, "无法连接数据库，错误原因：%s\n",
    mysql_error(&mysql));                       //捕捉 MySQL 错误
}
else {
    puts("数据库连接成功");
    mysql_close(&mysql);                        //关闭数据库连接
}
```

21.2.3　查询 MySQL 数据库

当连接处于活动状态时，客户端程序可使用 mysql_query()函数或 mysql_real_query()函数向服务器发出 SQL 查询。二者的差别在于，mysql_query()函数预期的查询为指定的由 NULL 终结的字符串，而 mysql_real_query()函数预期的是计数字符串。如果字符串包含二进制数据（其中可能包含 Null 字节），就必须使用 mysql_real_query()函数。这两个函数的一般形式如下：

```
int STDCALL mysql_query(MYSQL *mysql, const char *query);
int STDCALL mysql_real_query(MYSQL *mysql, const char *query, unsigned long
length);
```

mysql_query()函数执行由"NULL 终结的字符串"查询指向的 SQL 查询。正常情况下，字符串必须包含一条 SQL 语句，而且不应为语句添加终结分号（;）或\g。如果允许多语句执行，字符串可包含多条由分号隔开的语句。如果查询成功，则返回 0。如果出现错误，则返回非 0 值。

mysql_real_query()函数执行由 query 指向的 SQL 查询，它应是字符串长度字节 long。正常情况下，字符串必须包含一条 SQL 语句，而且不应为语句添加终结分号（;）或\g。如果允许多语句执行，字符串可包含由分号隔开的多条语句。对于包含二进制数据的查询，必须使用 mysql_real_query()函数而不是 mysql_query()函数，这是因为，二进制数据可能会包含\0 字符。此外，mysql_real_query()函数比 mysql_query()函数的执行速度快，这是因为它不会在查询字符串中调用 strlen()函数。

对于每个非 SELECT 查询，如 INSERT、UPDATE、DELETE，通过调用 mysql_affected_rows()函数可以发现有多少行已被改变（影响）。mysql_affected_rows()函数的一般形式如下：

```
uint64_t STDCALL mysql_affected_rows(MYSQL *mysql);
```

mysql_affected_rows()函数的返回值为 uint64_t 类型的数值，该数值是行发生改变的记录数，示例如下：

```
//执行一条 SQL 语句
mysql_query(&mysql,"UPDATE call_list SET charge_rate=0.4 WHERE type = 1");
//返回查询结果数目
```

```
printf("%ld 条记录被修改",(long) mysql_affected_rows(&mysql));
```

21.2.4　处理 MySQL 查询结果

SELECT 查询能够检索作为结果集的行。客户端处理结果集可以使用 mysql_store_result() 函数和 mysql_use_result() 函数两种方式实现，它们的一般形式如下：

```
MYSQL_RES *STDCALL mysql_store_result(MYSQL *mysql);
MYSQL_RES *STDCALL mysql_use_result(MYSQL *mysql);
```

1．使用 mysql_store_result() 函数进行查询

mysql_store_result() 函数将查询的全部结果读取到客户端，分配一个 MYSQL_RES 结构，并将结果置于该结构中。如果查询未返回结果集，那么 mysql_store_result() 函数将返回 NULL 指针（如果查询是 INSERT 语句）。如果读取结果集失败，mysql_store_result() 函数也会返回 NULL 指针。通过检查 mysql_error() 函数是否返回非空字符串，mysql_errno() 函数是否返回非 0 值，或者 mysql_field_count() 函数是否返回 0，可以检查查询是否出现了错误。

2．使用 mysql_use_result() 函数进行查询

mysql_use_result() 函数可以对初始化结果集进行检索，但并不像 mysql_store_result() 函数那样将结果集读取到客户端。mysql_use_result() 函数通过调用 mysql_fetch_row() 函数对每一行分别进行检索，并且直接从服务器读取结果，而不会将结果保存在临时表或本地缓冲区内。与 mysql_store_result() 函数相比，mysql_use_result() 函数的执行速度更快而且使用的内存也更少。客户端仅为当前行和通信缓冲区分配内存，分配的内存可增加到 max_allowed_packet 字节。另一方面，如果客户端正在进行大量的数据库处理操作，或者使用的是支持 Ctrl + S 操作（停止滚动）的客户端，就不应使用 mysql_use_result() 函数，因为这样会绑定服务器并阻止其他线程更新任何表（数据是从这类表中获得的）。

3．访问结果集

在两种情况下可以通过调用 mysql_fetch_row() 函数访问行。通过调用 mysql_fetch_lengths() 函数，能获得关于各行数据大小的信息。完成结果集操作后，还需要调用 mysql_free_result() 函数释放结果集使用的内存。这两个函数的一般形式如下：

```
MYSQL_ROW STDCALL mysql_fetch_row(MYSQL_RES *result);
unsigned long *STDCALL mysql_fetch_lengths(MYSQL_RES *result);
void STDCALL mysql_free_result(MYSQL_RES *result);
```

mysql_fetch_row() 函数检索结果集的下一行。在 mysql_store_result() 函数之后使用 mysql_fetch_row() 函数时，如果没有要检索的行，则 mysql_fetch_row() 函数返回 NULL。mysql_fetch_lengths() 函数返回结果集内当前行的列的长度，对于空列及包含 NULL 值的列，其长度为 0。

mysql_free_result() 函数释放由 mysql_store_result() 函数、mysql_use_result() 函数为结果集分配的内存。完成对结果集的操作后，必须调用 mysql_free_result() 函数释放结果集使用的内存。

4．示例

假设本机的 MySQL 服务器的 test 数据库内已建立 call_list 表并保存了一些数据，那么可以将其中的所有数据输出，示例如下：

```
01  #include <mysql/mysql.h>                              //包含 MySQL 函数库
02  #include <stdio.h>
03  #include <stdlib.h>
04  #include <string.h>
05  static char *server_args[] = { "this_program",   //定义执行参数
06                              "--datadir=.",
07                              "--key_buffer_size=32M"};
08  static char *server_groups[] = { "embedded",
09                              "server",
10                              "this_program_SERVER",
11                              (char *)NULL};
12  int main()
13  {
14    MYSQL mysql;                                        //声明 MySQL 操作符
15    MYSQL_RES *res;                                      //声明结果集
16    MYSQL_ROW row;                                       //声明行操作符
17    char sqlcmd[200];                                    //保存查询语句
18    int t;
19    //初始化 MySQL 库
20    if (mysql_library_init(sizeof(server_args) / sizeof(char *),
21                  server_args, server_groups))
22    mysql_init(&mysql);                                  //初始化连接处理程序
23    if (!mysql_real_connect(&mysql, "host", "root", "password", "test",
24     0, NULL, 0)){                                       //建立数据库连接
25      fprintf(stderr, "无法连接数据库，错误原因：%s\n",
26      mysql_error(&mysql));                              //捕捉 MySQL 错误
27    }
28    else {
29      puts("数据库连接成功");
30      sprintf(sqlcmd, "%s","select * from call_list");
31      //执行查询语句
32      t = mysql_real_query(&mysql,sqlcmd,(unsigned int) strlen(sqlcmd));
33      if (t)
34        printf("查询数据库失败：%s\n", mysql_error(&mysql));
35      else {
36        res = mysql_store_result(&mysql);              //获得查询结果
37        while(row = mysql_fetch_row(res)) {            //在结果集内步进
38          for(t = 0; t < mysql_num_fields(res); t++)
39            printf("%s ",row[t]);                       //输出每列的数据
40          printf("\n");
41        }
42        mysql_free_result(res);                        //释放查询结果
43      }
44      mysql_close(&mysql);                              //关闭数据库连接
45    }
46    mysql_library_end();                                //结束处理
47    return EXIT_SUCCESS;
48  }
```

在上面的程序中，首先为 MySQL 数据库操作定义了执行参数，这些参数用于创建与 MySQL 数据库的连接。然后用 mysql_library_init()函数初始化 MySQL 库，用 mysql_init()

函数初始化连接处理程序。接着，使用 mysql_real_connect() 函数建立数据库连接。

如果数据库连接成功，首先执行查询语句，查询 call_list 表中的所有数据并将查询结果保存在结果集中，然后以行为单位输出所有查询结果。待结果输出完毕，使用 mysql_free_result() 函数清除结果集。最后使用 mysql_close() 函数关闭数据库连接，并使用 mysql_library_end() 函数结束 MySQL 的处理。

21.3　大型数据库与通用数据库接口

常用的大型数据库有 Oracle、Sybase、Informix 和 DB2 等，虽然这些数据库不是开源软件，但是在 Linux 系统中仍然有使用 C 语言开发客户端访问这些数据库的需求。另外，如果能通过一个函数库来访问多种不同类型的数据库，那么对于程序开发来说将会减少很多的重复劳动。本节将简单地探讨一下这些问题。

21.3.1　连接 Oracle 数据库

Oracle 是著名的大型数据库软件之一，很多跨国集团和金融企业都采用其大型数据库来构件应用系统。

Oracle 也是最早将 SQL 语言引入关系数据库的开发者，同时扩展了共享 SQL 和多线索服务器体系结构，这不仅降低了 Oracle 的系统开销，而且增强了数据处理能力，使其能运行在 Linux 系统的普通服务器上。Oracle 也是少数支持 Linux 系统的大型数据库软件之一，Red Hat AS 系列已能顺利运行 Oracle 数据库。

在 Linux 系统中，Oracle 的 C 语言接口函数库名称为 OCI（Oracle Common Interface），该函数库是一个功能强大的数据库操作模块。它支持事务处理，单事务中的多连接多数据源操作，支持数据的对象访问、存储过程的调用等一系列高级应用，并对 Oracle 下的多种附加产品提供接口。为了使 OCI 库在多种平台上保持统一的风格并考虑向下的兼容性，其内部将大量的 C 语言类型和代码进行了重新封装，这使得 OCI 库看上去纷繁复杂，开发者难以掌握。

Libsqlora 8 库是另一种选择，它使得在 Linux 中进行 Oracle 的非高端 C 语言开发变得方便、易用。Libsqlora8 for *nix 是 GNU/Linux 组织开发的针对 Oracle 8 OCI Library 的易用性的 C 语言封装，它的特点是将大量的 OCI 数据类型转换为通用的 C 语言数据类型，并且将 OCI 函数按分类重新封装，从而减少了函数的调用步骤和程序代码量。

安装 Libsqlora 8 需要在其项目主页上下载源文件并进行编译，地址为 http://www.poitschke.de/libsqlora8/index_noframe.html#Download。安装命令如下：

```
gunzip -c libsqlora8-2.3.3.tar.gz | tar xf -    //解压源码包
cd libsqlora8-2.3.3                             //进入解压后的源代码文件目录
LD_LIBRARY_PATH=$ORACLE_HOME/lib                //配置环境变量
export LD_LIBRARY_PATH                          //立即更新环境变量
./configure                                     //配置源代码执行环境
make                                            //编译源代码
make install                                    //安装程序
```

Libsqlora 8 库的函数在头文件 sqlora.h 中，其常用的函数及其功能说明参见表 21.2。

表 21.2　Libsqlora 8 库常用的函数及其功能说明

函　数　名	功能说明
int sqlo_init __P((int threaded_mode, unsigned int max_db, unsigned int max_cursors));	初始化程序库接口，读出环境变量，设置相应的全局变量。初始化之后，threaded_mode设为0
int sqlo_connect __P((sqlo_db_handle_t * dbhp, CONST char * cstr));	连接数据库，dbhp为数据库连接描述符，cstr为用户名/口令字符串
int sqlo_finish __P((sqlo_db_handle_t dbh));	断开数据库连接
sqlo_stmt_handle_t sqlo_open __P((sqlo_db_handle_t dbh, CONST char * stmt, int argc, CONST char ** argv));	打开由stmt确定的查询语句所返回的游标。argc、argv为查询的参数，后面将用更清晰的方法传递参数
int sqlo_close __P((sqlo_stmt_handle_t sth));	关闭由上一个函数打开的游标
int sqlo_fetch __P((sqlo_stmt_handle_t sth, unsigned int nrows));	从打开的游标中获取一条记录，并将其存入一个已分配的内存空间
CONST char **sqlo_values __P((sqlo_stmt_handle_t sth, int * num, int dostrip));	从内存中返回上一次sqlo_fetch取得的值，是以字符串形式返回的
int sqlo_prepare __P((sqlo_db_handle_t dbh, CONST char * stmt));	返回一个打开的游标sth
int sqlo_bind_by_name __P((sqlo_stmt_handle_t sth, CONST char * name, int param_type, CONST void * param_addr, unsigned int param_size, short * ind_addr, int is_array));	将查询语句的传入参数，按照名字的形式与函数中的变量进行绑定。如果使用数组，那么参数param_addr和ind_addr必须指向该数组
int sqlo_bind_by_pos __P((sqlo_stmt_handle_t sth, int position, int param_type, CONST void * param_addr, unsigned int param_size, short * ind_addr, int is_array));	将查询语句的传出值，按照位置顺序与函数中的变量进行绑定
int sqlo_execute __P((sqlo_stmt_handle_t sth, unsigned int iterations));	执行查询语句。iterations可设为1
int sqlo_commit __P((sqlo_db_handle_t dbh));	提交查询操作
int sqlo_rollback __P((sqlo_db_handle_t dbh));	回滚操作，撤销前面对数据库的更改

与其他数据库相同，在进行数据查询操作前，首先必须进行数据库连接。连接 Oracle 数据库的代码如下：

```
01   #include <stdio.h>
02   #include <sqlora.h>                    //包含 Oracle 数据库接口函数
03   static int _abort_flag = 0;            //错误代码标志
04   int main()
05   {
06     const char *cstr = "test1234/4321test";  //用户名和密码
07     sqlo_db_handle_t dbh;                 //数据库标识符
08     int status;
09     char server_version[1024];            //保存服务器版本
10     status = sqlo_init(SQLO_OFF, 1, 100); //初始化 libsqlora
11     if (status != SQLO_SUCCESS) {
12       puts("libsqlora 初始化失败。");
13       return 1;
14     }
15     status = sqlo_connect(&dbh, cstr);    //连接 Oracle 数据库服务器
```

```
16    if (status != SQLO_SUCCESS) {
17      printf("不能使用下列用户登录：%s\n", cstr);
18      return 1;
19    }
20    RETURN_ON_ABORT;                            //如果捕捉到信号则结束
21    //获得 Oracle 数据库服务器的版本信息
22    if (SQLO_SUCCESS != sqlo_server_version(dbh,
23                    server_version,
24                    sizeof(server_version))) {
25     printf("无法获得版本信息：%s\n", sqlo_geterror(dbh));
26     return 1;
27    }
28    printf("已连接到：\n%s\n\n", server_version);
29    RETURN_ON_ABORT;
30    sqlo_finish(dbh);                            //断开连接
31    puts("服务器连接已断开");
32    return 0;
33  }
```

本例的作用是连接到本地的 Oracle 数据库服务器因此必须安装了 Oracle 客户端程序。
Oracle 数据库服务器的位置在 Oracle 客户端中设置，只有在企业版的 Linux 中才有可能成
功安装 Oracle 数据库服务器。

21.3.2　通用数据库接口

当以三层模型作为设计应用程序的准则时，开发者通常希望逻辑层对于数据层的访问
不受限于某一种数据库的接口。开发者迫切需要一种能够对多种数据库进行连接和访问，
可自动在不同数据库的数据类型间自动转换，使用接近于 SQL92 标准的数据库查询语言的
通用数据库接口。

在 Linux 系统中，有两种方式能够满足开发者的上述需求。一种是选择通用数据库接
口函数库，如 SQL Relay，它可以同时支持 10 余种常用的数据库，并且能通过相同的 C 语
言函数对这些数据库进行连接和访问。

另一种方式是选择通用的数据库连接池，这是一种中间件，即建立在数据库与应用程
序之间的程序。虽然使用数据库连接池会消耗一些额外的系统资源，但是能更好地满足访
问多种数据库的需求，很多数据库在开发时即考虑到对数据库连接池的支持，因此不会因
为数据库的升级或变更而造成太大影响。

Linux 系统最常用的数据库连接池为 unixODBC，它不仅支持众多数据库，还能通过插
件的形式增加对新的数据库的支持。

unixODBC（UNIX Open Database Connect）即 UNIX 系统中开放数据库互连的简称，
它是一个用于访问数据库的统一界面标准，作为应用程序和数据库系统之间的中间件。
unixODBC 主要由数据库驱动程序和驱动程序管理器组成。驱动程序是一个用于支持
unixODBC 函数调用的模块，每个驱动程序对应于一个数据库系统。如果要改变应用程序
所使用的数据库，只需要更改应用程序中由 unixODBC 管理程序设定的与相应数据库系统
对应的别名即可。

驱动程序管理器可插入所有 unixODBC 应用程序中，可用于管理应用程序中 unixODBC
函数与.so 函数的绑定。unixODBC 的工作原理如图 21.3 所示。

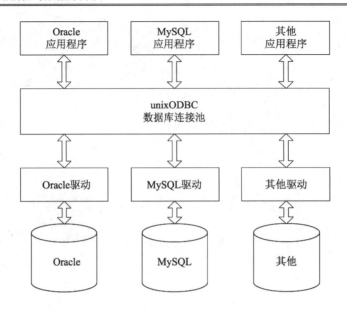

图 21.3　unixODBC 的工作原理

如果从结构上分类，unixODBC 可分为单束式和多束式两种。

单束式驱动程序介于应用程序和数据库之间，像中间驱动程序一样为数据提供一个统一的数据访问方式。在应用程序中使用 unixODBC 操作数据库时，首先由 unixODBC 传递操作指令给 unixODBC 驱动程序管理器，然后由 unixODBC 驱动程序管理器对数据库进行相应操作，并且将处理结果传递给 unixODBC 驱动程序管理器，最后，unixODBC 驱动程序管理器将结果传递到应用程序中。

多束式驱动程序相对较简单，其工作方式只是在应用程序和数据库系统之间传递操作指令，而操作结果由数据库系统直接传递给应用程序。应用程序提交对数据库操作的请求后，该请求被传送到 unixODBC 驱动程序管理器。unixODBC 驱动程序管理器首先对请求进行判断，然后在应用程序和数据库之间建立相关连接。

要安装 unixODBC，可以在其官方网站下载源代码进行编译，地址为 http://www.unixodbc.org，或者在终端输入下列命令：

```
apt-get install unixodbc unixodbc-dev
```

如果 Linux 系统使用的是 KDE 界面，那么可以用 ODBCConfig 程序进行 unixODBC 的配置，它的路径为/usr/bin 或者/usr/local/bin。

对于 GNOME 界面或其他界面的 Linux 系统，可以使用 shell 中的 isql 命令工具进行 unixODBC 的配置。以连接 Oracle 数据库为例，首先在/etc/odbc.ini 文件中新建一个 DSN，增加下列内容：

```
[ODBC Data Sources]
test = Oracle ODBC Driver DSN
[default]
Driver = /usr/local/easysoft/oracle/libesoracle.so
[test]
Driver = /usr/local/easysoft/oracle/libesoracle.so
Description = Oracle
server = 172.16.1.21                        //Oracle 数据库服务器的地址
ServerType = Oracle
```

```
Port = 1521                                    //端口号
User = test1234                                //用户名
Password = password                            //密码
Database = test                                //数据库名称
SID = test
METADATA_ID = 0
ENABLE_USER_CATALOG = 1
ENABLE_SYNONYMS = 1
[default]
Driver = /usr/local/easysoft/oracle/libesoracle.so
```

然后打开/etc/odbcinst.ini 文件，增加下列内容：

```
[test]
Description=ODBC for ORACLE
Driver = /usr/local/easysoft/oracle/libesoracle.so
[ODBC]
Trace=1
Debug=1
Pooling=No
```

再在 sqlnet.ora 文件中增加下列内容：

```
NAMES.DIRECTORY_PATH= (TNSNAMES, ONAMES, HOSTNAME)
```

最后配置 tnsnames.ora 文件，增加下列内容：

```
ava =
  (DESCRIPTION =
     (ADDRESS_LIST =
         (ADDRESS = (PROTOCOL = TCP)(HOST = 172.16.18.21)(PORT = 1521))
     )
     (CONNECT_DATA =
         (SID = ava)
     )
  )
```

这时 unixODBC 就能连接到数据库上了，可以使用 isql 命令进行测试：

```
isql test -v
Connected!
...
SQL>
```

其他类型的数据库与 Oracle 数据库的配置方法相似。现在可在程序中使用 unixODBC 所提供的函数对这些数据库进行操作了，这些函数放在头文件 sql.h、sqlext.h 和 sqltypes.h 中。头文件与动态链接库文件都处于 Linux 系统的标准目录内，无须为编译增加额外的参数。下面用一个简单的例子来演示使用 unixODBC 连接 Oracle 数据库的方法。

（1）预处理及常量的定义，代码如下：

```
01   #include <stdlib.h>
02   #include <stdio.h>
03   #include <sql.h>                          //ODBC 的 SQL 语句支持函数库
04   #include <sqlext.h>                       //ODBC 的 SQL 执行支持函数库
05   #include <sqltypes.h>                     //ODBC 的 SQL 数据类型函数库
06   SQLHENV V_OD_Env;                         //ODBC 环境标识符
07   long V_OD_erg;                            //函数运行结果
08   SQLHDBC V_OD_hdbc;                        //数据库连接标识符
09   char V_OD_stat[10];                       //SQL 状态
10   SQLINTEGER V_OD_err,V_OD_rowanz,V_OD_id;
```

```
11   SQLSMALLINT V_OD_mlen,V_OD_colanz;
12   char V_OD_msg[200],V_OD_buffer[200];
```

预处理部分需要包含 odbc 目录下的 3 个重要头文件，分别是 sql.h、sqlext.h 和 sqltypes.h。这 3 个头文件实际是 unixODBC 函数库的入口，被分为了 3 个不同的功能。

（2）分配环境标识符并注册版本，代码如下：

```
01   int main(int argc,char *argv[])
02   {
03     V_OD_erg = SQLAllocHandle(SQL_HANDLE_ENV,
04                              SQL_NULL_HANDLE,
05                              &V_OD_Env);          //分配环境标识符并注册版本
06     if ((V_OD_erg != SQL_SUCCESS) && (V_OD_erg != SQL_SUCCESS_WITH_INFO))
07   {
08       puts("分配错误。");
09       return 1;
10     }
```

环境标识被保存在 SQLHENV 型全局变量 V_OD_Env 中，它是通过 SQLAllocHandle() 函数获得的，该函数的参数为 unixODBC 函数库的版本信息。

（3）设置环境属性，代码如下：

```
01     V_OD_erg = SQLSetEnvAttr(V_OD_Env,
02                              SQL_ATTR_ODBC_VERSION,
03                              (void*)SQL_OV_ODBC3, 0);      //设置环境属性
04     if ((V_OD_erg != SQL_SUCCESS) && (V_OD_erg != SQL_SUCCESS_WITH_INFO))
05   {
06       puts("设置环境属性出错。");
07       SQLFreeHandle(SQL_HANDLE_ENV, V_OD_Env);
08       return 1;
09     }
```

环境属性被保存在常量 SQL_OV_ODBC3 中，通过 SQLSetEnvAttr() 函数，能够使该常量的值在 unixODBC 函数库的当前会话中生效。

（4）连接到 unixODBC，代码如下：

```
01     V_OD_erg = SQLAllocHandle(SQL_HANDLE_DBC,
02                              V_OD_Env,
03                              &V_OD_hdbc);            //连接到 unixODBC
04     if ((V_OD_erg != SQL_SUCCESS) && (V_OD_erg != SQL_SUCCESS_WITH_INFO))
05   {
06       printf("连接错误，代码为：%d\n",V_OD_erg);
07       SQLFreeHandle(SQL_HANDLE_ENV, V_OD_Env);
08       return 1;
09     }
```

与其他数据库接口一样，unixODBC 要求程序首先连接数据库之后再进行操作。SQLAllocHandle() 函数用于连接数据库，连接成功后，数据库标识符被保存到变量 V_OD_hdbc 中。

（5）设置数据库验证信息，代码如下：

```
01     SQLSetConnectAttr(V_OD_hdbc,
02                       SQL_LOGIN_TIMEOUT,
03                       (SQLPOINTER *)5, 0);            //设置连接属性
04     V_OD_erg = SQLConnect(V_OD_hdbc,
05                           (SQLCHAR*) "Test",          //DSN 名称
06                           SQL_NTS,
```

```
07                          (SQLCHAR*) "root", SQL_NTS, //数据库的用户名
08                          (SQLCHAR*) "", SQL_NTS);      //数据库的密码
09     if ((V_OD_erg != SQL_SUCCESS) && (V_OD_erg != SQL_SUCCESS_WITH_INFO))
10     {
11         printf("连接错误，代码为: %d\n",V_OD_erg);
12         SQLGetDiagRec(SQL_HANDLE_DBC,
13                     V_OD_hdbc,1,
14                     V_OD_stat,
15                     &V_OD_err,
16                     V_OD_msg,
17                     100,
18                     &V_OD_mlen);
19         printf("%s (%d)\n",V_OD_msg,V_OD_err);
20         SQLFreeHandle(SQL_HANDLE_ENV, V_OD_Env);
21         return 1;
22     }
23     puts("成功连接到服务器中");
```

功能较完善的数据库均需要用户名和密码验证。除此以外，通过 unixODBC 连接数据库还需要设置 DSN 名称，该名称是数据库连接在 unixODBC 中的标识符。SQLConnect() 函数用于通过 DSN 名称进行验证。

（6）设置数据库驱动，代码如下：

```
01     V_OD_erg = SQLAllocHandle(SQL_HANDLE_STMT,
02                     V_OD_hdbc,
03                     &V_OD_hstmt);              //设置数据库驱动
04     if ((V_OD_erg != SQL_SUCCESS) && (V_OD_erg != SQL_SUCCESS_WITH_INFO))
05     {
06         printf("驱动设置错误，代码为: %d\n",V_OD_erg);
07         SQLGetDiagRec(SQL_HANDLE_DBC,
08                     V_OD_hdbc,
09                     1,
10                     V_OD_stat,
11                     &V_OD_err,
12                     V_OD_msg,
13                     100,
14                     &V_OD_mlen);
15         printf("%s (%d)\n",V_OD_msg,V_OD_err);
16         SQLFreeHandle(SQL_HANDLE_ENV, V_OD_Env);
17         return 1;
18     }
19 //将应用程序的数据缓冲绑定到结果集的各列
20 SQLBindCol(V_OD_hstmt, 1, SQL_C_CHAR, &V_OD_buffer, 150,&V_OD_err);
21     SQLBindCol(V_OD_hstmt, 2, SQL_C_ULONG, &V_OD_id, 150, &V_OD_err);
```

SQLAllocHandle()函数也可以用来设置数据库驱动，unixODBC 针对不同的数据库拥有专门的驱动。如果驱动设置错误，则无法读取相关的数据库操作。

（7）执行 SQL 查询，代码如下：

```
01 //执行 SQL 查询
02 V_OD_erg = SQLExecDirect(V_OD_hstmt,
03             "SELECT dtname,iduser FROM web order by iduser",SQL_NTS);
04     if ((V_OD_erg != SQL_SUCCESS) && (V_OD_erg !=
05 SQL_SUCCESS_WITH_INFO)){
06         printf("查询错误，代码为: %d\n", V_OD_erg);
07         SQLGetDiagRec(SQL_HANDLE_DBC,
08                     V_OD_hdbc,
09                     1,
```

```
10                        V_OD_stat,
11                        &V_OD_err,
12                        V_OD_msg,
13                        100,
14                        &V_OD_mlen);                    //获得诊断信息
15       printf("%s (%d)\n",V_OD_msg,V_OD_err);
16       SQLFreeHandle(SQL_HANDLE_STMT, V_OD_hstmt);   //释放结果集
17       SQLFreeHandle(SQL_HANDLE_DBC, V_OD_hdbc);
18       SQLFreeHandle(SQL_HANDLE_ENV, V_OD_Env);
19       return 1;
20   }
```

SQLExecDirect()函数用于执行 SQL 语句，其中的 SQL 语句是一种独立于数据库特性的 ODBC 标准。查询的结果将保存在结果集对象 V_OD_hstmt 中。

（8）读取查询结果，代码如下：

```
01       V_OD_erg = SQLNumResultCols(V_OD_hstmt,&V_OD_colanz);//查询错误信息
02       if ((V_OD_erg != SQL_SUCCESS) && (V_OD_erg != SQL_SUCCESS_
03        WITH_INFO)){
04          SQLFreeHandle(SQL_HANDLE_STMT,V_OD_hstmt);
05          SQLDisconnect(V_OD_hdbc);
06          SQLFreeHandle(SQL_HANDLE_DBC,V_OD_hdbc);
07          SQLFreeHandle(SQL_HANDLE_ENV, V_OD_Env);
08          return 1;
09       }
10       printf("结果的列数为: %d\n",V_OD_colanz);
11       V_OD_erg = SQLRowCount(V_OD_hstmt, &V_OD_rowanz);  //获取行数
12       if ((V_OD_erg != SQL_SUCCESS) && (V_OD_erg != SQL_
13        SUCCESS_WITH_INFO)){
14        printf("行数为: %d\n",V_OD_erg);
15        SQLFreeHandle(SQL_HANDLE_STMT,V_OD_hstmt);
16        SQLDisconnect(V_OD_hdbc);
17        SQLFreeHandle(SQL_HANDLE_DBC,V_OD_hdbc);
18        SQLFreeHandle(SQL_HANDLE_ENV, V_OD_Env);
19        return 1;
20       }
21       printf("行数为: %d\n",V_OD_rowanz);
22       V_OD_erg = SQLFetch(V_OD_hstmt);                  //获得结果集中的行
23       while(V_OD_erg != SQL_NO_DATA) {
24        printf("查询结果: %d %s\n",V_OD_id,V_OD_buffer);
25        V_OD_erg = SQLFetch(V_OD_hstmt);
26       };
```

如果 SQL 查询语句执行失败，在 SQLNumResultCols()函数中可获得结果集中的错误信息。查询结果中的行数可以通过 SQLRowCount()函数获得，每行的具体信息可以通过 SQLFetch()函数获得。

（9）退出前的清理，代码如下：

```
01       SQLFreeHandle(SQL_HANDLE_STMT, V_OD_hstmt);
02       SQLDisconnect(V_OD_hdbc);                        //断开数据库连接
03       SQLFreeHandle(SQL_HANDLE_DBC, V_OD_hdbc);
04       SQLFreeHandle(SQL_HANDLE_ENV, V_OD_Env);
05       return(0);
06   }
```

结束相关操作后，可通过 SQLDisconnect()函数断开与数据库之间的连接。程序中的其他对象均可以通过 SQLFreeHandle()函数释放。

21.4　媒体播放器——媒体库的数据库实现

媒体播放器需要使用数据库来保存媒体库，在 Linux 的多种数据库中，SQLite 最简单、易用。本节将以 SQLite 为例设计媒体库模块的数据库，并实现相关操作。

21.4.1　建立和连接数据库

使用 SQLite 数据库之前，首先应确保已安装好 SQLite 数据库和相关的头文件。然后在媒体播放器的源代码目录中加入文件 db.h 和 db.c，这两个文件专门用于存放数据库操作的相关代码。当进行编译时，可使用 pkgconfig 程序指定 SQLite 数据库的相关开发文件。如果在前面的开发过程中已使用 pkgconfig 程序指定过多个函数库，则新加入的开发指令只需要罗列在这些函数库名称之后即可，示例如下：

```
'pkg-config --cflags --libs glib id3tag sqlite3'
```

SQLite 数据库标识符指针可定义为一个全局变量，该变量在 db.c 文件中有效，代码如下：

```
01  #include <stdio.h>
02  #include <sqlite3.h>
03  #include <string.h>
04  #include <stdlib.h>
05  #include "db.h"
06  #include "medialib.h"
07  sqlite3 *db = NULL;                    //SQLite 数据库标识符指针
```

定义完毕后，在头文件 db.h 中增加了两个函数原型，分别用于连接数据库和断开数据库连接，代码如下：

```
01  int open_database(void);               //连接数据库
02  int close_database(void);              //断开数据库连接
```

1．连接数据库

连接 SQLite 数据库时需要指定数据库文件，假设该文件名称为 data.sqlite，如果找不到文件将自动创建新的数据库文件。连接数据库的函数为 open_database()，函数的实现细节必须定义在 db.c 文件中，代码如下：

```
01  int open_database(void)
02  {
03    int res;
04    const char *filename = "data.sqlite";
05    res = sqlite3_open_v2(filename,
06                         &db,
07                         SQLITE_OPEN_READWRITE | SQLITE_OPEN_CREATE,
08                         NULL);                    //打开或创建数据库文件
09    if (res) {
10      printf("%s\n", sqlite3_errmsg(db));          //输出错误信息
11      return 0;
12    }
```

```
13      return 1;
14  }
```

在上述代码中使用 sqlite3_open_v2()函数打开或创建数据库文件。db 是 SQLite 数据库标识符指针，因为被定义为全局变量，所以 db.c 中的任何函数都可以直接访问。SQLITE_OPEN_READWRITE 标志表示打开方式为可读写，SQLITE_OPEN_CREATE 标志表示如果不存在数据库文件则自动创建。如果打开失败，sqlite3_errmsg()函数将返回错误信息字符串。

2. 断开数据库连接

当退出媒体播放器时，需要断开数据库连接，以释放相关资源，避免内存泄漏。断开数据库连接的函数为 close_database()，代码如下：

```
01  int close_database(void)
02  {
03      int res;
04      res = sqlite3_close(db);                //关闭数据库文件
05      if (res) {
06          printf("%s\n", sqlite3_errmsg(db));
07          return 0;
08      }
09      return 1;
10  }
```

21.4.2　建立媒体库数据表

媒体库数据表结构比较简单，主要的字段为标题、艺术家、专辑名称、流派、记录时间和文件路径。媒体库数据表的字段定义参见表 21.3。

表 21.3　媒体库数据表的字段定义

字　段　名	类　　型	描　　　述
标题	TEXT	媒体文件的标题
艺术家	TEXT	艺术家名称
专辑名称	TEXT	所属专辑名称
流派	TEXT	所属流派名称
记录时间	NUMERIC	媒体文件中记录的长度，以秒为单位
文件路径	TEXT	媒体文件的路径

该数据表的名称为 medialib。在 SQLite 中创建该数据表的 SQL 语句如下：

```
CREATE TABLE "medialib" ("title" TEXT,
                        "artist" TEXT,
                        "album" TEXT,
                        "genre" TEXT,
                        "record_time" NUMERIC,
                        "filepath" TEXT)
```

使用 C 语言创建 SQLite 数据库前，首先需要确保数据库已连接，然后执行相关操作，代码如下：

```
01  int create_medialib(void)
02  {
03      int res;
```

```
04      char *errmsg = NULL;
05      //SQL 语句字符串
06      const char *sqlcmd = "CREATE TABLE 'medialib' ('title' TEXT,\
07                                                      'artist' TEXT,\
08                                                      'album' TEXT,\
09                                                      'genre' TEXT,\
10                                                      'record_time' NUMERIC,\
11                                                      'filepath' TEXT)";
12      res = sqlite3_exec( db, sqlcmd, 0, 0, &errmsg );      //执行 SQL 语句
13      if (res) {
14          printf("创建数据表失败: %d-%s\n", res, errmsg );      //输出错误信息
15          return 0;
16      }
17      return 1;
18  }
```

上面的代码使用 sqlite3_exec()函数执行创建数据表的 SQL 语句,如果产生错误,错误信息字符串的指针将保存到 errmsg 变量中。

🔔注意:将 SQL 语句输入 C 语言源代码中时,可将双引号换为单引号,避免语法错误。如果一个语句太长,还可以用反斜杠(\)将其划分为多行。

21.4.3　管理媒体库数据表

管理媒体库数据表包括在媒体播放器启动时,从媒体库数据表中读取所有记录到媒体库链表、向数据表中插入记录、从数据表中删除记录等操作。下面介绍这几种操作的实现方法。

1. 读取所有记录到媒体库链表

读取所有记录到媒体库链表要用到链表相关的数据结构,每读取一条记录就增加一个链表节点。此功能的实现函数为 load_medialib(),该函数还可以为媒体库排序,因为使用 SQL 语句进行排序操作比使用 C 语言对链表排序要简单很多。load_medialib()函数的代码如下:

```
01  int load_medialib(link_t *mlink, find_cond t)
02  {
03      int res;                                 //保存操作结果
04      char *errmsg = NULL;                     //保存错误信息字符串
05      char **tb;                               //保存查询结果字符串的地址
06      int i;
07      int nrow;                                //保存查询结果的行数
08      int ncol;                                //保存查询结果的列数
09      char sqlcmd[256];
10      const char *str = NULL;
11      node_t *endnode = NULL;
12      node_t *mnode = NULL;                     //操作节点指针
13      link_del_all(mlink);                      //删除链表中的所有节点
14      switch(t) {                               //判断排序条件
15          case BY_TITLE:
16              str = "title";
17              break;
18          case BY_ARTIST:
```

```
19              str = "artist";
20              break;
21          case BY_ABLUM:
22              str = "album";
23              break;
24          case BY_GENRE:
25              str = "genre";
26              break;
27          case BY_FILEPATH:
28              str = "filepath";
29              break;
30      }
31      if (str) {                              //判断是否使用了排序条件
32          sprintf(sqlcmd, "SELECT * FROM medialib ORDER BY %s", str);
33      }
34      else {
35          sprintf(sqlcmd, "SELECT * FROM medialib");
36      }
37      res = sqlite3_get_table(db,sqlcmd,&tb,&nrow,&ncol,&errmsg);//查询库
38      if (res) {                              //判断是否有错误发生
39          printf("读取数据库失败：%d-%s\n", res, errmsg );
40          return 0;
41      }
42      else {
43          if (nrow > 0) {                     //判断查询到的记录数是否大于0
44              for(i = 0; i < nrow; i++) {
45                  mnode = (node_t *)malloc(sizeof(node_t));//为节点分配内存空间
46                  //复制数据到节点
47                  strcpy(mnode->item.title, tb[(i + 1) * ncol + 0]);
48                  strcpy(mnode->item.atrist, tb[(i + 1) * ncol + 1]);
49                  strcpy(mnode->item.album, tb[(i + 1) * ncol + 2]);
50                  strcpy(mnode->item.genre, tb[(i + 1) * ncol + 3]);
51                  mnode->item.record_time = atoi(tb[(i + 1) * ncol + 4]);
52                  strcpy(mnode->item.filepath, tb[(i + 1) * ncol + 5]);
53                  if (i) {                    //判断是否为首端节点，否则执行判断体
54                      endnode->p = mnode;     //将当前节点地址赋值给上一个节点
55                      mnode->p = NULL;        //将当前节点指针置为NULL
56                      endnode = mnode;        //保留当前节点的地址
57                      mlink->length++;        //链表长度增1
58                  }
59                  else {                      //如果是首端节点，则执行判断体
60                      endnode = mnode;        //保留当前节点的地址
61                      mlink->np = mnode;      //将当前节点地址赋值给链表入口
62                      mlink->length = 1;      //将链表长度置为1
63                  }
64              }
65          }
66      }
67      return 1;
68  }
```

　　load_medialib()函数的第 2 个参数为前面定义的 find_cond 枚举类型，如果使用该参数，那么将使用 switch 语句为 str 指针赋值。当 str 指针不为空时，SQL 语句中将加入排序条件，否则不加排序条件。

　　sqlite3_get_table()函数的作用是执行 SQL 语句，查询结果的地址被保存在双重字符串指针**tb 中。可以将 tb 视为二维字符串数组，或者视为 nrow 行乘以 ncol 列的表格。表格

的第 1 行是字段名称，因此使用表达式 i + 1 跳过第 1 行。medialib 表共有 6 个字段，每个字段对应一列，因此**tb 数组的下标表达式"(i + 1) * ncol + 列数"可以访问到表格的指定单元。

　　**tb 所指向的内存空间将在下一次数据库操作时被改写，因此相关数据需要复制到链表节点中。使用链表节点前，可以通过 malloc()函数为其分配内存空间。如果当前节点是首端节点，则将节点的地址传递给链表入口指针。如果当前节点不是首端节点，则将地址传递给上一个节点的指针成员。

2. 向数据表中插入记录

　　向数据表中插入记录的函数名称为 medialib_insert()，该函数首先判断数据表中是否存在要插入的文件记录。如果存在，只使用 UPDATE 语句修改记录；如果不存在，则使用 INSERT 语句将记录插入数据表。medialib_insert()函数的代码如下：

```
01  int medialib_insert(node_t *mnode)
02  {
03    int res;                           //保存操作结果
04    char *errmsg = NULL;               //保存错误信息字符串
05    char **tb;                         //保存查询结果字符串的地址
06    int nrow;                          //保存查询结果的行数
07    int ncol;
08    char sqlcmd[MAX_TITLE_LENGTH
09              + MAX_ATRIST_LENGTH
10              + MAX_ALBUM_LENGTH
11              + MAX_GENRE_LENGTH
12              + MAX_PATH_LENGTH
13              + 256];                  //计算 SQL 语句的最大长度
14    if (!mnode) {                      //判断节点的地址是否有误
15      printf("链表节点地址有误\n");
16      return 0;
17    }
18    sprintf(sqlcmd,
19        "SELECT title FROM medialib WHERE filepath = \"%s\"",
20        mnode->item.filepath);         //生成查询语句
21    res = sqlite3_get_table(db,sqlcmd,&tb,&nrow,&ncol,&errmsg);
22    //查询数据库
23    if (res) {
24      printf("读取数据库失败：%d-%s\n", res, errmsg );
25      return 0;
26    }
27    if (nrow > 0) {                    //判断要插入的文件是否存在
28      sprintf(sqlcmd,
29          "UPDATE medialib SET title = \"%s\",\
30                              artist = \"%s\",\
31                              album = \"%s\",\
32                              genre = \"%s\",\
33                              record_time = %d \
34          WHERE filepath = \"%s\"",
35          mnode->item.title,
36          mnode->item.atrist,
37          mnode->item.album,
38          mnode->item.genre,
39          (int) mnode->item.record_time,
40          mnode->item.filepath);       //生成 UPDATE 语句
```

```
41        }
42      else {
43        sprintf(sqlcmd,
44              "INSERT INTO medialib VALUES \
45              (\"%s\", \"%s\", \"%s\", \"%s\", %d, \"%s\")",
46              mnode->item.title,
47              mnode->item.atrist,
48              mnode->item.album,
49              mnode->item.genre,
50              (int) mnode->item.record_time,
51              mnode->item.filepath);                     //生成 INSERT 语句
52        }
53      res = sqlite3_exec( db, sqlcmd, 0, 0, &errmsg ); //执行 SQL 语句
54      if (res) {
55        printf("写入数据库失败: %d-%s\n", res, errmsg );
56        return 0;
57      }
58      return 1;
59    }
```

在 medialib_insert()函数中首先使用查询语句查找媒体库链表节点中的文件名，如果找到的行数大于 0，则表示在数据表中已有该文件的信息，这时将会生成一个 UPDATE 语句。如果找到的行数不大于 0，则会生成一个 INSERT 语句。

🔲注意：生成 SQL 语句时在某些情况下必须使用双引号，因为有时候在作为值的字符串中可能存在单引号。使用双引号时，可以用转义字符表示。

3．从数据表中删除记录

从数据表中删除记录的函数为 medialib_delete()，该函数将媒体库链表节点中指定的文件从数据库中删除，代码如下：

```
01  int medialib_delete(node_t *mnode)
02  {
03    int res;
04    char *errmsg = NULL;
05    char sqlcmd[MAX_PATH_LENGTH + 256];
06    if (!mnode) {
07      printf("链表节点地址有误\n");
08      return 0;
09    }
10    sprintf(sqlcmd,
11          "DELETE FROM medialib WHERE filepath = \"%s\"",
12          mnode->item.filepath);                   //创建删除指定记录的语句
13    res = sqlite3_exec( db, sqlcmd, 0, 0, &errmsg );//执行 SQL 语句
14    if (res) {
15      printf("删除记录失败: %d-%s\n", res, errmsg );
16      return 0;
17    }
18    return 1;
19  }
```

另外，还有一个 medialib_delete_all()函数用于删除数据表中的所有记录，代码如下：

```
01  int medialib_delete_all(void)
02  {
03    int res;
```

```
04      char *errmsg = NULL;
05      char sqlcmd[256];
06      sprintf(sqlcmd, "DELETE FROM medialib");      //创建删除所有记录的语句
07      res = sqlite3_exec( db, sqlcmd, 0, 0, &errmsg );
08      if (res) {
09          printf("删除记录失败：%d-%s\n", res, errmsg );
10          return 0;
11      }
12      return 1;
13  }
```

上面的代码使用了一个没有 WHERE 参数的 DELETE FROM 语句，对应数据表中的所有数据将全部被删除。

21.5　小　　结

本章介绍了在 Linux 系统上连接多种数据库的方法，这些数据库为 C 语言开发提供了丰富的函数库资源。如果选择数据库通用接口，那么可以更好地实现应用系统的三层模型结构。有很多系统是以三层模型为准则建立的，如 ERP 和 CRM 等，应用层在其中可能会被放置在一个单独的服务器中，应用层通过网络与数据层服务器进行通信，会话层也是通过网络与应用层进行通信。在设计此类应用程序时，C 语言编写的代码可以内嵌到数据库或者一些中间件中。例如，MySQL 数据库允许嵌入 C 语言实现一些业务逻辑，Apache 服务器可以嵌入 C 语言作为逻辑层应用，这样可以使开发变得更为快捷，所有的注意力只需要集中于业务逻辑的设计即可。

21.6　习　　题

一、填空题

1. SQLite 的创始人是_____。
2. 在 Linux 系统中，Oracle 的 C 语言接口函数库名称为_____。
3. unixODBC 分为_____束式和多束式两种。

二、选择题

1. 以下 SQLite 不支持的数据类型是（　　　）。
A. REAL　　　　　　B. TEXT　　　　　　　C. SET　　　　　　D. BLOB
2. 不支持静态数据类型的数据库是（　　　）。
A. SQLite　　　　　B. MySQL　　　　　　C. Oracle　　　　　D. 其他
3. 关闭与 MySQL 服务器的连接的函数是（　　　）。
A. mysql_init()　　B. mysql_library_end()　　C. mysql_close()　　D. 其他

三、判断题

1．SQLite 数据库的接口函数在头文件 sqlite3.h 中。　　　　　　　　（　　　）

2．MySQL 提供了两个相对不常用的字段类型：TEXT 和 BLOB。　　　（　　　）

3．unixODBC 主要由数据库驱动程序和驱动程序管理器组成。　　　　（　　　）

四、操作题

1．安装 MySQL，然后启动 MySQL。

2．连接 SQLite 数据库并打开数据库。如果成功，则输出数据库已打开，否则输出数据库打开失败。

第 5 篇
Linux 界面开发

第 22 章　界面开发基础知识

在程序设计中，界面设计不仅涉及编程的问题，还需要考虑用户的需求、使用是否方便和美感等问题。本章将介绍在 Linux 系统中使用 C 语言设计界面的相关知识。

22.1　Linux 常用的桌面环境

在计算机中，桌面环境（Desktop Environment）为操作系统提供了一个图形用户界面（GUI）。Linux 系统有多种桌面环境供用户选择，如 GNOME 和 KDE 等。下面分别介绍这几种常用的桌面环境。

22.1.1　GNOME 桌面环境

GNOME，即 GNU 网络对象模型环境（The GNU Network Object Model Environment），又称为 GNOME 项目。Fedora 和 Ubuntu 等 Linux 发行版就是以 GNOME 桌面环境作为标准配置的。

GNOME 项目包含两方面的内容，首先是提供 GNOME 桌面环境，让 Linux 系统的最终用户能使用到符合直觉并且十分吸引人的桌面。其次是提供 GNOME 开发平台，该平台是一个可扩展的框架，能使开发的应用程序与 GNOME 与其他部分集成。GNOME 桌面使用方便，易于管理，其优点包括易用性和国际化。一个典型的 GNOME 桌面环境包含以下所列组件。

- ❑ 面板：就是 GNOME 桌面上的区域，通过这些区域可以访问所有的系统应用程序和菜单。面板可自由配置。
- ❑ 菜单：可以通过菜单访问 GNOME 桌面的所有功能。其中，"应用程序"菜单几乎可以访问所有的标准功能、命令和配置选项。
- ❑ 窗口：可以同时显示多个窗口。在每个窗口中都可以运行不同的应用程序。窗口管理器为窗口提供框架和按钮。窗口管理器可以执行移动、关闭和改变窗口大小等标准操作。
- ❑ 工作区：可以将 GNOME 桌面分为几个独立的工作区。工作区是指用户在其中工作的离散区域。用户可以指定 GNOME 桌面上的工作区数量，可以在不同的工作区间切换，但每次只能显示一个工作区。
- ❑ Nautilus 文件管理器：提供了一个集成的访问点，可以访问文件和应用程序。在文件管理器窗口中能显示文件内容，或者从文件管理器中用相应的应用程序打开文件。另外，可以使用文件管理器管理文件和文件夹。

❑ 桌面：是用户界面的活动组件。将对象放在桌面上可以快速访问文件、目录或常用的应用程序。也可以在桌面上右击，打开一个菜单。

❑ 首选项：GNOME 桌面包含专用的首选项工具。每个工具控制 GNOME 桌面行为的一个特定部分。要启动首选项工具，可以从主菜单中选择"系统设置（首选项）"命令，然后从子菜单中选择要配置的项目。

GNOME 拥有很多子项目，常见的有时钟、天气预报和 CPU 性能监视器。不过，并非所有的子项目都包含在 GNOME 发布版内，只有非常成熟并且是大多数用户迫切需求的项目才被发布。

开发基于 GNOME 应用软件的函数库为 GTK+，因为 GNOME 桌面环境本身就是使用 GTK+开发的。除此以外，较为底层的 X11 函数库或 Cairo 函数库在开发中也十分常用，通常是在有特殊要求的应用程序中使用。

22.1.2　KDE 桌面环境

KDE 全称为 K 桌面环境（K Desktop Environment），先于 GNOME 桌面环境产生，多用在 Linux 服务器版和程序开发工作站中。例如，Red Hat 和 OpenSUSE 等 Linux 发行版就使用了 KDE 桌面作为默认配置。KDE 桌面核心为 Qt 程序库，是 TrollTech 公司的专利技术，因此很多自由软件开发者有版权方面的顾虑，但是其绚丽的界面效果又吸引了开发者的注意。Fedora 和 Ubuntu 也推出配置 KDE 桌面环境的发行版。

KDE 的开发语言为 C++，并且使用了面向对象的设计思想。KDE 应用程序从 KApplication 类派生，而图形界面应用线程从 KTopLevelWidget 类派生。为了降低图形界面的开发难度，KDE 集成了所见即所得的界面设计软件，并能够与 Kdevelop 环境无缝结合。KDE 目前的体系结构如图 22.1 所示。

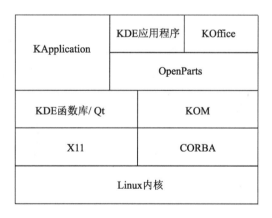

图 22.1　KDE 体系结构

KDE 桌面环境由一系列子系统构成，在 KDE 中进行开发，可从这些子系统继承相应的对象。KDE 桌面环境主要的子系统参见表 22.1。

表 22.1　KDE桌面环境主要的子系统

系　统　名	说　　明
DCOP	桌面通信协议（Desktop Communication Protocol）
KIO	支持网络透明性的文件管理类库
SYSCOCA	用于C语言的面向对象框架
GConf	系统配置程序
Kparts	嵌入式组件（动态链接库）
KHTML	HTML 4.0兼容的库
XMLGUI	动态的GUI体系结构（KAction）
aRts	多媒体系统，类似于GStreamer

22.2　GTK+图形环境简介

　　GNOME 桌面环境是 Linux 系统最常用的桌面环境，本节将介绍与 GNOME 桌面环境相关的开发库。其中，GTK+函数库是最重要的函数库，它提供了基本的窗体构件。GLib 函数库提供了 GObject 对象，使 GTK+具备面向对象的特征。另外，GNOME 桌面环境还有一系列底层的函数库，在开发图形界面时了解这些函数库非常重要。

　　GTK+是设计 GIMP 软件时创建的函数库，后来发展为在 Linux 系统中开发图形界面应用程序的主流开发工具之一，并成为 GNU 计划的重要组成部分。使用 GTK+设计图形界面应用程序简单、高效，开发者可以从较高层次开始界面的设计。GTK+具有 3 个重要特性：国际化、本地化和可访问性（通常缩写为 i18n、l10n 和 a11y）。

- 国际化是使程序兼容非开发程序语言的过程，因此应用程序不依赖于对任何特定语言的任意假设。此外，还要考虑使用的不同的脚本和字母表、不同的书写方向和输入法等。

- 本地化与国际化密切相关，为国际用户开发的应用程序不仅是改变语言，还需要考虑日期显示、货币显示、数字标注和文本排序等不同的使用习惯，以及许多可能平时不太注意的细节之处。例如，有些符号的使用在世界的不同地方可能会被认为是不恰当的或无礼的。

- 可访问性是让每个人都可以使用应用程序。例如，有些人的视力不佳，有些人可能不能用键盘或鼠标等，要确保每个使用该应用程序的人都能使用需要做许多工作。

　　GTK+是可定制的，这样就可以让它适应各类用户的需求。GTK+有一个系统可以在所有应用程序之间复制设置，包括主题的选择。主题是一组同时发布的定制设置，它会影响 GTK+的基本控件的视觉效果甚至某种程度上的行为方式。使用主题，可以获得与众不同的观感，如图 22.2 所示。

　　GTK+ 4 是 GTK+的最新版本，由于此版本还处于早期阶段，所以开发人员使用最频繁的还是 GTK+ 3。后面的章节还会继续对 GTK+进一步介绍。GTK+是本书界面开发部分的重点。

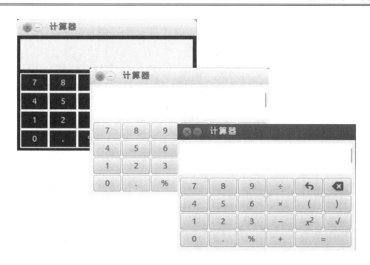

图 22.2　GTK+的多种主题视觉效果

22.3　GLib 函数库简介

GLib 是 GTK+和 GNOME 工程的基础核心程序库，它是一个多用途的实用的轻量级 C 程序库。GLib 对 C 语言进行了扩展，封装了一些常用的数据结构和相关处理函数。为了便于移植，GLib 提供了一套与硬件无关的数据类型，以及动态调用、线程、主事件循环和常用的宏。GLib 由基础类型、对核心应用的支持、实用功能、数据类型和对象系统 5 个部分组成。

22.3.1　基础类型

基础类型是在 ANSI C 标准数据类型的基础上进行的扩展，去掉了类型字长与硬件的关系。例如，int 类型可能在某些平台上的字长为 2 字节，而在另一些平台上的字长为 4 字节，为程序的移植带来了麻烦，而 GLib 提供的 gint 类型统一为 4 字节。所有 GLib 基础类型均以小写字母 g 为前缀，其后是标准数据类型的名称。例如，gpointer 是指针类型（void *），guint 是无符号整型（unsigned int）。这些类型与 ANSI C 标准数据类型可以混合使用，不影响程序的性能。

C 语言中没有布尔类型，GLib 增加了 gboolean 类型定义布尔值，并且用常量 TRUE 和 FALSE 作为该类型的值。

为了方便地操作这些基础类型，GLib 还定义了一组相关的宏。例如，G_MAXINT 可表示最大的 gint 类型数，G_E 表示自然对数，G_PI 表示圆周率，宏 GPOINTER_TO_INT() 将指针类型转为整型，宏 GINT_TO_POINTER() 将整型转为指针。

22.3.2　对核心应用的支持

GLib 对核心应用的支持包括事件循环、内存操作、线程操作、动态链接库的操作和出错处理与日志等。下面演示主事件循环、内存操作和线程这 3 种功能的简单应用，代码如下：

```
01  #include <stdio.h>
02  #include <glib.h>                                //包含 GLib 函数库
03  static GMutex *mutex = NULL;
04  static gboolean t1_end = FALSE;                  //用于结束线程 1 的标志
05  static gboolean t2_end = FALSE;                  //用于结束线程 2 的标志
06  typedef struct _Arg Arg;
07  struct _Arg
08  {
09      GMainLoop* loop;                             //该成员为一个GLib实现循环对象
10      gint max;
11  };
12  void t_1(Arg *arg)                               //线程1函数
13  {
14      int i ;
15      for(i=0; i < arg->max; i++) {
16          if(g_mutex_trylock(mutex) == FALSE) {
17              g_print("%d : 线程2锁定了互斥对象\n", i);
18              g_mutex_unlock(mutex);               //对象解锁
19          }
20          else
21              g_usleep(10);                        //使线程睡眠 10s
22      }
23      t1_end = TRUE;                               //将该线程结束的标志置为非 0
24  }
25  void t_2(Arg *arg)                               //线程2函数
26  {
27      int i;
28      for(i = 0; i < arg->max; i++) {
29          if(g_mutex_trylock(mutex) == FALSE) {
30              g_print("%d : 线程1锁定了互斥对象\n", i);
31              g_mutex_unlock(mutex);               //对象解锁
32          }
33          else
34              g_usleep(10);                        //使线程睡眠 10s
35      }
36      t2_end = TRUE;                               //将该线程结束的标志置为非 0
37  }
38  void t_3(Arg *arg)                               //线程3函数
39  {
40      for( ; ; ) {                                 //建立一个死循环
41          if(t1_end && t2_end) {                   //判断线程1和线程2是否已结束
42              g_main_loop_quit(arg->loop);         //退出 GLib 主循环
43              break;
44          }
45      }
46  }
47  int main()
48  {
49      GMainLoop *mloop;                            //创建 GLib 主循环
50      Arg *arg;                                    //声明包含指向GLib主循环指针和计数器的结构
51      if(!g_thread_supported())                    //判断是否支持 GLib 线程
52          g_thread_init(NULL);
53      mloop = g_main_loop_new(NULL, FALSE);        //开始 GLib 主循环
54      arg = g_new(Arg, 1);
```

```
55      arg->loop = mloop;
56      arg->max = 11;
57      mutex = g_mutex_new();                              //创建一个 GMutex 对象线程池
58      g_thread_create((GThreadFunc)t_1, arg, TRUE, NULL); //创建线程 1
59      g_thread_create((GThreadFunc)t_2, arg, TRUE, NULL); //创建线程 2
60      g_thread_create((GThreadFunc)t_3, arg, TRUE, NULL); //创建线程 3
61      g_main_loop_run(mloop);                             //运行主循环
62      g_print("线程 3 退出事件循环\n");
63      g_mutex_free(mutex);                                //释放 GMutex 对象
64      g_print("释放互斥对象\n");
65      g_free(arg);                                        //清除结构体 arg
66      g_print("释放参数所用的内存\n");
67      return 0;
68  }
```

上面的例程创建了 3 个线程，其中，t_1 和 t_2 操作互斥对象，t_3 检索前两个线程是否结束。如果 t_1 与 t_2 已结束，则执行 g_main_loop_quit()函数退出主事件循环。由于线程的运行是不确定的，所以每次的输出结果可能不相同。

程序中使用了 g_malloc()函数封装宏 g_new()。该宏有两个参数，第 1 个是数据类型，第 2 个是分配空间的长度，在上面的代码中只使用了一个 Arg 数据结构，所以是 g_new (Arg, 1)。当程序结束时，使用 g_free()来释放内存。

使用 g_thread_init()函数进行线程初始化，先用 g_thread_supported()函数判断初始化是否成功，成功时返回 TRUE。然后用 g_main_loop_new()函数创建主事件循环对象 GMainLoop，用 g_main_loop_run()函数运行主事件循环。

最后，在程序结束前，使用 g_main_loop_quit()函数退出主事件循环，否则程序无法退出，该函数在线程 3 内调用。

22.3.3　实用功能

GLib 实用功能提供了多种常用的算法，这些算法涵盖字符串处理、计时器、随机数和 XML 解析等数十种功能。下面通过例子演示如何产生 1～100 的随机整数并计算 G_MAXINT 次累加的时长。

```
01  #include <glib.h>
02  int main()
03  {
04      GRand *rand;                                    //创建一个随机数对象指针
05      GTimer *timer;                                  //创建一个计时器对象指针
06      gint n;
07      timer = g_timer_new();                          //创建计时器对象
08      g_timer_start(timer);                           //开始计时
09      rand = g_rand_new();                            //创建随机数对象
10          //产生随机数并输出
11          g_print("%d\t", g_rand_int_range(rand, 1, 100));
12      for(n = 0; n < G_MAXINT; n++)
13      g_print("\n");
14      g_rand_free(rand);                              //释放随机数对象
15      g_timer_stop(timer);                            //计时结束
16      g_print("执行耗时: %.2f 秒\n", g_timer_elapsed(timer,NULL));
17      //输出计时结果
```

```
18      return 0;
19   }
```

在 GLib 中,创建对象的函数以 g 为前缀,new 为后缀。在上面的代码中首先用 g_timer_new()函数创建计时器,然后用 g_timer_start()函数执行计时器。随机数因子使用 g_rand_new()创建,并启动了一个 G_MAXINT 次循环,在循环内用 g_rand_int_range()函数创建随机数并输出。循环次数到达后,首先释放循环因子,停止计时器的执行,然后将计时器中的数值输出到终端。

22.3.4　数据类型

GLib 中定义了字符串、链表、堆栈和队列等十余种常用的数据结构类型,并定义了相关的操作函数。下面是关于字符串类型的简单示例。

```
01   #include <glib.h>
02   int main()
03   {
04     GString *s;                              //定义一个字符串类型
05     s = g_string_new("Hello");              //输入字符串
06     g_print("%s\n", s->str);                //输出字符串
07     s = g_string_append(s," World!");       //在字符串对象后追加内容
08     g_print("%s\n",s->str);
09     s = g_string_erase(s,0,6);              //删除字符串从位置 0 开始的 6 个字符
10     g_print("%s\n",s->str);
11     s = g_string_prepend(s,"Linux ");       //在字符串最前面插入内容
12     g_print("%s\n",s->str);
13     s = g_string_insert(s,6,"Programming");//在指定位置插入内容
14     g_print("%s\n",s->str);
15     return 0;
16   }
```

GLib 的字符串处理函数与 C++的字符串对象一样方便。代码中的 GString 说明符用于声明字符串类型,然后用 g_string_new()函数创建字符串。g_string_append()函数用于向字符串后追加内容,g_string_erase()函数用于删除指定内容,g_string_prepend()函数用于在字符串前插入内容,g_string_insert()函数用于在指定位置插入内容。g_print()函数的作用和格式与 printf()函数相同。

GLib 提供了内存块数据类型,可用于分配较大的内存空间,并且可以随时改变内存块的长度。下面演示内存块数据类型的简单用法。

```
01   #include <glib.h>
02   int main()
03   {
04     GMemChunk *chunk;                       //定义内存块
05     gchar *mem[10];                         //定义指向原子的指针数组
06     gint i, j;
07     chunk = g_mem_chunk_new(                //创建内存块
08           "Test MemChunk",                  //名称
09            5,                               //原子的长度
10            50,                              //内存块的长度
11            G_ALLOC_AND_FREE);              //类型
12     for(i = 0; i < 10; i++) {
13        mem[i] = (gchar*)g_mem_chunk_alloc(chunk);//创建对象
```

```
14        for(j=0; j<5; j++) {
15            mem[i][j] = 'A' + j;              //为内存块中的指针赋值
16        }
17    }
18    g_mem_chunk_print(chunk);                 //显示内存块信息
19    for(i=0; i<10; i++)
20        g_print("%s\t",mem[i]);               //显示内存块中的内容
21    for(i=0; i<10; i++)
22        g_mem_chunk_free(chunk,mem[i]);       //释放所有分配的内存
23    g_mem_chunk_destroy(chunk);               //删除内存块
24    return 0;
25 }
```

在上述代码中，g_mem_chunk_new()函数用于创建内存块，然后用 g_mem_chunk_alloc()函数创建对象。该内存块分配的长度为 50 字节，实际使用的长度为 80 字节，可见其本身将占用一定的内存空间。

此外，GLib 几乎支持所有 C 语言的数据结构类型，这些数据结构一般以 G 为前缀，如 GLink 为单向链表，所有相关函数以 g_link 为前缀。

22.4　GObject 对象简介

GLib 为 C 语言提供了面向对象的 GObject 对象系统，该系统在语法上与 ANSI C 完全兼容，同时具有跨平台的特性，甚至可以被其他程序设计语言所使用。GObject 对象系统使用了 GLib 提供的数据结构和相关算法，其扩展性和灵活性不逊于 C++语言。GTK+等函数库使用的对象系统正是 GObject。

22.4.1　对象系统

面向对象思想是当前主流的程序设计思想。缺乏面向对象特性的 C 语言难以快速地完成复杂的应用程序。GObject 系统是 GLib 对 C 语言的扩展，使其具备了面向对象的特性。该系统的实现是以 Gtype 为基础，Gtype 是 GLib 运行时类型的认证与管理系统。Gtype 可以定义任何复杂的数据结构，并通过 GLib 基础类型与 ANSI C 标准兼容。

使用 Gtype 和 GObject 前，首先要调用 g_type_init()函数对其进行初始化。实现类型可分为静态类型和动态类型两种，前者无法在运行时进行加载或卸载操作，而后者运行时加载和卸载非常灵活。新类型使用前必须先创建，g_type_register_static()函数用于创建静态类型，其自身信息的数据结构为 GTypeInfo 类型。g_type_register_dynamic()函数用于创建动态类型，其自身数据结构为 GTypePlugin 类型。新类型创建后，GObject 会自动注册该类型的类结构体和实例结构体，以及该类型包含的属性、信号和方法等信息。因此，创建函数只需要运行一次。

如果需要创建基础类型，可以使用 g_type_register_fundamental()函数来注册，它同时使用 GTypeInfo 和 GTypeFundamentalInfo 类型作为自身的数据结构。

对象由对象 ID、类结构和实例三部分组成。对象 ID 是对象唯一的标识，用于识别对象的身份。类结构是对象内部的数据成员，由所有对象共同拥有。实例是由类创建的对象，

每个类可创建多个实例。下例将创建一个简单的对象。

```
01  #ifndef __BABY_H__
02  #define __BABY_H__
03  #include <glib-object.h>
04  #define BABY_TYPE (baby_get_type())
05  #define BABY(obj) (G_TYPE_CHECK_INSTANCE_CAST((obj), BABY_TYPE,
06  baby))
07
08  typedef struct _Baby Baby;                    //定义 Baby 结构
09  typedef struct _BabyClass BabyClass;          //定义类结构
10  struct _Baby {
11     GObject parent;                            //定义类成员，父类
12     gint age;
13     gchar *name;
14     void (*cry)(void);                         //类的行为
15  };
16  struct _BabyClass {                           //定义类结构
17     GObjectClass parent_class;
18     void (*baby_born)(void);                   //类似于 C++构造函数
19  };
20  GType baby_get_type(void);
21  Baby* baby_new(void);
22  int baby_get_age(Baby *baby);
23  void baby_set_age(Baby *baby, int age);
24  char* baby_get_name(Baby *baby);
25  void baby_set_name(Baby *baby, char *name);
26  Baby* baby_new_with_name(gchar *name);
27  Baby* baby_new_with_age(gint age);
28  Baby* baby_new_with_name_and_age(gchar *name, gint age);
29  void baby_info(Baby *baby);
30  #endif
```

上例是类的创建代码，这部分代码被定义在头文件中。当创建对象时，只需要在源代码文件中包含该头文件即可。头文件部分包括预处理、宏定义、数据结构定义和函数原型定义。数据结构定义部分创建了两个数据结构对象 Baby 和 BabyClass，其中，结构类型 _Baby 是 Baby 对象的实例。在代码中，每创建一个 Baby 对象，相应的 Baby 结构也会在同一时间内创建。Baby 对象中的 parent 成员是父类的指针，GObject 对象系统的父类为 GObject 类。

其他成员可以是公共成员，如数据成员 age 和 name 分别表示年龄和名字，cry 成员是类的方法，表示哭闹。

数据类型 _BabyClass 是 Baby 对象的类结构，它也被所有 Baby 对象的实例所共享。BabyClass 中的 parent_class 成员是 GObjectClass 类型，表示其父类为 GObject，因为 GObejctClass 是所有对象的父类。函数指针 Baby_born 为所有 Baby 对象实例所共有。

此外，在上面的代码中还定义了 3 种成员函数的原型。baby_get_type()等函数用于获得或设置对象的成员数据；baby_new()等函数用来创建对象的实例；baby_info()函数用来显示对象的当前状态。

22.4.2　GObject 系统中的宏定义

在 22.4.1 小节的例子中定义了两个重要的宏，其中，宏 BABY_TYPE()是对 baby_get_

type()函数的封装，用于直接获得对象的信息；宏 BABY()是对宏 G_TYPE_CHECK_INSTANCE_
CAST()的再次封装，目的是将一个 Gobject 对象强制转换为 Baby 对象，对于对象继承的意
义非常重大。下面使用 baby.h 头文件实现对象的定义，代码如下：

```
01  #include "baby.h"
02  enum { BABY_BORN, FINAL_SIGNAL };            //定义枚举常量
03  static gint baby_signals[FINAL_SIGNAL] = { 0 };
04  static void baby_cry(void);
05  static void baby_born(void);
06  static void baby_init(Baby *baby);
07  static void baby_class_init(BabyClass *babyclass);
08  GType baby_get_type(void)                     //返回类的类型函数
09  {
10    static GType baby_type = 0;
11    if(!baby_type)
12    {
13      static const GTypeInfo baby_info = {
14        sizeof(BabyClass),
15        NULL,NULL,
16        (GClassInitFunc)baby_class_init,
17        NULL,NULL,
18        sizeof(Baby),
19        0,
20        (GInstanceInitFunc)baby_init
21      };
22      baby_type = g_type_register_static(G_TYPE_OBJECT,"Baby",
23      &baby_info,0);
24    }
25    return baby_type;
26  }
27  static void baby_init(Baby *baby)             //Baby 对象初始化函数
28  {
29    baby->age = 0;
30    baby->name = "none";
31    baby->cry = baby_cry;
32  }
33  static void baby_class_init(BabyClass *babyclass)
34  //BabyClass 对象初始化函数
35  {
36    babyclass->baby_born = baby_born;
37    baby_signals[BABY_BORN] = g_signal_new("baby_born",
38          BABY_TYPE,
39          G_SIGNAL_RUN_FIRST,
40          G_STRUCT_OFFSET(BabyClass,baby_born),
41          NULL,NULL,
42          g_cclosure_marshal_VOID__VOID,
43          G_TYPE_NONE, 0, NULL);
44  }
45  Baby *baby_new(void)                          //创建新对象函数
46  {
47    Baby *baby;
48    baby = g_object_new(BABY_TYPE, NULL);
49    g_signal_emit(baby,baby_signals[BABY_BORN],0);
50    return baby;
51  }
52  int baby_get_age(Baby *baby)                  //返回 age 成员的值
53  {
54    return baby->age;
55  }
```

```
56  void baby_set_age(Baby *baby, int age)        //设置 age 成员的值
57  {
58      baby->age = age;
59  }
60  char *baby_get_name(Baby *baby)                //返回 name 成员的值
61  {
62      return baby->name;
63  }
64  void baby_set_name(Baby *baby, char *name)    //设置 name 成员的值
65  {
66      baby->name = name;
67  }
68  Baby* baby_new_with_name(gchar *name)
69  //创建新对象并使用 age 赋值函数
70  {
71      Baby* baby;
72      baby = baby_new();
73      baby_set_name(baby, name);
74      return baby;
75  }
76  Baby* baby_new_with_age(gint age)             //创建新对象并使用 name 赋值函数
77  {
78      Baby* baby;
79      baby = baby_new();
80      baby_set_age(baby, age);
81      return baby;
82  }
83  Baby *baby_new_with_name_and_age(gchar *name, gint age)
84  //创建新对象并使用 name 和 age 赋值函数
85  {
86      Baby *baby;
87      baby = baby_new();
88      baby_set_name(baby,name);
89      baby_set_age(baby,age);
90      return baby;
91  }
92  static void baby_cry(void)
93  {
94      g_print("婴儿正在哭泣……\n");
95  }
96  static void baby_born(void)
97  {
98      g_print("消息：一个婴儿出生了。\n");
99  }
100 void baby_info(Baby *baby)
101 {
102     g_print("婴儿的名字是：%s\n", baby->name);
103     g_print("婴儿的年龄是：%d\n", baby->age);
104 }
```

在上面的程序中实现了 Baby 类对象的所有函数。baby_init()函数和 baby_class_init()函数分别用来初始化实例的数据结构和类的数据结构。这两个函数不需要显式调用，而是用宏将其转换，然后为 GTypeInfo 结构赋值，最后由 GType 对象进行自动处理。

22.4.3　GTypeInfo 结构

在 GTypeInfo 结构中定义了对象的类型信息，包括以下内容。

❑ 类结构的长度：必选，本例为 BabyClass 结构的长度。

❑ 基础初始化函数：可选，与 C++构造函数的作用类似。

❑ 基础结束化函数：可选，与 C++析构函数的作用类似。

❑ 类初始化函数：可选，即 baby_class_init()函数，使用宏 GclassInit()转换。

❑ 类结束函数：可选。

❑ 实例初始化函数：可选，即 baby_init()函数。

❑ GType 变量表：可选。

结束 GTypeInfo 结构的定义后，可使用 g_type_register_static()函数注册对象的类型。该函数共有 4 个参数，第 1 个参数为父对象类型，即宏 G_TYPE_OBJECT()，用于表示 GObject 类；第 2 个参数为对象名，本例为 Baby；第 3 个参数是 GTypeInfo 数据结构指针，本例赋值为&babyinfo；第 4 个参数是注册成功后返回的对象 ID。

创建所有基于 G_OBJECT 对象的子类都可以使用 g_object_new()函数。该函数的第 1 个参数为对象 ID；第 2 个参数为其后参数的数量，NULL 表示没有，从第 3 个参数开始均为 GParameter 类型，它是一个结构体，定义如下：

```
struct _GParameter{
    const gchar* name;
    GValue value;
};
```

其中，第 2 个参数为 GValue 类型，此类型是基础的变量容器对象，可用于封装变量的值和变量的类型。

22.4.4　信号机制

信号机制是 GObject 系统中的对象的行为方式。当对象的某个条件满足时，将发出一个相应的信号，该信号可以被注册的回调函数获取并执行相关的代码。使用信号机制不需要用多线程去反复检查某个变量，系统开销将会降低。

一个对象可以有多个信号，但也可以不定义信号。当对象定义信号时，通常用枚举类型为信号命名。所有对象的实例均有对象的类数据结构，相关信号也需要定义在类数据中。因此，信号是所有对象实例所共有的，所有实例都可以进行信号处理，可以在类初始化函数中创建信号。g_signal_new()函数用于创建一个新信号，如果创建成功，则返回值为该信号的标识符，否则返回–1。g_signal_emit()函数用于向实例发射一个信号，在前面的例子中创建函数调用 g_signal_emit()发出了 BABY_BORN 信号，然后执行 baby_born()函数，在终端输出一行信息"消息：一个婴儿出生了"。

GObject 对象系统十分庞大，本节并未涵盖全部内容，只是列举了常用的函数和数据类型。

22.5　2D 图形引擎 Cairo 简介

Cairo 是 Linux 系统重要的 2D 矢量图形引擎，用于在屏幕或打印机中输出 2D 图形。Cairo 已成为 Linux 系统图形领域的重要组件，GNOME、GTK+和 Pango 等许多软件使用的都是它提供的 2D 图形引擎。Cairo 使用 C 语言编写并公开了全部源代码，它提供的函数库也是以 C 语言为主要版本。在 Linux 系统中，很多图形库都绑定了 Cairo，使得 Cairo 非常受欢迎。例如，GTK+对 Cairo 提供了完美的支持，使 Cairo 能在应用程序的图形用户界面上用几条简单的函数绘制出想要的各种图形。

Cairo 函数库可分为三部分，最重要的是核心绘图库。核心绘图库提供了绘图的上下文。上下文使用 cairo_t 类型，该类型定义了画布的大小，并且可以保持一些绘图操作。其次是外表库，可以保存一些绘图的材质信息。然后是字体库，用于以矢量方式显示文字，对文字进行绘图操作。Cairo 对模式支持非常完善，从简单的实体模式到高级的逐变模式都能支持。下面介绍最基本的 Cairo 函数，可以将它们总结为 5 个基本函数，参见表 22.2。

表 22.2　Cairo的 5 个基本函数

函　数　名	说　　明
cairo_stroke()	实现上下文中的一次绘图操作
cairo_fill()	填充操作
cairo_show_text()/cairo_show_glyphs()	显示文本或图形操作
cairo_paint()	线条画笔操作
cairo_mask()	外表操作

下面以一个简单的例子演示 Cairo 函数库的简单用法。

```
01    #include <cairo.h>                           //包含 Cairo 库的主要函数
02
03    int main()
04    {
05       cairo_surface_t *surface;
06      cairo_t *cr;                                //声明一支画笔
07      //创建画布
08      surface =cairo_image_surface_create(CAIRO_FORMAT_ARGB32, 320 ,480);
09      cr = cairo_create(surface);                 //创建画笔
10      //设置画笔颜色，也就是红、绿和蓝，这里设置成绿色
11      cairo_set_source_rgb(cr, 0, 1, 0);
12      //画一个方块，位置从坐标(10,10)开始，宽为 200，高为 200
13      cairo_rectangle(cr, 10, 10, 200, 200);
14      cairo_fill(cr);                             //填充，使用的颜色是上面设置的颜色
15      cairo_move_to(cr, 250, 200);                //将画笔移动到坐标(250,200)上
16      cairo_select_font_face(cr,
17                  "DongWen--Song",                //设置字体名
18                  CAIRO_FONT_SLANT_NORMAL,        //字体样式
19                  CAIRO_FONT_WEIGHT_NORMAL);      //字体宽度
20      cairo_set_font_size(cr, 60);                //设置字体大小
21      cairo_show_text(cr, "hello world");         //画出一个字符串
22      cairo_surface_write_to_png(surface, "image.png") ; //输出到文件
23      cairo_destroy(cr) ;                         //销毁画笔
24      cairo_surface_destroy(surface);             //销毁画布
25      return 0;
26    }
```

上面的程序绘制了一个简单的图形并保存到 png 格式文件中。在编译该程序前首先需要安装 Cairo 函数库，通常安装 GTK+时会一并安装。编译该程序只需要指定 Cairo 函数库的目录，编译指令如下：

```
gcc -o cairo_test cairo_test.c -lcairo -I/usr/include/cairo
```

22.6　多媒体函数库 GStreamer 简介

GStreamer 是在 GNOME 桌面环境中使用的主流的多媒体应用编程框架，可用于开发各种多媒体程序或数据流处理程序。目前，GStreamer 已经能够处理 MP3、RM、WMA、MPEG、MPEG 2、AVI 和 QuickTime 等多种格式的多媒体数据。

GstElement 对象是封装过的独立个体，GstElement 对象之间只能通过接口相互访问。按照应用方向上的差异，可以将 GstElement 对象分为数据源元件（Source Element）、过滤器元件（Filter Element）和接收器元件（Sink Element）3 类，如图 22.3 所示。

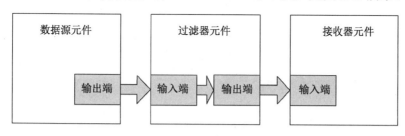

图 22.3　GstElement 对象之间的关系

❑ 数据源元件：读取媒体数据的元件是数据源元件。数据源元件只有输出端，而输入端通常是与 Linux 系统紧密结合的。也可以认为在管道中，数据源元件没有输入端。

❑ 过滤器元件：既有输入端又有输出端。输入端获得来自数据源元件的原始数据，在过滤器元件内部对数据进行处理后，通过输入端传递给接收器元件。一个典型的过滤器元件的例子是音频编码单元，它首先从外界获得音频数据，然后根据特定的压缩算法对其进行编码，最后再将编码后的结果提供给其他模块使用。

❑ 接收器元件：只有输入端。因为数据通过系统调用被送给了声卡或屏幕，接收器元件处于管道终端。例如一个音频输出接收器元件，该元件负责将接收到的数据写入声卡，通常这也是音频处理过程中的最后一个环节。

22.6.1　过滤器

过滤器用来进行数据处理的 GstElement 对象，通常是多媒体格式的解码器。在输入和输出端口数目上，过滤器并无任何限制。以 AVI 文件分离器为例，该元件的输入端为文件数据源。数据经过解码后，被分为视频流和音频流，分别输出到两个不同的接收器元件中，如图 22.4 所示。

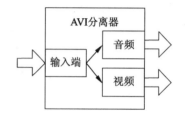

图 22.4　AVI 文件分离器

创建 GstElement 对象，需要使用工厂对象 GstElement Factory。工厂对象是在 GStreamer 框架中用于创建对象的唯一方法。GStreamer 框架包含多种工厂对象，可以通过工程名称来区分。例如，下面的代码通过 gst_element_factory_find()函数获得一个名为 mpg123audiodec 的工厂对象，然后可以用来创建与该对象对应的 MP1、MP2、MP3 解码器元件。

```
.GstElementFactory *factory;
factory = gst_element_factory_find("mpg123audiodec");
```

创建工厂对象后，就可使用 gst_element_factory_create()函数创建特定的 GstElement 对象了。该函数有两个参数，第 1 个参数为工厂对象的实例，第 2 个参数是创建的元件名称。元件名称可以使用查询方式获得，当参数为 NULL 时，将使用工厂对象默认的文件名称。下面的代码用于演示通过已创建的工厂对象生成名为 audiodec 的 MP3 解码器元件。

```
GstElement *element;
element = gst_element_factory_create(factory, "decoder");
```

GstElement 属于 GObject 的子类，因此 GstElement 对象的属性可以使用 GObject 对象系统提供的函数或宏来管理。所有 GstElement 对象的父类都是 GstObject 对象，并且从父类继承基本的属性。工厂对象创建函数 gst_element_factory_make()和 gst_element_factory_create()创建工厂对象和元件对象时会用到名称属性，可以调用 gst_object_set_name()函数和 gst_object_get_name()函数设置和读取 GstElement 对象的名称属性。

22.6.2　衬垫

衬垫（Pad）是元件与管道外进行连接的通道，是 GstElement 对象重要的概念之一。对于元件而言，其所支持的媒体类型通过衬垫传递给其他元件。创建 GstElement 对象后，通过 gst_element_get_static_pad()函数可以获得该对象的衬垫信息。例如，下面的代码将返回 element 元件中名为 src 的衬垫。

```
GstPad *srcpad;
srcpad = gst_element_get_static_pad(element, "src");
```

如果不知道衬垫名称，可以通过 gst_element_get_contexts()函数列出指定元件中的所有衬垫。例如，下面的代码将输出 element 元件中的所有衬垫的名称。

```
GList *pads;
pads = gst_element_get_contexts(element);
while (pads) {
  GstPad *pad = GST_PAD (pads->data);
  g_print("衬垫名称为：%s\n", gst_pad_get_name (pad));
  pads = g_list_next (pads);
}
```

通过 gst_pad_get_name()函数可以读取衬垫的名称。

衬垫有两种类型，分别为输入衬垫和输出衬垫。输入衬垫只能接收数据，输出衬垫只能产生数据。gst_pad_get_direction()函数可以获得指定衬垫的类型。

衬垫是 GstElement 对象的一部分，因此所有衬垫均在元件内存在。使用 gst_pad_get_parent()函数可以通过衬垫查询元件的名称，该函数的返回值为包含查询衬垫的 GstElement 对象指针。

22.6.3　箱柜

箱柜（Bin）是 GStreamer 框架中比较大的一种集合容器，常被用来装入其他元件。因为其自身也属于 GstElement 对象，所以会发生运行多层嵌套的情况。箱柜常用来将多个元件合并为一个逻辑元件，这是组件更为复杂的管道的方法之一。箱柜对于 GStreamer 框架还有一个重要意义，就是它会尝试对数据流进行优化。箱柜的典型结构如图 22.5 所示。

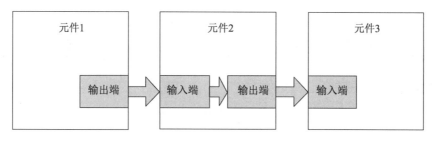

图 22.5　箱柜的典型结构

GstPipeline 管道是最常用的顶级容器，因此顶层箱柜必须是管道。管道外的箱柜是没有执行能力的。在使用 GstThread 线程机制同时处理视频和音频信息时，一般会使用箱柜。

工厂函数 gst_element_factory_make() 和箱柜创建函数 gst_pipeline_new() 都可以用来创建箱柜对象，它们的一般形式如下：

```
GstElement *thread, *pipeline;
//创建线程对象，同时为其指定唯一的名称
thread = gst_element_factory_make("thread", NULL);
//根据给出的名称，创建一个特定的管道对象
pipeline = gst_pipeline_new("pipeline_name");
```

gst_bin_add() 函数可以将已创建的元件添加到已创建的箱柜中，代码如下：

```
GstElement *element;
GstElement *bin;
bin = gst_bin_new("bin_name");                          //创建一个新箱柜
//创建新元件
element = gst_element_factory_make("mpg123audiodec", "decoder");
gst_bin_add(GST_BIN (bin), element);                    //将元件装入箱柜
```

gst_bin_get_by_name() 函数用于查询箱柜指定的元件。代码如下：

```
GstElement *element;
//获得名为 decoder 的元件
element = gst_bin_get_by_name(GST_BIN (bin), "decoder");
```

由于箱柜可以直接嵌套，所以通过 gst_bin_get_by_name() 函数可以用递归方式查找内部的箱柜。另外，如果需要将元件从箱柜中移除，可使用 gst_bin_remove() 函数来实现。代码如下：

```
GstElement *element;
gst_bin_remove(GST_BIN (bin), element);                 //将元件从箱柜中移出
```

22.6.4　精灵衬垫

对于箱柜对象来说，并没有属于其自身的衬垫，因此无法与其他元件进行数据传递。GStreamer 框架为箱柜定义了精灵衬垫对象，这种衬垫能自动为箱柜添加输入端和输出端，

如图 22.6 所示。

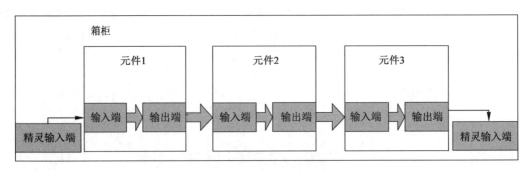

图 22.6　箱柜的精灵衬垫

为箱柜添加精灵衬垫后，就可以将该箱柜作为普通元件来处理了。所有元件和 GstElement 对象操作均对添加精灵衬垫后的箱柜有效。下面的代码演示为箱柜添加精灵衬垫的方法。

```
bin = gst_bin_new("audio_sink_bin");
gst_bin_add_many(GST_BIN (bin), equalizer, convert, sink, NULL);
gst_element_link_many(equalizer, convert, sink, NULL);
pad = gst_element_get_static_pad(equalizer, "sink");
ghost_pad = gst_ghost_pad_new("sink", pad);
gst_pad_set_active(ghost_pad, TRUE);
gst_element_add_pad(bin, ghost_pad);
```

有了箱柜和精灵衬垫后，GStreamer 框架的数据处理流程已十分清晰了。多媒体信息通过衬垫读入数据源元件，数据源元件再将数据传送到过滤器中进行加工，最后，过滤器将加工后的数据传送给接收器。整个处理过程是数据流的状态，因为这 3 个部分的所有元件都将同时处理，组成了一个数据管道。

最后的工作是将这些元件通过各自的衬垫连接起来，这样，一个完整的数据流管道就完成了，之后就可以进行实际的处理工作了。下面演示如何连接两个元件，以及在不需要使用时如何断开元件之间的连接。

```
GstPad *srcpad, *sinkpad;
srcpad = gst_element_get_static_pad(element1, "src");
sinpad = gst_element_get_static_pad(element2, "sink");
gst_pad_link(srcpad, sinkpad);                        //连接元件
gst_pad_unlink(srcpad, sinkpad);                      //断开元件
```

在处理音频信息时，每个元件最多只有一个输入端和一个输出端。可以通过 gst_element_link() 函数直接建立元件间的连接，或者通过 gst_element_unlink() 函数在适当的时候断开元件之间的连接，代码如下：

```
gst_element_link(element1, element2);                //连接元件
gst_element_unlink(element1, element2);              //断开元件
```

整条 GStreamer 管道建立完毕后，所有元件都能处理流动中的数据了。为了便于控制，GStreamer 框架为元件定义了 5 种状态。

- ❑ VOID_PENDING：没有挂起状态。
- ❑ NULL：默认状态，元件刚被建立。
- ❑ READY：就绪状态，元件已能够工作。

❑ PAUSEDL：暂停状态，元件数据处理暂时停止。

❑ PLAYING：播放状态，元件正在进行数据处理。

所有的元件创建时都处于 NULL 状态，然后在 NULL、READY、PAUSED、VOID_ PENDING 和 PLAYING 状态之间进行转换。控制元件状态可以通过 gst_element_set_state() 函数来实现，代码如下：

```
GstElement *bin;
gst_element_set_state(bin, GST_STATE_PLAYING); //将箱柜设于播放状态
```

NULL 状态是元件的初始状态，对于管道来说，在该状态下管道并没有建立好，因此 NULL 状态不能直接转换为 PLAYING 状态。当播放结束时，元件将再次回到 NULL 状态，因此相关的对象并没有被删除，而管道处于 READY 状态。

READY 状态是就绪状态。对于数据源元件，READY 状态表示该元件已获得了相关资源。对于管道对象，真正的数据流处理是从首次进入 READY 状态开始的，这时管道应已建立成功。

进入 PLAYING 状态后，所有的元件都将处理数据。如果切换到 PAUSED 状态，数据的处理将暂停。只要管道中有一个元件为 PAUSED 状态，那么管道也将变成 PAUSED 状态，直到该元件切换回 PLAYING 状态，播放才会重新开始。

要安装 GStreamer，可在官方站点下载源代码并进行编译，地址为 http://gstreamer. freedesktop.org/，或在终端输入下列命令：

```
apt-get install libgstreamer1.0-dev gstreamer1.0-libav gstreamer0.10-
plugins-ugly
```

GStreamer 的头文件路径位于/usr/include/gstreamer-<版本号>/gst 目录下。编译使用 GStreamer 函数库的程序需要加入指令'pkg-config --cflags --libs gstreamer-<版本号>'。

☖注意：部分多媒体文件的格式属于专利技术，如 MP3 文件就是属于受保护的专利技术。Fedora 和 Red Hat 等 Linux 发行版严格遵守专利保护法，因此不能通过其软件包管理器安装 MP3 文件的插件。如果涉及类似问题，可以在 sourceforge.net 网站上下载相应的源代码包自行安装。

22.7 搭建 GTK+开发环境

GTK+是在一系列的函数库基础上建立的，因此安装 GTK+函数库前，首先要安装其依赖的函数库。如果使用 DEB 软件包管理器来安装，则依赖包会自动安装并自动检查版本之间的关联性。DEB 的安装指令如下：

```
sudo apt install libgtk-3-dev
```

安装完成后，可以通过一个简单的小程序测试一下是否安装成功，代码如下：

```
01  #include <gtk/gtk.h>
02  gint delete_event(GtkWidget *widget,
03              GdkEvent *event,
04              gpointer data)    //回调函数，当关闭窗体时执行
05  {
```

```
06        g_print("程序已退出\n");
07        return TRUE;                         //当返回值为 TRUE 时，会调用 destroy()函数
08    }
09    void destroy(GtkWidget *widget,          //回调函数
10                gpointer data)
11    {
12        gtk_main_quit();                     //结束主循环
13    }
14    int main(int argc, char *argv[])
15    {
16        GtkWidget *window;
17        GtkWidget *button;
18        gtk_init(&argc, &argv);              //初始化 GTK+函数库
19        window = gtk_window_new(GTK_WINDOW_TOPLEVEL);   //创建一个新窗口
20        //关闭窗体时执行 delete_event()回调函数
21        g_signal_connect (G_OBJECT(window), "delete_event",
22                     G_CALLBACK(delete_event), NULL);
23        g_signal_connect (G_OBJECT(window), "destroy",
24                     G_CALLBACK(destroy), NULL);
25        //创建一个标签为"Hello World"的新按钮
26        button = gtk_button_new_with_label("Hello World");
27        //当单击按钮时调用 gtk_widget_destroy(window)函数关闭窗口
28        g_signal_connect_swapped(G_OBJECT(button), "clicked",
29                          G_CALLBACK(gtk_widget_destroy),
30                          window);
31        //把按钮放入窗体容器
32        gtk_container_add (GTK_CONTAINER(window), button);
33        gtk_widget_show (button);            //显示按钮
34        gtk_widget_show (window);            //显示窗体
35        gtk_main();                          //开始 GTK+主循环
36        return 0;
37    }
```

上面的程序在屏幕上建立了一个窗体，窗体中有一个标签为 Hello World 的按钮，单击按钮后窗体关闭并结束程序。程序编译时加入指令 pkg-config --cflags --libs gtk+-2.0。

22.8　小　　结

本章介绍了 Linux 系统的桌面环境和相关函数库。在开发图形界面时首先应注意尽量使业务逻辑与界面分离，可以将界面部分视为三层模型中的表示层，该部分只用考虑如何与用户交互。界面与业务逻辑的分离能够让程序的可移植性得到进一步增强，虽然有时候需要为一个程序设计多种类型界面，但是整体的工作量比把实现代码放在界面里要轻松。GNOME 桌面环境中用到的图形界面构件均可在 GTK+函数库中得到。除了使用 GTK+代码直接编辑图形界面外，还可以借助所见即所得工具 Glade 间接获得 GTK+代码或直接将设计的界面连接到程序中。后面的章节会进一步介绍 GTK+的相关知识，待读者对 GTK+有一定的了解后，再简要地介绍使用 Glade 设计图形界面的方法，这样读者可以更灵活地运用 Glade。

22.9　习　　题

一、填空题

1．在计算机中，桌面环境为操作系统提供了一个_____界面。

2．KDE 全称为_____。

3．GTK+是设计_____软件时创建的函数库。

二、选择题

1．下列不是 KDE 桌面环境的主要子系统的选项是（　　　）。

A．DCOP　　　　　　　B．SYSCOCA　　　　C．XMLGUI　　　　　　D．Conf

2．创建所有基于 G_OBJECT 对象的子类都可以使用的函数是（　　　）。

A．g_object_new()　　　　　　　　　　B．g_object()

C．baby_class_init()　　　　　　　　　D．其他

3．cairo_mask()函数的功能是（　　　）。

A．填充操作　　　　　　　　　　　　B．线条画笔操作

C．显示文本操作　　　　　　　　　　D．外表操作

三、判断题

1．GstElement 对象之间只能通过接口相互访问。　　　　　　　　（　　　）

2．GTK+是不可定制的。　　　　　　　　　　　　　　　　　　（　　　）

3．GObject 系统是 GLib 函数库对 C 语言的扩展，具备面向对象的特性。　（　　　）

四、操作题

1．使用 GLib 函数库中定义的字符串编写代码，将字符串 This is Linux 中的 his is 删除。

2．使用 GTK 3.0 编写代码，在屏幕上建立一个窗体，在窗体中有一个显示 This is Button 的按钮。

第 23 章   界面构件开发

图形界面通常由窗体和安置在窗体上的多个界面构件组成。界面构件是一类可重用的组合单元。它具有特定的输入、输出功能，独特的操作特性和视觉外观，以及独立的输入、输出接口。本章将以 GTK+为例详细讲解界面构件。

23.1   常用的界面构件

常用的界面构件包括按钮构件、调整对象、范围构件和一些杂项构件，这些构件基本可以满足大多数应用程序的需要。界面构件的使用分为以下几个步骤：

(1) 声明界面构件。

(2) 指定界面构件类型。

(3) 设置界面构件属性。

(4) 将界面构件放置到窗体中。

(5) 显示界面构件。

(6) 捕获界面构件发出信号并连接到回调函数。

(7) 在回调函数中读取界面构件数值。

下面将介绍常用界面构件的特性。

23.1.1   按钮构件

按钮构件（GtkButton）是在窗体中使用频繁的构件之一，它分为一般按钮、开关按钮、复选按钮和单选按钮 4 个子类。

1. 一般按钮

一般按钮是指当鼠标单击又释放时，状态立即复原的按钮。创建按钮构件有多种方法，使用 gtk_button_new()函数可以创建一个空白按钮，使用 gtk_button_new_with_label()函数或 gtk_button_new_with_mnemonic()函数可创建一个带标签的按钮。这 3 个函数的一般形式如下：

```
GtkWidget *gtk_button_new(void);
GtkWidget *gtk_button_new_with_label(const gchar *label);
GtkWidget *gtk_button_new_with_mnemonic(const gchar *label);
```

创建按钮构件后，可以调用 gtk_widget_show()函数显示界面构件。如果需要处理对界面构件的操作，可以通过连接信号与回调函数来实现。g_signal_connect()函数用于连接信号和回调函数，最常用的信号是在按钮按下时发出的 clicked 信号。下面将创建一个标准的退出按钮，效果如图 23.1 所示。单击该按钮将关闭窗口并退出程序。

```
GtkWidget *window;                                    //声明窗体构件
GtkWidget *button;                                    //声明按钮构件
gtk_init(&argc, &argv);
window = gtk_window_new(GTK_WINDOW_POPUP);             //创建窗体
gtk_widget_set_size_request(window, 200, 100);        //指定窗体大小
button = gtk_button_new_with_label("关闭(C)");         //新建按钮
gtk_widget_show(button);                              //显示按钮构件
//将按钮装入作为容器的窗体
gtk_container_add(GTK_CONTAINER (window), button);
g_signal_connect((gpointer) button, "clicked",
        G_CALLBACK(gtk_main_quit),NULL);
gtk_widget_show(window);
gtk_main();
```

上面的代码是在窗体中加入一个退出按钮，按钮的名称为"关闭(C)"。g_signal_connect() 函数用于连接的 clicked 信号和回调函数 gtk_main_quit()，从而关闭窗体并结束 GTK+ 主循环。如果 GTK+ 主循环后没有语句需要执行，则退出程序。

💬注意：GTK+ 有一系列类型转换的宏，如 GTK_CONTAINER、GTK_WIDGET、GTK_BOX 和 GTK_LABEL 等。使用这些宏的原因是所有界面构件通常都被定义为 GtkWidget 类型，当界面构件作为函数参数使用时，需要先转换其类型。

2．开关按钮

开关按钮由一般的按钮派生而来。单击开关按钮后，该按钮会保持被按下的状态，直到按钮再次被单击才会回到原始状态。下面的代码是创建一个新的开关按钮。

```
GtkWidget *gtk_toggle_button_new( void );              //创建空白开关按钮
GtkWidget *gtk_toggle_button_new_with_label( "Test" ); //创建带标签的按钮
GtkWidget *gtk_toggle_button_new_with_mnemonic( "_Test");
                                                       //创建带快捷键的标签按钮
```

代码第 3 行为创建一个具有热键的开关按钮，下画线"_"后的第一个字符 T 对应键盘的热键操作 Alt+T，当按 Alt 键时，对应的字母下面就会出现下画线，如图 23.2 所示。

图 23.1　标准退出按钮　　　　图 23.2　带有热键的开关按钮

通过调用 gtk_toggle_button_get_active (GTK_TOGGLE_ BUTTON (widget)) 函数，可以获取开关按钮的状态值，返回值是 gboolean 类型变量。

💬注意：字母 g 开头的类型是 GLib 对 ANSI C 标准变量的扩展，在后面的章节中会多次见到这些类型。ANSI C 标准没有布尔型数据，gboolean 是 GLib 增加的布尔型数据，类型 gboolean 的值 TRUE 和 FALSE 是在常数宏中定义的。

3．复选按钮

复选按钮是开关按钮的子类，它继承了开关按钮的特性，区别仅在呈现方式上。下面的代码是创建一组复选按钮。

```
checkbutton1 = gtk_check_button_new_with_mnemonic("选项 _A");
//创建带有快捷键的复选按钮
checkbutton2 = gtk_check_button_new_with_mnemonic("选项 _B");
checkbutton3 = gtk_check_button_new_with_mnemonic("选项 _C");
gtk_toggle_button_set_active(checkbutton1, TRUE);        //设置复选按钮的状态
```

gtk_toggle_button_set_active()函数可设置复选按钮的状态，在本例中，第 1 个按钮被设置为选中，如图 23.3 所示。

4．单选按钮

单选按钮由复选按钮继承而来。单选按钮必须分组使用，每组只能有一个处于选择状态，如图 23.4 所示。

图 23.3　复选按钮　　　　　　　　图 23.4　单选按钮

下面的代码是创建一组单选按钮。

```
01   GtkWidget*vbox;                                      //声明 vbox 容器
02   GtkWidget*radiobutton1,*radiobutton2,*radiobutton3;  //声明单选按钮构件
03   GSList *radiobutton_group = NULL;                     //声明 GSList 链表
04   vbox = gtk_vbox_new(GTK_ORIENTATION_VERTICAL, 0);    //创建 vbox 容器
05   gtk_container_add(GTK_CONTAINER (window), vbox);      //将 vbox 装入窗体
06   //创建复选按钮
07   radiobutton1 = gtk_radio_button_new_with_mnemonic(NULL, "选项 1");
08   gtk_widget_show(radiobutton1);                       //显示复选按钮
09   //将按钮放置在 vbox 中
10   gtk_box_pack_start(GTK_BOX (vbox), radiobutton1, FALSE, FALSE, 0);
11   gtk_radio_button_set_group (GTK_RADIO_BUTTON(radiobutton1),
12     radiobutton_group);                               //将按钮加入链表
13   radiobutton_group = gtk_radio_button_get_group(GTK_RADIO_BUTTON
14     (radiobutton1));                                  //将按钮作为成员加入链表
15   //创建复选按钮
16   Radiobutton2= gtk_radio_button_new_with_mnemonic(NULL, "选项 2");
...
```

单选按钮需要使用一个链表对象将其分组，在代码第 3 行中通过 GLib 创建了一个新的链表。代码第 10 行将单选按钮加入链表，其他单选按钮需要以相同方式放入分组。本例使用了一个 vbox 容器构件，在 GTK+中，当窗体和一些界面构件作为容器时只能容纳一个子界面构件，而 vbox 等容器构件可容纳多个界面构件。代码第 8 行调用 gtk_box_pack_start() 函数将界面构件放到 vbox 容器内。

23.1.2　调整对象

调整对象用于为可调整构件传递调整值，范围构件、GtkText 和 GtkViewport 等构件内部都具备可调整属性。调整对象由 GtkObject 派生，除具备自身的数据结构外，还具有一些特殊的功能，如引发信号。

常见的用法是将一个范围构件和调整对象相连，当使用鼠标或键盘改变范围构件时，调整对象发出信号，改变可调整构件的属性。特别是当需要用一个调整值改变多个构件的属性时，调整对象是最佳的选择。调整对象通常能被使用它的构件自动创建，如果需要手动创建，可用以下函数。

```
GtkObject *gtk_adjustment_new(gdouble value,            //值
                              gdouble lower,            //最低值
                              gdouble upper,            //最底部或最右边的坐标
                              gdouble step_increment,   //调整对象的步长
                              gdouble page_increment,   //调整对象的页长
                              gdouble page_size);       //分栏构件的可视区域
```

函数共有 6 个参数：value 是赋给调整对象的初始值；lower 参数是调整对象能取的最低值；upper 参数表示分栏构件的子构件的最底部或最右边的坐标；step_increment 参数是调整对象的步长；page_increment 参数是调整对象的页长；page_size 参数通常用于设置分栏构件的可视区域。upper 参数不一定总是 value 能取的最大值，因为这些构件的 page_size 通常是非零值，value 能取的最大值一般是 upper 与 page_size 之间的差值。

根据 gtk_adjustment_new() 函数中的参数可以知道调整对象的结构，在此结构中会存在 lower、upper、value、step_increment、page_increment 和 page_size 等属性。这些属性是私有的，其中，value 用来表示调整对象的值，该值通过 gtk_adjustment_get_value() 函数获得，改变调整对象的值与之类似，可使用 gtk_adjustment_set_value() 函数。

当调整对象的值改变时，将发出 value_changed 信号，而当调整对象的 upper 或 lower 参数改变时，则会发出 changed 信号。

23.1.3　范围构件

范围构件包含两个子类，分别为滚动条构件和比例构件。滚动条构件扩展了屏幕的可视区域，常用在文本和图形浏览中。比例构件常见的用途是图形、视频的缩放和音量大小的调节。范围构件的共同特征是包含一个滑槽和一个滑块，在滑块被移动后会改变调整对象的值并发出信号。

滚动条构件可以使用 gtk_scrollbar_new() 函数构建，它的一般形式如下：

```
GtkWidget * gtk_scrollbar_new(GtkOrientation orientation,
                              GtkAdjustment *adjustment);
```

其中，orientation 参数用来设置滚动条构件的方向，它的可选参数有两个，分别为 GTK_ORIENTATION_HORIZONTAL 和 GTK_ORIENTATION_VERTICAL。如果使用了 GTK_ORIENTATION_HORIZONTAL，则会创建一个水平滚动条构件，否则将创建一个垂直滚动条构件，如图 23.5 所示。adjustment 参数是调整对象，使用此对象保存和传递滚动

条构件的值。

比例构件可以使用 gtk_scale_new()函数构建，它的一般形式如下：

```
GtkWidget    * gtk_scale_new(GtkOrientation    orientation,
                             GtkAdjustment    *adjustment);
```

orientation 参数的含义和 gtk_scrollbar_new()函数中的 orientation 参数一样，根据此参数传递值的不同，可以构造垂直比例构件和水平比例构件，如图 23.6 所示。adjustment 参数是调整对象，使用此对象保存和传递比例构件的值。

图 23.5　滚动条构件　　　　　　图 23.6　比例构件

创建比例构件时可自动创建一个内建的调整对象，并为该调整对象设定属性，代码如下：

```
GtkWidget    * gtk_scale_new_with_range(GtkOrientation    orientation,
                                        gdouble           min,
                                        gdouble           max,
                                        gdouble           step);
```

min 对应调整对象的 lower 属性值；参数 max 是调整对象的属性 upper 与 page_size 之间的差值；参数 step 对应调整对象的 step_increment 属性的值。

23.1.4　标签构件

标签构件十分简单，作用是将一行或多行文本在窗口的指定位置显示。标签构件不能发出信号，如果需要发出信号，可以将其放置在事件盒中。

创建一个新标签构件可使用函数 gtk_label_new()。标签构件创建后要改变显示文本，可以使用函数 gtk_label_set_text()。获取标签构件文本，可以使用函数 gtk_label_get_text()。这几个函数的一般形式如下：

```
GtkWidget *gtk_label_new(const gchar *str);
void gtk_label_set_text(GtkLabel *label,const gchar *str);
const gchar *gtk_label_get_text(GtkLabel *label);
```

参数 str 是标签构件显示的文本。标签构件可以使用 gtk_label_set_justify()函数来设置文本的对齐方式。该函数的一般形式如下：

```
void gtk_label_set_justify(GtkLabel *label, GtkJustification  jtype);
```

参数 jtype 用来设置对齐类型，该参数有 4 个可选值，具体介绍如下：

- ❑ GTK_JUSTIFY_LEFT：左对齐；
- ❑ GTK_JUSTIFY_RIGHT：右对齐；
- ❑ GTK_JUSTIFY_CENTER：中间对齐；
- ❑ GTK_JUSTIFY_FILL：填充对齐。

当标签构件内的文本长度超过标签构件时，超出范围将无法显示。如果需要显示多行文本，可以直接在文本中加入换行符，也可以使用下列函数打开自动换行功能。

```
void gtk_label_set_line_wrap(GtkLabel *label,gboolean wrap);
```

23.1.5　工具提示对象

工具提示对象用于为界面构件显示提示信息，当鼠标指针移动到界面构件上并停留时将会弹出提示信息。创建工具提示对象可以使用函数 gtk_widget_set_tooltip_text()，它的一般形式如下：

```
void gtk_widget_set_tooltip_text(GtkWidget  *widget,
                                 const gchar *text);
```

23.1.6　进度条

进度条用于显示操作完成的比例，如图 23.7 所示。进度条由一个滑槽和一个滑块组成。创建进度条可使用 gtk_progress_bar_new()函数。gtk_progress_bar_set_fraction() 函数用于设置进度完成的比例，这个比例数值是范围 0～1 之间的 gdouble 变量。

图 23.7　进度条

进度条还可以按步数前进，这种方法在无法得到准确的完成比例时非常实用，称为活动状态。下面的代码用于设置进度条的步数并让进度条前进一步。

```
//设置进度条按步数前进并指定步数
void gtk_progress_bar_set_pulse_step(GtkProgressBar *pbar,
                                     gdouble fraction);

//设置进度条前进一步
void gtk_progress_bar_pulse(GtkProgressBar *progress);
```

gtk_progress_bar_set_text()函数可在进度条上方显示一个字符串，gtk_progress_bar_get_text()函数可以获得进度条内的字符串。设置显示的字符串之后，需要使用 gtk_progress_bar_set_show_text()方法设置字符串是否显示。

23.1.7　对话框

对话框是显示在窗体外的界面构件，由窗体派生，与窗体十分相似，用于显示提示信息和进行交互操作。可在对话框上安置任何类型的界面构件，其与窗体的区别是对话框必须要有父窗体。新建空白的对话框可使用函数 gtk_dialog_new()。下面的代码将创建一个询问是否关闭父窗体的对话框。

```
01  GtkWidget *dialog;                                    //声明对话框
02  GtkWidget *label;                                     //声明标签
03  //创建一个"取消"和"确定"按钮的对话框
04  dialog = gtk_dialog_new_with_buttons("Close Form",    //对话框标题
05                          GTK_WINDOW(window),           //父窗体
06                          GTK_DIALOG_MODAL,             //设定对话框为模式窗体
07                          "取消(C)",                     //创建取消按钮
08                          GTK_RESPONSE_REJECT,          //指定取消按钮信号
```

```
09                                  "确定(O)",                    //创建确定按钮
10                                  GTK_RESPONSE_OK,              //指定确定按钮信号
11                                  NULL);                       //其他参数为空
12  content_area = gtk_dialog_get_content_area (GTK_DIALOG (dialog));
13  label = gtk_label_new ("Confirm to close the form?");
14  gtk_container_add (GTK_CONTAINER (content_area), label);
15  gtk_widget_show_all (dialog);                  //显示对话框及其上所有界面构件
16  gint diologChoose;                             //创建一个变量
17  //启动对话框并获取返回值
18  diologChoose = gtk_dialog_run (GTK_DIALOG (dialog));
19  if (diologChoose == GTK_RESPONSE_OK) {
20      //如果"确定"按钮被单击，则关闭自身及父窗体
21      gtk_widget_destroy(window);
22      return FALSE;
23  }
24  else if (diologChoose == GTK_RESPONSE_ REJECT) {
25      //如果"取消"按钮被单击，则关闭自身
26      gtk_widget_destroy(dialog);
27  }
```

代码第 4 行使用 gtk_dialog_new_with_buttons()函数创建了带有按钮的对话框，该函数可以包含一个或多个参数。在上面的示例中仅使用了 8 个参数，第 1 个参数是对话框所显示的名称；第 2 个参数是父窗体对象；第 3 个参数是以模式方式显示对话框，也就是当前程序中除对话框以外的窗体均被锁定；第 4 个和第 6 个参数是对话框所包含的按钮构件；第 5 个和第 7 个参数是单击按钮所发出的信号，分别对应其上一行的按钮。

函数 gtk_dialog_run()用于启动对话框，可以在对话框中的按钮被按下时获得按钮信息。上面的代码一般放在处理窗体 delete_event 信号的回调函数中，返回值 FALSE 和 TRUE 表示可以继续处理或中断 delete_event 信号，用于决定父窗体是否被关闭。示例效果如图 23.8 所示。

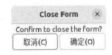

图 23.8　对话框效果

23.1.8　状态栏

状态栏是显示文本消息的界面构件，一般位于窗体下方。状态栏用堆栈数据结构保存字符串，需要显示的字符串首先被压入堆栈，因为堆栈是先进后出（FILO）的，所以当弹出当前消息时，将会重新显示前一条文本消息。

创建状态栏可以使用函数 gtk_statusbar_new()。为了让应用程序的不同部分使用同一个状态栏显示的消息，状态栏构件使用上下文标识符来识别不同的"用户"。下面将创建一个状态栏和两个按钮并演示相关操作。

```
GtkWidget *status_bar;                          //声明状态栏
//压入堆栈按钮的回调函数
void push_item(GtkWidget *widget,gpointer data)
{
    static int count = 1;                       //定义static变量保存消息标识符
    char buff[20];                              //定义状态栏消息字符串
    g_snprintf (buff, 20, "字符串 %d", count++); //为字符串赋值
    gtk_statusbar_push (GTK_STATUSBAR (status_bar), GPOINTER_TO_INT (data),
    buff);                                      //压入堆栈
    return;
```

```
}
//弹出堆栈按钮的回调函数
void pop_item(GtkWidget *widget,gpointer data)
{
    gtk_statusbar_pop(GTK_STATUSBAR (status_bar), GPOINTER_TO_INT (data));
    return;
}
int main(int argc, char *argv[])
{
    GtkWidget *window;                          //声明窗体
    GtkWidget *button1, *button2;               //声明 2 个按钮
    gint context_id;                            //声明变量，用于保存消息标识符
    ...
    window = gtk_window_new(GTK_WINDOW_TOPLEVEL);        //创建位于顶层的新窗口
    vbox = gtk_box_new(GTK_ORIENTATION_VERTICAL, 1);   //创建 vbox 容器
    status_bar = gtk_statusbar_new();           //创建状态栏
    gtk_box_pack_start(GTK_BOX (vbox), status_bar, FALSE, FALSE, 0);
    context_id = gtk_statusbar_get_context_id(GTK_STATUSBAR(status_bar),
"状态栏示例");                                  //获得上下文标识符
    button1 = gtk_button_new_with_label("压入堆栈"); //创建压入堆栈按钮
    gtk_box_pack_start(GTK_BOX (vbox), button1, FALSE, FALSE, 0);
    g_signal_connect(G_OBJECT (button1), "clicked",G_CALLBACK (push_item),
GINT_TO_POINTER(context_id));                   //捕获按钮信号，连接回调函数
    button2 = gtk_button_new_with_label("弹出堆栈"); //创建弹出堆栈按钮
    gtk_box_pack_start(GTK_BOX (vbox), button2, FALSE, FALSE, 0);
    g_signal_connect(G_OBJECT (button2), "clicked",G_CALLBACK (pop_item),
GINT_TO_POINTER(context_id));                   //捕获按钮信号，连接回调函数
    ...
    return 0;
}
```

在上面的示例中，函数 gtk_statusbar_get_context_id()用一个上下文的简短文本来描述，调用该函数可以获得新的上下文标识符，即变量 context_id 的值。gtk_statusbar_push()函数负责把字符串压入堆栈，它返回一个消息标识符；gtk_statusbar_pop()函数负责把字符串弹出堆栈，如图 23.9 所示。

图 23.9　状态栏

另外，如果需要删除堆栈中的一个项目，可以将消息标识符和上下文标识符一起传给 gtk_statusbar_remove()函数，该函数的原型如下：

```
void gtk_statusbar_remove(GtkStatusbar *statusbar,      //当前状态栏
                          guint context_id,             //上下文标识符
                          guint message_id);            //消息标识符
```

23.1.9　文本输入构件

文本输入构件允许在一个单行文本框里输入和显示一行文本。文本可以用函数进行操作，如将新的文本替换、前插、追加到文本输入构件的当前内容中。

创建文本输入构件可以使用 gtk_entry_new()函数，该函数会创建一个空白的文本输入构件，该函数没有参数。创建文本输入构件之后如果需要修改其中的文本，可使用函数 gtk_entry_set_text()，它的一般形式如下：

```
GtkWidget *gtk_entry_new(void);                         //创建文本输入构件
```

```
void gtk_entry_set_text(GtkEntry *entry,
                        const gchar *text);      //修改文本输入构件中的文本
```

使用 gtk_entry_set_text()函数可以用新的内容取代文本输入构件当前的内容。文本输入构件的内容可以通过 gtk_entry_get_text()函数获取，这个函数在回调函数中是很有用的，它的一般形式如下：

```
const gchar *gtk_entry_get_text(GtkEntry *entry);
```

gtk_entry_get_text()函数返回的值在其内部被使用，不要用 free()或 g_free()释放它。如果不想通过输入文字改变文本输入构件的内容，那么可以改变文本输入构件的可编辑状态。改变文本输入构件可编辑状态的函数是 gtk_editable_set_editable()，它的一般形式如下：

```
void gtk_editable_set_editable(GtkEditable *entry,
                               gboolean editable);
```

gtk_editable_set_editable()函数可以让用户通过传递一个 TRUE 或 FALSE 值作为 editable 参数来改变文本输入构件的可编辑状态。如果想让文本输入构件输入的文本不回显，如用于接收口令，可以使用 gtk_entry_set_visibility()函数，它也是取一个布尔值作为参数。gtk_entry_set_visibility()函数的一般形式如下：

```
void gtk_entry_set_visibility(GtkEntry *entry,
                              gboolean visible);
```

当为文本输入构件设置一个默认值时，可以使用 gtk_editable_select_region()函数将文本中的一部分内容设置为被选中状态，方便用户将其删除。gtk_editable_select_region()函数的一般形式如下：

```
void gtk_editable_select_region(GtkEditable *entry,
                                gint start,        //开始的位置
                                gint end);         //结束的位置
```

如果需要在用户输入文本时进行响应，可以为 activate 或 changed 信号设置回调函数。当用户在文本输入构件内部按 Enter 键时将引发 activate 信号；当文本输入构件的文本发生变化时将引发 changed 信号（如每次输入或删除一个字符）。下面是一个使用文本输入构件的示例，程序运行结果如图 23.10 所示。

图 23.10　文本输入构件

```
//输入完成后的回调函数
void enter_callback(GtkWidget *widget,GtkWidget *entry)
{
    const gchar *entry_text;
//获得文本输入构件的内容
    entry_text = gtk_entry_get_text(GTK_ENTRY (entry));
    printf("输入的内容为：%s\n", entry_text);
}
//用复选框改变其可输入状态的回调函数
void entry_toggle_editable(GtkWidget *checkbutton, GtkWidget *entry)
{
    gtk_editable_set_editable(GTK_EDITABLE(entry), gtk_toggle_button_get_
active(GTK_TOGGLE_BUTTON(checkbutton)));
}
// 用复选按钮改变其文本回显状态
void entry_toggle_visibility(GtkWidget *checkbutton,GtkWidget *entry)
{
    gtk_entry_set_visibility(GTK_ENTRY (entry), gtk_toggle_button_get_
```

```
active(GTK_TOGGLE_BUTTON(checkbutton)));
}
int main(int argc, char *argv[])
{
    GtkWidget *entry;
    GtkWidget *button;
    GtkWidget *check1,*check2;
    gint tmp_pos;
    ...
    entry = gtk_entry_new();                          //创建文本输入构件
    //设置文本输入构件接纳文本最大长度
    gtk_entry_set_max_length(GTK_ENTRY (entry), 50);
    g_signal_connect(G_OBJECT (entry), "activate",
                     G_CALLBACK (enter_callback),
                     entry);                          //失去焦点后调用回调函数
    gtk_entry_set_text(GTK_ENTRY(entry), "hello"); //修改文本输入构件中的文本
    //获得文本输入构件中的文本长度
    tmp_pos = gtk_entry_get_text_length (GTK_ENTRY (entry));
    //插入文本
    gtk_editable_insert_text (GTK_EDITABLE (entry), " world", -1, &tmp_pos);
    gtk_editable_select_region (GTK_EDITABLE (entry),0, gtk_entry_get_
text_length (GTK_ENTRY (entry)));                     //选择文本
    gtk_widget_show (entry);
    gtk_box_pack_start (GTK_BOX (vbox), entry, FALSE, FALSE, 0);
    check1 = gtk_check_button_new_with_label("可编辑状态"); //创建复选按钮
    g_signal_connect (G_OBJECT (check1), "toggled", G_CALLBACK(entry_
toggle_editable), entry);
    gtk_toggle_button_set_active(GTK_TOGGLE_BUTTON(check1), TRUE);
    gtk_widget_show (check1);
    gtk_box_pack_start (GTK_BOX (hbox), check1, FALSE, FALSE, 0);
    check2 = gtk_check_button_new_with_label("回显状态");    //创建复选按钮
    g_signal_connect(G_OBJECT(check2), "toggled", G_CALLBACK(entry_
toggle_visibility), entry);
    ...
}
```

23.1.10　微调按钮

　　微调按钮构件通常用于让用户从一个取值范围里选择一个值。它由一个文本输入框和向上、向下两个按钮组成。单击某一个按钮，会让文本输入框里的数值在一定范围内改变。也可以直接在文本输入框里输入一个特定的值。

　　微调按钮构件能够支持整型数据或浮点型数据，数值的改变规律可由用户根据需要指定。例如，可设置调整步伐的快慢节奏，当按钮被长时间按下时，数值变化也随之越来越快。

　　微调按钮的数值保存在与之相连的调整对象内，创建调整对象可使用 gtk_adjustment_new()函数，该函数在 23.1.2 小节中介绍过。

　　gtk_spin_button_new()用于创建微调按钮。该按钮是一个复合构件，创建时必须与微调对象连接，否则就没有任何实际意义。gtk_spin_button_new()函数的一般形式如下：

```
GtkWidget *gtk_spin_button_new(GtkAdjustment *adjustment,
                               gdouble climb_rate,
                               guint digits);
```

climb_rate 参数用于设置长时间按住按钮后数值变化的速度，其值域范围为 0.0～1.0。digits 参数指定要显示的值的小数位数。

显示数值的小数位数可以使用 gtk_spin_button_set_digits()函数来修改，它的一般形式如下：

```
void gtk_spin_button_set_digits(GtkSpinButton *spin_button,
                                guint digits);          //小数位数的有效数字
```

微调按钮上当前显示的数值可以使用 gtk_spin_button_set_value()函数来修改。获得微调按钮上的数值可使用gtk_spin_button_get_value()函数或gtk_spin_button_get_value_as_int()函数，前者返回的是双精度浮点型数据，后者返回的是整型数据。这几个函数的一般形式如下：

```
void gtk_spin_button_set_value(GtkSpinButton *spin_button,
                               gdouble value);
gdouble gtk_spin_button_get_value(GtkSpinButton *spin_button);
gint gtk_spin_button_get_value_as_int(GtkSpinButton *spin_button);
```

程序运行时可以设置和获取微调按钮的范围属性，gtk_spin_button_set_numeric()函数用于限制微调按钮构件的文本框只能输入数值，这样可以阻止用户输入任何非法的字符。gtk_spin_button_set_numeric()函数的一般形式如下：

```
void gtk_spin_button_set_numeric(GtkSpinButton *spin_button,
                                 gboolean numeric);
```

微调按钮构件的更新方式可以使用 gtk_spin_button_set_update_policy()函数来修改，它的一般形式如下：

```
void gtk_spin_button_set_update_policy(GtkSpinButton *spin_button,
                                       GtkSpinButtonUpdatePolicy policy);
```

其中，policy 参数用于设置更新方式，值域范围为枚举常量 GTK_UPDATE_ALWAYS 和 GTK_UPDATE_IF_VALID。GTK_UPDATE_ALWAYS 表示忽视文本转换为数值时的错误；GTK_UPDATE_IF_VALID 表示首先判断输入的文本，如果是合法的数值才进行更新。使用 gtk_spin_button_update()函数可以强行要求微调按钮构件自行更新，它的一般形式如下：

```
void gtk_spin_button_update(GtkSpinButton *spin_button);
```

下面用一个例子演示微调按钮的用法。在程序中创建 3 个微调按钮，分别对应年、月和日。程序代码如下：

```
int main(int argc, char *argv[])
{
    ...
    //创建调整对象
    spinbutton1_adj = gtk_adjustment_new (2009, 1986, 2086, 1, 10, 10);
    //创建微调按钮
    spinbutton1 = gtk_spin_button_new (GTK_ADJUSTMENT(spinbutton1_adj), 1, 0);
    spinbutton2_adj = gtk_adjustment_new(1, 1, 12, 1, 10, 10);
    spinbutton2 = gtk_spin_button_new(GTK_ADJUSTMENT (spinbutton2_adj), 1, 0);
    spinbutton3_adj = gtk_adjustment_new(1, 1, 31, 1, 10, 10);
    spinbutton3 = gtk_spin_button_new(GTK_ADJUSTMENT (spinbutton3_adj), 1, 0);
    label1 = gtk_label_new("年");
    gtk_widget_show(label1);
    label2 = gtk_label_new("月");
```

```
    gtk_widget_show(label2);
    label3 = gtk_label_new("日");
    gtk_widget_show(label3);
    ...
}
```

虽然 GTK+里有专门针对日期和时间数据的窗体构件，但是有些时候开发者需要自己创建适合特殊用途的构件，这里组合而成的就是一个微调按钮构件，如图 23.11 所示。

图 23.11　微调按钮构件

23.1.11　组合输入框

组合输入框（GtkComboBoxText）是一个很简单的复合构件，实际上它是其他几个构件的集合。组合输入框的父类是组合框（GtkComboBox），二者功能类似，组合输入框能直接修改显示的内容，因此使用更方便。对于用户来说，该构件可以直接当作文本输入框来使用，直接输入相应的文本，也可以单击右侧的下拉按钮，从弹出的下拉列表框中选择相应的项目，如图 23.12 所示。组合输入框可以使用 gtk_combo_box_ entry_new()函数进行创建，它的一般形式如下：

图 23.12　组合输入框

```
GtkWidget *gtk_combo_box_entry_new(void);
```

创建以后，需要使用 gtk_combo_box_text_append_text()、gtk_combo_box_text_insert_text()和 gtk_combo_box_text_prepend_text()方法为下拉列表框添加选项，代码如下：

```
cbt = gtk_combo_box_text_new_with_entry();          //新建组合输入框
//添加选项
gtk_combo_box_text_append_text(GTK_COMBO_BOX_TEXT(cbt),"a");
gtk_combo_box_text_append_text(GTK_COMBO_BOX_TEXT(cbt),"b");
gtk_combo_box_text_append_text(GTK_COMBO_BOX_TEXT(cbt),"c");
```

23.1.12　日历构件

日历构件是显示和获取每月的日期等信息的高效方法。它是一个很容易创建且使用方便构件，能够直观地在窗体中创建一个日历卡，如图 23.13 所示。

创建日历构件可使用 gtk_calendar_new()函数，它的一般形式如下：

```
GtkWidget *gtk_calendar_new(void);
```

图 23.13　日历构件

日历构件有几个选项，可以用来改变构件的外观和操作方式。使用 gtk_calendar_set_display_options()函数可以改变这些选项，它的一般形式如下：

```
void gtk_calendar_set_display_options(GtkCalendar *calendar,
                    GtkCalendarDisplayOptions flags);   //属性标志
```

　　gtk_calendar_set_display_options()函数中的 flags 参数可以将表 23.1 中的一个或多个参数按位或 "|" 操作符组合起来。

表 23.1　flags参数及其说明

参　　数	说　　明
GTK_CALENDAR_SHOW_HEADING	指定在绘制日历构件时，应该显示月份和年份
GTK_CALENDAR_SHOW_DAY_NAMES	指定用3个字母的缩写显示当天是星期几（如Mon和Tue等）
GTK_CALENDAR_NO_MONTH_CHANGE	指定用户不应该也不能够改变显示的月份。如果只想显示某个特定的月份，则可以使用这个选项。例如，在窗口上同时为一年的12个月分别设置一个日历构件
GTK_CALENDAR_SHOW_WEEK_NUMBERS	指定在日历的左边显示每一周在全年的周序号（例如，1月1日是第1周，12月31日是第52周）
GTK_CALENDAR_SHOW_DETAILS	只显示指标，不显示完整的细节

　　gtk_calendar_select_month()函数和 gtk_calendar_select_day()函数用于设置当前要显示的日期，它们的一般形式如下：

```
void gtk_calendar_select_month(GtkCalendar *calendar,
                               guint month,              //设置月份
                               guint year);              //设置年份
void gtk_calendar_select_day(GtkCalendar *calendar,
                             guint day);                 //设置天数
```

　　日历构件能够引发许多信号，用于指示日期被选中时的变化情况。日历构件信号的意义很容易理解，见表 23.2。

表 23.2　日历构件的信号

信　　号	说　　明
month_changed	月份改变
day_selected	选择某一天
day_selected_double_click	双击某一天
prev_month	单击上一个月按钮
next_month	单击下一个月按钮
prev_year	单击上一年按钮
next_year	单击下一年按钮

23.1.13　颜色选择对话框

　　颜色选择对话框构件可以用来交互式地选择颜色，如图 23.14 所示。该构件的构建函数为 gtk_color_chooser_dialog_new()，它的一般形式如下：

```
GtkWidget * gtk_color_chooser_dialog_new(const gchar *title,
                                         GtkWindow  *parent);
```

　　title 参数用于设定对话框的标题。

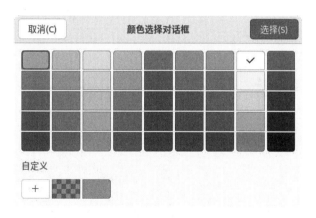

图 23.14　颜色选择对话框

23.1.14　文件选择构件

文件选择构件可以快速、简单地显示文件对话框，它具有与 GNOME 桌面环境类似的文件对话框，可以极大地减少编程时间。从严格意义上来说，文件选择构件并不是一个类，因此不能像其他控件一样被继承。在 GTK+ 3 中，它是由下列 3 个构件组成的接口。

❑ GtkFileChooserButton：该构件用于显示一个按钮，当按钮被单击时将打开一个文件选择对话框。

❑ GtkFileChooserDialog：该构件通过 GtkFileChooserWidget 构件显示一个简单的对话框，它是后者的接口。

❑ GtkFileChooserWidget：该构件是实际的对话框构件，可以用于选择目录或文件操作，另外还可以通过该构件创建目录或保存文件。

gtk_file_chooser_dialog_new() 函数用于创建一个文件对话框，所创建的对话框可以指定一个父窗体，父窗体能用来获得对话框返回的信息。该函数的一般形式如下：

```
GtkWidget* gtk_file_chooser_dialog_new(const gchar *title,
                                        GtkWindow *parent,
                                        GtkFileChooserAction action,
                                        const gchar *first_button_text,
                                        ...);
```

其中，title 参数用于设定对话框的标题，parent 参数用于设置父窗体，通常，父窗体是调用该对话框的窗体，action 参数用来指定对话框的类型，它是 GtkFileChooserAction 枚举类型，其成员见表 23.3。

表 23.3　GtkFileChooserAction枚举类型成员

成 员 名 称	说　　明
GTK_FILE_CHOOSER_ACTION_SAVE	文件保存对话框
GTK_FILE_CHOOSER_ACTION_OPEN	打开文件对话框
GTK_FILE_CHOOSER_ACTION_SELECT_FOLDER	选择目录对话框
GTK_FILE_CHOOSER_ACTION_CREATE_FOLDER	创建目录对话框

first_button_text 参数用于设置显示在文件选择对话框中的按钮。gtk_file_chooser_ dialog_new()函数的最后一个参数必须是 NULL，表示 first_button_text 参数的设置已经结束。下面是使用文件选择对话框创建目录的示例。

```
01  int main(int argc, char *argv[])
02  {
03      GtkWidget *dialog;
04      gchar *filename;
05      gint result;
06      gtk_init(&argc, &argv);
07      dialog = gtk_file_chooser_dialog_new("创建新目录",//对话框标题
08              NULL,                                    //未指定父窗口
09              GTK_FILE_CHOOSER_ACTION_CREATE_FOLDER, //类型为创建目录对话框
10              "取消(C)", GTK_RESPONSE_CANCEL, //加入一个"取消"按钮
11              "确定(O)", GTK_RESPONSE_OK,     //加入一个"确定"按钮
12              NULL);                              //加入按钮结束
13      result = gtk_dialog_run(GTK_DIALOG (dialog));   //运行对话框
14      if (result == GTK_RESPONSE_OK)              //判断单击的按钮是否 OK 按钮
15      {
16      //获得对话框中选择的文件名
17      filename=gtk_file_chooser_get_filename(GTK_FILE_CHOOSER(dialog));
18          g_print ("已创建一个新目录: %s\n", filename);
19      }
20      gtk_widget_destroy (dialog);                 //结束对话框
21      return 0;
22  }
```

程序运行效果如图 23.15 所示。

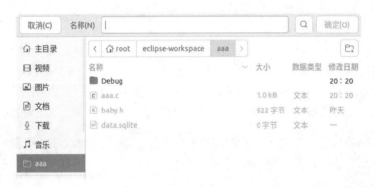

图 23.15　文件选择对话框

在上面的程序中并没有创建主窗体，这种方法是 GTK+允许的。

23.2　复　合　构　件

复合构件是由多个基本构件组合而成的构件，在面向对象编程思想中，它类似于多重继承方法，即从多个父类中继承相应的特性。GTK+的复合构件并不是完全遵照多重继承方法，它更偏向于直接在源代码中进行多个构件的组合。复合构件有其新的特性和相关操作函数，并且有自己独特的信号和事件。本节将介绍几个常用的复合构件。

23.2.1　快捷标签

快捷标签是一种可以在文本右方显示快捷键，并且通过快捷键可以实现与单击该标签相同效果的界面构件。在 GTK+中实现快捷键最简单的方法是通过 GtkAccelGroup 对象，它可以设置多组与窗体构件相关的快捷键。当用户按某一组快捷键时，与该快捷键连接的信号会被抛出。快捷标签是标签的一个子类，因为标签没有 clicked 或 activate 信号，即被鼠标单击时不作出反应，所以直接将快捷标签加入窗体中没有任何意义。快捷标签通常与菜单构件连用，它本身就是构成菜单项的成员。

gtk_accel_group_new()函数用于创建 GtkAccelGroup 对象，该函数没有任何参数。GtkAccelGroup 对象创建后，可以使用 gtk_window_add_accel_group()函数将其与窗体构件连接。最后，还需要设置快捷键和连接要触发的快捷标签构件，可使用 gtk_widget_add_accelerator()函数来完成。这几个函数的一般形式如下：

```
GtkAccelGroup*  gtk_accel_group_new(void);
void gtk_window_add_accel_group(GtkWindow *window, //与快捷键连接的窗体构件
                GtkAccelGroup *accel_group);//被连接的 GtkAccelGroup 对象
void gtk_widget_add_accelerator(GtkWidget *widget,    //与快捷键连接的构件
            const gchar *accel_signal,      //与快捷键连接的信号
            GtkAccelGroup *accel_group,     //被连接的 GtkAccelGroup 对象
            guint accel_key,                //快捷键
            GdkModifierType accel_mods,     //控制键
            GtkAccelFlags accel_flags);//是否在快捷标签中显示快捷键的标志
```

gtk_widget_add_accelerator()函数的第 1 个参数 widget 是与快捷键连接的窗体构件。例如，快捷标签显示的快捷键为 Ctrl+S，当按对应的快捷键时，与快捷键连接的窗体构件对应的事件将被抛出。第 2 个参数 accel_signal 表示按键后，要抛出这个对象的哪个信号，在菜单项中通常为 activate 信号。第 3 个参数表示是哪一个键，它定义在头文件 gtk-3.0/gdk/gdkkeysyms.h 中，需要手动包含此文件。键的名字为 GDK_KET_加上对应的键，通常使用的是键盘下位的键（不需要 Caps Lock 键或 Shift 键获得）。第 4 个参数表示控制键，它是 GdkModifierType 枚举类型中的成员。如果是多个控制键的组合，可以用按位或运算符“|”连接多个 GdkModifierType 枚举值。

最后一个参数 accel_flag 表示是否在快捷标签中显示按键名，GTK_ACCEL_ VISIBLE 常量表示显示按键名。下面用一个例子演示快捷标签的使用方法。

```
01  #include <gtk/gtk.h>
02  #include <gdk/gdkkeysyms.h>              //定义快捷键时需要用到该头文件
03  #include <glib-2.0/glib.h>
04  int main(int argc, char *argv[]) {
05      gtk_init(&argc, &argv);             //初始化 GTK+函数库
06      GtkWidget *window1;
07      window1 = gtk_window_new(GTK_WINDOW_TOPLEVEL);
08      gtk_widget_show(window1);
09      g_signal_connect(G_OBJECT(window1), "delete_event", G_CALLBACK(
10      gtk_main_quit), NULL);              //关闭窗体时的回调函数
11      GtkAccelGroup *accel_group;         //定义 GtkAccelGroup 对象指针
12      accel_group = gtk_accel_group_new(); //创建 GtkAccelGroup 对象指针
```

```
13       GtkWidget *menubar1;
14       menubar1 = gtk_menu_bar_new();              //创建菜单栏
15       gtk_widget_show(menubar1);
16       gtk_container_add(GTK_CONTAINER(window1), menubar1);
17       GtkWidget *menuitem1;
18       //创建菜单项
19       menuitem1 = gtk_menu_item_new_with_mnemonic("文件(_F)");
20       gtk_widget_show(menuitem1);
21       gtk_container_add(GTK_CONTAINER(menubar1), menuitem1);
22       GtkWidget *menuitem1_menu;
23       menuitem1_menu = gtk_menu_new();             //创建菜单
24       gtk_menu_item_set_submenu(GTK_MENU_ITEM(menuitem1),menuitem1_menu);
25       GtkWidget *open1;
26         GtkWidget *save1;
27         GtkWidget *close1;
28         GtkWidget *exit1;
29       open1 = gtk_menu_item_new_with_mnemonic("打开");     //创建子菜单项
30       gtk_widget_show(open1);
31       gtk_container_add(GTK_CONTAINER(menuitem1_menu), open1);
32       gtk_widget_add_accelerator(open1, "activate", accel_group,
33       GDK_KEY_o, (GdkModifierType) GDK_CONTROL_MASK, GTK_ACCEL_VISIBLE);
34       save1 = gtk_menu_item_new_with_mnemonic("保存");
35       gtk_widget_show(save1);
36       gtk_container_add(GTK_CONTAINER(menuitem1_menu), save1);
37       gtk_widget_add_accelerator(save1, "activate", accel_group,
38       GDK_KEY_s, (GdkModifierType) GDK_CONTROL_MASK, GTK_ACCEL_VISIBLE);
39       close1 = gtk_menu_item_new_with_mnemonic("关闭");
40       gtk_widget_show(close1);
41       gtk_container_add(GTK_CONTAINER(menuitem1_menu), close1);
42       gtk_widget_add_accelerator(close1,"activate", accel_group,
43       GDK_KEY_c, (GdkModifierType) GDK_MOD1_MASK, GTK_ACCEL_VISIBLE);
44       exit1 = gtk_menu_item_new_with_mnemonic("退出");
45       gtk_widget_show(exit1);
46       gtk_container_add(GTK_CONTAINER(menuitem1_menu), exit1);
47       gtk_widget_add_accelerator(exit1, "activate", accel_group,
48       GDK_KEY_x, (GdkModifierType) GDK_CONTROL_MASK, GTK_ACCEL_VISIBLE);
49       gtk_main();
50       return 0;
51  }
```

　　上面的程序首先创建了一个菜单，虽然没有显式地创建快捷标签构件，但是在创建菜单项时已完成了这项工作。然后创建了 GtkAccelGroup 对象，并将菜单中的快捷标签与对应的快捷键连接起来。当按某一组快捷键或直接选择某个菜单项时，activate 信号都会被抛出。GTK+捕捉到 activate 信号时会将对应的回调函数激活（程序内没有列出回调函数的细节）。程序运行效果如图 23.16 所示。

图 23.16　快捷标签构件

23.2.2　字体选择对话框

　　字体选择对话框构件是用来选择文本字体的用户接口。在文本编辑器、图形编辑器和各种需要对文本字体提供用户自定义功能的软件中经常会用到字体选择对话框。与字体选择对话框配合使用的是字体按钮，当单击字体按钮时，会自动开启一个字体选择对话框。可以使用 gtk_font_button_new()函数创建字体按钮，或者使用 gtk_font_button_new_with_font()函数在创建时设置初始字体，它们的一般形式如下：

```
GtkWidget *gtk_font_button_new(void);
GtkWidget *gtk_font_button_new_with_font(const gchar *fontname);
```

字体按钮上会显示当前选择的字体与字号，单击字体按钮后，如果这些内容在弹出的字体选择对话框中改变了，那么字体按钮显示的内容也会跟着改变。字体按钮如图 23.17 所示。

字体的样式有正常、粗体、斜体和粗斜体 4 种。gtk_font_button_set_show_style()函数用于设置是否在字体按钮的字体名称右侧显示字体样式，同时将字体样式直接在字体按钮上显示

图 23.17　字体按钮

出来。默认情况下，字体按钮会显示字体风格。gtk_font_button_get_show_style()函数用于获得字体按钮显示字体风格的状态。gtk_font_button_set_show_style()和 gtk_font_button_get_show_style()这两个函数的一般形式如下：

```
void gtk_font_button_set_show_style(GtkFontButton *font_button,
                                    gboolean show_style);//是否显示字体风格
gboolean gtk_font_button_get_show_style(GtkFontButton *font_button);
```

gtk_font_button_set_show_size()函数用于决定是否在字体名称右侧显示字号，默认条件下字体按钮上会显示字号。gtk_font_button_get_show_size()函数用于返回是否显示字号的状态。这两个函数的一般形式如下：

```
void gtk_font_button_set_show_size(GtkFontButton *font_button,
                                   gboolean show_size);      //是否显示字号
gboolean gtk_font_button_get_show_size(GtkFontButton *font_button);
```

gtk_font_button_set_use_font()函数用于决定是否将所述字体应用于按钮，默认条件为是。gtk_font_button_get_use_font()函数用于获得是否使用字体的属性。这两个函数的一般形式如下：

```
void gtk_font_button_set_use_font(GtkFontButton *font_button,
                                  gboolean use_font);   //是否使用所选的字体
gboolean gtk_font_button_get_use_font(GtkFontButton *font_button);
```

gtk_font_button_set_use_size()函数用于设置是否将所选的字号用于字体按钮，默认条件为否。gtk_font_button_get_use_size()函数用于返回是否使用字号的属性。这两个函数的一般形式如下：

```
void gtk_font_button_set_use_size(GtkFontButton *font_button,
                                  gboolean use_size);          //是否使用所选字号
gboolean gtk_font_button_get_use_size(GtkFontButton *font_button);
```

gtk_font_button_set_title()函数用于设置字体选择对话框的标题，gtk_font_button_get_title()函数用于返回字体选择对话框的标题，这两个函数的一般形式如下：

```
void gtk_font_button_set_title(GtkFontButton *font_button,
                               const gchar *title);
const gchar *gtk_font_button_get_title(GtkFontButton *font_button);
```

在不使用字体按钮的情况下也可以直接显示字体选择对话框，gtk_font_chooser_dialog_

new()函数用于创建一个字体选择对话框并设置其标题，它的一般形式如下：

```
GtkWidget * gtk_font_chooser_dialog_new(const gchar   *title,
                                        GtkWindow     *parent);
```

下面用一个例子来演示字体选择对话框的使用方法。

```
01  #include <gtk/gtk.h>
02  //处理字体选择对话框按钮单击事件
03  static void font_dialog_response(GtkFontChooser *dialog,
04                                   gint response,
05                                   gpointer data)
06  {
07     gchar *font;
08     GtkWidget *message;
09     switch (response) {
10     case (GTK_RESPONSE_APPLY):
11     case (GTK_RESPONSE_OK):             //当gtk-apply或gtk-ok按钮被单击时
12        //获取字体选择对话框所选择的字体名
13        font = gtk_font_chooser_get_font(dialog);
14        //创建一个新对话框显示字体名
15        message = gtk_message_dialog_new(NULL,GTK_DIALOG_MODAL,
16        GTK_MESSAGE_INFO,GTK_BUTTONS_OK,font);
17        gtk_window_set_title(GTK_WINDOW(message),"所选择字体");
18        gtk_dialog_run(GTK_DIALOG(message));
19        gtk_widget_destroy(message);
20        g_free(font);
21        break;
22     default:
23        gtk_widget_destroy(GTK_WIDGET(dialog));   //删除字体选择对话框
24     }
25     if (response == GTK_RESPONSE_OK)
26        gtk_widget_destroy(GTK_WIDGET(dialog));
27     gtk_main_quit();                             //退出GTK+主循环
28  }
29  int main(int argc, char *argv[]) {
30     gtk_init(&argc, &argv);
31     GtkWidget *dialog;
32     dialog = gtk_font_chooser_dialog_new("请选择字体",NULL);
...
44     g_signal_connect(G_OBJECT (dialog), "response",
45                      G_CALLBACK (font_dialog_response),
46                      NULL);                       //监听对话框中的按钮被单击事件
47     gtk_widget_show_all(dialog);
48     gtk_main();
49     return 0;
50  }
```

上面的程序没有主窗体，程序运行时将会弹出一个字体选择对话框。如果单击按钮，font_dialog_response()函数会处理字体选择对话框传递过来的信息。如果单击的按钮是gtk-apply或gtk-ok，则会弹出一个新的消息对话框来显示所选择的字体和字号，然后font_dialog_response()函数将删除对话框并退出GTK+主循环，程序运行效果如图23.18所示。

图 23.18　字体选择对话框

23.2.3　消息对话框

消息对话框是一种最简单的对话框，它通常用来向用户传送一条消息。例如，在程序运行出错时传送一条错误消息，或者让用户选择是否保存当前的操作。消息对话框由一个对话框构件、一个图像构件、一组标签构件和一组按钮构件组成，可以直接用"->"操作符访问这些构件。gtk_message_dialog_new()函数用于创建消息对话框，它的一般形式如下：

```
GtkWidget* gtk_message_dialog_new(GtkWindow *parent,
                                  GtkDialogFlags flags,
                                  GtkMessageType type,
                                  GtkButtonsType buttons,
                                  const gchar *message_format,
                                  ...);
```

gtk_message_dialog_new()函数的第一个参数 parent 是父窗体的指针。父窗体可以用于接收消息对话框中用户传回的信息，有时消息对话框会显示意义相反的两个按钮。flags 参数是消息对话框的属性标志，其中，GTK_DIALOG_MODAL 标志表示该对话框是一个模式对话框，即在对话框关闭前，同一进程的其他窗体都被锁定；GTK_DIALOG_DESTROY_WITH_PARENT 标志表示当父窗体被删除时，对话框也会自动被删除；GTK_DIALOG_USE_HEADER_BAR 标志表示在标题栏而不是操作区域中创建带有操作的对话框。type 参数是消息对话框的类型标志，可选的标志见表 23.4。

表 23.4　消息对话框的可选标志

标　　志	说　　明
GTK_MESSAGE_INFO	一般的报告消息
GTK_MESSAGE_WARNING	警告消息
GTK_MESSAGE_QUESTION	询问用户需求的消息
GTK_MESSAGE_ERROR	致命的错误消息
GTK_MESSAGE_OTHER	其他消息

buttons 参数用来设置放置在消息对话框中的按钮，这些按钮是图像库中预设的按钮，

按钮的名称在消息对话框中被定义为 GtkButtonsType 枚举类型，该类型的成员见表 23.5。

表 23.5　GtkButtonsType枚举类型成员

成 员 名 称	说　　明
GTK_BUTTONS_NONE	不显示按钮
GTK_BUTTONS_OK	显示"确定"按钮
GTK_BUTTONS_CLOSE	显示"关闭"按钮
GTK_BUTTONS_CANCEL	显示"取消"按钮
GTK_BUTTONS_YES_NO	显示"是""否"两个按钮
GTK_BUTTONS_OK_CANCEL	显示"确定""取消"两个按钮

　　message_format 参数是要显示的消息的指针，该指针可以是只使用一个实际参数存放的简单字符串，也可以是与 printf()函数一样的格式化文本，这时会用到多个参数。

　　消息对话框还有一种显示形式，即同时显示一个主标题和消息文本（使用两个标签构件来完成）。其中，消息文本可以使用 Pango 函数库提供的格式化文本。gtk_message_dialog_new_with_markup()函数用于创建这种形式的消息对话框，其参数与 gtk_message_dialog_new()函数相同。这两个函数创建的对话框都可以在程序运行中修改主标题和消息文本。gtk_message_dialog_set_markup()函数用于修改主标题，它支持 Pango 格式化文本。修改消息文本可以使用 gtk_message_dialog_format_secondary_markup()函数（它也支持 Pango 格式化文本），或者使用 gtk_message_dialog_set_format_secondary_text()函数（它具有与 printf()函数一样的格式化文本功能）。以上几个函数的一般形式如下：

```
void gtk_message_dialog_set_markup(GtkMessageDialog *message_dialog,
                                   const gchar *str);
void gtk_message_dialog_format_secondary_text(GtkMessageDialog *message_
dialog,const gchar *message_format,...);
void gtk_message_dialog_format_secondary_markup(GtkMessageDialog
*message _dialog,const gchar *message_format,...);
```

　　下面用一个例子来演示消息对话框的操作方法。

```
01  #include <gtk/gtk.h>
02  //按钮被单击的回调函数
03  static void button_clicked(GtkButton *button, GtkWindow *parent)
04  {
05    GtkWidget *dialog;
06    dialog = gtk_message_dialog_new(parent,
07                                    GTK_DIALOG_MODAL,
08                                    GTK_MESSAGE_INFO,
09                                    GTK_BUTTONS_OK,
10                                    "按钮被单击！");           //创建消息对话框
11    gtk_window_set_title(GTK_WINDOW(dialog),"消息对话框");   //设置对话框标题
12    gtk_dialog_run(GTK_DIALOG(dialog));                      //显示对话框
13    gtk_widget_destroy(dialog);                             //删除对话框
14  }
15  int main(int argc, char *argv[])
16  {
17    GtkWidget *window;
18    GtkWidget *button;
19    gtk_init(&argc, &argv);
20    window = gtk_window_new(GTK_WINDOW_TOPLEVEL);
21    gtk_window_set_title(GTK_WINDOW(window), "消息对话框示例");
```

```
22      gtk_container_set_border_width(GTK_CONTAINER(window), 10);
23      g_signal_connect(G_OBJECT(window), "delete_event",
24                      G_CALLBACK(gtk_main_quit), NULL);
25      button = gtk_button_new_with_label("打开消息对话框"); //创建按钮
26      g_signal_connect(G_OBJECT(button), "clicked",
27                      G_CALLBACK(button_clicked),
28                      (gpointer) window);
29      gtk_container_add(GTK_CONTAINER(window), button);
30      gtk_widget_show_all(window);
31      gtk_main();
32      return 0;
33  }
```

　　消息对话框本身是从窗体构件继承而来的，如果需要设置消息对话框的标题，可以先使用宏 GTK_WINDOW() 将其转换为窗体构件，然后使用 gtk_window_set_title() 函数设置标题。本例创建了一个窗体，在窗体上放置了一个按钮构件。当按钮构件按被单击时，回调函数 button_clicked() 将弹出消息对话框。该对话框是模式对话框，因此关闭前父窗体被锁定，如图 23.19 所示。

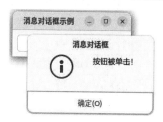

图 23.19　消息对话框

23.2.4　图像构件

　　图像构件用于在窗体中显示一幅位图图像，它属于界面构件，GTK+内部提供了对多种格式的支持，如 BMP、TIFF、JPEG、PNG 和 GIF 等图像格式都能显示。gtk_image_new() 函数用于创建一个图像构件，它的一般形式如下：

```
GtkWidget* gtk_image_new(void);
```

　　这时的图像构件是空白的，将图像放入后，其内容会在图像构件的区域内显示。常用的放入图像的方法有以下 3 种。

1. 直接从文件系统里读取位图文件

　　可使用 gtk_image_new_from_file() 函数在创建图像时指定文件路径，或者创建图像构件后使用 gtk_image_set_from_file() 函数读取位图文件，这两个函数的一般形式如下：

```
GtkWidget* gtk_image_new_from_file(const gchar *filename);
void gtk_image_set_from_file(GtkImage *image,const gchar *filename);
```

　　filename 参数是位图的路径，如果找不到该位图，那么图像构件显示的内容依然是空白的。

2. 直接从GTK+图像库内读取图像

　　直接从 GTK+图像库内读取图像的方法与从图像库读取按钮相似。要想在创建图像构件时就指定图像库中的图像，可使用 gtk_image_new_from_icon_name() 函数。此外，也可以使用 gtk_image_set_from_icon_name() 函数在创建图像构件后指定图像。这两个函数的一般形式如下：

```
GtkWidget* gtk_image_new_from_icon_name (const gchar    *icon_name,
            GtkIconSize      size);
```

```
void gtk_image_set_from_icon_name (GtkImage       *image,
          const gchar     *icon_name,
          GtkIconSize      size);
```

icon_name 参数是可选的图像库中的图像名称，size 参数用于定义图像的尺寸，它是 GtkIconSize 枚举类型，每个成员对应一个特定环境需要的预定义尺寸。GtkIconSize 枚举类型成员见表 23.6。

表 23.6　GtkIconSize枚举类型成员

成 员 名 称	说　　明
GTK_ICON_SIZE_INVALID	不使用预定义的尺寸
GTK_ICON_SIZE_MENU	菜单里的图像尺寸
GTK_ICON_SIZE_SMALL_TOOLBAR	工具条上的小尺寸图像
GTK_ICON_SIZE_LARGE_TOOLBAR	工具条上的大尺寸图像
GTK_ICON_SIZE_BUTTON	按钮上的图像尺寸
GTK_ICON_SIZE_DND	鼠标拖放操作时的尺寸
GTK_ICON_SIZE_DIALOG	对话框上的图像尺寸

下面用一个例子来演示直接从 GTK+图像库内读取图像的操作方法。

```
01   #include <gtk/gtk.h>
02   int main(int argc, char *argv[])
03   {
04       GtkWidget *window;                              //声明窗体构件
05       GtkWidget *image;                               //声明图像构件
06       gtk_init(&argc, &argv);
07       window = gtk_window_new(GTK_WINDOW_POPUP);      //创建窗体
08       gtk_widget_set_size_request(window, 200, 50);   //指定窗体大小
09       image = gtk_image_new_from_icon_name("gtk-copy",
10               GTK_ICON_SIZE_LARGE_TOOLBAR);           //创建图像构件
11       gtk_widget_show(image);                         //显示
12       gtk_container_add(GTK_CONTAINER (window), image);
13       gtk_widget_show(window);
14       gtk_main();
15   return 0;
16   }
```

上面的程序在窗体中放置了一个图像构件，这个图像来自图像库中的 gtk-copy。程序运行效果如图 23.20 所示。

图 23.20　从 GTK+图像库中读取图像

3．从内存的缓存区域读取位图

从内存的缓存区域读取位图的方法非常灵活，程序启动时可以先将需要显示的图像文件读入内存，如果在程序运行过程中需要变换图像，那么这个方法比从文件中读取图像的速度要快。特别是当这些图像是一个循环的动画时，程序不用反复读取图像文件。gtk_image_new_from_pixbuf()函数用于创建图像构件时就读取缓存，gtk_image_set_from_pixbuf()函数用于创建图像构件之后读取缓存，它们的一般形式如下：

```
GtkWidget* gtk_image_new_from_pixbuf(GdkPixbuf *pixbuf);
void gtk_image_set_from_pixbuf(GtkImage *image,
                               GdkPixbuf *pixbuf);
```

pixbuf参数是GDK库中定义的GdkPixbuf对象，该对象用于将图像文件读取到内存中。

创建图像构件后，可以通过改变构件的大小来调整图像尺寸。如果要清除图像，可以使用 gtk_image_clear()函数。

23.2.5　文本视区构件

文本视区用于显示或编辑多行文本，它也是一个界面构件，文本编辑器就是文本视区的典型应用。创建文本视区可以使用 gtk_text_view_new()函数，它的一般形式如下：

```
GtkWidget *gtk_text_view_new(void);
```

与文本视区密切相关的是 GtkTextBuffer 对象，该对象是用来保存文本的缓冲区。创建文本视区时如果要指定缓冲区，可使用 gtk_text_view_new_with_buffer()函数，也可以使用 gtk_text_view_set_buffer()函数在文本视区创建之后指定缓冲区。gtk_text_view_get_buffer()函数用于从文本视区构件中返回 GtkTextBuffer 对象指针。这 3 个函数的一般形式如下：

```
GtkWidget *gtk_text_view_new_with_buffer(GtkTextBuffer *buffer);
void gtk_text_view_set_buffer(GtkTextView *text_view,
                              GtkTextBuffer *buffer);
GtkTextBuffer *gtk_text_view_get_buffer(GtkTextView *text_view);
```

文本视区构件通常与滚动条构件一同使用，将文本视区构件放置在滚动条构件中可以方便地调整查看范围，示例如下：

```
01    GtkWidget *scrolledwindow;
02    scrolledwindow = gtk_scrolled_window_new(NULL, NULL);//创建滚动构件
03    gtk_widget_show(scrolledwindow);
04    gtk_container_add(GTK_CONTAINER(window), scrolledwindow);
05    gtk_scrolled_window_set_shadow_type(GTK_SCROLLED_WINDOW
06    (scrolledwindow),
07                                        GTK_SHADOW_IN);
08    GtkWidget *textview;
09    textview = gtk_text_view_new();                      //创建文本视区构件
10    gtk_widget_show(textview);
11    gtk_container_add(GTK_CONTAINER(scrolledwindow), textview);
12    //将文本视区构件放入创建调整构件内
13    gtk_text_buffer_set_text (gtk_text_view_get_buffer(GTK_TEXT_VIEW
14    //在缓冲区内放入文本
15    (textview)),"构件名称：文本视图构件\nWidget Name: GtxTextView",-1);
```

在上面的程序中并未额外创建文本缓冲区，使用的是文本视区构件中内建的 GtkTextBuffer 对象。如果要将文本放入缓冲区，那么可以使用 gtk_text_buffer_set_text()函数来实现，缓冲区中的内容被修改后会立即在文本视区构件中显示。如果文本视区构件中的内容被修改，也会立即反映到缓冲区内，如图 23.21 所示。

图 23.21　文本视区构件

23.3　菜单相关构件

菜单是在计算机程序界面设计中使用最多的导航工具，用于将程序的所有功能分类列举出来。菜单通常由可供选择的一组文字和符号组成，是一系列命令的列表。用鼠标单击

其中一个菜单选项后，可以指定程序执行一个特定动作的或任务。大多数程序提供下拉菜单和弹出式菜单。下拉菜单通常应用于菜单栏（一般在程序的最顶端）中，菜单栏一般会列出整个程序的常用操作；而弹出式菜单一般设定为鼠标按键动作出现时弹出，提供与鼠标操作相关的菜单功能。

23.3.1　菜单栏

菜单栏（Gtk Menu Bar）是放置在菜单构件上的容器，它本身不显示任何内容，但会在窗体构件中占用一定的区域。在菜单栏区域放置菜单构件后，菜单构件将按照指定的顺序排列在菜单栏中，如图 23.22 所示。

文件(F)　编辑(E)　视图(V)　插入(I)　格式(O)　表格(A)　工具(T)

图 23.22　菜单栏

gtk_menu_bar_new()函数用于创建一个新的菜单栏，它的一般形式如下：

```
GtkWidget *gtk_menu_bar_new(void);
```

gtk_menu_bar_new()函数没有任何参数，该函数的返回值是菜单栏构件的指针地址。菜单栏的尺寸通常不需要指定，它会自动根据装入的菜单构件调整尺寸。如果菜单构件过多，则放置方式可能由原来的一行变为多行。当放置菜单栏的窗体尺寸被改变时，菜单栏也会随着窗体一同改变。

菜单栏的父类为 GtkMenuShell，该类并没有窗体，只是提供了一系列用于容器操作的成员函数。它有 3 个成员函数用于设置菜单栏放置菜单构件的操作。gtk_menu_shell_append()函数用于在菜单栏结束的地方添加一个菜单构件；gtk_menu_shell_prepend()函数用于在菜单栏开始的地方添加一个菜单构件；gtk_menu_shell_insert()函数用于在菜单栏指定的地方添加一个菜单构件，它们的一般形式如下：

```
void gtk_menu_shell_append(GtkMenuShell *menu_shell,
                           GtkWidget *child);
void gtk_menu_shell_prepend(GtkMenuShell *menu_shell,
                            GtkWidget *child);
void gtk_menu_shell_insert(GtkMenuShell *menu_shell,
                           GtkWidget *child,
                           gint position);
```

其中，child 参数是菜单项的指针，position 参数用于插入菜单时指定其在菜单栏中的位置。上面的 3 个函数均无返回值。

23.3.2　菜单构件

菜单构件（GtkMenu）与菜单栏一样是容器构件，并且同为 GtkMenuShell 类的子类。菜单构件用于存放菜单项。当菜单构件被按下时，菜单构件内的菜单项将被弹出，如图 23.23 所示。gtk_menu_new()函数用于创建菜单构件，它的一般形式如下：

```
GtkWidget* gtk_menu_new(void);
```

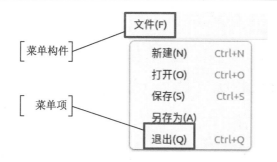

图 23.23　菜单构件

gtk_menu_shell_append()等函数用于添加菜单项。如果没有特别的顺序要求，也可使用
gtk_container_add()函数添加菜单项。

菜单构件可连接一个 GtkAccelGroup 对象，该对象用于添加快捷键。gtk_menu_set_
accel_group()函数用于为菜单构件指定一个 GtkAccelGroup 对象；gtk_menu_get_accel_
group()函数用于从菜单构件中将 GtkAccelGroup 对象提取出来，它们的一般形式如下：

```
void gtk_menu_set_accel_group(GtkMenu *menu,
                               GtkAccelGroup *accel_group);
GtkAccelGroup *gtk_menu_get_accel_group(GtkMenu *menu);
```

如果要创建一个弹出式菜单，那么相应的菜单构件就无须放置在菜单栏内，使用
gtk_menu_popup_at_pointer()函数可以将菜单弹出，它的一般形式如下：

```
void gtk_menu_popup_at_pointer(GtkMenu        *menu,
                                const GdkEvent  *trigger_event);
```

menu 参数是被弹出菜单的指针；trigger_event 参数是触发事件。下面演示弹出式菜单
的用法。

```
01  GtkWidget* create_menu(void)
02  {
03     GtkWidget *menu;
04     GtkWidget *copy;
05     GtkWidget *cut;
06     GtkWidget *delete;
07     GtkAccelGroup *accel_group;
08     accel_group = gtk_accel_group_new();              //创建快捷方式集合
09     menu = gtk_menu_new();                            //创建菜单构件
10     copy = gtk_menu_item_new_with_mnemonic("复制");
11     gtk_widget_show(copy);
12     gtk_container_add(GTK_CONTAINER(menu), copy);    //添加菜单项
13     //添加快捷方式
14     gtk_widget_add_accelerator(copy, "activate", accel_group,
15  GDK_KEY_c,(GdkModifierType) GDK_CONTROL_MASK, GTK_ACCEL_VISIBLE);
16     cut = gtk_menu_item_new_with_mnemonic("剪切");
17     gtk_widget_show(cut);                             //必须显示菜单项
18     gtk_container_add(GTK_CONTAINER(menu), cut);
19     gtk_widget_add_accelerator(cut, "activate", accel_group,
20  GDK_KEY_x,(GdkModifierType) GDK_CONTROL_MASK, GTK_ACCEL_VISIBLE);
21     delete = gtk_menu_item_new_with_mnemonic("删除");
22     gtk_widget_show(delete);
23     gtk_container_add(GTK_CONTAINER(menu), delete);
24     gtk_widget_add_accelerator(delete, "activate", accel_group,
25  GDK_KEY_F4,(GdkModifierType) 0, GTK_ACCEL_VISIBLE);
```

```
35        gtk_menu_set_accel_group(GTK_MENU(menu), accel_group);
36        return menu;
37    }
38    static gint button_press(GtkWidget *widget, GdkEvent *event)
39    {
40        //判断是否单击了按钮
41        if (event->type == GDK_BUTTON_PRESS) {
42          gtk_menu_popup_at_pointer(GTK_MENU(widget),event);
43          return TRUE;
44        }
45        return FALSE;
46    }
47    int main(int argc, char *argv[])
48    {
49        gtk_init(&argc, &argv);
50        GtkWidget *window;
51        window = gtk_window_new(GTK_WINDOW_TOPLEVEL);
52        gtk_window_set_title(GTK_WINDOW(window), "弹出菜单演示");
53        gtk_widget_show(window);
54        g_signal_connect(G_OBJECT(window), "delete_event",
55                     G_CALLBACK(gtk_main_quit), NULL);
56        GtkWidget *menu;
57        menu = create_menu();                        //创建弹出式菜单
58        GtkWidget *button;
59        button = gtk_button_new_with_label("弹出");
60        //当按钮被单击时，弹出菜单
61        g_signal_connect_swapped(G_OBJECT(button), "event",
62                         G_CALLBACK(button_press), menu);
63        gtk_container_add(GTK_CONTAINER(window), button);
64        gtk_widget_show(button);
65        gtk_main();
66        return 0;
67    }
```

图 23.24　弹出菜单演示

本例创建了一个按钮和一组菜单，当按钮被单击时，回调函数 button_press()判断是否是鼠标单击的按钮。如果是，就使用 gtk_menu_popup()函数将菜单弹出，如图 23.24 所示。在该菜单中设定了一组快捷键，主函数中的菜单一旦被创建，无论它是否显示，快捷键都会有效。

23.3.3　菜单项

菜单项（GtkMenuItem）是组成菜单的基本元素，创建空白菜单项可以使用 gtk_menu_item_new()函数。gtk_menu_item_new_with_label()函数用于创建菜单项时设定菜单项的标签，如果要设置一个带热键的标签，可以使用 gtk_menu_item_new_with_mnemonic()函数，它们的一般形式如下：

```
GtkWidget *gtk_menu_item_new(void);
GtkWidget *gtk_menu_item_new_with_label(const gchar *label);
GtkWidget *gtk_menu_item_new_with_mnemonic(const gchar *label);
```

菜单项本身是快捷标签，可以使用 gtk_widget_add_accelerator()函数在菜单项中显示快捷键的名称，示例如下：

```
    GtkAccelGroup *accel_group;
```

```
     accel_group = gtk_accel_group_new();                    //创建快捷方式集合
     menu = gtk_menu_new();                                  //创建菜单构件
     copy = gtk_menu_item_new_with_mnemonic("复制");          //创建菜单项
     gtk_widget_show(copy);
     gtk_container_add(GTK_CONTAINER(menu), copy);           //添加菜单项
     gtk_widget_add_accelerator(copy, "activate", accel_group, GDK_KEY_c,
          //添加快捷方式
          (GdkModifierType) GDK_CONTROL_MASK, GTK_ACCEL_VISIBLE);
     gtk_menu_set_accel_group(GTK_MENU(menu), accel_group);  //使快捷键生效
```

　　每个菜单项都可以设置一个下级菜单，这样能够组成多级菜单，无论下拉菜单还是弹出式菜单，都可以这样操作。gtk_menu_item_set_submenu()函数用于为菜单项添加下级菜单，如果要返回菜单项的下级菜单可使用 gtk_menu_item_get_submenu()函数。它们的一般形式为：

```
     void gtk_menu_item_set_submenu(GtkMenuItem *menu_item,
                                    GtkWidget *submenu);
     GtkWidget *gtk_menu_item_get_submenu(GtkMenuItem *menu_item);
```

　　submenu 参数是下级菜单的菜单构件指针。在一个多级菜单中，需要多个菜单构件作为菜单项的集合。

　　当菜单项被选择时，会抛出 activate 信号。可以将回调函数与 activate 信号相连接，在回调函数内放入选择菜单所要运行的代码。下面演示多级菜单的创建方法。

```
01   #include <gtk/gtk.h>
02   #include <gdk/gdkkeysyms.h>
03   #include <glib-2.0/glib.h>
04   void menu_activate(GtkMenuItem *menuitem,
05                         GtkWindow *window)          //菜单项被选择的回调函数
06   {
07     const char *label;
08     label = gtk_label_get_label(GTK_LABEL(gtk_bin_get_child
09   (GTK_BIN(menuitem))));
10     //获取菜单项中的标签构件
11     GtkWidget *dialog;
12     dialog = gtk_message_dialog_new(window,
13                         GTK_DIALOG_MODAL,
14                         GTK_MESSAGE_INFO,
15                         GTK_BUTTONS_OK,
16                         "%s 菜单被选择",
17                         label); //将被选菜单项上的文本传递给消息对话框
18     gtk_window_set_title(GTK_WINDOW(dialog), "消息对话框");
19     gtk_dialog_run(GTK_DIALOG(dialog));
20     gtk_widget_destroy(dialog);
21   }
22   int main(int argc, char *argv[]) {
23     gtk_init(&argc, &argv);
24     GtkWidget *window;
25     window = gtk_window_new(GTK_WINDOW_TOPLEVEL);
26     gtk_window_set_title(GTK_WINDOW(window), "多级菜单演示");
27     gtk_widget_show(window);
28     g_signal_connect(G_OBJECT(window), "delete_event",
29                         G_CALLBACK(gtk_main_quit), NULL);
30     GtkAccelGroup *accel_group;
31     accel_group = gtk_accel_group_new();
32     GtkWidget *menubar;
33     menubar = gtk_menu_bar_new();                    //创建菜单栏构件
```

```
34    gtk_widget_show(menubar);
35    gtk_container_add(GTK_CONTAINER(window), menubar);
36    GtkWidget *first1;
37    first1 = gtk_menu_item_new_with_mnemonic("第一级(_F)");
38    //创建菜单项构件
39    gtk_widget_show(first1);
40    gtk_container_add(GTK_CONTAINER(menubar), first1);
41    GtkWidget *first1_menu;
42    first1_menu = gtk_menu_new();                        //创建二级菜单构件
43    gtk_menu_item_set_submenu(GTK_MENU_ITEM(first1), first1_menu);
44    GtkWidget *second1;
45    second1 = gtk_menu_item_new_with_mnemonic("第二级 1");
46    gtk_widget_show(second1);
47    gtk_container_add(GTK_CONTAINER(first1_menu), second1);
48    gtk_widget_add_accelerator(second1, "activate",
49                        accel_group, GDK_KEY_1,
50                        (GdkModifierType) GDK_CONTROL_MASK,
51                        GTK_ACCEL_VISIBLE);          //添加快捷方式
52    GtkWidget *second2;
53    //创建二级菜单项构件
54    second2 = gtk_menu_item_new_with_mnemonic("第二级 2");
55    gtk_widget_show(second2);
56    gtk_container_add(GTK_CONTAINER(first1_menu), second2);
57    GtkWidget *second2_menu;
58    second2_menu = gtk_menu_new();                       //创建三级菜单构件
59    gtk_menu_item_set_submenu(GTK_MENU_ITEM(second2), second2_menu);
60    GtkWidget *third1;
61    third1 = gtk_menu_item_new_with_mnemonic("第三级 1");
62                                                //创建三级菜单项构件
63    gtk_widget_show(third1);
64    gtk_container_add(GTK_CONTAINER(second2_menu), third1);
65    gtk_widget_add_accelerator(third1, "activate",
66                        accel_group, GDK_KEY_2,
67                        (GdkModifierType) GDK_CONTROL_MASK,
68                        GTK_ACCEL_VISIBLE);
69    GtkWidget *third2;
70    third2 = gtk_menu_item_new_with_mnemonic("第三级 2");
71    gtk_widget_show(third2);
72    gtk_container_add(GTK_CONTAINER(second2_menu), third2);
73    gtk_widget_add_accelerator(third2, "activate",
74                         accel_group, GDK_KEY_3,
75                        (GdkModifierType) GDK_CONTROL_MASK,
76                        GTK_ACCEL_VISIBLE);
77    g_signal_connect((gpointer) second1, "activate",
78                     G_CALLBACK(menu_activate),//菜单选择时连接回调函数
79                     (gpointer) window);      //窗体构件的指针作为参数被传递
80    g_signal_connect((gpointer) third1, "activate",
81                     G_CALLBACK(menu_activate),
82                     (gpointer) window);
83    g_signal_connect((gpointer) third2, "activate",
84                     G_CALLBACK(menu_activate),
85                     (gpointer) window);
86    //使快捷方式生效
87    gtk_window_add_accel_group(GTK_WINDOW(window), accel_group);
88    gtk_main();
89    return 0;
90  }
```

在上面的程序中创建了三级菜单，创建的顺序如下：

（1）创建一个菜单栏构件并将其装入窗体构件中。

（2）创建一个菜单项构件 first1，它是可以直接被看见的顶级菜单项。

（3）创建二级菜单构件 first1_menu，它将作为子菜单装入 first1。

（4）创建二级菜单项构件 second1 和 second2，选择一级菜单项 first1 后将显示这两个构件。

（5）创建三级菜单构件 second2_menu，它将作为子菜单装入 second2。

（6）创建三级菜单项 third1 和 third2，选择二级菜单项 second2 后将显示这两个菜单项。

菜单栏构件和菜单项构件必须用 gtk_widget_show()函数显示出来，而菜单构件本身是抽象的，因此不用调用该函数。

关于信号，有下级菜单的菜单项信号一般不必捕捉，因为它本身就代表一个集合。选择它的作用是查看集合中的菜单，而不是完成某项特殊的功能。

在上面的程序中，second1、third1 和 third2 这 3 个菜单项的 activate 信号使用了同一个回调函数 menu_activate()，传递给该函数的值分别是菜单项构件的指针和窗体构件的指针。菜单项构件的指针用于提取菜单项上显示的字符串，这里使用 gtk_label_get_label (GTK_LABEL(gtk_bin_get_child(GTK_BIN(menuitem)))) 表达式获得了菜单项构件的子成员标签构件。菜单项构件本身是 Gtk_Bin 类的子类，使用宏将其强制转换后就能访问它的子成员 child。获得标签构件的字符串后，该字符串通过消息对话框显示出来，如图 23.25 所示。

图 23.25　多级菜单演示

23.3.4　复选菜单项

复选菜单项（GtkCheckMenuItem）也是菜单项的子类。它与菜单项的区别在于，它所包含的子成员是一个复选按钮构件而不是标签构件。复选菜单项的很多操作与复选按钮相似，它有两种状态，分别对应 gboolean 类型的 TRUE 和 FALSE。gtk_check_menu_item_new() 函数用于创建空白的复选菜单项，gtk_check_menu_item_new_with_label()函数和 gtk_check_menu_item_new_with_mnemonic()函数用于在创建复选菜单项时设置标签，它们的一般形式如下：

```
GtkWidget *gtk_check_menu_item_new(void);
GtkWidget *gtk_check_menu_item_new_with_label(const gchar *label);
GtkWidget *gtk_check_menu_item_new_with_mnemonic(const gchar *label);
```

复选菜单项的状态可以使用 gtk_check_menu_item_set_active()函数来设定，该函数的作用实际上是对复选菜单项的复选按钮成员进行操作，使用复选按钮的相关函数也能进行同样的操作；如果要返回复选菜单项的状态，可以使用 gtk_check_menu_item_get_active() 函数。这两个函数的一般形式如下：

```
void gtk_check_menu_item_set_active(GtkCheckMenuItem *check_menu_item,
                                    gboolean is_active);
gboolean gtk_check_menu_item_get_active(GtkCheckMenuItem *check_menu_
item);
```

下面演示复选菜单项的用法。在程序中设置一组菜单和一个按钮，复选菜单项放置在菜单中。代码如下：

```
01  #include <gtk/gtk.h>
02  void son1_activate(GtkCheckMenuItem *menuitem,
03                      GtkLabel *label)                    //复选菜单项的回调函数
04  {
05     const char *citem;
06     if (gtk_check_menu_item_get_active(menuitem))//判断复选菜单项
07         citem = "复选菜单的状态为：选中";
08     else
09         citem = "复选菜单的状态为：未选中";
10     gtk_label_set_label(label, citem);              //修改窗体中的标签
11  }
12  void son2_activate(GtkCheckMenuItem *son2,
13                      GtkCheckMenuItem *son1)
14  {
15     if (gtk_check_menu_item_get_active(son1))
16         gtk_check_menu_item_set_active(son1, FALSE);//改变复选菜单项的状态
17  }
18  int main(int argc, char *argv[])
19  {
20     gtk_init(&argc, &argv);
21     GtkWidget *window;
22     window = gtk_window_new(GTK_WINDOW_TOPLEVEL);
23     gtk_window_set_title(GTK_WINDOW(window), "复选菜单演示");
24     gtk_widget_show(window);
25     g_signal_connect(G_OBJECT(window), "delete_event",
26         G_CALLBACK(gtk_main_quit), NULL);
27     GtkWidget *vbox;
28     vbox = gtk_box_new (GTK_ORIENTATION_VERTICAL, 0);//创建一个横向盒容器
29     gtk_widget_show (vbox);
30     gtk_container_add(GTK_CONTAINER(window), vbox);
31     GtkWidget *menubar;
32     menubar = gtk_menu_bar_new ();
33     gtk_widget_show (menubar);
34     gtk_box_pack_start(GTK_BOX(vbox), menubar, FALSE, FALSE, 0);
35     GtkWidget *rootitem;
36     rootitem = gtk_menu_item_new_with_label("菜单"); //创建顶级菜单项
37     gtk_widget_show(rootitem);
38     gtk_container_add(GTK_CONTAINER(menubar), rootitem);
39     GtkWidget *rootitem_menu;
40     rootitem_menu = gtk_menu_new();
41     gtk_menu_item_set_submenu(GTK_MENU_ITEM(rootitem), rootitem_menu);
42     GtkWidget *son1;
43     //创建一个复选菜单项
44     son1 = gtk_check_menu_item_new_with_label("复选菜单项");
45     gtk_widget_show(son1);
46     gtk_container_add(GTK_CONTAINER(rootitem_menu), son1);
47     GtkWidget *son2;
48     //创建一个菜单项
49     son2 = gtk_menu_item_new_with_label("清除复选菜单项状态");
50     gtk_widget_show(son2);
51     gtk_container_add(GTK_CONTAINER(rootitem_menu), son2);
52     GtkWidget *label;
53     label = gtk_label_new("请修改复选菜单项的状态");
54     gtk_widget_show(label);
55     gtk_box_pack_start(GTK_BOX(vbox), label, FALSE, FALSE, 0);
56     g_signal_connect((gpointer) son1, "activate", G_CALLBACK(son1_
```

```
57      activate),
58          (gpointer) label);
59  g_signal_connect((gpointer) son2, "activate",
60  G_CALLBACK(son2_activate),
61          (gpointer) son1);
62  gtk_main();
63  return 0;
64  }
```

在上面的程序中有两个回调函数，son1_activate()函数在复选菜单项改变时运行，son2_activate()函数在另一个菜单项被选择时执行，该函数改变了复选菜单项的状态，因此 son1_activate()函数也会执行一遍，如图 23.26 所示。

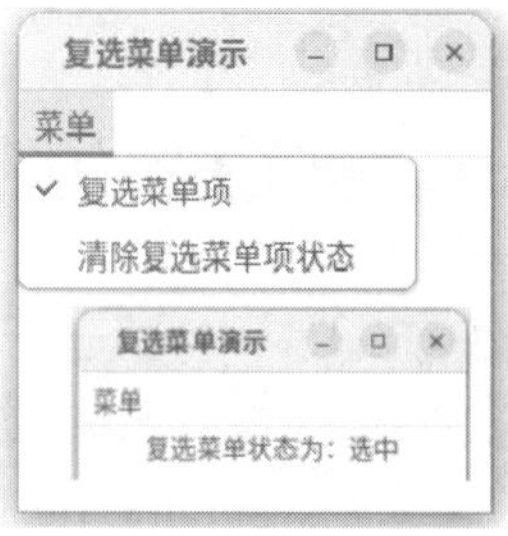

图 23.26　复选菜单项

23.3.5　单选菜单项

单选菜单项（GtkRadioMenuItem）是复选菜单项的子类，它的成员是单选按钮构件。与单选按钮相似，必须为其创建一个 GSList 链表。gtk_radio_menu_item_new()函数用于创建一个单选菜单项。如果需要在创建单选菜单项时设置标签，则可以使用 gtk_radio_menu_item_new_with_label()函数。如果需要在创建单选菜单项时设置带热键的标签，则可使用 gtk_radio_menu_item_new_with_mnemonic()函数。以上 3 个函数的一般形式如下：

```
GtkWidget *gtk_radio_menu_item_new(GSList *group);
GtkWidget *gtk_radio_menu_item_new_with_label(GSList *group,
                                    const gchar *label);
GtkWidget *gtk_radio_menu_item_new_with_mnemonic(GSList *group,
                                    const gchar *label);
```

group 参数是 GSList 链表的指针，同一组单选菜单项必须使用同一个链表，该链表必须在使用前创建，示例如下：

```
01  GSList *group = NULL;                    //必须用 NULL 为链表初始化
02  char citem[20];
03  GtkWidget *item;
04  gint i;
05  for (i = 0; i < 5; i++)                  //创建 5 个单选菜单项
06  {
07      sprintf(citem, "单选菜单项%d", i);
08      item = gtk_radio_menu_item_new_with_label (group, citem);
09      //创建单选菜单项
10      group = gtk_radio_menu_item_get_group (GTK_
11      RADIO_MENU_ITEM (item));
12      if (i == 1)                //将第 1 个单选菜单项选中
13          gtk_check_menu_item_set_active (GTK_CHECK_
14          MENU_ITEM (item), TRUE);
15  }
```

本例创建了 5 个单选菜单项，每次只有一个菜单项被选中。当其中一个选项被选中时，回调函数会改变窗体中的标签，如图 23.27 所示。

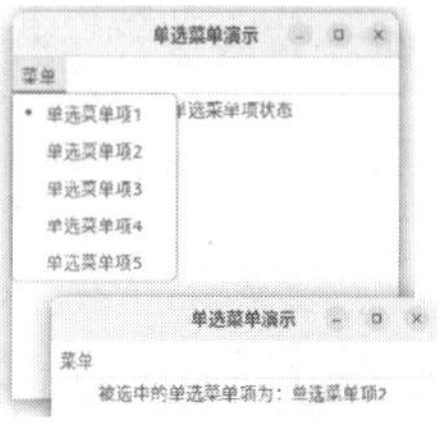

图 23.27　单选菜单项

23.3.6　分隔菜单项

分隔菜单项（GtkSeparatorMenuItem）是从菜单项继承而来的简单构件，它用于在菜单中插入一个分隔符。分隔菜单项的子成员即分隔符，它没有任何信号，也不能被选择。创建一个分隔菜单项可以使用 gtk_separator_menu_item_new()函数，它的一般形式如下：

```
GtkWidget *gtk_separator_menu_item_new(void);
```

gtk_separator_menu_item_new()函数也是与分隔菜单项唯一相关的函数。下例是在菜单中创建一个分隔菜单项。

```
GtkWidget *sepitem;
sepitem = gtk_separator_menu_item_new();              //创建分隔菜单项
gtk_widget_show (sepitem);
...
gtk_container_add (GTK_CONTAINER (file_menu), sepitem);
```

在本例中，分隔菜单项可根据其他菜单项提供的功能来分类，将菜单分隔成不同的组，这样更方便使用者操作且可以避免误操作，如图 23.28 所示。

图 23.28　分隔菜单项

23.4　小　　结

本章介绍了 GTK+的常用界面构件以及使用界面构件进行编程的基本方法。界面构件使开发应用程序的图形界面变得更简洁。假如，GTK+提供的原始界面构件不能满足开发需求，可方便地组合出新的界面构件。由于篇幅所限，本章并没有介绍所有的界面构件及其属性、函数和信号等内容，这些内容可在安装 GTK+时所安装的 DevHelp 程序中查看。

23.5　习　　题

一、填空题

1．开关按钮由_____派生而来。
2．调整对象用来为可调整构件传递_____。
3．组合输入框的父类是_____。

二、选择题

1．下列不是 GtkJustification 成员的选项是（　　）。

A．GTK_JUSTIFY_LEFT　　　　　　　　　B．GTK_JUSTIFY_RIGHT

C．GTK_JUSTIFY_CENTER　　　　　　　　D．GTK_JUSTIFY_TOP

2．下列不属于常用界面构建的选项是（　　）。

A．按钮构件　　　　　　B．图像构件　　　　　C．进度条　　　　　　D．状态栏

3．下列可以在创建单选菜单项时设置带热键的标签选项是（　　）。

A．gtk_radio_menu_item_new()

B．gtk_radio_menu_item_new_with_label()

C．gtk_radio_menu_item_new_with_mnemonic()

D．其他

三、判断题

1．一般按钮是指当使用鼠标单击又释放时，状态立即复原的按钮。　　　　（　　）

2．标签构件可以发出信号。　　　　　　　　　　　　　　　　　　　　（　　）

3．快捷标签是一种可以在文本左方显示快捷键，并且通过使用快捷键可以实现与单击该标签相同作用的界面构件。　　　　　　　　　　　　　　　　　　　　　　（　　）

四、操作题

1．使用代码创建一个组合框构件，在该构件的下拉式菜单中添加 1、2、3、4 这四个菜单项。

2．使用代码构建一个菜单，效果如图 23.29 所示。

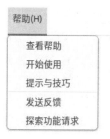

图 23.29　菜单效果

第 24 章　界 面 布 局

本章主要介绍 GTK+界面布局的相关编程技术，包括界面布局的基本概念、容器的基本概念和使用容器进行布局的方法。

24.1　界面布局简介

所有的界面最基本的属性就是它的宽度和高度。窗体构件是可以访问的最底层容器，窗体构件和其他构件的组合方法就是界面布局的原理。另外，布局约定也是界面布局的重要概念，本书将详细介绍界面布局的相关知识。

24.1.1　界面的宽度与高度

受计算机硬件环境的影响，操作系统的可视区域大小有一定的限制。可视区域的大小可以使用显示器的对角线尺寸或显示器的分辨率进行计算。在 GNOME 桌面环境中，选择"设置"|"显示器"命令可以打开屏幕分辨率配置窗口，如图 24.1 所示。

| 分辨率 | 1440 × 900 (16∶10) ⌄ |
| 刷新频率 | 60.00 赫兹 ⌄ |

图 24.1　屏幕分辨率配置窗口

在 GDK 库中，使用 GdkScreen 类的实例可以获得与屏幕分辨率相关的信息。gdk_screen_get_default()函数用于将当前系统的信息传送给 GdkScreen 对象，它的一般形式如下：

```
GdkScreen *gdk_screen_get_default(void);
```

GTK+界面构件的尺寸也是用像素来定义的，gtk_widget_set_size_request()函数用来定义界面构件的最小尺寸需求，gtk_widget_get_size_request()函数返回界面构件的最小尺寸需求。

```
void gtk_widget_set_size_request(GtkWidget *widget,
                                 gint width,
                                 gint height);
void gtk_widget_get_size_request(GtkWidget *widget,
                                 gint *width,
                                 gint *height);
```

width 参数是界面构件的宽度，height 参数是界面构件的高度。有些界面构件允许使用鼠标拖曳操作改变其尺寸，如窗体构件。如果使用 gtk_widget_set_size_request()函数定义界面的最小尺寸，那么鼠标拖曳时不会使窗体小于这个尺寸。

　　有一点需要强调，构件的最小尺寸需求并不等同于构件当前的实际尺寸。要取得构件当前的实际尺寸，需要使用 gtk_widget_get_allocated_width()函数和 gtk_widget_get_allocated_height()函数。下面的例子说明界面构件尺寸的操作。

```
01    static void set_label(GtkWidget *window)      //窗体尺寸改变时的回调函数
02    {
03      char citem[100];
04      sprintf(citem, "窗体尺寸为: %d * %d",
05         gtk_widget_get_allocated_width(window),
06         gtk_widget_get_allocated_height(window)); //获得窗体构件的实际尺寸
07      gtk_window_set_title(GTK_WINDOW(window), citem);//修改窗体构件的标题
08    }
09    int main(int argc, char *argv[]) {
10      gtk_init(&argc, &argv);
11      GtkWidget *window;
12      window = gtk_window_new(GTK_WINDOW_TOPLEVEL);
13      gtk_window_set_title(GTK_WINDOW(window), "构件尺寸演示");
14      gtk_widget_set_size_request(window, 200, 200);//设置窗体的最小尺寸
15      GtkWidget *label;
16      label = gtk_label_new ("改变窗体大小后，显示窗体尺寸");
17      gtk_container_add (GTK_CONTAINER (window), label);
18      gtk_widget_show(label);
19      gtk_widget_show(window);
20      g_signal_connect((gpointer) window, "size-allocate",
21                   G_CALLBACK(set_label),
22                   NULL);                        //监听窗体尺寸改变时的信号
23      g_signal_connect(G_OBJECT(window), "delete_event",
24         G_CALLBACK(gtk_main_quit), NULL);
25      gtk_main();
26      return 0;
27    }
```

　　程序中设计了一个最小需求尺寸为 200×200 像素的窗体。当使用鼠标改变窗体构件尺寸时，size-allocate 信号被抛出，并运行回调函数 set_label()。回调函数使用窗体的实际尺寸作为窗体构件的标题。如果鼠标拖动窗体不断改变窗体构件的尺寸，那么窗体的标题也会随之不断变化，这是因为 size-allocate 信号在窗体尺寸改变时会连续抛出。另

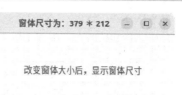

图 24.2　获取构件的实际尺寸

一个需要注意的是，回调函数被设置为 static 类型，这是因为它运行次数非常多，设为静态类型能提高运行效率，如图 24.2 所示。

24.1.2　窗体的基本构件

　　窗体构件（GtkWindow）是可访问的最底层容器，程序中的其他界面构件必须装入窗体构件中才能显示出来。一个典型的窗体包括以下可见的界面构件。

　　❑　窗体的图标：位于窗体左上角，它是图像构件。

　　❑　窗体的标签：位于窗体最上方，它是标签构件。

　　❑　一组按钮：位于窗体的右上角，包括最小化按钮、最大化按钮和关闭按钮，它们

是按钮构件。

- ❑　窗体的菜单：单击窗体图标后显示，它是由菜单构件和菜单项构件组成，如图 24.3 所示。
- ❑　一个容器构件：窗体正中央的区域即是容器构件。

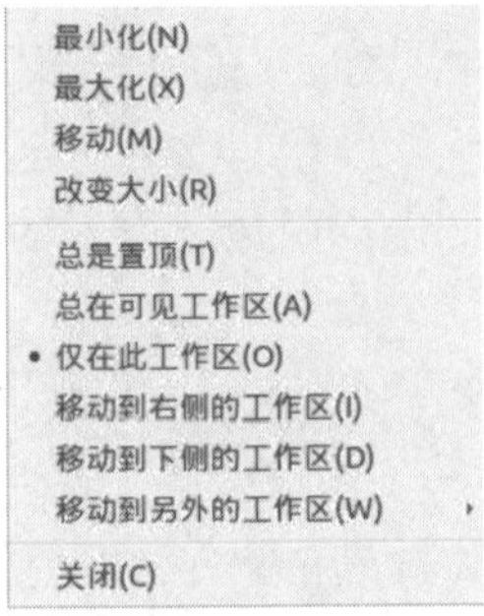

以上构件都是可以在程序中访问并修改其内容的，窗体构件为它们提供了一系列函数。修改窗体的图标可以使用 gtk_window_set_default_icon()函数，修改窗体的标题可以使用 gtk_window_get_title()函数，它们的一般形式如下：

```
void gtk_window_set_default_icon(GdkPixbuf *icon);
const gchar *gtk_window_get_title(GtkWindow *window);
```

最小化(N)
最大化(X)
移动(M)
改变大小(R)
总是置顶(T)
总在可见工作区(A)
• 仅在此工作区(O)
移动到右侧的工作区(I)
移动到下侧的工作区(D)
移动到另外的工作区(W)　▸
关闭(C)

图 24.3　窗体的菜单

如果要修改窗体左上方的按钮或者窗体的菜单，可以使用 gtk_window_set_type_hint()函数将窗体设置为一个预定义的类型，它的一般形式如下：

```
void gtk_window_set_type_hint(GtkWindow *window, GdkWindowTypeHint hint);
```

hint 参数用于定义窗体的类型，它是 GdkWindowTypeHint 枚举类型，其成员见表 24.1。

表 24.1　GdkWindowTypeHint枚举类型成员及其说明

成 员 名 称	说　　明
GDK_WINDOW_TYPE_HINT_NORMAL	普通窗体
GDK_WINDOW_TYPE_HINT_DIALOG	对话框窗体，它没有最小化按钮和最大化按钮
GDK_WINDOW_TYPE_HINT_MENU	菜单所使用的窗体，它只有容器构件，不会直接显示
GDK_WINDOW_TYPE_HINT_TOOLBAR	工具条使用的窗体，它只有容器构件，不会直接显示
GDK_WINDOW_TYPE_HINT_SPLASHSCREEN	欢迎屏窗体，只显示容器中的构件
GDK_WINDOW_TYPE_HINT_UTILITY	通用窗体，它只有容器构件，不会直接显示
GDK_WINDOW_TYPE_HINT_DOCK	船坞窗体，只显示容器中的构件并显示在屏幕左上方
GDK_WINDOW_TYPE_HINT_DESKTOP	桌面窗体，它只有容器构件，不会直接显示
GDK_WINDOW_TYPE_HINT_DROPDOWN_MENU	下拉菜单窗体，它只有容器构件，不会直接显示
GDK_WINDOW_TYPE_HINT_POPUP_MENU	弹出菜单窗体，它只有容器构件，不会直接显示
GDK_WINDOW_TYPE_HINT_TOOLTIP	工具提示对象窗体，它只有容器构件，不会直接显示
GDK_WINDOW_TYPE_HINT_NOTIFICATION	通告窗体，它只有容器构件，不会直接显示
GDK_WINDOW_TYPE_HINT_COMBO	组合框窗体，它只有容器构件，不会直接显示
GDK_WINDOW_TYPE_HINT_DND	拖拉操作窗体，它只有容器构件，不会直接显示

在窗体的容器构件中可以放置其他界面构件，可以使用 gtk_container_add()函数进行装入操作，或者使用 gtk_container_remove()函数将已装入的界面构件移除。这两个函数的一般形式如下：

```
void gtk_container_add(GtkContainer *container, GtkWidget *widget);
void gtk_container_remove(GtkContainer *container, GtkWidget *widget);
```

如果要使用窗体容器，可直接通过宏 GTK_CONTAINER()将窗体转换为容器对象，这类操作在前面的示例代码中有很多，不再赘述。

按照 GTK+的规定，每个容器构件中只能放置一个其他构件。如果在窗体中装入一个组装盒容器，那么就能同时放置多个构件。一个典型的窗体如图 24.4 所示。

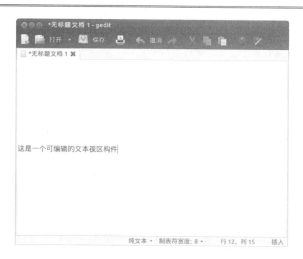

图 24.4　典型的窗体

在窗体的容器中放置了一个纵向组装盒，然后在组装盒中放置了一个菜单栏容器、一个按钮条容器、一个滚动窗口容器和一个状态栏构件。进一步查看会发现，在菜单栏容器中放置着菜单项构件，在按钮条容器中放置着按钮构件，在滚动窗口容器中放置了一组滚动条构件和一个容器构件。再进一步深入分析，按钮构件也是容器，在其内放置着一个图像构件和一个标签构件。活动窗口的容器构件内放置着文本视区构件。由此可知，GTK+的组装是通过容器构件层层嵌套实现的，如图 24.5 所示。

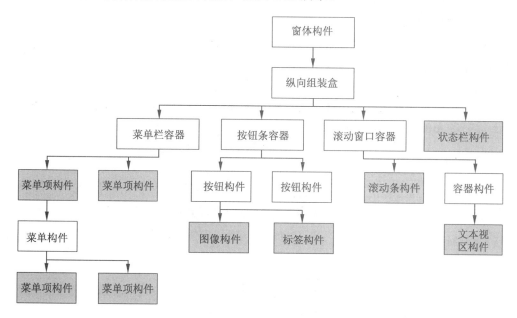

图 24.5　窗体组装原理

24.1.3　布局约定

界面布局有一定惯例可循，这些约定是为了便于用户操作和使界面整洁、美观。下面简单介绍几条布局约定。

1．窗体样式风格一致性

窗体样式风格一致性具体表现在两方面：窗体外观的一致性和窗体操作控制的一致性。

窗体外观一致性包括窗体图像的一致性和窗体色彩搭配一致性。窗体操作控制一致性指系统在运行过程中如何控制窗体行为的统一性。例如，窗体显示的位置、窗体之间的切换及窗体进入桌面的方式等。窗体显示时的位置作为窗体构件的属性有一系列函数可设置。例如，gtk_window_set_position()函数用于定义窗体的显示位置，它的一般形式如下：

```
void gtk_window_set_position(GtkWindow *window,
                GtkWindowPosition position);
```

position 参数用于指定窗体的位置，它是 GtkWindowPosition 枚举类型，其成员见表 24.2。

表 24.2　GtkWindowPosition枚举类型成员及其说明

成 员 名 称	说　　明
GTK_WIN_POS_NONE	不指定窗体的位置
GTK_WIN_POS_CENTER	指定窗体启动时的位置为屏幕中央
GTK_WIN_POS_MOUSE	指定窗体启动时的位置为鼠标光标的当前位置
GTK_WIN_POS_CENTER_ALWAYS	指定窗体的位置永远为屏幕中央
GTK_WIN_POS_CENTER_ON_PARENT	指定窗体的位置为其父窗体的中央

2．最少窗体原则

应用程序的界面由多个窗体有机地结合在一起而构成，一个应用程序应该开多少窗口与应用程序的规模密切相关，但应尽可能少使用窗体，这是因为太多窗体对于资源有限的设备来说无疑是一种负担。过多的窗体将给窗体间的关系协调带来困难，用户也很难找到完成某一工作相对应的窗体。因此在设计程序界面时应尽量使用较少的窗体，这样也可以降低程序设计和维护的难度。

3．窗体的功能与类型

不同的系统功能要求有不同的窗体，使用何种类型的窗体是与窗体的功能紧密联系的。在进行窗体设计时，应充分考虑系统功能的需求选择特定的窗体类型。

4．使用现有的窗体模板

充分利用 GTK+提供的窗体模板来设窗体，可以极大提高应用程序界面开发的效率。GTK+针对常用的操作已预先定义了一系列窗体模板，这些模板以对话框构件的形式提供给开发者，开发者只需要配置一些简单的信息就可以使用。

24.2　组装盒构件

组装盒（GtkBox）构件是一类简单的容器，它本身不会显示也没有信号，仅用于装入其他窗体构件。任何复杂的窗体结构都可以通过组装盒的层叠来实现。本节将介绍组装盒构件的属性和操作方法。

24.2.1　组装盒的原理

GTK+可以通过 gtk_box_new()函数来构建组装盒，它的一般形式如下：

```
GtkWidget* gtk_box_new(GtkOrientation orientation,
                       gint    spacing);
```

orientation 参数和 gtk_scrollbar_new()函数中的参数意义是一样的，根据该参数传递值的不同，可以构造纵向组装盒和横向组装盒，spacing 参数用于指定组装盒内的单元间距，如图 24.6 所示。

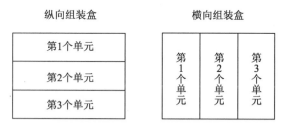

图 24.6　组装盒示意

gtk_box_pack_start()函数和 gtk_box_pack_end()函数用于将窗体构件组装到这些容器中。gtk_box_pack_start()函数将窗体构件从上到下组装到纵向组装盒中，或者从左到右组装到横向组装盒中。gtk_box_pack_end()函数则相反，它将窗体构件从下到上组装到纵向组装盒中，或者从右到左组装到横向组装盒中。这两个函数的一般形式如下：

```
void gtk_box_pack_start(GtkBox *box,
                        GtkWidget *child,
                        gboolean expand,
                        gboolean fill,
                        guint padding);
void gtk_box_pack_end(GtkBox *box,
                      GtkWidget *child,
                      gboolean expand,
                      gboolean fill,
                      guint padding);
```

box 参数是组装盒构件的指针，child 参数是被装入的界面构件。expand 参数用来控制界面构件的扩充方式，当该参数值为 TRUE 时，表示构件在组装盒中充满所有的多余空间；当该参数值为 FALSE 时，表示组装盒收缩到仅仅符合构件的大小。另外，设置 expand 为 FALSE，表示允许向左或向右对齐界面构件。fill 参数用于控制组装盒的填充方式，当该参数值为 TRUE 时，表示多余空间将分配给窗体构件本身，为 FALSE 时表示让多余空间围绕在这些窗体构件周围。这个设置需要 expand 参数也为 TRUE 时才会生效。padding 参数用于指定窗体构件两边的间距。

组装盒构件需要的最小尺寸可以使用 gtk_widget_set_size_request()函数来指定。如果装入的窗体构件大于为组装盒定义的最小尺寸，那么组装盒的实际尺寸就是装入的窗体构件的尺寸。

24.2.2　组装盒示例

下面用一个程序来演示组装盒的使用方法。在程序中将嵌套使用纵向组装盒和横向组装盒，并且使用不同的填充方式和扩充方式。程序代码如下：

```
01   int main(int argc, char *argv[]) {
02     gtk_init(&argc, &argv);
03     GtkWidget *window;
04     window = gtk_window_new(GTK_WINDOW_TOPLEVEL);
05     gtk_window_set_title(GTK_WINDOW(window), "组装盒演示");
06     gtk_widget_show(window);
07     GtkWidget *topvbox;
08     //定义顶层的纵向组装盒
09     topvbox = gtk_box_new(GTK_ORIENTATION_VERTICAL, 0);
10     gtk_widget_show(topvbox);
11     gtk_container_add(GTK_CONTAINER(window), topvbox);
12     GtkWidget *hbox1;
13     //定义第 1 个横向组装盒
14     hbox1 = gtk_box_new(GTK_ORIENTATION_HORIZONTAL, 15);
15     gtk_widget_show(hbox1);
16     //将横向组装盒装入纵向组装盒
17     gtk_box_pack_start(GTK_BOX(topvbox), hbox1, TRUE, TRUE, 0);
18     GtkWidget *lbName;
19     lbName = gtk_label_new("姓名");
20     gtk_widget_show(lbName);
21     //将标签装入横向组装盒
22     gtk_box_pack_start(GTK_BOX(hbox1), lbName, FALSE, FALSE, 0);
23     gtk_widget_set_size_request(lbName, 60, -1);      //设置标签的最小宽度
24     GtkWidget *entry1;
25     entry1 = gtk_entry_new();
26     gtk_widget_show(entry1);
27     //将文本输入构件装入横向组装盒
28     gtk_box_pack_start(GTK_BOX(hbox1), entry1, TRUE, TRUE, 0);
29     gtk_entry_set_invisible_char(GTK_ENTRY(entry1), 8226);
30     GtkWidget *hbox2;
31     //定义第 2 个横向组装盒
32     hbox2 = gtk_box_new(GTK_ORIENTATION_HORIZONTAL, 15);
33     gtk_widget_show(hbox2);
34     //将横向组装盒装入纵向组装盒
35     gtk_box_pack_start(GTK_BOX(topvbox), hbox2, TRUE, TRUE, 0);
36     GtkWidget *lbGender;
37     lbGender = gtk_label_new("性别");
38     gtk_widget_show(lbGender);
39     gtk_box_pack_start(GTK_BOX(hbox2), lbGender, FALSE, FALSE, 0);
40     gtk_widget_set_size_request(lbGender, 60, -1);
41     GSList *radiobutton1_group = NULL;
42     GtkWidget *radiobutton1;
43     radiobutton1 = gtk_radio_button_new_with_mnemonic(NULL, "男(_M)");
44     gtk_widget_show(radiobutton1);
45     //设置单选按钮构件的间距
46     gtk_box_pack_start(GTK_BOX(hbox2), radiobutton1, FALSE, FALSE, 15);
47     gtk_radio_button_set_group(GTK_RADIO_BUTTON(radiobutton1),
48         radiobutton1_group);
49     radiobutton1_group = gtk_radio_button_get_group(GTK_RADIO_BUTTON(
50         radiobutton1));
```

```
51      GtkWidget *radiobutton2;
52      radiobutton2 = gtk_radio_button_new_with_mnemonic(NULL, "女(_F)");
53      gtk_widget_show(radiobutton2);
54      //设置单选按钮构件的间距
55      gtk_box_pack_start(GTK_BOX(hbox2), radiobutton2, FALSE, FALSE, 15);
56      gtk_radio_button_set_group(GTK_RADIO_BUTTON(radiobutton2),
57              radiobutton1_group);
58      radiobutton1_group = gtk_radio_button_get_group(GTK_RADIO_BUTTON(
59              radiobutton2));
60      GtkWidget *button;
61      //从按钮库中创建按钮
62      button = gtk_button_new_with_label("关闭(C)");
63      gtk_widget_show(button);
64      //将按钮以不扩充的方式放在指定的位置
65      gtk_box_pack_start(GTK_BOX(topvbox), button, FALSE, FALSE, 0);
66
67      g_signal_connect(G_OBJECT(window), "delete_event",
68                  G_CALLBACK(gtk_main_quit), NULL);
69      g_signal_connect(G_OBJECT(button), "clicked",
70                  G_CALLBACK(gtk_main_quit), NULL); //捕捉按钮按下的信号
71      gtk_main();
72      return 0;
73  }
```

在程序的主窗体中放置了一个纵向组装盒，然后在其中分别装入两个横向组装盒和一个按钮构件。装入横向组装盒时启用了扩充方式，装入按钮构件时没有启用扩充方式，因此横向组装盒的高度要比按钮构件高。第 1 个横向组装盒内装入了一个标签和文本输入构件，第 2 个横向组装盒内装入了一个标签和两个单选按钮。

标签构件设置了最小尺寸，因此它的位置和尺寸不会随窗体的改变而改变。单选按钮在装入时设置了间距，因为它被放置在两个横向组装盒之间，所以该间距在水平方向是有效的，如图 24.7 所示。

图 24.7　组装盒演示

24.2.3　网格组装的原理

网格构件（GtkGrid）是一种二维容器，它的每一个单元格都可以放入一个窗体构件，构件可以占满所指定的单元格的所有空间。gtk_grid_new()函数用于创建网格构件，它的一般形式如下：

```
GtkWidget* gtk_grid_new(void);
```

在向单元格中装入窗体构件时，需要指定单元格序号与所占的单元格的数量。gtk_grid_attach()函数用于将窗体构件装入单元格，它的一般形式如下：

```
void gtk_grid_attach(GtkGrid   *grid,
                     GtkWidget *child,
                     gint      left,
                     gint      top,
                     gint      width,
                     gint      height);
```

grid 参数是网格构件的指针，child 参数是放进单元格里的构件。left 参数是子项在网

格中的列，top 参数是子项在网格中的行。width 参数是子项跨越的列数，height 参数是子项跨越的行数。

gtk_grid_set_row_spacing()函数和 gtk_grid_set_column_spacing()函数用于为所有行或列设置间距，它们的一般形式如下：

```
void gtk_grid_set_row_spacing(GtkGrid  *grid,
                                guint  spacing);
void gtk_grid_set_column_spacing(GtkGrid  *grid,
                                guint  spacing);
```

24.2.4　网格组装示例

下面用一个程序来演示表构件的使用方法。在程序中将创建一个尺寸为 3×4 的表格。程序代码如下：

```
01  #include <gtk/gtk.h>
02  int main(int argc, char *argv[]) {
03    gtk_init(&argc, &argv);
04    GtkWidget *window;
05    window = gtk_window_new(GTK_WINDOW_TOPLEVEL);
06    gtk_window_set_title(GTK_WINDOW(window), "网格组装演示");
07    gtk_widget_show(window);
08    GtkWidget *grid;
09    grid = gtk_grid_new();                                //创建网格构件
10    gtk_widget_show(grid);
11    gtk_container_add(GTK_CONTAINER(window), grid);
12    gtk_grid_set_row_spacing(GTK_GRID(grid), 10);         //设置行间距
13    gtk_grid_set_column_spacing(GTK_GRID(grid), 10);      //设置列间距
14    GtkWidget *lbName;
15    lbName = gtk_label_new("姓名");
16    gtk_widget_show(lbName);
17    //将窗体构件装入单个单元格
18    gtk_grid_attach(GTK_GRID(grid),lbName,0,0,1,1);
19    gtk_widget_set_size_request(lbName, 60, 50);
20    GtkWidget *entry1;
21    entry1 = gtk_entry_new();
22    gtk_widget_show(entry1);
23    //将窗体构件装入多个单元格
24    gtk_grid_attach(GTK_GRID(grid),entry1,1,0,6,1);
25    gtk_entry_set_invisible_char(GTK_ENTRY(entry1), 8226);
26    GtkWidget *lbGender;
27    lbGender = gtk_label_new("性别");
28    gtk_widget_show(lbGender);
29    gtk_grid_attach(GTK_GRID(grid),lbGender,0,1,1,2);
30    GSList *radiobutton1_group = NULL;
31    GtkWidget *radiobutton1;
32    radiobutton1 = gtk_radio_button_new_with_mnemonic(NULL, "男(_M)");
33    gtk_widget_show(radiobutton1);
34    gtk_grid_attach(GTK_GRID(grid),radiobutton1,1,1,2,2);
35    gtk_radio_button_set_group(GTK_RADIO_BUTTON(radiobutton1),
36        radiobutton1_group);
37    radiobutton1_group = gtk_radio_button_get_group(GTK_RADIO_BUTTON(
38        radiobutton1));
39    GtkWidget *radiobutton2;
40    radiobutton2 = gtk_radio_button_new_with_mnemonic(NULL, "女(_F)");
41    gtk_widget_show(radiobutton2);
```

```
42      gtk_grid_attach(GTK_GRID(grid),radiobutton2,3,1,2,2);
43      gtk_radio_button_set_group(GTK_RADIO_BUTTON(radiobutton2),
44          radiobutton1_group);
45      radiobutton1_group = gtk_radio_button_get_group(GTK_RADIO_BUTTON(
46          radiobutton2));
47      GtkWidget *radiobutton3;
48      radiobutton3=gtk_radio_button_new_with_mnemonic(NULL,"保密(_S)");
49      gtk_widget_show(radiobutton3);
50      gtk_grid_attach(GTK_GRID(grid),radiobutton3,5,1,2,2);
51      gtk_radio_button_set_group(GTK_RADIO_BUTTON(radiobutton3),
52          radiobutton1_group);
53      radiobutton1_group = gtk_radio_button_get_group(GTK_RADIO_BUTTON(
54          radiobutton3));
55      GtkWidget *buttonAP;
56      buttonAP = gtk_button_new_with_label("应用(A)");
57      gtk_widget_show(buttonAP);
58      gtk_grid_attach(GTK_GRID(grid),buttonAP,1,3,2,3);
59      GtkWidget *buttonCE;
60      buttonCE = gtk_button_new_with_label("取消(C)");
61      gtk_widget_show(buttonCE);
62      gtk_grid_attach(GTK_GRID(grid),buttonCE,3,3,2,3);
63      GtkWidget *buttonOK;
64      buttonOK = gtk_button_new_with_label("确定(O)");
65      gtk_widget_show(buttonOK);
66      gtk_grid_attach(GTK_GRID(grid),buttonOK,5,3,2,3);
67      g_signal_connect(G_OBJECT(window), "delete_event",
68          G_CALLBACK(gtk_main_quit), NULL);
69      gtk_main();
70      return 0;
71  }
```

在程序中创建了一个网格构件，并将所有单元格的间距设为 10 像素。标签构件 lbName 的宽度设为 60 像素，与它同一列的 lbGender 标签虽然没有设置宽度，但是单元格会使用 lbName 所在的单元格宽度，因此 lbGender 标签的实际宽度也是 60 像素，如图 24.8 所示。

图 24.8　网络组装演示

24.3　容　　器

容器构件（GtkContainer）是所有容器的父类，如组装盒构件是容器构件的子类。为了满足特定场合的应用需求，GTK+定义了一系列特殊的容器。本节将介绍这些容器的使用方法。

24.3.1　事件盒

有些界面构件没有自身的 X Window，它们的作用只是在其父类构件上显示外观。因此，这些构件不能接收任何构件，如标签构件和图像构件。事件盒（Gtk Event Box）弥补了这些构件的不足，它可以接收各种构件。

事件盒本身不显示任何内容，它可以放置一个界面构件并显示该界面构件的内容。如果没有指定事件盒的尺寸，那么事件盒的尺寸就与该界面构件的尺寸相同，事件盒的位置与该界面构件完全重叠。当用鼠标单击该界面构件时，事件盒会接收到 button_press_event

事件，这时可通过回调函数代替界面构件完成对应的操作。gtk_event_box_new()函数用于创建事件盒，它的一般形式如下：

```
GtkWidget *gtk_event_box_new( void );
```

在事件盒内装入界面构件的方法与普通容器相似，可使用 gtk_container_add()函数来完成。下面的程序用于演示事件盒的操作方法。

```
01  static void label_const(GtkWidget *eventbox)      //返回单击次数
02  {
03    static int i = 0;                                //记录标签被单击的次数
04    static char citem[100];
05    sprintf(citem, "标签单击的次数：%d", ++i);
06    GtkWidget *dialog;
07    dialog = gtk_message_dialog_new(NULL, GTK_DIALOG_MODAL,
08                            GTK_MESSAGE_INFO,
09                            GTK_BUTTONS_OK, citem);
10    gtk_window_set_title(GTK_WINDOW(dialog), "单击次数");
11    gtk_dialog_run(GTK_DIALOG(dialog));
12    gtk_widget_destroy(dialog);
13  }
14  int main(int argc, char *argv[])
15  {
16    gtk_init(&argc, &argv);
17    GtkWidget *window;
18    window = gtk_window_new(GTK_WINDOW_TOPLEVEL);
19    gtk_window_set_title(GTK_WINDOW(window), "事件盒演示");
20    gtk_widget_show(window);
21    GtkWidget *eventbox;
22    eventbox = gtk_event_box_new();                  //创建事件盒构件
23    gtk_widget_show(eventbox);
24    gtk_container_add(GTK_CONTAINER(window), eventbox);
25    GtkWidget *label;
26    label = gtk_label_new("请用鼠标单击标签");
27    gtk_widget_show(label);
28                                                     //将标签构件装入事件盒构件
29    gtk_container_add(GTK_CONTAINER(eventbox), label);
30    g_signal_connect(G_OBJECT(window), "delete_event",
31        G_CALLBACK(gtk_main_quit), NULL);
32    g_signal_connect((gpointer) eventbox, "button_press_event",
33        G_CALLBACK(label_const), NULL);              //处理事件盒被鼠标单击事件
34    gtk_main();
35    return 0;
36  }
```

在程序的主窗体中装入了一个事件盒构件，然后在事件盒内装入了一个标签构件。当用鼠标单击该标签构件时，事件盒会触发 button_press_event 事件，然后调用 label_const()函数弹出对话框，如图 24.9 所示。

🔔注意：button_press_event 事件是 GDK 库定义的低级事件。如果要在本例中传递多个参数，那么回调函数必须以 gpointer、GdkEvent*和 gpointer 的顺序接收参数。如果顺序不对，则会造成严重的错误。

图 24.9　事件盒演示

24.3.2　固定容器

固定容器构件（GtkFixed）是一种类似于传统布局方式的容器。它允许将构件放在窗口的固定位置，这个位置是相对于固定容器左上角的水平方向和垂直方向的像素值。构件的位置可以动态改变。在绘图程序和游戏程序中，固定容器非常重要。

gtk_fixed_new()函数用于创建新的固定容器，gtk_fixed_put()函数用于将界面构件放在固定容器的指定位置，gtk_fixed_move()函数将指定构件移动到新位置，它们的一般形式如下：

```
GtkWidget *gtk_fixed_new(void);
void gtk_fixed_put(GtkFixed *fixed,
                GtkWidget *widget,
                gint x,
                gint y);
void gtk_fixed_move(GtkFixed *fixed,
                GtkWidget *widget,
                gint x,
                gint y);
```

下面用一个例子来演示固定容器构件的用法，代码如下：

```
01  GtkWidget *fixed;
02  fixed = gtk_fixed_new();                    //创建固定容器构件
03  gtk_widget_show(fixed);
04  gtk_container_add(GTK_CONTAINER(window), fixed);
05  GtkWidget *textview;
06  textview = gtk_text_view_new();             //创建文本视区构件
07  gtk_widget_show(textview);
08  //将文本视区构件装入固定容器
09  gtk_fixed_put(GTK_FIXED(fixed), textview, 80, 24);
10  //定义文本视区构件的最小尺寸
11  gtk_widget_set_size_request(textview, 296, 216);
12  GtkWidget *label;
13  label = gtk_label_new("备注");
14  gtk_widget_show(label);
15  //将标签构件装入固定容器
16  gtk_fixed_put(GTK_FIXED(fixed), label, 24, 24);
17  gtk_widget_set_size_request(label, 39, 17);     //定义标签构件的最小尺寸
18  GtkWidget *button;
19  button = gtk_button_new_with_label("退出(Q)");
20  gtk_widget_show(button);
21  //将按钮构件装入固定容器
22  gtk_fixed_put(GTK_FIXED(fixed),
    button, 280, 248);
23  gtk_widget_set_size_request(button,
    98, 40);        //定义按钮构件的最小尺寸
```

装入固定容器的界面构件必须指定最小尺寸，否则无法正常显示。在将界面构件放入固定容器前，还要预先计算放置的位置和所占的面积，避免一些构件被遮挡。本例创建了一个固定容器构件，在固定容器构件中放入了一个标签构件、一个文本视区构件和一个按钮构件，如图 24.10 所示。

图 24.10　固定容器构件演示

24.3.3　布局容器

布局容器构件（GtkLayout）与固定容器构件非常相似，不过它可以在一个无限滚动区域定位构件（不能大于 2^{32} 像素）。在 Linux 系统中，窗口的宽度和高度只能限制在 0～32767 像素。布局容器构件可以用一些特殊的方法打破这种限制，因此，即使在滚动区域内部有很多子构件，也可以平滑地滚动。gtk_layout_new()函数用于创建布局容器，它的一般形式如下：

```
GtkWidget *gtk_layout_new(GtkAdjustment *hadjustment,
                          GtkAdjustment *vadjustment);
```

hadjustment 参数与 vadjustment 参数是水平滚动条和垂直滚动条的指针。在创建布局容器时会自动创建滚动条。

gtk_layout_put()函数用于在布局容器构件里添加界面构件，gtk_layout_move()函数用于移动界面构件的位置，它们的一般形式如下：

```
void gtk_layout_put(GtkLayout *layout,
                GtkWidget *widget,
                gint x,
                gint y);
void gtk_layout_move(GtkLayout *layout,
                 GtkWidget *widget,
                 gint x,
                 gint y );
```

参数 x 和 y 是界面构件的水平位置和垂直位置。布局容器构件的尺寸可以用 gtk_layout_set_size()函数指定，它的一般形式如下：

```
void gtk_layout_set_size(GtkLayout *layout,
                     guint width,
                     guint height);
```

如果布局容器构件的尺寸超过了其所属窗体构件的尺寸，那么水平滚动条和垂直滚动条将自动生效。gtk_scrollable_get_hadjustment()函数和 gtk_scrollable_get_vadjustment()函数用于将布局容器构件内滚动条子成员的指针返回。gtk_scrollable_set_hadjustment()函数和 gtk_scrollable_set_vadjustment()函数用于为布局容器构件指定滚动条。这几个函数的一般形式如下：

```
GtkAdjustment *gtk_scrollable_get_hadjustment(GtkScrollable *scrollable);
GtkAdjustment *gtk_scrollable_get_vadjustment(GtkScrollable *scrollable);
void gtk_scrollable_set_hadjustment(GtkScrollable *scrollable,
                                GtkAdjustment *hadjustment);
void gtk_scrollable_set_vadjustment(GtkScrollable  *scrollable,
                                GtkAdjustment  *vadjustment);
```

下面用一个程序来讲解布局容器构件的使用方法。程序代码如下：

```
01   #include <gtk/gtk.h>
02   void change_image(GtkFileChooserButton *filebutton,
03             GtkImage *image) {
04     //将选择的文件名传递给图像
05     gtk_image_set_from_file(image,
06        gtk_file_chooser_get_filename(GTK_FILE_CHOOSER(filebutton)));
07   }
```

```
08  int main(int argc, char *argv[]) {
09    gtk_init(&argc, &argv);
10    GtkWidget *window;
11    window = gtk_window_new(GTK_WINDOW_TOPLEVEL);
12    gtk_window_set_title(GTK_WINDOW(window), "布局容器构件演示");
13    gtk_widget_show(window);
14    GtkWidget *vbox;
15    vbox = gtk_box_new(GTK_ORIENTATION_VERTICAL, 0);//定义纵向组装盒容器
16    gtk_widget_show(vbox);
17    gtk_container_add(GTK_CONTAINER(window), vbox);
18    GtkWidget *scrolledwindow;
19    //滚动条窗体容器
20    scrolledwindow = gtk_scrolled_window_new(NULL, NULL);
21    gtk_widget_show(scrolledwindow);
22    gtk_box_pack_start(GTK_BOX(vbox), scrolledwindow, TRUE, TRUE, 0);
23    gtk_scrolled_window_set_shadow_type(GTK_SCROLLED_WINDOW
24  (scrolledwindow),GTK_SHADOW_IN);
25    GtkWidget *layout;
26    layout = gtk_layout_new (NULL, NULL);    //定义布局容器
27    gtk_widget_show (layout);
28    //将布局容器装入滚动条窗体
29    gtk_container_add (GTK_CONTAINER (scrolledwindow), layout);
30    gtk_layout_set_size (GTK_LAYOUT (layout), 600, 600);
31    GtkWidget *image;
32    image = gtk_image_new();                 //创建图像构件
33    gtk_widget_show (image);
34    //将图像构件装入布局构件
35    gtk_layout_put (GTK_LAYOUT (layout), image, 0, 0);
36    GtkWidget *filebutton;
37    filebutton = gtk_file_chooser_button_new("打开图片文件",
38  GTK_FILE_CHOOSER_ACTION_OPEN);
39    gtk_widget_show (filebutton);
40    gtk_box_pack_start (GTK_BOX (vbox), filebutton, FALSE, FALSE, 0);
41    g_signal_connect(G_OBJECT(window), "delete_event",
42                  G_CALLBACK(gtk_main_quit), NULL);
43    //选择文件后的信号
44    g_signal_connect(G_OBJECT(filebutton), "file-set",
45                  G_CALLBACK(change_image), (gpointer) image);
46    gtk_main();
47    return 0;
48  }
```

本程序是一个简单的图片浏览器,在程序中放置了一
个纵向组装盒构件。在组装盒构件中分别放置了一个滚动
条窗体构件和一个文件选择按钮。在滚动条窗体构件中放
置布局容器,然后在布局容器中放置图像构件。当文件按
钮被单击时,在弹出的文件选择对话框中选择一个图片文
件,此时 change_image()回调函数会将文件路径传递给图
像构件,图片将在窗体中显示,如图 24.11 所示。

图 24.11 布局容器构件演示

24.3.4 框架构件

框架构件(GtkFrame)是一种用于组装一个或多个界面构件的容器。框架构件本身有
一组边框和一个标签,在程序界面中经常使用框架构件将一组相关的构件组合在一起,如

图 24.12 所示。

图 24.12　框架构件

框架构件可以使用 gtk_frame_new()函数来创建，创建时可以设置框架构件上的标签，它的一般形式为：

```
GtkWidget *gtk_frame_new(const gchar *label);
```

标签默认放在框架的左上角。当 label 参数为 NULL 时，框架不显示标签。标签文本可以用 gtk_frame_set_label()函数设置，标签的位置可以用 gtk_frame_set_label_align()函数设置，它们的一般形式如下：

```
void gtk_frame_set_label(GtkFrame *frame,
                   const gchar *label);
void gtk_frame_set_label_align(GtkFrame *frame,
                        gfloat xalign,
                        gfloat yalign);
```

xalign 参数用于设置标签相对于框架构件上部水平线的位置，其值域范围为 0.0～1.0。xalign 参数的默认值是 0.0，表示将标签放在框架构件的最左端。yalign 没有被使用。

gtk_frame_set_shadow_type()函数可以改变框架的风格，用于显示框架的轮廓。它的一般形式如下：

```
void gtk_frame_set_shadow_type(GtkFrame *frame,
                        GtkShadowType type);
```

type 参数是 GtkShadowType 枚举类型数值，在框架构件中用于定义框架轮廓的线条样式。GtkShadowType 枚举类型成员见表 24.3。

表 24.3　GtkShadowType枚举类型成员

成　员　名　称	说　　　明
GTK_SHADOW_NONE	无线条
GTK_SHADOW_IN	内阴影轮廓线条
GTK_SHADOW_OUT	外阴影轮廓线条
GTK_SHADOW_ETCHED_IN	3D内阴影轮廓线条，该值为默认值
GTK_SHADOW_ETCHED_OUT	3D外阴影轮廓线条

下面用一个例子来演示框架构件的用法，程序代码如下：

```
01   int main(int argc, char *argv[]) {
02       ...
03       GtkWidget *frame1;
04       frame1 = gtk_frame_new (NULL);              //创建框架构件
05       gtk_widget_show (frame1);
06       gtk_box_pack_start (GTK_BOX (vbox), frame1, TRUE, TRUE, 0);
07       //设置框架构件边框
```

```
08        gtk_container_set_border_width (GTK_CONTAINER (frame1), 5);
09        //设置框架的边框样式为内阴影
10        gtk_frame_set_shadow_type(GTK_FRAME(frame1),
11  GTK_SHADOW_ETCHED_IN);
12        GtkWidget *fixed1 = gtk_fixed_new();
13        gtk_widget_show(fixed1);
14        gtk_widget_set_margin_top(fixed1,5);
15        gtk_container_add (GTK_CONTAINER (frame1), fixed1);
16        GtkWidget *hbox1;
17        hbox1 = gtk_box_new (GTK_ORIENTATION_HORIZONTAL, 0);
18        gtk_widget_show (hbox1);
19        gtk_container_add (GTK_CONTAINER (fixed1), hbox1);
20        ...
21        GtkWidget *label1;
22        label1 = gtk_label_new ("3D 内阴影边框");
23        gtk_widget_show (label1);
24        //将标签构件与框架构件连接
25        gtk_frame_set_label_widget (GTK_FRAME (frame1), label1);
26        gtk_label_set_use_markup (GTK_LABEL (label1), TRUE);
27        GtkWidget *frame2;
28        frame2 = gtk_frame_new (NULL);
29        gtk_widget_show (frame2);
30        gtk_box_pack_start (GTK_BOX (vbox), frame2, TRUE, TRUE, 0);
31        gtk_container_set_border_width (GTK_CONTAINER (frame2), 3);
32        //设置框架的边框样式为外阴影
33        gtk_frame_set_shadow_type (GTK_FRAME (frame2),
34  GTK_SHADOW_ETCHED_OUT);
35        GtkWidget *fixed2 = gtk_fixed_new();
36        gtk_widget_show(fixed2);
37        gtk_widget_set_margin_top(fixed2,5);
38        gtk_container_add (GTK_CONTAINER (frame2), fixed2);
39        GtkWidget *hbox2;
40        hbox2 = gtk_box_new (GTK_ORIENTATION_HORIZONTAL, 0);
41        gtk_widget_show (hbox2);
42        gtk_container_add (GTK_CONTAINER (fixed2), hbox2);
43        ...
44        GtkWidget *label2;
45        label2 = gtk_label_new ("3D 外阴影边框");
46        gtk_widget_show (label2);
47        gtk_frame_set_label_widget (GTK_FRAME (frame2), label2);
48        gtk_label_set_use_markup (GTK_LABEL (label2), TRUE);
49        ...
50  }
```

在程序中定义了两个框架构件，其框架轮廓的线条样式分别为 GTK_SHADOW_
ETCHED_IN 和 GTK_SHADOW_ETCHED_OUT。label1 和 label2 构件是在框架上方显示
的，创建后，可使用 gtk_frame_set_label_widget()函数将
其与框架构件连接起来。fixed1 和 fixed2 是装入框架的固
定容器构件，在该容器中加入了横向组装盒构件，在横向
组装盒构件中放置了一组复选按钮和一组单选按钮。

　　为了使框架的边框更明显，在程序中使用 gtk_
container_set_border_width()函数为框架设置了边框，如图
24.13 所示。

图 24.13　框架构件演示

24.3.5　比例框架

比例框架构件（GtkAspectFrame）是框架构件的子类，它的作用是使子构件的外观比例保持一定的值。在有需要的情况下，比例框架可以增加额外的可用空间。例如，在当前窗体中放置着一个大的图像构件，当用户改变窗口的尺寸时，图像构件的尺寸也随之改变，但外观比例与所定义的比例数值保持一致。gtk_aspect_frame_new()函数用于创建一个新的比例框架，它的一般形式如下：

```
GtkWidget *gtk_aspect_frame_new(const gchar *label,
                                gfloat xalign,
                                gfloat yalign,
                                gfloat ratio,
                                gboolean obey_child);
```

xalign 和 yalign 参数的作用是定义水平方向和垂直方向的位置，值域范围为 0～1 的浮点数。如果 obey_child 参数的值为 TRUE，则子构件的长宽比例和它所请求的比例相匹配，如果值为 FALSE，则比例值由 ratio 参数指定。改变一个比例框架的属性可使用 gtk_aspect_frame_set()函数，它的一般形式如下：

```
void gtk_aspect_frame_set(GtkAspectFrame *aspect_frame,
                          gfloat xalign,
                          gfloat yalign,
                          gfloat ratio,
                          gboolean obey_child);
```

下面举例演示比例构件的使用方法。在下面的程序中创建一个 4∶3 的绘图区，无论所属窗体构件的大小如何变化，比例构件内的界面构件都不会改变比例。程序代码如下：

```
01  GtkWidget *aspectframe;
02  //创建比例框架构件
03  aspectframe = gtk_aspect_frame_new (NULL, 0.5, 0.5, 1.33, FALSE);
04  gtk_widget_show (aspectframe);
05  gtk_container_add (GTK_CONTAINER (window), aspectframe);
06  //设置比例框架构件的边框
07  gtk_container_set_border_width (GTK_CONTAINER (aspectframe), 6);
08  GtkWidget *fixed1 = gtk_fixed_new();              //创建固定容器构件
09  gtk_widget_show(fixed1);
10  gtk_widget_set_margin_top(fixed1,5);
11  //将固定容器构件装入比例框架构件
12  gtk_container_add (GTK_CONTAINER (aspectframe), fixed1);
13  GtkWidget *drawingarea;
14  drawingarea = gtk_drawing_area_new ();            //创建绘图区
15  gtk_widget_show (drawingarea);
16  //将绘图区装入固定容器构件
17  gtk_container_add (GTK_CONTAINER (fixed1), drawingarea);
18  GtkWidget *label;
19  label = gtk_label_new ("4 X 3");
20  gtk_widget_show (label);
21  //将标签与比例框架构件相连接
22  gtk_frame_set_label_widget (GTK_FRAME (aspectframe), label);
23  gtk_label_set_use_markup (GTK_LABEL (label), TRUE);
```

在程序中使用 4∶3 的比值 1.33 创建了一个比例框架构件，然后在比例框架构件中装入一个固定容器构件，再在固定容器构件中装入绘图区。这样绘图区的尺寸就按照 4∶3 的比值建立，如图 24.14 所示。

24.3.6　分栏窗体构件

图 24.14　比例框架构件演示

分栏窗体构件（GtkPaned）可以将一个窗体分成两部分，这两部分的尺寸由用户控制。gtk_hpaned_new()函数用于创建分栏窗体构件，它的一般形式如下：

```
GtkWidget * gtk_paned_new(GtkOrientation orientation);
```

orientation 参数和 gtk_scrollbar_new()函数中的参数意义是一样的，根据该参数传递值的不同，可以将窗体划分为水平方向或垂直方向。

分栏窗体构件创建后，可以在它的两边添加子构件。gtk_paned_add1()函数可以将子构件添加到分栏窗体的左边或顶部，gtk_paned_add2()函数可以将子构件添加到分栏窗体的右边或下部，它们的一般形式如下：

```
void gtk_paned_add1(GtkPaned *paned, GtkWidget *child);
void gtk_paned_add2(GtkPaned *paned, GtkWidget *child);
```

下面举例演示分栏窗体构件的使用方法，程序代码如下：

```
01  GtkWidget *vpaned1;
02  //创建垂直分栏窗体构件
03  vpaned1 = gtk_paned_new(GTK_ORIENTATION_VERTICAL);
04  gtk_widget_show(vpaned1);
05  gtk_container_add(GTK_CONTAINER(window), vpaned1);
06  gtk_paned_set_position(GTK_PANED(vpaned1), 0);
07  GtkWidget *scrolledwindow1;
08  //创建滚动条窗体构件
09  scrolledwindow1 = gtk_scrolled_window_new(NULL, NULL);
10  gtk_widget_show(scrolledwindow1);
11  //将滚动条窗体装入分栏窗体
12  gtk_paned_pack1(GTK_PANED(vpaned1), scrolledwindow1, FALSE, TRUE);
13  //屏蔽水平滚动条
14  gtk_scrolled_window_set_policy(GTK_SCROLLED_WINDOW(scrolledwindow1),
15                  GTK_POLICY_NEVER,
16                  GTK_POLICY_ALWAYS);
17  gtk_scrolled_window_set_shadow_type(GTK_SCROLLED_WINDOW
18   (scrolledwindow1),GTK_SHADOW_IN);
19  GtkWidget *textview1;
20  textview1 = gtk_text_view_new();              //创建文本视区构件
21  gtk_widget_show(textview1);
22  gtk_container_add(GTK_CONTAINER(scrolledwindow1), textview1);
23  GtkWidget *scrolledwindow2;
24  scrolledwindow2 = gtk_scrolled_window_new(NULL, NULL);
25  gtk_widget_show(scrolledwindow2);
26  gtk_paned_pack2(GTK_PANED(vpaned1), scrolledwindow2, TRUE, TRUE);
27  gtk_scrolled_window_set_policy(GTK_SCROLLED_WINDOW(scrolledwindow2),
28                  GTK_POLICY_NEVER,
29                  GTK_POLICY_ALWAYS);
30  gtk_scrolled_window_set_shadow_type(GTK_SCROLLED_WINDOW
31   (scrolledwindow2),GTK_SHADOW_IN);
32  GtkWidget *textview2;
```

```
33  textview2 = gtk_text_view_new();
34  gtk_widget_show(textview2);
35  gtk_container_add(GTK_CONTAINER(scrolledwindow2), textview2);
```

本程序创建了一个水平方向划分的分栏窗体构件，在其中放置了两个滚动条窗体构件，然后将文本视区构件装入滚动条窗体。程序运行时，可随意调整上下两个文本视区构件的比例，如图 24.15 所示。

图 24.15　分栏窗体构件演示

24.3.7　视角构件

视角构件（GtkViewport）一般很少直接使用，多数情况下是与滚动条窗体构件一同使用。滚动条窗体构件内创建有视角构件子成员。视角构件允许在其内部装入一个超过其自身大小的构件，因而可以只显示构件的一部分。它用调整对象来定义当前显示的区域。gtk_viewport_new()函数用于创建一个视角构件，它的一般形式如下：

```
GtkWidget *gtk_viewport_new(GtkAdjustment *hadjustment,
                            GtkAdjustment *vadjustment);
```

创建视角构件时可以通过 hadjustment 参数和 vadjustment 参数指定构件使用的水平和垂直调整对象。如果给函数传递 NULL 参数，则视角构件会自己创建调整对象。gtk_scrollable_get_hadjustment()函数和 gtk_scrollable_get_vadjustment()函数用于返回视角构件当前使用的调整对象的指针，它们的一般形式如下：

```
GtkAdjustment *gtk_scrollable_get_hadjustment(GtkScrollable *scrollable);
GtkAdjustment *gtk_scrollable_get_vadjustment(GtkScrollable *scrollable);
```

如果要为已经创建的视角构件设置调整对象，可使用 gtk_scrollable_set_hadjustment()函数或 gtk_scrollable_set_vadjustment()函数来完成，它们的一般形式如下：

```
void gtk_scrollable_set_hadjustment(GtkScrollable *scrollable,
                                    GtkAdjustment *hadjustment);
void gtk_scrollable_set_vadjustment(GtkScrollable      *scrollable,
                                    GtkAdjustment *vadjustment);
```

24.3.8　滚动条窗体

滚动条窗体构件（GtkScrolledWindow）用于创建一个可滚动区域，并将其他构件放入其中。可以在滚动条窗体中插入任何构件，然后通过滚动条来选择需要显示的部分内容。gtk_scrolled_window_new()函数用于创建新的滚动条窗体，它的一般形式如下：

```
GtkWidget *gtk_scrolled_window_new(GtkAdjustment *hadjustment,
                                   GtkAdjustment *vadjustment);
```

第 1 个参数用于指定水平方向的调整对象,第 2 个参数用于指定垂直方向的调整对象。一般情况下它们都设置为 NULL,表示滚动条窗体使用内建的调整对象。gtk_scrolled_window_set_policy()函数可以设置滚动条出现的方式,它的一般形式如下:

```
void gtk_scrolled_window_set_policy(GtkScrolledWindow *scrolled_window,
                                    GtkPolicyType hscrollbar_policy,
                                    GtkPolicyType vscrollbar_policy );
```

第 1 个参数是被设置的滚动条窗体,第 2 个参数用于设置水平滚动条出现的方式,第 3 个参数用于设置垂直滚动条出现的方式。如果要求滚动条根据需要自动出现,则可设 GtkPolicyType hscrollbar_policy 参数为 GTK_POLICY_AUTOMATIC;如果将其设为 GTK_POLICY_ALWAYS,则滚动条会一直出现在滚动条窗体中。

下面举例演示滚动条窗体构件的使用方法,程序代码如下:

```
01  int main(int argc, char *argv[]) {
02    gtk_init(&argc, &argv);
03    GtkWidget *window;
04    window = gtk_window_new(GTK_WINDOW_TOPLEVEL);
05    gtk_window_set_title(GTK_WINDOW(window),"滚动条窗体构件演示");
06    gtk_widget_show(window);
07    GtkWidget *scrolled_window;
08    //创建一个新的滚动条窗体
09    scrolled_window = gtk_scrolled_window_new(NULL, NULL);
10    gtk_container_set_border_width(GTK_CONTAINER(scrolled_window),10);
11    //设置滚动条的出现方式
12    gtk_scrolled_window_set_policy(GTK_SCROLLED_WINDOW
13   (scrolled_window),GTK_POLICY_AUTOMATIC,GTK_POLICY_ALWAYS);
14    gtk_container_add (GTK_CONTAINER (window), scrolled_window);
15    gtk_widget_show (scrolled_window);
16    GtkWidget *grid;
17    grid = gtk_grid_new();
18    gtk_grid_set_row_spacing(GTK_GRID(grid), 10);        //设置行间距
19    gtk_grid_set_column_spacing(GTK_GRID(grid), 10);     //设置列间距
20    //将网格装入滚动条窗体
21    gtk_container_add (GTK_SCROLLED_WINDOW(scrolled_window),grid);
22    gtk_widget_show (grid);
23    GtkWidget *button;
24    int i, j;
25    char buffer[32];
26    for (i = 0; i < 10; i++)
27    for (j = 0; j < 10; j++) {
28      sprintf (buffer, "button (%d,%d)\n", i, j);
29      button = gtk_toggle_button_new_with_label (buffer);
30      gtk_grid_attach (GTK_GRID(grid), button,
31          i, j, 1, 1);       //在网格中添加许多开关按钮以展示滚动窗口
32      gtk_widget_show (button);
33    }
34    g_signal_connect(G_OBJECT(window), "delete_event",
35        G_CALLBACK(gtk_main_quit), NULL);
36    gtk_main();
37    return 0;
38  }
```

本例在窗体构件中装入一个滚动条窗体构件，然后在滚动条窗体构件中装入一个尺寸为 10×10 的网格，在每个单元格内装入一个按钮。网格的尺寸远远大于滚动条窗体构件，因此滚动条被显示出来，如图 24.16 所示。

图 24.16　分栏窗体构件演示

24.3.9　按钮盒

按钮盒构件（GtkButtonBox）是专门为设计按钮栏准备的容器，它可以简化界面构件的设计难度。创建按钮盒构件的函数是 gtk_hbutton_box_new()函数，它的一般形式如下：

```
GtkWidget * gtk_button_box_new(GtkOrientation orientation);
```

orientation 参数和 gtk_scrollbar_new()函数中的参数是一样的，根据此参数传递值的不同，可以构建横向按钮盒和纵向按钮盒。

gtk_button_box_set_layout()函数用于指定按钮装入按钮盒时的位置，它的一般形式如下：

```
void gtk_button_box_set_layout(GtkButtonBox *widget,
                    GtkButtonBoxStyle layout_style);
```

layout_style 参数用于指定按钮装入按钮盒的位置，它是 GtkButtonBoxStyle 枚举类型数据，其成员见表 24.4。

表 24.4　GtkButtonBoxStyle枚举类型成员

成员名称	说　　明
GTK_BUTTONBOX_SPREAD	按钮在按钮盒内平均分布，并在所分配的区域内居中
GTK_BUTTONBOX_EDGE	按钮在按钮盒的整个区域内平均分布
GTK_BUTTONBOX_START	按钮从按钮盒的左方或上方开始排列
GTK_BUTTONBOX_END	按钮从按钮盒的右方或下方开始排列
GTK_BUTTONBOX_CENTER	按钮在按钮盒的整个区域的正中央
GTK_BUTTONBOX_EXPAND	按钮平铺以填充整个按钮盒区域。这需要给出按钮"链接"外观，使按钮尺寸均匀，以及将间距设置为0

下面用一个程序来演示两种按钮盒的操作方法，每种按钮盒中的按钮装入方式均不同。程序代码如下：

```
01  GtkWidget *vbox1;
02  vbox1 = gtk_box_new(GTK_ORIENTATION_VERTICAL, 0);  //创建纵向组装盒
03  gtk_widget_show(vbox1);
04  gtk_container_add(GTK_CONTAINER (window), vbox1);
05  GtkWidget *hbuttonbox1;
```

```
06    /创建横向按钮盒
07    hbuttonbox1 = gtk_button_box_new (GTK_ORIENTATION_HORIZONTAL);
08    gtk_widget_show (hbuttonbox1);
09    //将按钮盒装入组装盒
10    gtk_box_pack_start (GTK_BOX (vbox1), hbuttonbox1, FALSE, TRUE, 0);
11    //指定按钮从左边开始排列
12    gtk_button_box_set_layout (GTK_BUTTON_BOX (hbuttonbox1),
13      GTK_BUTTONBOX_START);
14    GtkWidget *button1;
15    button1 = gtk_button_new ();                          //创建按钮
16    gtk_widget_show (button1);
17    gtk_container_add (GTK_CONTAINER (hbuttonbox1), button1);
18    gtk_widget_set_can_default(button1,TRUE);
19    GtkWidget *image1;
20    //创建图像构件
21    image1 = gtk_image_new_from_icon_name ("gtk-new",
22      GTK_ICON_SIZE_BUTTON);
23    gtk_widget_show (image1);
24    //将图像构件装入按钮
25    gtk_container_add (GTK_CONTAINER (button1), image1);
26    GtkWidget *button2;
27    button2 = gtk_button_new();
28    gtk_widget_show (button2);
29    gtk_container_add (GTK_CONTAINER (hbuttonbox1), button2);
30    gtk_widget_set_can_default(button2,TRUE);
31    GtkWidget *image2;
32    image2 = gtk_image_new_from_icon_name ("gtk-open",
33      GTK_ICON_SIZE_BUTTON);
34    gtk_widget_show (image2);
35    gtk_container_add (GTK_CONTAINER (button2), image2);
36    GtkWidget *button3;
37    button3 = gtk_button_new();
38    gtk_widget_show (button3);
39    gtk_container_add (GTK_CONTAINER (hbuttonbox1), button3);
40    gtk_widget_set_can_default(button3,TRUE);
41    GtkWidget *image3;
42    image3 = gtk_image_new_from_icon_name ("gtk-save",
43      GTK_ICON_SIZE_BUTTON);
44    gtk_widget_show (image3);
45    gtk_container_add (GTK_CONTAINER (button3), image3);
46    GtkWidget *hbox1;
47    hbox1 = gtk_box_new (GTK_ORIENTATION_HORIZONTAL,0);    //创建横向组装盒
48    gtk_widget_show (hbox1);
49    //将横向组装盒装入纵向组装盒
50    gtk_box_pack_start (GTK_BOX (vbox1), hbox1, TRUE, TRUE, 0);
51    GtkWidget *vbuttonbox1;
52    //创建纵向按钮盒
53    vbuttonbox1 = gtk_button_box_new (GTK_ORIENTATION_VERTICAL);
54    gtk_widget_show (vbuttonbox1);
55    gtk_box_pack_start (GTK_BOX (hbox1), vbuttonbox1, FALSE, TRUE, 0);
56    //设置纵向按钮盒内的按钮以平均方式分配
57    gtk_button_box_set_layout (GTK_BUTTON_BOX (vbuttonbox1),
58      GTK_BUTTONBOX_SPREAD);
59    GtkWidget *button4;
60    button4 = gtk_button_new_with_label ("CD-ROM");
61    gtk_widget_show (button4);
62    gtk_container_add (GTK_CONTAINER (vbuttonbox1), button4);
63    gtk_widget_set_size_request (button4, 116, 88);       //定义按钮的最小尺寸
64    gtk_widget_set_can_default(button4,TRUE);
```

```
65    GtkWidget *button5;
66    button5 = gtk_button_new_with_label ("硬盘(H)");
67    gtk_widget_show (button5);
68    gtk_container_add (GTK_CONTAINER (vbuttonbox1), button5);
69    gtk_widget_set_can_default(button5,TRUE);
70    GtkWidget *button6;
71    button6 = gtk_button_new_with_label ("软盘(F)");
72    gtk_widget_show (button6);
73    gtk_container_add (GTK_CONTAINER (vbuttonbox1), button6);
74    gtk_widget_set_can_default(button6,TRUE);
75    GtkWidget *hbuttonbox2;
76    //创建横向按钮盒
77    hbuttonbox2 = gtk_button_box_new (GTK_ORIENTATION_HORIZONTAL);
78    gtk_widget_show (hbuttonbox2);
79    gtk_box_pack_end (GTK_BOX (hbox1), hbuttonbox2, TRUE, TRUE, 0);
80    gtk_container_set_border_width (GTK_CONTAINER (hbuttonbox2), 10);
81    //指定按钮从右边开始排列
82    gtk_button_box_set_layout (GTK_BUTTON_BOX (hbuttonbox2),
83      GTK_BUTTONBOX_END);
84    gtk_box_set_spacing (GTK_BOX (hbuttonbox2), 10);    //设置按钮盒间距
85    GtkWidget *button7;
86    button7 = gtk_button_new_with_label ("应用(A)");
87    gtk_widget_show (button7);
88    gtk_container_add (GTK_CONTAINER (hbuttonbox2), button7);
89    gtk_widget_set_can_default(button7,TRUE);
90    GtkWidget *button8;
91    button8 = gtk_button_new_with_label ("取消(C)");
92    gtk_widget_show (button8);
93    gtk_container_add (GTK_CONTAINER (hbuttonbox2), button8);
94    gtk_widget_set_can_default(button8,TRUE);
95    GtkWidget *button9;
96    button9 = gtk_button_new_with_label ("确定(O)");
97    gtk_widget_show (button9);
98    gtk_container_add (GTK_CONTAINER (hbuttonbox2), button9);
99    gtk_widget_set_can_default(button9,TRUE);
```

　　按钮盒是从容器构件中继承而来的，所以它的操作与大多数容器构件相似。本例创建了 3 个按钮盒，第 1 个是横向按钮盒，位于屏幕左上方，放置的是一排没有文字标签的按钮。按钮的排列方向从左方开始，这种按钮通常用于应用程序的常用功能选择。

　　第 2 个按钮盒是纵向按钮盒，位于屏幕左侧。第 1 个按钮设置了大小后，其他按钮也会自动改变其大小，这是按钮盒容器的特性。按钮的排列方式为从上向下，并设置为均匀分配按钮盒的空间，这类按钮通常用于时间程序的导航功能中。

　　第 3 个是横向按钮盒，位于屏幕右下方，排列方式为从右向左，并在按钮之间设置了间距。这类按钮通常用于对话框中，用来决定是否执行某一设置，如图 24.17 所示。

图 24.17　按钮盒构件演示

24.3.10　工具栏

工具栏构件（GtkToolbar）是一种用于放置多个界面构件的容器，其中的界面构件可以横向或纵向排列。工具栏简化了大量构件在界面中显示的编程难度。通常它的每个单元格内都存放着一个显示图片和标签的工具栏按钮构件，但其他构件也可以放在工具栏里。gtk_toolbar_new()函数用于创建一个工具栏，它的一般形式如下：

```
GtkWidget *gtk_toolbar_new(void);
```

为了配合工具栏的使用，GTK+提供了工具项构件（GtkToolItem）。工具项构件只能装入工具栏使用，它是一组相关界面构件的集合。工具栏构件的设置可以用在工具项构件中，例如，在设置了工具栏上的图像尺寸之后，所有工具项构件中的图像都会使用该尺寸。

通常使用的是工具项构件的子类工具栏按钮构件（GtkToolButton）和工具栏分隔符构件（GtkSeparatorToolItem）。gtk_tool_button_new()函数用于创建工具项按钮构件，gtk_separator_tool_item_new()函数用于创建工具项分隔符构件，它们的一般形式如下：

```
GtkToolItem *gtk_tool_button_new(GtkWidget *icon_widget,
                                 const gchar *label);
GtkToolItem *gtk_separator_tool_item_new(void);
```

gtk_toolbar_set_style()函数用于设置工具栏构件的样式，这些样式会应用在工具栏内的工具栏按钮构件上。gtk_toolbar_get_style()函数用于将工具栏构件的样式返回。这两个函数的一般形式如下：

```
void gtk_toolbar_set_style(GtkToolbar *toolbar,
                           GtkToolbarStyle style);
GtkToolbarStyle gtk_toolbar_get_style(GtkToolbar *toolbar);
```

style 参数用于定义工具栏构件的样式，它是 GtkToolbarStyle 枚举类型，其成员见表 24.5。

表 24.5　GtkToolbarStyle枚举类型成员

成 员 名 称	说　　明
GTK_TOOLBAR_ICONS	只在工具栏上显示图像
GTK_TOOLBAR_TEXT	只在工具栏上显示文本
GTK_TOOLBAR_BOTH	同时在工具栏上显示图像和文本
GTK_TOOLBAR_BOTH_HORIZ	同时在工具栏上显示图像和文本，文本只有在工具项构件被设为重要项时才会显示在图像的右方

gtk_toolbar_set_icon_size()函数用于设置工具栏中的图像尺寸，gtk_toolbar_get_icon_size()函数用于返回工具栏构件中的图像尺寸，它们的一般形式如下：

```
GtkIconSize gtk_toolbar_get_icon_size(GtkToolbar *toolbar);
void gtk_toolbar_set_icon_size(GtkToolbar *toolbar,
                               GtkIconSize icon_size);
```

icon_size 参数用于设置图像的尺寸，该参数的取值与图像构件尺寸的取值相同。在工具栏构件中，默认值为 GTK_ICON_SIZE_LARGE_TOOLBAR。

gtk_tool_item_set_is_important()函数用于将工具项构件设置为重要项，当工具栏风格设为 GTK_TOOLBAR_BOTH_HORIZ 时，只有重要的工具项才会显示文本。

下面举例演示工具栏和工具项的创建方法。

```
01   GtkWidget *toolbar;
02   toolbar = gtk_toolbar_new();                              //创建工具栏构件
03   gtk_widget_show(toolbar);
04   gtk_box_pack_start(GTK_BOX (vbox), toolbar, FALSE, FALSE, 0);
05   //将工具栏构件的样式设为同时显示图像和文本
06   gtk_toolbar_set_style(GTK_TOOLBAR(toolbar),
07     GTK_TOOLBAR_BOTH_HORIZ);
08   //将工具栏的图像尺寸设为对话框图像
09   gtk_toolbar_set_icon_size(GTK_TOOLBAR(toolbar),
10     GTK_ICON_SIZE_DIALOG);
11   GtkWidget *toolbutton1;
12   //创建工具栏按钮构件
13   toolbutton1 = (GtkWidget*) gtk_tool_button_new(NULL,"复制");
14   //设置工具栏按钮构件的图标
15   gtk_tool_button_set_icon_name(GTK_TOOL_BUTTON(toolbutton1),
16     "gtk-copy");
17   gtk_widget_show(toolbutton1);
18   //将工具栏按钮构件装入工具栏
19   gtk_container_add(GTK_CONTAINER(toolbar), toolbutton1);
20   GtkWidget *toolbutton2;
21   toolbutton2 = (GtkWidget*) gtk_tool_button_new(NULL,"剪切");
22   gtk_tool_button_set_icon_name(GTK_TOOL_BUTTON(toolbutton2),
23     "gtk-cut");
24   gtk_widget_show(toolbutton2);
25   gtk_container_add(GTK_CONTAINER(toolbar), toolbutton2);
26   GtkWidget *toolbutton3;
27   toolbutton3 = (GtkWidget*) gtk_tool_button_new(NULL,"粘贴");
28   gtk_tool_button_set_icon_name(GTK_TOOL_BUTTON(toolbutton3),
29     "gtk-paste");
30   gtk_widget_show(toolbutton3);
31   gtk_container_add(GTK_CONTAINER(toolbar), toolbutton3);
32   GtkWidget *separatortoolitem;
33   //创建一个工具栏分隔符构件
34   separatortoolitem = (GtkWidget*) gtk_separator_tool_item_new();
35   gtk_widget_show(separatortoolitem);
36   gtk_container_add(GTK_CONTAINER(toolbar), separatortoolitem);
37   GtkWidget *toolbutton4;
38   toolbutton4 = (GtkWidget*) gtk_tool_button_new(NULL,"全选");
39   gtk_tool_button_set_icon_name(GTK_TOOL_BUTTON(toolbutton4),
40     "gtk-select-all");
41   gtk_widget_show(toolbutton4);
42   gtk_container_add(GTK_CONTAINER (toolbar), toolbutton4);
43   gtk_tool_item_set_is_important(GTK_TOOL_ITEM (toolbutton4), TRUE);
44   GtkWidget *textview;
45   textview = gtk_text_view_new();                //创建一个文本视区构件
46   gtk_widget_show(textview);
47   gtk_box_pack_start(GTK_BOX(vbox), textview, TRUE, TRUE, 0);
```

在程序中创建了一个工具栏构件，在其中放置了多个按钮和一个工具栏分隔符。工具栏图像的尺寸设为对话框图像尺寸，样式设为同时显示图像和文本，如图 24.18 所示。

图 24.18　工具栏构件演示

24.3.11　笔记本

笔记本构件（GtkNotebook）是互相重叠的页面集合，每一页都包含不同的信息，并且一次只有一个页面是可见的。该构件在界面编程中经常使用，如果要在同一个窗体中显示大量信息，可将它们分类装入笔记本构件，这样使用者能快速找到相应的功能。gtk_notebook_new()函数用来创建笔记本构件，它的一般形式如下：

```
GtkWidget *gtk_notebook_new(void);
```

笔记本的每一页称为一个选项卡，可以通过单击选项卡的标签打开指定的选项卡。选项卡标签的位置可以设置在笔记本构件的上、下、左、右 4 个方向。gtk_notebook_set_tab_pos()函数用于为笔记本指定选项卡标签的位置，它的一般形式如下：

```
void gtk_notebook_set_tab_pos(GtkNotebook *notebook,
                              GtkPositionType pos);
```

pos 参数用于指定选项卡的位置，它是 GtkPosition 枚举类型，其成员见表 24.6。

表 24.6　GtkPosition枚举类型成员

成 员 名 称	说　　　明
GTK_POS_LEFT	选项卡标签位于笔记本构件左侧
GTK_POS_RIGHT	选项卡标签位于笔记本构件右侧
GTK_POS_TOP	选项卡标签位于笔记本构件顶部，默认值
GTK_POS_BOTTOM	选项卡标签位于笔记本构件底部

gtk_notebook_append_page()函数用于在笔记本构件的开始位置添加选项卡，gtk_notebook_prepend_page()函数用于在笔记本构件结束位置添加选项卡，它们的一般形式如下：

```
void gtk_notebook_append_page(GtkNotebook *notebook,
                              GtkWidget *child,
                              GtkWidget *tab_label);
void gtk_notebook_prepend_page(GtkNotebook *notebook,
                               GtkWidget *child,
                               GtkWidget *tab_label);
```

child 参数是放在笔记本页面里的界面构件指针，tab_label 参数是要添加的选项卡标签所使用的参数。child 构件必须是一个已创建的构件，一般为包含一套选项设置的容器构件，如一个表格。

gtk_notebook_insert_page()函数用于在创建选项卡时指定选项卡的位置，它的一般形式如下：

```
void gtk_notebook_insert_page(GtkNotebook *notebook,
                              GtkWidget *child,
                              GtkWidget *tab_label,
                              gint position );
```

position 参数指定选项卡应该插入哪一页，第 1 页的数值为 0。gtk_notebook_remove_page()函数用于从笔记本中删除一个选项卡，它的一般形式如下：

```
void gtk_notebook_remove_page(GtkNotebook *notebook,
                              gint page_num);
```

　　page_num 参数用于指定被删除的选项卡的页码。该函数只是在笔记本构件中将选项卡删除，而选项卡内的容器及容器内的其他构件并没有被删除。

　　当笔记本构件被显示时，页码为 0 的选项卡默认也会显示。如果需要在程序启动或运行时指定哪一页被显示，可使用 gtk_notebook_set_current_page()函数来实现。gtk_notebook_get_current_page()函数用于返回当前显示的页面，它的一般形式如下：

```
void gtk_notebook_set_current_page(GtkNotebook *notebook,
                                   gint page_num);
gint gtk_notebook_get_current_page(GtkNotebook *notebook);
```

　　gtk_notebook_next_page()函数用于将笔记本翻到下一页，gtk_notebook_prev_page()函数用于将笔记本翻到前一页，它们的一般形式如下：

```
void gtk_notebook_next_page(GtkNoteBook *notebook);
void gtk_notebook_prev_page(GtkNoteBook *notebook);
```

　　gtk_notebook_set_show_tabs()函数用于设置是否显示选项卡标签，gtk_notebook_set_show_border()函数用于设置是否显示选项卡边框。它们的一般形式如下：

```
void gtk_notebook_set_show_tabs(GtkNotebook *notebook,
                                gboolean show_tabs);
void gtk_notebook_set_show_border(GtkNotebook *notebook,
                                  gboolean show_border);
```

　　当选项卡较多，选项卡标签在笔记本构件上排列不下时，笔记本构件允许用两个箭头按钮来滚动显示标签页。gtk_notebook_set_scrollable()函数用于设置是否显示箭头按钮，它的一般形式如下：

```
void gtk_notebook_set_scrollable(GtkNotebook *notebook,
                                 gboolean scrollable);
```

　　下面举例演示笔记本构件的操作方法，程序代码如下：

```
01   //旋转页标签的位置
02   void rotate_book(GtkButton *button, GtkNotebook *notebook) {
03     gtk_notebook_set_tab_pos(notebook,
04   (gtk_notebook_get_tab_pos(GTK_NOTEBOOK(notebook))+1)%4);
05   }
06   //显示/隐藏选项卡标签和边框
07   void tabsborder_book(GtkButton *button, GtkNotebook *notebook) {
08     gint tval = FALSE;
09     gint bval = FALSE;
10     if (gtk_notebook_get_tab_pos(GTK_NOTEBOOK(notebook)) == 0)
11       tval = TRUE;
12     if (gtk_notebook_get_show_border(GTK_NOTEBOOK(notebook)) == 0)
13       bval = TRUE;
14     gtk_notebook_set_show_tabs(notebook, tval);//显示/隐藏页选项卡标签
15     gtk_notebook_set_show_border(notebook, bval);//显示/隐藏页选项卡边框
16   }
17   //从笔记本构件上删除一个选项卡
18   void remove_book(GtkButton *button, GtkNotebook *notebook) {
19     gint page;
20     //获取笔记本构件的当前页
21     page = gtk_notebook_get_current_page(notebook);
22     gtk_notebook_remove_page(notebook, page);       //删除一个选项卡
23     gtk_widget_queue_draw(GTK_WIDGET(notebook));    //刷新笔记本构件
```

```
24  }
25  int main(int argc, char *argv[]) {
26      gtk_init(&argc, &argv);
27      GtkWidget *window;
28      window = gtk_window_new(GTK_WINDOW_TOPLEVEL);
29      gtk_window_set_title(GTK_WINDOW(window), "笔记本构件演示");
30      gtk_container_set_border_width(GTK_CONTAINER(window), 10);
31      gtk_widget_show(window);
32      int i;
33      char bufferf[32];
34      char bufferl[32];
35      GtkWidget *button;
36      GtkWidget *grid;
37      GtkWidget *notebook;
38      GtkWidget *frame;
39      GtkWidget *label;
40      GtkWidget *checkbutton;
41      GtkWidget *vbox;
42      vbox = gtk_box_new(GTK_ORIENTATION_VERTICAL, 15);
43      gtk_widget_show(vbox);
44      grid = gtk_grid_new();
45      gtk_container_add(GTK_CONTAINER(window), grid);
46      notebook = gtk_notebook_new();
47      //创建笔记本构件，标签位于左侧
48      gtk_notebook_set_tab_pos(GTK_NOTEBOOK(notebook), GTK_POS_LEFT);
49      gtk_grid_attach(GTK_GRID(grid),notebook,0,0,18,1);
50      gtk_widget_show(notebook);
51      //在笔记本构件后面追加几个选项卡
52      for (i = 0; i < 5; i++) {
53          sprintf(bufferf, "选项卡 %d", i + 1);
54          sprintf(bufferl, "选项卡 %d", i + 1);
55          frame = gtk_frame_new(bufferf);
56          gtk_container_set_border_width(GTK_CONTAINER(frame), 10);
57          gtk_widget_set_size_request(frame, 100, 75);
58          gtk_widget_show(frame);
59          label = gtk_label_new(bufferf);
60          gtk_container_add(GTK_CONTAINER(frame), label);
61          gtk_widget_show(label);
62          label = gtk_label_new(bufferl);
63          gtk_notebook_append_page(GTK_NOTEBOOK(notebook), frame,
64              label);
65      }
66      checkbutton = gtk_check_button_new_with_label("Check me please!");
67      gtk_widget_set_size_request(checkbutton, 100, 75);
68      gtk_widget_show(checkbutton);
69      label = gtk_label_new("插入页");
70      //从指定位置插入选项卡
71      gtk_notebook_insert_page(GTK_NOTEBOOK(notebook), checkbutton,
72          label, 2);
73      //最后向笔记本构件的起始位置插入选项卡
74      for (i = 0; i < 5; i++) {
75          sprintf(bufferf, "反向添加的选项卡 %d", i + 1);
76          sprintf(bufferl, "反向添加的选项卡 %d", i + 1);
77          frame = gtk_frame_new(bufferf);
```

```
78          gtk_container_set_border_width(GTK_CONTAINER(frame), 10);
79          gtk_widget_set_size_request(frame, 100, 75);
80          gtk_widget_show(frame);
81          label = gtk_label_new(bufferf);
82          gtk_container_add(GTK_CONTAINER(frame), label);
83          gtk_widget_show(label);
84          label = gtk_label_new(bufferl);
85          gtk_notebook_prepend_page(GTK_NOTEBOOK(notebook), frame,
86              label);
87      }
88      //设置第 4 页为起始页
89      gtk_notebook_set_current_page(GTK_NOTEBOOK(notebook), 3);
90      button = gtk_button_new_with_label("关闭");
91      g_signal_connect_swapped(G_OBJECT(button), "clicked",
92        G_CALLBACK(gtk_main_quit),NULL);
93      gtk_grid_attach(GTK_GRID(grid),button,0,1,1,2);
94      gtk_widget_show(button);
95      button = gtk_button_new_with_label("下翻页");
96      g_signal_connect_swapped(G_OBJECT(button), "clicked", G_CALLBACK(
97              gtk_notebook_next_page), notebook);
98      gtk_grid_attach(GTK_GRID(grid),button,1,1,1,2);
99      gtk_widget_show(button);
100     button = gtk_button_new_with_label("上翻页");
101     g_signal_connect_swapped(G_OBJECT(button), "clicked", G_CALLBACK(
102             gtk_notebook_prev_page), notebook);
103     gtk_grid_attach(GTK_GRID(grid),button,2,1,1,2);
104     gtk_widget_show(button);
105     button = gtk_button_new_with_label("改变标签位置");
106     g_signal_connect(G_OBJECT(button), "clicked",
107       G_CALLBACK(rotate_book),notebook);
108     gtk_grid_attach(GTK_GRID(grid),button,3,1,4,2);
109     gtk_widget_show(button);
110     button = gtk_button_new_with_label("显示/隐藏边框");
111     g_signal_connect(G_OBJECT(button), "clicked",
112       G_CALLBACK(tabsborder_book),
113             notebook);
114     gtk_grid_attach(GTK_GRID(grid),button,7,1,5,2);
115     gtk_widget_show(button);
116     button = gtk_button_new_with_label("删除选项卡");
117     g_signal_connect(G_OBJECT(button), "clicked",
118       G_CALLBACK(remove_book),
119             notebook);
120     gtk_grid_attach(GTK_GRID(grid),button,12,1,6,2);
121     gtk_widget_show(button);
122     gtk_widget_show(grid);
123     g_signal_connect(G_OBJECT(window), "delete_event",
124             G_CALLBACK(gtk_main_quit), NULL);
125     gtk_main();
126     return 0;
127 }
```

　　本例创建了一个包含一个笔记本构件和 6 个按钮的窗体。笔记本构件共有 11 个选项卡，用 3 种方式添加，分别是在开始位置添加、在结束位置添加和在指定位置添加。单击相应的按钮可以改变标签的位置、显示/隐藏页标签和边框、删除当前页、向前或向后翻页、退出程序，如图 24.19 所示。

图 24.19 "笔记本构件演示"界面

24.4 媒体播放器——界面实现

前面介绍了界面开发的基础知识，其中的重点为界面构件的使用方法和界面布局方法。虽然界面开发涉及的内容较庞杂，但是比较容易理解与掌握。读者可以利用掌握的知识为程序设计一个简单的图形界面。本节继续讲解媒体播放器的设计过程，首先结合朴素软件工程思想中的原型法来设计媒体播放器的界面，然后使用 GTK+函数库实现设计的界面。

24.4.1 使用原型法设计媒体播放器界面

在朴素软件工程思想的迭代模型中，第 2 步为软件设计，即根据项目视图与项目使用范围拟定软件需求，界面设计是软件需求的一部分。对于界面设计方法，朴素软件工程思想推荐的是原型法。下面分步介绍原型法界面设计的过程。

1．列举界面元素

原型法实施起来很简单，第 1 步是绘制树形目录，将软件中需要与用户交互的界面及界面元素列举出来。媒体播放器的窗口只有一个，即程序主界面。主界面的界面元素如图 24.20 所示。

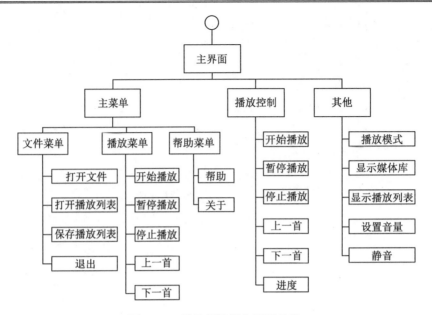

图 24.20　媒体播放器主界面元素

　　在软件设计过程中，媒体库只有在用户要求显示的时候才会显示，因此将它设计为对话框形式放在主界面的下一层。媒体库界面元素的树形目录如图 24.21 所示。

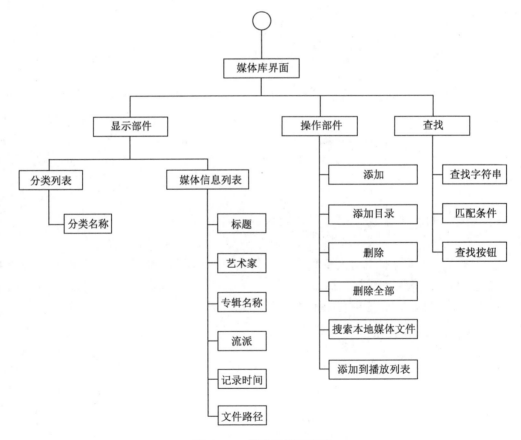

图 24.21　媒体库界面元素

　　播放列表也设计为对话框形式，在用户要求显示的情况下才显示出来。播放列表的界面元素如图 24.22 所示。

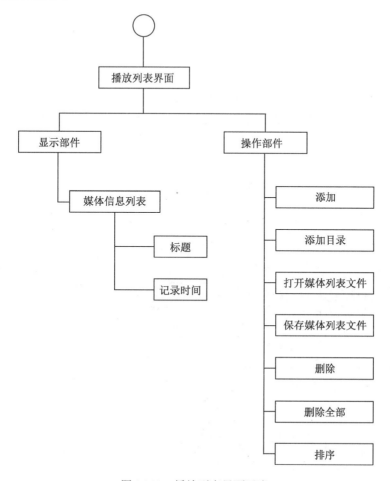

图 24.22　播放列表界面元素

　　除此以外还有一些消息对话框和 GTK+内建的对话框，因为这些对话框结构比较简单，所以可以不列出其中的界面元素。

2. 选择界面元素对应的界面构件

　　检查上一步所列举的界面元素，如果与需要实现的功能无异，那么进入第 2 步——分析实现界面元素所对应的界面构件。选择界面构件的原则是，构件必须能够满足界面元素需要实现的功能，并且尽量用 GTK+函数库中主流的构件。如果一个元素有多种界面构件可供选择，为了保证开发速度，可选择开发者最熟悉的构件。

　　在主界面元素中，"播放控制"下的"进度"界面元素可以使用比例构件来实现。比例构件不但能实时反映播放媒体文件的执行进度，而且可让用户动态调整播放进度。"设置音量"界面可以用一个开关按钮和弹出对话框组合构成，用户单击"设置音量"按钮后将弹出一个对话框用于调节音量，再次单击该按钮则隐藏对话框。"播放模式"界面可使用组合框来实现，用户可直接通过组合框中的列表项选择相应的模式。

　　媒体库界面中的"分类列表""媒体信息列表"与播放列表界面中的"媒体信息列表"

均可用树视图实现。媒体库的查找功能需要使用 3 个构件，分别是文本输入构件、组合框构件和按钮构件。文本输入构件用于输入查找字符串，组合框构件用于选择查找条件，按钮构件用于执行查找操作。其他界面元素可以很容易地选择对应的界面构件，这里不再赘述。

3．绘制草图

为界面绘制出草图后，开发者和用户的沟通将变得更加便利。因为用户可能并非专业技术人员，他们能通过草图了解最终的开发效果，并尽早发现软件功能的缺陷。绘制草图的方法有很多种，例如人工绘制，或者选择一个图形软件进行绘制。媒体播放器界面的草图如图 24.23 所示。

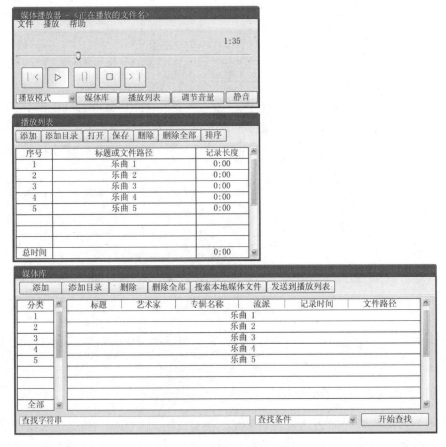

图 24.23　媒体播放器界面草图

4．不断改进原型

原型法最重要的原则就是在整个开发过程中对原型不断改进，否则它就不能起到指导开发的作用。至于何时开始对界面进行编码，可以根据项目的实际情况来决定。一些比较小的项目通常将界面编码工作放在前期进行，这样可以直接操作原型。而一些较大项目的业务逻辑实现很耗时，因此界面编码工作通常放在后期进行。当然，在团队开发中，业务逻辑实现和界面编码实现也可以同时进行。

24.4.2　编写媒体播放器界面代码

下面对媒体播放器的界面进行编码，这部分代码只用于显示界面，不实现其他功能。首先在媒体播放器源代码目录下创建两个文件，名称分别为 interface.h 和 interface.c。interface.h 文件用于放置界面所用的数据结构。代码如下：

```
01  #include <stdlib.h>
02  #ifndef INTERFACE_H_
03  #define INTERFACE_H_
04  typedef struct _interface InterFace;          //定义一个新的类型
05  struct _interface {                           //定义界面数据结构
06    GtkWidget *winMain;                         //主窗体
07    GtkWidget *diaPlaylist;                     //播放列表对话框
08    GtkWidget *diaMedialib;                     //媒体库对话框
09    GtkWidget *diaVolume;                       //音量调节对话框
10    GtkWidget *diaFile;                         //文件选择对话框
11    GtkWidget *diaDir;                          //目录选择对话框
12  };
13  GtkWidget *create_winMain (InterFace *ui);            //创建主窗体函数原型
14  GtkWidget *create_diaPlaylist (InterFace *ui);//创建播放列表对话框函数原型
15  GtkWidget *create_diaMedialib (InterFace *ui);//创建媒体库对话框函数原型
16  GtkWidget *create_diaVolume (InterFace *ui); //创建音量调节对话框函数原型
17  #endif /* INTERFACE_H_ */
```

上面的代码定义了媒体播放器界面的数据结构_interface，并将其作为一个新类型 InterFace 使用，然后为 4 个主要的界面创建函数定义了原型。

界面的数据结构是为程序的主要窗体构件和对话框构件建立索引，这样方便窗体间的相互访问。例如，create_winMain()函数和 create_diaPlaylist()函数分别放置着创建主窗体和播放列表对话框的代码，因为作用域的原因，它们相互之间并不能访问。而程序要求主窗体中的按钮能打开播放列表对话框，播放列表对话框所进行的操作又能影响主窗体的现实，那么可以使用_interface 结构体变量作为两个函数的共同参数，这样它们就能相互访问了。

另外，使用界面的数据结构是一种编程方法，这种方法很好地体现出了界面的独立性。程序的其他部分可以通过界面的数据结构对界面构件进行操作，而不是将界面实现代码与业务逻辑混杂在一起。

interface.c 文件用于放置实现媒体播放器界面的代码，其中主要实现在头文件中定义的 4 个函数原型。在该文件的开始部分要放入相应的头文件，示例如下：

```
#include <gtk-3.0/gtk/gtk.h>                     //GTK+函数库
#include <glib-2.0/glib.h>                       //GLib 函数库
#include "interface.h"                           //自身的头文件
```

完成基本的定义后，就可以正式开始编写界面代码了。在编码时需要遵循以下 3 个原则。

❑ 使用从上至下的设计方法。这种方法具体实施起来是先设计顶层容器，再设计下一层容器；先设计界面上方的构件，再设计界面下方的构件；先设计左边的界面构件，再设计右边的界面构件。只有这样代码才容易理解。

❑ 保持统一的命名规则。命名规则在界面设计中非常重要，因为经常可以在一段代码里看到数百个与界面构件相关的变量。有一种被广泛使用的方法称为匈牙利命名法，这种方法将变量名分为两部分，前部分的数个小写字母表示变量的类型，后部分的首字母大写，然后可用任意字母或符号表示变量的作用。匈牙利命名法易读且便于记忆，如 winMain，很容易被理解为主窗体或主界面。

❑ 分而治之，将在显示上相关的代码放在一起。首先可以将同一个界面的代码放在同一个函数体中，而函数体中同一个容器内构件的代码也应该放在一起，这样方便修改。例如，将一组菜单的代码放在连续的位置，当删除或复制这组菜单时，无须在整个文件中查找相关代码。

1. 创建主窗体函数

创建主窗体由 create_winMain()函数实现，根据自上而下的编码原则，应该在函数中首先实现窗体和主要的容器，代码如下：

```
01  GtkWidget *create_winMain(InterFace *ui)              //创建主窗体函数
02  {
03     GtkWidget *winMain;                                //保存主窗体构件指针
04     winMain = gtk_window_new(GTK_WINDOW_TOPLEVEL);     //创建主窗体
05     //设置窗体标签
06     gtk_window_set_title(GTK_WINDOW (winMain), "媒体播放器");
07     GtkWidget *vbMain;                                 //保存横向组装盒构件指针
08     vbMain = gtk_box_new(GTK_ORIENTATION_VERTICAL, 0); //创建纵向组装盒
09     gtk_widget_show(vbMain);                           //显示纵向组装盒
10     //将纵向组装盒装入窗体构件
11     gtk_container_add(GTK_CONTAINER (winMain), vbMain);
...
```

在上面的代码中创建了一个窗体构件作为媒体播放器主窗体，然后在主窗体中放置了一个横向组装盒。其他窗体构件可放入横向组装盒。

2. 创建菜单

接着为主窗体设计菜单。菜单由快捷方式集合、菜单条、菜单构件和菜单项 4 部分组成。可以先定义快捷方式集合与菜单条，代码如下：

```
01  GtkAccelGroup *accel_group;                  //保存快捷方式集合指针
02  accel_group = gtk_accel_group_new ();        //创建快捷方式集合
03  GtkWidget *menubar;                          //保存菜单条构件指针
04  menubar = gtk_menu_bar_new ();               //创建菜单条构件
05  gtk_widget_show (menubar);                    //显示菜单条
06  //将菜单条装入横向组装盒
07  gtk_box_pack_start(GTK_BOX(vbMain), menubar, FALSE, FALSE, 0);
```

在菜单中经常会用到快捷方式集合，如一些通过图像库预置的菜单项，都对应有相应的快捷方式。因此需要在定义菜单前创建快捷方式集合。菜单条创建后需要使用 gtk_widget_show()函数将其显示出来，否则菜单条将无法在屏幕中显示，菜单条内的菜单构件和菜单项也无法显示。这种原理也可用于隐藏菜单，调用 gtk_widget_hide()函数可以暂时将不需要显示的菜单隐藏起来。

然后实现文件菜单。文件菜单包含 4 个菜单项，另外显示在菜单条上的也是一个菜单项，代码如下：

```
01  GtkWidget *miFile;
02  miFile = gtk_menu_item_new_with_mnemonic("文件(_F)");//创建文件菜单项
03  gtk_widget_show (miFile);                          //显示文件菜单项
04  //将文件菜单项装入菜单条
05  gtk_container_add (GTK_CONTAINER(menubar), miFile);
06  GtkWidget *miFile_menu;
07  miFile_menu = gtk_menu_new();                       //创建菜单构件
08  //将菜单构件设为文件菜单项的子菜单
09  gtk_menu_item_set_submenu(GTK_MENU_ITEM (miFile), miFile_menu);
10  GtkWidget *menuOpen;                                //创建打开菜单项
11  menuOpen = gtk_image_menu_item_new_from_stock("gtk-open", accel_group);
12  gtk_widget_show(menuOpen);                          //显示打开菜单项
13  //将打开菜单项装入文件菜单
14  gtk_container_add(GTK_CONTAINER(miFile_menu), menuOpen);
15  GtkWidget *menuM3u;
16  //创建打开播放列表菜单项
17  menuM3u = gtk_menu_item_new_with_mnemonic ("打开播放列表");
18  gtk_widget_show (menuM3u);                 //显示打开播放列表菜单项
19  //将打开播放列表菜单项装入文件菜单
20  gtk_container_add(GTK_CONTAINER(miFile_menu), menuM3u);
21  GtkWidget *menuSave;
22  //创建保存菜单项，并加入快捷方式
23  menuSave = gtk_image_menu_item_new_from_stock("gtk-save", accel_group);
24  gtk_widget_show(menuSave);                 //显示保存菜单项
25  //将保存菜单项装入文件菜单
26  gtk_container_add(GTK_CONTAINER(miFile_menu), menuSave);
27  GtkWidget *separatormenuitem1;
28  separatormenuitem1=gtk_separator_menu_item_new(); //创建一个分隔条
29  gtk_widget_show(separatormenuitem1);     //显示分隔条
30  //将分隔条装入文件菜单
31  gtk_container_add(GTK_CONTAINER(miFile_menu), separatormenuitem1);
32  //设置分隔条为不活动状态
33  gtk_widget_set_sensitive(separatormenuitem1, FALSE);
34  GtkWidget *menuQuit;
35  //创建退出菜单项，并加入快捷方式
36  menuQuit=gtk_image_menu_item_new_from_stock("gtk-quit",accel_group);
37  gtk_widget_show(menuQuit);                          //显示退出菜单项
38  //将显示菜单项装入文件菜单
39  gtk_container_add(GTK_CONTAINER(miFile_menu), menuQuit);
```

在上面的代码中首先定义了文件菜单项，该菜单项显示在菜单条中，因此要将菜单条构件转换为容器构件再装入菜单项。为了在单击菜单项时能显示子菜单，必须创建一个菜单构件，并且将文件菜单项的子菜单设置为对应的菜单构件。菜单构件是一个抽象的菜单项容器，不必让其显示出来。

然后依次创建打开、打开播放列表、保存和退出这 4 个功能的菜单项。打开、保存和退出使用图像库中预置的项目，因此要用到快捷方式集合，可以在创建菜单项的时候直接装入快捷方式集合。播放菜单和帮助菜单的创建方法与文件菜单相似，创建播放菜单的源代码如下：

```
01  GtkWidget *miPlay;
02  miPlay = gtk_menu_item_new_with_mnemonic("播放(_P)");  //创建播放菜单项
03  gtk_widget_show(miPlay);                               //显示播放菜单项
04  //将播放菜单项装入菜单条
```

```
05  gtk_container_add(GTK_CONTAINER(menubar), miPlay);
06  GtkWidget *miPlay_menu;
07  miPlay_menu = gtk_menu_new ();                          //创建播放菜单构件
08  gtk_menu_item_set_submenu(GTK_MENU_ITEM(miPlay), miPlay_menu);
09  GtkWidget *menuPre;
10  //创建"上一首"菜单项
11  menuPre = gtk_menu_item_new_with_mnemonic("Previous")
12  gtk_widget_show(menuPre);
13  gtk_container_add(GTK_CONTAINER(miPlay_menu), menuPre);
14  GtkWidget *menuPlay;
15  //创建开始播放菜单项
16  menuPlay = gtk_menu_item_new_with_mnemonic("Play");
17  gtk_widget_show(menuPlay);
18  gtk_container_add(GTK_CONTAINER(miPlay_menu), menuPlay);
19  GtkWidget *menuPause;
20  //创建暂停播放菜单项
21  menuPause = gtk_menu_item_new_with_mnemonic("Pause");
22  gtk_widget_show(menuPause);
23  gtk_container_add(GTK_CONTAINER(miPlay_menu), menuPause);
24  GtkWidget *menuStop;
25  //创建停止播放菜单项
26  menuStop = gtk_menu_item_new_with_mnemonic("Stop");
27  gtk_widget_show(menuStop);
28  gtk_container_add(GTK_CONTAINER(miPlay_menu), menuStop);
29  GtkWidget *menuNext;
30  //创建"下一首"菜单项
31  menuNext = gtk_menu_item_new_with_mnemonic("Next");
32  gtk_widget_show(menuNext);
33  gtk_container_add(GTK_CONTAINER(miPlay_menu), menuNext);
```

以上代码在播放菜单中依次创建了 5 个菜单项,因为可以在图像库中找到对应的项目,所以这 5 个菜单项都来自于图像库。创建帮助菜单的代码如下:

```
01  GtkWidget *miHelp;
02  miHelp = gtk_menu_item_new_with_mnemonic ("帮助(_H)"); //创建帮助菜单项
03  gtk_widget_show (miHelp);
04  gtk_container_add(GTK_CONTAINER (menubar), miHelp);
05  GtkWidget *miHelp_menu;
06  miHelp_menu = gtk_menu_new();                          //创建帮助菜单构件
07  gtk_menu_item_set_submenu(GTK_MENU_ITEM (miHelp), miHelp_menu);
08  GtkWidget *menuHelp;
09  menuHelp = gtk_menu_item_new_with_mnemonic("Help");//创建帮助子菜单项
10  gtk_widget_show(menuHelp);
11  gtk_container_add(GTK_CONTAINER(miHelp_menu), menuHelp);
12  GtkWidget *menuAbout;
13  menuAbout = gtk_menu_item_new_with_mnemonic("About");//创建关于菜单项
14  gtk_widget_show(menuAbout);
15  gtk_container_add(GTK_CONTAINER(miHelp_menu), menuAbout);
```

上述代码创建了一个帮助菜单和其内部的菜单项。至此,所有的菜单已创建完毕。如果不再为其他界面构件添加快捷方式,那么此时可以将快捷方式集合加入窗体。前面所创建的快捷方式在整个窗体中都有效。需要注意的是,窗体必须是活动中的窗体,也就是说,只有当媒体播放器主窗体显示在屏幕最前端时才能接收到快捷键信号,如果该窗体最小化或被其他窗体挡住则无法收到。

3．创建播放控制部件

菜单条的下方是播放控制部件，前面已确定显示和调整播放进度使用比例构件，另外加上一个文本标签构件显示媒体的长度，代码如下：

```
01  GtkWidget *hbState;
02  hbState = gtk_box_new(GTK_ORIENTATION_HORIZONTAL, 0);
03  gtk_widget_show (hbState);
04  //将横向组装盒装入上层纵向组装盒
05  gtk_box_pack_start(GTK_BOX(vbMain), hbState, TRUE, TRUE, 0);
06  GtkWidget *hsSche;
07  hsSche = gtk_scale_new(GTK_ORIENTATION_HORIZONTAL,GTK_ADJUSTMENT
08   (gtk_adjustment_new(0, 0, 0, 0, 0, 0)));  //创建横向比例构件
09  gtk_widget_show(hsSche);
10  //将横向比例构件装入横向组装盒
11  gtk_box_pack_start(GTK_BOX(hbState), hsSche, TRUE, TRUE, 0);
12  //定义横向比例构件的最小需求尺寸
13  gtk_widget_set_size_request(hsSche, 32, 20);
14  //设置比例构件的数值为不显示
15  gtk_scale_set_draw_value(GTK_SCALE(hsSche), FALSE);
16  //设置比例构件小数点后的长度为 0
17  gtk_scale_set_digits(GTK_SCALE(hsSche), 0);
18  GtkWidget *lbTime;
19  lbTime = gtk_label_new("00:00:00");        //创建文本标签构件
20  gtk_widget_show(lbTime);
21  //将文本标签构件装入横向组装盒
22  gtk_box_pack_start(GTK_BOX(hbState), lbTime, FALSE, FALSE, 0);
23  //定义文本标签构件的最小需求尺寸
24  gtk_widget_set_size_request(lbTime, 48, 14);
```

上面的代码中创建了一个比例构件，创建的同时新建了一个调整对象，当需要使用这个调整对象时，可以访问比例构件内部的子成员。因为播放媒体是以秒为单位，所以需要将比例构件小数点后的长度设置为 0，这样，比例构件的数值是用整数来计算的，应用起来简单一些。比例构件的右侧创建了一个文本标签构件，并且为比例构件和文本标签构件都定义了最小需求尺寸。这样，无论如何调整主窗体的尺寸，播放构件都会被显示出来。

播放控制部件的另一部分是一组按钮，包括前一首、播放、暂停、停止和下一首。这些按钮在设计时应注意保持的传统样式，因为在长期的使用中已形成了一定的惯例，最早可追溯到卡式录音机。例如，用一个向右的三角形表示播放按钮。播放控制按钮的代码如下：

```
01  GtkWidget *hbCtrl;
02  //创建横向组装盒构件
03  hbCtrl = gtk_button_box_new(GTK_ORIENTATION_HORIZONTAL);
04  gtk_widget_show(hbCtrl);
05  //将横向组装盒装入上层容器
06  gtk_box_pack_start(GTK_BOX(vbMain), hbCtrl, TRUE, TRUE, 0);
07  GtkWidget *btPre;
08  btPre = gtk_button_new();                //创建"上一首"按钮
09  gtk_widget_show(btPre);
10  //将"上一首"按钮装入横向组装盒
11  gtk_container_add(GTK_CONTAINER(hbCtrl), btPre);
12  //定义"上一首"按钮的最小需求尺寸
13  gtk_widget_set_size_request(btPre, 34, 34);
```

```
14  gtk_widget_set_can_default(btPre,TRUE);        //设置按钮可以为默认样式
15  GtkWidget *image1;
16  image1=gtk_image_new_from_icon_name("gtk-media-previous",
17      GTK_ICON_SIZE_BUTTON);           //从图像库中创建"上一首"按钮的图标
18  gtk_widget_show(image1);
19  gtk_container_add(GTK_CONTAINER (btPre), image1);  //将图标装入按钮
20  GtkWidget *btPlay;
21  btPlay = gtk_button_new();                       //创建播放按钮
22  gtk_widget_show(btPlay);
23  //将播放按钮的装入横向组装盒
24  gtk_container_add(GTK_CONTAINER(hbCtrl), btPlay);
25  //定义播放按钮的最小需求尺寸
26  gtk_widget_set_size_request(btPlay, 34, 34);
27  gtk_widget_set_can_default(btPlay,TRUE);     //设置按钮可以为默认样式
28  GtkWidget *image2;
29  image2 = gtk_image_new_from_icon_name ("gtk-media-play",
30      GTK_ICON_SIZE_BUTTON);                //从图像库中创建播放按钮的图标
31  gtk_widget_show(image2);
32  gtk_container_add(GTK_CONTAINER (btPlay), image2); //将图标装入按钮
33  GtkWidget *btPause;
34  btPause = gtk_button_new();               //创建暂停按钮
35  gtk_widget_show(btPause);
36  gtk_container_add(GTK_CONTAINER (hbCtrl), btPause);
37  gtk_widget_set_size_request(btPause, 34, 34);
38  gtk_widget_set_can_default(btPause,TRUE);
39  GtkWidget *image3;
40  image3 = gtk_image_new_from_icon_name("gtk-media-pause",
41      GTK_ICON_SIZE_BUTTON);                     //从图像库中创建暂停图标
42  gtk_widget_show(image3);
43  gtk_container_add(GTK_CONTAINER(btPause), image3);
44  GtkWidget *btStop;
45  btStop = gtk_button_new();                //创建停止按钮
46  gtk_widget_show(btStop);
47  gtk_container_add(GTK_CONTAINER (hbCtrl), btStop);
48  gtk_widget_set_size_request(btStop, 34, 34);
49  gtk_widget_set_can_default(btStop,TRUE);
50  GtkWidget *image4;
51  image4 = gtk_image_new_from_icon_name("gtk-media-stop",
52      GTK_ICON_SIZE_BUTTON);                //从图像库中创建停止按钮的图标
53  gtk_widget_show(image4);
54  gtk_container_add(GTK_CONTAINER(btStop), image4);
55  GtkWidget *btNext;
56  btNext = gtk_button_new();                //创建"下一首"按钮
57  gtk_widget_show(btNext);
58  gtk_container_add(GTK_CONTAINER(hbCtrl), btNext);
59  gtk_widget_set_size_request(btNext, 34, 34);
60  gtk_widget_set_can_default(btNext,TRUE);
61  GtkWidget *image5;
62  image5 = gtk_image_new_from_icon_name("gtk-media-next",
63      GTK_ICON_SIZE_BUTTON);                //从图像库中创建"下一首"按钮的图标
64  gtk_widget_show(image5);
65  gtk_container_add(GTK_CONTAINER (btNext), image5);
```

在上面的代码中先为放置这些按钮创建了一个横向组装盒容器，然后依次创建按钮，并将按钮放入组装盒。创建按钮时并没有为按钮设置文本标签，而是将按钮作为容器，在容器中装入一个由图像库创建的图像构件。每个按钮必须定义最小需求尺寸，这样能保证所有按钮都显示在媒体播放器的主窗体上。

4. 创建其他界面元素

创建主界面上的其他元素，包括播放状态、显示媒体库、显示播放列表、调节音量和静音。代码如下：

```
01  GtkWidget *hbOther;
02  hbOther = gtk_box_new(GTK_ORIENTATION_HORIZONTAL, 0); //创建横向组装盒
03  gtk_widget_show(hbOther);
04  //将横向组装盒装入
05  gtk_box_pack_start(GTK_BOX(vbMain), hbOther, TRUE, TRUE, 0);
06  GtkWidget *cbbMode;
07  cbbMode = gtk_combo_box_text_new();            //创建组合框构件
08  gtk_widget_show(cbbMode);
09  //将组合框构件的装入横向组装盒
10  gtk_box_pack_start(GTK_BOX(hbOther), cbbMode, TRUE, TRUE, 0);
11  //定义组合框构件的最小需求尺寸
12  gtk_widget_set_size_request(cbbMode, 46, 31);
13  //为组合框添加项目
14  gtk_combo_box_text_prepend_text(GTK_COMBO_BOX_TEXT(cbbMode),
15  "顺序模式");
16  gtk_combo_box_text_prepend_text(GTK_COMBO_BOX_TEXT(cbbMode),
17  "循环模式");
18  gtk_combo_box_text_prepend_text(GTK_COMBO_BOX_TEXT(cbbMode),
19  "随机模式");
20  //将第一个项目设为活动的
21  gtk_combo_box_set_active(GTK_COMBO_BOX(cbbMode), 0);
22  GtkWidget *btMedialib;
23  btMedialib = gtk_button_new();                //创建媒体库按钮
24  gtk_widget_show (btMedialib);
25  //将媒体库按钮装入横向组装盒
26  gtk_box_pack_start(GTK_BOX(hbOther), btMedialib, FALSE,
27  FALSE, 0);
28  gtk_widget_set_size_request(btMedialib, 92, 32);
29  GtkWidget *fixed1;
30  fixed1 = gtk_fixed_new();                     //创建固定容器构件
31  gtk_widget_show(fixed1);
32  gtk_widget_set_margin_top(fixed1,5);
33  //将按钮装入固定容器构件按钮
34  gtk_container_add(GTK_CONTAINER(btMedialib), fixed1);
35  GtkWidget *hbox2;
36  hbox2 = gtk_box_new(GTK_ORIENTATION_HORIZONTAL, 2);
37  gtk_widget_show (hbox2);
38  //将横向组装盒装入固定容器构件
39  gtk_container_add(GTK_CONTAINER(fixed1), hbox2);
40  GtkWidget *image6;
41  image6 = gtk_image_new_from_icon_name("gtk-index",
42  GTK_ICON_SIZE_BUTTON);                        //从图像库中创建图标
43  gtk_widget_show (image6);
44  //将图标装入横向组装盒
45  gtk_box_pack_start(GTK_BOX(hbox2), image6, FALSE, FALSE, 0);
46  GtkWidget *label1;
47  label1 = gtk_label_new_with_mnemonic("媒体库");//创建文本标签
48  gtk_widget_show(label1);
49  //将文本标签装入横向组装盒
50  gtk_box_pack_start(GTK_BOX (hbox2), label1, FALSE, FALSE, 0);
51  GtkWidget *btPlaylist;
```

```
52    //创建播放列表按钮
53    btPlaylist = gtk_button_new_with_mnemonic ("播放列表");
54    gtk_widget_show(btPlaylist);
55    //将播放列表按钮装入
56    gtk_box_pack_start(GTK_BOX (hbOther), btPlaylist, FALSE, FALSE, 0);
57    gtk_widget_set_size_request(btPlaylist, 60, 29);
58    GtkWidget *btVolume;
59    btVolume = gtk_toggle_button_new();        //创建音量调节开关按钮
60    gtk_widget_show(btVolume);
61    gtk_box_pack_start(GTK_BOX (hbOther), btVolume, FALSE, FALSE, 0);
62    gtk_widget_set_size_request(btVolume, 85, 34);
63    GtkWidget *fixed2;
64    fixed2 = gtk_fixed_new();
65    gtk_widget_set_margin_top(fixed2,5);
66    gtk_widget_show(fixed2);
67    gtk_container_add(GTK_CONTAINER(btVolume), fixed2);
68    GtkWidget *hbox3;
69    hbox3 = gtk_box_new(GTK_ORIENTATION_HORIZONTAL, 2);//创建横向组装盒
70    gtk_widget_show(hbox3);
71    gtk_container_add(GTK_CONTAINER(fixed2), hbox3);
72    GtkWidget *image7;
73    image7 = gtk_image_new_from_icon_name ("gtk-preferences",
74    GTK_ICON_SIZE_BUTTON);                       //从图像库中创建音量调节图标
75    gtk_widget_show(image7);
76    gtk_box_pack_start(GTK_BOX (hbox3), image7, FALSE, FALSE, 0);
77    GtkWidget *label2;
78    label2 = gtk_label_new_with_mnemonic("调节音量");//创建文本标签构件
79    gtk_widget_show(label2);
80    gtk_box_pack_start(GTK_BOX(hbox3), label2, FALSE, FALSE, 0);
81    GtkWidget *tbtMute;
82    //创建静音开关按钮
83    tbtMute = gtk_toggle_button_new_with_mnemonic ("静音");
84    gtk_widget_show(tbtMute);
85    gtk_box_pack_start(GTK_BOX(hbOther), tbtMute, FALSE, FALSE, 0);
86    gtk_widget_set_size_request(tbtMute, 48, 29);
87    gtk_window_add_accel_group(GTK_WINDOW(winMain), accel_group);
88    return winMain;                          //返回主窗体构件的地址
89    }
```

　　上面的代码创建了一个横向组装盒，然后创建了一个组合框构件。组合框构件用于设定播放模式，因为模式并不多，所以直接将各种模式的名称输入组合框。第 1 个项目在组合框中对应的位置值为 0，将其设为活动的可以在显示窗体的同时将其显示出来，类似于定义默认值的操作。

　　组合框构件的右侧有 4 个按钮，分别是 2 个普通按钮和 2 个开关按钮。为了在按钮中同时显示图标和文本，必须在按钮创建后将按钮作为容器装入对齐构件，然后将对齐构件作为容器装入横向组装盒，最后在组装盒中装入图像构件和文本标签。

　　至此，创建主窗体的函数就基本实现了，函数的返回值是主窗体构件的地址。程序的其他地方可以通过该地址对主窗体进行访问，如显示或关闭主窗体。下面在主函数中加入一段代码，检验媒体播放器的主界面。

```
01    gtk_init(&argc, &argv);                          //初始化 GTK+
02    InterFace ui;                                    //创建界面数据结构
03    ui.winMain = create_winMain(&ui);               //调用创建主窗体的函数
04      gtk_widget_show(ui.winMain);                  //显示主窗体
05    g_signal_connect(G_OBJECT(ui.winMain), "delete_event",
```

```
06                     //为主窗体退出事件创建连接回调函数
07                     G_CALLBACK(gtk_main_quit), NULL);
08  gtk_main();                                    //执行 GTK+主循环
```

上面的代码首先初始化 GTK+函数库，然后用 interface.h 中定义的 InterFace 类型声明界面数据结构 ui，再调用创建主窗体函数 create_winMain()，函数的实参为 ui 的地址，函数的返回值传递给了 ui 中的 winMain 成员。访问 ui.winMain 就等于访问主窗体，因此可通过 gtk_widget_show()函数操作 ui.winMain 将窗体显示出来，如图 24.24 所示。

图 24.24　媒体播放器主界面

24.5　小　　结

本章介绍了界面布局的基本概念和 GTK+界面布局的方法。GTK+使用容器进行界面布局，在很多情况下无须详细定义容器的尺寸。这种模糊的方式反而使界面布局更容易适应界面的变化，在不同的屏幕分辨率下或用户改变窗体尺寸时，容器中的构件也能显示在正确的位置。在界面设计时，应尽量保持同一层次的代码处在连续的位置上，这样可以提高代码的可读性。容器的层次不宜过多，但必须充分考虑布局的需要，以避免调整某一部分的构件时影响全局的布局。另外，读者在学习布局的初期不必过多考虑代码的简洁性，代码的可读性应放在设计原则的首位。

24.6　习　　题

一、填空题

1. GDK 库中使用_____类的实例获得与屏幕分辨率相关的信息。
2. 可访问的最底层容器是_____构件。
3. 窗体样式风格一致性表现在窗体外观的一致性和窗体_____的一致性。

二、选择题

1. 下列可以用来构建组装盒的函数是（　　　　）。
A．gtk_box_new()　　　　　　　　　　B．gtk_hbox_new()
C．gtk_vbox_new()　　　　　　　　　　D．其他

2．下列可以弥补构件不能接收事件的容器构件是（　　　）。

A．固定容器构件　　　　　　　　　　B．布局容器构件

C．事件盒　　　　　　　　　　　　　D．其他

3．对 GTK_POS_BOTTOM 解释正确的是（　　　）。

A．选项卡标签位于笔记本构件的左侧　　B．选项卡标签位于笔记本构件的右侧

C．选项卡标签位于笔记本构件的顶部　　D．选项卡标签位于笔记本构件的底部

三、判断题

1．操作系统的可视区域大小没有限制。　　　　　　　　　　　　　　（　　　）

2．按钮盒可以分为横向按钮盒和纵向按钮盒。　　　　　　　　　　　（　　　）

3．在分栏窗体构件中，窗体两部分的尺寸由用户控制。　　　　　　　（　　　）

四、操作题

1．使用代码实现在改变窗体大小后，显示窗体的实际宽度。

2．使用代码构建水平方向的分栏窗体构件，在此构件中有两个文本视区构件，左边的文本视区构件显示 My Name is Tom，右边的文本视区构件显示"我的名字叫 TOM"。

第 25 章　信号与事件处理

事件是 Linux 系统底层的 X Window 所定义的基本操作，可通过调用 GDK 库获得这些事件。信号是 GObject 对象受外界改变时发出的，GTK+对界面构件定义了丰富的信号。本章将介绍与界面相关的信号与事件处理方法。

25.1　信号函数与回调函数

GTK+实现了以事件进行驱动的图形模型，在进入 GTK+主循环后，它会等待事件的发生并进行反馈。让 GTK+进行工作有两个基本步骤，首先是使用信号函数将信号与事件进行注册，并连接到回调函数中。然后设计回调函数，将需要执行的代码放在回调函数内。本节将详细介绍信号函数与回调函数的使用方法。

25.1.1　信号函数

在 GTK+中，一个信号就是从 X Window 服务器里传出来的一个消息。当一个"事件"发生时，GTK+会发送一个"信号"，表示它已经做出了反应。利用 GTK+还可以为"信号"绑定专门的回调函数，也就是说回调函数只对它特定的"信号"才有反应，并且只执行这些特定的"信号"。

1. g_signal_connect()函数

在进行信号与事件处理前，首先要使用信号函数连接信号。g_signal_connect()函数用于连接信号或事件，它实际是宏，方便使用 g_signal_connect_data()函数，它的一般形式如下：

```
#define g_signal_connect(instance, detailed_signal, c_handler, data) \
    g_signal_connect_data ((instance), (detailed_signal), (c_handler),
(data), NULL, (GConnectFlags) 0)
```

instance 是发送信号的实例；detailed_signal 是信号的事件名称；c_handler 是回调函数；data 是传递给回调函数的参数。g_signal_connect_data()函数的一般形式如下：

```
gulong  g_signal_connect_data(gpointer instance,
                        const gchar *detailed_signal,
                        GCallback c_handler,
                        Gpointer data,
                        GClosureNotify destroy_data,
                        GConnectFlags connect_flags);
```

其中，前 4 个参数在 g_signal_connect()中讲解过了，这里不再赘述，destroy_data 是销段数据的参数，connect_flags 是信号连接的选项。

2. g_signal_handler_disconnect()函数

如果要断开信号连接，信号标识符就会起作用。g_signal_handler_disconnect()函数用于断开信号连接，它的一般形式如下：

```
void g_signal_handler_disconnect(GObject *object,
                                 gulong handler_id);
```

object 参数是发出信号的对象，handler_id 是信号标识符。g_signal_handler_disconnect()函数运行后，原先连接的信号则不能生效，示例如下：

```
01  struct WIDGET_SET {      //定义结构体，用于向回调函数传递多个构件和变量
02    GtkWidget *button;
03    GtkWidget *label;
04    gulong *signal_id;
05  };
06  void label_const(GtkWidget *button,
07               GtkLabel *label)            //按下按钮时的回调函数
08  {
09    char citem[100];
10    static int i = 0;
11    sprintf(citem, "计数按钮按下次数为：%d", ++i);
12    gtk_label_set_label(label, citem);    //修改标签的内容
13  }
14  void close_const(GtkWidget *togglebutton,
15          struct WIDGET_SET *widget_set) //按下开关按钮时的回调函数
16  {
17    //判断开关按钮是否被按下
18    if (gtk_toggle_button_get_active(GTK_TOGGLE_BUTTON(togglebutton)))
19  {
20      //修改开关按钮上的标签
21      gtk_button_set_label(GTK_BUTTON(togglebutton), "信号断开");
22      g_signal_handler_disconnect((gpointer) widget_set->button,
23      *widget_set->signal_id);            //断开按钮构件的 clicked 信号连接
24    }
25    else {
26      gtk_button_set_label(GTK_BUTTON(togglebutton), "信号连接");
27      //重新连接信号
28      *widget_set->signal_id = g_signal_connect(
29                           (gpointer) widget_set->button,
30                           "clicked", G_CALLBACK(label_const),
31                           (gpointer) widget_set->label);
32    }
33  }
34  int main(int argc, char *argv[]) {
35    gtk_init(&argc, &argv);
36    GtkWidget *window;
37    window = gtk_window_new(GTK_WINDOW_TOPLEVEL);
38    gtk_window_set_title(GTK_WINDOW(window), "连接和断开信号演示");
39    gtk_widget_show(window);
40    g_signal_connect(G_OBJECT(window), "delete_event",
41                 G_CALLBACK(gtk_main_quit), NULL);
42    GtkWidget *vbox;
43    vbox = gtk_box_new (GTK_ORIENTATION_VERTICAL, 0);
44    gtk_widget_show (vbox);
```

```
45    gtk_container_add (GTK_CONTAINER (window), vbox);
46    GtkWidget *button;
47    gulong signal_id;                          //记录按钮按下信号 ID
48    button = gtk_button_new_with_label("计数");
49    gtk_widget_show (button);
50    gtk_box_pack_start (GTK_BOX (vbox), button, FALSE, FALSE, 0);
51    GtkWidget *togglebutton;
52    //连接和断开信号
53    togglebutton = gtk_toggle_button_new_with_label ("信号连接");
54    gtk_widget_show (togglebutton);
55    gtk_box_pack_start (GTK_BOX (vbox), togglebutton, FALSE, FALSE, 0);
56    GtkWidget *label;
57    label = gtk_label_new ("计数按钮被单击的次数为：0");
58    gtk_widget_show (label);
59    gtk_box_pack_start (GTK_BOX (vbox), label, FALSE, FALSE, 0);
60    signal_id = g_signal_connect((gpointer) button, "clicked",
61                        G_CALLBACK(label_const),
62                        (gpointer) label);        //连接按钮被单击的信号
63    struct WIDGET_SET widget_set;
64    widget_set.button = button;                //将构件的指针赋值给结构体
65    widget_set.label = label;
66    widget_set.signal_id = &signal_id;
67    //连接开关按钮的信号，将结构体的地址作为参数进行传递
68    g_signal_connect((gpointer) togglebutton,
69                    "clicked",
70                    G_CALLBACK(close_const),
71                    (gpointer) &widget_set);
72    gtk_main();
73    return 0;
74 }
```

上面的程序使用了一个结构体来记录多个界面构件和变量的指针，当将结构体作为参数传递给回调函数时，能访问到多个窗体构件。在主函数中使用了两个信号连接函数，分别连接计数按钮和开关按钮的 clicked 信号。当计数按钮被单击时，回调函数 label_const()将改变标签上的内容，使计数器进 1 位。当开关按钮被单击时，通过回调函数 close_const()判断开关按钮的状态。如果是被单击状态，则断开计数按钮 clicked 信号的连接，这时再次单击计数按钮，label_const()函数不会被调用；否则将重新连接按钮 clicked 信号，如图 25.1 所示。

图 25.1　连接和断开信号演示

3. g_signal_connect_after()函数

一个窗体构件的信号可连接多个回调函数，回调函数的执行顺序为信号标识符的顺序。如果要使某个回调函数在其他回调函数后执行，可使用 g_signal_connect_after()函数连接信号和事件，其连接的回调函数在其他 g_signal_connect()函数连接的回调函数后执行。其实 g_signal_connect_after()函数也是宏，它的一般形式如下：

```
#define g_signal_connect_after(instance, detailed_signal, c_handler, data)
\g_signal_connect_data ((instance), (detailed_signal), (c_handler),
(data), NULL, G_CONNECT_AFTER)
```

下面用一个例子演示 g_signal_connect_after()函数的用法。该例在上一个示例的基础上修改如下：

```
...
01  void disconn_dialog(GtkWidget *togglebutton,
02                      GtkWindow *window)            //增加该回调函数
03  {
04     const char *label;
05     if (gtk_toggle_button_get_active(GTK_TOGGLE_BUTTON(togglebutton)))
06        label = "信号断开";
07     else
08        label = "信号连接";
09     GtkWidget *dialog;
10     dialog = gtk_message_dialog_new(window,
11                             GTK_DIALOG_MODAL,
12                             GTK_MESSAGE_INFO,
13                             GTK_BUTTONS_OK,
14                             label);          //创建消息对话框
15     gtk_window_set_title(GTK_WINDOW(dialog), "消息对话框");
16     gtk_dialog_run(GTK_DIALOG(dialog));      //弹出消息对话框
17     gtk_widget_destroy(dialog);
18  }
19  int main(int argc, char *argv[])
20  {
...
21     g_signal_connect((gpointer) togglebutton,
22                 "clicked",
23                 G_CALLBACK(disconn_dialog),
24                 (gpointer) window);           //修改 G_CALLBACK 信号函数
25     g_signal_connect_after((gpointer) togglebutton,
26                   "clicked",
27                   G_CALLBACK(close_const),
28                   (gpointer) &widget_set);   //增加 G_CALLBACK 信号函数
...
}
```

在上面程序中增加了一个回调函数和 g_signal_connect_after()函数。当开关按钮被单击时，g_signal_connect()函数连接的回调函数 disconn_dialog()将被执行。disconn_dialog()函数创建了一个消息对话框，待对话框关闭，g_signal_connect_after()函数连接的 label_const()函数才会被执行，如图 25.2 所示。

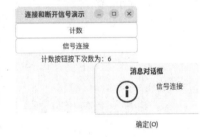

4．g_signal_connect_swapped()函数

图 25.2　回调函数执行顺序演示

g_signal_connect_swapped()函数的作用同样是连接信号和事件，但该函数只传递一个参数给回调函数，该函数也是宏。它的一般形式如下：

```
#define g_signal_connect_swapped(instance, detailed_signal, c_handler,
data) \g_signal_connect_data ((instance), (detailed_signal),(c_handler),
(data), NULL, G_CONNECT_SWAPPED)
```

5．g_signal_handlers_disconnect_by_func()函数

g_signal_handlers_disconnect_by_func()函数的作用是断开已连接的信号和事件，它不需要消息标识符作为参数，而是根据回调函数的名称判断哪些信号和事件被断开，该函数也是宏。g_signal_handlers_disconnect_by_func()函数的一般形式如下：

```
#define g_signal_handlers_disconnect_by_func(instance, func, data)        \
     g_signal_handlers_disconnect_matched ((instance),                     \
(GSignalMatchType) (G_SIGNAL_MATCH_FUNC | G_SIGNAL_MATCH_DATA),            \
0, 0, NULL, (func), (data))
```

instance 参数是构件的名称，该构件所有与 func 参数和 data 参数定义相同的回调函数的连接都将被断开。

25.1.2　回调函数

回调函数并非是 GTK+专有的，它是一种通过函数指针调用的函数。如果将某一个函数的指针作为参数传递给另一个函数，如果通过函数指针调用它所指向的函数，那么该函数就是回调函数。回调函数的一般形式如下：

```
void callback_func(GObject *object, gpointer func_data);
```

object 参数是发送信号对象的指针，在实际应用中也可以定义为 GObject 的子类，如 GtkWidget 类型。func_data 参数是传递给回调函数的值，它可以是任意的数据类型。

如果回调函数处理的是一个 GDK 事件，如关闭窗体构件的 delete_event，那么在回调函数中必须有一个参数用于接收事件名，它的一般形式如下：

```
gint callback_func(GObject *object,
               GdkEvent *event,
               gpointer func_data);
```

event 参数是一个 GdkEvent 联合体类型的值，在实际应用中常用字符串来代替。callback_func()回调函数可以使用 gint 类型定义返回值，返回值实际上会传递给 GTK+主循环，作用是决定是否继续执行该事件，示例如下：

```
01   //处理 delete_event 事件
02   gint delete_event(GtkWidget *window,
03                 GdkEvent *event,
04                 gpointer data ){
05     GtkWidget *dialogCloseWindow;
06     GtkWidget *lbClose;
07     GtkWidget *imgClose;
08     GtkWidget *hbClose;
09     gint diologChoose;                              //接收对话框返回值
10     dialogCloseWindow = gtk_dialog_new_with_buttons("退出程序对话框",
11                                         GTK_WINDOW(window),
12                                         GTK_DIALOG_MODAL,
13                                         "取消(C)",
14                                         GTK_RESPONSE_REJECT,
15                                         "确定(O)",
16                                         GTK_RESPONSE_OK,
17                                         NULL);    //创建对话框
18     lbClose = gtk_label_new("是否要退出程序？");
19     imgClose = gtk_image_new_from_icon_name("gtk-dialog-info",
20                             GTK_ICON_SIZE_DIALOG);
21     hbClose = gtk_box_new(GTK_ORIENTATION_HORIZONTAL, 5);
22     gtk_container_set_border_width(GTK_CONTAINER(hbClose), 10);
23     gtk_box_pack_start (GTK_BOX(gtk_dialog_get_content_area(GTK_DIALOG
24         (dialogCloseWindow))), imgClose, FALSE, FALSE, 0);
25     gtk_box_pack_start (GTK_BOX(gtk_dialog_get_content_area(GTK_DIALOG
26         (dialogCloseWindow))), lbClose, FALSE, FALSE, 0);
```

```
27      gtk_widget_show_all(dialogCloseWindow);
28      diologChoose = gtk_dialog_run(GTK_DIALOG(dialogCloseWindow));
29      if (diologChoose == GTK_RESPONSE_OK) {    //判断"确定"按钮是否被单击
30          gtk_widget_destroy(dialogCloseWindow);      //删除对话框
31          return FALSE;                               //继续处理关闭窗体事件
32      }
33      else {
34          gtk_widget_destroy(dialogCloseWindow);
35          return TRUE;                                //停止处理关闭窗体事件
36      }
37  }
38  void destroy(GtkWidget *window, gpointer data) //处理 destroy 信号
39  {
40      gtk_main_quit();                                //退出 GTK+主循环
41  }
42  int main(int argc, char *argv[]) {
43      gtk_init(&argc, &argv);
44      GtkWidget *window;
45      window = gtk_window_new(GTK_WINDOW_TOPLEVEL);
46      gtk_window_set_title(GTK_WINDOW(window), "回调函数演示");
47      gtk_widget_show(window);
48      //连接窗体的 delete_event 事件
49      g_signal_connect(G_OBJECT(window), "delete_event",
50              G_CALLBACK(delete_event), NULL);
51      //连接窗体的 destroy 信号
52      g_signal_connect(G_OBJECT(window), "destroy",
53              G_CALLBACK(destroy), NULL);
54      gtk_main();
55      return 0;
56  }
```

上述程序创建了一个名为 delete_event()的回调函数，当单击主窗体的关闭按钮时，发生 delete_event 事件。与主窗体连接的 delete_event()函数会弹出一个对话框，询问是否退出程序。如果单击"确定"按钮，那么 GTK+主循环将继续处理 delete_event 事件。当窗体关闭时会抛出 destroy 信号，与主窗体相连接的 destroy()函数将结束主循环，这样就能退出程序了。如果在退出程序对话框中单击"取消"按钮，那么 delete_event()函数的返回值为 TRUE，这时 delete_event 事件的处理将会终止，窗体继续存在，如图 25.3 所示。

图 25.3　回调函数演示

25.2　常用的 GTK+信号与事件

GTK+为常用的界面构件定义了信号，这些信号可以视为对事件的响应。在父类中定义的信号能被子类继承，如按钮构件被单击的 clicked 信号对于开关按钮、复选按钮和单选按钮等子类是有效的。而子类根据其特性又有特定的信号，如开关按钮状态改变时将会产生 toggled 信号。信号的产生时间常见的有以下 3 种。

❑ Run First：在动作开始时产生。

❑ Run Last：在动作结束时产生。

❑ Action：在动作中产生。

大多数信号的产生时间都是上面中的一种或多种。以窗体构件为例，keys-changed 事件在动作开始时产生，set-focus 事件在动作结束时产生，activate-default 事件在动作中和动作结束时都会产生。下面介绍常用的 GTK+信号。

25.2.1　GtkObject 类信号

GtkObject 类是 GTK+窗体构件对象的父类，该类的信号只有 destory 一个。当 GtkObject 对象被删除时 destory 信号将被抛出，定义如下：

```
void GtkObject::destroy(GtkObject *,
                        gpointer);
```

信号的定义形式和作用与面向对象语言的析构函数非常相似。信号可以释放动态分配的内存并进行一些清理工作，示例如下：

```
01  void destroy(GtkWidget *button, gpointer data)
02  {
03    gtk_widget_destroy(button);                  //删除按钮构件
04  }
05  void make_label(GtkWidget *button, GtkWidget *window)
06  {
07    GtkWidget *label;
08    label = gtk_label_new("按钮已被删除");          //创建标签构件
09    gtk_widget_show(label);
10    gtk_container_add(GTK_CONTAINER(window), label);  //将标签构件放入窗体
11  }
12  int main(int argc, char *argv[])
13  {
14    gtk_init(&argc, &argv);
15    GtkWidget *window;
16    window = gtk_window_new(GTK_WINDOW_TOPLEVEL);
17    gtk_window_set_title(GTK_WINDOW(window), "destroy信号演示");
18    gtk_widget_show(window);
19    g_signal_connect(G_OBJECT(window), "delete-event",
20                 G_CALLBACK(gtk_main_quit), NULL);
21    GtkWidget *button;
22    button = gtk_button_new_with_label("删除本按钮");  //创建按钮
23    gtk_widget_show(button);
24    gtk_container_add(GTK_CONTAINER(window), button);
25    g_signal_connect(G_OBJECT(button), "clicked",
26       G_CALLBACK(destroy), NULL);                //连接按钮的clicked信号
27    g_signal_connect(G_OBJECT(button), "destroy",
28                 G_CALLBACK(make_label),
29       (gpointer) window);                        //连接按钮的destroy信号
30    gtk_main();
31    return 0;
32  }
```

上面的程序在主窗体中放置了一个按钮，并使用两个 g_signal_connect()函数连接按钮的 clicked 事件和 destroy 事件。当单击按钮时，clicked 事件被抛出，回调函数 destroy()调用 gtk_widget_destroy()函数将按钮删除。删除按钮后，destroy 信号被抛出，回调函数 make_label()将创建一个新标签构件并装入窗体。窗体构件作为容器只能在同一时间装入一个构件，因此可以证明 destroy 信号是在按钮构件被彻底删除后才被抛出的，如图 25.4 所示。

图 25.4　destroy 信号演示

25.2.2　GtkWidget 界面构件信号

GtkWidget 类是所有界面构件的父类，定义在该类中的信号也是所有界面构件所共有的。这些信号与界面构件的一般特性有关，其中常用的可以简单划分为以下几类。

1. 状态和样式

所有的界面构件都有状态和样式两个基本属性。当界面构件状态和样式发生变化时，会抛出相关信号，参见表 25.1。

表 25.1　与状态和样式相关的信号

信　　号	发出时间	说　　明
state-changed	Run First	当前的界面构件状态发生改变时产生，在回调函数中需要处理GtkStateType类型的参数
style-set	Run First	界面构件样式改变时产生的信号，在回调函数中需要处理GtkStyle类型的参数

状态属性用于决定如何绘制界面构件，它是 GtkStateType 枚举类型，该类型用于定义使用何种颜色绘制构件。例如，当构件处于活动状态时，通常使用明亮的颜色，而当构件处于被选择的状态时通常使用较深的颜色。样式属性用于为构件的不同状态定义颜色，它被定义为 GtkStyle 类。在连接样式和状态的函数中，需要额外处理一个参数，示例如下：

```
void user_function(GtkWidget *widget,
        GtkStateType state,
        gpointer user_data);      //连接 state-changed 信号的回调函数
void user_function(GtkWidget *widget,
        GtkStyle *previous_style,
        gpointer user_data);      //连接 style-set 信号的回调函数
```

在上面两个回调函数的原型中，分别增加 GtkStateType 类型和 GtkStyle 类型的参数，这样就能在回调函数中获得状态和样式属性的指针了。

2. 显示与隐藏

界面构件显示与隐藏的过程中会抛出一系列信号，这些信号在不同的时间产生，参见表 25.2。捕捉这些信号，可以知道界面构件显示状态的变化情况。

表 25.2　与显示和隐藏相关的信号

信　　号	发出时间	说　　明
Show	Run First	当界面构件显示时产生

续表

信　号	发出时间	说　明
Hide	Run First	当界面构件隐藏时产生
Map	Run First	当界面构件请求被映射时产生
Unmap	Run First	当界面构件请求取消映射时产生
screen-changed	Run Last	当界面在另一个屏幕上显示时产生，在回调函数中需要处理GdkScreen 类型的参数
Realize	Run First	当界面构件请求实现时产生
unrealize	Run First	当界面构件请求消除时产生

　　界面构件的显示是通过 gtk_widget_show()函数实现的，该函数的作用是将已创建的界面构件显示在屏幕上。因此 show 信号是在调用 gtk_widget_show()函数显示构件的时候产生的，虽然这时该构件并没有完成在屏幕上的绘图工作。界面构件的隐藏是通过 gtk_widget_hide()函数实现的，该函数只是将构件隐藏起来，并没有删除，界面构件与上层容器的关系也没有改变。hide 信号在界面构件隐藏时产生。示例如下：

```
01  gint delete_event(GtkWidget *window,
02              GdkEvent *event,
03              gpointer data)     //连接子窗体 delete_event 事件的回调函数
04  {
05    gtk_widget_hide(window);     //隐藏子窗体
06    return TRUE;                 //终止 delete_event 事件处理，不删除子窗体
07  }
08  void window2_sh(GtkWidget *button,
09              GtkWidget *window)//连接按钮 clicked 事件的回调函数
10  {
11    gboolean visible;
12    g_object_get(window, "visible",
13              &visible, NULL);   //获得子窗体 visible 属性
14    if(visible)                  //判断子窗体是否可见
15      gtk_widget_hide(window);   //隐藏子窗体
16    else
17      gtk_widget_show(window);   //显示子窗体
18  }
19  void window2_show(GtkWidget *window,
20              GtkLabel *label)   //连接子窗体 show 事件的回调函数
21  {
22    gtk_label_set_label(label, "子窗体显示");
23  }
24  void window2_hide(GtkWidget *window,
25              GtkLabel *label)   //连接子窗体 hide 事件的回调函数
26  {
27    gtk_label_set_label(label, "子窗体隐藏");
28  }
29  int main(int argc, char *argv[]) {
30    gtk_init(&argc, &argv);
31    GtkWidget *window;
32    window = gtk_window_new(GTK_WINDOW_TOPLEVEL);
33    gtk_window_set_title(GTK_WINDOW(window), "show/hide 信号演示");
34    gtk_widget_show(window);
35    g_signal_connect(G_OBJECT(window), "delete-event",
36              G_CALLBACK(gtk_main_quit), NULL);
```

```
37        GtkWidget *window2;
38        window2 = gtk_window_new(GTK_WINDOW_TOPLEVEL);
39        gtk_window_set_title(GTK_WINDOW(window2), "子窗体");
40        g_signal_connect(G_OBJECT(window2), "delete-event",
41                    G_CALLBACK(delete_event), NULL);
42                                            //连接子窗体的delete-event事件
43        GtkWidget *vbox;
44        vbox = gtk_box_new(GTK_ORIENTATION_VERTICAL, 0);
45        gtk_widget_show(vbox);
46        gtk_container_add(GTK_CONTAINER (window), vbox);
47        GtkWidget *label;
48        label = gtk_label_new("");
49        gtk_widget_show(label);
50        gtk_box_pack_start(GTK_BOX(vbox), label, TRUE, TRUE, 0);
51        GtkWidget *button;
52        button = gtk_button_new_with_label("显示/隐藏子窗体");
53        gtk_widget_show(button);
54        gtk_box_pack_start (GTK_BOX (vbox), button, TRUE, TRUE, 0);
55        g_signal_connect(G_OBJECT(button), "clicked",
56                    G_CALLBACK(window2_sh),
57                    (gpointer) window2);        //连接按钮的clicked信号
58        g_signal_connect(G_OBJECT(window2), "show",
59                    G_CALLBACK(window2_show),
60                    (gpointer) label);        //连接子窗体的show信号
61        g_signal_connect(G_OBJECT(window2), "hide",
62                    G_CALLBACK(window2_hide),
63                    (gpointer) label);        //连接子窗体的hide信号
64        gtk_main();
65        return 0;
66    }
```

　　在上面的程序中创建了一个主窗体和一个子窗体，主窗体上放置着一个标签和按钮。标签用于显示子窗体的显示状态，按钮用于显示或隐藏子窗体。当按钮被单击时，clicked信号的回调函数 window2_sh()判断子窗体是否显示。如果显示，则将其隐藏，反之将其显示。当子窗体关闭按钮被单击时，delete-event 信号连接的回调函数 delete_event()将子窗体隐藏，并返回 TRUE 中断 delete-event 信号的处理，这样子窗体不会被删除。当子窗体显示或隐藏时，连接 show 和 hide 信号的回调函数 window2_show()和 window2_hide()会将子窗体的显示状态写在主窗体的标签上，如图 25.5 所示。

　　map 信号在界面构件请求被映射时产生，gtk_widget_show()函数和 gtk_widget_map()函数运行时会产生该信号。unmap 信号在 gtk_widget_ unmap()函数运行时产生。

　　Linux 系统可设置多个屏幕，如果一个界面构件被移动到另一个屏幕上，则抛出 screen-changed 信号。回调函数的一般形式如下：

图 25.5　destroy 信号演示

```
void user_function(GtkWidget *widget,
                GdkScreen *previous_screen,
                gpointer user_data);
```

　　只有在使用 GObject 类派生新的子类窗体构件时，才会使用 gtk_widget_realize()函数和 gtk_widget_unrealize()函数。调用这两个函数会产生 realize 信号和 unrealize 信号。

3．外观改变

当界面构件的尺寸和位置发生改变，或者界面构件的最小需求尺寸发生改变时，将会产生如表 25.3 所示的信号。

表 25.3　与外观相关的信号

信　　号	发 出 时 间	说　　明
configure-event	Run Last	当界面构件尺寸、位置和结构发生改变时产生，在回调函数中需要处理GdkEventConfigure类型的参数
size-allocate	Run First	当界面构件尺寸发生改变时产生，在回调函数中需要处理GtkAllocation类型的参数
size-request	Run First	当界面构件的最小需求尺寸发生改变时产生，在回调函数中需要处理GtkRequisition类型的参数

当使用鼠标改变构件的尺寸时，configure-event 信号只会在操作结束产生一次，size-allocate 信号会连续不断地产生。表 25.3 中的 3 个信号实际是事件，因此需要使用处理事件的函数原型来连接回调函数。示例如下：

```
01  gboolean user_function(GtkWidget *widget,
02                GdkEventConfigure *event,
03                gpointer user_data);    //连接 configure-event 信号的回调函数
04  void user_function(GtkWidget *widget,
05                GtkAllocation *allocation,
06                gpointer user_data);    //连接 size-allocate 信号的回调函数
07  void user_function(GtkWidget *widget,
08                GtkRequisition *requisition,
09                gpointer user_data);    //连接 size-request 信号的回调函数
```

在上面的 3 个回调函数中，第 2 个参数是信号函数传递给回调函数的相关数据类型。GdkEventConfigure 是结构体类型，它包含产生信号的事件信息。GtkAllocation 结构体包含构件尺寸信息，GtkRequisition 结构体包含最小需求尺寸信息。

4．焦点

焦点是窗体构件获得的能够被键盘控制的状态。包括窗体在内，按钮和文本输入框等拥有独立的 X Window 的窗体对象都能获得焦点。与焦点相关的信号见表 25.4。

表 25.4　与焦点相关的信号

信　　号	发 出 时 间	说　　明
focus	Run Last	当界面构件获得焦点时产生，在回调函数中需要处理GtkDirectionType类型的参数
move-focus	Run Last	当焦点在同一个窗体的界面构件中移动时产生，在回调函数中需要处理GtkDirectionType类型的参数

GtkDirectionType 枚举类型是 GTK+为方向定义的常量，在与以上信号连接的函数中，它用于标明焦点移动的方向。回调函数的定义形式如下：

```
gboolean user_function(GtkWidget *widget,
                GtkDirectionType arg1,
                gpointer user_data);    //连接 focus 信号的回调函数
```

```
        void user_function(GtkWidget *widget,
                    GtkDirectionType arg1,
                    gpointer user_data);          //连接 move-focus 信号的回调函数
```

5. 快捷键

当定义快捷键集合并将该集合与窗体构件连接时，将产生与快捷键相关的信号，参见表 25.5。

表 25.5　与快捷键相关的信号

信　号	发 出 时 间	说　　明
accel-closures-changed	Run Last	当在窗体构件中添加或删除快捷键集合对象时产生
can-activate-accel	Run Last	当窗体构件的快捷键集合对象可用时产生，在回调函数中需要处理 signal_id 信号标识符
mnemonic-activate	Run Last	当下画线快捷键可用时产生，在回调函数中需要处理 gboolean 类型的参数

注册一个快捷键之后，构件和信号标识符会作为参数传递给 gtk_widget_can_activate_accel() 函数，使用该快捷键时，can-activate-accel 信号将被抛出。can-activate-accel 信号的回调函数能够决定快捷键是否能被执行，示例如下：

```
...
01  gboolean activate_accel(GtkWidget *button, gint signal_id)
02  {
03      printf("%d\n", signal_id);             //将信号标识符输出
04      return FALSE;                          //使快捷键失效
05  }
...
06  main(int argc, char *argv[])
07  {
...
08      button = gtk_button_new_with_label("计数  CTRL + A");
09      gtk_widget_add_accelerator(button, "clicked", accel_group,
10                      GDK_KEY_A, (GdkModifierType) GDK_CONTROL_MASK,
11                      GTK_ACCEL_VISIBLE); //注册了一个快捷键
...
12      signal_id = g_signal_connect((gpointer) button, "clicked",
13                      G_CALLBACK(label_const),
14                      (gpointer) label);          //获得 clicked 信号的标识符
15      //使用 can-activate-accel 信号
16      gtk_widget_can_activate_accel(button, signal_id);
17      //连接 can-activate-accel 信号
18      g_signal_connect((gpointer) button,
19                  "can-activate-accel",
20                  G_CALLBACK(activate_accel), NULL);
...
21  }
```

6. 选择操作

当构件中的数据被选择时，将产生与选择操作相关的信号，具体参见表 25.6。

表 25.6　与选择操作相关的信号

信　　号	发 出 时 间	说　　明
selection-get	Run Last	选择数据时产生,在回调函数中需要处理GtkSelectionData类型的参数
selection-clear-event	Run Last	放弃选择的数据时产生，在回调函数中需要处理GtkSelection-Data类型的参数
selection-received	Run Last	构件收到选择请求时产生,在回调函数中需要处理GtkSelection-Data类型的参数
selection-request-event	Run Last	当另一个构件请求目标构件选择数据时产生,在回调函数中需要处理GtkSelectionData类型的参数
selection-notify-event	Run Last	任何选择操作都将产生该信号,在回调函数中需要处理Gtk-SelectionEvent类型的参数

　　GtkSelectionData 结构体是为选择操作定义的，它用于保存选择的数据。该结构体除了能够保存选择的数据外，还能保存操作类型。选择参数的回调函数的一般形式如下：

```
01  void user_function(GtkWidget *widget,
02                  GtkSelectionData *data,
03                  guint info,
04                  guint time,
05                  gpointer user_data);    //连接 selection-get 信号
06  gboolean user_function(GtkWidget *widget,
07                  GdkEventSelection *event,
08                  gpointer user_data);    //连接 selection-clear-event 信号
09  void user_function(GtkWidget *widget,
10                  GtkSelectionData *data,
11                  guint time,
12                  gpointer user_data);    //连接 selection-received 信号
13  //连接 selection-request-event 信号
14  gboolean user_function(GtkWidget *widget,
15                  GdkEventSelection *event,
16                  gpointer user_data);
17  //连接 selection-notify-event 信号
18  gboolean user_function(GtkWidget *widget,
19                  GdkEventSelection *event,
20                  gpointer user_data);
```

7. 拖放操作

　　拖放操作涉及很多 GDK 函数，例如，在绘图区构件的操作中会产生与拖放操作相关的信号，参见表 25.7。

表 25.7　与拖放操作相关的信号

信　　号	发 出 时 间	说　　明
drag-begin	Run Last	拖放动作开始时产生,在回调函数中需要处理GdkDragContext类型的参数
drag-data-delete	Run Last	拖放动作结束并删除相关的数据时产生,在回调函数中需要处理GdkDragContext类型的参数
drag-data-get	Run Last	选区出现拖放操作时产生,在回调函数中需要处理GdkDragContext类型的参数和GtkSelectionData类型的参数

信　号	发 出 时 间	说　　明
drag-data-received	Run Last	当目标构件获得拖放数据时产生，在回调函数中需要处理GdkDrag-Context类型的参数和GtkSelectionData类型的参数
drag-drop	Run Last	当数据拖放在构件上时产生，在回调函数中需要处理GdkDragContext类型的参数
drag-end	Run Last	当拖放动作结束时产生，在回调函数中需要处理GdkDragContext类型的参数
drag-failed	Run Last	当拖放操作失败时产生，在回调函数中需要处理GdkDragContext类型的参数
drag-leave	Run Last	拖放操作完成，当光标离开放入的位置时产生，在回调函数中需要处理GdkDragContext类型的参数
drag-motion	Run Last	所有拖放操作都将产生，在回调函数中需要处理GdkDragContext类型的参数

GdkDragContext 结构体用于存放拖放操作的相关数据，回调函数的一般形式如下：

```
01  gboolean user_function(GtkWidget *widget,
02                  GdkEventSelection *event,
03                  gpointer user_data);       //连接 drag-begin 信号
04  gboolean user_function(GtkWidget *widget,
05                  GdkEventSelection *event,
06                  gpointer user_data);       //连接 drag-data-delete 信号
07  void user_function(GtkWidget *widget,
08          GdkDragContext *drag_context,
09          GtkSelectionData *data,
10          guint info,
11          guint time,
12          gpointer user_data);       //连接 drag-data-get 信号
13  void user_function(GtkWidget *widget,
14          GdkDragContext *drag_context,
15          gint x,
16          gint y,
17          GtkSelectionData *data,
18          guint info,
19          guint time,
20          gpointer user_data); //连接 drag-data-received21 信号
22  gboolean user_function(GtkWidget *widget,
23              GdkDragContext *drag_context,
24              gint x,
25              gint y,
26              guint time,
27              gpointer user_data);       //连接 drag-drop 信号
28  void user_function(GtkWidget *widget,
29              GdkDragContext *drag_context,
30              gpointer user_data);        //连接 drag-end 信号
31  gboolean user_function(GtkWidget *widget,
32              GdkDragContext *drag_context,
33              GtkDragResult result,
34              gpointer user_data);       //连接 drag-failed 信号
35  void user_function(GtkWidget *widget,
36              GdkDragContext *drag_context,
37              guint time,
38              gpointer user_data);        //连接 drag-leave 信号
```

```
39  gboolean user_function(GtkWidget *widget,
40                 GdkDragContext *drag_context,
41                 gint x,
42                 gint y,
43                 guint time,
44                 gpointer user_data);        //连接 drag-motion 信号
```

8. 鼠标操作

GtkWidget 对象为鼠标事件设置了一系列信号，参见表 25.8。

表 25.8   与鼠标操作相关的信号

信　　号	发 出 时 间	说　　明
button-press-event	Run Last	当鼠标按键被按下时产生，在回调函数中需要处理 GdkEventButton 类型的参数
button-release-event	Run Last	当鼠标按键放开时产生，在回调函数中需要处理 GdkEventButton 类型的参数
motion-notify-event	Run Last	当鼠标指针移动到构件上时产生，在回调函数中需要处理 GdkEventMotion 类型参数
scroll-event	Run Last	当鼠标的滚轴滚动时产生，在回调函数中需要处理 GdkEventScroll 类型的参数

GdkEventButton 结构体用于保存鼠标的相关操作信息，可以通过访问结构体成员获得这些信息。通常，在程序中使用事件盒来接收鼠标操作信号，示例如下：

```
01  void button_press(GtkEventBox *ebox,
02                 GdkEventButton *event,
03                 GtkLabel *label)              //处理 button-press-event 信号
04  {
05      const char *citem;
06      switch(event->type) {                    //获得鼠标按键被按下的类型
07      case GDK_BUTTON_PRESS: citem = "单击";
08                          break;
09      case GDK_2BUTTON_PRESS: citem = "双击";
10                          break;
11      case GDK_3BUTTON_PRESS: citem = "三击";
12                          break;
13      default: citem = "未知操作";
14      }
15      gtk_label_set_label(label, citem);
16  }
17  int main(int argc, char *argv[])
18  {
...
19      GtkWidget *ebox;
20      ebox = gtk_event_box_new();              //创建事件盒
21      gtk_widget_show(ebox);
22      gtk_container_add(GTK_CONTAINER(window), ebox);
23      GtkWidget *label;
24      label = gtk_label_new ("请使用鼠标单击窗体");
25      gtk_widget_show (label);
26      gtk_container_add (GTK_CONTAINER (ebox), label);
27      g_signal_connect((gpointer) ebox,
28                  "button-press-event",
29                  G_CALLBACK(button_press),
```

```
30                      (gpointer) label);  //连接 button-press-event31 信号
   ...
31  }
```

在程序中设置了一个按钮盒，并且在按钮盒中放置了一个标签按钮。当鼠标按键在信号盒上被按下时，回调函数 button_press 通过访问 GdkEventButton 类型的 type 成员判断进行的操作是何种类型。

GdkEventMotion 结构体用于保存鼠标的位置信息，GdkEventScroll 结构体用于保存鼠标滚轴操作的信息。与鼠标操作相关的信号的回调函数的一般形式如下：

```
01  //连接 button-press-event 或 button-release-event 信号
02  gboolean user_function(GtkWidget *widget,
03                      GdkEventScroll *event,
04                      gpointer user_data);
05  gboolean user_function(GtkWidget *widget,
06                      GdkEventMotion *event,
07                      gpointer user_data);  //连接 motion-notify-event 信号
08  gboolean user_function(GtkWidget *widget,
09                      GdkEventScroll *event,
10                      gpointer user_data); //连接 scroll-event 信号
```

9．键盘操作

键盘操作通常不需要开发者去处理，GTK+提供了完整的机制处理键盘事件。当键盘事件发生时，界面构件可获得如表 25.9 所示的信号。

表 25.9　与键盘操作相关的信号

信　　号	发 出 时 间	说　　明
key-press-event	Run Last	当键盘按键被按下时产生，在回调函数中需要处理GdkEventKey类型的参数
key-release-event	Run Last	当键盘按键放开时产生，在回调函数中需要处理GdkEventKey类型的参数
keynav-failed	Run Last	当导航键失败时产生，在回调函数中需要处理GtkDirectionType类型的参数

GdkEventKey 结构体用于保存鼠标按键被按下的信息，GtkDirectionType 枚举类型用于保存导航键的方向信息。回调函数的一般形式如下：

```
01  //连接 key-press-event 或 key-release-event 信号
02  gboolean user_function(GtkWidget *widget,
03                      GdkEventKey *event,
04                      gpointer user_data);
05  gboolean user_function(GtkWidget *widget,
06                      GtkDirectionType direction,
07                      gpointer user_data);        //连接 keynav-failed 信号
```

25.2.3　GtkWindow 窗体构件信号

窗体构件的信号主要是在窗体构件中放置的界面构件被操作时产生。常用的信号参见表 25.10。

表 25.10　与窗体构件相关的信号

信　号	发 出 时 间	说　　明
activate-default	Run Last / Action	当窗体构件中默认的界面构件被按下时产生,通常是在按下键盘的Enter键时产生
activate-focus	Run Last / Action	当窗体构件中获得焦点的界面构件被按下时产生,通常是在按下空格键时产生
frame-event	Run Last	当窗体构件收到鼠标或键盘等任意事件时产生,回调函数中需要处理GdkEvent类型参数
keys-changed	Run First	当窗体构件中的界面构件被添加、删除或改变热键时产生
set-focus	Run Last	当窗体构件中的界面构件获得焦点时产生

GdkEvent 联合体用于保存鼠标或键盘等事件的信息,通常每种事件对应其中一个成员。例如,当鼠标按键被按下事件发生时,使用的是联合体中 GdkEventButton 类型的成员。处理 frame-event 事件的回调函数的一般形式如下:

```
gboolean user_function(GtkWindow *window,
                GdkEvent *event,
                gpointer user_data);
```

25.2.4　GtkContainer 容器构件信号

容器构件在装入或移出界面构件、尺寸被重设以及其中的界面构件获得焦点时将产生信号,见表 25.11。

表 25.11　与容器构件相关信号

信　号	发 出 时 间	说　　明
add	Run First	在容器构件中装入界面构件时产生
check-resize	Run Last	在容器构件中装入界面构件之前检查是否需要重设尺寸时产生
remove	Run First	在容器构件中装入界面构件时产生,在回调函数中需要处理GtkWidget类型的参数
set-focus-child	Run First	当容器构件中的界面构件获得焦点时产生,在回调函数中需要处理GtkWidget类型的参数

remove 和 set-focus-child 信号会将相关界面构件的指针作为参数传递给回调函数。回调函数的一般形式如下:

```
void user_function(GtkContainer *container,
            GtkWidget *widget,
            gpointer user_data);
```

25.2.5　GtkCalendar 日历构件信号

日历构件由多组按钮构成,每组按钮分别用于选择年份或月份等信息,当按钮被单击时将产生信号。另外,选择日期时也会产生信号,见表 25.12。

表 25.12　与日历构件相关的信号

信　号	发出时间	说　明
day-selected	Run First	选择一个日期时产生
day-selected-double-click	Run First	双击一个日期时产生
month-changed	Run First	选择某一个月份时产生
next-month	Run First	单击次月按钮时产生
next-year	Run First	单击次年按钮时产生
prev-month	Run First	单击前月按钮时产生
prev-year	Run First	单击前年按钮时产生

25.2.6　GtkTextView 文本视区构件信号

文本视区构件为操作文本的键盘事件和鼠标事件提供了一系列的信号，见表 25.13。

表 25.13　与文本视区构件相关的信号

信　号	发出时间	说　明
Backspace	Run Last / Action	当光标前面的一个字符从文档中被删除时产生
copy-clipboard	Run Last / Action	复制已选择的文本到剪贴板中时产生
cut-clipboard	Run Last / Action	剪切已选择的文本到剪贴板中时产生
delete-from-cursor	Run Last / Action	当光标选择的文本被删除时产生，在回调函数中需要处理GtkDeleteType类型的参数
insert-at-cursor	Run Last / Action	在光标所在位置插入文本时产生，在回调函数中需要处理gchar*类型的参数
move-cursor	Run Last / Action	将光标选择的文本移动到一个新位置上时产生，在回调函数中需要作为GtkMovementStep类型的参数
move-viewport	Run Last / Action	当调整构件中可见文本的可视区范围时产生，在回调函数中需要处理GtkScrollStep类型的参数
paste-clipboard	Run Last / Action	将剪贴版上的文本粘贴到文本视区时产生
populate-popup	Run Last	当用于编辑文本的弹出式菜单显示时产生，在回调函数中需要处理GtkMenu类型的参数
select-all	Run Last / Action	当文本视区中的整个文档被选择时产生，在回调函数中需要处理gboolean类型的参数
set-anchor	Run Last / Action	当文本视区被锚定时产生
set-scroll-adjustments	Run Last / Action	为文本视区连接调整对象时产生，在回调函数中需要处理GtkAdjustment类型的参数
toggle-overwrite	Run Last / Action	当插入/改写状态转换时产生

　　文本视区有多种信号与文本输入构件相同。其中，GtkDeleteType 枚举类型用于定义文本删除时的操作信息，GtkMovementStep 枚举类型用于定义光标移动时的操作信息。其他文本视区构件信号相关数据类型的使用方法与界面构件相同。回调函数的一般形式如下：

```
01   void user_function(GtkTextView *text_view,
02          GtkDeleteType type,
03          gint count,
04          gpointer user_data);      //连接 delete-from-cursor 信号
```

```
05   void user_function(GtkTextView *textview,
06                  gchar *arg1,
07                  gpointer user_data);      //连接 insert-at-cursor 信号
08   void user_function(GtkTextView *text_view,
09                  GtkMovementStep step,
10                  gint count,
11                  gboolean extend_selection,
12                  gpointer user_data);      //连接 move-cursor 信号
13   void user_function(GtkTextView *text_view,
14                  GtkScrollStep step,
15                  gint count,
16                  gpointer user_data);      //连接 move-viewport 信号
17   void user_function(GtkTextView *textview,
18                  GtkMenu *arg1,
19                  gpointer user_data);      //连接 populate-popup 信号
20   void user_function(GtkTextView *text_view,
21                  gboolean select,
22                  gpointer user_data);      //连接 select-all 信号
23   void user_function(GtkTextView *textview,
24                  GtkAdjustment *arg1,
25                  GtkAdjustment *arg2,
26                  gpointer user_data);  //连接 set-scroll-adjustments 信号
```

25.3　小　　结

本章介绍了 GTK+信号与事件处理的方法及常用的信号与事件。掌握这些方法，可以满足大部分应用程序的开发需求。在设计程序时，应注意信号发生的时间，特别是与底层事件相关联的信号。这类信号往往会连续发生，应避免连接可能会造成程序死循环，或者因反复处理占用过多的内存的信号。另外，应选择最贴近系统设计需求的信号，尽量避免连接产生条件过多的信号。GTK+定义的信号十分丰富，更多的资料可直接参考 GTK+帮助程序。

25.4　习　　题

一、填空题

1．GTK+函数库是基于_____系统的。

2．GTK+窗体构件对象的父类是_____。

3．界面构件的显示是通过_____函数实现的。

二、选择题

1．下列用于存放拖放操作的相关数据的选项是（　　　　）。

A．GdkDragContext   B．GdkDrag

C．GdkContext   D．其他

2．GtkDeleteType 枚举类型的作用是（　　　）。

A．定义文本添加时的操作信息　　　　　　B．定义光标移动时的操作信息

C．定义文本删除时的操作信息　　　　　　D．其他

3．month-changed 信号的功能是（　　　）。

A．选择一个日期时产生　　　　　　　　　B．选择某一个月份时产生

C．按下个月按钮时产生　　　　　　　　　D．其他

三、判断题

1．回调函数是 GTK+所专有的。　　　　　　　　　　　　　　　　（　　　）

2．焦点是窗体构件获得能够被键盘控制的状态。　　　　　　　　　（　　　）

3．在 GTK 中，键盘操作需要开发者去处理。　　　　　　　　　　（　　　）

四、操作题

1．编写代码，显示一个日历构件，当选择某一个日期时，会在控制台显示当前选择的日期。

2．编写代码，当单击按钮时，将改变标签构件中显示的文本信息。

第 26 章　Glade 程序界面设计

Glade 是在 Linux 系统中设计 GTK+程序界面所见即可得的工具。开发者可将窗体构件作为画布，通过向画布添加界面构件设计程序界面。这种方式的最大优势在于设计的同时能直观地看到界面构件。本章将介绍 Glade 的使用方法及 C 语言接口函数库。

26.1　Glade 简介

Glade 界面设计软件是 GNOME 桌面环境的子项目，用于为在 GNOME 桌面环境中运行的程序提供图形用户界面。

在 Glade 界面中，大部分常用的 GTK+界面构件被作为图标放在工具栏中。开发者如果需要向界面中添加某一个构件，只需要从工具栏中选择即可，如图 26.1 所示。

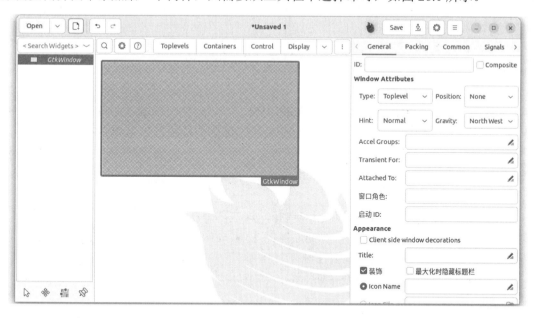

图 26.1　Glade 主界面

添加了界面构件后，可以直接在 Glade 中为界面构件设置属性及连接的回调函数。设计的结果可保存为一个 Glade 界面项目文件，该文件实际上是 XML 文件，示例如下：

```
<?xml version="1.0" encoding="UTF-8"?>
<!-- Generated with glade 3.38.2 -->
<interface>
  <requires lib="gtk+" version="3.24"/>
  <object class="GtkWindow">
```

```
        <property name="can-focus">False</property>
        <child>
          <object class="GtkButton">
            <property name="label" translatable="yes">button</property>
            <property name="visible">True</property>
            <property name="can-focus">True</property>
            <property name="receives-default">True</property>
          </object>
        </child>
    </object>
</interface>
```

上面这段代码是用 Glade 生成的，它实现了一个窗体构件和在窗体中放置的一个按钮构件。代码第 1 行定义了 XML 格式、XML 版本和字符编码，从第 5 行开始定义窗体构件，而按钮构件是作为窗体构件的子构件定义的。

XML 文件的引入是 Glade 的主要特性，它使程序的界面部分完全独立。在大部分情况下，开发者不用修改 XML 文件的内容，只需要通过 libglade 函数库将程序的逻辑部分与界面项目文件连接起来即可。Glade 的另一个特性是能够直接显示容器的层次，解决了阅读源程序时很难理解复杂的容器结构问题。

安装 Glade，可在其官方网站下载源代码并进行编译，地址为 http://glade.gnome.org，或者在终端输入下列命令：

```
apt-get install glade
```

安装成功后，可选择 GNOME 桌面的"显示应用程序"下的 Glade 命令启动 Glade 程序。

26.2　构造图形界面

任何复杂的图形界面都可以使用 Glade 构造，它可以缩短图形界面设计的周期，并在最大程度上保证代码的正确性。本节将介绍使用 Glade 构造图形界面的方法。

26.2.1　添加窗体

Glade 提供了 12 种窗体构件供用户选择，这些都是在 GTK+中预定义的。开发者可以在 Glade 主界面左侧的 Toplevels 选项卡中选择所需要添加的窗体构件，如图 26.2 所示。

Toplevels 选项卡中的每一个按钮对应一种窗体构件，下面依次进行介绍。

图 26.2　顶层选项卡

1．通用窗体构件

通用窗体构件即 gtk_window_new()函数所创建的窗体。单击该构件可在 Glade 主界面的编辑区域创建一个新窗体，如图 26.3 所示。

在一个 Glade 项目中可以建立多个窗体构件，每个窗体构件都作为一个顶层容器被显示在 Glade 主界面右上方的"容器"列表中，如图 26.4 所示。

图 26.3　通用窗体构件

图 26.4　"容器"列表

可在"容器"列表中双击窗体构件的名称，打开窗体进行编辑，或者右击窗体名称，在弹出的菜单中选择"删除"命令，从项目中删除一个窗体构件。Glade 支持窗体的复制、剪切和粘贴操作，用于在同一个项目中创建窗体的副本，或者将窗体复制到不同项目中。

2．通用窗体构件（失去焦点）

通用窗体构件（失去焦点）即 gtk_offscreen_window_new()函数所创建的窗体，单击该构件可在 Glade 主界面的编辑区域创建一个新窗体。

3．通用窗体构件（额外功能）

通用窗体构件（额外功能）即 gtk_application_window_new()函数所创建的窗体，单击该构件可在 Glade 主界面的编辑区域创建一个新窗体。

4．通用对话框构件

通用对话框构件对应 gtk_dialog_new_with_button()函数所创建的窗体，它的内部由一个纵向组装盒容器和一个按钮盒容器组成。通用对话框在程序运行时不显示最小化和最大化按钮，用户也不能通过拖拉操作改变其尺寸，如图 26.5 所示。

在通用对话框的纵向组装盒内可放置其他容器或窗体构件。按钮盒预留了两个按钮的位置，该位置只能放置按钮构件或者按钮构件的子类。如果按钮的个数少于或多于 2 个，可在 General 选项卡中修改按钮的个数，如图 26.6 所示。

图 26.5　通用对话框

图 26.6　通用对话框构件

5．关于对话框

关于对话框是通过 gtk_about_dialog_new()函数建立的，用于显示当前应用程序的信息。

关于对话框继承了通用对话框的特性，只是预先定义了一些界面构件在其中，如图 26.7 所示。关于对话框显示的内容可直接在 General 选项卡中进行设置。

6．文件选择对话框

文件选择对话框可以通过 gtk_file_chooser_dialog_new()函数来创建，在文件选择对话框中有一个纵向组装盒，用于放置界面构件，另外它还提供了一个按钮盒用于放置按钮，如图 26.8 所示。

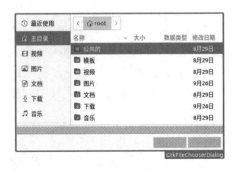

图 26.7　关于对话框构件　　　　　图 26.8　文件选择对话框（动作为打开）

文件选择对话框有一个重要属性，即"操作"属性，可在 General 选项卡中进行设置。"操作"属性有 2 个选项，分别为 Open（默认）和 Select Folder。

7．颜色选择对话框

颜色选择对话框对应 GTK+函数库中的 gtk_color_chooser_dialog_new()函数所建立的对话框，用于选择颜色。窗体中的大部分构件是固定的，不可被用户修改，用户只能在其中的纵向组装盒容器中添加界面构件，如图 26.9 所示。

8．字体选择对话框

字体选择对话框对应 gtk_font_chooser_dialog_new()函数的功能，它的大部分组件不能被修改，只提供了一个纵向组装盒用于添加界面构件，如图 26.10 所示。

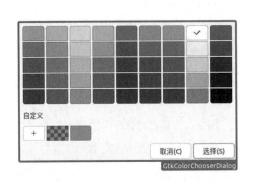

图 26.9　颜色选择对话框　　　　　图 26.10　字体选择对话框

9．消息对话框

消息对话框对应 gtk_message_dialog_new()函数的功能，所有内容均可在 General 选项卡中进行设置。

- ❑ 消息类型：用于定义消息对话框显示的风格，选项依次为 Info、Warning、Question、Error 和 Other。
- ❑ 消息按钮：用于定义消息对话框中所显示的按钮，选项依次为 None、Ok、Close、Cancel、Yes,No 和 Ok,Cancel。
- ❑ 文字：用大字体显示的消息文本。
- ❑ 次要文本：用小字体显示的消息文本。

消息对话框如图 26.11 所示。

10．最近选择对话框

最近选择对话框对应 gtk_recent_chooser_dialog_new()函数的功能，用于显示用户最近编辑过的文件。通过 General 选项卡中的"限制"微调框，可以设置文件最多显示的个数。"排序类型"下拉列表框可以设置文件列表的排序方法，依次为 None、Most Recently Used first、Least Recently Used first 和 Custom。最近选择对话框中有一个按钮盒构件，可装入要显示的按钮，如图 26.12 所示。

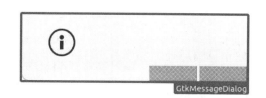

图 26.11　消息对话框

图 26.12　最近选择对话框

11．辅助窗体

辅助窗体可以分为多页显示向导窗体，在 GTK+函数库中可以使用 gtk_assistant_new()函数创建辅助窗体。在窗体的每一页默认放置着一个文本标签构件，用于显示文本信息。如果需要放置其他构件，可以将文本标签构件删除。窗体的右下方有两个按钮，分别用于向前翻页和向后翻页，如图 26.13 所示。

12．选择打开程序对话框

选择打开程序对话框对应 gtk_app_chooser_dialog_new()函数的功能，用于显示最近打开文件的应用程序，如图 26.14 所示。

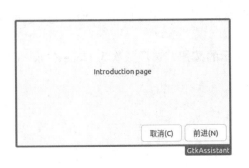

图 26.13　辅助窗体

图 26.14　选择打开程序对话框

26.2.2　添加容器

Glade 提供了 29 种容器构件供用户选择，这些都是在 GTK+中预定义的。开发者可以在 Glade 主界面左侧的 Containers 选项卡中选择所需要添加的容器构件，如图 26.15 所示。

Containers 选项卡中的每一个按钮都对应一种容器构件。根据使用方法和作用的不同，可将这些容器依次分为下列类别。

1．组装箱

图 26.15　容器选项卡

组装箱按钮是一个只有一个子级的容器。它本身的用处不大，但对于派生子类很有用，因为它提供了处理单个子部件所需的通用代码。单击 GtkBin 按钮，会在 Glade 主界面的编辑区域创建一个组装箱容器。

2．组装盒

组装盒按钮是对应 gtk_box_new()函数创建的容器。单击组装盒按钮，会创建该容器。对于组装盒的设置可以在 General 选项卡中实现，如图 26.16 所示。

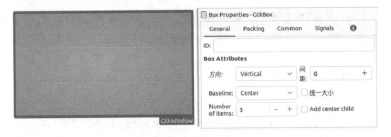

图 26.16　修改单元格的个数

3．网格

网格按钮对应 gtk_grid_new()函数的功能，对于网格的设置，可以通过 General 选项卡实现，如图 26.17 所示。

图 26.17　创建网格

4．笔记本

笔记本按钮对应 gtk_notebook_new()函数的功能，对于笔记本的设置，可以通过 General 选项卡实现，如图 26.18 所示。

图 26.18　修改选项卡名称

在笔记本构件中，选项卡的名称作为文本标签构件列在"容器"列表内，可单击该名称，在 General 选项卡的"标签"文本框中对其进行修改。

5．框架和外观框架

创建框架构件使用的是 gtk_frame_new()函数，使用 Glade 创建框架构件时会自动添加一个对齐构件和一个标签构件。对齐构件是框架的下一层容器，标签构件显示在框架的右上方，如图 26.19 所示。框架的边框风格可在 General 选项卡的"框架阴影"下拉列表框中进行设置，选项依次为 None、In、Out、Etched In 和 Etched Out。

外观框架又称比例框架构件，对应的是 gtk_aspect_frame_new()函数的功能。外观框架的比例属性可以在 General 选项卡的"比率"微调框内进行设置，如图 26.20 所示。

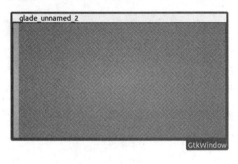

图 26.19　框架　　　　　　　　　　　　　图 26.20　外观框架

6．自适应盒子

自适应盒子指一个盒子里有非常多个子控件，这个盒子会根据窗口大小自动调整每行控件的数量。自适应盒子按钮对应 gtk_flow_box_new()函数的功能，对于其设置可以通过 General 选项卡来实现。

7．菜单条

Glade 添加菜单条的功能远比使用 gtk_menu_bar_new()函数实现的功能丰富，它能同时添加菜单容器和菜单项。Glade 没有将菜单容器和菜单项作为独立的界面构件，而是提供了菜单编辑器专门用于设计菜单。右击编辑区中的菜单，在弹出的子菜单中选择 Edit 命令，此时将打开 Edit Menu Bar 对话框，此对话框就是菜单编辑器，如图 26.21 所示。如果要添加一个菜单项，可以单击"添加"按钮，在所选菜单项的下一个位置将会添加一个新菜单项，且与其他菜单项处于同一层级。也可以右击列表中的菜单项，在弹出的快捷菜单中选择"添加子项目"命令，创建所选菜单项的下一级菜单。菜单编辑器的下方是信号与事件的列表，可直接在此为菜单项连接事件与回调函数。

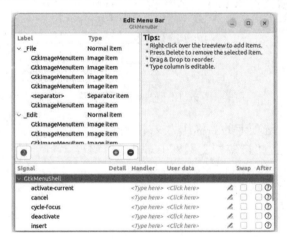

图 26.21　菜单编辑器

8．工具条

工具条对应 gtk_toolbar_new()函数的功能，创建后在编辑区右击工具条，在弹出的快捷菜单中选择 Edit 命令，可打开 Tool Bar Editor 对话框，即工具条编辑器对话框，如图 26.22 所示。在工具条编辑器对话框中，可单击添加按钮⊕添加一个工具构件。Type 下拉列表框用于定义工具构件的类型，默认选项为 Button。工具构件的信号与事件可以在该对话框下方的信号列表中进行设置。

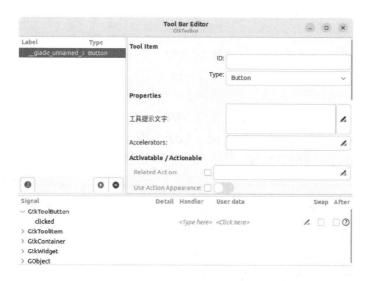

图 26.22　工具条编辑器

9．窗格

窗格对应 gtk_paned_new() 函数的功能，窗格的初始位置可以在 General 选项卡的"位置"微调框中进行设置，并且需要将"位置设置"的值设为"是"才能在程序中生效，如图 26.23 所示。

图 26.23　窗格

10．按钮盒

按钮盒对应 gtk_button_box_new() 函数的功能。为了方便编辑，需要在 General 选项卡的 Number of items 微调框中指定按钮盒内单元格的个数，默认值为 3。

11．陈列箱

陈列也称为布局容器，对应 gtk_layout_new() 函数的功能。布局容器的最大尺寸可在

General 选项卡内的"宽度"和"高度"微调框中进行设置。

12．固定容器

固定容器对应 gtk_fixed_new()函数的功能。

13．事件框

事件框对应 gtk_event_box_new()函数的功能。

14．展开器

展开器对应 gtk_expander_new()函数的功能，它由一个箭头构件、一个标签和一个容器组成。单击箭头，可以改变箭头的方向。当箭头构件指向下方时，展开器内的容器构件将会显示出来。当箭头指向右方时，展开器内的容器构件将被隐藏，如图 26.24 所示。

图 26.24　展开器的展开与收缩状态

15．视口

视口即视见区，对应 gtk_viewport_new()函数的功能。General 选项卡内的"阴影类型"下拉列表框中可以设置其边框的类型，选项依次为 None、In、Out、Etched In 和 Etched Out。

16．可滚动的窗口

可滚动的窗口即滚动条窗体构件，对应 gtk_scrolled_window_new()函数的功能。它包括一组滚动条构件和一个视见区，但在 Glade 中不能直接访问其子构件的属性。如果要设置滚动条构件的显示状态，可以在 General 选项卡的 Scrollbar Policy 下拉列表框中进行设置。

17．对齐

对齐容器对应 gtk_alignment_new()函数的功能（GTK 3.0 中该容器已弃用）。在 General 选项卡中可以设置其属性。下面依次介绍这些属性。

- ❑ 水平排列：即从左到右，取值范围为 0.0～1.0。
- ❑ 垂直排列：即从上到下，取值范围为 0.0～1.0。
- ❑ 水平缩放比率：如果水平方向可用的空间比子构件需要的多，可以设置子部件使用多少空间，0.0 表示不用，1.0 表示全部。

- ❑ 垂直缩放比率：如果垂直方向可用的空间比子构件所需要的多，可以设置子部件使用多少空间，0.0 表示不用，1.0 表示全部。
- ❑ 顶部填充：上方的边界值。
- ❑ 底部填充：下方的边界值。
- ❑ 左部填充：左边的边界值。
- ❑ 右部填充：右边的边界值。

18．展示器

展示器对应 gtk_revealer_new()的功能，用于设置其子部件从不可见到可见的过渡动画，在 General 选项卡的"过渡类型"下拉列表框中可设置动画的类型。它有 6 个选项，分别为 None、Crossfade、Slide Right、Slide Left、Slide Up 和 Slide Down。

19．其他容器

以下是对其他容器的介绍，这些容器在实际开发中很少使用。
- ❑ 列表盒子：对应 gtk_list_box_new()函数的功能。
- ❑ 覆盖：对应 gtk_overlay_new()函数的功能。
- ❑ 状态栏：对应 gtk_statusbar_new()函数的功能。
- ❑ 工具选项板容器：对应 gtk_tool_palette_new()函数的功能。
- ❑ 搜索栏：对应 gtk_search_bar_new()函数的功能。
- ❑ 标题栏：对应 gtk_header_bar_new()函数的功能。
- ❑ 堆叠容器：对应 gtk_stack_new()函数的功能。
- ❑ 悬浮层容器：对应 gtk_popover_new()函数的功能。
- ❑ 悬浮层菜单：对应 gtk_popover_menu_new()函数的功能。
- ❑ 动作栏：对应 gtk_action_bar_new()函数的功能。

26.2.3　添加构件

Glade 提供了四组界面构件，分别位于 Control 选项卡、Display 选项卡、Composite Widgets 选项卡和 Deprecated 选项卡中，如图 26.25 所示。常用的界面构件可分为如下几类。

🔊注意：Deprecated 选项卡中的构件是一些旧版本构件，它们的存在是为了保持与旧版本兼容。在创建项目时，要尽量避免使用 Deprecated 选项卡中的构件。

1．按钮

按钮构件共有 9 种。单击代表构件的按钮后，将鼠标指针移动到编辑区的容器上方，光标将变为一个加号外加构件图标的形状。再次单击（按下鼠标左键），构件将被添加到容器以内。这些按钮依次如下：
- ❑ 普通按钮对应 gtk_button_new()函数的功能。
- ❑ 开关按钮对应 gtk_toggle_button_new()函数的功能。
- ❑ 复选按钮对应 gtk_check_button_new()函数的功能。

- 微调按钮对应 gtk_spin_button_new()函数的功能。
- 单选按钮对应 gtk_radio_button_new()函数的功能，Glade 可以自动为单选按钮添加 GSList 链表。如果要让多个单选按钮使用同一个链表，即划为同一组，可单击 General 选项卡"组"后的编辑按钮，弹出 Choose a Radio Button in this project 对话框，然后选择该组中第一个单选按钮的名称，如图 26.26 所示。
- 文件选择按钮对应 gtk_file_chooser_button_new()函数的功能。
- 颜色按钮对应 gtk_color_button_new()函数的功能。
- 字体按钮对应 gtk_font_button_new()函数的功能。
- 连接按钮对应 gtk_link_button_new()函数的功能，连接的网络地址可在 General 选项卡的 URL 文本框中输入。

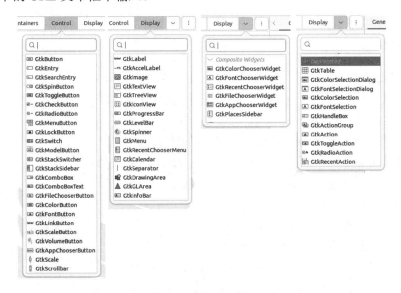

图 26.25　构件选项卡

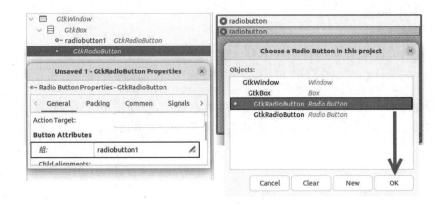

图 26.26　为单选按钮分组

2．图像

图像对应 gtk_image_new_from_stock()函数（在 GTK 3.0 中该函数已弃用）的功能，可

以在 General 选项卡的"后备 ID"下拉列表框中设置图像，默认情况下使用的是图像库内的 GTK_MISSING_IMAGE。图像的尺寸可在 Icon Size 微调框内设置，取值对应 GtkIconSize 枚举类型，有效取值范围为 0～6。

3．标签和加速键列表

标签对应 gtk_label_new()函数的功能。General 选项卡的"标签"文本框用于编辑显示的文字，"对齐"下拉列表框用于定义对齐方式。

加速键列表即快捷标签，对应 gtk_accel_label_new()函数的功能。快捷键在 Common 选项卡的 Accelerators 文本框中设置。

4．文本条目和文本视图

文本条目即文本框，对应 gtk_entry_new()函数的功能。文本视图对应 gtk_text_view_new()函数的功能。在 General 选项卡中，"可编辑"用于决定是否锁定文本框，"可见状态"用于设置是否显示文本框中的文本，在"文字"文本框中可以设置初始文本。

5．范围构件

范围构件共有 4 种，分别是水平比例、垂直比例、水平滚动条和垂直滚动条。在 General 选项卡的"调整部件"中可设置范围构件的属性。

6．组合框与组合框条目

组合框对应 gtk_combo_box_new()函数的功能，组合框条目对应 gtk_combo_box_text_new()函数的功能。后者比前者多一个文本框子构件。在 General 选项卡中单击 List of items 下方的编辑框，可以编辑需要显示的条目，如图 26.27 所示。

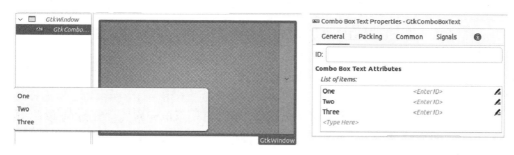

图 26.27　编辑文本对话框

7．进度条

进度条对应 gtk_progress_bar_new()函数的功能。进度条已完成的进度比例可在 General 选项卡中的"完成比例"微调框中进行设置。

8．树视图和图标视图

树视图对应 gtk_tree_view_new()函数的功能，图标视图对应 gtk_icon_view_new()函数的功能。

9．日历

日历对应 gtk_calendar_new()函数的功能，可在 General 选项卡的"年""月""日"微调框中设置默认选中的日期。其中，"月"的取值范围为 0～11，如果"日"的值设为 0，则不指定具体天数。

10．分割条

分割条对应 gtk_separator_new()函数的功能。

11．绘图区域

绘图区域对应 gtk_drawing_area_new()函数的功能。

12．最近选择器

最近选择器对应 gtk_recent_chooser_widget_new()函数的功能，其设置方法与最近选择对话框类似。

13．文件选择部件

文件选择部件对应 gtk_file_chooser_widget_new()函数的功能，其设置方法与文件选择对话框类似。

26.2.4　设置构件属性

在 Glade 中，界面构件的属性被分为 3 类，分别位于 General、Packing 和 Common 选项卡中。

General 选项卡用于设置构件的基本信息和特有的属性，基本信息包括下列内容。

❑　Id：对象唯一的标识符。

Packing 选项卡用于设置构件在容器中的位置，对于窗体和顶级容器不可用。下面介绍其中的属性设置。

❑　位置：如果上一级容器内有多个单元格，那么第一个单元格的位置为 0，以此类推。

❑　填充：设置构件与上一级容器的上下间距。

❑　展开：设置是否展开界面构件。

❑　填充：设置是否让界面构件占满整个容器。

❑　包裹类型：可设置为 Start 或 End，用于定义界面装入容器时的顺序。

Common 选项卡用于设置构件的公共属性，这些属性均是在 GtkWidget 类中定义的，因此可用于所有的界面构件。公共属性的设置如下：

❑　宽度请求：设置构件最小需求尺寸的宽度值。

❑　高度请求：设置构件最小需求尺寸的高度值。

❑　可见：设置构件是否在界面中显示。

❑　敏感：设置构件是否接受用户的输入。

❑　不全部显示：用于屏蔽 gtk_widget_show_all()函数对构件的影响。

❑ 应用程序可绘图：设置应用程序是否可以直接在构件上绘图。

❑ 接受焦点：设置构件是否可以接受输入焦点。对于按钮类构件，默认为"是"；对于容器类构件，默认为"否"。

❑ 有焦点：设置构件是否已经拥有输入焦点，对于"接受焦点"设置为"是"的构件有效。如果有多个构件设置为"是"，那么只有第一个构件有效。

❑ 为焦点：设置构件是否是顶级容器内的聚焦部件。如果设置为"是"，当构件上一级容器获得焦点时，那么焦点会落在该构件上。该选项对于"接受焦点"设置为"是"的构件有效。如果多个构件设置为"是"，那么只有第一个构件有效。

❑ 可成为默认：设置构件是否可以成为默认的构件，用于接受 Enter 键的响应。

❑ 接受默认动作：设置构件在成为焦点时是否可以接受默认动作，即对于空格键的响应。该选项对于"接受焦点"设置为"是"的构件有效。如果有多个构件设置为"是"，那么只有第一个构件有效。

❑ 事件：决定界面构件可接受哪些 GtkEvent 事件类型的响应。单击其右侧的编辑按钮，弹出选择区域对话框，可在选择独立区域列表框中选择需要响应的事件，如图 26.28 所示。

❑ Tooltip 右侧文本框：鼠标光标在构件上方悬停时所显示的文本，Glade 会自动创建工具提示对象。

❑ Use markup：在工具提示中是否使用标记。

❑ Custom：使用查询工具的提示功能显示工具提示信息。

❑ Accelerators：设置构件的快捷方式，单击右侧的编辑按钮，弹出选择快捷键对话框，可在其中编辑多组快捷方式。

图 26.28　选择区域对话框

26.2.5　添加事件和回调函数

Glade 主界面的 Signals 选项卡包括界面构件连接事件、信号和回调函数。可选事件从所选构件对应的类和父类中获取信号，如图 26.29 所示。

图 26.29 是组合框对应的信号。最底层为 GObject 类定义的信号，最顶层则是文本输入框所属的 GtkComboBox 类定义的信号。单击类名称左侧的展开器，可以显示该类定义的所有信号，如图 26.30 所示。

图 26.29　信号的分类

图 26.30　展开分类中的信号

📖**注意：** 在 GtkWidget 类中定义与 GDK 底层事件相关的信号必须选择 Common 选项卡中的事件列表框才能生效。

选择信号名称后，可为该信号连接回调函数和数据，对应 g_signal_connect()函数的功能。回调函数可单击对应信号后的单元格，然后在下拉列表框中进行选择，如图 26.31 所示。

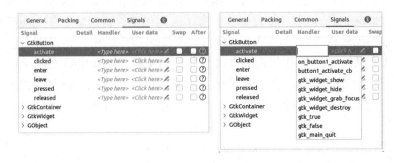

图 26.31　选择回调函数

回调函数列表框中的前两个函数是 Glade 根据构件名称命名的，其余为可用的 GTK+ 函数。如果需要自定义回调函数名称，可以在单元格内直接输入。

设置好回调函数后可设置传递给回调函数的用户数据，该数据通常是回调函数中最后一个实际参数的名称，可以为变量名或常量，如图 26.32 所示。

图 26.32　设置回调函数数据

在图 26.32 中，为一个按钮构件的 activate 信号连接了 gtk_widget_show()函数，用户数据设置为 window1。在实际程序中，单击该按钮即能显示项目中名为 window1 的构件。

如果回调函数并非 GTK+中提供的函数，那么回调函数的实现必须在具体 C 语言代码中进行，二者使用的名称必须一致。

在信号列表中有一项 After 单选框，选择该选项后将使用 g_signal_connect_after()函数连接信号与回调函数。为信号设置回调函数后，在信号名的左侧会多出一个展开器。如果需要为同一个信号连接更多的回调函数，可单击该展开器添加更多回调函数，如图 26.33 所示。

图 26.33　添加更多的回调函数

26.3　C 语言代码联编

Glade 的项目文件是一个单独的.glade 文件,可通过 GTK+函数库将该项目文件添加到 C 语言源代码中。这样,就能在 C 语言编写的程序中直接使用 Glade 设计的用户界面。本节将介绍使用 GTK+函数库连接 Glade 项目文件的方法。

26.3.1　使用 GTK+函数库连接 Glade 项目文件

通过 GTK+函数库连接 Glade 项目文件至少包含 3 个步骤,这 3 步必须在 GTK+函数库初始化后且没有进入 GTK+主循环时完成。具体步骤如下:

(1)创建 GtkBuilder 对象。GtkBuilder 对象用于动态加载 XML 格式的用户界面,可使用 gtk_builder_new()函数创建 GtkBuilder 对象,该函数的一般形式如下:

```
GtkBuilder 对象名;
对象名 = gtk_builder_new();
gtk_builder_add_from_file(GtkBuilder *builder,
                                    const gchar *filename,
                                    GError **error);
```

其中,builder 参数为 glade_xml_new()执行后创建的对象。filename 参数为 Glade 项目文件的路径和名称。error 参数为函数执行错误后返回错误信息,NULL 表示使用默认的错误机制。

(2)获得界面构件。可从有效的 GtkBuilder 对象中获得界面构件,然后对其进行操作。至少要获得顶层窗体构件,然后使用 GTK+函数库中的函数将其显示出来。gtk_builder_get_object()函数用于获得界面构件,它的一般形式如下:

```
gtk_builder_get_object (GtkBuilder *builder,
                                    const gchar *name);
```

builder 参数为 GtkBuilder 对象的名称,name 参数为 Glade 项目中的界面构件的名称。函数返回值是 GtkWidget 对象。

(3)连接信号。在 Glade 中定义了信号后,可使用 gtk_builder_connect_signals()函数将这些信号全部连接到 C 语言代码中,该函数的一般形式如下:

```
void gtk_builder_connect_signals(GtkBuilder *builder,
                                    gpointer user_data);
```

其中,user_data 参数为用户自定义的信号,通常这个参数为 NULL。

下面用一个例子来演示使用 GTK+函数库连接 Glade 项目文件的操作方法。

(1)在 Glade 中创建一个名为 ui.glade 的项目文件,再在项目文件中添加一个窗体构件,并在其中装入一个纵向组装盒、一个标签构件和一个按钮构件。然后将窗体的 ID 设置为 MainWindow,标签的 ID 设置为 label。在 General 选项卡中将按钮的 Button Content 属性设为 Stock Button,Stock Button 属性设为"退出(Q)",效果如图 26.34 所示。

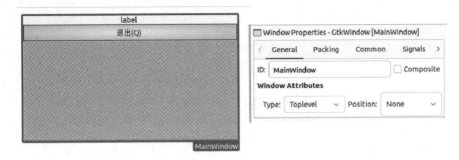

图 26.34　一个简单的 Glade 项目

（2）为窗体构件连接信号。选择窗体，单击 Signals 选项卡，找到信号列表中的 GtkWidget 项，单击左侧的展开器，展开 GtkWidget 类中定义的信号，然后选择 delete-event 信号，为其添加回调函数 gtk_main_quit，如图 26.35 所示。

图 26.35　为窗体连接信号

（3）选择按钮构件。选择 Signals 选项卡，找到信号列表中的 GtkButton 项，单击左侧的展开器，展开 GtkButton 类中定义的信号。然后选择 clicked 信号，为其添加回调函数 gtk_main_quit。最后保存 Glade 项目文件。

（4）在上述 Glade 项目文件的同一个目录下建立一个 C 语言源代码文件，可以使用任意文件名。编辑该文件，写入如下代码：

```
01  #include <gtk/gtk.h>
02  #include <glib-2.0/glib.h>
03  int main(int argc, char *argv[])
04  {
05      gtk_init(&argc, &argv);                          //初始化 GTK+函数库
06      GtkBuilder * ui;                                 //声明 GtkBuilder 类型变量
07      ui= gtk_builder_new();                           //初始化 GTKBuilder 环境
08      gtk_builder_add_from_file(ui,"ui.glade",NULL);   //读取 glade 文件
09      GtkWidget *window;                               //声明 GtkWidget 类型变量
10      //从 GtkBuilder 对象获得 GtkWidget 界面构件
11      window= GTK_WIDGET(gtk_builder_get_object(ui,"MainWindow"));
12      gtk_window_set_title(GTK_WINDOW(window), "测试");
13      GtkWidget *label;
```

```
14          label = GTK_WIDGET(gtk_builder_get_object(ui,"label"));
15          //修改界面构件的属性
16          gtk_label_set_label(GTK_LABEL(label), "Hello World!");
17          gtk_widget_show_all(window);                    //显示 window 内的所有构件
18          //连接 GtkBuilder 对象所有已定义的信号
19          gtk_builder_connect_signals(ui, NULL);
20          gtk_main();                                     //开始 GTK+主循环
21          return 0;
22      }
```

（5）在编译参数中加入编译参数`pkg-config --cflags --libs
gtk+-3.0`-export -dynamic，编译该程序。编译成功后运行程序，
效果如图 26.36 所示。

在程序中使用 gtk_builder_add_from_file()函数读取 Glade 项
目文件 ui.glade，创建了一个 GtkBuilder 对象。然后通过
gtk_builder_get_object ()函数获得 Glade 项目中的 window 和 label

图 26.36　libglade 演示

构件。程序运行时，修改了标签 label 的字符串，并使用 gtk_widget_show_all()函数将窗体
构件 window 内的所有构件显示出来。

在 Glade 项目中为 window 和 button 构件所连接的信号在执行 gtk_builder_connect_
signals()函数后即可被程序使用。因此当单击窗体的关闭按钮，或"退出"按钮时，将调用
gtk_main_quit()函数结束程序。

🔔注意：通过 C 语言源代码文件编译的可执行文件与 Glade 项目文件是分离的，如果删除
　　　　Glade 项目文件或改变其路径，那么可执行文件也无法启动图形界面，并且会造
　　　　成执行错误。如果在 Glade 中修改项目文件，只要不影响可执行文件的调用，就
　　　　无须重新修改和编译源代码。例如，在 Glade 中只改变了窗体构件的标题属性，
　　　　再次运行可执行文件时，将显示新修改的窗体标题。

26.3.2　使用 GTK+的多语言支持功能

Linux 系统本身具备完善的多语言支持体系，可以使同一个可执行文件的图形界面支
持不同地区的语言。其中涉及两个重要概念：国际化与本地化。

国际化是指将开发者原先使用的母语翻译成多种语言。由于实现翻译的途径、翻译的
工作效率、翻译的可重用性等因素，使翻译工作面临很大的困难，也阻碍了软件的推广和
应用。为了方便地将软件翻译成不同的语言，需要一套翻译规范和通用工具，于是就诞生
了 I18N 工具集。I18N 即 Internationalization 的缩写形式，主要使用 Gettext 软件包实现国
际化支持。

本地化是指可执行文件能够根据当前的语言环境选择图形界面上使用的语言。除了语
言以外，字符编码、语法、度量单位、日期时间格式、阅读习惯和使用习惯等也是需要考
虑的问题，因此设计了 L10N 工具集。L10N 是 Localization 的缩写形式，主要使用 Locale
软件包实现本地化支持。

本地化包含国际化，二者相辅相成。本节假设开发者的母语为英语，本地应用为简体
中文，演示 libglade 函数库对多语言的支持。下面介绍具体的操作步骤。

1．为Glade项目创建po和mo文件

po 文件意为可移植对象，mo 文件意为机器对象。po 文件是面向翻译人员提取于 Glade 项目的一种资源文件。当软件升级时，通过使用 Gettext 软件包处理 po 文件，可以在一定程度上使翻译成果得以继承，减轻翻译人员的负担。mo 文件是面向计算机的由 po 文件通过 Gettext 软件包编译而成的二进制文件。程序通过读取 mo 文件可以使界面转换成用户使用的语言界面。

假设已建立了一个 Glade 项目文件 ui.glade，其中包含一个主窗体，窗体的 ID 为 User Information。在窗体中放置着一个网格容器，然后在容器中装入一组标签构件，构件的标签分别是 Name 和 Age。最后装入一个文本框、一个微调按钮和一组按钮库按钮，如图 26.37 所示。

图 26.37　Glade 设计的界面

在包含 Glade 项目文件的目录下创建名称为 po 的目录，进入 po 目录，在其中创建一个名称为 POTFILES.in 的新文件。用文本编辑器打开该文件，输入 Glade 项目文件的文件名后保存，代码如下：

```
ui.glade
```

安装 Intltool 工具集，其中包含 Gettext 软件包。在终端输入下列命令：

```
apt-get install intltool
```

安装完成后，将工作目录设为 POTFILES.in 文件的目录。输入下列命令创建 po 文件：

```
intltool-update --pot gettext-package=ui
```

gettext-package 参数的名称为 Glade 项目文件的前缀名。命令执行成功后会创建 untitled.pot 文件，该文件是 po 文件的模板。复制该文件，创建名称为 zh_CN.po 的副本。用文本编辑器打开该文件，将 charset=CHARSET 改为 UTF-8，将 msgid 后的英文字符串翻译到下一行 msgstr 后。代码如下：

```
"Content-Type: text/plain; charset=UTF-8\n"
"Content-Transfer-Encoding: 8bit\n"

#: ../ui.glade.h:1
msgid "Name\n"
msgstr "姓名\n"

#: ../ui.glade.h:3
msgid "Age\n"
msgstr "年龄\n"
```

如果在该文件中包含按钮库按钮的名称，如 gtk-cancel，则在译文中也保留原来的名称。然后执行下列命令，将 po 文件编译为 mo 文件：

```
msgfmt zh_CN.po
```

在 po 文件中创建 zh_CN/LC_MESSAGES 目录，复制生成的 mo 文件到新建立的目录下并将名称改为 ui.mo。

2. 编辑C语言源代码文件

在 Glade 项目文件所在的目录下创建一个 C 语言源代码文件，文件的内容如下：

```
01  #include <gtk/gtk.h>
02  #include <glib-2.0/glib.h>
03  #include <libintl.h>                           //提供 Gettext 支持
04  #define _(String) gettext(String)              //翻译字符串
05  #define N_(String) String
06  #define PACKAGE "ui"                           //定义 mo 文件前缀名称
07  #define LOCALEDIR "./po"                       //定义 mo 文件搜索路径
08  int main(int argc, char *argv[])
09  {
10      bindtextdomain(PACKAGE,LOCALEDIR);         //设置 mo 文件的路径
11      textdomain(PACKAGE);                       //设置 mo 文件前缀名称
12      gtk_init(&argc, &argv);
13      GtkBuilder *ui;
14      ui = gtk_builder_new();
15      gtk_builder_add_from_file(ui,"ui.glade",NULL);
16      GtkWidget *window;
17      window =GTK_WIDGET(gtk_builder_get_object(ui,"User Information"));
18      gtk_window_set_title(GTK_WINDOW(window), "多语言支持");
19      gtk_widget_show_all(window);               //显示窗体
20      gtk_builder_connect_signals (ui, NULL);
21      gtk_main();
22      return 0;
23  }
```

在上面的程序中定义了宏#define _(String) gettext(String)和#define N_(String) String。前一条宏命令是将"_( )"内的字符串作为 gettext()函数的参数，Glade 项目文件中的可翻译字符串在 C 语言源代码中是用"_( )"包围起来的。不可翻译的字符串则是用"N_( )"包围，后一条宏将其直接转化为普通的字符串。

开发者可在终端使用 locale 命令查看程序运行的语言环境，该环境会影响翻译的结果。

```
LANG=zh_CN.UTF-8
LANGUAGE=zh_CN:zh
LC_CTYPE="zh_CN.UTF-8"
LC_NUMERIC="zh_CN.UTF-8"
LC_TIME="zh_CN.UTF-8"
LC_COLLATE="zh_CN.UTF-8"
LC_MONETARY="zh_CN.UTF-8"
LC_MESSAGES="zh_CN.UTF-8"
LC_PAPER="zh_CN.UTF-8"
LC_NAME="zh_CN.UTF-8"
LC_ADDRESS="zh_CN.UTF-8"
LC_TELEPHONE="zh_CN.UTF-8"
LC_MEASUREMENT="zh_CN.UTF-8"
LC_IDENTIFICATION="zh_CN.UTF-8"
LC_ALL=
```

还可以在环境变量中修改 locale 的值。例如，修改用户主目录下的.profile 文件，在末尾加入如下语句：

```
export LANG=zh_CN.UTF-8
export LANGUAGE=zh_CN.UTF-8
export LC_ALL=zh_CN.UTF-8
```

上述操作对当前登录的用户有效。如果要对所有用户生效，可以修改/etc 目录下的
environment 文件，将 LANG 选项设置如下：

```
lang zh_CN.UTF-8
```

bindtextdomain()函数定义了 mo 文件的路径，
textdomain()函数定义了 mo 文件的前缀名。编译程序后，
假设当前 Linux 发行版的语言设置为简体中文
（zh_CN），并使用 UTF-8 字符集，那么显示的程序界面
将为中文，如图 26.38 所示。

图 26.38　显示为中文的 Glade 界面

26.4　小　　结

本章介绍了使用 Glade 设计程序界面的方法，以及使用 libglade 函数库在 C 语言代码
中进行代码联编的方法。Glade 是非常方便的界面开发工具，在项目中使用该工具可以缩
短界面代码的开发周期。但是，Glade 也有其不足之处，那就是对于过于复杂的界面或有
个性化要求的界面不能起到简化编码的作用。因此，在项目中使用 Glade 设计程序界面前
应先进行评估，对于大多数管理类、数据库类程序可优先考虑使用 Glade。

26.5　习　　题

一、填空题

1．在 Linux 系统中设计 GTK+程序界面的所见即可得工具是_____。

2．辅助是一种分为多页显示内容的_____窗体。

3．I18N 主要使用_____软件包实现国际化支持。

二、选择题

1．下列不是窗体构件的选项是（　　）。

A．通用窗体构　　　　　　　　　　　　B．通用对话框构件

C．文件选择对话框　　　　　　　　　　D．最近选择器

2．下列不属于 Packing 选项卡中内容的是（　　）。

A．位置　　　　　　　　　　　　　　　B．高度请求

C．包裹类型　　　　　　　　　　　　　D．填充

3．展开器对应的函数是（　　）。

A．gtk_expander_new()　　　　　　　　B．gtk_window_new()

C．gtk_box_new()　　　　　　　　　　　D．其他

三、判断题

1．Glade 界面设计软件是 HILDON 桌面环境的子项目。　　　　　（　　）
2．Glade 界面项目文件实际上是 Java 文件。　　　　　　　　　（　　）
3．组装箱按钮是一个有多个子级的容器。　　　　　　　　　　（　　）

四、操作题

1．使用 Glade 设计如图 26.39 所示的界面，然后为按钮构件中的 clicked 信号添加回调函数 gtk_main_quit()。

图 26.39　效果

2．将图 26.39 中的 Glade 设计使用 GTK 显示出来。

第6篇
Linux 环境 C 编程项目实战

▶▶ 第 27 章　编程项目实战——媒体播放器的实现

第 27 章　编程项目实战——媒体播放器的实现

本章将通过一个严格的项目管理制度对项目进行规划，并补充系统自带的媒体播放器未实现的功能。本章的重点依然是梳理前面讲述的知识点，并将实际应用中的各种编程技巧介绍给读者。

27.1　软件工程实战

软件开发离不开软件工程思想的指导，在学习的过程中应该时刻将软件工程的思想放在重要位置。实践软件工程思想能为将来的实际工作打下扎实的基础，因此本节将结合媒体播放器项目进行软件工程实战。

27.1.1　项目需求分析

项目需求分析经常作为一个独立的课题被研究。在朴素软件工程思想中，项目需求分析方法使用的是实例分析法。实例分析法的起点是当前系统，当前系统可能是一个正在使用的软件，或者是一个人工处理数据的过程；实例分析法的终点是最终要实现的软件描述。整个过程是一条长链，如图 27.1 所示。

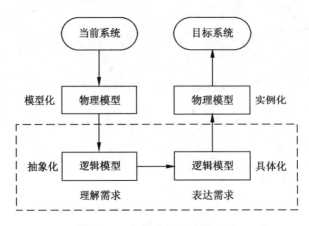

图 27.1　实例分析法过程示例

例如，当前系统模型可以用 Linux 系统中现有的 Totem 电影播放机作为分析对象。Totem

实现了各种媒体格式文件的播放功能，并且提供播放列表模块来管理媒体文件的播放顺序。但是通过分析可以发现该软件存在的缺陷，即没有媒体库的管理功能，在存放有很多媒体文件的计算机上应用起来并不方便。

通过分析 Totem 电影播放机也可得到项目的物理模型。MP3 文件保存的是使用 MPEG 格式压缩后的声音信号。首先，对 MPEG 格式进行解压，还原成声卡部件能够直接识别的数字信号。然后，这些数字信号又被操作系统传递给计算机中的声卡部件，声卡部件再将数字信号还原为模拟信号。最后，将模拟信号通过电流载波传递给扩音器，扩音器发出声音。

由此，我们可以得到整个项目的需求。现在 Linux 系统中已经有各种媒体播放器，但是并没有媒体播放器提供的媒体库管理功能。项目的目标是设计一个能够进行媒体库管理的媒体播放器。

27.1.2　软件需求说明

软件需求说明（Software Requirement Specification，SRS）是对项目需求分析得到的文档。它的作用是提出需要解决的问题，作为下一步软件设计和编码的基础。为了使软件需求说明具有统一的风格，可以采用标准化模板进行编撰，如使用国际标准化组织推荐的 ISO 软件需求说明文档。

27.1.3　项目视图的解决方案

项目视图指项目的实际需求，开发者完成软件需求说明文档的编写后即可针对项目视图提出解决方案。在给出解决方案的同时也要陈述自己的理由，但应该避免在这个阶段进行软件设计。下面列举媒体播放器项目的主要问题及其解决方案。

1．媒体播放器界面设计

媒体播放器界面可使用 GTK+函数库来完成。该函数库包含大多数 GNOME 桌面环境中的界面构件。

2．数据库的选择

SQLite 数据库可以作为媒体播放器的首选，它作为嵌入式数据库能够很好地嵌入媒体播放器的内部，并且随媒体播放器项目一同发布。

3．读取MP3文件信息

MP3 文件包含标题和艺术家等信息，可借助现有的函数库来实现。libid3tag 库是非常好的选择，通过 libid3tag 函数库可以容易地读取文件中的信息。

4．媒体播放功能

媒体播放功能可以用 GStreamer 多媒体框架来实现。该框架的功能强大，并且能将媒体播放功能抽象为几个简单的步骤。

27.2　软件设计

软件设计的内容很广泛，但其结果是总结项目需求所列出的功能的实现方法。本书的前面已经对媒体库的大部分功能实现进行了分步讲解，这里讨论另外两个重要的话题：一是需求分析方法，即根据软件需求说明进行详细分析；二是制订开发计划和分工任务，目的是帮助读者按步骤实现软件设计。

27.2.1　需求分析

需求分析是指理解项目的需求，对软件的功能进行深入理解，并且给出明确的解决方案。需求分析的过程有 4 个阶段，分别是问题识别、分析与综合、制订规格说明和评审。

其中，问题识别是对应用功能进行技术解释。分析与综合是对软件的分工给出详细的定义，大的方向包括软件的组成，小的方向包括具体功能的分工。制订规格说明是将前面的工作整理为文档，然后将这个文档交由特定的对象进行审核。

27.2.2　制订开发计划

在朴素软件工程思想中所制订的开发计划通常是指编码的计划，因为编码所占用的时间是最多的。

在媒体播放器中，第一步应定义程序的主体结构，即实现核心控制模块。该模块是其他模块操作的基础，缺少该模块则难以进行后面的工作。第二步可以同时对媒体库模块和播放控制模块进行实现。第三步是用户界面模块和媒体文件解码模块的设计。最后一步是系统集成，即把所有的模块关联起来，如图 27.2 所示。

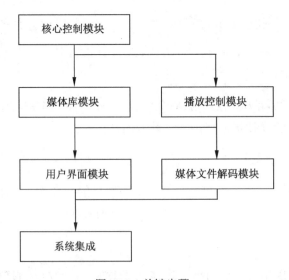

图 27.2　关键步骤

通过对项目实际情况的分析，可以得到每个模块的开发时间。在软件工程中有专门的文档用来管理开发计划，但最简单的方法是画一张表格，独立开发者可以遵照表格上的时间来完成项目开发工作。

27.2.3　分工协作

一个较大的项目往往需要分工协作，这里需要引入一种称为甘特图的图表，它以图示的方式通过活动列表和时间刻度形象地展示软件项目的活动顺序与持续时间。甘特图中最重要的概念就是里程碑，每一段工作结束即是一个里程碑，然后才能开展下一阶段的工作。另外一个重要概念是资源，开发者和开发设备等都是软件开发项目中的资源。

在为媒体播放器项目绘制甘特图前，还需要对项目进行细化，最好精确到每个子功能模块的实现，这样才能更好地分工。假设这个媒体播放器编码的人数为 3 人，那么可以绘制出甘特图，并为每个模块进行分工，如图 27.3 所示。

ID	任务名称	开始时间	完成	持续时间	2009年05月
1	核心控制模块	2009-5-8	2009-5-11	2d	
2	核心控制模块结束	2009-5-12	2009-5-12	0d	
3	媒体库模块	2009-5-12	2009-5-15	4d	
4	播放控制模块	2009-5-12	2009-5-19	6d	
5	播放控制模块结束	2009-5-20	2009-5-20	0d	

图 27.3　甘特图

绘制出甘特图后，就可以进行详细的分工了。对于每个开发者来说，拿到的应该是一份标明任务和时间限制的日历表。

27.3　版　本　控　制

无论独立开发的软件项目还是协作开发的软件项目，都需要进行版本控制。版本控制的作用是保护源代码，将每次对源代码的修改都记录下来。这样一方面能保证可以回溯到指定的时间点，另一方面在多人同时编辑一个源代码文件时不会覆盖对方的工作成果。目前，版本控制的工具很多，在 Linux 系统中使用最广泛的版本控制工具是 Git。该工具是一个开源的分布式版本控制系统，用于敏捷、高效地处理任何或小或大的项目。

27.3.1　Git 服务器搭建

下面介绍 Git 服务器的搭建步骤。

1．安装所需软件

通过以下命令安装所需软件。

```
apt-get install git openssh-server openssh-client
```

2．创建Git用户

通过以下命令创建 Git 用户来管理 Git 服务器。

```
useradd -m git                                    //创建 Git 用户
passwd git                                        //修改密码
```

3．Git仓库的存储点

通过以下命令创建一个目录作为 Git 仓库的存储点。

```
mkdir /home/git_pro
chown git:git /home/git_pro/
chmod 755 /home/git_pro/
```

4．安装Gitosis

（1）安装 Gitosis 用来添加使用 Git 的用户和设定权限。安装 Gitosis 之前需要使用以下命令初始化 Git 用户的信息，这些信息可以比较随意一些。

```
git config --global user.name 'tow'
git config --global user.email 'tow@126.com'
```

（2）Gitosis 的工作依赖于某些 Python 工具，因此首先通过以下命令安装 Python 的 setuptools 包，在 Ubuntu 上称为 python-setuptools。

```
apt-get install python
apt-get install python-setuptools
```

（3）通过以下命令安装 Gitosis。

```
git clone https://github.com/res0nat0r/gitosis.git
cd gitosis/
sudo python setup.py install
```

（4）由于 Gitosis 默认状态下会将仓库放在用户的 repositories 目录下，如 Git 用户的仓库地址默认在/home/git/repositories/目录下，因此这里需要创建一个链接映射，让它指向前面创建的专门用于存放项目的仓库目录/home/git_pro，先切换成 Git 用户。

```
su git
ln -s /home/git_pro /home/git/repositories
exit
```

5．生成ssh公钥

开发者可以使用通过生成 ssh 公钥的方法成为管理员。以下命令就是生成 ssh 公钥。

```
ssh-keygen -t rsa
```

📖注意：生成的密钥可以在~/.ssh 里看到。

6．在服务器上创建管理员

（1）把公钥权限改为所有用户可读取。

```
sudo chmod a+r ~/.ssh/id_rsa.pub
```

（2）通过以下命令初始化 Gitosis。

```
sudo -H -u git gitosis-init < ~/.ssh/id_rsa.pub
```

（3）通过以下命令为仓库中的 post-update 脚本加上可执行权限。

```
sudo chmod 755 /home/git_pro/gitosis-admin.git/hooks/post-update
```

7．配置Gitosis

通过以下命令实现对 Gitosis 的配置。

```
mkdir myproject
cd myproject/
git clone git@xxx.xxx.xxx.xxx(注:服务器的 IP 地址):gitosis-admin.git
```

27.3.2　Git 的上传和备份

服务器创建好之后，就可以在 Git 客户机上实现 Git 的上传和备份了。

1．Git的上传

（1）在实现上传之前，需要在客户机上通过以下命令安装需要的软件：

```
sudo apt-get install git openssh-server openssh-client
```

（2）通过以下命令添加 Git 全局范围的用户名和邮箱。

```
git config --global user.name 'tow'
git config --global user.email 'tow@126.com'
```

（3）以下命令就是生成 ssh 公钥。

```
ssh-keygen -t rsa
```

（4）通过以下命令在客户机上创建一个 Git 仓库。

```
mkdir testpro
cd testpro
git init
touch 1.txt
git add 1.txt
git commit -m '测试git'
git remote add origin git@xxx.xxx.xxx.xxx:testpro.git
git push origin master
```

如果出现以下错误：

```
ERROR:gitosis.serve.main:Repository read access denied
fatal: Could not read from remote repository.

Please make sure you have the correct access rights
and the repository exists.
```

需要将客户机上的.ssh 文件夹中的 id_rsa.pub 文件，复制到服务器上的 myproject/gitosis-admin/keydir 文件夹中，将名称改为客户机的名称，本书为 two @one-virtual-machine.pub，

并删除原先在此文件夹中的文件。打开 myproject| gitosis-admin 文件夹中的 gitosis.conf 文件，添加以下代码：

```
[group two]                                    ####这个 two 可以随意命名
members = two@one-virtual-machine              ####客户机的名称
writable = testpro                             ####项目仓库名
```

保存，在服务器上执行以下命令：

```
cd ~/myproject/gitosis-admin
git add .
git commit -m '添加仓库权限'
git push origin master
```

在客户机上执行以下命令：

```
cd ~/myproject/testpro
git push origin master
```

此时就实现了将客户机上的文件上传到服务器上的功能。

2．备份

在客户机上输入以下命令完成备份功能。

```
git clone git@192.168.72.142:testpro.git
```

27.4　在 Eclipse 中使用 Git

本节将讲解如何在 Eclipse 中使用 Git。

27.4.1　将代码上传到服务器上

以下是将源码上传到服务器的具体操作步骤。

1．配置Git

打开 Eclipse，选择 Window | Preferences 命令，弹出 Preferences 对话框。选择 Version Control(Team) | Git | Configuration 命令，打开 Configuration 面板，在其中选择 User Settings 选项，打开 User Settings 选项卡，在其中添加 2 个条目，如图 27.4 所示。其中，name 和 email 是 Git 的邮箱和用户名。

2．创建本地仓库

（1）右击项目名，在弹出的快捷菜单中选择 Team | Share Project 命令，弹出 Share Project 对话框。

（2）勾选 Use or create repository in parent folder of project 复选框，如图 27.5 所示。

选择 MyCode 选项，然后单击 Create Repository 按钮，此时 Finish 按钮会被激活。

单击 Finish 按钮，此时即成功创建了 Git 仓库，文件夹处于未提交状态，Git 会有一个像大于号的符号表示未提交。

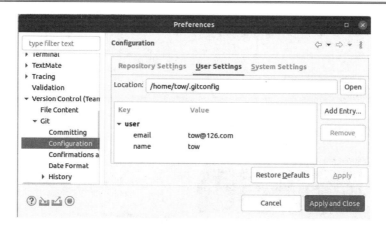

图 27.4　User Settings 选项卡

图 27.5　Share Project 对话框

3．将代码提交给本地仓库

（1）右击项目名，在弹出的快捷菜单中选择 Team | Commit 命令，弹出 Git Staging 对话框。

（2）单击 按钮，Unstaged Changes 下面的内容会全部显示到 Staged Changes 中。

（3）在 Commit Message 的文本框中输入提交说明，这里为 code，此时会激活 Commit 按钮，如图 27.6 所示。

（4）单击 Commit 按钮，将代码提交给本地仓库。

4．将代码上传到服务器的Git仓库中

（1）右击项目名，在弹出的快捷菜单中选择 Team | Remote | Push 命令，弹出 Push to Another Repository 对话框。

（2）在 URL 文本框中输入服务器的 Git 仓库地址，单击 Next 按钮，弹出 Push to git@***.***.**.***:***.get 对话框，如图 27.7 所示。

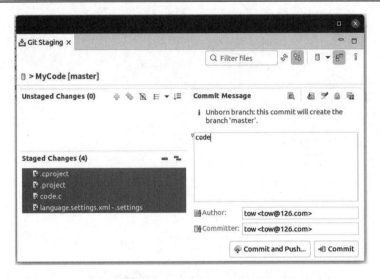

图 27.6　Git Staging 对话框

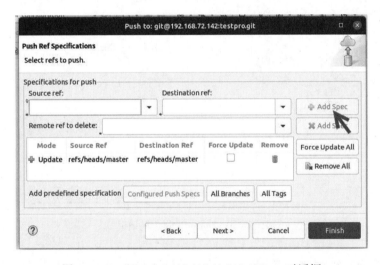

图 27.7　Push to git@***.***.**.***:***.get 对话框

单击 Source ref 对应的文本框后面的 ▼ 按钮，选择上传的分支，此时在 Destination ref 对应的文本框中也会有对应的内容显示，单击 Add Spec 按钮，Finish 按钮将被激活，单击 Finish 按钮，实现代码上传功能。

27.4.2　将代码导入 Eclipse

以下是将服务器上的源码导入 Eclipse 的具体操作步骤。

（1）打开 Eclipse，在菜单中选择 File | Import 命令，弹出 Import 对话框，如图 27.8 所示。

（2）选择 Git 下方的 Projects from Git 选项，单击 Next 按钮，弹出 Select Repository Source 对话框。

（3）选择 Clone URI 选项，单击 Next 按钮，弹出 Source Git Repository 对话框。

图 27.8　Import 对话框

（4）在 URI 对话框中输入要导入的仓库地址。单击 Next 按钮，弹出 Branch Selection 对话框，如图 27.9 所示。

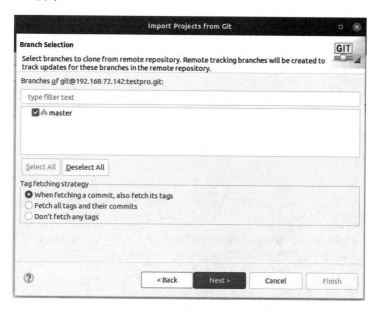

图 27.9　Branch Selection 对话框

（5）这是一个简单项目，只有一个分支，选 master，单击 Next 按钮，弹出 Local Destination 对话框。

（6）在 Directory 文本框中输入项目的本地存放位置，单击 Next 按钮，弹出 Select a wizard to use for importing projects 对话框。

（7）选择 import existing Eclipse projects 复选框，单击 Next 按钮，弹出 Import Projects 对话框。

（8）选择导入的项目，单击 Finish 按钮，指定的项目就被导入 Eclipse 中，如图 27.10 所示。这里导入的是 MyCode。

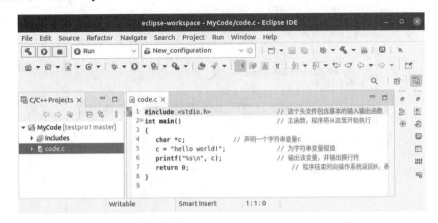

图 27.10　MyCode 项目

27.5　音量控制对话框

音量控制对话框的作用是调节系统的音量。单击媒体播放器主界面上的音量调节开关按钮，如果开关按钮为被单击的状态，音量调节对话框则会显示出来。如果开关按钮处于原始状态，音量调节对话框则会隐藏。相关代码放在 interface.c 文件中。

27.5.1　创建对话框

音量调节对话框的类型属于弹出式窗口，因此它没有普通窗体的标题栏和边框。下面的代码用于创建对话框。

```
01  GtkWidget *create_diaVolume (InterFace *ui)
02  {
03      GtkWidget *diaVolume;
04      GtkWidget *scale;
05      diaVolume = gtk_dialog_new ();                //创建一个新对话框
06      //设置对话框类型为弹出式窗口
07      diaVolume=gtk_window_new(GTK_WINDOW_POPUP);
08      gtk_window_set_title(GTK_WINDOW(diaVolume), "GtkScale");
09      //设置窗口显示的位置为鼠标指针的位置
10      gtk_window_set_position (GTK_WINDOW (diaVolume),
11          GTK_WIN_POS_MOUSE);
12      //使对话框获得焦点
13      gtk_window_set_type_hint(GTK_WINDOW (diaVolume),
14          GDK_WINDOW_TYPE_HINT_DIALOG);
15      //设置默认尺寸
16      gtk_window_set_default_size(GTK_WINDOW(diaVolume), 30, 130);
```

创建音量调节对话框的函数参数也是界面数据结构 InterFace，这样所有的界面都能通过该数据结构相互访问。函数首先声明 diaVolume 指针，新建一个对话框，并将地址传递给 diaVolume 指针。然后用 GObject 的方式设置对话框为弹出式对话框。音量调节对话框出现的位置非常重要，按照 GNOME 桌面环境约定俗成的规则，通常显示在鼠标指针的当前位置。宏 GTK_WIN_POS_MOUSE 可返回鼠标指针的当前位置，它可作为 gtk_window_set_position()函数的实际参数。这样，每次音量调节对话框都会显示在鼠标光标指向的位置。

GNOME 桌面环境另一个约定俗成的规则是音量调节对话框不作为模式对话框显示，因此需要使用 gtk_window_set_type_hint()函数使对话框显示时获得焦点，并且显示在屏幕的最前端；否则，音量调节对话框很有可能显示在其他窗体后，使用户找不到该对话框。

27.5.2　添加垂直比例尺

音量调节对话框的主要部件是一个垂直比例尺，该比例尺用于调节音量和显示音量的比例。添加垂直比例尺的代码如下：

```
17      //创建垂直比例尺
18      scale = gtk_scale_new(GTK_ORIENTATION_VERTICAL,GTK_ADJUSTMENT
19          (gtk_adjustment_new(100, 0, 100, 0, 0, 0)));
20      //设置垂直比例尺数值的小数位为 0
21      gtk_scale_set_digits(GTK_SCALE(scale), 0);
22      //垂直比例尺的比例值的显示位置
23      gtk_scale_set_value_pos(GTK_SCALE(scale), GTK_POS_TOP);
24      gtk_container_add(GTK_CONTAINER(diaVolume), scale);
25      gtk_widget_show_all(diaVolume);
26      return diaVolume;
27  }
```

27.5.3　测试

下面用一个例子测试音量控制对话框的显示效果。在编写代码前，先在媒体播放器的代码目录下添加 C 语言源代码文件 callback.c 和头文件 callback.h。这两个文件用于放置所有回调函数的代码，在后面的开发过程中还会用到。

为了使媒体播放器主界面能够控制音量调节对话框的显示，需要在创建主界面的create_winMain()函数中插入一条信号连接语句，代码如下：

```
g_signal_connect((gpointer) btVolume, "clicked",
                G_CALLBACK(on_btVolume_clicked),
                ui);                        //连接音量调节按钮的clicked信号
```

上面这条语句的作用是在音量调节开关按钮被单击时连接回调函数 on_btVolume_clicked()。传递给回调函数的参数之一是界面的数据结构 ui，让回调函数获得主要界面的地址。回调函数的代码如下：

```
01  void on_btVolume_clicked(GtkWidget *btVolume,
02                      InterFace *ui)          //音量调节开关按钮的回调函数
03  {
04      //判断音量调节开关按钮的状态
05      if(gtk_toggle_button_get_active(GTK_TOGGLE_BUTTON(btVolume)))
06          gtk_widget_show(ui->diaVolume);         //显示音量调节对话框
07      else
```

```
08          gtk_widget_hide(ui->diaVolume);            //隐藏音量调节对话框
09      }
```

回调函数获得了音量调节开关按钮的指针 btVolume 和界面的数据结构指针 ui。代码的逻辑结构很简单，先用 gtk_toggle_button_get_active()函数获得开关按钮的状态。如果开关按钮是被单击的状态，则显示音量调节对话框；否则，隐藏音量调节对话框。在这里，界面数据结构的作用已经显现出来，通过访问其中的成员 diaVolume 可获得音量调节对话框的地址，以便对其进行操作。

增加了上述代码后，可以设计一个简单的主函数进行测试。在主函数中创建媒体播放器主界面和音量调节对话框，相关代码如下：

```
01      gtk_init(&argc, &argv);                         //初始化 GTK+函数库
02      InterFace ui;                                    //创建界面数据结构
03      ui.winMain = create_winMain(&ui);               //调用创建主窗体函数
04      ui.diaVolume = create_diaVolume(&ui);           //调用创建音量调节对话框函数
05      GTK_WIDGET_SHOW(UI.WINMAIN);                     //显示主窗体
06      //为主窗体退出事件创建连接回调函数
07      g_signal_connect(G_OBJECT(ui.winMain), "delete_event",
08                  G_CALLBACK(gtk_main_quit), NULL);
09      gtk_main();                                      //执行 GTK+主循环
```

在代码中首先初始化 GTK+函数库，然后用 interface.h 中所定义的 InterFace 类型声明界面数据结构 ui。再调用创建主窗体函数 create_winMain()和创建音量调节对话框函数 create_Volume()，二者的返回值均传递给了界面数据结构 ui 中对应的成员。最后调用 gtk_widget_show()函数显示媒体播放器的主界面。

运行该程序时，媒体播放器的主界面将显示出来。单击音量调节按钮将显示音量调节对话框，如果再次单击音量调节按钮，则音量调节对话框被隐藏，如图 27.11 所示。

图 27.11　音量调节对话框原型测试

27.6　播放列表对话框

播放列表对话框由一组工具条按钮、一个树视图和一组按钮构成，下面分别介绍播放列表对话框中这几个构件的实现方法。

27.6.1　创建对话框

播放列表对话框是一个非模式对话框，可以在该对话框显示的同时操作媒体播放器主界面。它与普通窗体构件的区别在于，非模式对话框没有最小化和最大化按钮。非模式对话框与模式对话框的区别在于，前者使用 gtk_widget_show()函数显示，后者使用 gtk_dialog_run()函数显示。下列代码用于创建播放列表对话框的窗体。

```
01  GtkWidget *create_diaPlaylist (InterFace *ui)
02  {
03      GtkWidget *diaPlaylist;                    //保存对话框的地址
04      diaPlaylist = gtk_dialog_new ();           //创建对话框
05      //设置对话框标题
06      gtk_window_set_title (GTK_WINDOW (diaPlaylist), "播放列表");
07      //使对话框获得焦点
08      gtk_window_set_type_hint (GTK_WINDOW (diaPlaylist),
09          GDK_WINDOW_TYPE_HINT_DIALOG);
10      //设置对话框最小需求尺寸
11      gtk_widget_set_size_request (diaPlaylist, 480, 200);
12      GtkWidget *dialog_vbox2;                    //保存纵向组装盒
13      //提取对话框中的纵向组装盒地址
14      dialog_vbox2 = gtk_dialog_get_content_area(GTK_DIALOG
15          (diaPlaylist));
16      gtk_widget_show (dialog_vbox2);            //显示纵向组装盒
17      GtkWidget *vbPlaylist;                      //用于保存新建纵向组装盒地址
18      //新建纵向组装盒
19      vbPlaylist = gtk_box_new (GTK_ORIENTATION_VERTICAL, 0);
20      gtk_widget_show (vbPlaylist);              //显示纵向组装盒
21      //将用户定义的纵向组装盒装入对话框
22      gtk_box_pack_start (GTK_BOX (dialog_vbox2), vbPlaylist, TRUE,
23          TRUE, 0);
```

上述代码创建了一个对话框，对话框的地址保存在 diaPlaylist 指针中。然后用宏 GTK_WINDOW()将对话框强制转换为窗体构件并设置对话框的标题。接着用 gtk_window_set_type_hint()函数使对话框获得焦点并显示于前端。为了使对话框中的所有构件都能显示，还需要为对话框设置最小需求尺寸。

27.6.2 创建工具条和工具条按钮

播放列表对话框的各种操作都在工具栏中，对应有 7 个工具栏按钮。下面的代码是在播放列表对话框中创建工具条和相关按钮。

```
01      GtkWidget *toolbar;                        //保存工具条构件的地址
02      toolbar = gtk_toolbar_new ();              //创建工具条
03      gtk_widget_show (toolbar);                //显示工具条
04      //将工具条装入纵向组装盒
05      gtk_box_pack_start (GTK_BOX (vbPlaylist), toolbar, FALSE, FALSE,
06          0);
07      //设置工具条的样式
08      gtk_toolbar_set_style (GTK_TOOLBAR (toolbar), GTK_TOOLBAR_BOTH);
09      GtkIconSize tmp_toolbar_icon_size;       //声明工具条按钮尺寸的数据类型
10      //获得工具条图标当前默认的尺寸
11      tmp_toolbar_icon_size = gtk_toolbar_get_icon_size
12          (GTK_TOOLBAR (toolbar));
13      //添加按钮
14      GtkWidget *tbtAdd;
15      GtkWidget *add_image;
16      add_image = gtk_image_new_from_icon_name ("gtk-add",
17          tmp_toolbar_icon_size);
18      gtk_widget_show (add_image);
19      tbtAdd = (GtkWidget*) gtk_tool_button_new (add_image, "添加");
20      gtk_widget_show (tbtAdd);
```

```
21      gtk_container_add (GTK_CONTAINER (toolbar), tbtAdd);
22      //添加目录按钮
23      GtkWidget *tmp_image;
24      tmp_image = gtk_image_new_from_icon_name ("gtk-directory",
25          tmp_toolbar_icon_size);
26      gtk_widget_show (tmp_image);
27      GtkWidget *tbtAdddir;
28      tbtAdddir = (GtkWidget*) gtk_tool_button_new (tmp_image,
29          "添加目录");
30      gtk_widget_show (tbtAdddir);
31      gtk_container_add (GTK_CONTAINER (toolbar), tbtAdddir);
32      //打开按钮
33      GtkWidget *tbtOpen;
34      GtkWidget *open_image;
35      open_image = gtk_image_new_from_icon_name ("gtk-open",
36          tmp_toolbar_icon_size);
37      gtk_widget_show (open_image);
38      tbtOpen = (GtkWidget*) gtk_tool_button_new (open_image, "打开");
39      gtk_widget_show (tbtOpen);
40      gtk_container_add (GTK_CONTAINER (toolbar), tbtOpen);
41      //保存按钮
42      GtkWidget *tbtSave;
43      GtkWidget *save_image;
44      save_image = gtk_image_new_from_icon_name ("gtk-save",
45          tmp_toolbar_icon_size);
46      gtk_widget_show (save_image);
47      tbtSave = (GtkWidget*) gtk_tool_button_new (save_image, "保存");
48      gtk_widget_show (tbtSave);
49      gtk_container_add (GTK_CONTAINER (toolbar), tbtSave);
50      //删除按钮
51      GtkWidget *tbtDel;
52      GtkWidget *del_image;
53      del_image = gtk_image_new_from_icon_name ("gtk-remove",
54          tmp_toolbar_icon_size);
55      gtk_widget_show (del_image);
56      tbtDel = (GtkWidget*) gtk_tool_button_new (del_image, "删除");
57      gtk_widget_show (tbtDel);
58      gtk_container_add (GTK_CONTAINER (toolbar), tbtDel);
59      //删除全部按钮
60      GtkWidget *tbtDelall;
61      tmp_image = gtk_image_new_from_icon_name ("gtk-clear",
62          tmp_toolbar_icon_size);
63      gtk_widget_show (tmp_image);
64      tbtDelall = (GtkWidget*) gtk_tool_button_new (tmp_image,
65          "删除全部");
66      gtk_widget_show (tbtDelall);
67      gtk_container_add (GTK_CONTAINER (toolbar), tbtDelall);
68      //分隔符
69      GtkWidget *separatortoolitem3;
70      separatortoolitem3 = (GtkWidget*) gtk_separator_tool_item_new ();
71      gtk_widget_show (separatortoolitem3);
72      gtk_container_add (GTK_CONTAINER (toolbar), separatortoolitem3);
73      //排序按钮
74      GtkWidget *tbtComp;
75      tmp_image = gtk_image_new_from_icon_name ("gtk-sort-ascending",
76          tmp_toolbar_icon_size);
77      gtk_widget_show (tmp_image);
78      tbtComp = (GtkWidget*) gtk_tool_button_new (tmp_image, "排序");
```

```
79      gtk_widget_show (tbtComp);
80      gtk_container_add (GTK_CONTAINER (toolbar), tbtComp);
```

在上述代码中首先创建了一个工具条，并且将工具条装入前面新建的纵向组装盒。然后设置工具条的样式，这里设定为 GTK_TOOLBAR_BOTH，即同时显示图标和文本。另外，在代码中声明了一个 GtkIconSize 类型的变量，该类型用于存储图标的尺寸，gtk_toolbar_get_icon_size()函数可以将工具条当前的图标尺寸提取出来。

27.6.3　创建树视图

播放列表的内容显示在树视图中，因此树视图被放置在播放列表对话框的主要位置。下面的代码用于创建树视图。

```
01  GtkWidget *scrolledwindow1;                      //保存滚动条窗体容器的地址
02  //创建滚动条窗体容器
03  scrolledwindow1 = gtk_scrolled_window_new (NULL, NULL);
04  gtk_widget_show (scrolledwindow1);               //显示滚动条窗体容器
05  //将滚动条窗体装入纵向组装盒
06  gtk_box_pack_start (GTK_BOX (vbPlaylist), scrolledwindow1, TRUE,
07      TRUE, 0);
08  //设置滚动条窗体容器中的滚动条
09  gtk_scrolled_window_set_policy (GTK_SCROLLED_WINDOW
10      (scrolledwindow1),GTK_POLICY_NEVER, GTK_POLICY_AUTOMATIC);
11  //设置滚动条窗体的阴影风格
12  gtk_scrolled_window_set_shadow_type (GTK_SCROLLED_WINDOW
13      (scrolledwindow1), GTK_SHADOW_IN);
14  GtkWidget *treePlaylist;                         //保存树视图的地址
15  treePlaylist = gtk_tree_view_new ();            //创建树视图
16  gtk_widget_show (treePlaylist);                  //显示树视图
17  //将树视图装入滚动条窗体
18  gtk_container_add (GTK_CONTAINER (scrolledwindow1), treePlaylist);
19  ui->treePlaylist = treePlaylist;
```

播放列表的内容可能不能完全显示在播放列表对话框中，因此在创建树视图前先要创建一个滚动条窗体容器。将滚动条窗体的水平滚动条屏蔽，设置其垂直滚动条为自动显示。在代码中将滚动条窗体的阴影风格设置为向内，与其他对话框保持统一。然后新建一个树视图，将树视图装入滚动条窗体容器。

27.6.4　创建对话框按钮

在播放列表对话框中只需要放置一个按钮，用于关闭该对话框，这需要用到对话框的活动区域功能。代码如下：

```
01      GtkWidget *dialog_action_area2;              //保存活动区域的地址
02      dialog_action_area2 = diaPlaylist;          //获得活动区域的地址
03      gtk_widget_show (dialog_action_area2);      //显示活动区域
04      //结束活动区域设置
05      gtk_button_box_set_layout (GTK_BUTTON_BOX (dialog_action_area2),
06          GTK_BUTTONBOX_END);
07      GtkWidget *closebutton1;                     //保存关闭按钮的地址
08      closebutton1 = gtk_button_new_with_label ("关闭(C)");//创建关闭按钮
```

```
09        gtk_widget_show (closebutton1);                    //显示关闭按钮
10        //将关闭按钮装入对话框活动区域
11        gtk_dialog_add_action_widget (GTK_DIALOG (diaPlaylist),
12               closebutton1, GTK_RESPONSE_CLOSE);
13        //设置关闭按钮可以为默认组件
14        gtk_widget_set_can_default(closebutton1,TRUE);
15        return diaPlaylist;                    //返回播放列表对话框的地址
16  }
```

在上述代码中首先取得了对话框活动区域的地址，并且将活动区域显示在对话框中。然后从图像库中创建一个关闭按钮，再将该按钮装入对话框的活动区域。最后设置关闭按钮可以为默认组件，单击该按钮后返回播放列表对话框的地址。

27.6.5　测试

播放列表的实现与隐藏由媒体播放器主界面上的"播放列表"按钮控制，因此首先要为该按钮的 clicked 事件连接回调函数。代码如下：

```
g_signal_connect ((gpointer) btPlaylist, "clicked",
           G_CALLBACK (on_btPlaylist_clicked),
           ui);                    //连接播放列表按钮的 clicked 信号
```

然后添加一个回调函数，代码如下：

```
void on_btPlaylist_clicked(GtkWidget *btPlaylist,
              InterFace *ui)
{
gtk_widget_show(ui->diaPlaylist);                    //显示播放列表对话框
}
```

在主函数中创建媒体播放器主界面和播放列表对话框。相关的代码如下：

```
    InterFace ui;                              //创建界面的数据结构
    ui.winMain = create_winMain(&ui);         //调用创建主窗体函数
    ui.diaPlaylist = create_diaPlaylist(&ui); //调用播放列表对话框函数
    gtk_widget_show(ui.winMain);              //显示主窗体
```

对程序重新编译并运行，首先显示的是媒体播放器。单击"播放列表"按钮，将显示播放列表对话框，如图 27.12 所示。

图 27.12　播放列表对话框原型测试

27.7 媒体库对话框

媒体库对话框的实现方法相对于播放列表对话框略为复杂。主要区别是媒体库对话框使用了两个树视图：一个用于显示分类，另一个用于显示媒体信息。媒体库以标题、艺术家、专辑和流派作为分类的条件，因此需要在原型中显示出来。本节将介绍树视图的初步实现方法。

27.7.1 创建对话框

媒体库对话框使用的是非模式对话框，很多时候还需要与播放列表对话框同时显示。下面的代码用于创建媒体库对话框。

```
01  GtkWidget *create_diaMedialib (InterFace *ui)
02  {
03      GtkWidget *diaMedialib;                    //保存对话框的地址
04      diaMedialib = gtk_dialog_new ();           //创建对话框
05      //设置对话框的最小需求尺寸
06      gtk_widget_set_size_request (diaMedialib, 740, 400);
07      //设置对话框标题
08      gtk_window_set_title (GTK_WINDOW (diaMedialib), "媒体库");
09      //使对话框获得焦点
10      gtk_window_set_type_hint (GTK_WINDOW (diaMedialib),
11          GDK_WINDOW_TYPE_HINT_DIALOG);
12      //保存纵向组装盒的地址
13      GtkWidget *dialog_vbox4;
14      //提取对话框中的纵向组装盒
15      dialog_vbox4 = gtk_dialog_get_content_area(GTK_DIALOG
16          (diaMedialib));
17      gtk_widget_show (dialog_vbox4);            //显示纵向组装盒
18      GtkWidget *vbMedialib;                     //保存新建的纵向组装盒地址
19      //新建纵向组装盒
20      vbMedialib = gtk_box_new (GTK_ORIENTATION_VERTICAL, 0);
21      gtk_widget_show (vbMedialib);              //显示新建的纵向组装盒
22      //将新建的纵向组装盒装入对话框
23      gtk_box_pack_start (GTK_BOX (dialog_vbox4), vbMedialib, TRUE,
24          TRUE, 0);
```

在上述代码中创建了一个媒体库对话框，并且为该对话框设置了最小需求尺寸，避免对话框中的某些部件不能完全显示。然后新建了一个纵向组装盒，再将新建的纵向组装盒装入对话框内置的组装盒。

27.7.2 创建工具条和工具条按钮

媒体库对话框的工具条共有6个工具条按钮。下面的代码用于创建工具条和工具条按钮。

```
01      GtkWidget *toolbar;                        //保存工具条容器的地址
02      toolbar = gtk_toolbar_new ();              //创建工具条容器
03      gtk_widget_show (toolbar);                 //显示工具条容器
```

```
04      //将工具条容器装入纵向组装盒
05      gtk_box_pack_start (GTK_BOX (vbMedialib), toolbar, FALSE, FALSE, 0);
06      //设置工具条样式
07      gtk_toolbar_set_style (GTK_TOOLBAR (toolbar), GTK_TOOLBAR_BOTH);
08      //声明工具条按钮尺寸的数据类型
09      GtkIconSize tmp_toolbar_icon_size;
10      //获得工具条图标的当前尺寸
11      tmp_toolbar_icon_size = gtk_toolbar_get_icon_size (GTK_TOOLBAR
12          (toolbar));
13      //添加按钮
14      GtkWidget *tlbAdd;
15      GtkWidget *add_image;
16      add_image = gtk_image_new_from_icon_name ("gtk-add",
17          tmp_toolbar_icon_size);
18      gtk_widget_show (add_image);
19      tlbAdd = (GtkWidget*) gtk_tool_button_new (add_image, "添加");
20      gtk_widget_show (tlbAdd);
21      gtk_container_add (GTK_CONTAINER (toolbar), tlbAdd);
22      //目录按钮
23      GtkWidget *tmp_image;
24      tmp_image = gtk_image_new_from_icon_name ("gtk-directory",
25          tmp_toolbar_icon_size);
26      gtk_widget_show (tmp_image);
27      GtkWidget *tlbAdddir;
28      tlbAdddir = (GtkWidget*) gtk_tool_button_new(tmp_image, "添加目录");
29       gtk_widget_show (tlbAdddir);
30      gtk_container_add (GTK_CONTAINER (toolbar), tlbAdddir);
31      //删除按钮
32      GtkWidget *tlbDel;
33      GtkWidget *del_image;
34      del_image = gtk_image_new_from_icon_name ("gtk-remove",
35          tmp_toolbar_icon_size);
36      gtk_widget_show (del_image);
37      tlbDel = (GtkWidget*) gtk_tool_button_new (del_image, "删除");
38      gtk_widget_show (tlbDel);
39      gtk_container_add (GTK_CONTAINER (toolbar), tlbDel);
40      tmp_image = gtk_image_new_from_icon_name ("gtk-clear",
41          tmp_toolbar_icon_size);
42      gtk_widget_show (tmp_image);
43      //删除全部按钮
44      GtkWidget *tlbDelall;
45      tlbDelall = (GtkWidget*) gtk_tool_button_new(tmp_image, "删除全部");
46      gtk_widget_show (tlbDelall);
47      gtk_container_add (GTK_CONTAINER (toolbar), tlbDelall);
48      //工具条分隔符
49      GtkWidget *separatortoolitem1;
50      separatortoolitem1 = (GtkWidget*) gtk_separator_tool_item_new ();
51      gtk_widget_show (separatortoolitem1);
52      gtk_container_add (GTK_CONTAINER (toolbar), separatortoolitem1);
53      //搜索按钮
54      tmp_image = gtk_image_new_from_icon_name ("gtk-refresh",
55          tmp_toolbar_icon_size);
56      gtk_widget_show (tmp_image);
57      GtkWidget *tlbSearch;
58      tlbSearch = (GtkWidget*) gtk_tool_button_new (tmp_image,
59          "搜索本地媒体文件");
60      gtk_widget_show (tlbSearch);
61      gtk_container_add (GTK_CONTAINER (toolbar), tlbSearch);
62      //工具条分隔符
```

```
63    GtkWidget *separatortoolitem2;
64    separatortoolitem2 = (GtkWidget*) gtk_separator_tool_item_new ();
65    gtk_widget_show (separatortoolitem2);
66    gtk_container_add (GTK_CONTAINER (toolbar), separatortoolitem2);
67    //传递按钮
68    tmp_image = gtk_image_new_from_icon_name ("gtk-media-play",
69        tmp_toolbar_icon_size);
70    gtk_widget_show (tmp_image);
71    GtkWidget *tlbSendto;
72    tlbSendto = (GtkWidget*) gtk_tool_button_new (tmp_image,
73        "传递到播放列表");
74    gtk_widget_show (tlbSendto);
75    gtk_container_add (GTK_CONTAINER (toolbar), tlbSendto);
```

27.7.3　创建分类部件和媒体信息显示部件

分类部件和媒体信息显示部件均选用树视图构件实现，但是使用的是树视图的两种不同模式。分类的方法有 3 种，分别是按艺术家名称分类、按专辑分类和按流派分类。运行时程序要根据媒体库中的信息计算每种分类方法所产生的集合，这些集合作为该分类的子类。在分类部件中，每项记录只有一个字段，即分类的名称，如图 27.13 所示。

图 27.13 显示的分类方法是一种称为"左树"的数据结构，左边的项目是树的根，右边的项目是树的枝叶。树视图可以通过"树"模式将这种数据结构表现出来，并且可以让用户控制子类的展开与收起。树视图的另一种模式是作为列表，这样可以很容易地将媒体库链表数据结构转换为列表数据结构进行显示。下面先介绍分类部件和媒体信息显示部件的实现方法，代码如下：

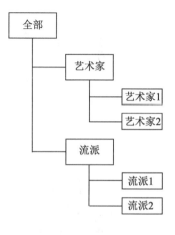

图 27.13　分类方法

```
01    GtkWidget *hpaned;                        //保存水平窗格容器的地址
02    //创建水平窗格容器
03    hpaned = gtk_paned_new (GTK_ORIENTATION_HORIZONTAL);
04    gtk_widget_show (hpaned);                 //显示水平窗格容器
05    //将水平窗格装入横向组装盒
06    gtk_box_pack_start (GTK_BOX (vbMedialib), hpaned, TRUE, TRUE, 0);
07    GtkWidget *scrolledwindow2;               //保存滚动条窗体容器的地址
08    //创建滚动条窗体容器
09    scrolledwindow2 = gtk_scrolled_window_new (NULL, NULL);
10    gtk_widget_show (scrolledwindow2);        //显示滚动条窗体容器
11    //将滚动条窗体装入水平窗格
12    gtk_paned_pack1 (GTK_PANED (hpaned), scrolledwindow2, FALSE, TRUE);
13    //设置滚动条为自动显示
14    gtk_scrolled_window_set_policy (GTK_SCROLLED_WINDOW
15      (scrolledwindow2), GTK_POLICY_AUTOMATIC, GTK_POLICY_AUTOMATIC);
16    //设置滚动条窗体的阴影样式
17    gtk_scrolled_window_set_shadow_type (GTK_SCROLLED_WINDOW
18    (scrolledwindow2), GTK_SHADOW_IN);
19    GtkWidget *treeClass;                     //保存分类树视图的地址
20    treeClass = gtk_tree_view_new ();         //创建分类树视图
21    //设置分类树视图的最小需求尺寸
```

```
22   gtk_widget_set_size_request (treeClass, 300, 227);
23   gtk_widget_show (treeClass);                      //显示分类树视图
24   //将分类树视图装入滚动条窗体
25   gtk_container_add (GTK_CONTAINER (scrolledwindow2), treeClass);
26   GtkWidget *scrolledwindow3;
27   //创建滚动条窗体容器
28   scrolledwindow3 = gtk_scrolled_window_new (NULL, NULL);
29   gtk_widget_show (scrolledwindow3);                //显示滚动条窗体容器
30   //将滚动条窗体装入水平窗格
31   gtk_paned_pack2 (GTK_PANED (hpaned), scrolledwindow3, TRUE, TRUE);
32   //设置滚动条为自动显示
33   gtk_scrolled_window_set_policy (GTK_SCROLLED_WINDOW
34     (scrolledwindow3), GTK_POLICY_AUTOMATIC, GTK_POLICY_AUTOMATIC);
35   //设置滚动条窗体的阴影样式
36   gtk_scrolled_window_set_shadow_type (GTK_SCROLLED_WINDOW
37     (scrolledwindow3), GTK_SHADOW_IN);
38   GtkWidget *treeMedialib;                          //保存媒体库树视图地址
39   treeMedialib = gtk_tree_view_new ();              //创建媒体库树视图
40   gtk_widget_show (treeMedialib);                   //显示媒体库树视图
41   //将树视图装入滚动条窗体
42   gtk_container_add (GTK_CONTAINER (scrolledwindow3), treeMedialib);
```

在上述代码中首先创建了一个水平窗格容器，然后在水平窗格容器的内部放置分类树视图和媒体库树视图。当程序运行时，用户可根据需求调整二者的显示比例。分类树视图和媒体库树视图都放置在滚动条窗体中，这样可显示全部内容。

27.7.4　创建搜索部件

搜索部件是文本输入框、组合框和按钮这 3 个构件的组合。文本输入框用于输入搜索字符串，在组合框中放置着搜索条件。下面的代码用于创建搜索部件。

```
01   GtkWidget *hbFind;                                    //保存横向组装盒的地址
02   //创建横向组装盒
03   hbFind = gtk_box_new (GTK_ORIENTATION_HORIZONTAL, 0);
04   gtk_widget_show (hbFind);                             //显示横向组装盒
05   //将横向组装盒装入纵向组装盒
06   gtk_box_pack_start (GTK_BOX (vbMedialib), hbFind, TRUE, TRUE, 0);
07   GtkWidget *etFind;                                    //保存文本输入框的地址
08   etFind = gtk_entry_new ();                            //创建文本输入框
09   gtk_widget_show (etFind);                             //显示文本输入框
10   //将文本输入框装入横向组装盒
11   gtk_box_pack_start (GTK_BOX (hbFind), etFind, TRUE, TRUE, 0);
12   //设置文本输入框的最小需求尺寸
13   gtk_widget_set_size_request (etFind, 160, 24);
14   gtk_entry_set_invisible_char (GTK_ENTRY (etFind), 8226);
15   ui->etFind = etFind;
16   GtkWidget *cbbFind;                                   //保存组合框的地址
17   cbbFind = gtk_combo_box_text_new();                   //创建组合框
18   //向组合框中添加项目
19   gtk_combo_box_text_prepend_text (GTK_COMBO_BOX_TEXT (cbbFind),
20     "标题");
21   gtk_combo_box_text_prepend_text (GTK_COMBO_BOX_TEXT (cbbFind),
22     "艺术家");
23   gtk_combo_box_text_prepend_text (GTK_COMBO_BOX_TEXT (cbbFind),
```

```
24        "专辑");
25    gtk_combo_box_text_prepend_text (GTK_COMBO_BOX_TEXT (cbbFind),
26        "流派");
27    gtk_combo_box_text_prepend_text (GTK_COMBO_BOX_TEXT (cbbFind),
28        "文件名");
29    //设置首个项目为活动
30    gtk_combo_box_set_active (GTK_COMBO_BOX (cbbFind), 0);
31    gtk_widget_show (cbbFind);
32    //将组合框装入横向组装盒
33    gtk_box_pack_start (GTK_BOX (hbFind), cbbFind, TRUE, TRUE, 0);
34    //设置组合框的最小需求尺寸
35    gtk_widget_set_size_request (cbbFind, 30, 28);
36    ui->cbbFind = cbbFind;
37    GtkWidget *btFind;                          //保存查找按钮
38    btFind = gtk_button_new_with_label ("查找(F)");   //创建查找按钮
39    gtk_widget_show (btFind);
40    //将查找按钮装入横向组装盒
41    gtk_box_pack_start (GTK_BOX (hbFind), btFind, FALSE, FALSE, 0);
42    //将查找按钮装入横向组装盒
43    gtk_widget_set_size_request (btFind, 82, 34);
```

本例的搜索部件是横向排列的 3 个构件，因此在代码中首先创建一个横向组装盒，并将横向组装盒装入上一层的纵向组装盒。然后分别创建文本输入框、组合框和查找按钮，再将这些构件装入横向组装盒。搜索的 5 个条件已添加到组合框中，在严格的程序开发过程中，这种用法并不规范。因此，必须用文档记录这几个条件的顺序，以确保在实现查找功能时不会出错。

27.7.5　创建对话框按钮

在媒体库对话框中只需要放置一个按钮，用于关闭对话框，代码如下：

```
01    GtkWidget *dialog_action_area4;             //保存活动区域的地址
02    dialog_action_area4 = diaMedialib;          //获得活动区域的地址
03    gtk_widget_show (dialog_action_area4);      //显示活动区域
04    //结束活动区域设置
05    gtk_button_box_set_layout (GTK_BUTTON_BOX (dialog_action_area4),
06        GTK_BUTTONBOX_END);
07    //关闭按钮
08    GtkWidget *closebutton2;
09    closebutton2 = gtk_button_new_with_label ("关闭(C)");
10    gtk_widget_show (closebutton2);
11    gtk_dialog_add_action_widget (GTK_DIALOG (diaMedialib),
12        closebutton2, GTK_RESPONSE_CLOSE);
13    gtk_widget_set_can_default(closebutton2,TRUE);
14    return diaMedialib;
15    }
```

在上述代码中取得了对话框活动区域的地址，并在活动区域中放置了一个按钮，该按钮可以设置为默认组件，因此对话框活动时按 Enter 键会激活该按钮。

27.7.6　测试

本小节的测试主要是介绍树视图的简单操作，实现分类部件的初始化。首先要修改

interface.h 头文件中的结构体 _interface，增加分类树视图的指针。代码如下：

```
typedef struct _interface InterFace;
struct _interface {                              //定义界面的数据结构
  ...
  GtkWidget *treeClass;                          //加入分类树视图的指针
};
```

分类树视图在很多场合需要和程序的其他部分交互，将其地址存入界面数据结构后，程序的其他部分就能访问分类树视图。此外，还需要在前面定义的 create_diaMedialib()函数结尾处加入一条语句：

```
    ui->treeClass = treeClass;                   //传递分类树视图的地址
```

这条语句将分类树视图的地址传递到界面数据结构的实例中。下面在 interface.c 文件中创建一个函数初始化分类树视图，代码如下：

```
01  int set_treeClass(InterFace *ui)
02  {
03      GtkTreeStore *treestore;                 //保存树数据结构的地址
04      //创建一个字段的树数据结构
05      treestore = gtk_tree_store_new(1, G_TYPE_STRING);
06      GtkTreeIter iter;                        //定义树节点，作为父项
07      GtkTreeIter child;                       //定义树节点，作为子项
08      //在树数据结构中创建一个父项节点
09      gtk_tree_store_append(treestore, &iter, NULL);
10      //设置父项节点的内容
11      gtk_tree_store_set(treestore, &iter, 0, "全部", -1);
12      //为父项节点添加一个子项节点
13      gtk_tree_store_append(treestore, &child, &iter);
14      //设置子项节点的内容
15      gtk_tree_store_set(treestore, &child, 0, "艺术家", -1);
16      gtk_tree_store_append(treestore, &child, &iter);
17      gtk_tree_store_set(treestore, &child, 0, "专辑", -1);
18      gtk_tree_store_append(treestore, &child, &iter);
19      gtk_tree_store_set(treestore, &child, 0, "流派", -1);
20      GtkCellRenderer *renderer;        //声明树视图单元格的数据类型
21      GtkTreeViewColumn *column;        //声明树视图标题行数据类型
22      //设置树视图为"树"模式
23      gtk_tree_view_set_model(GTK_TREE_VIEW(ui->treeClass),
24              GTK_TREE_MODEL(treestore));
25      g_object_unref(G_OBJECT(treestore));     //将树数据结构传递给树视图
26      renderer = gtk_cell_renderer_text_new();     //创建树视图单元格
27      //设置单元格前景色为红色
28      g_object_set(G_OBJECT(renderer), "foreground", "red", NULL);
29      //创建树视图标题行
30      column = gtk_tree_view_column_new_with_attributes("分类",
31          renderer, "text", 0, NULL);
32      //为树视图添加标题行
33      gtk_tree_view_append_column(GTK_TREE_VIEW(ui->treeClass),
34              column);
35      return 1;
36  }
```

在上面的代码中使用 GLib 所定义的 GtkTreeStore 数据类型创建了一个树数据结构，然后增加了 1 个父节点"全部"和 3 个子节点。然后分别定义了树视图单元格数据类型和

标题行数据类型，并设置树视图为"树"模式，同时将树数据结构传递给树视图。g_object_unref()函数的作用是将树数据结构传递给树视图，让树视图来管理该数据结构，当树视图销毁时该数据结构也会一并销毁。最后设置了单元格的样式和树视图标题行。

set_treeClass()函数并不包括实际显示树视图的全部代码，只是节选其中的一部分，使媒体库对话框中的分类部件能够显示出第 1 层和第 2 层的内容。

媒体播放器主界面的"媒体库"按钮用于控制媒体库对话框的显示状态，因此还需要为其连接 clicked 事件。代码如下：

```
g_signal_connect ((gpointer) btMedialib, "clicked",
            G_CALLBACK (on_btMedialib_clicked),
            ui);                               //连接媒体库按钮 clicked 信号
```

然后为"媒体库"按钮设计一个回调函数，在该按钮被单击时给予响应，代码如下：

```
void on_btMedialib_clicked(GtkWidget *btMedialib,
                InterFace *ui)
{
  gtk_widget_show(ui->diaMedialib);          //显示媒体库对话框
}
```

gtk_widget_show()函数的作用是显示媒体库对话框。显示之前，媒体库对话框应已创建，相关语句放在主函数中。代码如下：

```
InterFace ui;                                //创建界面的数据结构
ui.winMain = create_winMain(&ui);            //创建媒体播放器主界面
ui.diaMedialib = create_diaMedialib(&ui);    //创建媒体库对话框
set_treeClass(&ui);                          //初始化分类视图
gtk_widget_show(ui.winMain);                 //显示媒体播放器主界面
```

编译并运行程序，屏幕中将出现媒体库主界面。单击"媒体库"按钮，可显示媒体库对话框。上述 set_treeClass()函数在分类树视图里已放入了部分数据，单击"全部"列表项，将显示下一级分类，如图 27.14 所示。

图 27.14　媒体库对话框原型测试

27.8　播放控制模块的实现

播放控制模块是媒体播放器的核心。该模块的作用是架起媒体播放器与 GStreamer 多媒体框架之间的桥梁，使媒体播放器能通过 GStreamer 多媒体框架实现 MP3 播放的功能。GStreamer 函数库提供了非常简单的接口可以控制播放，因此实现播放控制模块的代码并不多。下面介绍播放控制模块的实现方法。

27.8.1　播放控制模块程序结构

播放控制模块的源代码放置在 play.h 头文件和 play.c 源代码文件中，先在媒体播放器项目的源代码目录下新建这两个文件。需要实现的函数主要有两个，play()函数用于处理核心控制模块传来的指令和数据，bus_call()函数用于处理 GStreamer 总线消息。

在设计播放控制模块前，首先要约定播放控制模块与其他模块之间的数据流。在 play()函数原型的形式参数列表中需要设置一个整型数据类型和一个字符串指针。整型数据类型用于接收核心控制模块传来的指令，字符串指针用于接收 MP3 文件的路径信息。播放结束后，play()函数的核心控制模块又会调用播放控制模块，请求下一个 MP3 文件的路径信息，实现连续播放。

在 bus_call()函数原型的形式参数列表中，需要设置一个 GstBus 类型指针、一个 GstMessage 类型指针和一个 GMainLoop 类型指针。GstBus 类型是 GStreamer 函数库提供的消息总线结构，它基于 D-Bus 实现，功能与 D-Bus 相似。在播放时，GStreamer 实际是在内部提供多线程的机制，一个线程用于进行媒体的解码和播放，另一个线程用于监听播放控制指令。如果没有多线程支持，在播放时就无法进行暂停或停止之类的操作。GStreamer 消息总线的作用是在两个线程之间进行通信。

GstMessage 类型是 GStreamer 总线中的消息类型，在播放时会产生多种消息，这些消息均定义为 GstMessage 类型。

GMainLoop 类型是 GLib 函数库实现的主循环，用于连续进行播放操作。微观地看待播放操作会发现，GStreamer 是周期性地对 MP3 文件中的数据进行处理，而 GMainLoop 主循环用于控制该周期。

媒体播放器的媒体文件解码模块用于播放 MP3 文件，该模块实际上并不存在，它只是播放控制模块调用 GStreamer 函数库接口的抽象。二者之间也存在数据的传递，核心控制模块利用 GStreamer 函数库建立播放管道，并且将需要播放的媒体文件地址传递给媒体文件解码模块。媒体文件解码模块在播放 MP3 文件时通过 GStreamer 消息总线将播放状态信息传递给播放控制模块。暂且不考虑与图形界面间的通信和 GStreamer 的内部实现机制，播放控制模块的数据流已呈现出来，如图 27.15 所示。

在第 22 章中介绍过 GStreamer 函数库的基本概念，这些知识足以设计简单的媒体播放器。播放控制模块通过调用 GStreamer 函数库进行播放操作，从而实现媒体文件的播放功能。首先创建一个管道，然后在管道中放入文件数据源元件、MP3 解码过滤器元件和输出到计算机声卡部件的接收器元件。管道建立后，创建一个 GMainLoop 主循环，最后把管道放在主循环中运行。这些代码放在 play()函数中，此外 play()函数还要考虑如何处理核心控制模块传来的指令。

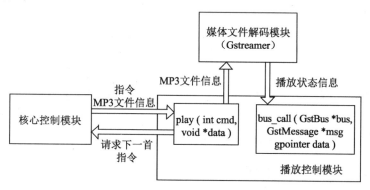

图 27.15　媒体库对话框原型测试

停止播放文件和暂停播放文件实际非常相似，前者直接清理管道，后者在清理管道前将 MP3 文件路径信息和上次播放的位置保存起来。如果再次执行播放操作这些数据已存在，则继续从上次暂停的位置开始播放。当 play()函数收到播放前一个文件、播放后一个文件或播放指定文件的指令时，首先会清理管道和暂停位置的信息，然后执行播放操作。play()函数的执行流程如图 27.16 所示。

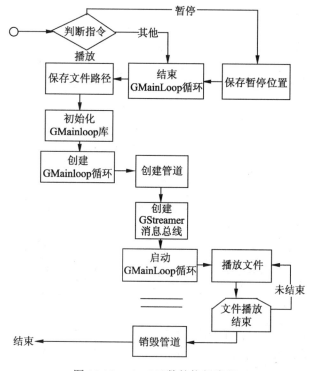

图 27.16　play()函数的执行流程

27.8.2　MP3 播放功能的实现

上一节已经讨论了播放控制模块的程序结构。MP3 播放功能实际上是在 play()函数中通过调用 GStreamer 函数库实现的。在创建函数前，要为 play.c 文件加上一些相关的头文件。代码如下：

```
#include <stdio.h>              //基本的输入、输出函数
#include <stdlib.h>             //常用的标准库
#include <string.h>             //字符串操作函数
#include <gst/gst.h>            //GStreamer 函数库
#include <glib.h>               //GLib 函数库
#include "play.h"               //播放控制模块的数据结构与函数原型
#include "main_core.h"          //核心控制模块的数据结构与函数原型
#include "medialib.h"           //媒体库模块的数据结构与函数原型
#include "interface.h"          //用户接口模块的数据结构与函数原型
```

MP3 播放模块需要使用 GStreamer 函数库中的一些函数，因此必须引用 gst/gst.h 头文件。gst/gst.h 头文件放入了 GStreamer 多媒体框架的接口，GStreamer 函数库其他头文件中的函数都能通过这个接口来访问。另外还需要注意，为了使不同源代码文件之间能相互访问，每个源代码文件几乎包含所有源代码目录中的头文件。这种情况在由多个源代码文件组成的项目中经常见到，这样重复的包含不仅不会影响性能，而且可以避免产生很多错误。

1．函数接口和相关数据类型的定义

预定义语句后可放入 play()函数接口的定义和相关数据类型的定义，包括有主循环对象及 GStreamer 元件对象。代码如下：

```
01   void play(int cmd, void *data)
02   {
03       static char media_path[MAX_PATH_LENGTH];//保存媒体文件路径的缓存
04       static int media_pos;              //保存播放位置的缓存
05       static GMainLoop *loop;            //保存 GMainLoop 主循环指针
06       GstElement *pipeline;              //保存 GStreamer 管道元件的指针
07       GstElement *source;                //保存数据源元件的指针
08       GstElement *mparse;                //保存解析器元件的指针
09       GstElement *maudiodec;             //保存解码器元件的指针
10       GstElement *sink;                  //定义组件
11       GstBus *bus;                       //保存 GStreamer 消息总线的指针
```

为了实现暂停功能，媒体文件路径信息和播放的位置信息在下次调用函数时可能还会用到，因此必须设为静态数据类型。与此原因相同，GMainLoop 主循环的指针也要设置为静态数据类型。在函数中要用到的 GStreamer 元件对象和 GStreamer 消息总线的指针则不用设为静态数据类型，因为它们在 GMainLoop 主循环开始执行时就交由主循环来管理。

2．播放指令处理

在 play()函数执行时，首先要处理播放指令。因为有很多任务的目标是相关的，所以在这里巧妙地利用了 switch 选择结构，使它代替反复调用 if 语句的效果。代码如下：

```
01       switch(cmd) {                      //判断播放指令
02         case PLAY_STOP:                  //停止播放时的执行
03           g_main_loop_quit(loop);        //退出 GMainLoop 主循环
04           break;
05         case PLAY_PAUSE:                 //暂停播放时执行
06           media_pos = get_pos(loop, 0);  //保存当前暂停位置
```

```
07          g_main_loop_quit(loop);              //退出 GMainLoop 主循环
08          break;
09      case PLAY_PRE:                            //播放上一首时执行
10      case PLAY_NEXT:                           //播放下一首时执行
11      case PLAY_PITCH:                          //播放指定文件时执行
12          media_path[0] = '\0';                //将当前文件的路径缓存清除
13          get_pos = 0;                         //将播放位置缓存清除
14          g_main_loop_quit(loop);              //退出 GMainLoop 主循环
15          break;
```

上面的这段代码并非是该 switch 语句块的全部内容,但是它对停止、暂停、上一首、下一首和播放指定文件这 5 条指令进行了处理。在处理完停止和暂停指令后,break 语句将跳出 switch 语句块。而上一首、下一首和播放指定文件指令的处理部分并没有 break 语句,因此还会继续向后执行。在上面这段代码中,至少能看见它们共用了清除文件路径等代码。

3. MP3文件播放

在前面的代码中没有对播放指令的处理代码,这是因为除了停止和暂停指令外,其他指令都需要进行 MP3 文件播放,因此 MP3 文件播放的代码被作为默认条件放在 switch 语句块中。代码如下:

```
01      default:                                 //默认条件
02          if (media_path[0] != '\0')           //判断文件路径缓存是否为空
03              get_pos(loop, media_pos);        //重置主循环参数
04          else
05              strcpy(media_path, (char *)data);//复制参数到文件路径缓存
06          gst_init (NULL, NULL);               //初始化 GStreamer 函数库
07          loop = g_main_loop_new(NULL, FALSE);//创建 GMainLoop 主循环
08          //创建声音播放管道元件
09          pipeline = gst_pipeline_new ("audio-player");
10          //创建本地文件源元件
11          source  = gst_element_factory_make ("filesrc",
12              "file-source");
13          //创建解析器元件
14          mparse = gst_element_factory_make ("mpegaudioparse",
15              "audioparse");
16          //创建解码器元件
17          maudiodec = gst_element_factory_make ("mpg123audiodec",
18              "audiodec");
19          //创建音频输出元件
20          sink = gst_element_factory_make ("autoaudiosink", "sink");
21          //判断元件创建是否成功
22          if (!pipeline || !source || !mparse || !maudiodec  || !sink){
23              g_printerr("无法创建管道\n");       //输出错误信息
24          }
25          //将文件路径复制到本地文件的源元件中
26          g_object_set(G_OBJECT(source), "location", media_path,
27              NULL);
28          //从管道中获得 GStreamer 消息总线
29          bus = gst_pipeline_get_bus(GST_PIPELINE(pipeline));
30          //设置管道消息处理的回调函数
31          gst_bus_add_watch(bus, bus_call, loop);
32          //释放管道的内存空间
33          gst_object_unref(bus);
34          //建立一个 MP3 播放箱柜
```

```
35                  gst_bin_add_many(GST_BIN(pipeline), source, mparse,
36                      maudiodec,sink,NULL);
37              //连接箱柜中的源文件
38                  gst_element_link_many(source,mparse,maudiodec,sink,
39                      NULL);
40              //设置管道为播放状态
41              gst_element_set_state(pipeline, GST_STATE_PLAYING);
42              g_main_loop_run(loop);           //启动主循环，这时开始播放
43              //在主循环结束后停止播放
44              gst_element_set_state(pipeline, GST_STATE_NULL);
44              //释放管道对象
44              gst_object_unref(GST_OBJECT(pipeline));
45          }
46  }
```

上面这段代码作为 switch 语句块的默认条件，除了停止和暂停两种指令外，其他指令都将执行该条件下的语句。执行前，首先判断文件路径缓存是否为空，如果不为空，则说明是在暂停指令后再次执行，那么首先要读取暂停时保存的播放位置，然后继续后面的操作。

代码的最后两行语句是主循环这条线程结束时的处理，作用是先设置管道为停止状态，最后释放管道所占用的内存。

27.8.3　播放中的回调处理

GStreamer 管道进行播放时，会产生大量的信号。例如，管道中的文件信息，播放时出现的错误信息，以及播放和播放结束的信息。play()函数将总线消息的回调设为 bus_call() 函数，下面介绍该函数的实现过程。

1．函数参数列表和数据转换

bus_call()函数需要处理的参数有 3 个，分别是总线对象、总线消息对象和 GMainLoop 主循环对象，代码如下：

```
static gboolean bus_call(GstBus *bus,           //GStreamer 总线对象
                GstMessage *msg,                 //GStreamer 总线消息对象
                gpointer data)                   //GMainLoop 主循环对象
{
    GMainLoop *loop = (GMainLoop *) data;        //对主循环的数据类型进行转换
    switch(GST_MESSAGE_TYPE(msg)) {              //读取消息类型作为选择条件
```

回调函数的参数有固定的格式，按照 GStreamer 的消息总线回调函数定义，第 1 个参数是总线对象，第 2 个参数是总线消息对象，最后是 gpointer 类型的指针。前面介绍过 gpointer 类型等价于 void*类型，虽然实际参数是 GMainLoop 主循环对象，但是必须对其进行强制转换。总线消息对象是 GObject 对象，虽然可以用 GObject 函数访问其内部的成员获得消息，但 GStreamer 提供了更简单的机制。宏 GST_MESSAGE_TYPE()用于读取消息类型，返回值为整型数据。

2．处理播放结束

当管道中的文件播放结束时，GMainLoop 主循环并没有结束，因此需要对其进行处理。

代码如下：

```
case GST_MESSAGE_EOS:                          //播放结束标志
    g_print("播放结束\n");                      //输出播放结束信息
    g_main_loop_quit(loop);                     //退出 GMainLoop 主循环
    break;                                      //跳出 switch 结构
```

GST_MESSAGE_EOS 是播放结束的标志，与标准输入、输出函数中文件结束符的作用相似。当 GStreamer 管道向消息总线传出这条消息时，首先输出播放结束信息，然后退出 GMainLoop 主循环。

3．获取MP3文件的真实信息

当在播放列表中读取文件时，虽然已将 MP3 文件信息读出，但是这些信息在播放前有可能被改动过，因此需要读取更准确的信息。代码如下：

```
01      case GST_MESSAGE_TAG: {                      //读取标记
02        GstTagList *tags;                          //声明标记对象
03        gchar *title = "";                         //保存标题信息
04        gchar *artist = "";                        //保存艺术家名称
05        gst_message_parse_tag(msg, &tags);         //读取标记
06    //读取标题信息
07    if (gst_tag_list_get_string(tags, GST_TAG_TITLE, &title)
08            //读取艺术家名称
09             && gst_tag_list_get_string(tags, GST_TAG_ARTIST, &artist)) {
10          puts(title);                             //输出标题信息
11          puts(artist);                            //输出艺术家名称
12        }
13        gst_tag_list_free(tags);                   //释放标记对象
14        break;
15      }
```

标记对象是一种链表数据结构，在使用前要声明，然后调用 gst_message_parse_tag() 函数读取消息对象中的标记链表。gst_tag_list_get_string()函数用于读取标记中的特定字段，这里只列举了标题和艺术家两个字段。获得信息后，使用 gst_tag_list_free()函数释放标记对象的内存。

4．错误处理

媒体播放是对数据流的处理，因此错误处理要做到实时。总线机制为实时处理提供了可能，一旦错误发生，GStreamer 总线会发出错误消息，然后对这些错误消息进行处理。代码如下：

```
01      case GST_MESSAGE_ERROR: {                    //错误标记
02        gchar *debug;                              //声明一个字符串指针
03        GError *error;                             //声明 GObject 错误信息对象
04        //读取错误信息
05        gst_message_parse_error(msg, &error, &debug);
06        g_free(debug);                             //清除总线中的错误信息
07        g_printerr("ERROR:%s\n", error->message);  //输出错误信息
08        g_error_free(error);                       //释放 GObject 错误信息对象
09        g_main_loop_quit(loop);                    //退出主循环
10        break;
```

```
11        }
12        return TRUE;                              //bus_call()函数结束
13    }
```

错误信息可以通过总线消息对象来访问，gst_message_parse_error()函数的作用是在总线消息中获得错误信息对象的指针。错误信息对象的 message 成员保存着对错误描述的字符串信息，上面这段代码的作用就是输出其中的字符串，最后结束 GMainLoop 主循环。

5．测试

虽然播放控制部件还没有和其他部件关联起来，但是现在已经能够播放 MP3 文件了。下面用终端方式测试这段代码，在程序中设计一个临时的主函数，代码如下：

```
play("/home/river.mp3", PLAY_START);
```

在 play()函数的第 1 个参数位置放入 MP3 文件的路径，第 2 个参数放置开始播放指令。运行程序，如果一切正常，MP3 文件中的声音将被播出。

27.9　系　统　集　成

至此，媒体播放器的所有模块均已实现。最后一步即系统集成。系统集成是让所有模块相互关联起来，共同工作，形成一个可用的程序。在工序中，首先要设计一个主程序文件，为所有模块初始化。然后以自上而下的方法实现界面上的所有部件的功能。从主界面开始实现，直到每个菜单项和按钮的功能都实现。

主程序实现后，每添加一个模块就可以进行集成测试，检验该模块的功能是否满足程序需要。如果该模块与主程序或其他模块冲突，则回到模块设计环节对模块进行修改。

27.10　主程序文件的实现

主程序文件由一个名为 main.c 的文件和名为 main.h 的头文件组成。其中，最重要的函数就是主函数 main()。主函数是一个程序的接口，实际项目中，主函数的作用通常是对所有函数模块进行初始化，并且创建其他模块所需的数据结构。在主函数退出前，程序所占用的所有系统资源将被释放。

27.10.1　头文件和主函数入口

在主程序中，除了要放置基本的 C 语言标准库头文件外，还要放入 GLib 函数库、GTK+函数库、GStreamer 函数库和 SQLite 函数库的入口函数头文件。源代码目录下的其他模块的头文件也应被主程序包含，这样所有的模块间就能相互调用，代码如下：

```
#include <stdio.h>                                //基本输入、输出函数库
#include <string.h>                               //字符串处理函数库
#include <stdlib.h>                               //常用的标准函数库
#include <fcntl.h>                                //提供 open()函数
```

```
#include <unistd.h>                      //标准流操作函数库
#include <dirent.h>                      //目录流操作函数库
#include <sys/stat.h>                    //提供系统文件操作的符号
#include <sys/types.h>                   //提供系统的标准类型
#include <gtk/gtk.h>                     //GTK+函数库
#include <glib-2.0/glib.h>               //GLib 函数库
#include <gst/gst.h>                     //GStreamer 函数库
#include <sqlite3.h>                     //SQLite 函数库
#include <id3tag.h>                      //读取 MP3 标记
#include "main.h"                        //主程序文件的头文件
#include "main_core.h"                   //核心控制模块函数接口
#include "medialib.h"                    //媒体库模块函数接口
#include "db.h"                          //数据库操作函数接口
#include "interface.h"                   //用户界面模块函数接口
#include "play.h"                        //播放控制模块函数接口
#include "callback.h"                    //回调函数接口
int main(int argc, char *argv[])         //主函数
{
```

有时，可以将预定义代码全部放在头文件中，这样每个源代码文件只需要使用一条包含语句包含自身的头文件即可。如果使用集成开发环境的语法着色功能，就应该尽量在源代码文件中使用包含语句，否则有些函数无法被着色。

在媒体播放器项目的主函数中也定义了 argc 和 argv[]参数，但这两个参数只是为 GTK+函数库初始化所用。GTK+函数库内建有一些运行模式，如当 argv[]参数为"--debug-level"时，GTK+函数库将以调试模式初始化。这些模式无须使用额外的代码来定义，在测试程序时非常有用。

27.10.2　媒体库模块初始化

媒体库模块的初始化工作包括连接数据库，创建媒体库链表和播放列表链表入口，以及从数据库中读取媒体库信息，代码如下：

```
01    if(open_database())                  //打开或创建数据库
02      create_medialib();                 //创建数据库中的媒体库信息表
03    else {
04      g_print("错误：程序退出\n");        //输出错误信息
05      return 1;                          //结束程序
06    }
07    link_t mlink = {NULL, 0};            //创建媒体库链表入口
08    link_t plink = {NULL, 0};            //创建播放列表链表入口
09    load_medialib(&mlink, 0);            //从数据库中读取媒体库信息
```

上面这段代码首先连接并打开数据库。如果数据库不存在，则新建数据库。连接数据库成功后，如果程序是第一次运行，首先会为数据库创建媒体库信息表。如果数据库已存在，并且已建立了媒体库信息表，那么 create_medialib()不会对数据库进行任何改动。数据库打开失败是严重的运行错误，程序的其他部分已无法正常运行，因此必须退出程序。

媒体库链表和播放列表链表都是使用自定义的 link_t 类型，该类型只是链表的接口，其他媒体库模块的函数将通过该接口创建动态数据结构。最后一行调用的 load_medialib()函数参数是媒体库链表入口，该函数用于读取数据库中媒体库信息表中的数据，并用这些

数据对媒体库进行初始化。

27.10.3　图形界面初始化

图形界面初始化包含 4 个步骤。首先初始化 GTK+函数库，读取主函数传递的运行参数。然后创建界面的数据结构和相关界面，这个过程是对界面数据结构的初始化。再对主界面进行操作，显示主界面，并且为主界面连接回调函数，最后启动 GTK+主循环。代码如下：

```
01      gtk_init(&argc, &argv);                      //初始化 GTK+函数库
02      InterFace ui;                                //声明界面数据结构
03      ui.winMain = create_winMain(&ui);            //创建主界面
04      ui.diaMedialib = create_diaMedialib(&ui);    //创建媒体库对话框界面
05      ui.diaPlaylist = create_diaPlaylist(&ui);    //创建播放列表对话框界面
06      ui.diaVolume = create_diaVolume(&ui);        //创建音量调节对话框
07      gtk_widget_show(ui.winMain);                 //显示主界面
08      //为主界面关闭事件连接回调函数
09      g_signal_connect(G_OBJECT(ui.winMain), "delete_event",
10               G_CALLBACK(gtk_main_quit), NULL);
11      gtk_main();                                  //启动 GTK+主循环
```

在上述代码中，首行和尾行相对来说是固定的，gtk_init()函数初始化 GTK+函数库，否则无法使用 GTK+函数库中的其他函数。gtk_main()函数启动 GTK+主循环，否则任何 GTK+函数库的操作都不会显示出来。InterFace 是自定义界面数据结构的类型，用该类型声明变量后，该变量就成为所有界面的接口。创建主界面和对话框的函数将界面接口的地址传递到界面数据结构中，然后等待对它们进行操作。

完成初始化后，所有的界面都已建立，只是没有将它们显示出来。主函数还需要做的工作是显示主界面，然后为主界面关闭事件连接一个回调函数进行 GTK+函数库占用资源的清理工作。GTK+主循环启动后，主函数的执行就停留在该位置，直到调用 gtk_main_quit()函数退出主循环。

27.10.4　退出前的清理

在媒体播放器的程序代码中有许多地方用到了动态内存分配技术，因此需要在退出前对这些内存进行清理。清理工作可分为两类：一类是直接由申请内存的函数库来清理，如大部分 GTK+函数库的对象都能自动清理内存；另一类是用户手动清理，主要是针对自定义的动态数据结构。代码如下：

```
    link_del_all(&mlink);          //清理媒体库链表动态分配的内存
    link_del_all(&plink);          //清理播放列表链表动态分配的内存
    close_database();              //清理数据库所使用的内存
    return 0;                      //结束主函数退出程序
}
```

上面这段代码首先清理了为媒体库链表和播放列表链表动态分配的内存，使用的是自定义的清理函数。然后用另一个自定义函数清理了数据库所使用的内存。此外，媒体播放器所占用的其他内存均会自动被清除。

27.10.5　编译和运行

媒体播放器调用了很多函数库，这些函数库的路径必须在编译时指明。如果是在终端上使用 GCC 编译器进行编译，同时借助 pkgconfig 程序提供函数库路径，则完整的编译指令如下：

```
gcc -g ' pkg-config --cflags --libs glib-2.0 gtk+-3.0 gstreamer-1.0 id3tag
sqlite3' main.c o MP3Player
```

编译成功后，在源代码目录下将新增一个名为 **MP3Player** 的可执行文件。程序执行时，可在屏幕上显示媒体播放器的主界面。

27.11　媒体库功能集成

媒体库功能集成涉及与用户界面模块和核心控制模块的数据传递。每一个操作指令均由界面的回调函数向核心控制模块发出，核心控制模块再选择函数对媒体库进行操作，最后又影响界面的显示。下面介绍媒体库功能集成的方法。

27.11.1　初始化

在媒体播放器主函数中，虽然已经创建了媒体库相关的数据结构，并且从数据库中读取了相应数据传递到媒体库链表。但是，在核心控制模块中并未获得媒体库链表的入口，因此还需要进行数据传递才能实现媒体库的初始化。

（1）修改主函数，在创建媒体库链表后增加一条对核心控制模块调用。代码如下：

```
main_core(GENERAL_MEDIALIB_INIT, &mlink);//调用核心控制模块函数初始化媒体库
```

上面这条代码使用 GENERAL_MEDIALIB_INIT 指令调用核心控制模块，并且将媒体库链表的入口传递给核心控制模块。

（2）在核心控制模块中创建指向媒体库链表的指针，用于核心控制模块保存媒体库链表的入口。代码如下：

```
static link_t *mlink;                        //声明静态媒体库链表指针
```

（3）在核心控制模块函数的 switch 选择结构中，增加对 GENERAL_MEDIALIB_INIT 指令进行处理的代码。代码如下：

```
case GENERAL_MEDIALIB_INIT:                  //媒体库初始化指令
    mlink = (link_t *) data;                 //强制转换参数的数据类型
    break;
```

在上面这段代码中，data 参数是从主函数中传递过来的。转换 data 参数的类型并复制给媒体库链表指针后，在核心控制模块中就保存了媒体库链表的入口。

27.11.2　显示媒体库对话框

使用主函数初始化界面数据结构时已创建了媒体库对话框，但在该对话框中并没有显

示任何内容。显示媒体库对话框操作的主要难点在于，显示媒体库的同时需要将媒体库信息读入相应的树视图。下面介绍实现显示媒体库对话框的步骤。

（1）修改界面数据结构，为媒体库中的两个树视图添加指针。代码如下：

```
typedef struct _interface InterFace;            //定义界面数据结构的类型
struct _interface {                             //定义界面数据结构
  ...
  GtkWidget *treeClass;                         //媒体库对话框上的分类树视图
  GtkWidget *treeMedialib;                      //媒体库对话框上的媒体信息树视图
}
```

界面的数据结构在程序设计过程中需要不断扩展和改动，除了主要界面的接口外，重要的界面构件也可以放在其中。

（2）修改 create_diaMedialib()函数。在创建媒体库对话框时，将分类树视图和媒体信息树视图的地址传递给界面数据结构 ui。另外，在函数末端为关闭对话框事件连接回调函数。代码如下：

```
ui->treeClass = treeClass;                      //分类树视图
ui->treeMedialib = treeMedialib;                //媒体信息树视图
...
//为关闭对话框事件连接回调函数
g_signal_connect(G_OBJECT(diaMedialib), "delete_event",
           G_CALLBACK(gtk_widget_hide), NULL);
```

这几行代码必须放置在树视图创建后的代码中，否则无法获得正确的地址，甚至导致程序编译失败。关闭对话框事件连接的回调函数为 gtk_widget_hide()，该函数只是将对话框隐藏起来，并没有销毁对话框。

（3）主界面中的"媒体库"按钮用于显示媒体库对话框，修改 create_winMain()函数，为该按钮的 clicked 信号连接回调函数 on_btMedialib_clicked()，代码如下：

```
g_signal_connect ((gpointer) btMedialib, "clicked",
           G_CALLBACK (on_btMedialib_clicked),
           ui);                                 //为媒体库按钮连接回调函数
```

（4）在回调函数中向核心控制模块传递显示媒体库的指令。代码如下：

```
01   //媒体库按钮的回调函数
02   void on_btMedialib_clicked(GtkWidget *btMedialib, InterFace *ui)
03   {
04     gboolean visibel;                        //保存媒体库对话框的显示状态
05     g_object_get(GTK_WINDOW(ui->diaMedialib), "visible",
06           &visibel, NULL);                   //读取媒体库对话框的显示状态
07     if (!visibel)                            //判断对话框是否未显示
08       main_core(MEDIALIB_SHOW, ui);          //向核心控制模块传递显示媒体库指令
09   }
```

on_btMedialib_clicked()函数将判断媒体库对话框是否已经显示。如果没有显示，该函数会将显示媒体库指令传递给核心控制模块，否则不进行任何操作。

（5）为分类树视图进行初始化。设计一个函数，该函数的作用是创建分类树视图上的标题栏。代码如下：

```
01   //初始化分类树视图
02   void treeClass_init(link_t *mlink, InterFace *ui)
03   {
```

```
04        GtkTreeStore *treestore;                     //声明树数据结构
05        //创建树数据结构,定义其中的字段
06        treestore = gtk_tree_store_new(2, G_TYPE_STRING, G_TYPE_INT);
07        GtkCellRenderer *renderer;                   //声明树视图单元格的数据类型
08        GtkTreeViewColumn *column;                   //声明树视图标题行的数据类型
09        //设置树视图为“树”模式
10        gtk_tree_view_set_model(GTK_TREE_VIEW(ui->treeClass),
11                                GTK_TREE_MODEL(treestore));
12        g_object_unref(G_OBJECT(treestore));         //将数据结构托管给树视图
13        renderer = gtk_cell_renderer_text_new();//创建单元格数据类型
14        //设置单元格的前景颜色
15        g_object_set(G_OBJECT(renderer), "foreground", "red", NULL);
16        column = gtk_tree_view_column_new_with_attributes("分类",
17                                            //标题栏名称
18                                             renderer,
19                                            //标题栏管理的单元格数据
20                                            "text",      //字段类型
21                                            0, //读取树数据结构的字段位置
22                                            NULL);
23        gtk_tree_view_append_column(GTK_TREE_VIEW(ui->treeClass),
24                                column);             //将标题栏添加到树视图中
25    }
```

创建树数据结构时,gtk_tree_store_new()函数设置了节点上的字段。每个节点有一个字符串类型的数据和一个整型数据,前者放置要显示的字段,后者放置节点所属的类型。媒体库的分类方法有 3 种,分别是按艺术家分类、按专辑分类和按流派分类。节点上的第 2 个字段将影响树数据结构的最后一层,就是被显示的每个字段所属的类型,如图 27.17 所示。

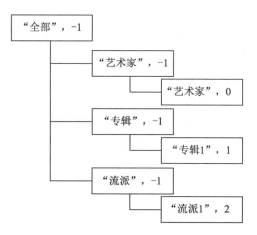

图 27.17 树数据结构中的节点

树数据结构被传递给树视图,这样树视图的模式就成为“树”模式。g_object_unref() 函数的作用是将树数据结构交由树视图托管,当树视图被销毁时,该数据结构也被一并销毁。

创建标题栏时将设置单元格的标题和其中的字段。gtk_tree_view_column_new_with_attributes()函数用于创建标题栏,它的参数位数不固定。在本例中,第 1 个参数是标题栏显示的名称,显示的是“分类”;第 2 个参数是与标题栏相关的单元格,它规定了标题栏的

格式；第 3 个参数是字段类型，该参数与要显示的字段有关；第 4 个参数是读取树数据结构的字段位置，前面创建树数据结构的节点有 2 个字段，这里读取的是第 1 个字段，编号为 0；最后一个参数为 NULL，表示参数列表介绍为空。

需要注意的是，树数据结构中的节点有两个字段，但是 gtk_tree_view_column_new_with_attributes()函数只引用了第 1 个字段。第 2 个字段节点所属类型不会显示，因为用户使用时不关心这个字段的值，该字段只在程序内部运行中起作用。

（6）为分类树视图添加数据。在进行分类树视图初始化时，GtkTreeStore 类型的树数据结构已被装入在其中。在分类树视图中添加或修改数据，均需要通过该数据结构来实现。新建一个 treeClass_data()函数封装添加数据的操作，这个函数被复用的次数比较多。代码如下：

```
01    //函数的参数列表
02    void treeClass_data(link_t *mlink, InterFace *ui)
03    {
04        GtkTreeStore *treestore;                    //声明树数据结构指针
05        treestore = (GtkTreeStore*)gtk_tree_view_get_model(GTK_TREE_VIEW(ui->
06        treeClass));                                //从树视图中提取树数据结构的地址
07        gtk_tree_store_clear(treestore);            //清除树数据结构的所有节点
08        //定义分类名字符串
09        const char *classtype[3] = {"艺术家", "专辑", "流派"};
10        //用于子分类的字符串指针
11        char *subclass, **subclass_sets, **subclass_tmp;
12        int i, j, k, n;                             //循环控制变量
13        GtkTreeIter grandson;                       //树数据结构的底层节点
```

首先定义函数的参数列表和相关的数据类型。gtk_tree_view_get_model()函数用于从树视图中提取出树数据结构，gtk_tree_store_clear()函数用于清理数据结构中的所有节点。媒体库的分类方法的名称被放在字符串数组 classtype[]中，目的是方便创建节点时引用。

在添加树数据结构的底层节点时要考虑一个问题，多个媒体文件可能同属一个"艺术家""专辑""流派"子类，因此只用添加一个子类的名称。代码中定义的 4 个循环变量 i、j、k 和 n 将起到重要作用。i 用于在分类中循环，j 用于累计新增的子类，k 用于在子类字符串的数组中循环，n 表示遍历时发现存在同名的子类。代码如下：

```
01        gtk_tree_store_append(treestore, &iter, NULL);//添加顶层节点
02        //设置顶层节点的名称
03        gtk_tree_store_set(treestore, &iter, 0, "全部", 1, -1, -1);
04        for (i = 0; i < 3; i++) {                   //循环添加 3 个分类和底层节点
05            j = 0;                                  //设置底层节点数
06    gtk_tree_store_append(treestore, &child, &iter);
07                                                    //添加第 2 层节点，即分类方法
08            gtk_tree_store_set(treestore, &child, 0, classtype[i], 1, -1,-1);
09                                                    //设置分类方法的名称
10            if (mlink->length) {                    //判断媒体库链表长度是否不为 0
11                while(endnode) {                    //遍历媒体库链表
12                    switch (i) {                    //选择分类
13                        case 0:                     //分类为"艺术家"
14                            //选择底层节点所用的字符串
15                            subclass = endnode->item.atrist;
16                            break;
17                        case 1:                     //分类为"专辑"
```

```
18                            //选择底层节点所用的字符串
19                  subclass = endnode->item.album;
20                  break;
21              case 2:                              //分类为"流派"
22                       //选择底层节点所用的字符串
23                  subclass = endnode->item.genre;
24          }
```

在上述代码中首先增加了树数据结构的顶端节点，该节点的名称为"全部"，子类的类型为–1。然后，循环为 3 个分类添加第 2 层节点，节点的名称为分类名,子类的类型为–1。树数据结构的前 2 层的子类都设为–1，因为它们的作用只是展开下一层分类,不影响媒体文件信息的树视图。最后，开始遍历媒体库链表，根据分类不同，读取链表上不同的字符串。代码如下：

```
01          if (!j) {                                //判断是否为首次添加的底层节点
02      //为底层节点名称数组分配内存
03      subclass_sets = (char **)malloc(sizeof(char **));
04              subclass_sets[0] = subclass;  //读取底层节点名称
05              j++;                              //累计新增的子类数量
06              n = 0;                            //标记无同名的子类
07          }
08          else {                                //如果不是首次添加底层节点则执行
09              for(k = 0, n = 0; k < j; k++)  {//在子类字符串的数组中循环
10                  //比较当前子类名与数组中的元素
11                  if (!strcmp(subclass_sets[k], subclass)) {
12                      n = 1;                    //如果相同，标记找到同名子类
13                      break;                    //退出循环
14                  }
15              }
16              if (!n) {                         //判断是否找到无同名的子类
17                  //为临时数组分配内存
18                  subclass_tmp = (char **)malloc(sizeof(char **) * (j + 1));
19                  for(k = 0; k < j; k++)     //复制底层节点名称到临时数组
20                  subclass_tmp[k] = subclass_sets[k];
21              subclass_tmp[j] = subclass;     //复制当前子类名到临时数组末端
22                  j++;                          //累计新增的子类数量
23                  free(subclass_sets);        //释放底层节点名称数组
24                  subclass_sets = subclass_tmp;//将临时数组传给底层节点名称数组
25              }
26          }
```

当程序遍历到媒体库链表的第 1 个节点时，因为底层节点名称数组还未被初始化，所以肯定不存在相同名称的子类。在代码中通过判断变量 j 是否为 0 来确定其是否为第 1 个节点，如果是，则为底层节点名称数组**subclass_sets 分配内存，并且将当前子类名复制到数组中。

如果不是第 1 个节点，就需要判断底层节点名称数组中是否存在相同的节点名称。本例使用的方法是通过 strcmp()函数循环比较子类名与数组中的字符串，如果找到同名的节点，则标记变量 n 为 1。

如果找到新的子类，则变量 n 的值应该为 0。通过条件语句判断 n 是否为 0，如果是，则执行条件语句块。这时需要考虑增加底层节点名称数组的长度，并且追加数据到数组末端。方法为，先创建比原数组多一个元素的临时数组，为其动态分配内存空间，首地址赋

给指针**subclass_tmp。然后将原数组**subclass_sets 内的元素复制到临时数组中，再在临时数组中追加当前的子类名称。最后释放原数组的空间，将临时数组的首地址传递给原数组，临时数组就成为底层节点名称数组。代码如下：

```
01          if (!n) {                              //判断是否找到无同名的子类
02            //添加底层节点，即子类
03            gtk_tree_store_append(treestore, &grandson, &child);
04            gtk_tree_store_set(treestore,          //树数据结构的地址
05                              &grandson,           //底层节点的地址
06                              0,                   //第 1 个字段
07                              subclass,            //子类的名称
08                              1,                   //第 2 个字段
09                              i,                   //子类的类型
10                              -1);                 //结束设置底层节点的类型
11          }
12          endnode = endnode->p;                    //媒体库链表向前推进一步
13        }
```

在每轮媒体库链表的遍历结束前，如果找到不同名的子类，则将该子类添加到树视图的树数据结构中，代码如下：

```
        free(subclass_sets);                         //释放底层节点名称数组
        endnode = mlink->np;                         //重置媒体库链表指针到链表首端
      }
    }
  }
```

在每轮分类添加结束前，首先要释放底层节点名称数组所占用的内存空间。这样，在下一轮循环时可创建新的底层节点名称数组。另外，还要重置媒体库链表指针到链表首端，下一轮循环将从首端开始遍历媒体库链表。

（7）初始化媒体文件信息树视图。设计一个函数，该函数的作用是创建一个列表数据结构，并设置树视图的模式为"列表"。然后创建树视图的标题栏，该标题栏有多个字段。代码如下：

```
01    //初始化媒体文件信息树视图
02    void treeMedialib_init(link_t *mlink, InterFace *ui)
03    {
04      GtkListStore *liststore;                       //声明列表数据结构指针
05      liststore = gtk_list_store_new(6,              //创建有 6 个字段的列表
06                              G_TYPE_STRING,         //设置列表中的字段数据类型
07                              G_TYPE_STRING,
08                              G_TYPE_STRING,
09                              G_TYPE_STRING,
10                              G_TYPE_UINT,
11                              G_TYPE_STRING);
12      gtk_tree_view_set_model(GTK_TREE_VIEW(ui->treeMedialib),
13                          GTK_TREE_MODEL(liststore));//设置树视图的模式为列表
14      g_object_unref(G_OBJECT(liststore));           //将数据结构托管给树视图
15      GtkCellRenderer *renderer;                     //声明单元格数据类型
16      renderer = gtk_cell_renderer_text_new();//创建单元格
17      gtk_tree_view_insert_column_with_attributes(GTK_TREE_VIEW(ui->treeMe-
18      dialib),-1, "标题", renderer, "text", 0, NULL);        //添加标题行
19      gtk_tree_view_insert_column_with_attributes(GTK_TREE_VIEW(ui->treeMe
20      dialib),-1, "艺术家", renderer, "text", 1, NULL);
21      gtk_tree_view_insert_column_with_attributes(GTK_TREE_VIEW(ui->treeMe-
```

```
22    dialib),-1, "专辑", renderer, "text", 2, NULL);
23    gtk_tree_view_insert_column_with_attributes(GTK_TREE_VIEW(ui->treeMe
24    dialib),-1, "流派", renderer, "text", 3, NULL);
25    gtk_tree_view_insert_column_with_attributes(GTK_TREE_VIEW(ui->treeMe
26    dialib),-1, "记录时间", renderer, "text", 4, NULL);
27    }
```

与分类树视图不同的是，媒体文件信息树视图中使用的数据结构为列表。每个列表节点有 6 个字段，与数据库和媒体库链表中的文件信息相同。然后用 gtk_tree_view_insert_column_with_attributes()函数添加了 5 个标题列，该函数能创建标题栏，并设置标题栏中的数据。对于列数比较多的树视图来说，该函数使用起来比 gtk_tree_view_column_new_with_attributes()函数与 gtk_tree_view_append_column()函数的组合方便一些。

列表节点的第 6 个字段用于放置媒体文件的路径，但是因为用户并不关心该数据，所以没有添加标题将它显示出来。该字段只用于内部操作。

（8）为媒体文件信息树视图添加数据。媒体文件信息树视图和分类树视图使用了不同的数据结构，但添加数据的原理是一样的，只要得到树视图中的数据结构指针，并且为该数据结构增加节点即可。代码如下：

```
01    //为媒体文件信息树视图添加数据
02    void treeMedialib_data(link_t *mlink, InterFace *ui)
03    {
04      node_t *endnode;                        //遍历媒体库链表
05      endnode = mlink->np;                    //指向媒体库链表首端
06      GtkListStore *liststore;                //声明列表数据结构指针
07      liststore=(GtkListStore*)gtk_tree_view_get_model(GTK_TREE_VIEW(ui->
08      treeMedialib));                         //从树视图中读取列表数据结构的地址
09      gtk_list_store_clear(liststore);        //清除列表中的所有节点
10      GtkTreeIter iter;                       //创建列表节点
11      if (mlink->length) {                    //判断媒体库链表长度是否不为 0
12        while(endnode) {                      //遍历媒体库链表
13          //在列表数据结构中添加节点
14          gtk_list_store_append(GTK_LIST_STORE(liststore), &iter);
15          gtk_list_store_set(GTK_LIST_STORE(liststore), &iter,
16                      0, endnode->item.title,     //标题
17                      1, endnode->item.atrist,    //艺术家
18                      2, endnode->item.album,     //专辑
19                      3, endnode->item.genre,     //流派
20                      //记录时间
21                      4, (unsigned int) endnode->item.record_time,
22                      5, endnode->item.filepath,  //文件路径
23                      -1);                        //结束
24          endnode = endnode->p;                   //媒体库链表向前推进一步
25        }
26      }
27    }
```

为了便于复用，首先使用 gtk_list_store_clear()清除列表中的所有节点，然后遍历媒体库链表，将媒体库链表节点中的数据复制给列表节点，最后添加列表节点。

（9）显示媒体库对话框。创建函数 medialib_ui_show()，该函数将调用在前面 4 个步骤中创建的函数初始化媒体库对话框中的树视图并向其中添加数据。代码如下：

```
01    //显示媒体库对话框
02    void medialib_ui_show(link_t *mlink, InterFace *ui)
```

```
03 {
04    static int has_init = 0;                  //标识是否已初始化
05    if (!has_init) {                          //如果没有初始化，执行判断体
06        treeClass_init(mlink, ui);            //初始化分类树视图
07        treeClass_data(mlink, ui);            //为分类树视图添加数据
08        treeMedialib_init(mlink, ui);         //初始化媒体文件信息树视图
09        treeMedialib_data(mlink, ui);         //为媒体文件信息树视图添加数据
10        has_init = 1;                         //标记对话框已初始化
11    }
12    gtk_widget_show(ui->diaMedialib);         //显示媒体库对话框
13 }
```

在媒体库对话框初始显示时，需要对其中的分类树视图进行初始化。但是再次显示时则要避免执行初始化相关的代码，因此设置了一个静态整型变量 has_init。第 1 次执行初始化代码时，将 has_init 变量的值设为 1，再次执行时就会跳过初始化代码。

（10）在核心控制模块函数中添加处理显示媒体库指令的相关代码如下：

```
case MEDIALIB_SHOW:                          //显示媒体库指令
   medialib_ui_show(mlink, data);            //显示媒体库对话框
   break;
```

至此，显示媒体库对话框的相关代码已齐备。在主界面中可以打开媒体库对话框，显示来自数据库的数据。

27.11.3　添加文件

向媒体库中添加文件的操作需要用到文件选择对话框。该对话框的地址不用传递给界面的数据结构，相关的创建代码可在添加按钮的回调函数中实现。其他操作均可用以前实现的代码来完成。下面介绍添加文件的步骤。

（1）修改 create_diaMedialib()函数，为添加按钮连接回调函数。代码如下：

```
//为 tlbAdd 按钮连接回调函数
g_signal_connect(G_OBJECT(tlbAdd), "clicked",
            G_CALLBACK(on_tlbAdd_clicked), ui);
```

（2）实现回调函数 on_tlbAdd_clicked()，在代码中创建文件选择对话框，程序运行结束时销毁该对话框。代码如下：

```
01 void on_tlbAdd_clicked(GtkWidget *btMedialib,InterFace *ui)
02 {
03    GtkWidget *dialog;                                    //文件选择对话框
04    dialog = gtk_file_chooser_dialog_new ("选择媒体文件", //对话框标题
05                    GTK_WINDOW(ui->diaMedialib),   //父窗口
06                    GTK_FILE_CHOOSER_ACTION_OPEN,  //对话框的类型
07                    "取消", GTK_RESPONSE_CANCEL,   //取消按钮
08                    "打开", GTK_RESPONSE_ACCEPT,   //打开按钮
09                    NULL);                         //创建文件选择对话框
10    GtkFileFilter *filefilter;                           //保存过滤器的地址
11    filefilter = gtk_file_filter_new();                  //创建过滤器
12    gtk_file_filter_set_name(filefilter, "mp3");         //设置过滤器的名称
13    gtk_file_filter_add_pattern(filefilter, "*.mp3");    //设置过滤器的条件
14    //将过滤器添加到对话框中
15    gtk_file_chooser_add_filter(GTK_FILE_CHOOSER(dialog),
```

```
16              filefilter);
17    //以模式方式运行对话框
18    if (gtk_dialog_run (GTK_DIALOG (dialog)) == GTK_RESPONSE_ACCEPT)
19    {
20        char *filename;
21        //获取选择的文件名
22        filename = gtk_file_chooser_get_filename
23           (GTK_FILE_CHOOSER (dialog));
24        //调用核心控制模块，添加文件
25        main_core(MEDIALIB_ADD_FILE, filename);
26        main_core(MEDIALIB_BRUSH, ui);    //调用核心控制模块，刷新媒体库界面
27        g_free (filename);                //释放文件名的内存空间
28    }
29    gtk_widget_destroy (dialog);          //销毁文件选择对话框
30  }
```

在回调函数中创建了一个文件选择对话框，并在对话框中放置了两个按钮。为了避免
用户选择其他类型的文件，在对话框创建后，新创建一个过滤器对象。过滤器的名称为
mp3，规则为*.mp3，表示只显示后缀为 mp3 的文件。然后将过滤器加入文件选择对话框
的文件选择对象中，并以模式方式运行对话框，如图 27.18 所示。

图 27.18　包含过滤器的文件选择对话框

当用户单击打开按钮时，函数将两次向核心控制模块传递指令。MEDIALIB_ADD_FILE
指令表示向媒体库中添加文件，MEDIALIB_BRUSH 指令表示刷新媒体库。

（3）修改核心控制模块，处理 MEDIALIB_ADD_FILE 指令，代码如下：

```
case MEDIALIB_ADD_FILE:
  medialib_add(mlink, data);                //向媒体库中添加数据
  break;
```

（4）创建 medialib_add()函数。当核心控制模块收到 MEDIALIB_ADD_FILE 指令时调
用该函数。medialib_add()函数的作用有两个：将文件添加到媒体库链表中，以及将文件信
息添加到数据库中。代码如下：

```
01  //向媒体库中添加数据
02  void medialib_add(link_t *mlink, const char *file)
03  {
04    node_t *endnode;                      //媒体库链表节点指针
05    endnode = mlink->np;                  //指向首端节点
06    link_add(mlink, file);                //将文件添加到媒体库链表中
```

```
07         endnode = link_to_end(endnode);        //遍历到媒体库链表末端节点
08       medialib_insert(endnode);               //将末端节点插入数据库
09   }
```

在 medialib_add()函数中使用前面创建的 link_add()函数在媒体库链表末端插入节点，同时读出媒体文件信息。然后遍历到媒体库链表的末端，将末端节点传递给 medialib_insert()函数。该函数是在设计数据库时创建的，作用是将节点的信息存入数据库。

（5）修改核心控制模块，处理 MEDIALIB_BRUSH 指令，代码如下：

```
case MEDIALIB_BRUSH:
   treeClass_data(mlink, data);                 //刷新媒体库对话框分类树视图
   treeMedialib_data(mlink, data);              //刷新媒体库对话框文件选择树视图
   break;
```

treeClass_data()函数和 treeMedialib_data()函数是在显示媒体库部分设计的，这里被复用，而且将来还会反复使用。现在，单击媒体库中的添加按钮并选择文件后，新文件信息将被添加到树视图和数据库中。

27.11.4　添加目录

添加目录的操作比添加文件的操作实现起来略微复杂一些，因为要将多个文件传递给数据库。下面介绍实现步骤。

（1）修改 create_diaMedialib()函数，为添加目录按钮连接回调函数，代码如下：

```
//为tlbAdddir按钮连接回调函数
g_signal_connect(G_OBJECT(tlbAdddir), "clicked",
G_CALLBACK(on_tlbAdddir_clicked), ui);
```

（2）实现回调函数 on_tlbAdddir_clicked()，创建文件选择对话框，程序运行结束时销毁该对话框。代码如下：

```
01   void on_tlbAdddir_clicked(GtkWidget *btMedialib,InterFace *ui)
02   {
03         GtkWidget *dialog;                      //文件选择对话框
04         dialog = gtk_file_chooser_dialog_new ("选择媒体目录",
05                           GTK_WINDOW(ui->diaMedialib), //父窗口
06                           GTK_FILE_CHOOSER_ACTION_SELECT_FOLDER,
07                           "取消", GTK_RESPONSE_CANCEL,  //取消按钮
08                           "打开", GTK_RESPONSE_ACCEPT,  //打开按钮
09                           NULL);        //创建文件选择对话框
10         //以模式方式运行对话框
11         if (gtk_dialog_run (GTK_DIALOG (dialog)) == GTK_RESPONSE_ACCEPT)
12         {
13               char *pathname;                   //保存选择的目录路径
14               pathname = gtk_file_chooser_get_filename (GTK_FILE_CHOOSER
15                     (dialog));//获取选择的文件名
16               //调用核心控制模块，添加目录路径
17               main_core(MEDIALIB_ADD_DIR, pathname);
18               //调用核心控制模块，刷新媒体库界面
19               main_core(MEDIALIB_BRUSH, ui);
20               //释放目录路径名的内存空间
21               g_free (pathname);
22         }
```

```
23         gtk_widget_destroy (dialog);          //销毁文件选择对话框
24  }
```

在 on_tlbAdddir_clicked()函数中将文件选择对话框的类型设置为选择目录，在该对话框中只能选择目录的名称。然后两次调用核心控制模块，第 1 次传递向媒体库添加目录指令，第 2 次传递刷新媒体库界面指令。因为刷新媒体库界面指令已实现，所以后面只需要添加向媒体库连接目录指令的代码。

（3）修改核心控制模块，处理 MEDIALIB_ADD_DIR 指令。代码如下：

```
case MEDIALIB_ADD_DIR:
    medialib_add_dir(mlink, data);                    //向媒体库中添加数据
    break;
```

（4）创建函数 medialib_add_dir()，该函数的作用是将目录下的文件添加到媒体库链表中，并将节点上新增的数据保存到数据库中。具体代码如下：

```
01  void medialib_add_dir(link_t *mlink, const char *file)
02  {
03      node_t *endnode;                      //保存操作前的末端节点
04      endnode = link_to_end(mlink->np);     //指向操作前的末端节点
05      link_add_dir(mlink, file);            //将目录下的文件信息添加到媒体库链表中
06      endnode = endnode->p;                 //取得操作后新增加的第 1 个节点
07      while(!endnode) {                     //从新增加的第 1 个节点开始向后遍历
08          medialib_insert(endnode);         //将节点上的新增数据写入数据库
09          endnode = endnode->p;
10      }
11  }
```

在 medialib_add_dir()函数中使用 link_add_dir()函数将目录下的所有媒体文件添加到媒体库链表中。link_add_dir()函数会将新找到的媒体文件加入原有链表节点后，因此在调用前，首先将末端节点的地址保存到 endnode 指针中。添加新的节点后，只需要从 endnode 指针指向的节点向后遍历，即可得到新添加的节点地址，然后将所有新添加的节点保存到数据库中。

27.11.5　删除文件信息

删除媒体文件信息比较简单的做法是先在数据库中删除指定项目，然后重新读取数据库，最后刷新树视图。下面是实现步骤。

（1）修改 create_diaMedialib()函数，为删除按钮连接回调函数，代码如下：

```
//为 tlbDel 按钮连接回调函数
g_signal_connect(G_OBJECT(tlbDel), "clicked",
                G_CALLBACK(on_tlbDel_clicked), ui);
```

（2）创建回调函数 on_tlbDel_clicked()，该函数将从树视图中读取被选择的数据，然后将它们传递到核心控制模块中进行处理。代码如下：

```
01  void on_tlbDel_clicked(GtkWidget *btMedialib, InterFace *ui)
02  {
03      GValue value = {0};                   //保存被选择的数据
04      GtkTreeIter iter = {0};               //列表数据结构上的节点
05      GtkListStore *liststore;              //列表数据结构
06      GtkTreeSelection *selection;          //树视图选区对象
```

```
07        char filename[MAX_FILE_LENGTH];          //保存操作的文件路径
08        GtkWidget *dialog;                        //保存对话框地址
09        liststore=(GtkListStore*)gtk_tree_view_get_model(GTK_TREE_VIEW(ui->
10        treeMedialib));                           //获得树视图中的列表数据结构地址
11        //获得树视图中被选择的对象
12        selection=gtk_tree_view_get_selection(GTK_TREE_VIEW(ui->treeMedialib));
13        //判断选择的行数是否不为 0
14        if (gtk_tree_selection_count_selected_rows (selection)) {
15          gtk_tree_selection_get_selected(selection,
16                                  (GtkTreeModel**) &liststore,
17                                  &iter); //读取被选择的节点
18          gtk_tree_model_get_value(GTK_TREE_MODEL(liststore),
19                          &iter,
20                          5,                        //节点中的字段编号
21                          &value);                  //读取选择的数据
22    //将被选择的数据传递到文件路径字符串
23    strcpy(filename, g_value_get_string(&value));
24        main_core(MEDIALIB_DEL, filename);//传送删除文件指令到核心控制模块
25        main_core(MEDIALIB_BRUSH, ui);          //传送刷新树视图指令到核心控制模块
26        }
27      else {                                    //当选择的行数为 0 时执行判断体
28        dialog = gtk_message_dialog_new (GTK_WINDOW(ui->diaMedialib),
29                          GTK_DIALOG_MODAL,
30                          GTK_MESSAGE_ERROR,
31                          GTK_BUTTONS_CLOSE,
32                          "未选择媒体文件");
33    //创建对话框
34    gtk_dialog_run (GTK_DIALOG (dialog));
35                                              //以模式方式运行对话框
36        gtk_widget_destroy (dialog);          //销毁对话框
37      }
38    }
```

在上述代码中创建了 GValue 和 GtkTreeSelection 数据类型，分别用于保存被选择的数据和选区对象。然后使用 gtk_tree_view_get_selection()函数获得媒体信息树视图中的选区对象。如果已选择了项目，则选区的行数不为 0。因此在代码中使用 gtk_tree_selection_count_selected_rows()函数获得选择的行数，再以此行数为参考。如果已选择了项目，则读取媒体文件的路径并传递给核心控制模块，删除指定文件的信息；否则，创建一个错误消息对话框，告知用户未选择媒体文件。

（3）修改核心控制模块，处理 MEDIALIB_DEL 指令。代码如下：

```
case MEDIALIB_DEL:
    medialib_del(mlink, data);                //从媒体库中删除一个文件信息
    break;
```

（4）创建 medialib_del()函数。该函数的作用是从数据库中删除指定的文件信息，然后从数据库中重新读取数据到媒体库链表中。代码如下：

```
01    void medialib_del(link_t *mlink, const char *file)
02    {
03      node_t *res = NULL;                       //保存查找结果的节点指针
04      //在链表中查找文件
05      link_find(mlink, BY_FILEPATH, file, &res);
06      medialib_delete(res);                     //在数据库中删除指定的文件信息
07      if(!res)
```

```
08         free(res);                          //释放查找结果
09         load_medialib(mlink, 0); //重新读取数据库中的媒体文件信息然后在链表中显示
10     }
```

在 medialib_del()函数中首先创建一个用于保存查找结果的节点指针 res，link_find()函数将在媒体库链表中查找指定的文件，并且为 res 指针分配内存空间，然后将查找到的节点保存到 res 中。通过 medialib_delete()函数删除数据库中的指定项目，然后释放 res 指针。这时媒体库链表并没有被修改，load_medialib()函数重新在数据库中读取数据，并修改媒体库链表中的数据。当 MEDIALIB_BRUSH 指令被核心控制模块处理时，媒体库对话框中的信息就会被刷新。

27.11.6　删除所有的文件信息

删除所有的文件信息的实现思路是先删除数据库中的所有节点，然后重新读入数据库。此时读入的链表长度为 0，即达到删除的目的。下面是实现步骤。

（1）修改 create_diaMedialib()函数，为"删除全部"按钮连接回调函数。代码如下：

```
//为 tlbDelall 按钮连接回调函数
g_signal_connect(G_OBJECT(tlbDelall), "clicked",
            G_CALLBACK(on_tlbDelall_clicked), ui);
```

（2）创建回调函数 on_tlbDelall_clicked()，该函数将删除媒体库中的所有信息和刷新树视图指令传递给核心控制模块。代码如下：

```
01  void on_tlbDelall_clicked(GtkWidget *btMedialib, InterFace *ui)
02  {
03      GtkWidget *dialog;
04      //创建消息对话框
05      dialog = gtk_message_dialog_new (GTK_WINDOW(ui->diaMedialib),
06                                  GTK_DIALOG_MODAL,
07                                  GTK_MESSAGE_QUESTION,
08                                  GTK_BUTTONS_YES_NO,
09                                  "是否删除媒体库中的所有文件信息？");
10      //以模式方式运行对话框
11      if(gtk_dialog_run(GTK_DIALOG(dialog)) == GTK_RESPONSE_YES) {
12        main_core(MEDIALIB_DEL_ALL, ui);  //传递删除媒体库中的所有信息指令
13        main_core(MEDIALIB_BRUSH, ui);    //传递刷新媒体库对话框数据指令
14      }
15      gtk_widget_destroy (dialog);        //销毁对话框
16  }
```

为了避免用户误操作"删除全部"按钮，在回调函数中增加了一个消息对话框。该对话框提供了"是""否"两个按钮，当用户单击"是"按钮时，将向核心控制模块传递相关指令。

（3）修改核心控制模块，处理 MEDIALIB_DEL_ALL 指令。代码如下：

```
case MEDIALIB_DEL_ALL:
    medialib_del_all(mlink, data);              //从媒体库中删除所有文件信息
    break;
```

（4）创建 medialib_del_all()函数，代码如下：

```
void medialib_del_all(link_t *mlink, InterFace *ui)
{
```

```
    medialib_delete_all();                    //删除数据库中的所有媒体文件信息
    load_medialib(mlink, 0);                  //从数据库中重新读入媒体库链表
}
```

27.11.7　搜索本地文件

搜索本地文件主要会用到在设计媒体库链表数据结构时创建的 link_search()函数。该函数将遍历计算机中的整个文件系统，并且将找到的 MP3 文件加入媒体库链表。

（1）修改 create_diaMedialib()函数，为"搜索本地媒体文件"按钮连接回调函数，代码如下：

```
//为tlbSearch按钮连接回调函数
g_signal_connect(G_OBJECT(tlbSearch), "clicked",
            G_CALLBACK(on_tlbSearch_clicked), ui);
```

（2）创建回调函数 on_tlbSearch_clicked()，该函数将创建一个对话框，询问用户是否搜索本地文件。如果用户选择是，则给核心控制模块发送相关指令。代码如下：

```
01  void on_tlbSearch_clicked(GtkWidget *btMedialib, InterFace *ui)
02  {
03     GtkWidget *dialog;
04     //创建消息对话框
05     dialog = gtk_message_dialog_new (GTK_WINDOW(ui->diaMedialib),
06                            GTK_DIALOG_MODAL,
07                            GTK_MESSAGE_QUESTION,
08                            GTK_BUTTONS_YES_NO,
09                            "是否开始搜索？")
10     //以模式方式运行对话框
11     if(gtk_dialog_run(GTK_DIALOG(dialog)) == GTK_RESPONSE_YES) {
12        main_core(MEDIALIB_SEARCH, ui);       //传递搜索本地媒体文件指令
13        main_core(MEDIALIB_BRUSH, ui);        //传递刷新媒体库对话框数据指令
14     }
15     gtk_widget_destroy (dialog);             //销毁对话框
16  }
```

（3）修改核心控制模块，处理 MEDIALIB_SEARCH 指令，代码如下：

```
case MEDIALIB_SEARCH:
  medialib_search(mlink, data);               //从媒体库中删除一个文件信息
  break;
```

（4）创建 medialib_search()函数，代码如下：

```
01  void medialib_search (link_t *mlink, InterFace *ui)
02  {
03     node_t *endnode;                      //保存操作前的末端节点
04     endnode = link_to_end(mlink->np);     //指向操作前的末端节点
05     link_search(mlink);                   //将目录中的文件信息添加到媒体库链表中
06     endnode = endnode->p;                 //取得操作后新增加的第1个节点
07     while(!endnode) {                     //从新增加的第1个节点开始向后遍历
08        medialib_insert(endnode);          //将新增节点的数据写入数据库
09        endnode = endnode->p;
10     }
11  }
```

medialib_search()函数的实现原理与添加目录到媒体库基本相同，唯一的区别是使用 link_search()函数搜索本地的所有媒体文件信息。

27.11.8　向播放列表传递文件

媒体库对话框中的"传递到播放列表"按钮的作用是将媒体库链表中的节点传递到播放列表链表中。用户可通过该按钮在播放列表中添加数据，播放媒体库中指定的媒体文件。下面介绍实现步骤。

（1）修改 create_diaMedialib()函数，为"传递到播放列表"按钮连接回调函数，代码如下：

```
//为 tlbSendto 按钮连接回调函数
g_signal_connect(G_OBJECT(tlbSendto), "clicked",
            G_CALLBACK(on_ tlbSendto_clicked), ui);
```

（2）创建回调函数 on_tlbSendto_clicked()，该函数将获得树视图中被选中的文件路径，并传递给核心控制模块。代码如下：

```
01  void on_tlbSendto_clicked(GtkWidget *btMedialib, InterFace *ui)
02  {
03    GValue value = {0};                  //保存被选择的数据
04    GtkTreeIter iter = {0};              //列表数据结构上的节点
05    GtkListStore *liststore;             //列表数据结构
06    GtkTreeSelection *selection;         //树视图选区对象
07    char filename[MAX_FILE_LENGTH];      //保存操作的文件路径
08    GtkWidget *dialog;                   //保存对话框地址
09    liststore=(GtkListStore*)gtk_tree_view_get_model(GTK_TREE_VIEW(ui->
10    treeMedialib));                      //获得树视图中的列表数据结构地址
11    selection=gtk_tree_view_get_selection(GTK_TREE_VIEW(ui->
12    treeMedialib));                      //获得树视图中被选择的对象
13    //判断选择的行数是否不为 0
14    if (gtk_tree_selection_count_selected_rows (selection)) {
15      gtk_tree_selection_get_selected(selection,
16                        (GtkTreeModel**) &liststore,
17                        &iter);  //读取被选择的节点
18      gtk_tree_model_get_value(GTK_TREE_MODEL(liststore),
19                        &iter,
20                        5,        //节点上的字段编号
21                        &value);  //读取选择的数据
22      //将被选择的数据传递给文件路径字符串
23      strcpy(filename, g_value_get_string(&value));
24      //将播放列表指令传递给核心控制模块
25      main_core(MEDIALIB_SEND_TO_PLAYLIST, filename);
26      main_core(MEDIALIB_BRUSH, ui);//将刷新树视图指令传递给核心控制模块
27    }
28    else {                               //当选择的行数为 0 时执行判断体
29      dialog = gtk_message_dialog_new (GTK_WINDOW(ui->diaMedialib),
30                        GTK_DIALOG_MODAL,
31                        GTK_MESSAGE_ERROR,
32                        GTK_BUTTONS_CLOSE,
33                        "未选择媒体文件");    //创建对话框
34    gtk_dialog_run (GTK_DIALOG (dialog));    //以模式方式运行对话框
34      gtk_widget_destroy (dialog);           //销毁对话框
36    }
37  }
```

　　on_tlbSendto_clicked()函数首先判断是否选择了媒体文件信息，如果已选择，则取得树视图节点中的文件信息。在 on_tlbSendto_clicked()函数中传递给核心控制模块的指令有两条，第 1 条指令是传递给播放列表，第 2 条指令是刷新播放列表对话框中的数据。

　　（3）修改核心控制模块，处理 MEDIALIB_SEND_TO_PLAYLIST 指令。代码如下：

```
case MEDIALIB_SEND_TO_PLAYLIST:
  medialib_sendto (plink, data);              //向播放列表传递数据
  break;
```

　　（4）创建 medialib_sendto()，该函数的作用是为播放列表链表添加新节点，代码如下：

```
void medialib_sendto(link_t *plink, const char *file)
{
  link_add(plink, file);                       //为播放列表链表添加新节点
}
```

　　本例因为播放列表对话框的操作还未集成，所以不能反映到播放列表上。但是媒体库部分的处理已实现。

27.11.9　查找

　　查找操作的实现方法是，先使用 link_find()函数找到媒体库链表中与条件匹配的项目，然后将这些项目添加到链表上，最后重新显示树视图。查找操作要用到 3 个界面构件，因此还需要继续扩展界面的数据结构 InterFace。下面介绍实现查找操作的步骤。

　　（1）修改 InterFace 定义，增加指向查找区域的文本输入框和组合框的指针。代码如下：

```
struct _interface {                           //界面的数据结构
  ...
  GtkWidget *etFind;                          //指向用于查找字符串的文本输入框
  GtkWidget *cbbFind;                         //指向用于查找条件的组合框
};
```

　　（2）修改 create_diaMedialib()函数，将查找相关界面的构件地址传递到界面的数据结构中。代码如下：

```
    ui->etFind = etFind;                       //将构件地址传递到界面的数据结构中
    ui->cbbFind = cbbFind;
```

　　（3）修改 create_diaMedialib()函数，为"查找"按钮连接回调函数，代码如下：

```
//为 btFind 按钮连接回调函数
g_signal_connect(G_OBJECT(btFind), "clicked",
                 G_CALLBACK(on_btFind_clicked), ui);
```

　　（4）创建回调函数 on_btFind_clicked()。该函数首先检查在查找条件文本输入框中的字符串长度是否为空，如果为空则将字符串转换为通配符"*"，然后向核心控制模块发送查找和刷新树视图的指令。代码如下：

```
01  void on_btFind_clicked(GtkWidget *btMedialib, InterFace *ui)
02  {
03      //判断字符串长度是否为 0
04      if (! gtk_entry_get_text_length (GTK_ENTRY(ui->etFind)))
05          //设置查找文本输入框中的字符串为*
06          gtk_entry_set_text ((GTK_ENTRY(ui->etFind)), "*");
07      main_core(MEDIALIB_FIND, ui);       //向核心控制模块传递查找指令
```

```
08      main_core(MEDIALIB_BRUSH, ui);     //传递刷新媒体库对话框数据的指令
09  }
```

在字符串相关操作中，传递空字符串会造成严重的系统错误。因此，进行查找操作之前，如果在文本输入框构件中的字符串为空，则将其替换为包含通配符"*"的字符串。还需要注意的是，使用单引号包围的字符也会被认为是空字符串，从而造成系统错误。

（5）修改核心控制模块，处理 MEDIALIB_FIND 指令。代码如下：

```
case MEDIALIB_FIND:
  medialib_find (mlink, data);         //进行查找操作，重建媒体库链表
  break;
```

（6）实现 medialib_find()函数，该函数的作用是从媒体库对话框的界面构件中取得查找条件，然后进行查找操作。此时媒体库链表将被改变，链表用于保存查找结果。代码如下：

```
01  //查找媒体库并改变媒体库链表
02  void medialib_find(link_t *mlink, InterFace *ui)
03  {
04      node_t *res = NULL;                      //保存查找结果
05      find_cond fc;                            //保存查找条件
06      const char *str;                         //保存查找字符串
07      int i, l;                                //循环控制变量和匹配数量
08      //从查找条件组合框中获得查找条件
09      fc = gtk_combo_box_get_active (GTK_COMBO_BOX(ui->cbbFind));
10      str = gtk_entry_get_text(GTK_ENTRY(ui->etFind));    //获得查找字符串
11      load_medialib(mlink, 0);                 //重新从数据库中读取链表
12      l = link_find(mlink, fc, str, &res);     //从媒体库链表中进行查找
13      link_del_all(mlink);                     //删除原来的媒体库链表的所有节点
14      for(i = 0; i < l; i++)                   //以查找结果作为循环的次数
15      //将查找结果添加到媒体库链表中
16      link_add(mlink, (res + i)->item.filepath);
17      if (res)
18        free(res);                             //释放查找结果的内存空间
19  }
```

在查找操作前，先用 load_medialib()函数重新读取数据库中保存的媒体库链表。这是因为每次进行查找操作之后，媒体库链表都会被重置。当再次进行查找操作时，如果不重新读取数据库中的媒体库链表，则得到的数据就不准确。查找的结果被放置在媒体库链表节点组成的动态数组中，为了重置媒体库链表，可调用 link_del_all()函数清除链表中的所有节点，然后依次使用 link_add()函数将查找结果添加到链表中。

27.12　播放列表功能集成

播放列表的设计目的是使播放控制模块以播放列表中的顺序进行播放，因此实现时要考虑二者的数据传递问题。播放列表的大部分操作以对播放列表的数据访问为主。在播放列表对话框中应显示当前播放的媒体文件在播放列表中的位置。

27.12.1　初始化

播放列表的初始化操作是在主函数中创建播放列表链表，然后将链表的地址传递给核心控制模块中。下面介绍实现步骤。

（1）修改主函数，创建播放列表链表，然后增加一条对核心控制模块的调用。代码如下：

```
main_core(GENERAL_PLAYLIST_INIT, &plink);   //核心控制模块用于初始化播放列表
```

（2）在核心控制模块中创建指向播放列表链表的指针，用于保存播放列表链表的入口，代码如下：

```
static link_t *plink;                        //声明静态播放列表的链表指针
```

（3）在核心控制模块函数的 switch 选择结构中，增加对 GENERAL_PLAYLIST_INIT 指令处理的代码如下：

```
case GENERAL_PLAYLIST_INIT:                  //播放列表初始化指令
  mlink = (link_t *) data;                   //强制转换参数的数据类型
  break;
```

在上面这段代码中，data 参数是从主函数中传递过来的。转换 data 参数的类型并复制给播放列表链表指针后，在核心控制模块中就保存了播放列表链表的入口。

27.12.2　显示播放列表对话框

媒体播放器主界面上的"播放列表"按钮用于控制播放列表对话框的显示。操作流程为，当"播放列表"按钮被单击时，通过回调函数判断播放列表对话框是否显示。如果播放列表对话框没有显示，则向核心控制模块传送显示播放列表指令。核心控制模块调用指定函数，判断播放列表对话框是否已初始化，如果没有则先进行初始化，然后显示播放列表对话框。下面介绍显示播放列表对话框的实现步骤。

（1）修改界面数据结构，为播放列表对话框中的树视图添加指针。代码如下：

```
typedef struct _interface InterFace;        //定义界面数据结构的类型
struct _interface {                          //定义界面数据结构
  ...
  GtkWidget *treePlaylist;                   //播放列表对话框中的树视图
}
```

（2）修改 create_diaPlaylist()函数。在播放列表中创建树视图之后，将其地址传递给界面数据结构 ui。另外，在函数末端为关闭对话框事件连接回调函数。代码如下：

```
ui->treePlaylist = treePlaylist;            //传递播放列表树视图地址
//为关闭对话框事件连接回调函数
g_signal_connect(G_OBJECT(diaPlaylist), "delete_event",
                 G_CALLBACK(gtk_widget_hide), NULL);
```

（3）修改 create_winMain()函数，为"播放列表"按钮连接回调函数 on_btPlaylist_clicked()，代码如下：

```
g_signal_connect ((gpointer) btPlaylist, "clicked",
            G_CALLBACK (on_ btPlaylist _clicked),
            ui);                              //为媒体库按钮连接回调函数
```

（4）在回调函数中向核心控制模块传送显示媒体库的指令。代码如下：

```
01   //播放列表按钮的回调函数
02   void on_ btPlaylist _clicked(GtkWidget * btPlaylist, InterFace *ui)
03   {
04     gboolean visibel;                       //保存播放列表对话框的显示状态
05     g_object_get(GTK_WINDOW(ui->diaPlaylist), "visible",
06             &visibel, NULL);                //读取播放列表对话框的显示状态
07     if (!visibel)                           //判断对话框是否未显示
08       main_core(MEDIALIB_SHOW, ui);         //传递显示播放列表指令
09   }
```

在 on_btPlaylist_clicked()函数中判断播放列表对话框是否已经显示。如果没有显示，则发送显示播放列表指令给核心控制模块，否则不进行任何操作。

（5）初始化播放列表信息树视图。创建 treePlaylist_init()函数，该函数的作用是创建一个列表数据结构，并设置树视图的模式为"列表"，然后创建树视图的标题栏，该标题栏中有两个字段。代码如下：

```
01   //初始化媒体文件信息的树视图
02   void treePlaylist_init(link_t *plink, InterFace *ui)
03   {
04     GtkListStore *liststore;                    //声明列表数据结构指针
05     liststore = gtk_list_store_new(6,           //创建有 6 个字段的列表
06                         G_TYPE_STRING,          //设置列表字段的数据类型
07                         G_TYPE_STRING,
08                         G_TYPE_STRING,
09                         G_TYPE_STRING,
10                         G_TYPE_UINT,
11                         G_TYPE_STRING);
12     //设置树视图的模式为列表
13     gtk_tree_view_set_model(GTK_TREE_VIEW(ui->treePlaylist),
14                     GTK_TREE_MODEL(liststore));
15     g_object_unref(G_OBJECT(liststore));        //将数据结构托管给树视图
16     GtkCellRenderer *renderer;                  //声明单元格数据类型
17     renderer = gtk_cell_renderer_text_new();    //创建单元格
19   gtk_tree_view_insert_column_with_attributes(GTK_TREE_VIEW(ui->treePl
20   aylist),-1, "标题", renderer, "text", 0, NULL);//添加标题行
21     gtk_tree_view_insert_column_with_attributes(GTK_TREE_VIEW(ui->
22     treePlaylist),-1, "记录时间", renderer, "text", 4, NULL);
23   }
```

播放列表树视图使用的字段有 6 个，但是大多数字段不需要显示出来。在设计标题栏时，要求显示的字段只有标题和记录时间。

（6）为播放列表树视图添加数据，实现原理与在媒体文件信息树视图中添加数据相同，都是通过操作数视图中的列表数据结构实现的。代码如下：

```
01   //为播放列表树视图添加数据
02   void treePlaylist_data(link_t *plink, InterFace *ui)
03   {
04     node_t *endnode;                        //遍历播放列表链表
05     endnode = plink->np;                    //指向播放列表链表首端
06     GtkListStore *liststore;                //声明列表数据结构指针
```

```
07    liststore=(GtkListStore*)gtk_tree_view_get_model(GTK_TREE_VIEW(ui->
08    treeMedialib));                          //从树视图中读取列表数据结构地址
09    gtk_list_store_clear(liststore);         //清除列表中的所有节点
10    GtkTreeIter iter;                        //创建列表节点
11    if (plink->length) {                     //判断播放列表链表长度是否不为 0
12      while(endnode) {                       //遍历播放列表链表
13        //在列表数据结构中添加节点
14        gtk_list_store_append(GTK_LIST_STORE(liststore), &iter);
15        gtk_list_store_set(GTK_LIST_STORE(liststore), &iter,
16                      0, endnode->item.title,      //标题
17                      1, endnode->item.atrist,     //艺术家
18                      2, endnode->item.album,      //专辑
19                      3, endnode->item.genre,      //流派
20                      //记录时间
21                      4, (unsigned int) endnode->item.record_time,
22                      5, endnode->item.filepath,   //文件路径
23                      -1);                         //结束
24        endnode = endnode->p;                //将播放列表链表向前推进一步
25      }
26    }
```

　　给 treePlaylist_data()函数传递参数作为播放列表链表的入口。为了便于复用，该函数首先清除树视图列表中的所有节点，然后遍历播放列表链表，将播放列表链表节点中的数据复制给列表节点，最后添加列表节点。

　　（7）显示播放列表对话框。创建函数 playlist_ui_show()，该函数将调用前面创建的函数初始化播放对话框中的树视图并为其添加数据。代码如下：

```
01  //显示播放列表对话框
02  void playlist_ui_show(link_t *plink, InterFace *ui)
03  {
04    static int has_init = 0;               //标识是否已初始化
05    if (!has_init) {                       //如果没有初始化，则执行判断体
06      treePlaylist_init(plink, ui);        //初始化播放列表树视图
07      treePlaylist_data(plink, ui);        //为分类树视图添加数据
08      has_init = 1;                        //标记对话框已初始化
09    }
10    gtk_widget_show(ui->diaPlaylist);      //显示播放列表对话框
11  }
```

　　（8）在核心控制模块函数中添加处理显示播放列表指令的相关代码如下：

```
case PLAYLIST_SHOW:                        //显示播放列表指令
  playlist_ui_show(plink, data);           //显示播放列表对话框
  break;
```

27.12.3　添加文件

　　当单击播放列表对话框中的添加按钮时，播放列表对话框应该弹出一个对话框供用户选择要播放的文件，在用户选择好文件后，将该文件信息添加到播放列表链表的末端。需要注意到是，播放列表对话框中的按钮名称与媒体库对话框不同，因此回调函数也有区别，不能简单地复用。下面介绍添加文件的步骤。

　　（1）修改 create_diaPlaylist()函数，为添加按钮连接回调函数。代码如下：

```
//为 tbtAdd 按钮连接回调函数
g_signal_connect(G_OBJECT(tbtAdd), "clicked",
                 G_CALLBACK(on_tbtAdd_clicked), ui);
```

（2）实现回调函数 on_tbtAdd_clicked()，创建文件选择对话框，当程序运行结束时销毁该对话框。代码如下：

```
01  //tbtAdd 按钮的回调函数
02  void on_tbtAdd_clicked(GtkWidget *tbtAdd, InterFace *ui)
03  {
04      GtkWidget *dialog;                          //指向创建的文件选择对话框
05      dialog = gtk_file_chooser_dialog_new ("选择媒体文件",//对话框标题
06              GTK_WINDOW(ui->diaPlaylist),      //父窗口
07              GTK_FILE_CHOOSER_ACTION_OPEN,     //对话框的操作为打开文件
08              "取消", GTK_RESPONSE_CANCEL,       //取消按钮
09              "打开", GTK_RESPONSE_ACCEPT,       //打开按钮
10              NULL);                            //创建文件选择对话框
11      GtkFileFilter *filefilter;                  //保存过滤器的地址
12      filefilter = gtk_file_filter_new();         //创建过滤器
13      gtk_file_filter_set_name(filefilter, "mp3");        //设置过滤器的名称
14      gtk_file_filter_add_pattern(filefilter, "*.mp3"); //设置过滤器的条件
15      gtk_file_chooser_add_filter(GTK_FILE_CHOOSER(dialog),
16                      filefilter);              //将过滤器添加到对话框
17      if (gtk_dialog_run (GTK_DIALOG (dialog)) == GTK_RESPONSE_ACCEPT)
18      {                                           //以模式方式运行对话框
19          char *filename;                         //保存选择的文件名
20          //获取选择的文件名
21          filename=gtk_file_chooser_get_filename(GTK_FILE_CHOOSER(dialog));
22          main_core(PLAYLIST_ADD_FILE, filename);//调用核心控制模块添加文件
23          main_core(PLAYLIST_BRUSH, ui);        //调用核心控制模块刷新播放列表
24          g_free (filename);                      //释放文件名的内存空间
25      }
26      gtk_widget_destroy (dialog);                //销毁文件选择对话框
27  }
```

当用户单击打开按钮时，函数将两次向核心控制模块传递指令。PLAYLIST_ADD_FILE 指令表示向播放列表链表中添加文件，PLAYLIST_BRUSH 指令表示刷新播放列表对话框中的树视图。

（3）修改核心控制模块，处理 PLAYLIST_ADD_FILE 指令。代码如下：

```
case PLAYLIST_ADD_FILE:
    playlist_add(plink, data);                  //向播放列表添加文件
    break;
```

（4）创建 playlist_add()函数。当核心控制模块收到 PLAYLIST_ADD_FILE 指令时，将调用该函数，代码如下：

```
void playlist_add(link_t *plink, const char *file) //向播放列表中添加数据
{
    link_add(plink, file);                      //将文件添加到播放列表链表中
}
```

上面的代码使用了与添加文件到媒体库的相同函数 link_add()，只是该函数的实际参数为播放列表链表的指针。

（5）修改核心控制模块，处理 PLAYLIST_BRUSH 指令。代码如下：

```
case PLAYLIST_BRUSH:
    treePlaylist_data(plink, data);          //刷新播放列表对话框中的树视图
    break;
```

现在，单击播放列表对话框中的添加按钮并选择文件后，新文件信息将被添加到树视图中。播放控制操作将使用树视图中的数据。

27.12.4　添加目录

添加目录操作的目的是将目录中的所有 MP3 文件添加到播放列表中，主要的业务逻辑代码依然由媒体库提供。下面介绍实现步骤。

（1）修改 create_diaPlaylist()函数，为添加目录按钮连接回调函数，代码如下：

```
//为 tbtOpen 按钮连接回调函数
g_signal_connect(G_OBJECT(tbtAdddir), "clicked",
        G_CALLBACK(on_tbtAdddir_clicked), ui);
```

（2）实现回调函数 on_tbtAdddir_clicked()，创建文件选择对话框，程序运行结束时销毁该对话框。代码如下：

```
01  //tbtAdddir 按钮的回调函数
02  void on_tbtAdddir_clicked(GtkWidget * tbtAdddir, InterFace *ui)
03  {
04      GtkWidget *dialog;                        //指向创建的文件选择对话框
05      dialog = gtk_file_chooser_dialog_new ("选择媒体目录", //对话框标题
06              GTK_WINDOW(ui->diaPlaylist),          //父窗口
07              //对话框的操作为选择目录
08              GTK_FILE_CHOOSER_ACTION_SELECT_FOLDER,
09              "取消", GTK_RESPONSE_CANCEL,            //取消按钮
10              "打开", GTK_RESPONSE_ACCEPT,            //打开按钮
11              NULL);                                //创建文件选择对话框
12      if (gtk_dialog_run (GTK_DIALOG (dialog)) == GTK_RESPONSE_ACCEPT)
13      {                                          //以模式方式运行对话框
14          char *pathname;                        //保存选择的目录路径
15          pathname = gtk_file_chooser_get_filename (GTK_FILE_CHOOSER
16  (dialog));                                      //获取选择的文件名
17          main_core(PLAYLIST_ADD_DIR, pathname);//调用核心控制模块添加目录路径
18          main_core(PLAYLIST_BRUSH, ui);         //调用核心控制模块刷新媒体库界面
19          g_free (pathname);                     //释放目录路径名的内存空间
20      }
21      gtk_widget_destroy (dialog);               //销毁文件选择对话框
22  }
```

（3）修改核心控制模块，处理 PLAYLIST_ADD_DIR 指令。代码如下：

```
case PLAYLIST_ADD_DIR:
    playlist_add_dir(plink, data);                //在播放列表中添加目录
    break;
```

（4）创建函数 playlist_add_dir()，该函数的作用是将目录中的所有 MP3 文件添加到播放列表链表中。代码如下：

```
void playlist_add_dir(link_t *plink, const char *file)
{
    link_add_dir(plink, file);         //将目录中的文件信息添加到播放列表链表中
}
```

27.12.5　打开文件

前面章节介绍过播放列表文件 M3U，并且实现了读取 M3U 文件到播放列表的函数 load_m3u()。下面介绍利用该函数打开 M3U 文件的操作步骤。

（1）修改 create_diaPlaylist()函数，为打开文件按钮连接回调函数。代码如下：

```
//为 tbtOpen 按钮连接回调函数
g_signal_connect(G_OBJECT(tbtOpen), "clicked",
                G_CALLBACK(on_tbtOpen_clicked), ui);
```

（2）实现回调函数 on_tbtOpen_clicked()，创建文件选择对话框，在程序运行结束后销毁该对话框。代码如下：

```
01  //tbtOpen 按钮的回调函数
02  void on_tbtOpen_clicked(GtkWidget * tbtOpen, InterFace *ui)
03  {
04      GtkWidget *dialog;                          //用于文件选择对话框
05      dialog = gtk_file_chooser_dialog_new ("打开 M3U 文件",//对话框标题
06              GTK_WINDOW(ui->diaPlaylist),        //父窗口
07              GTK_FILE_CHOOSER_ACTION_OPEN,       //对话框的操作为打开文件
08              "取消", GTK_RESPONSE_CANCEL,         //取消按钮
09              "打开", GTK_RESPONSE_ACCEPT,         //打开按钮
10              NULL);                              //创建文件选择对话框
11      GtkFileFilter *filefilter;                  //保存过滤器的地址
12      filefilter = gtk_file_filter_new();         //创建过滤器
13      gtk_file_filter_set_name(filefilter, "M3U");        //设置过滤器的名称
14      gtk_file_filter_add_pattern(filefilter, "*.m3u"); //设置过滤器的条件
15      gtk_file_chooser_add_filter(GTK_FILE_CHOOSER(dialog),
16                      filefilter);                //将过滤器添加到对话框中
17      if (gtk_dialog_run (GTK_DIALOG (dialog)) == GTK_RESPONSE_ACCEPT)
18      {                                           //以模式方式运行对话框
19          char *pathname;                         //保存选择的目录路径
20          pathname = gtk_file_chooser_get_filename (GTK_FILE_CHOOSER
21          (dialog));                              //获取选择的文件名
22          main_core(PLAYLIST_OPEN, pathname);     //调用核心控制模块传送文件路径
23          main_core(PLAYLIST_BRUSH, ui);          //调用核心控制模块刷新媒体库界面
24          g_free (pathname);                      //释放目录路径名的内存空间
25      }
26      gtk_widget_destroy (dialog);                //销毁文件选择对话框
27  }
```

函数中使用了过滤器，只有 M3U 文件会显示在对话框中。如果用户成功地选择了一个 M3U 文件，该文件的路径将被传送到核心控制模块。同时传送到核心控制模块的还有打开 M3U 文件指令。

（3）修改核心控制模块，处理 PLAYLIST_OPEN 指令。代码如下：

```
case PLAYLIST_OPEN:
    playlist_open(plink, data);                     //向播放列表添加目录
    break;
```

（4）创建函数 playlist_open()，该函数的作用是将目录中的所有 M3U 文件添加到播放列表链表中。代码如下：

```
void playlist_open(link_t *plink, const char *file)
{
   load_m3u(plink, file);                      //读取 M3U 文件并添加到播放列表链表
}
```

M3U 文件被读取后，播放列表链表原有的数据将被清除，显示的是 M3U 文件中列出的文件。如果该文件无法找到，将自动从链表中删除。

27.12.6　保存文件

保存 M3U 文件使用的是函数 save_m3u()，该函数已经被建立。下面介绍利用该函数保存 M3U 文件的操作步骤。

（1）修改 create_diaPlaylist()函数，为保存按钮连接回调函数，代码如下：

```
//为保存按钮连接回调函数
g_signal_connect(G_OBJECT(tbtSave), "clicked",
                G_CALLBACK(on_tbtSave_clicked), ui);
```

（2）实现回调函数 on_tbtSave_clicked()。在代码中创建文件选择对话框，目的是保存文件，否则无法设置新文件名。代码如下：

```
01   //tbtOpen 按钮的回调函数
02   void on_tbtOpen_clicked(GtkWidget * tbtOpen, InterFace *ui)
03   {
04      GtkWidget *dialog;                            //用于文件选择对话框
05      dialog = gtk_file_chooser_dialog_new ("保存 M3U 文件",//对话框标题
06               GTK_WINDOW(ui->diaPlaylist),     //父窗口
07               GTK_FILE_CHOOSER_ACTION_SAVE,    //对话框用于保存文件
08               "取消", GTK_RESPONSE_CANCEL,      //取消按钮
09               "保存", GTK_RESPONSE_ACCEPT,      //保存按钮
10               NULL);                            //创建文件选择对话框
11      GtkFileFilter *filefilter;                    //保存过滤器的地址
12      filefilter = gtk_file_filter_new();          //创建过滤器
13      gtk_file_filter_set_name(filefilter, "M3U");    //设置过滤器名称
14      gtk_file_filter_add_pattern(filefilter, "*.m3u"); //设置过滤器的条件
15      gtk_file_chooser_add_filter(GTK_FILE_CHOOSER(dialog),
16                      filefilter);              //将过滤器添加到对话框中
17      if (gtk_dialog_run (GTK_DIALOG (dialog)) == GTK_RESPONSE_ACCEPT)
18      {    //以模式方式运行对话框
19          char *pathname;                          //保存选择的目录路径
20          pathname = gtk_file_chooser_get_filename (GTK_FILE_CHOOSER
21          (dialog));                            //获取选择的文件名
22          main_core(PLAYLIST_SAVE, pathname);  //调用核心控制模块，添加文件路径
23          main_core(PLAYLIST_BRUSH, ui);     //调用核心控制模块，刷新媒体库界面
24          g_free (pathname);                      //释放目录路径名的内存空间
25      }
26      gtk_widget_destroy (dialog);                 //销毁文件选择对话框
27   }
```

在上面的代码中创建保存文件对话框，创建时注意将对话框的按钮名称设置为取消和保存，方便用户操作。

（3）修改核心控制模块，处理 PLAYLIST_SAVE 指令。代码如下：

```
case PLAYLIST_SAVE:
```

```
    playlist_save(plink, data);                    //向播放列表中添加目录
    break;
```

（4）创建函数 playlist_save()，该函数的作用是将播放列表链表中的所有 MP3 文件信息添加到 M3U 文件中。代码如下：

```
void playlist_save(link_t *plink, const char *file)
{
    save_m3u(plink, file);                         //读取 M3U 文件到播放列表链表
}
```

如果在保存操作中使用的是原有的 M3U 文件名，那么该文件中的原始数据将被删除。如果使用的是新文件名，在程序拥有足够用户权限的情况下，将会创建新文件。

27.12.7　删除文件

在播放列表对话框中删除文件不涉及数据库的操作，而是涉及链表的操作。下面是该操作的实现步骤。

（1）修改 create_diaMedialib()函数，为删除按钮连接回调函数。代码如下：

```
//为删除按钮连接回调函数
g_signal_connect(G_OBJECT(tbtDel), "clicked",
                G_CALLBACK(on_tbtDel_clicked), ui);
```

（2）创建回调函数 on_tbtDel_clicked()，该函数判断树视图是否选择了数据，如果是，则发送指令给核心控制模块进行相应的处理。代码如下：

```
01  void on_tbtDel_clicked(GtkWidget *tbtDel, InterFace *ui)
02  {
03    GtkListStore *liststore;            //列表数据结构
04    GtkTreeSelection *selection;        //树视图选区对象
05    GtkWidget *dialog;                  //保存对话框的地址
06    liststore=(GtkListStore*)gtk_tree_view_get_model(GTK_TREE_VIEW(ui->
07    treePlaylist));                     //获得树视图中的列表数据结构地址
08    selection = gtk_tree_view_get_selection(GTK_TREE_VIEW(ui->
09    treePlaylist));                     //获得树视图中被选择的对象
10    //判断选择的行数是否不为 0
11    if (gtk_tree_selection_count_selected_rows (selection)) {
12     gtk_tree_selection_get_selected(selection, (GtkTreeModel**)
13            &liststore, &iter);
14     gtk_tree_model_get_value(GTK_TREE_MODEL(liststore), &iter, 5,
15            &value);
16    //将被选择的数据传递给文件路径字符串
17    strcpy(filename, g_value_get_string(&value));
18     main_core(PLAYLIST_DEL, filename);//给核心控制模块传送删除文件指令
19     main_core(PLAYLIST_BRUSH, ui);     //给核心控制模块传送刷新树视图指令
20    }
21    else {                             //当选择的行数为 0 时执行判断体
22     //创建对话框
23     dialog = gtk_message_dialog_new(GTK_WINDOW(ui->diaPlaylist),
24                     GTK_DIALOG_MODAL,
25                     GTK_MESSAGE_ERROR,
26                     GTK_BUTTONS_CLOSE,
27                     "未选择媒体文件");
28   gtk_dialog_run (GTK_DIALOG (dialog));   //以模式方式运行对话框
```

```
29          gtk_widget_destroy (dialog);          //销毁对话框
30      }
31  }
```

on_tbtDel_clicked()函数从树视图中获得列表数据结构，然后创建一个选区对象。如果
树视图没有被选择，选区对象将显示被选择的行号为 0。依据这个条件，可判断在播放列
表树视图中是否有文件被选择。如果有，则发送指令给核心控制模块进行相应的操作。

（3）修改核心控制模块，处理 PLAYLIST_DEL 指令。代码如下：

```
case PLAYLIST_DEL:
  playlist_del(plink, data);                      //从播放列表链表中删除一个文件信息
  break;
```

（4）创建 playlist_del()函数，该函数的作用是从播放列表链表中删除指定的文件信息。
删除链表节点要用到节点在链表中的位置编号，这里通过读取被选择文件在树视图中的行
号来实现。代码如下：

```
01  void playlist_del(link_t *plink, InterFace *ui)
02  {
03      int id;                                   //保存被选择的行号
04      GtkListStore *liststore;                  //列表数据结构
05      GtkTreeSelection *selection;              //树视图选区对象
06      liststore = (GtkListStore
07  *)gtk_tree_view_get_model(GTK_TREE_VIEW(ui->
08      treePlaylist));                           //获得树视图中的列表数据结构地址
09      selection = gtk_tree_view_get_selection(GTK_TREE_VIEW(ui->
10      treePlaylist));                           //获得树视图中被选择的对象
11      //获得树视图中被选择的行号
12      id = gtk_tree_selection_count_selected_rows (selection);
13      link_del(plink, id);                      //删除链表指定位置上的节点
14  }
```

27.12.8　删除全部

删除全部操作指清空播放列表，实现方法为删除播放列表链表上的所有节点。下面介
绍实现步骤。

（1）修改 create_diaMedialib()函数，为删除全部按钮连接回调函数。代码如下：

```
//为删除全部按钮连接回调函数
g_signal_connect(G_OBJECT(tbtDelall), "clicked",
          G_CALLBACK(on_tbtDelall_clicked), ui);
```

（2）创建回调函数 on_tbtDelall_clicked()，该函数将给核心控制模块传递删除媒体库中
的所有信息并刷新树视图指令，然后进行相应的处理。代码如下：

```
01  void on_tbtDelall_clicked(GtkWidget *tbtDelall, InterFace *ui)
02  {
03      GtkWidget *dialog;                        //保存对话框地址
04      //创建消息对话框
05      dialog = gtk_message_dialog_new(GTK_WINDOW(ui->diaPlaylist),
06                            GTK_DIALOG_MODAL,
07                            GTK_MESSAGE_QUESTION,
08                            GTK_BUTTONS_YES_NO,
09                            "是否删除播放列表中的所有文件信息？");
```

```
10       //模式方式运行对话框
11       if(gtk_dialog_run(GTK_DIALOG(dialog)) == GTK_RESPONSE_YES) {
12         main_core(PLAYLIST_DEL_ALL, ui);    //传递删除播放列表中的所有信息指令
13         main_core(PLAYLIST_BRUSH, ui);       //传递刷新播放列表对话框数据指令
14       }
15       gtk_widget_destroy(dialog);            //销毁对话框
16   }
```

（3）修改核心控制模块，处理 PLAYLIST_DEL_ALL 指令。代码如下：

```
case PLAYLIST_DEL_ALL:
  playlist_del_all(plink, data);            //从播放列表中删除所有的文件信息
  break;
```

（4）创建 playlist_del_all()函数。代码如下：

```
void playlist_del_all(link_t *plink, InterFace *ui)
{
  link_del_all(plink);                      //删除播放列表中的所有媒体文件信息
}
```

27.12.9　排序

排序的方法有很多种，其中最容易实现的是比较法排序。对播放列表排序的函数在前面已经实现，下面介绍与播放列表对话框集成的方法。

（1）修改 create_diaMedialib()函数，为排序按钮连接回调函数。代码如下：

```
//为排序按钮连接回调函数
g_signal_connect(G_OBJECT(tbtComp), "clicked",
                G_CALLBACK(on_tbtComp_clicked), ui);
```

（2）创建回调函数 on_tbtComp_clicked()，该函数将给核心控制模块传递排序指令。代码如下：

```
void on_tbtComp_clicked(GtkWidget *tbtComp, InterFace *ui)
{
  main_core(PLAYLIST_COMP, ui);            //传递播放列表排序指令
  main_core(PLAYLIST_BRUSH, ui);           //传递刷新播放列表对话框数据指令
}
```

（3）修改核心控制模块，处理 PLAYLIST_COMP 指令。代码如下：

```
case PLAYLIST_COMP:
  playlist_comp(plink, data);              //对播放列表排序
  break;
```

（4）创建 playlist_del_all()函数。代码如下：

```
void playlist_comp(link_t *plink, InterFace *ui)
{
  link_comp (plink);                       //对播放列表链表排序
}
```

这里的排序操作只实现了一种方法，就是按名称排序。使用同样的原理还能进行按分类排序、按文件路径排序等。

27.13　播放控制模块集成

播放控制模块的集成与其他模块密切相关，各种操作由媒体播放器主界面发出，然后播放的信息又被反映到媒体播放器的主界面中。播放模式有 3 种，分别是顺序模式、循环模式和随机模式。播放模式通过主界面上的模式选择组合框进行设置。播放控制指令有 5 种，分别是开始播放、暂停播放、停止播放、播放上一首和播放下一首，这些指令都对应媒体播放器主界面上的相应按钮。

27.13.1　播放模式设置

播放模式设置的数值被保存在核心控制模块中，其是一个静态类型的整型变量，名称为 state。下面介绍播放模式的设置步骤。

（1）修改 create_winMain()函数。为播放模式组合框的 active 信号连接回调函数，当选择组合框中的选项时，回调函数将被执行。代码如下：

```
//为播放模式组合框的 active 信号连接回调函数
g_signal_connect ((gpointer) cbbMode, "active",
             G_CALLBACK(on_cbbMode_active), ui);
```

（2）创建回调函数 on_cbbMode_active()，该函数将传递排序指令给核心控制模块进行相应的处理。代码如下：

```
void on_cbbMode_active(GtkWidget *cbbMode, InterFace *ui)
{
    static int mode;                              //保存播放模式数值
    //取得播放模式
    mode = gtk_combo_box_get_active(GTK_COMBO_BOX(cbbMode));
    main_core(GENERAL_PLAY_MODE, &mode);          //传递播放模式设置指令
}
```

（3）修改核心控制模块，处理 GENERAL_PLAY_MODE 指令。代码如下：

```
case GENERAL_PLAY_MODE:
    state = *((int*)data);                        //设置播放模式
    break;
```

核心控制模块的形式参数 data 类型为 void *，回调函数 on_cbbMode_active()传递的实际参数的类型为 int *。表达式*((int*)data)的意义为，先将 data 转换为 int *型，然后读取其中的数值，只有这种方式能为整型变量赋值。

27.13.2　开始播放

当用户单击播放按钮时，核心控制模块根据播放模式的设定选择要播放的文件，下面介绍具体实现步骤。

（1）修改 create_winMain()函数，为播放按钮的 clicked 信号连接回调函数。代码如下：

```
//为播放按钮的 clicked 信号连接回调函数
```

```
g_signal_connect(G_OBJECT(btPlay), "clicked",
                 G_CALLBACK(on_btPlay_clicked), ui);
```

（2）创建回调函数 on_btPlay_clicked()，该函数负责向核心控制模块发送播放信号，代码如下：

```
void on_btPlay_clicked(GtkWidget *btPlay, InterFace *ui)
{
   main_core(PLAY_START, ui);                    //传递播放指令
}
```

（3）修改核心控制模块，处理 PLAY_START 指令。代码如下：

```
case PLAY_START:
  play_start(plink, ui, state, PLAY_START);      //执行播放操作
  break;
```

（4）创建 play_start()函数，该函数将保存上一个播放的文件。如果不存在上一个播放文件的记录，则说明播放的是首个文件，播放操作将从媒体库链表的首端开始。代码如下：

```
01   //执行播放操作
02   void play_start(link_t *plink, InterFace *ui, int mode, int cmd)
03   {
04      static node_t *last = NULL;              //保存上一次播放的媒体文件地址
05      if (!last)                               //判断 last 是否指向 NULL
06         last = plink->np;                     //将 last 指向链表首端
07      else
08         last = last->p;                       //last 向前进一位
09      play(cmd, last->item.filepath);          //开始播放文件
10   }
```

27.13.3　暂停播放

当用户单击暂停按钮时，核心控制模块将向播放控制模块传送暂停播放指令，下面介绍具体实现步骤。

（1）修改 create_winMain()函数，为暂停按钮的 clicked 信号连接回调函数。代码如下：

```
//为暂停按钮的 clicked 信号连接回调函数
g_signal_connect(G_OBJECT(btPause), "clicked",
                 G_CALLBACK(on_btPause_clicked), ui);
```

（2）创建回调函数 on_btPause_clicked()，该函数负责向核心控制模块发送播放信号。代码如下：

```
void on_btPause_clicked(GtkWidget * btPause, InterFace *ui)
{
   main_core(PLAY_PAUSE, ui);                    //传递暂停播放指令
}
```

（3）修改核心控制模块，处理 PLAY_PAUSE 指令。代码如下：

```
case PLAY_PAUSE:
  play_start(plink, ui, state, PLAY_PAUSE);      //执行暂停操作
  break;
```

27.13.4　停止播放

当用户单击停止按钮时，核心控制模块将向播放控制模块传送停止播放指令，下面介绍具体实现步骤。

（1）修改 create_winMain()函数，为停止按钮的 clicked 信号连接回调函数。代码如下：

```
//为停止按钮的clicked信号连接回调函数
g_signal_connect(G_OBJECT(btStop), "clicked",
                G_CALLBACK(on_btStop_clicked), ui);
```

（2）创建回调函数 on_btStop_clicked()，该函数负责向核心控制模块发送停止播放信号，代码如下：

```
void on_btStop_clicked(GtkWidget * btStop, InterFace *ui)
{
    main_core(PLAY_STOP, ui);                          //传递停止播放指令
}
```

（3）修改核心控制模块，处理 PLAY_STOP 指令。代码如下：

```
case PLAY_STOP:
    play(PLAY_STOP, NULL);                             //执行停止操作
    break;
```

27.13.5　播放上一首

当用户单击"播放上一首"按钮时，核心控制模块将向播放控制模块传送播放上一首的指令，下面介绍具体实现步骤。

（1）修改 create_winMain()函数，为"播放上一首"按钮的 clicked 信号连接回调函数。代码如下：

```
//为播放上一首按钮的clicked信号连接回调函数
g_signal_connect(G_OBJECT(btPre), "clicked",
                G_CALLBACK(on_btPre_clicked), ui);
```

（2）创建回调函数 on_btPre_clicked()，该函数负责向核心控制模块发送停止播放信号，代码如下：

```
void on_btPre_clicked(GtkWidget * btPre, InterFace *ui)
{
    main_core(PLAY_PRE, ui);                           //传递播放上一首指令
}
```

（3）修改核心控制模块，处理 PLAY_PRE 指令。代码如下：

```
case PLAY_PRE:
    play(PLAY_PRE, NULL);                              //执行停止操作
    break;
```

27.13.6　播放下一首

当用户单击"播放下一首"按钮时，核心控制模块将遍历播放列表链表，找到要播放的下一个文件，下面介绍具体实现步骤。

（1）修改 create_winMain()函数，为"播放下一首"按钮的 clicked 信号连接回调函数。代码如下：

```
//为播放下一首按钮的clicked信号连接回调函数
g_signal_connect(G_OBJECT(btNext), "clicked",
                 G_CALLBACK(on_btNext_clicked), ui);
```

（2）创建回调函数 on_btNext_clicked()。该函数负责向核心控制模块发送播放信号。代码如下：

```
void on_btNext_clicked(GtkWidget *btNext, InterFace *ui)
{
  main_core(PLAY_NEXT, ui);                          //传递播放指令
}
```

（3）修改核心控制模块，处理 PLAY_NEXT 指令。代码如下：

```
case PLAY_NEXT:
  play_start(plink, ui, state, PLAY_NEXT);          //执行播放下一首的操作
  break;
```

至此，媒体播放器项目的主要代码均已编写完成。媒体播放器主界面上的菜单项均可找到对应的按钮。如果要实现菜单功能，可将菜单项的 activate 信号与相关按钮的回调函数连接。整个媒体播放器项目的代码量超过一万行，对于学习者来说属于较大的项目。读者如果能够将此项目实现，就具备了较高的实践水平。读者还可以在此项目基础上继续完善和改进，制作一个更完美的软件。

27.14　小　　结

本章综合讲解了软件工程在项目开发中的实际应用，并且结合软件工程思想对媒体播放器项目的开发进行了科学规划。另外，本章还介绍了版本控制的概念，让读者了解大型软件分工协作的实现方式，以及版本控制软件 Git 的使用方法。最后介绍了媒体播放器项目播放功能的实现及系统集成的关联。相信读者在学习完本章的内容后，能够具备一定的 Linux 软件项目编程技能。